住房和城乡建设部“十四五”规划教材
“十二五”普通高等教育本科国家级规划教材
教育部普通高等教育精品教材
高等学校土木工程专业指导委员会规划推荐教材

（经典精品系列教材）

混凝土结构

上册　混凝土结构设计原理

（第八版）

东南大学　天津大学　同济大学　合编
李爱群　王铁成　任晓丹　主编
清华大学　主审

U0913261

中国建筑工业出版社

图书在版编目(CIP)数据

混凝土结构. 上册，混凝土结构设计原理 / 东南大学，天津大学，同济大学合编 ；李爱群，王铁成，任晓丹主编. -- 8 版. -- 北京 ：中国建筑工业出版社，2025. 9. --（住房和城乡建设部“十四五”规划教材）（“十二五”普通高等教育本科国家级规划教材）（教育部普通高等教育精品教材）等. -- ISBN 978-7-112-31501-7

Ⅰ. TU37

中国国家版本馆 CIP 数据核字第 2025UB5381 号

责任编辑：仕　帅　吉万旺

责任校对：张惠雯

住房和城乡建设部“十四五” 规划教材

“十二五” 普通高等教育本科国家级规划教材

教育部普通高等教育精品教材

高等学校土木工程专业指导委员会规划推荐教材

（经典精品系列教材）

混凝土结构

上册　混凝土结构设计原理

（第八版）

东南大学　天津大学　同济大学　合编

李爱群　王铁成　任晓丹　主编

清华大学　主审

*

中国建筑工业出版社出版、发行（北京海淀三里河路 9 号）

各地新华书店、建筑书店经销

北京红光制版公司制版

鸿博睿特(天津)印刷科技有限公司印刷

*

开本：787 毫米×1092 毫米　1/16　印张：23¼　字数：505 千字

2025 年 10 月第八版　　2025 年 10 月第一次印刷

定价：**68.00** 元（赠教师课件，含数字资源）

ISBN 978-7-112-31501-7

（45415）

本教材分为上、中、下三册。此次修订全面参照最新的《建筑结构可靠性设计统一标准》GB 50068—2018 对全书内容进行了梳理、充实和重新编排，使本教材能更好地适应当前混凝土结构课程教学发展的需要。上册混凝土结构设计原理，主要讲述基本理论和基本构件；中册混凝土结构与砌体结构设计，主要讲述楼盖、单层厂房、多层框架、高层建筑；下册混凝土公路桥设计。

上册共分 9 章，主要结合《混凝土结构通用规范》GB 55008—2021、《混凝土结构设计标准》GB/T 50010—2010(2024 年版)编写，内容包括：绪论，混凝土结构材料的物理力学性能，受弯构件的正截面受弯承载力、斜截面承载力，受压构件的截面承载力，受拉构件的截面承载力，受扭构件的扭曲截面承载力，变形、裂缝及延性和耐久性，预应力混凝土构件等。

本教材可作为高校土木工程专业的专业基础课教材，也可供从事混凝土结构设计、制作、施工等工程技术人员参考。

为更好地支持本课程教学，我社向选用本教材的任课教师提供课件，有需要者可与出版社联系，索取方式如下：建工书院 http://edu.cabplink.com，邮箱 jckj@cabp.com.cn，电话 010-58337285。

修订说明

为规范我国土木工程专业教学，指导各学校土木工程专业人才培养，高等学校土木工程学科专业指导委员会组织我国土木工程专业教育领域的优秀专家编写了《高等学校土木工程专业指导委员会规划推荐教材》。本系列教材自 2002 年起陆续出版，共 40 余册，数十余年来多次修订，在土木工程专业教学中起到了积极的指导作用。

本系列教材从宽口径、大土木的概念出发，根据教育部有关高等教育土木工程专业课程设置的教学要求编写，经过多年的建设和发展，逐步形成了自己的特色。本系列教材曾被教育部评为面向 21 世纪课程教材，其中大多数曾被评为普通高等教育“十一五”国家级规划教材和普通高等教育土建学科专业“十五”“十一五”“十二五”“十三五”规划教材，并有 11 种入选教育部普通高等教育精品教材。2012 年，本系列教材全部入选第一批“十二五”普通高等教育本科国家级规划教材。

2011 年，高等学校土木工程学科专业指导委员会根据国家教育行政主管部门的要求以及我国土木工程专业教学现状，编制了《高等学校土木工程本科指导性专业规范》。在此基础上，高等学校土木工程学科专业指导委员会及时规划出版了高等学校土木工程本科指导性专业规范配套教材。为区分两套教材，特在原系列教材丛书名《高等学校土木工程专业指导委员会规划推荐教材》后加上经典精品系列教材。2021 年，本套教材整体被评为《住房和城乡建设部“十四五”规划教材》。2023 年 7 月，为适应土木工程专业人才培养需求不断更新的要求，由教育部高等学校土木工程专业教学指导分委员会修订的专业规范正式出版，并更名为《高等学校土木工程本科专业指南》（以下简称《专业指南》）。请各位主编及有关单位根据《高等教育 职业教育住房和城乡建设领域学科专业“十四五”规划教材选题的通知》和《专业指南》要求，高度重视土建类学科专业教材建设工作，做好规划教材的编写、出版和使用，为提高土建类高等教育教学质量和人才培养质量做出贡献。

高等学校土木工程学科专业指导委员会
中国建筑工业出版社

出版说明

党和国家高度重视教材建设。2016 年，中办国办印发了《关于加强和改进新形势下大中小学教材建设的意见》，提出要健全国家教材制度。2019 年 12 月，教育部牵头制定了《普通高等学校教材管理办法》和《职业院校教材管理办法》，旨在全面加强党的领导，切实提高教材建设的科学化水平，打造精品教材。住房和城乡建设部历来重视土建类学科专业教材建设，从“九五”开始组织部级规划教材立项工作，经过近 30 年的不断建设，规划教材提升了住房和城乡建设行业教材质量和认可度，出版了一系列精品教材，有效促进了行业部门引导专业教育，推动了行业高质量发展。

为进一步加强高等教育、职业教育住房和城乡建设领域学科专业教材建设工作，提高住房和城乡建设行业人才培养质量，2020 年 12 月，住房和城乡建设部办公厅印发《关于申报高等教育职业教育住房和城乡建设领域学科专业“十四五”规划教材的通知》（建办人函〔2020〕656 号），开展了住房和城乡建设部“十四五”规划教材选题的申报工作。经过专家评审和部人事司审核，512 项选题列入住房和城乡建设领域学科专业“十四五”规划教材（简称规划教材）。2021 年 9 月，住房和城乡建设部印发了《高等教育职业教育住房和城乡建设领域学科专业“十四五”规划教材选题的通知》（建人函〔2021〕36 号）。为做好“十四五”规划教材的编写、审核、出版等工作，《通知》要求：（1）规划教材的编著者应依据《住房和城乡建设领域学科专业“十四五”规划教材申请书》（简称《申请书》）中的立项目标、申报依据、工作安排及进度，按时编写出高质量的教材；（2）规划教材编著者所在单位应履行《申请书》中的学校保证计划实施的主要条件，支持编著者按计划完成书稿编写工作；（3）高等学校土建类专业课程教材与教学资源专家委员会、全国住房和城乡建设职业教育教学指导委员会、住房和城乡建设部中等职业教育专业指导委员会应做好规划教材的指导、协调和审稿等工作，保证编写质量；（4）规划教材出版单位应积极配合，做好编辑、出版、发行等工作；（5）规划教材封面和书脊应标注“住房和城乡建设部‘十四五’规划教材”字样和统一标识；（6）规划教材应在“十四五”期间完成出版，逾期不能完成的，不再作为《住房和城乡建设领域学科专业“十四五”规划教材》。

住房和城乡建设领域学科专业“十四五”规划教材的特点：一是重点以修订教育部、住房和城乡建设部“十二五”“十三五”规划教材为主；二是严格按照专业标准规范要求编写，体现新发展理念；三是系列教材具有明显特点，满足不同层次和类型的学校专业教学要求；四是配备了数字资源，适应现代化教学的要求。规划教材的出版凝聚了作者、主审及编辑的心血，得到了有关院校、出版单位的大力支持，教材建设管理过程有严格保障。希望广大院校及各专业师生在选用、使用过程中，对规划教材的编写、出版质量进行反馈，以促进规划教材建设质量不断提高。

住房和城乡建设部“十四五”规划教材办公室

2021 年 11 月

第八版前言

《混凝土结构（第七版）》，上册、中册于 2020 年 1 月出版，下册于 2020 年 3 月出版。为做好《混凝土结构(第七版）》的修编工作，中国建筑出版传媒有限公司和北京建筑大学于 2025 年 3 月 28 日在北京组织了该教材修编工作会，来自东南大学、天津大学、同济大学、北京建筑大学和中国建筑出版传媒有限公司教育教材分社的代表出席了会议，会议由教材主编李爱群主持。参会的专家学者们对前辈教师在教材建设中的卓越贡献表达了崇高敬意，并围绕教师传承、专业规范的融入和教材章节的调整进行了深入讨论。会议强调了教材编写队伍传承的紧迫性和必要性，强调教材教师队伍建设是精品教材持续进步的关键，资深教授与年轻学者的传承与创新，将为教材高质量传承发展注入新动力。会议明确:（1）教材修订应面向学生学习需求，把握教材基本概念、基本原理和基本方法，同时优化教材章节的编写逻辑，使其更加简洁并清晰易懂；（2）《混凝土结构（第八版）》采用最新版的规范标准，如《混凝土结构设计标准》GB/T 50010—2010（2024 年版）、《混凝土结构通用规范》GB 55008—2021、《工程结构通用规范》GB 55001—2021、《建筑抗震设计标准》GB/T 52011—2010（2024 年版）等；（3）对各章的思考题（含问答题、选择题、填空题、判断题）和习题进行了扩充，并在书末给出了参考答案，以便学生和读者检验学习成效；（4）对教材使用中读者反馈的问题进行了修正。

《混凝土结构（第八版）》分上、中、下三册，其中上册主编为李爱群、王铁成、任晓丹，中册主编为李爱群、任晓丹、王铁成，下册主编为李爱群、叶见曙；具体分工为：王铁成（第 1、2、3、10 章）、任晓丹（第 4、7、9 章）、赵海龙/李砚波（第 5、6 章）、李爱群（第 8、12、15 章）、邱洪兴（第 11 章）、张建荣（第 13、14 章）；叶见曙（第 16 章）、张娟秀（第 17、19 章）、熊文/朱逸尘（第 18 章）、许崇法（第 20 章）；下册由叶见曙、张娟秀统稿；全书由李爱群统稿。上册、中册教学 PPT 修订由祝磊完成。

修订过程中出版社吉万旺、仕帅给予了工作指导和帮助，北京建筑大学祝磊、邓扬、彭有开以及使用教材、未具名的教师们提出了宝贵的修订意见，在此向关心教材建设的同仁们表示衷心感谢。

编者

2025 年 4 月

第七版前言

《混凝土结构（第六版）》（上、中、下册）已于2016年3月出版发行。《混凝土结构（第七版）》（上、中册）(即第六版的修订)，主要是考虑到《建筑结构可靠性设计统一标准》GB 50068—2018已颁布施行。为此，本次教材修订主要有以下几方面：（1）新增了结构耐久性极限状态的概念；（2）提高了建筑结构相关作用的分项系数，并对相关例题、习题的计算进行了修正；（3）对本书使用过程中发现的问题进行了修正。邓扬副教授、卢嘉茗研究生、许涛研究生参与了修订工作。全书由李爱群统稿。

《混凝土结构（第七版）》（下册）(即第六版的修订)，主要是考虑到《公路钢筋混凝土及预应力混凝土桥涵设计规范》JTG 3362—2018已颁布施行，同时考虑到土木工程专业对桥梁知识学习的新要求，突出了桥梁结构总体设计基本知识、桥梁体系营造方法和桥梁结构构造，重点对第17章、第18章、第19章和附录进行了较大幅度的修编。具体分工：第16章（熊文），第17章（张娟秀、马莹），第18章（熊文、叶见曙），第19章（张娟秀、叶见曙），第20章（吴文清）。全书由叶见曙、张娟秀统稿。

在修订过程中，得到了中国建筑工业出版社和参编老师们的大力支持，在此一并表示衷心感谢。

为满足广大读者要求，我们编写了《混凝土结构学习指导》（第三版），同时由中国建筑工业出版社出版，供大家学习时参考。

敬请读者不吝赐教，继续提出指正意见。

编者

2019年8月

第六版前言

本教材第五版于 2012 年出版发行。不幸的是，深受我们尊敬和爱戴的本教材主编程文瀼老师于 2013 年 2 月 17 日永远离开了我们。为告慰程先生，并做好先生倾注毕生心血、特别钟爱的、深受同行师生关爱的本教材的修订工作，来自东南大学、天津大学、同济大学和中国建筑工业出版社的作者和代表共 16 人，于 2015 年 7 月 11 日在东南大学榴园宾馆举行了本教材修订工作研讨会。会议确定了三条修订原则：一是尊重第五版的教材内容设计和构成，对发现和收集到的问题和意见做局部完善和修订；二是按现行新规范进行修订，这些规范主要包括：《混凝土结构设计规范》GB 50010—2010、《建筑结构荷载规范》GB 50009—2012、《砌体结构设计规范》GB 50003—2011 和《公路工程技术标准》JTGB 01—2014；三是精益求精。

本教材是"十一五""十二五"普通高等教育本科国家级规划教材、普通高等教育土建学科专业"十二五"规划教材和高校土木工程专业指导委员会规划推荐教材，是东南大学、天津大学、同济大学和清华大学四校三代教师精诚合作、精心创作、凝聚情感和学识并紧跟时代的教材作品。

本教材第六版的分工如下：王铁成（第 1、2、3、10 章）、顾蕙若（第 4 章）、李砚波（第 5、6 章）、康谷贻（第 3、7 章）、高莲娣（第 9 章）、颜德姮（第 9 章）、李爱群（第 8、12、15 章）、邱洪兴（第 11 章）、张建荣（第 13、14 章）、熊文（第 16、18 章）、叶见曙（第 17 章）、张秀娟（第 19 章）、吴文清（第 20 章）。上册教学 PPT 文件光盘修订、中册教学 PPT 光盘制作由祝磊完成。下册由叶见曙统稿。全书由李爱群统稿。担任本教材主审的是清华大学叶列平教授。

在修订工作过程中，程先生的夫人、师母张素德老师给予了真诚的关爱和信任，中国建筑工业出版社王跃主任、吉万旺编辑给予了工作指导和帮助，东南大学黄镇老师、张志强老师、陆飞老师，合肥工业大学陈丽华老师、陈道政老师，南京林业大学黄东升老师、苏毅老师和北京建筑大学祝磊老师、刘栋栋老师、邓思华老师、赵东拂老师、彭有开老师提出了宝贵的意见，东南大学傅乐萱老师给予了热情的帮助。2012 年第五版发行后，我们收到了来自高校的老师和同学们的修订意见。这些意见和帮助对于我们做好本次修订工作大有裨益，在此一并表示衷心感谢。

限于时间和水平，不妥和错误之处敬请批评指正。

编者
2015 年 10 月

第五版前言

在编写第五版时，感到压力特别大。一是因为这本教材的发行量一直很大。二是因为本教材的老前辈，清华大学滕智明教授、东南大学丁大钧教授、本教材的主审清华大学江见鲸教授以及主要编写成员东南大学蒋永生教授都相继离开了我们。这就鞭策我们必须把本教材修订好，以不辜负大家和前辈们的殷切期望。

本教材是教育部确定的普通高等教育“十一五”国家级规划教材；同时本教材已被住房和城乡建设部评为普通高等教育土建学科专业“十二五”规划教材；也被高校土木工程专业指导委员会评为规划推荐教材。本套教材正在申报普通高等教育“十二五”国家级规划教材。

第五版是在第四版的基础上修订的，仍分为上、中、下三册；章、节都没有大的变动。这次修订，除了按新修订的《混凝土结构设计规范》GB 50010—2010和《砌体结构设计规范》GB 50003—2011进行修改外，还主要做了以下工作：

1. 对每一章都给出了教学要求，分为基本概念、计算能力和构造要求三方面，并都分为三个档次：对概念，分为“深刻理解”“理解”和“了解”；对计算，分为“熟练掌握”“掌握”和“会做”；对构造，分为“熟悉”“领会”和“识记（知道）”。

2. 进一步突出重点内容，进一步讲清了难点内容。例如，增加了无腹筋梁斜截面受剪承载力的试验；给出了排架计算例题；用两个控制条件讲清了梁内负钢筋的截断；用控制截面的转移讲清了偏心受压构件的 P-δ 效应；把小偏心受压分成三种情况，并用两个计算步骤讲清了矩形截面非对称配筋小偏心受压构件截面承载力的设计等。并且对重要的内容，采用黑体字。

3. 为了贯彻规范提出的“宜采用箍筋作为承受剪力的钢筋”，并与我国常规设计接轨，在楼盖设计中，不再采用弯起钢筋，并介绍了钢筋的平面表示法。

4. 全面地修改和补充了计算例题。

5. 为了方便教学，对本教材的上册制作了教学光盘。

担任本教材主审的是清华大学博士生导师、教授叶列平博士。

制作本教材教学光盘的是清华大学硕士、东京大学博士，现在北京建筑工程学院任教的祝磊副教授，硕士研究生季亮、黄宇星做了教学课件编辑工作。

编写本教材第五版的分工如下：上册主编程文瀼、李爱群、王铁成、颜德姮；中册主编程文瀼、李爱群、颜德姮、王铁成；下册主编程文瀼、李爱群、叶见曙、颜德姮、王铁成。参加编写的有：王铁成（第 1、2、3、10 章）、顾蕙若（第 4 章）、李砚波(第5、6章)、康谷贻(第3、7章)、高莲娣（第9章）、颜德姮（第9

章）、程文瀼（第 3、8、12、14、15 章）、李爱群（第 8、12、15 章）、邱洪兴（第 11 章）、张建荣（第 13、14 章）、戴国亮（第 15 章）、叶见曙（第 16、17、18 章）、安琳（第 18 章）、张娟秀（第 19 章）、吴文清（第 20 章）、熊文(第 16、18 章)，有些图是东南大学硕士研究生高海平画的。

在编写过程中，南昌大学熊进刚教授、常州工学院周军文、刘爱华教授、北京工业大学曹万林教授、北京建筑工程学院刘栋栋教授、南京林业大学黄东升教授、苏毅副教授、扬州大学曹大富教授、华中科技大学袁涌副教授、华北水利水电学院程远兵教授、太原理工大学张文芳教授、河海大学张富有副教授、贵州大学须亚平教授、深圳大学曹征良教授、西南交通大学林拥军教授、哈尔滨工业大学邹超英教授、山东科技大学韩金生博士、青岛理工大学隋杰英博士、上海师范大学建筑工程学院副教授赵世峰博士后、广东省惠州建筑设计院总工程师任振华博士、中国电子工程设计院设计大师，教授级高级工程师娄宇博士、中国电子工程设计院叶正强博士、中国建筑科学研究院白生翔研究员等对本教材的内容提出了宝贵意见，在此表达衷心感谢。

由程文瀼主编的《混凝土结构学习辅导与习题精解》也同时进行了修订，补充了很多疑难问题的解答，供大家学习时参考。 这本《混凝土结构学习辅导与习题精解》（第二版) 也是由中国建筑工业出版社出版的。

限于水平，不妥的地方一定很多，欢迎批评指正。

编者
2011 年 9 月

第四版前言

这本《混凝土结构》教材主要是供土木工程专业中主修建筑工程，选修桥梁工程的大学生用的。全书有上、中、下三册。上册为《混凝土结构设计原理》，包括绪论、材性、弯、剪、压、拉、扭、变形裂缝和预应力等9章；中册为《混凝土结构与砌体结构设计》，包括设计原则和方法、楼盖、单厂、多层框架、高层和砌体结构等6章；下册为《混凝土公路桥设计》，包括总体设计、设计原理、梁式桥、拱式桥和墩台设计等5章。

本教材被教育部评为普通高等教育“十一五”国家级规划教材，同时也被住房和城乡建设部评为普通高等教育土建学科专业“十一五”规划教材。2007年底，高校土木工程专业指导委员会对“混凝土结构基本原理”和“土力学”两门课程的教材组织了推荐评审工作，本教材的上册被评为住房和城乡建设部高等学校土木工程学科专业指导委员会“十一五”推荐教材。

本教材是在原有的第三版基础上进行修订的。这次修订的主要内容是把原来上册第3章计算方法的内容都移到现在的中册第10章设计原则和方法中去，并把原来分散在楼盖和单厂中的楼面竖向荷载、风、雪荷载等内容归并到第10章中；在上册中删去双偏压，增加型钢混凝土柱和钢管混凝土柱简介；在中册高层中突出剪力墙，并把它单独列为一节；在例题和习题中的受力钢筋大多改为HRB400级钢筋。

本教材的重点内容是，受弯构件的正截面受弯承载力、矩形截面偏压构件的正截面承载力计算、单向板肋形楼盖、单跨排架计算、多层框架的近似计算、剪力墙和梁式桥。本教材的难点内容是，保证受弯构件斜截面受弯承载力的构造措施、矩形截面小偏心受压构件的正截面承载力计算、钢筋混凝土超静定结构的内力重分布、排架柱和框架梁、柱控制截面的内力组合。教学中应突出重点内容，讲清难点内容。

本教材第四版的编写分工如下：上册主编程文瀼、王铁成、颜德姮；中册主编：程文瀼、颜德姮、王铁成；下册主编：程文瀼、叶见曙、颜德姮、王铁成。江见鲸担任全书的主审。参加编写的有：王铁成(第1、2、3、10章)、顾蕙若(第4章)、李砚波(第5、6章)、康谷贻(第3、5、6、7章)、高莲娣(第9章)、颜德姮(第9章)、程文瀼(第3、8、12、14、15章)、邱洪兴(第11章)、张建荣(第13、14章)、戴国亮(第15章)、叶见曙(第16、17、18章)、安琳(第18章)、张秀娟(第19章)、吴文清(第20章)。东南大学蒋永生教授因病逝世，在此对他为本书所作的贡献表示敬意。

为满足广大读者的要求，我们按本教材上册和中册的内容，由程文瀼担任主编，编写了《混凝土结构学习辅导与习题精解》，已由中国建筑工业出版社出版，供大家学习时参考。

限于水平，本书不当之处，欢迎批评指正。

编者

2008年2月

第三版前言

为了写好这本普通高等教育“十五”国家级规划教材，我们做了一些调查研究工作，得到以下三点认识：（1）这本教材主要是供土木工程专业中主修建筑工程，选修桥梁工程的本科大学生学习混凝土结构、砌体结构和桥梁工程课程用的教科书；（2）要切实贯彻“少而精”原则，减少和精炼教材内容；（3）避免错误，并减轻学生的经济负担。为此，我们在本教材的第三版中做了以下工作：

1. 调整书的结构，全书仍分为上、中、下三册。上册为混凝土结构设计原理，把原来的第 11 章混凝土结构按《公路钢筋混凝土及预应力混凝土桥涵设计规范》的设计原理及其在附录中的有关内容放到下册中去。中册为混凝土结构与砌体结构设计，有五章内容：楼盖、单层厂房、多层框架结构、高层建筑结构、砌体结构。下册为混凝土桥梁设计，有五章内容：公路混凝土桥总体设计、公路混凝土桥设计原理、混凝土梁式桥、混凝土拱式桥、桥梁墩台设计，是按新修订的《公路钢筋混凝土及预应力混凝土桥涵设计规范》(JTG D62—2004)编写的。

2. 不再讲述我国工程中已经不用或用得很少的结构和构件，例如单层厂房中的混凝土屋盖和先张法预应力混凝土受弯构件等。对于那些尚待商榷的内容则仍给予保留，例如钢筋混凝土基础和双向偏心受压构件正截面承载力的计算等。

3. 认真地修改了原有的内容，使其进一步完善。

本教材第三版的分工如下：上册主编：程文瀼、王铁成、颜德姮；中册主编：程文瀼、颜德姮、王铁成；下册主编：程文瀼、叶见曙、颜德姮、王铁成。参加编写的有：王铁成(第 1、2、3 章)、杨建江(第 4、8 章)、顾蕙若(第 5 章)、李砺波(第 6、7 章)、康谷贻(第 6、7、8 章)、蒋永生(第 9、15 章)、高莲娣(第 10 章)、颜德姮(第 10 章)、叶见曙(第 16、17、18 章)、程文瀼(第 4、12、17 章)、邱洪兴(第 11 章)、曹双寅(第 12 章)、张建荣(第 13、14 章)、戴国亮(第 15 章)、吴文清(第 20 章)、安琳、张娟秀(第 18、19 章)。全书主审：江见鲸。天津大学陈云霞和东南大学陆莲娣两位教授因退休，没有再参加编写工作，在此向她们表达衷心的敬意。

此外，为满足广大读者的要求，我们已按本教材上册和中册的内容编写了《混凝土结构学习辅导和习题集》，由中国建筑工业出版社出版，供大家学习时参考。

限于水平，不妥的地方一定很多，欢迎批评指正。

编者

2004 年 6 月

第一版前言

本教材是教育部、建设部共同确定的“九五”国家级重点教材，也是我国土木工程专业指导委员会推荐的面向21世纪的教材。

本教材是根据全国高校土木工程学科专业指导委员会审定通过的教学大纲编写的，分上、中、下三册，上册为《混凝土结构设计原理》，属专业基础课教材，主要讲述基本理论和基本构件；中册为《混凝土建筑结构设计》，属专业课教材，主要讲述楼盖、单层厂房、多层框架和高层建筑。下册为《混凝土桥梁设计》，主要讲述公路桥梁、拱桥的设计。

《混凝土结构设计原理》共有11章，包括绪论、计算方法、材性、弯、剪、扭、压、拉、预应力等基本构件。其中，第2章至第10章主要是结合新修订的《混凝土结构设计规范》(GB 50010—2002)报批稿编写的，第11章是在此基础上，再结合《公路钢筋混凝土及预应力混凝土桥涵设计规范》(JTJ023—85)编写的。初步实践表明，这种两段式的编写方法能体现先进性和现实性，也符合认识规律，便于教学。

编写本教材时，注意了以教学为主，少而精；突出重点、讲清难点，在讲述基本原理和概念的基础上，结合规范和工程实际；注意与其他课程和教材的衔接与综合应用；体现国内外先进的科学技术成果；有一定数量的例题，每章都有思考题，除第1、2章外，每章都有习题。

本教材的编写人员都具有丰富的教学经验，上册主编：程文瀼、康谷贻、颜德姮；下册主编：程文瀼、颜德姮、康谷贻。参加编写的有：王铁成(第1、2、3章)、陈云霞(第1、2章)、杨建江(第4、8章)、顾蕙若(第5章)、李砚波(第6、7章)、康谷贻(第6、7、8章)、蒋永生(第9章)、高莲娣(第10章)、颜德姮(第10章)、叶见曙(第11、16章)、程文瀼(第11、13章)、邱洪兴(第12章)、曹双寅(第13章)、张建荣(第14、15章)、陆莲娣(第16章)、朱征平(第16章)。全书主审：江见鲸。

原三校合编，清华大学主审，中国建筑工业出版社出版的高等学校推荐教材《混凝土结构》(建筑工程专业用)，1995年荣获建设部教材一等奖。本教材是在此基础上全面改编而成的，其中，第11章是按东南大学叶见曙教授主编的高等学校教材《结构设计原理》中的部分内容改编的。

本教材已有近30年的历史，在历届专业指导委员会的指导下，四校的领导和教师紧密合作，投入很多精力进行了三次编写。在此，特向陈肇元、沈祖炎、江见鲸、蒋永生等教授及资深前辈：吉金标、蒋大骅、丁大钧、滕智明、车宏亚、屠成松、范家骥、袁必果、童敌明、黄兴棣、赖国麟、储彭年、曹祖同、于庆荣、姚崇德、张仁爱、戴自强等教授，向中国建筑科学研究院白生翔教授、清华大学叶列平教授，向给予帮助和支持的兄弟院校，向中国建筑工业出版社的领导及有关编辑等表示深深的敬意和感谢。

限于水平，本教材中有不妥之处，请批评指正。

编者

2000 年 10月

目　录

第1章
绪 论

教学要求：

1. 理解配筋的作用与要求；
2. 了解混凝土结构的主要优缺点和发展概况；
3. 了解混凝土结构的功能、极限状态和环境类别。

第1章教学课件

1.1 混凝土结构的一般概念

1.1.1 混凝土结构的定义与分类

以混凝土为主制成的结构称为混凝土结构，包括素混凝土结构、钢筋混凝土结构和预应力混凝土结构等。由无筋或不配置受力钢筋的混凝土制成的结构称为素混凝土结构；由配置受力的普通钢筋、钢筋网或钢筋骨架的混凝土制成的结构称为钢筋混凝土结构；由配置受力的预应力钢筋通过张拉或其他方法建立预加应力的混凝土制成的结构称为预应力混凝土结构。混凝土结构广泛应用于工业与民用建筑、桥梁、隧道、矿井以及水利、海港等工程中。本教材上册着重讲述钢筋混凝土结构的设计原理，在第9章中将讲述预应力混凝土构件，在中册中将讲述建筑工程的混凝土结构与砌体结构设计，在下册中将讲述混凝土公路桥设计。

1.1.2 配筋的作用与要求

混凝土的抗压性能较强而抗拉性能很弱，钢筋的抗拉能力则很强。因此，在混凝土中配置适量的受力钢筋，并使得混凝土主要承受压力，钢筋主要承受拉力，就能起到充分利用材

注：本书"l"为与数字1区分均用斜体。

料，提高结构承载能力和变形能力的作用。

图 1-1（a）所示的素混凝土简支梁在外加集中力和梁自身重力的作用下，梁截面的上部受压，下部受拉。由于混凝土的抗拉性能很差，只要梁的跨中附近截面的受拉边缘混凝土一开裂，梁就突然断裂，破坏前变形很小，没有预兆，属于脆性破坏类型，是工程中要避免的。梁破坏时，截面受压区的压应力还不大，混凝土抗压强度比较高的性能没有被利用。为了改变这种情况，在截面受拉区的外侧配置适量的受力钢筋构成钢筋混凝土梁，见图 1-1（b）。钢筋主要承受梁中和轴以下受拉区的拉力，混凝土主要承受中和轴以上受压区的压力。由于钢筋的抗拉能力和混凝土的抗压能力都很大，即使受拉区的混凝土开裂后梁还能继续承受相当大的荷载，并在受拉钢筋达到屈服强度以后，荷载还可略有增加，直到受压区边缘混凝土被压碎，梁才破坏。破坏前，变形较大，有明显预兆，属于延性破坏类型，是工程中所希望和要求的。可见，在素混凝土梁内合理配置受力钢筋构成钢筋混凝土梁以后，不仅改变了破坏类型，而且梁的承载能力和变形能力都有很大提高，钢筋与混凝土两种材料的强度也得到了较充分的利用。因此在英语中称钢筋混凝土结构为被加强了的混凝土结构（reinforced concrete structure）。

如图 1-1（c）所示，在轴心受压的柱子中通常也配置抗压强度较高的钢筋协助混凝土承受压力，以提高柱子的受压承载能力和变形能力。由于钢筋的抗压强度比混凝土的高，所以柱子的截面尺寸可以小些。另外，配置了钢筋还能改善受压构件破坏时的脆性，并可以承受偶然因素产生的拉力。

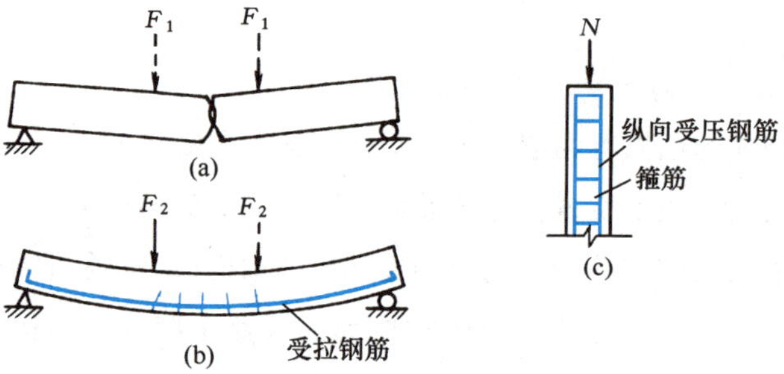

图 1-1　简支梁和轴心受压柱受力示意图

（a）素混凝土梁；（b）钢筋混凝土梁；（c）钢筋混凝土轴心受压柱

在混凝土中设置受力钢筋构成钢筋混凝土，这就要求受力钢筋与混凝土之间必须可靠地粘结在一起，以保证两者共同变形，共同受力。由于钢筋和混凝土两种材料的温度线膨胀系数十分接近[钢 $1.2\times10^{-5}/℃$；混凝土$(1.0\times10^{-5}\sim1.5\times10^{-5})/℃$]，当温度变化时钢筋与混凝土之间不会产生较大的相对变形而破坏粘结，为满足两种材料共同受力的要求创造了前提条件。

同时，在钢筋混凝土结构和构件中，受力钢筋的布置和数量都应由计算和构造要求确定，施工也要正确。

1.1.3　钢筋混凝土结构的优缺点

钢筋混凝土结构的主要优点如下：

取材容易：混凝土所用的砂、石一般易于就地取材。另外，还可有效利用矿渣、粉煤灰等工业废料。

合理用材：钢筋混凝土结构合理地发挥了钢筋和混凝土两种材料的性能，与钢结构相比，可以降低造价。

耐久性较好：密实的混凝土有较高的强度，同时由于钢筋被混凝土包裹，不易锈蚀，维修费用也很少，所以钢筋混凝土结构的耐久性比较好。

耐火性好：混凝土包裹在钢筋外面，火灾时钢筋不会很快达到软化温度而导致结构破坏。与裸露的木结构、钢结构相比耐火性要好。

可模性好：根据需要，可以较容易地浇筑成各种形状和尺寸的钢筋混凝土结构。

整体性好：整浇或装配整体式钢筋混凝土结构有很好的整体性，有利于抗震、抵抗振动和爆炸冲击波。

钢筋混凝土结构也存在一些缺点，主要是：自重较大，这对大跨度结构、高层建筑结构抗震不利，也给运输和施工吊装带来困难。还有，钢筋混凝土结构抗裂性较差，受拉和受弯等构件在正常使用时往往带裂缝工作。当不允许出现裂缝或对裂缝宽度有严格限制时就要采用预应力混凝土结构。此外，钢筋混凝土结构的施工复杂、工序多、隔热隔声性能较差。针对这些缺点，可采用轻质高强混凝土及预应力混凝土以减轻自重，改善钢筋混凝土结构的抗裂性能。

1.2　混凝土结构的发展概况

混凝土结构与钢、木和砌体结构相比，在物理力学性能、材料来源以及工程造价等方面有许多优点，所以发展速度很快，应用也最广泛。

我国是采用混凝土结构较多的国家，在高层建筑和多层框架中大多采用混凝土结构。在多层住宅中也广泛采用了混凝土-砌体混合结构；电视塔、水塔、水池、冷却塔、烟囱、贮罐、筒仓等构筑物中也普遍采用了钢筋混凝土和预应力混凝土结构。此外，在大跨度的公共建筑和工业建筑中也广泛采用混凝土结构。

目前，世界上最高的建筑是高828m的位于阿拉伯联合酋长国迪拜市的哈利法塔（2009年10月建成）。我国最高的建筑是高632m（119层）的上海中心大厦（2016年3月建成）。

日本东京晴空塔，高634m（2012年2月建成），是自立式电波塔。我国广州电视塔，高 610m（2009 年 9 月建成），主体为混凝土核心筒和钢结构外框筒。加拿大多伦多电视塔高达 549m，是有代表性的预应力混凝土构筑物。我国上海电视塔（东方明珠），高 415.2m，主体为混凝土结构。

瑞士狄克桑斯大坝，坝高 285m，坝顶宽 15m，坝底宽 225m，坝长 695m。我国长江三峡水利枢纽工程，混凝土大坝高 186m，坝体混凝土用量达 1527 万 m^3。

我国在铁路、公路、城市的立交桥、高架桥、地铁隧道以及水利港口等交通工程中用钢筋混凝土建造的水闸、水电站、船坞和码头已是星罗棋布。随着我国经济建设的快速发展，混凝土结构的应用将更加广泛，更加丰富多彩。

近年来，我国在混凝土基本理论与设计方法、结构可靠度与荷载分析、工业化建筑体系、结构抗震与有限元分析方法以及现代化测试技术等方面的研究也取得了很多新的成果，某些方面已达到或接近国际先进水平。混凝土结构的设计和研究向更完善、更科学的方向发展。先进的现代测试技术保证了试验研究更精确、更系统。基于可靠度理论的分析方法也在逐步完善，并开始用于结构整体和使用全过程的分析。与此同时，电子计算机的普及和多功能化、CAD 等软件系统的开发，缩短了结构设计的时间和降低了工作量，提高了经济效益。

此外，通过大量研究，在混凝土结构设计理论和设计方法方面也取得了很大进展。现行《混凝土结构设计标准》GB/T 50010—2010（2024 年版）（以下简称《混凝土结构设计标准》）积累了半个多世纪以来丰富的工程实践经验和科研成果，把我国混凝土结构设计方法提高到了当前的国际水平，在工程设计中发挥指导作用。

随着高强度钢筋、高强高性能混凝土（强度达到 $100N/mm^2$）以及高性能外加剂和混合材料的研制使用，高强高性能混凝土的应用范围不断扩大，钢纤维混凝土和聚合物混凝土的研究和应用有了很大发展。还有，轻质混凝土、加气混凝土、陶粒混凝土以及利用工业废渣的“绿色混凝土”，不但改善了混凝土的性能，而且对节能和保护环境具有重要的意义。此外，防射线、耐磨、耐腐蚀、防渗透、保温等特殊需要的混凝土以及智能型混凝土及其结构也正在研究中。

混凝土结构的应用范围也在不断地扩大，已从工业与民用建筑、交通设施、水利水电建筑和基础工程扩大到了近海工程、海底建筑、地下建筑、核电站安全壳等领域，甚至已开始构思和试验用于月面建筑。随着轻质高强材料的使用，在大跨度、高层建筑中的混凝土结构越来越多。

1.3 结构的功能和极限状态简述

为了方便学习，这里只讲述与下面几章学习内容有关的预备知识，其余的将在中册第

10 章中讲述。

1.3.1 结构的功能

为了保证设计的结构是安全可靠的，建筑结构应满足对其功能的要求。建筑结构的功能包括安全性、适用性和耐久性三个方面，简称“三性”。安全性是指建筑结构承载能力的可靠性，即建筑结构应能承受正常施工和使用时的各种荷载和变形，在地震、爆炸等发生时和发生后能保持结构的整体稳定性；适用性要求结构在正常使用过程中不产生影响使用的过大变形以及不发生过宽的裂缝和振动等；耐久性要求在正常维护条件下结构性能不发生严重劣化、腐蚀、脱落、碳化，钢筋不发生锈蚀等，达到设计预期的使用年限。

1.3.2 结构的极限状态

整个结构或结构的一部分超过某一特定状态就不能满足设计规定的某一功能要求，则此状态称为该功能的极限状态。所以极限状态就是区分结构可靠与失效的界限状态。

结构的极限状态可分为承载能力极限状态、正常使用极限状态和耐久性极限状态三类。

1. 承载能力极限状态

结构或构件达到最大承载能力或者变形达到不适于继续承载的状态，称为承载能力极限状态。当结构或构件由于材料强度不足而破坏，或因疲劳而破坏，或产生过大的塑性变形而不能继续承载，或丧失稳定，或结构转变为机动体系时，就认为结构或构件超过了承载能力极限状态。超过承载能力极限状态后，结构或构件就不能满足安全性的要求。

2. 正常使用极限状态

结构或构件达到正常使用中某项规定限值的状态称为正常使用极限状态。例如，当结构或构件出现影响正常使用的过大变形、过宽裂缝、局部损坏和振动时，可认为结构或构件超过了正常使用极限状态。超过了正常使用极限状态，结构或构件就不能保证适用性和耐久性的功能要求。

3. 耐久性极限状态

结构或构件在环境影响下出现的劣化达到耐久性能的某项规定限值或标志的状态称为耐久性极限状态。例如，影响承载力和正常使用的材料性能劣化；影响耐久性能的裂缝、变形、材料削弱等。

进行结构设计时，结构或构件按承载能力极限状态进行计算后，还应该按正常使用极限状态进行验算。也就是说，设计的结构或构件在满足承载能力极限状态的同时，也要满足正常使用极限状态和耐久性极限状态。《建筑结构可靠性设计统一标准》GB 50068—2018 明确了不同的建筑结构设计状况所应进行的极限状态设计。本教材将在第 3 章至第 7 章中讲述各种基本构件截面的承载力，在第 8 章中讲述变形、裂缝及延性、耐久性等。

1.3.3 荷载和材料强度

荷载值基本上不随时间而变化的荷载，称为永久荷载或恒荷载（用 G 或 g 表示），例如结构的自重。荷载值随时间而变化的荷载，称为可变荷载或活荷载（用 Q 或 q 表示），例如楼面活荷载。

荷载的标准值是荷载的基本代表值，用下标 k 表示，在验算变形和裂缝宽度时要用荷载的标准值。在计算截面承载力时，为了满足安全性的可靠度要求，应采用比其标准值大的荷载设计值。荷载设计值等于荷载标准值乘以荷载分项系数。恒荷载的荷载分项系数 γ_g 一般取为 1.3；活荷载的荷载分项系数 γ_Q 一般取为 1.5。

按荷载标准值计算得到的内力，称为内力的标准值，例如弯矩标准值 M_k、轴向力标准值 N_k 等。按荷载设计值计算得到的内力，称为内力的设计值，例如弯矩设计值 M、轴向力设计值 N 等。

验算变形、裂缝宽度时，应采用材料强度的标准值；计算截面承载力时，要用比材料强度标准值小的材料强度设计值。材料强度设计值等于材料强度标准值除以材料强度的分项系数。例如，混凝土轴心抗拉强度设计值 $f_t = f_{tk}/\gamma_c$。这里，t 表示抗拉强度（tensile strength），k 表示标准值，c 表示混凝土，γ_c 表示混凝土强度的分项系数，γ_c=1.4。

1.4 混凝土结构的环境类别

第 8 章将讲到的混凝土结构的耐久性设计、混凝土保护层厚度、裂缝控制等级和最大裂缝宽度限值等都与混凝土结构所处的环境有关。《混凝土结构设计标准》规定，混凝土结构的环境类别按表 1-1 划分。

混凝土结构的环境类别　　表 1-1

环境类别		条件
一		室内干燥环境； 永久的无侵蚀性静水浸没环境
二	a	室内潮湿环境； 非严寒和非寒冷地区的露天环境； 非严寒和非寒冷地区与无侵蚀性的水或土直接接触的环境； 严寒和寒冷地区的冰冻线以下与无侵蚀性的水或土直接接触的环境
	b	干湿交替环境； 水位频繁变动区环境； 严寒和寒冷地区的露天环境； 严寒和寒冷地区冰冻线以上与无侵蚀性的水或土壤直接接触的环境

续表

环境类别	条件	
三	a	严寒和寒冷地区冬季水位变动区环境； 受除冰盐影响环境； 海风环境
	b	盐渍土环境； 受除冰盐作用环境； 海岸环境
四		海水环境
五		受人为或自然的侵蚀性物质影响的环境

注：1. 室内潮湿环境是指构件表面经常处于结露或湿润状态的环境；
2. 严寒和寒冷地区的划分应符合国家现行标准《民用建筑热工设计规范》GB 50176 的有关规定；
3. 海岸环境和海风环境宜根据当地情况，考虑主导风向及结构处迎风、背风部位等因素的影响，由调查研究和工程经验确定；
4. 受除冰盐影响环境为受到除冰盐盐雾影响的环境；受除冰盐作用环境指被除冰盐溶液溅射的环境以及使用除冰盐地区的洗车房、停车楼等建筑；
5. 暴露的环境是指混凝土结构表面所处的环境。

环境类别是指混凝土结构暴露表面所处的环境条件，设计时可根据实际情况确定适当的环境类别。

由表1-1可知，一类环境是指室内正常环境条件；二类环境主要是指处于露天或室内潮湿环境；三类环境主要指严寒、近海海风、盐渍土及使用除冰盐的环境条件；四类和五类环境分别指海水环境和侵蚀性环境。

1.5 学习本课程需要注意的问题

混凝土结构课程通常按内容的性质可分为“混凝土结构设计原理”和“混凝土结构设计”两部分。前者主要讲述各种混凝土基本构件的受力性能、截面计算和构造等基本理论，属于专业基础课内容。后者主要讲述梁板结构、单层厂房、多层和高层房屋、公路桥梁等的结构设计，属于专业课内容。通过本课程的学习，并通过课程设计和毕业设计等实践性教学环节，使学生初步具有运用这些理论知识正确进行混凝土结构设计和解决实际工程技术问题的能力。

学习本课程时，建议注意下面一些问题：

1. 加强试验、实践性教学环节并注意扩大知识面

混凝土结构的基本理论相当于钢筋混凝土及预应力混凝土的材料力学，它是以试验为基础的，因此除课堂学习以外，应注意到现场参观，了解实际工程，还要加强试验的教学环节，积累感性认识，以进一步理解学习内容和训练试验的基本技能。当有条件时，可进行简支梁正截面受弯承载力、简支梁斜截面受剪承载力、偏心受压短柱正截面受压承载力的试验。

混凝土结构课程的实践性很强，因此要加强课程作业、课程设计和毕业设计等实践性教学环节的学习，并在学习过程中逐步熟悉和正确运用我国颁布的一些设计规范和设计规程，诸如，《混凝土结构通用规范》GB 55008—2021、《混凝土结构设计标准》GB/T 50010—2010、《建筑结构可靠性设计统一标准》GB 50068—2018、《建筑结构荷载规范》GB 50009—2012、《建筑抗震设计标准》GB/T 50011—2010、《高层建筑混凝土结构技术规程》JGJ 3—2010 和《公路钢筋混凝土及预应力混凝土桥涵设计规范》JTG 3362—2018 等。以下简称《混凝土结构设计标准》GB/T 50010—2010(2024 年版)为《混凝土结构设计标准》，《公路钢筋混凝土及预应力混凝土桥涵设计规范》JTG 3362—2018 为《公路桥规》。

混凝土结构是一门发展很快的学科，学习时要多注意它的新动向和新成就，以扩大知识面。

2. 突出重点，并注意难点的学习

本课程的内容多、符号多、计算公式多、构造规定也多，学习时要遵循教学大纲的要求，贯彻“少而精”的原则，突出重点内容的学习。例如，第 3 章是上册中的重点内容，把它学好了，就为后面各章的学习打下了好的基础。对学习中的难点要找出它的根源，以利于化解。例如，第 4 章中弯起、截断梁内纵向受力钢筋，常是难点，如果知道了斜截面承受的弯矩设计值就是斜截面末端剪压区正截面的弯矩设计值，以及截断负钢筋的两个控制条件，难点也就基本上化解了。

3. 深刻理解重要的概念，熟练掌握设计计算的基本功，切忌死记硬背

教学大纲中对要求深刻理解的一些重要概念作了具体的规定。注意，深刻理解往往不是一步到位的，而是随着学习内容的展开和深入，逐步加深的。例如，学习上册中的第 8 章和中册中的第 11 章后就要回过头来复习第 3 章，以加深对受弯构件正截面受弯承载力的理解。

要求熟练掌握的内容已在教学大纲中有明确的规定，它们是本课程的基本功，熟练掌握是指正确、快捷。为此，本教材各章后面给出的习题是要求认真完成的。应该是先复习教学内容，搞懂例题后再做习题，切忌边做题边看例题。习题的正确答案往往不是唯一的，这也是本课程与一般的数学、力学课程所不同的。

对构造规定，也要着眼于理解，切忌死记硬背。事实上，不理解的东西也是难以记住的。当然，对常识性的构造规定是应该知道的。

思考题

问 答 题

1-1 什么是钢筋混凝土结构？钢筋的主要作用和要求是什么？
1-2 钢筋混凝土结构主要有哪些优点和缺点？
1-3 结构有哪些功能要求？简述承载能力极限状态、正常使用极限状态和耐久性极限状态的概念。
1-4 本课程主要包括哪些内容？学习本课程要注意哪些问题？
1-5 素混凝土梁和钢筋混凝土梁破坏时各有哪些特点？钢筋和混凝土是如何共同工作的？
1-6 怎样理解配筋能提高结构或构件的变形能力？

选 择 题

1-7 与素混凝土梁相比，钢筋混凝土梁承载能力________。
A. 相同 B. 提高很多 C. 有所提高
1-8 与素混凝土梁相比，钢筋混凝土梁抗开裂的能力________。
A. 提高不多 B. 提高许多 C. 完全相同
1-9 钢筋混凝土在正常使用荷载下________。
A. 通常是带裂缝工作的
B. 一旦出现裂缝，裂缝贯通全截面
C. 一旦出现裂缝，沿全长混凝土与钢筋混凝土间的粘结力丧失

填 空 题

1-10 在混凝土中配置受力钢筋的主要作用是提高结构或构件的______和______。
1-11 结构或构件的破坏类型有________与________。

第 2 章
混凝土结构材料的物理力学性能

教学要求：

1. 理解混凝土单轴向受压的应力-应变曲线及其应用；
2. 了解混凝土和钢筋的主要力学指标、性能和工程应用；
3. 理解钢筋与混凝土粘结的重要性和机理，知道钢筋锚固长度的要求。

第2章教学课件

2.1 混凝土的物理力学性能

2.1.1 单轴向应力状态下的混凝土强度

虽然实际工程中的混凝土结构和构件一般处于复合应力状态，但是单轴受力状态下混凝土的强度是复合应力状态下强度的基础和重要参数。

混凝土试件的大小和形状、试验方法和加载速率都会影响混凝土强度的试验结果，因此各国对各种单轴向受力下的混凝土强度都规定了统一的标准试验方法。

1. 混凝土的抗压强度

1）混凝土的立方体抗压强度 $f_{cu,k}$ 和强度等级

立方体试件的强度比较稳定，所以我国把立方体强度值作为混凝土强度的基本指标，并把立方体抗压强度作为评定混凝土强度等级的标准。我国《混凝土结构设计标准》规定以边长为 150mm 的立方体为标准试件，标准立方体试件在（20±3）℃的温度和相对湿度 90%以上的潮湿空气中养护 28d，按照标准试验方法测得的抗压强度作为混凝土的立方体抗压强度，单位为“N/mm^2”。

《混凝土结构设计标准》规定混凝土强度等级应按立方体抗压强度标准值确定，用符号 $f_{cu,k}$ 表示，下标 cu 表示立方体，k 表示标准值（注意，混凝土的立方体抗压强度是没有设计值的）。即用上述标准试验方法测得的具有 95%保证率的立方体抗压强度作为混凝土的强度等级。《混凝土结构设计标准》规定的混凝土强度等级有 C20、C25、C30、C35、C40、C45、C50、C55、C60、C65、C70、C75 和 C80，共 13 个等级。例如，C30 表示立方体抗压强度标准值为 $30N/mm^2$，即 $f_{cu,k}=30N/mm^2$。其中，C50～C80 属高强度混凝土范畴。

《混凝土结构设计标准》规定，钢筋混凝土结构的混凝土强度等级不应低于 C25；采用强度等级 500MPa 及以上钢筋时，混凝土强度等级不应低于 C30。

预应力混凝土结构的混凝土强度等级不宜低于 C40，且不应低于 C30。

试验方法对混凝土的立方体抗压强度有较大影响。试件在试验机上单轴受压时，竖向缩短，横向扩张，由于压力机垫板的横向变形远小于混凝土的横向变形，所以垫板就通过接触面上的摩擦力来约束混凝土试块的横向变形，就像在试件上、下端各加了一个套箍，致使混凝土破坏时形成两个对顶的角锥形破坏面，见图 2-1（a），抗压强度比没有约束的情况要高。如果在试件上、下表面涂一些润滑剂，这时试件与压力机垫板间的摩擦力将大大减小，其横向变形几乎不受约束，受压时没有“套箍作用”的影响，试件将沿着平行于力的作用方向产生几条裂缝而破坏，测得的抗压强度就低，见图 2-1（b）。我国规定的标准试验方法是不涂润滑剂的。

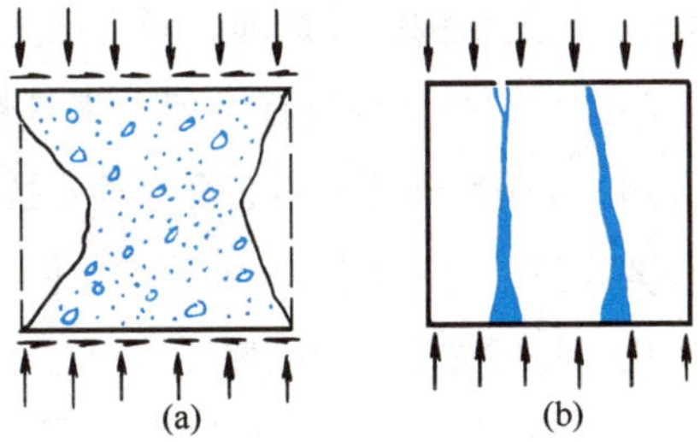

图 2-1　混凝土立方体试块的破坏情况

（a）不涂润滑剂；（b）涂润滑剂

加载速度对立方体抗压强度也有影响，加载速度越快，测得的强度越高。通常规定加载速度为：混凝土强度等级低于 C30 时，取每秒钟 0.3～$0.5N/mm^2$；混凝土强度等级高于或等于 C30 时，取每秒钟 0.5～$0.8N/mm^2$。

混凝土的立方体抗压强度随着成型后混凝土的龄期逐渐增长，因此试验方法中规定龄期为 28d。

2）混凝土的轴心抗压强度

混凝土的抗压强度与试件的形状有关，采用棱柱体比立方体能更好地反映混凝土结构的实际抗压能力。用混凝土棱柱体试件测得的抗压强度称为轴心抗压强度。

我国《混凝土物理力学性能试验方法标准》GB/T 50081—2019 规定以 150mm×150mm×300mm 的棱柱体作为混凝土轴心抗压强度试验的标准试件。棱柱体试件与立方体试件的制作条件相同，试件上、下表面不涂润滑剂。棱柱体的抗压试验及试件破坏情况如图 2-2 所示。由于棱柱体试件的高度越大，试验机压板与试件之间摩擦力对试件高度中部的横向变形的约束影响越小，所以棱柱体试件的抗压强度都比立方体的抗压强度值小，并且棱

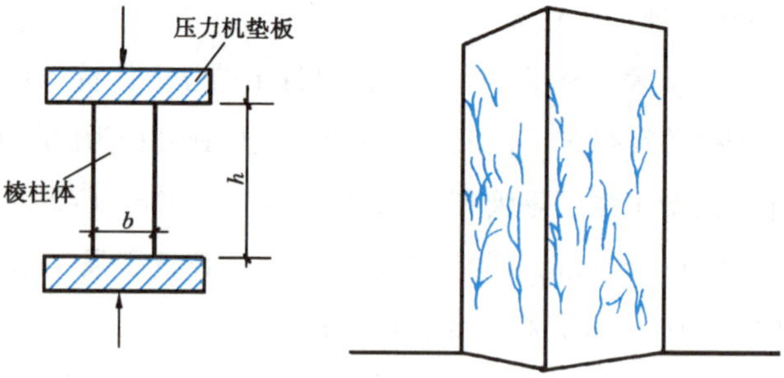

图 2-2　混凝土棱柱体抗压试验和破坏情况

柱体试件高宽比越大，强度越小。但是，当高宽比达到一定值后，这种影响就不明显了。在确定棱柱体试件尺寸时，要考虑到试件具有足够的高度以不受试验机压板与试件承压面间摩擦力的影响，在试件的中间区段形成纯压状态，同时也要考虑到避免试件过高，在破坏前产生较大的附加偏心而降低抗压强度。根据资料，一般认为试件的高宽比为 2～3 时，可以基本消除上述两种因素的影响。

《混凝土结构设计标准》规定以上述棱柱体试件试验测得的具有 95％保证率的抗压强度为混凝土轴心抗压强度标准值，用符号 f_{ck}表示，下标 c 表示受压，k 表示标准值。

图 2-3 是我国所做的混凝土轴心抗压强度与立方体抗压强度对比试验的结果，由图可以看到，试验值 f_{ck}^{0}与 $f_{cu,k}^{0}$的统计平均值大致呈一条直线，它们的比值大致在 0.70～0.92 的范围内变化，强度大的比值大些，这里的上标 0 表示是试验值。

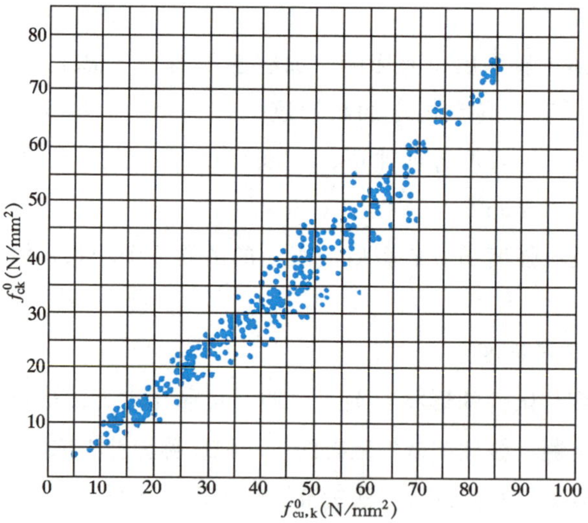

图 2-3　混凝土轴心抗压强度与立方体抗压强度的关系

考虑到实际结构构件制作、养护和受力情况等方面与试件的差别，实际构件强度与试件强度之间将存在差异，《混凝土结构设计标准》基于安全取偏低值，轴心抗压强度标准值与立方体抗压强度标准值的关系按下式确定：

$$f_{ck}=0.88\alpha_{c1}\alpha_{c2}f_{cu,k} \tag{2-1}$$

式中，α_{c1}为棱柱体抗压强度与立方体抗压强度之比，对混凝土强度等级为C50及以下的取$\alpha_{c1}=0.76$，对C80取$\alpha_{c1}=0.82$，两者之间按直线规律变化取值。α_{c2}为高强度混凝土的脆性折减系数，对C40及以下取$\alpha_{c2}=1.00$，对C80取$\alpha_{c2}=0.87$，中间按直线规律变化取值。0.88为考虑实际构件与试件混凝土强度之间的差异而取用的折减系数。

国外常采用混凝土圆柱体试件来确定混凝土轴心抗压强度。例如美国、日本和欧洲混凝土协会（CEB）都采用直径6英寸（152mm）、高12英寸（305mm）的圆柱体标准试件的抗压强度作为轴心抗压强度的指标，记作f'_c。对C60以下的混凝土，圆柱体抗压强度f'_c和立方体抗压强度标准值$f_{cu,k}$之间的关系可按式(2-2)计算。当$f_{cu,k}$超过60N/mm^{2}后随着抗压强度的提高，f'_c与$f_{cu,k}$的比值（即公式中的系数）也提高。CEB-FIP和MC-90给出：对C60的混凝土，比值为0.833；对C70的混凝土，比值为0.857；对C80的混凝土，比值为0.875。

$$f'_c=0.79f_{cu,k} \tag{2-2}$$

2. 混凝土的轴心抗拉强度

抗拉强度是混凝土的基本力学指标之一，其标准值用f_{tk}表示，下标t表示受拉，k表示标准值。混凝土的轴心抗拉强度可以采用直接轴心受拉的试验方法来测定。

图2-4是混凝土轴心抗拉强度和立方体抗压强度的关系，由图可以看出，轴心抗拉强度只有立方体抗压强度的$\frac{1}{17}\sim\frac{1}{8}$，混凝土强度等级越高，这个比值越小。考虑到构件与试件的差别、尺寸效应、加载速度等因素的影响，《混凝土结构设计标准》考虑了从普通强度混凝土到高强度混凝土的变化规律，取轴心抗拉强度标准值f_{tk}与立方体抗压强度标准值$f_{cu,k}$的关系为：

$$f_{tk}=0.88\times0.395f_{cu,k}^{0.55}(1-1.645\delta)^{0.45}\times\alpha_{c2} \tag{2-3}$$

式中　δ——变异系数；

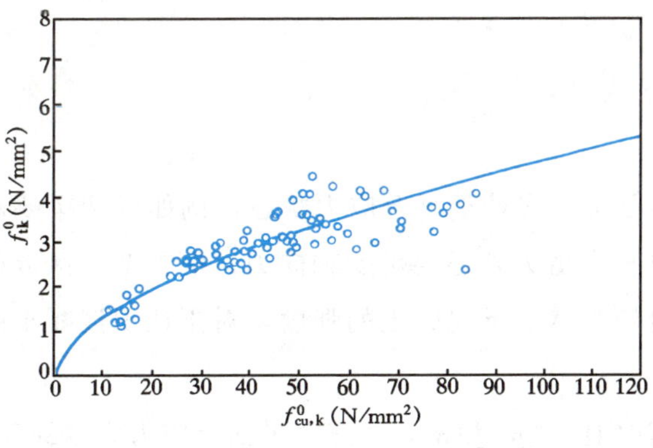

图2-4　混凝土轴心抗拉强度和立方体抗压强度的关系

0.88 的意义和 α_{c2} 的取值与式（2-1）中的相同；

系数 0.395 和 0.55 为轴心抗拉强度与立方体抗压强度间的折减系数。

由于混凝土内部的不均匀性，加之安装试件的偏差等原因，准确测定抗拉强度是很困难的。所以，国内外也常用如图 2-5 所示的圆柱体或立方体的劈裂试验来间接测试混凝土的轴心抗拉强度。根据弹性理论，轴心抗拉强度的试验值 f_t^0（上标 0 表示试验值）可按下式计算：

$$f_t^0 = \frac{2F}{\pi dl} \tag{2-4}$$

式中 F——破坏荷载；

d——圆柱体直径或立方体边长；

l——圆柱体长度或立方体边长。

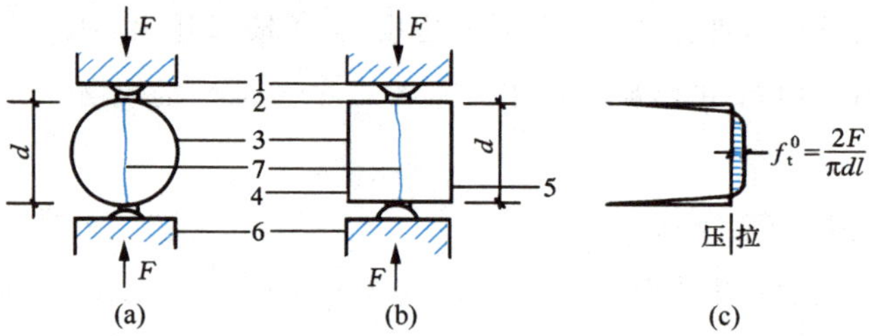

图 2-5　混凝土劈裂试验示意图

（a）用圆柱体进行劈裂试验；（b）用立方体进行劈裂试验；（c）劈裂面中水平应力分布

1—压力机上压板；2—弧形垫条及垫层各一条；3—试件；4—浇模顶面；

5—浇模底面；6—压力机下压板；7—试件破裂线

试验表明，劈裂抗拉强度略大于直接受拉强度，劈裂试件的大小对试验结果也有一定影响。

《混凝土结构设计标准》给出的混凝土抗压、抗拉强度标准值和设计值见本书附录 2（第 1 章中讲过材料强度的设计值等于其标准值除以材料强度的分项系数）。

2.1.2　复合应力状态下混凝土的强度

1. 双向应力状态

混凝土结构构件实际上大多处于复合应力状态，例如框架梁要承受弯矩和剪力的作用；框架柱除了承受弯矩和剪力外还要承受轴向力；框架节点区混凝土的受力状态就更复杂。同时，研究复合应力状态下混凝土的强度，对于认识混凝土的强度理论也有重要的意义。

在两个平面作用着法向应力 σ_1 和 σ_2，第三个平面上应力为零的双向应力状态下，混凝土的破坏包络图如图 2-6 所示，图中 σ_0 是单轴向受力状态下的混凝土抗压强度。一旦超出包络线就意味着材料发生破坏。图 2-6 中第一象限为双向受拉区，σ_1、σ_2 相互影响不大，不同应力比值 σ_1/σ_2 下的双向受拉强度均接近于单向受拉强度。第三象限为双向受压区，大体上一向的强度随另一向压力的增加而增加，混凝土双向受压强度比单向受压强度最多可提高 27%。第二、四象限为拉-压应力状态，此时混凝土的强度均低于单向抗拉伸或单向抗压时的强度。

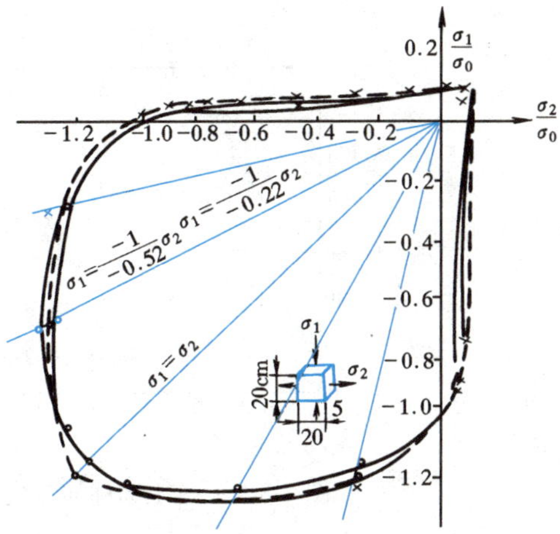

图 2-6　双向应力状态下混凝土的破坏包络图

取一个单元体，法向应力 σ 与剪应力 τ 组合的强度曲线如图 2-7 所示。压应力低时，抗剪强度随压应力的增大而增大，当压应力约超过 $0.6f'_c$ 即 C 点时，抗剪强度随压应力的增大而减小。此曲线也说明由于存在剪应力，混凝土的抗压强度要低于单向抗压强度。因此，梁受弯矩和剪力共同作用以及柱在受到轴向压力的同时也受到水平剪力作用时，剪应力会影响梁与柱中受压区混凝土的抗压强度。此外，由图 2-7 还可以看出，抗剪强度随着拉应力的增大而减小，也就是说剪应力的存在会使抗拉强度降低。

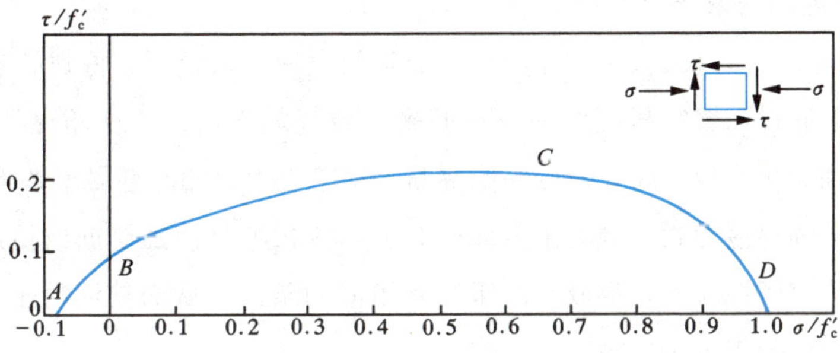

图 2-7　法向应力和剪应力组合的破坏曲线

A—轴心受拉；B—纯剪；C—剪压；D—轴心受压

2. 三向受压状态

三向受压下混凝土圆柱体的轴向应力-应变曲线可以由周围用液体压力加以约束的圆柱体进行加压试验得到，在加压过程中保持液压为常值，逐渐增加轴向压力直至破坏，并量测其轴向应变的变化。从图 2-8 中可以看出，随着侧向压力的增加，试件的强度和应变都有显著提高。

混凝土在三向受压的情况下，由于受到侧向压力的约束作用，最大主压应力轴的抗压强度 f'_{cc}（σ_1）有较大程度的增长，其变化规律随两侧向压应力（σ_2，σ_3）的比值和大小而不

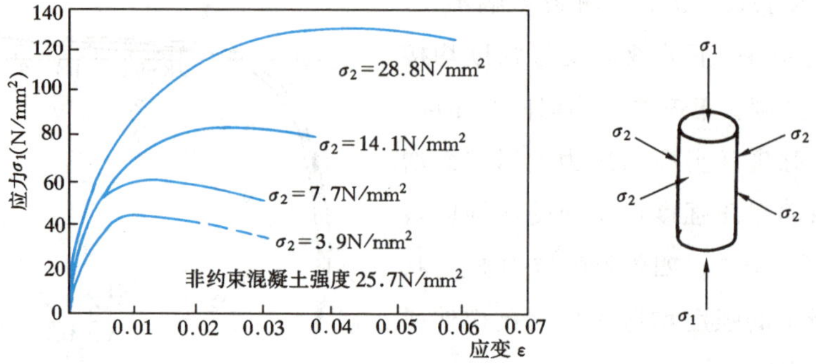

图 2-8　混凝土圆柱体三向受压试验时轴向应力-应变曲线

同。常规的三轴受压是在圆柱体周围加液压，在两侧向等压（$\sigma_2=\sigma_3=f_L>0$）的情况下进行的。试验表明，当侧向液压值不很大时，最大主压应力轴的抗压强度 f'_{cc}随侧向应力的增大而提高，由试验得到的经验公式为：

$$f'_{cc}=f'_c+(4.5\sim7.0)f_L \tag{2-5}$$

式中　f'_{cc}——有侧向压力约束试件的轴心抗压强度；

f'_c——无侧向压力约束的圆柱体试件的轴心抗压强度；

f_L——侧向约束压应力；

f_L 前的数字为侧向应力系数，平均值为 5.6，当侧向压应力较低时得到的系数值较高。

工程上可以通过设置密排螺旋筋或箍筋来约束混凝土，改善钢筋混凝土构件的受力性能。在混凝土轴向压力很小时，螺旋筋或箍筋几乎不受力，此时混凝土基本上不受约束，当混凝土应力达到临界应力时，混凝土内部裂缝引起体积膨胀使螺旋筋或箍筋受拉，反过来，螺旋筋或箍筋约束了混凝土，形成与液压约束相似的条件，从而使混凝土的应力-应变性能得到改善，钢管混凝土也是同理。

2.1.3　混凝土的变形

混凝土在一次短期加载、长期加载和多次重复荷载作用下都会产生变形，这类变形称为受力变形。另外，混凝土的收缩以及温度和湿度变化也会产生变形，这类变形称为体积变形。混凝土的变形是其重要的物理力学性能之一。

1. 一次短期加载下混凝土的变形性能

1）混凝土单轴受压时的应力-应变关系

混凝土单轴受压时的应力-应变关系是混凝土最基本的力学性能之一。一次短期加载是指荷载从零开始单调增加至试件破坏，也称单调加载。

我国采用棱柱体试件来测定一次短期加载下混凝土受压应力-应变全曲线。图 2-9 混凝土棱柱体受压应力-应变全曲线。可以看到，这条曲线包括上升段和下降段两个部分。上升段 OC 又可分为三段，从加载至应力约为（0.3～0.4）f_c^0 的 A 点为第 1 阶段，由于这时应力较小，混凝土的变形主要是骨料和水泥结晶体受力产生的弹性变形，而水泥胶体的黏性流动以及初始微裂缝变化的影响一般很小，所以应力-应变关系接近直线，称 A 点为比例极限点。超过 A 点，进入裂缝稳定扩展的第 2 阶段，至临界点 B，临界点的应力可以作为长期抗压强度的依据。此后，试件中所积蓄的弹性应变能保持大于裂缝发展所需要的能量，从而形成裂缝快速发展的不稳定状态直至峰点 C，这一阶段为第 3 阶段，这时的峰值应力 σ_{max} 通常作为混凝土棱柱体抗压强度的试验值 f_c^0（上标 0 表示试验值），相应的应变称为峰值应变 ε_0，其值在 0.0015～0.0025 之间波动，**通常取为 0.002。**

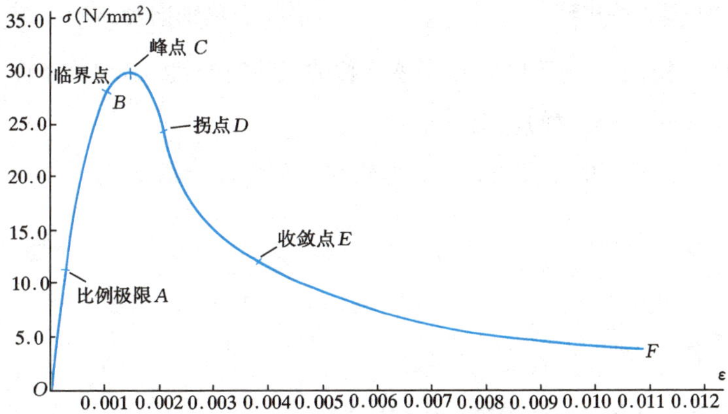

图 2-9　混凝土棱柱体受压应力-应变曲线

到达峰值应力后就进入下降段 CE，这时裂缝继续扩展、贯通，从而使应力-应变关系发生变化。在峰值应力以后，裂缝迅速发展，内部结构的整体受到越来越严重的破坏，赖以传递荷载的传力路线不断减少，试件的平均应力强度下降，所以应力-应变曲线向下弯曲，直到凹向发生改变，曲线出现“拐点”D。超过“拐点”，曲线开始凸向应变轴，这时，只靠骨料间的咬合力及摩擦力与残余承压面来承受荷载。随着变形的增加，应力-应变曲线逐渐凸向水平轴方向发展，此段曲线中曲率最大的一点 E 称为“收敛点”。收敛点 E 以后的曲线称为收敛段，这时贯通的主裂缝已很宽，内聚力几乎耗尽，对无侧向约束的混凝土，收敛段 EF 已失去结构意义。

混凝土应力-应变曲线的形状和特征是混凝土内部结构发生变化的力学标志。不同强度的混凝土的应力-应变曲线有着相似的形状，但也有实质性的区别。图2-10的试验曲线表明，随着混凝土强度的提高，尽管上升段和峰值应变的变化不很显著，但是下降段的形状有较大的差异，混凝土强度越高，下降段的坡度越陡，即应力下降相同幅度时变形越小，延性越差。

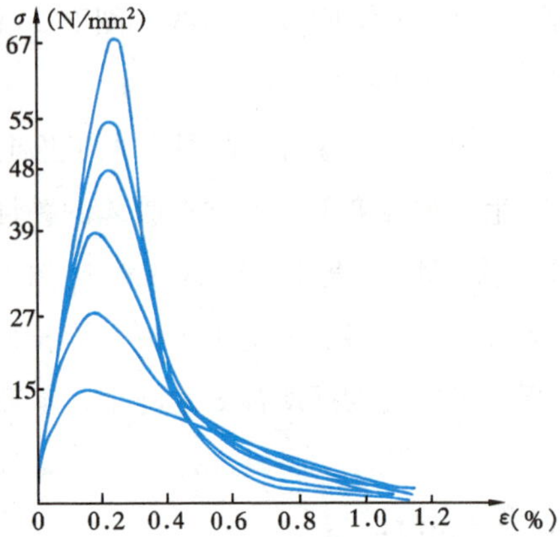

图 2-10　不同强度的混凝土的应力-应变曲线比较

另外，混凝土受压应力-应变曲线的形状与加载速度也有着密切的关系。

注意，由于压应力达到 f_c^0 时，试验机内积蓄的应变能会使试验机头冲击试件，使试件破坏，因此在普通试验机上获得有下降段的应力-应变曲线是比较困难的。若采用有伺服装置能控制下降段应变速度的特殊试验机，或者在试件旁附加各种弹性元件协同受压，防止试验机头回弹的冲击引起试件突然破坏，并以等应变加载，就可以测量出具有真实下降段的应力-应变全曲线。

2）混凝土单轴向受压应力-应变本构关系曲线

常见的描述混凝土单轴向受压应力-应变本构关系曲线的数学模型有下面两种：

（1）美国 Hognestad 建议的模型

如图 2-11 所示，模型的上升段为二次抛物线，下降段为斜直线。

上升段：$\varepsilon \leqslant \varepsilon_0$，
$$\sigma = f_c\left[2\frac{\varepsilon}{\varepsilon_0} - \left(\frac{\varepsilon}{\varepsilon_0}\right)^2\right] \tag{2-6}$$

下降段：$\varepsilon_0 \leqslant \varepsilon \leqslant \varepsilon_{cu}$，
$$\sigma = f_c\left[1 - 0.15\frac{\varepsilon - \varepsilon_0}{\varepsilon_{cu} - \varepsilon_0}\right] \tag{2-7}$$

式中　f_c——峰值应力（棱柱体极限抗压强度）；

ε_0——相应于峰值应力时的应变，取$\varepsilon_0 = 0.002$；

ε_{cu}——极限压应变，取 $\varepsilon_{cu} = 0.0038$。

（2）德国 Rüsch 建议的模型

如图 2-12 所示，该模型形式较简单，上升段也采用二次抛物线，下降段则采用水平直线。

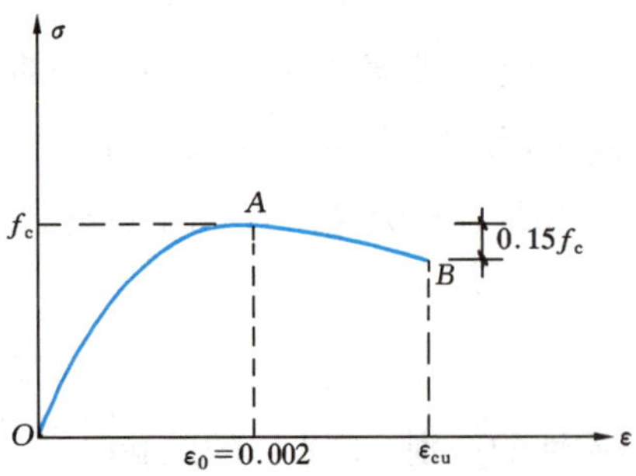

图 2-11　Hognestad 建议的应力-应变曲线

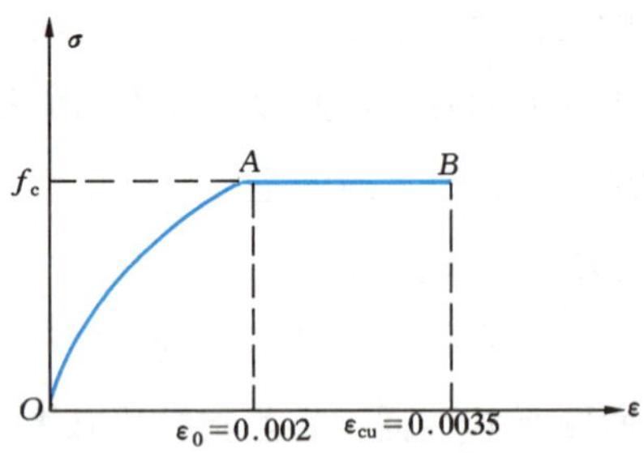

图 2-12　Rüsch 建议的应力-应变曲线

当 $\varepsilon \leqslant \varepsilon_0$ 时，
$$\sigma = f_c\left[2\frac{\varepsilon}{\varepsilon_0} - \left(\frac{\varepsilon}{\varepsilon_0}\right)^2\right] \tag{2-8}$$

当 $\varepsilon_0 \leqslant \varepsilon \leqslant \varepsilon_{cu}$ 时，
$$\sigma = f_c \tag{2-9}$$

式中，取 $\varepsilon_0 = 0.002$，$\varepsilon_{cu} = 0.0035$。

3）混凝土轴向受拉时的应力-应变关系

由于测试混凝土受拉时的应力-应变关系曲线比较困难，所以试验资料较少。图 2-13 是采用电液伺服试验机控制应变速度，测出的混凝土轴心受拉应力-应变曲线。曲线形状与受压时相似，具有上升段和下降段。试验表明，在试件加载的初期，变形与应力呈线性增长，至峰值应力的 40%～50%时达比例极限，加载至峰值应力的 76%～83%时，曲线出现临界点（即裂缝不稳定扩展的起点），到达峰值应力时对应的应变只有 75×10^{-6}～115×10^{-6}。曲线下降段的坡度随混凝土强度的提高而更陡峭。受拉弹性模量值与受压弹性模量值基本相同。

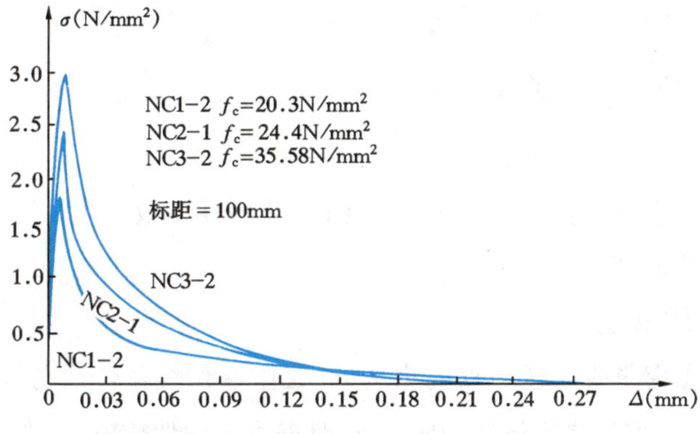

图 2-13　混凝土轴心受拉应力-应变曲线

4）混凝土的变形模量

与线弹性材料不同，混凝土受压应力-应变关系是一条曲线，在不同的应力阶段，应力与应变之比是变数，因此不能称它为弹性模量，而称其为变形模量。混凝土的变形模量有如下三种表示方法：

（1）混凝土的弹性模量（即原点模量）

如图 2-14 所示，混凝土棱柱体受压时，在应力-应变曲线的原点（图中的 O 点）作一切线，其斜率为混凝土的原点模量，称为弹性模量，用 E_c 表示。

$$E_c = \tan\alpha_0 \tag{2-10}$$

式中　α_0——混凝土应力-应变曲线在原点处的切线与横坐标的夹角。

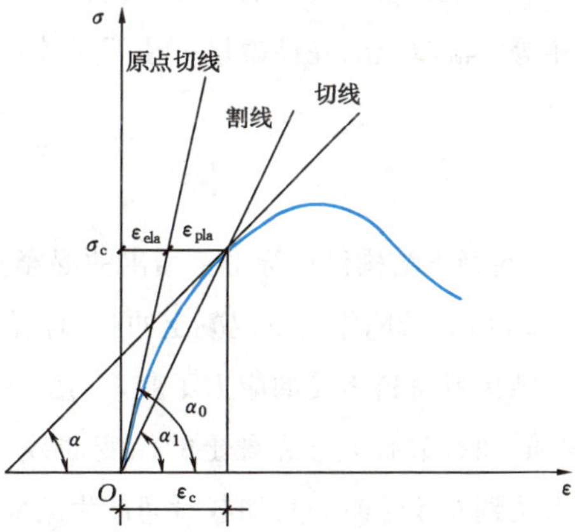

图 2-14　混凝土变形模量的表示方法

目前，各国对弹性模量的试验方法尚无统

一的标准。由于要在混凝土一次加载应力-应变曲线上作原点的切线，找出 α_0 角是不容易做准确的，所以通常的做法是：对标准尺寸 150mm×150mm×300mm 的棱柱体试件，先加载至$\sigma=0.5f_c$，然后卸载至零，再重复加载、卸载 5～10 次。由于混凝土不是弹性材料，每次卸载至应力为零时，存在残余变形，随着加载次数增加，应力-应变曲线渐趋稳定并基本上趋于直线。该直线的斜率即定为混凝土的弹性模量。

当混凝土进入塑性阶段后，初始的弹性模量已不能反映这时的应力-应变性质，因此，有时用变形模量或切线模量来表示这时的应力-应变关系。

(2) 混凝土的割线模量

连接图 2-14 中 O 点至曲线上任一点应力为 σ_c 的割线的斜率，称为割线模量或弹塑性模量，它的表达式为：

$$E'_c=\tan\alpha_1=\frac{\sigma_c}{\varepsilon_c}=\frac{E_c\varepsilon_e}{\varepsilon_c}=\nu E_c \tag{2-11a}$$

即弹塑性阶段的应力-应变关系可表示为：

$$\sigma_c=\nu E_c\varepsilon_c \tag{2-11b}$$

这里，ε_c 为总应变；ε_e 为 ε_c 中的弹性应变；ν 为弹性系数，$\nu=\varepsilon_e/\varepsilon_c$，$\nu$ 随应力增大而减小，其值在 0.5～1 之间变化。

(3) 混凝土的切线模量

在混凝土应力-应变曲线上任一点应力为 σ_c 处作一切线，切线与横坐标轴的交角为 α，则该处应力增量与应变增量之比值称为应力 σ_c 时混凝土的切线模量 E''_c，即：

$$E''_c=\tan\alpha \tag{2-12}$$

可以看出，混凝土的切线模量是一个变值，它随着混凝土应力的增大而减小。

需要注意的是，混凝土不是弹性材料，所以不能用已知的混凝土应变乘以规范中所给的弹性模量值去求混凝土的应力。只有当混凝土应力很低时，它的弹性模量与变形模量值才近似相等。混凝土的弹性模量可按下式计算：

$$E_c=\frac{10^2}{2.2+\dfrac{34.7}{f_{cu,k}}} \tag{2-13}$$

《混凝土结构设计标准》给出的混凝土弹性模量见本书附录 2 的附表 2-5。

2. 荷载长期作用下混凝土的变形性能

结构或材料承受的应力不变，而应变随时间增长的现象称为徐变。混凝土的徐变特性主要与时间参数有关。混凝土的徐变曲线如图 2-15 所示。可以看出，当对棱柱体试件加载，应力达到 $0.5f_c$ 时，其加载瞬间产生的应变为瞬时应变 ε_{ela}。若保持荷载不变，随着加载作用时间的增加，应变也将继续增长，这就是混凝土的徐变 ε_{cr}。一般，徐变开始增长较快，以后逐渐减慢，经过较长时间后就逐渐趋于稳定。徐变值约为瞬时应变的 1～4 倍。如图 2-15 所示，两年后卸载，试件瞬时要恢复的一部分应变称为瞬时恢复应变 ε'_{ela}，其值比加载时的瞬时变形略小。当长期荷载完全卸除后，混凝土并不处于静止状态，而经过一个徐变的恢复过程（约为 20d），卸载后的徐变恢复变形称为弹性后效 ε''_{ela}，其绝对值仅为徐变值的 1/12 左右。在试件中还有绝大部分应变是不可恢复的，称为残余应变 ε'_{cr}。

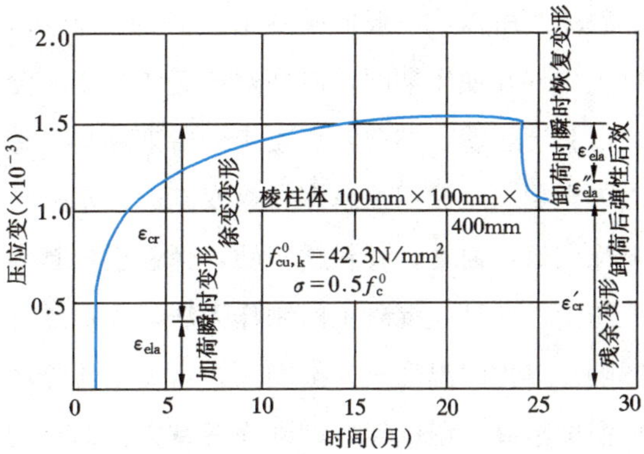

图 2-15　混凝土的徐变曲线
（应变与时间的关系曲线）

试验表明，混凝土的徐变与混凝土的应力大小有着密切的关系。应力越大徐变也越大，随着混凝土应力的增加，混凝土徐变将发生不同的情况。如图 2-16 所示，当混凝土应力较小时（例如小于 $0.5f_c$），徐变与应力成正比，曲线接近等间距分布，这种情况称为线性徐变。在线性徐变的情况下，加载初期徐变增长较快，6 个月时，一般已完成徐变的大部分，后期徐变增长逐渐减小，一年以后趋于稳定，一般认为 3 年左右徐变基本终止。

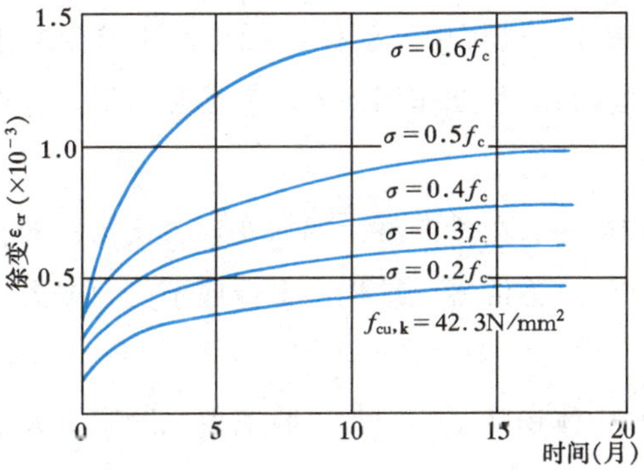

图 2-16　压应力与徐变的关系

当混凝土应力较大时（例如大于 $0.5f_c$），徐变变形与应力不成正比，徐变变形比应力增长要快，称为非线性徐变。在非线性徐变范围内，当加载应力过高时，徐变变形急剧增加不再收敛，呈非稳定徐变的现象，见图 2-17。由此说明，在高应力的长期作用下可能造成混凝

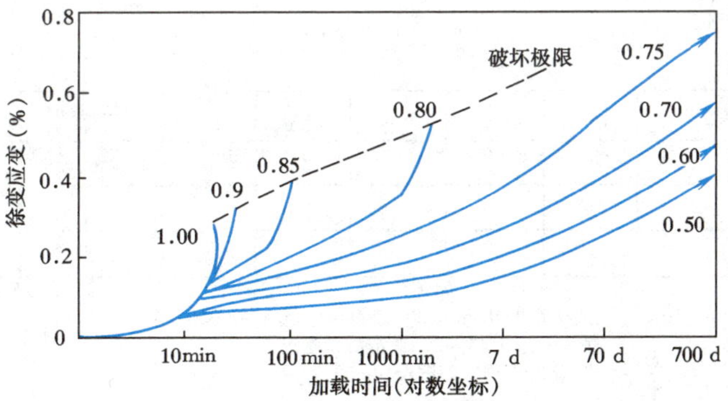

图 2-17　不同应力/强度比值的徐变时间曲线

土的破坏。所以，一般取混凝土应力约等于 $0.75f_c \sim 0.8f_c$，作为混凝土的长期极限强度。混凝土构件在使用期间，应当避免经常处于不变的高应力状态。

试验还表明，加载时混凝土的龄期越早，徐变越大。此外，混凝土的组成成分对徐变也有很大影响。水泥用量越多，徐变越大；水灰比越大，徐变也越大。骨料弹性性质也明显地影响徐变值，通常，骨料越坚硬，弹性模量越高，对水泥石徐变的约束作用越大，混凝土的徐变越小。此外，混凝土的制作方法、养护条件，特别是养护时的温度和湿度对徐变也有重要影响，养护时温度高、湿度大，水泥水化作用充分，徐变越小。而受到荷载作用后所处的环境温度越高、湿度越低，则徐变越大。构件的形状、尺寸也会影响徐变值，大尺寸试件内部失水受到限制，徐变减小。钢筋的存在等对徐变也有影响。

影响混凝土徐变的因素很多，通常认为在应力不大的情况下，混凝土凝结硬化后，骨料之间的水泥浆，一部分变为完全弹性结晶体，另一部分是充填在晶体间的凝胶体，它具有黏性流动的性质。当施加荷载时，在加载的瞬间结晶体与凝胶体共同承受荷载。其后，随着时间的推移，凝胶体由于黏性流动而逐渐卸载，此时结晶体承受了更多的力并产生弹性变形。在内力从水泥凝胶体向水泥结晶体转移的应力重新分布过程中，就使混凝土产生徐变并不断增加。在应力较大的情况下，混凝土内部微裂缝在荷载长期作用下不断发展和增加，也将导致混凝土变形的增加。

徐变对混凝土结构和构件的工作性能有很大的影响。由于混凝土的徐变，会使构件的变形增加，在钢筋混凝土截面中引起应力重分布。在预应力混凝土结构中会造成预应力损失。

3. 混凝土的收缩与膨胀

混凝土凝结硬化时，在空气中体积收缩，在水中体积膨胀。通常，收缩值比膨胀值大很多。混凝土收缩值的试验结果相当分散。图 2-18 是原铁道部科学研究院所做的混凝土自由收缩的试验结果。可以看到，混凝土的收缩值随着时间而增长，蒸汽养护混凝土的收缩值要小于常温养护下的收缩值。这是因为混凝土在蒸汽养护过程中，高温、高湿的条件加速了水

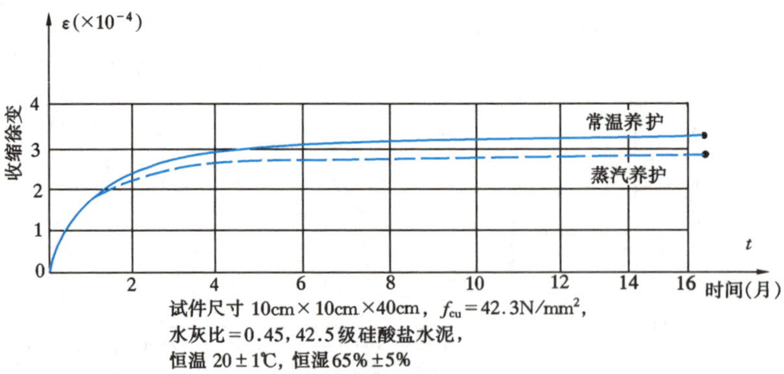

图 2-18　混凝土自由收缩

泥的水化和凝结硬化，一部分游离水由于水泥水化作用被快速吸收，使脱离试件表面蒸发的游离水减小，因此其收缩变形减小。

养护不好以及混凝土构件的四周受约束从而阻止混凝土收缩时，会使混凝土构件表面或水泥地面上出现收缩裂缝。

影响混凝土收缩的因素有：

1）水泥的品种：水泥强度等级越高制成的混凝土收缩越大。

2）水泥的用量：水泥越多，收缩越大；水灰比越大，收缩也越大。

3）骨料的性质：骨料的弹性模量大，收缩小。

4）养护条件：在结硬过程中周围温度、湿度越大，收缩越小。

5）混凝土制作方法：混凝土越密实，收缩越小。

6）使用环境：使用环境温度、湿度大时，收缩小。

7）构件的体积与表面积比值：比值大时，收缩小。

2.1.4 混凝土的疲劳

混凝土的疲劳是在荷载重复作用下产生的。疲劳现象大量存在于工程结构中，钢筋混凝土吊车梁、钢筋混凝土桥以及港口海岸的混凝土结构等都要受到吊车荷载、车辆荷载以及波浪冲击等几百万次的作用。混凝土在重复荷载作用下的破坏称为疲劳破坏。

图 2-19 是混凝土棱柱体在多次重复荷载作用下的受压应力-应变曲线，从图中可以看出，一次加载压应力 σ_1 小于混凝土疲劳抗压强度 f_c^f 时，其加载、卸载应力-应变曲线 OAB 形成了一个环状。而在多次加载、卸载作用下，应力-应变环会越来越密合，经过多次重复，这个曲线就密合成一条直线。如果再选择一个较高的加载压应力 σ_2，但 σ_2 仍小于混凝土疲劳强度 f_c^f 时，其加载、卸载的规律同前，多次重复后密合成直线。如果选择一个高于混凝土疲劳强度 f_c^f 的加载压应力 σ_3 开始，混凝土应力-应变曲线凸向应力轴，在重复荷载过程

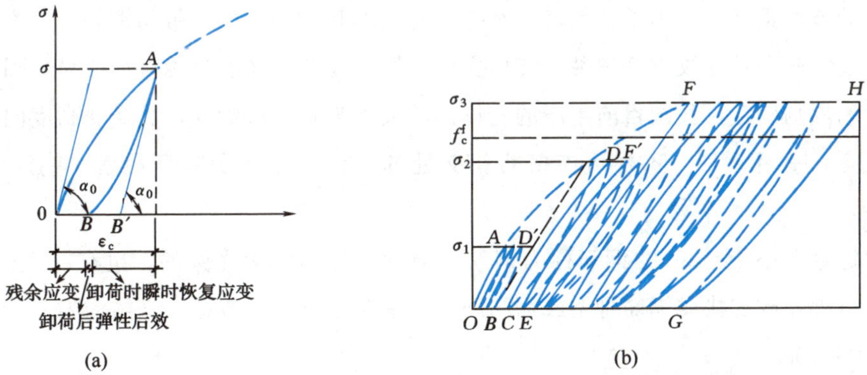

图 2-19　混凝土棱柱体在重复荷载作用下的受压应力-应变曲线

中逐渐变成直线，再经过多次重复加载、卸载后，其应力-应变曲线由凸向应力轴而逐渐凸向应变轴，以致加载、卸载不能形成封闭环，这标志着混凝土内部微裂缝的发展加剧，趋近破坏。随着重复荷载次数的增加，应力-应变曲线倾角不断减小，至荷载重复到某一定次数时，混凝土试件会因严重开裂或变形过大而导致破坏。

混凝土的疲劳强度用疲劳试验测定。疲劳试验采用 100mm×100mm×300mm 或 150mm×150mm×450mm 的棱柱体，把能使棱柱体试件承受 200 万次或其以上循环荷载而发生破坏的压应力值称为混凝土的疲劳抗压强度。

混凝土的疲劳强度与重复作用时应力变化的幅度有关。在相同的重复次数下，疲劳强度随着疲劳应力比值的增大而增大。疲劳应力比值 ρ_c^f 按下式计算：

$$\rho_c^f = \frac{\sigma_{c,min}^f}{\sigma_{c,max}^f} \tag{2-14}$$

式中　$\sigma_{c,min}^f$、$\sigma_{c,max}^f$——截面同一纤维上的混凝土最小应力及最大应力。

《混凝土结构设计标准》规定，混凝土轴心受压、轴心受拉疲劳强度设计值 f_c^f、f_t^f 应按其混凝土轴心受压强度设计值 f_c、轴心受拉强度设计值 f_t 分别乘以相应的疲劳强度修正系数 γ_ρ 确定。修正系数 γ_ρ 应根据不同的疲劳应力比值 ρ_c^f 按本书附录 2 中的附表 2-6、附表 2-7确定。混凝土的疲劳变形模量见附表 2-8。

2.2　钢筋的物理力学性能

2.2.1　钢筋的种类

混凝土结构中采用的钢筋有柔性钢筋和劲性钢筋两种。

1. 柔性钢筋

线形的普通钢筋统称为柔性钢筋，其外形有光圆和带肋两类。带肋钢筋又分为螺旋纹钢筋、人字纹钢筋和月牙纹钢筋三种，统称变形钢筋。变形钢筋的公称直径按与光圆钢筋具有相同质量的原则确定。我国目前生产的变形钢筋大多为月牙纹钢筋，其横肋高度向肋的两端逐渐降至零，呈月牙形，这样可使横肋相交处的应力集中现象有所缓解。钢筋的外形如图 2-20所示。

通常把直径小于 5mm 的钢筋称为钢丝，钢丝的外形常为光圆的，也有在表面刻痕的，柔性钢筋可绑扎或焊接成钢筋骨架或钢筋网，分别用于梁、柱或板、壳结构中。

2. 劲性钢筋

劲性钢筋是指配置在混凝土中的各种型钢或者用钢板焊成的钢骨和钢架。劲性钢筋

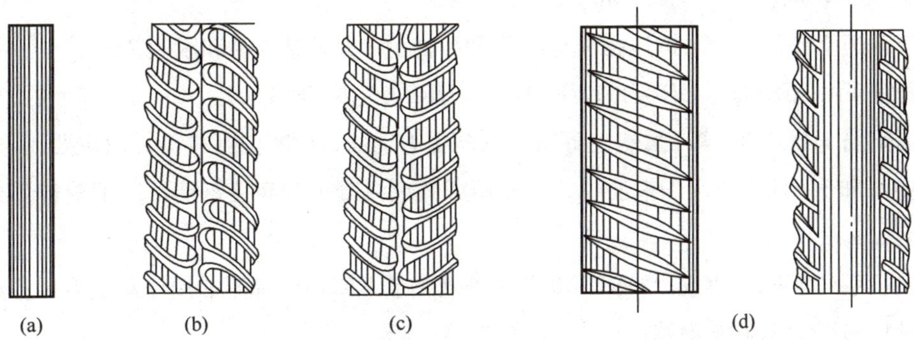

图 2-20 钢筋的外形

(a) 光面钢筋；(b) 螺旋纹钢筋；(c) 人字纹钢筋；(d) 月牙纹钢筋

本身刚度很大，施工时模板及混凝土的重力可以由劲性钢筋本身来承担，因此能加速并简化支模工作。配置了劲性钢筋的混凝土结构具有较大的承载能力和变形能力，常用于高层建筑的框架梁、柱以及剪力墙和筒体结构中。

2.2.2 国产普通钢筋

这里只讲述国产普通钢筋，国产预应力钢筋将在第 9 章中讲述。

《混凝土结构设计标准》规定，用于钢筋混凝土结构的国产普通钢筋为热轧钢筋。热轧钢筋是低碳钢、普通低合金钢在高温状态下轧制而成的软钢，其应力-应变曲线有明显的屈服点和流幅，断裂时有颈缩现象，伸长率比较大。

1. 强度等级和牌号

国产普通钢筋按其屈服强度标准值的高低，分为 3 个强度等级：300MPa、400MPa 和 500MPa。

国产普通钢筋现有 6 个牌号。牌号 HPB300 是热轧光圆钢筋，HPB 是它英文名称 Hot Rolled Plain Steel Bars 的缩写，300 是它屈服强度标准值的标志，用符号Φ表示。HRB 400 是热轧带肋钢筋（Hot Rolled Ribbed Steel Bars），屈服强度标准值是 400MPa，用符号⏀表示。同理可知，HRBF400 和 RRB400 分别是细晶粒热轧带肋钢筋和热处理带肋钢筋，分别用符号$⏀^{F}$ 和$⏀^{R}$ 表示。强度等级为 500MPa 的 HRB500、HRBF500 则分别用Φ̿和$Φ̿^{F}$ 表示。

2. 工程应用

《混凝土结构设计标准》提出了推广高强度、高性能钢筋 HRB400（⏀）和 HRB500（Φ̿）的要求。因此，本教材的例题中，对梁、柱的纵向受力钢筋将主要采用这两种钢筋，特别是 HRB400。在第 1 章中讲过，材料的强度设计值等于其强度标准值除以材料分项系数。钢筋 HRB400 的材料分项系数为 1.1，故其抗拉和抗压强度设计值为 400/1.1＝

363.64N/mm²，取整后得 360N/mm²。

国产普通钢筋的抗拉、抗压强度标准值和设计值，见附表 2-9 和附表 2-11。

箍筋宜采用 HRB400、HRBF400、HPB300、HRB500 和 HRBF500。

光圆钢筋 HPB300（Φ）虽然也可用作纵向受力钢筋，因其强度较低，故主要用作箍筋。当 HRB500 和 HRBF500 用作箍筋时，只能用于约束混凝土的间接钢筋，即螺旋箍筋或焊接环筋，见 5.2.2 节。

细晶粒系列 HRBF 钢筋、HRB500 和热处理钢筋 RRB400 都不能用作承受疲劳作用的钢筋，这时宜采用 HRB400 钢筋。

2.2.3 钢筋的强度与变形

钢筋的强度和变形性能可以用拉伸试验得到的应力-应变曲线来说明。钢筋的应力-应变曲线，有的有明显的流幅，例如由热轧低碳钢和普通热轧低合金钢所制成的钢筋；有的则没有明显的流幅，例如由高碳钢制成的钢筋。

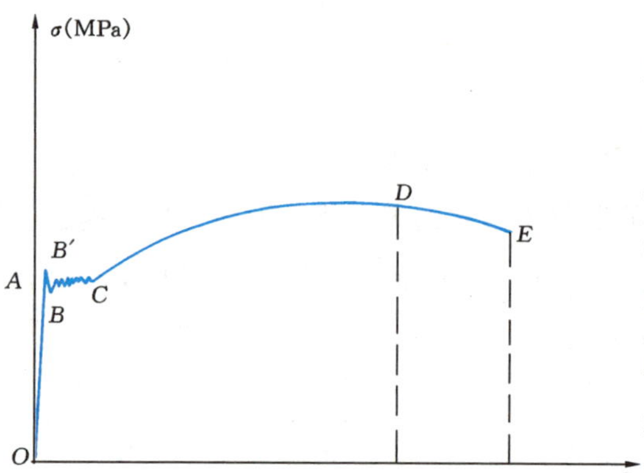

图 2-21 有明显流幅的钢筋的应力-应变曲线

图 2-21 是有明显流幅的钢筋的应力-应变曲线，从图中可以看到，应力值在 A 点以前，应力与应变成比例变化，与 A 点对应的应力称为比例极限。过 A 点后，应变较应力增长为快，到达 B' 点后钢筋开始塑流，B' 点称为屈服上限，它与加载速度、截面形式、试件表面光洁度等因素有关，通常 B' 点是不稳定的。待 B' 点降至屈服下限 B 点，这时应力基本不增加而应变急剧增长，曲线接近水平线。曲线延伸至 C 点，B 点到 C 点的水平距离的大小称为流幅或屈服台阶。有明显流幅的热轧钢筋屈服强度是按屈服下限确定的。过 C 点以后，应力又继续上升，说明钢筋的抗拉能力又有所提高。随着曲线上升到最高点 D，相应的应力称为钢筋的极限强度，CD 段称为钢筋的强化阶段。试验表明，过了 D 点，试件薄弱处的截面将会突然显著缩小，发生局部颈缩，变形迅速增加，应力随之下降，达到 E 点时试件被拉断。

由于构件中钢筋的应力到达屈服点后，会产生很大的塑性变形，使钢筋混凝土构件出现很大的变形和过宽的裂缝，以致不能使用，所以对有明显流幅的钢筋，在计算承载力时以屈服点作为钢筋强度限值。对没有明显流幅或屈服点的预应力钢筋，一般取残余应变 0.2%所对应的应力 $\sigma_{p0.2}$ 作为其条件屈服强度标准值 f_{pyk}，如图 2-22 所示。

《混凝土结构设计标准》给出的普通钢筋强度标准值和设计值，分别见附录2中的附表2-9和附表2-11。

另外，钢筋除了要有足够的强度外，还应具有一定的塑性变形能力。通常用均匀伸长率和冷弯性能两个指标衡量钢筋的塑性。钢筋拉断后（例如，图2-21中的E点）的伸长值与原长的比率称为伸长率。伸长率越大塑性越好。冷弯是将直径为d的钢筋绕直径为D的弯芯弯曲到规定的角度后无裂纹断裂及起层现象，则表示合格。弯芯的直径D越小，弯转角越大，说明钢筋的塑性越好。

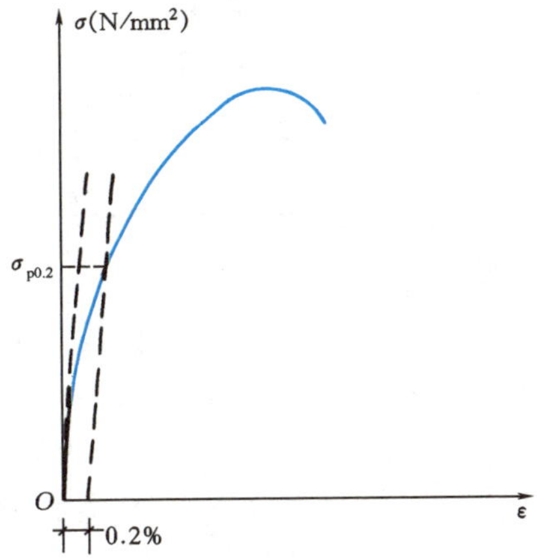

图2-22　无明显流幅的钢筋的应力-应变曲线

国家标准规定了普通钢筋及预应力筋的最大力总延伸率不应小于限值δ_{gt}，见附表2-13；也规定了冷弯时相应的弯芯直径及弯转角的要求，有关参数可参照相应的国家标准。

2.2.4 钢筋本构关系

《混凝土结构设计标准》建议的钢筋单调加载的应力-应变本构关系曲线有以下三种。

1. 描述完全弹塑性的双直线模型

双直线模型适用于流幅较长的低强度钢材。模型将钢筋的应力-应变曲线简化为图2-23（a)所示的两段直线，不计屈服强度的上限和由于应变硬化而增加的应力。图中OB段为完全弹性阶段，B点为屈服下限，相应的应力和应变为f_y和ε_y，OB段的斜率即为弹性模量E_s。BC为完全塑性阶段，C点为应力强化的起点，对应的应变为$\varepsilon_{s,h}$，过C点后，即认为钢筋变形过大不能正常使用。双直线模型的数学表达式如下：

$$当\ \varepsilon_s \leqslant \varepsilon_y\ 时，\sigma_s = E_s\varepsilon_s，\quad \left(E_s = \frac{f_y}{\varepsilon_y}\right) \tag{2-15}$$

$$当\ \varepsilon_y \leqslant \varepsilon_s \leqslant \varepsilon_{s,h}\ 时，\quad \sigma_s = f_y \tag{2-16}$$

2. 描述完全弹塑性加硬化的三折线模型

三折线模型适用于流幅较短的软钢，要求它可以描述屈服后发生应变硬化（应力强化），并能正确地估计高出屈服应变后的应力。如图2-23（b）所示，图中OB及BC直线段分别为完全弹性和塑性阶段。C点为硬化的起点，CD为硬化阶段。到达D点时即认为钢筋破坏，受拉应力达到极限值$f_{s,u}$，相应的应变为$\varepsilon_{s,u}$。三折线模型的数学表达形式如下：

当$\varepsilon_s \leqslant \varepsilon_y$，$\varepsilon_y \leqslant \varepsilon_s \leqslant \varepsilon_{s,h}$时，表达式同式（2-15）和式（2-16）；

$$当\ \varepsilon_{s,h} \leqslant \varepsilon_s \leqslant \varepsilon_{s,u}\ 时，\quad \sigma_s = f_y + (\varepsilon_s - \varepsilon_{s,h})\tan\theta' \tag{2-17}$$

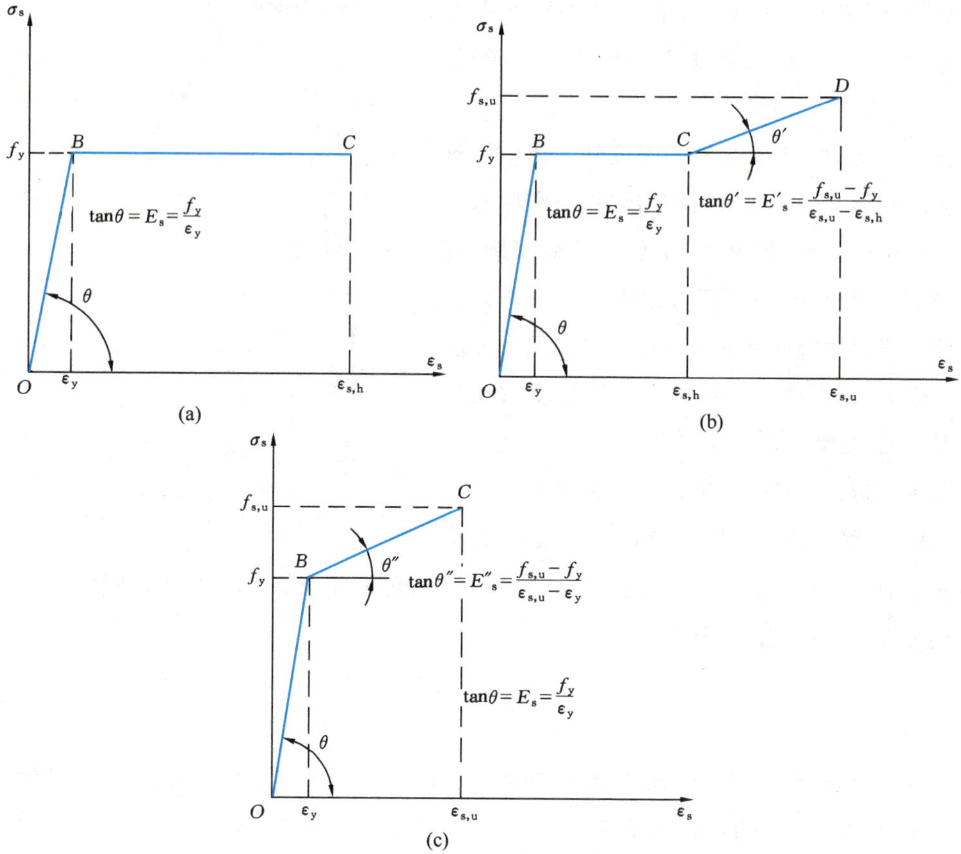

图 2-23　钢筋应力-应变曲线的数学模型

（a）双直线；（b）三折线；（c）双斜线

可取：

$$\tan\theta' = E'_s = 0.01E_s \tag{2-18}$$

3. 描述弹塑性的双斜线模型

双斜线模型可以描述没有明显流幅的高强钢筋或钢丝的应力-应变曲线。如图 2-23（c）所示，B 点为条件屈服点，C 点的应力达到极限值 $f_{s,u}$，相应的应变为 $\varepsilon_{s,u}$，双斜线模型数学表达式如下：

当 $\varepsilon_s \leqslant \varepsilon_y$ 时，

$$\sigma_s = E_s\varepsilon_s \quad \left(E_s = \frac{f_y}{\varepsilon_y}\right) \tag{2-19}$$

当 $\varepsilon_y \leqslant \varepsilon_s \leqslant \varepsilon_{s,u}$ 时，

$$\sigma_s = f_y + (\varepsilon_s - \varepsilon_y)\tan\theta'' \tag{2-20}$$

$$\tan\theta'' = E''_s = \frac{f_{s,u} - f_y}{\varepsilon_{s,u} - \varepsilon_y} \tag{2-21}$$

2.2.5 钢筋的疲劳

钢筋的疲劳是指钢筋在承受重复、周期性的动荷载作用下，经过一定次数后，突然脆性断裂的现象。吊车梁、桥面板、轨枕等承受重复荷载的钢筋混凝土构件在正常使用期间会由于疲劳发生破坏。

钢筋疲劳断裂的原因，一般认为是由于钢筋内部和外部的缺陷，在这些薄弱处容易引起应力集中。应力过高，钢材晶粒滑移，产生疲劳裂纹，应力重复作用次数增加，裂纹扩展，从而造成断裂。因此钢筋的疲劳强度低于其在静荷载作用下的极限强度。原状钢筋的疲劳强度最低。埋置在混凝土中的钢筋的疲劳断裂通常发生在纯弯段内裂缝截面附近，疲劳强度稍高。

钢筋的疲劳试验有两种方法：一种是直接进行单根原状钢筋轴拉试验；另一种是将钢筋埋入混凝土中使其重复受拉或受弯的试验。由于影响钢筋疲劳强度的因素很多，钢筋疲劳强度试验结果是很分散的。我国采用直接做单根钢筋轴拉试验的方法。试验表明，影响钢筋疲劳强度的主要因素为钢筋疲劳应力幅，即 $\sigma_{max}^{f}-\sigma_{min}^{f}$，$\sigma_{max}^{f}$ 和 σ_{min}^{f} 为一次循环应力中的最大和最小应力。

《混凝土结构设计标准》规定了普通钢筋的疲劳应力幅限值 Δf_{y}^{f}，见附表 2-15。限值 Δf_{y}^{f} 与钢筋的最小应力与最大应力的比值（即疲劳应力比值）$\rho_{s}^{f}=\sigma_{min}^{f}/\sigma_{max}^{f}$ 有关，要求满足循环次数为 200 万次。预应力钢筋的疲劳应力幅限值按其疲劳应力比值 ρ_{p}^{f} 确定，见附表 2-16，当 $\rho_{p}^{f}\geqslant0.9$ 时可不进行疲劳强度验算。

2.2.6 混凝土结构对钢筋性能的要求

《混凝土结构设计标准》提倡应用高强、高性能钢筋。其中，高性能包括延性好、可焊性好、机械连接性能好、施工适应性强以及与混凝土的粘结力强等性能。

1. 钢筋的强度

钢筋的强度是指钢筋的屈服强度及极限强度。钢筋的屈服强度是设计计算时的主要依据（对无明显流幅的钢筋，取它的条件屈服点）。采用高强度钢筋可以节约钢材，取得较好的经济效果。

2. 钢筋的延性

要求钢筋有一定的延性是为了使钢筋在断裂前有足够的变形，在钢筋混凝土结构中，能给出构件将要破坏的预告信号，同时要保证钢筋冷弯的要求，通过试验检验钢筋承受弯曲变形的能力以间接反映钢筋的塑性性能。钢筋的最大力总延伸率和冷弯性能是施工单位验收钢筋是否合格的主要指标。

3. 钢筋的可焊性

可焊性是评定钢筋焊接后的接头性能的指标。可焊性好，即要求在一定的工艺条件下钢筋焊接后不产生裂纹及过大的变形。

4. 机械连接性能

钢筋间宜采用机械接头，例如目前我国施工中大多采用直螺纹套筒连接，这就要求钢筋具有较好的机械连接性能，以便能方便地在施工中把钢筋端头轧制螺纹。

5. 施工适应性

在施工中能比较方便地对钢筋进行加工和安装。

6. 钢筋与混凝土的粘结力

为了保证钢筋与混凝土共同工作，要求钢筋与混凝土之间必须有足够的粘结力。钢筋表面的形状是影响粘结力的重要因素。

在寒冷地区，对钢筋的低温性能也有一定的要求。

2.3 混凝土与钢筋的粘结

2.3.1 粘结的意义

混凝土与钢筋的粘结是指钢筋与周围混凝土之间的相互作用，主要包括沿钢筋长度的粘结和钢筋端部的锚固两种情况。混凝土与钢筋的粘结是钢筋和混凝土形成整体、共同工作的基础。

粘结作用可以用图 2-24 所示的钢筋与其周围混凝土之间产生的粘结应力来说明。根据受力性质的不同，钢筋与混凝土之间的粘结应力可分为裂缝间的局部粘结应力和钢筋端部的锚固粘结应力两种。裂缝间的局部粘结应力是在相邻两个开裂截面之间产生的，它使得相邻两条裂缝之间的混凝土参与受拉，造成裂缝间的钢筋应变不均匀（详见第 8 章）。局部粘结应力的丧失会造成构件的刚度降低和裂缝的开展。钢筋伸进支座或在连续梁中承担负弯

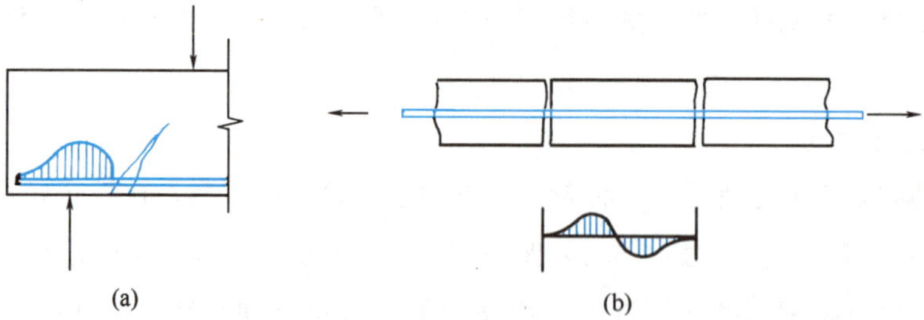

图 2-24　钢筋和混凝土之间粘结应力示意图

（a）锚固粘结应力；（b）裂缝间的局部粘结应力

矩的上部钢筋在跨中截断时，需要伸出一段长度，即锚固长度。要使钢筋承受所需的拉力，就要求受拉钢筋有足够的锚固长度以积累足够的粘结力，否则，将发生锚固破坏。同时，常用钢筋端部加弯钩、弯折，或在锚固区贴焊短钢筋、贴焊角钢等来提高锚固能力。受拉的光圆钢筋末端均需设置弯钩。

2.3.2 粘结力的组成

光圆钢筋与变形钢筋具有不同的粘结机理。光圆钢筋与混凝土的粘结作用主要由以下三部分组成：

1）钢筋与混凝土接触面上的胶结力。这种胶结力来自水泥浆体对钢筋表面氧化层的渗透以及水化过程中水泥晶体的生长和硬化。这种胶结力一般很小，仅在受力阶段的局部无滑移区域起作用，当接触面发生相对滑移时即消失。

2）混凝土收缩握裹钢筋而产生摩阻力。混凝土凝固时收缩，对钢筋产生垂直于摩擦面的压应力。这种压应力越大，接触面的粗糙程度越大，摩阻力就越大。

3）钢筋表面凹凸不平与混凝土之间产生的机械咬合力。对于光圆钢筋这种咬合力来自表面的粗糙不平。

对于变形钢筋，咬合力是由于变形钢筋肋间嵌入混凝土而产生的。虽然也存在胶结力和摩擦力，但变形钢筋的粘结力主要来自钢筋表面凸出的肋与混凝土的机械咬合作用。变形钢筋的横肋对混凝土的挤压如同一个楔，会产生很大的机械咬合力。变形钢筋与混凝土之间的这种机械咬合作用，改变了钢筋与混凝土间相互作用的方式，显著提高了粘结强度。图 2-25 给出了变形钢筋对周围混凝土的斜向挤压力从而使得周围混凝土产生内裂缝的示意图。

可见，光圆钢筋的粘结机理与变形钢筋的主要差别是，光圆钢筋的粘结力主要来自胶结力和摩阻力，而变形钢筋的粘结力主要来自机械咬合作用。这种差别可用类似于钉入木料中的普通钉与螺栓的差别来理解。

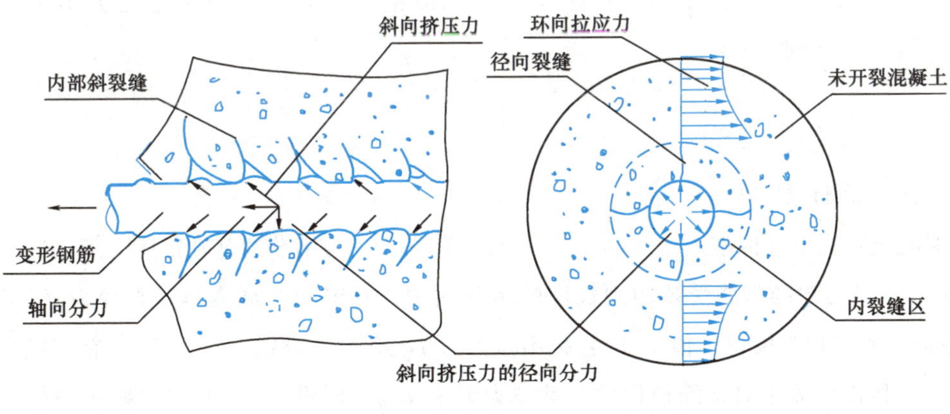

图 2-25　变形钢筋周围混凝土的内裂缝

2.3.3 粘结应力-滑移关系

钢筋与混凝土的粘结性能主要是由两者之间的粘结应力 τ 与对应的相对滑移 s 的 τ-s 曲线来反映的。

图 2-26（a）为光圆钢筋拔出试验加载端典型的 τ-s 曲线。可见，光圆钢筋的粘结强度较低，达到峰值粘结应力 τ_u 后，接触面上混凝土的细颗粒已磨平，摩阻力减小，滑移急剧增大，τ-s 曲线出现下降段。破坏时，钢筋被徐徐拔出，滑移值可达数毫米。光圆钢筋表面的锈蚀情况对粘结性能有很大影响。

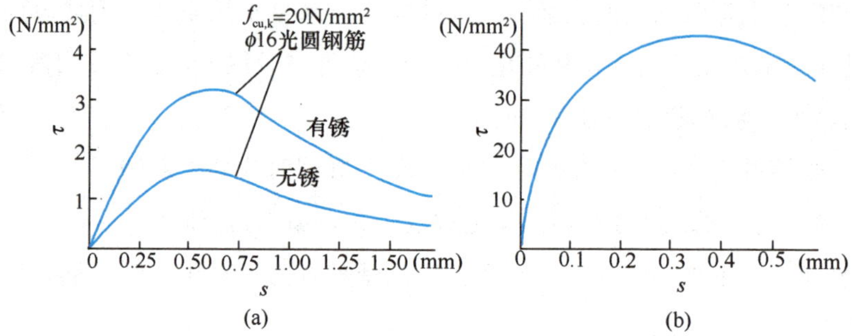

图 2-26 τ-s 曲线

（a）光圆钢筋的 τ-s 曲线；（b）变形钢筋的 τ-s 曲线

图 2-26（b）为带肋钢筋拔出试验加载端的典型粘结应力-滑移关系曲线。①加载初期，滑移主要是由肋对混凝土的斜向挤压力使肋根部混凝土产生局部挤压变形而引起的，刚度较大，滑移很小，τ-s 关系接近直线；②斜向挤压力增大，混凝土产生内部裂缝，刚度降低，滑移增大，τ-s 关系曲线的斜率变小；③当斜向挤压力随拔出力的增大而再增大时，混凝土被压碎，在肋处形成新的滑动面，产生较大的滑移；④当裂缝发展到试件表面，形成劈裂裂缝，并沿试件长度扩展时，很快就达到峰值粘结应力 τ_u，滑移也达到最大值，在 0.35～0.45mm 之间。

2.3.4 钢筋的锚固

1. 基本锚固长度 l_{ab}

《混凝土结构设计标准》规定的受拉钢筋锚固长度 l_{ab} 为钢筋的基本锚固长度。

在图 2-27 给出的钢筋受拉锚固长度的示意图中，取钢筋为截离体，直径为 d 的钢筋，当其应力达到抗拉强度设计值 f_y 时，拔出拉力为 $f_y\pi d^2/4$，设锚固长度 l_{ab} 内粘结应力的平均值为 τ，则由混凝土对钢筋提供的总粘结力为 $\tau\pi dl_{ab}$。假设 $\tau=f_t/(4\alpha)$，则由力的平衡条件得：

$$l_{ab}=\alpha\frac{f_y}{f_t}d \tag{2-22}$$

式中　l_{ab}——受拉钢筋的基本锚固长度；

f_y——钢筋抗拉强度设计值；

f_t——混凝土抗拉强度设计值；

d——钢筋直径；

α——锚固钢筋的外形系数，按表 2-1 取值。

可见，受拉钢筋的基本锚固长度是钢筋直径的倍数，例如 30d。

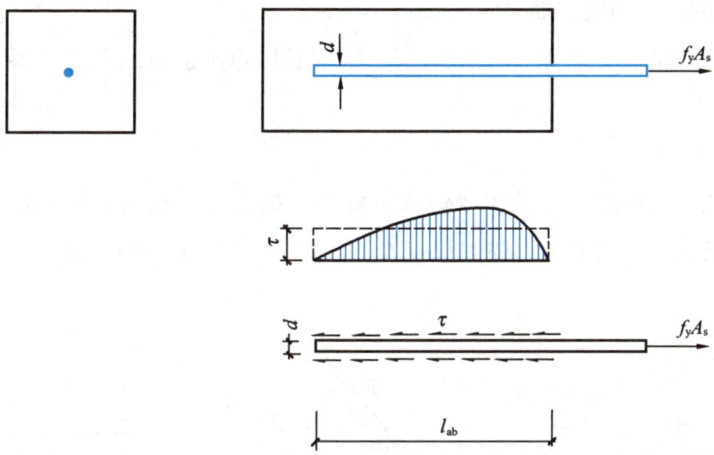

图 2-27　钢筋的受拉锚固长度计算简图

锚固钢筋的外形系数　　表 2-1

钢筋类型	光圆钢筋	带肋钢筋	螺旋肋钢丝	三股钢绞线	七股钢绞线
外形系数 α	0.16	0.14	0.13	0.16	0.17

注：光圆钢筋末端应做 180°弯钩，弯后平直段长度不应小于 3d，但用作受压钢筋时可不做弯钩。

2. 受拉钢筋的锚固

1）受拉钢筋的锚固长度 l_a

实际结构中的受拉钢筋锚固长度还应根据锚固条件的不同按下式计算，并不小于 200mm。

$$l_a=\zeta_a l_{ab} \tag{2-23}$$

式中　l_a——受拉钢筋的锚固长度；

ζ_a——锚固长度修正系数。

（1）当带肋钢筋的公称直径大于 25mm 时，取 1.10；

(2) 环氧树脂涂层带肋钢筋取 1.25;

(3) 施工过程中易扰动的钢筋取 1.10;

(4) 当纵向受力钢筋的实际面积大于其设计计算面积时,修正系数取设计计算面积与实际配筋面积的比值,但对有抗震设防要求及直接承受动力荷载的结构构件,不应考虑此项修正;

(5) 锚固钢筋的保护层厚度为 $3d$ 时修正系数可取 0.80,保护层厚度为 $5d$ 时修正系数可取 0.70,中间按内插取值,此处 d 为锚固钢筋直径;

(6) 当多于上述一项时,可按连乘计算,但不宜小于 0.6;对预应力筋,可取 1.0。

2) 锚固区的横向构造钢筋

当锚固钢筋的保护层厚度不大于 $5d$ 时,锚固长度范围内应配置直径不小于 $d/4$ 的横向构造钢筋。

3) 锚固措施

当纵向受拉普通钢筋末端采用弯钩或机械锚固措施时,包括弯钩或锚固端头在内的锚固长度(投影长度)可取为基本锚固长度 l_{ab} 的 60%。弯钩和机械锚固的形式和技术要求见图 2-28。

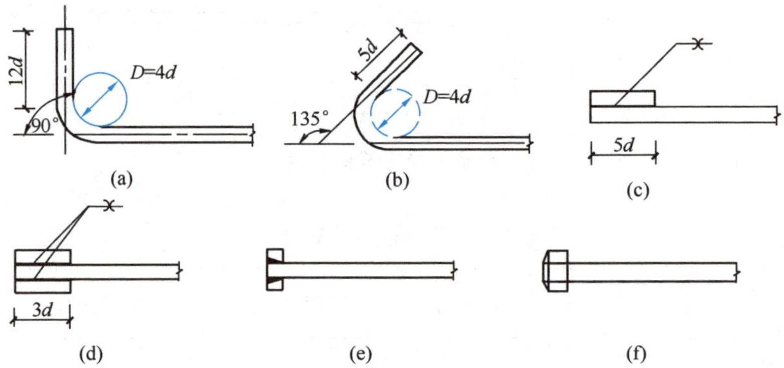

图 2-28 弯钩和机械锚固的形式和技术要求

(a) 90°弯钩;(b) 135°弯钩;(c) 一侧贴焊锚筋;(d) 两侧贴焊锚筋;(e) 穿孔塞焊锚板;(f) 螺栓锚头

3. 受压钢筋的锚固

混凝土结构中的纵向受压钢筋,当计算中充分利用其抗压强度时,锚固长度不应小于相应受拉锚固长度的 70%。

受压钢筋不应采用末端弯钩和一侧贴焊锚筋的锚固措施。

受压钢筋锚固长度范围内的横向构造钢筋与受拉钢筋的相同。

梁、板中纵向受力钢筋在支座处的锚固以及钢筋的连接将在第 4 章 4.6 节中讲述。

思考题

问　答　题

2-1　混凝土的立方体抗压强度标准值 $f_{cu,k}$、轴心抗压强度标准值 f_{ck} 和抗拉强度标准值 f_{tk} 分别是如何确定的？为什么 f_{ck} 低于 $f_{cu,k}$？f_{tk} 与 $f_{cu,k}$ 有何关系？f_{ck} 与 $f_{cu,k}$ 有何关系？

2-2　混凝土的强度等级是根据什么确定的？《混凝土结构设计标准》规定的混凝土强度等级有哪些？什么样的混凝土强度等级属于高强混凝土范畴？

2-3　某方形钢筋混凝土短柱浇筑后发现混凝土强度不足，根据约束混凝土原理如何加固该柱？

2-4　单向受力状态下，混凝土的强度与哪些因素有关？混凝土轴心受压应力-应变曲线有何特点？常用的表示应力-应变关系的数学模型有哪几种？

2-5　混凝土的变形模量和弹性模量是怎样确定的？

2-6　什么是混凝土的疲劳破坏？疲劳破坏时应力-应变曲线有何特点？

2-7　什么是混凝土的徐变？徐变对混凝土构件有何影响？通常认为影响徐变的主要因素有哪些？如何减小徐变？

2-8　混凝土收缩对钢筋混凝土构件有何影响？收缩与哪些因素有关？如何减小收缩？

2-9　软钢和硬钢的应力-应变曲线有何不同？两者的强度取值有何不同？《混凝土结构设计标准》中将热轧钢筋按强度分为几级？钢筋的应力-应变曲线有哪些数学模型？

2-10　国产普通钢筋有哪几个强度等级？牌号 HRB400 钢筋是指什么钢筋，它的抗拉、抗压强度设计值是多少？

2-11　钢筋混凝土结构对钢筋的性能有哪些要求？

2-12　光圆钢筋与混凝土的粘结作用是由哪几部分组成的，变形钢筋的粘结机理与光圆钢筋的有什么不同？光圆钢筋和变形钢筋的 τ-s 关系曲线各是怎样的？

2-13　受拉钢筋的基本锚固长度是指什么？它是怎样确定的？受拉钢筋的锚固长度是怎样计算的？

2-14　解释钢筋的物理力学性能术语：比例极限、屈服点、流幅、强化阶段、时效硬化、极限强度、残余变形、延伸率。

2-15　什么是钢筋的冷加工性能？钢筋的冷加工的方法有哪两种？冷加工后的钢筋的力学性能有何变化？

2-16　影响钢筋混凝土粘结力的主要因素有哪些？为保证钢筋和混凝土之间有足够的粘结力要采用哪些措施？

选　择　题

2-17　《混凝土结构设计标准》中混凝土强度的基本代表值是________。

A. 立方体抗压强度标准值　　B. 立方体抗压强度设计值

C. 轴心抗压强度标准值　　D. 轴心抗压强度设计值

2-18　混凝土各种强度指标就其数值的大小比较，有________。

A. $f_{cu,k}>f_t>f_c>f_{t,k}$　　B. $f_c>f_{cu,k}>f_t>f_{t,k}$

C. $f_{cu,k}>f_c>f_{t,k}>f_t$　　D. $f_{cu,k}>f_c>f_t>f_{t,k}$

2-19　混凝土立方体标准试件的边长是________。

A. 50mm　　B. 100mm

C. 150mm　　D. 200mm

2-20　混凝土强度的基本指标是________。

A. 立方体抗压强度标准值　　B. 轴心抗压强度设计值

C. 轴心抗压强度标准值　　D. 立方体抗压强度平均值

2-21　混凝土强度等级由立方体抗压试验后的________。

A. 平均值 μ 确定　　B. $\mu-2\sigma$ 确定
C. $\mu-1.645\sigma$ 确定　　D. $\mu+1.645\sigma$ 确定

2-22 混凝土强度等级是由立方体抗压强度试验值按下述原则确定的________。
A. 取平均值 μ_f，超值保证率 50%
B. 取 $\mu_f-1.645\sigma_f$，超值保证率 95%
C. 取 $\mu_f-2\sigma_f$，超值保证率 97.72%
D. 取 $\mu_f-\sigma_f$，超值保证率 84.13%

2-23 采用非标准试块时，测得混凝土立方体抗压强度，换算为标准立方体抗压强度，应乘以的换算系数为________。
A. 边长 200mm 立方块的抗压强度取 0.95
B. 边长为 100mm 立方块的抗压强度取 1.05
C. 边长为 100mm 立方块劈拉强度取 0.90
D. 边长为 100mm 立方块的抗压强度取 0.95，若作劈拉强度时取 0.85

2-24 混凝土的受压破坏________。
A. 取决于骨料抗压强度　　B. 取决于砂浆抗压强度
C. 是裂缝累计并贯通造成的　　D. 是粗骨料和砂浆强度已耗尽造成的

2-25 一般来说，混凝土内部最薄弱的环节是________。
A. 水泥石的抗拉强度　　B. 砂浆的抗拉强度
C. 砂浆与骨料接触面的粘结　　D. 水泥石与骨料接触面的粘结

2-26 混凝土双向受力时，强度变化规律为________。
A. 双向受压，强度降低　　B. 双向受拉，强度提高
C. 一拉一压，强度降低　　D. 一压一拉，强度提高

2-27 混凝土在复杂应力状态下强度降低的是________。
A. 三向受压　　B. 两向受压
C. 一拉一压　　D. 两向受拉

2-28 在其他条件相同的情况下，同一混凝土试块在双向受压状态下所测得的抗压强度极限比单向受压状态下所测得的抗压强度极限值高的主要原因是________。
A. 双向受压时的外压力比单向受压时多
B. 双向受压时混凝土的横向变形受约束
C. 双向受压时的纵向压缩变形比单向受压时小
D. 双向受压时的外压力比单向受压时小

2-29 混凝土的侧向约束压应力提高了混凝土的________。
A. 抗压强度　　B. 延性
C. 抗拉强度　　D. 抗压强度和延性

2-30 配有螺旋钢筋的混凝土圆柱体试件的抗压强度高于轴心抗压强度的原因是螺旋钢筋________。
A. 参与了混凝土的受压工作　　B. 约束了混凝土的横向变形
C. 使混凝土不出现细微裂缝　　D. 承受了剪力

2-31 柱受轴向压力的同时又受水平剪力，此时受压混凝土的抗剪强度________。
A. 随轴向压力增加而增大
B. 抗剪强度随轴压力增加而先增大后减小，当达到 f_c时，抗剪强度为 0
C. 随轴压力增加，抗剪强度减小，但混凝土抗压强度不变
D. 随轴压力增加而减小

2-32 当截面上同时作用有剪应力和正应力时________。
A. 剪应力降低了混凝土的抗拉强度，但提高了其抗压强度
B. 剪应力提高了混凝土的抗拉强度和抗压强度
C. 不太高的压应力可提高混凝土的抗剪强度
D. 不太高的拉应力可提高混凝土的抗剪强度

2-33 混凝土极限压应变 ε_u大致为________。
A. （3～3.5）$\times10^{-3}$　　B. （3～3.5）$\times10^{-4}$
C. （1～1.5）$\times10^{-3}$　　D. （1～1.5）$\times10^{-4}$

2-34　ν 为混凝土受压时的弹性系数，当应力增大时________。

A. ν 减小　　B. $\nu \approx 1$

C. $\nu = 0$　　D. ν 不变

2-35　混凝土强度等级越高，则 σ-ε 曲线的下降段________。

A. 越平缓　　B. 越陡峭

C. 变化不断　　D. 两者无关

2-36　混凝土一次短期加载时的压应力-应变曲线，下列叙述正确的是________。

A. 上升段是一条直线

B. 下降段只能在强度不大的试验机上测出

C. 混凝土强度高时，曲线的峰值点附近曲率较小

D. 混凝土压应力达到最大时，并不立即破坏

2-37　对不同强度等级的混凝土试块，在相同的条件下进行抗压试验所测得的应力应变曲线可以看出________。

A. 曲线的峰值越高，下降段越陡，延性越好

B. 曲线的峰值越低，下降段越缓，延性越好

C. 曲线的峰值越高，混凝土的极限压应变越大

D. 曲线的峰值点越低，混凝土的极限压应变越小

2-38　混凝土弹性模量的基本测定方法是________。

A. 在很小的应力（$\sigma_c \leqslant 0.4f_c$）下做重复的加载卸载试验所测得

B. 在很大的应力（$\sigma_c > 0.5f_c$）下做重复的加载卸载试验所测得

C. 应力 $\sigma_c = 0 \sim 0.5f_c$ 时重复加载 10 次，$\sigma_c = 0.5f_c$ 时所测得的变形值作为确定混凝土弹性模量的依据

D. 在任意点的应力下做重复加载卸载试验所测得

2-39　混凝土的割线模量 E_c' 与弹性模量 E_c 的关系为 $E_c' = \nu E_c$，在压应力-应变变化曲线的上升段时________。

A. $\nu > 1$　　B. $\nu < 1$

C. $\nu = 1$　　D. $\nu = 0$

2-40　混凝土在持续不变的压力长期作用下，随时间延续而增长的变形称为______。

A. 应力松弛　　B. 收缩变形

C. 干缩　　D. 徐变

2-41　混凝土的徐变是指________。

A. 加载后的瞬时应变

B. 试件卸载时瞬时所恢复的应变

C. 在荷载的长期作用下，随荷载作用时间增长而增长的应变

D. 不可恢复的残余应变

2-42　在钢筋混凝土轴心受压构件中混凝土的徐变引起的应力变化是________。

A. 钢筋应力增大，混凝土应力减小　　B. 混凝土应力增大，钢筋应力减小

C. 钢筋应力减小，混凝土应力减小　　D. 混凝土应力增大，钢筋应力增大

2-43　混凝土的水灰比越大，水泥用量越多，则徐变及收缩值________。

A. 增大　　B. 减少

C. 基本不变　　D. 不受影响

2-44　混凝土的徐变，下列叙述不正确的是________。

A. 徐变是在长期不变荷载作用下，混凝土的变形随时间的延长而增长的现象

B. 持续应力的大小对徐变有重要影响

C. 徐变对结构的影响，多数情况下是不利的

D. 水灰比和水泥用量越大，徐变越小

2-45　减小混凝土徐变的措施是________。

A. 加大水泥用量，提高养护时的温度和湿度

B. 加大骨料用量，提高养护时的温度，降低养护时的湿度

C. 延迟加载时的龄期，降低养护时的湿度和温度

D. 减小水泥用量，提高养护时的温度和湿度

2-46 混凝土徐变及其持续应力大小的关系是________。

A. 当应力较大（$\sigma_c \geqslant 0.4f_c$）时，应力与徐变呈线性关系，为非线性徐变

B. 当应力较大（$\sigma_c > 0.4f_c$）时，徐变与应力不呈正比，为非线性徐变

C. 不论应力值多发，徐变均与应力呈线性关系，且徐变收敛

D. 徐变与持续应力大小无关

2-47 在混凝土的内部结构中，使混凝土具有塑性变形性质的是________。

A. 砂石骨料　　B. 水泥结晶体

C. 水泥胶体中未硬化的凝胶体　　D. 空隙

2-48 碳素钢的含碳量越高，则其________。

A. 强度越高，延性越高　　B. 强度越低，延性越高

C. 强度越高，延性越低　　D. 强度越低，延性越低

2-49 对于无明显屈服点的钢筋，其强度标准值取值的依据是________。

A. 最大应变对应的应力　　B. 极限抗拉强度

C. 0.9 倍极限强度　　D. 条件屈服强度

2-50 钢筋的力学性能指标包括：极限抗拉强度、屈服点、伸长率、冷弯性能，其中检验塑性的指标是________。

A. 极限抗拉强度　　B. 极限抗拉强度和伸长率

C. 伸长率　　D. 伸长率和冷弯性能

2-51 钢筋混凝土结构对钢筋性能的要求不包括________。

A. 强度　　B. 塑性

C. 与混凝土的粘结力　　D. 耐火性

2-52 带肋钢筋与混凝土间的粘结能力________。

A. 比光圆钢筋略有提高　　B. 取决于钢筋的直径大小

C. 主要是钢筋表面凸出的肋的作用　　D. 取决于钢筋用量

2-53 在钢筋与混凝土之间的粘结力测定方法中，拔出试验所测得的粘结强度与压入试验相比较________。

A. 拔出试验小于压入试验

B. 拔出试验大于压入试验

C. 拔出试验与压入试验所测得粘结强度相同

D. 不确定

2-54 钢筋混凝土梁的混凝土保护层厚度是指________。

A. 外排纵筋的外表面至混凝土外表面的距离

B. 箍筋的外表面至混凝土外表面的距离

C. 外排纵筋的内表面至混凝土外表面的距离

D. 箍筋的内表面至混凝土外表面的距离

判　断　题

2-55 《混凝土结构设计标准》中混凝土强度等级为立方体的抗压强度标准值，而不是其设计强度。（　　）

2-56 标准试件在标准条件下测得的具有 95%保证率的立方体的抗压强度称为混凝土的立方体抗压强度标准值。（　　）

2-57 混凝土强度等级由轴心抗压强度确定。（　　）

2-58 混凝土的强度等级由轴心抗压强度标准值确定。（　　）

2-59 混凝土立方体试块尺寸越大，量测的抗压强度越高。（　　）

2-60 一般来说，低强度混凝土受压时的脆性比高强度混凝土小些。（　　）

2-61 用直接拉伸试验和劈裂试验所得到的混凝土抗拉强度值相同。（　　）

2-62 混凝土双向受压时强度低于单向受压时强度。（　　）

2-63 混凝土试件处于横向受压约束状态，可以提高它的纵向抗压强度。（　　）

2-64　在正常情况下，混凝土强度随时间不断增长。(　　)
2-65　由于塑性变形的发展，混凝土的变形模量随变形的增大而增大。(　　)
2-66　混凝土的变形模量是指：
a. 应力与塑性应变的比值…………………………(　　)
b. 应力应变曲线切线的斜率 $d\sigma/d\varepsilon$ …………………………(　　)
c. 应力应变曲线原点切线的斜率…………………………(　　)
d. 应力与总应变的比值…………………………(　　)
2-67　混凝土的弹性系数是：
a. 塑性应变与总应变的比值…………………………(　　)
b. 弹性应变与塑性应变的比值…………………………(　　)
c. 弹性应变与总应变的比值…………………………(　　)
d. 变形模量与弹性模量的比值…………………………(　　)
2-68　混凝土在不变压力长期作用下，其应变不会随时间而增长。(　　)
2-69　混凝土的徐变是指在荷载作用前的养护过程中混凝土的收缩变形现象。(　　)
2-70　加载时混凝土试件的龄期越长，徐变越大。(　　)
2-71　水灰比越大，混凝土的徐变和收缩也越大。(　　)
2-72　所谓线性徐变是指：
a. 徐变与荷载持续时间 t 呈线性关系…………………………(　　)
b. 徐变系数与初应力为线性关系…………………………(　　)
c. 徐变变形与初应力为线性关系…………………………(　　)
d. 瞬时变形与徐变变形之和与初应力呈线性关系…………………………(　　)
2-73　混凝土收缩与水泥用量有关，水泥用量越高，收缩越小。(　　)
2-74　高强度钢筋的极限拉伸应变比低强度钢筋大。(　　)
2-75　无明显屈服极限的钢筋，一般称为软钢。(　　)
2-76　对无明显屈服极限的钢筋用 $\sigma_{0.2}$ 作为屈服强度。(　　)
2-77　对有明显流幅的钢筋，其极限抗拉强度作为设计时取值的依据。(　　)
2-78　对有明显流幅的钢筋的屈服强度对应于其应力应变曲线的上屈服点。(　　)
2-79　钢筋经冷拉时效后，其屈服强度提高，塑性降低。(　　)
2-80　冷拉钢筋可以提高屈服强度，但脆性增大。(　　)
2-81　钢筋冷拉后屈服强度提高，冷拔时塑性性能降低。(　　)
2-82　对钢筋冷拉可提高其抗拉强度和延性。(　　)
2-83　粘结应力实际上也就是钢筋与混凝土接触面上的剪应力。(　　)
2-84　钢筋与混凝土的粘结是两种材料形成整体共同工作的基本前提。(　　)
2-85　由于钢筋与混凝土粘结应力的存在，使得构件中钢筋应力和应变沿钢筋长度发生变化。(　　)
2-86　光圆钢筋的粘结应力就是钢筋与混凝土接触面上的剪应力。(　　)
2-87　光圆钢筋的粘结强度主要是摩擦力和机械咬合力的组合。(　　)
2-88　一般情况下梁上部钢筋的粘结强度高于其下部钢筋。(　　)
2-89　当侧向约束压应力不太高时，其存在可有效地提高钢筋的粘结强度。(　　)
2-90　混凝土保护层是从受力钢筋侧边算起的。(　　)
2-91　如图 2-29 所示，对称配筋钢筋混凝土构件，其支座间距离 l 固定不变，由于混凝土的收缩：
a. 因为 l 不变，混凝土与钢筋均不产生应力…………………………(　　)
b. 构件中混凝土产生拉应力，钢筋中产生压应力…………………………(　　)

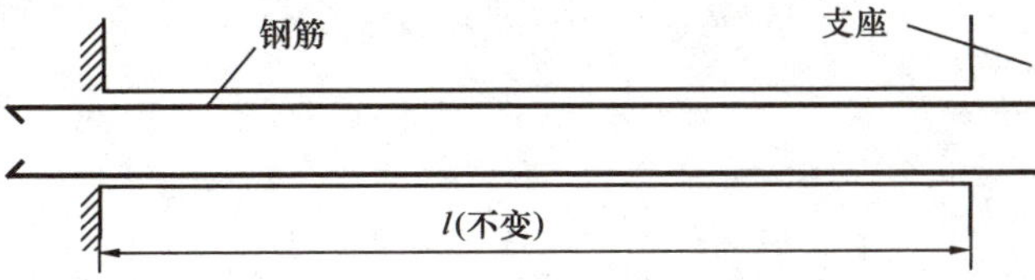

图 2-29　判断题 2-91 的图

c. 混凝土中应力等于零，钢筋产生拉应力 ………………………………………………………… (　　)
d. 混凝土中产生拉应力，钢筋中无应力 ………………………………………………………… (　　)

2-92 受弯构件如图 2-30 所示，请判断：

a. 裂缝出现前沿纵筋全长上均有粘结应力 τ，以构件中点 C 为最大 ……………………… (　　)
b. 裂缝出现前，仅构件的 AB 段及 DE 段有粘结应力 τ ……………………………………… (　　)
c. 裂缝出现后，除裂缝截面以外，沿钢筋全长上均存在粘结应力 τ ………………………… (　　)
d. 裂缝出现后，沿钢筋全长上粘结均已破坏 ……………………………………………………… (　　)

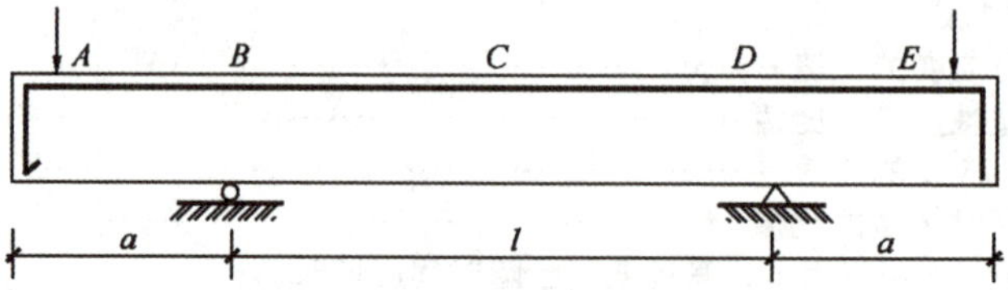

图 2-30　判断题 2-92 的图

填　空　题

2-93 混凝土的强度指标通过试验测出的有：(1) ________；(2) ________；(3) ________。

2-94 混凝土强度 f_c、$f_{cu,k}$、f_t的数值，按照由大到小的排列顺序应该是________。

2-95 混凝土的强度等级越高，抗压强度越________，延性越________。

2-96 预应力混凝土结构的混凝土强度不宜低于________。

2-97 混凝土在一向受压、另一向受拉的双向应力状态下，其抗压强度和抗拉强度都会________。

2-98 由于剪应力存在，混凝土的抗压强度要________单向抗压强度。

2-99 当混凝土的压应力 $\sigma_c \leqslant 0.3f_c$时，可近似地把混凝土看作________材料，其应力和应变大致呈线性关系。

2-100 普通强度混凝土均匀受压时，对应于 σ_0的压应变约为________，最大压应变约为________。

2-101 混凝土弹性模量是应力应变曲线________切线的斜率。

2-102 混凝土受压变形模量的三种表示方法是：(1) ________；(2) ________；(3) ________。

2-103 设计计算时，《混凝土结构设计标准》规定，受拉时混凝土弹性模量与受压时混凝土弹性模量采用________的数值。

2-104 混凝土的徐变是指在压力不变的条件下，其应变随________而持续增长的变形现象。

2-105 混凝土在长期不变荷载下将产生__________变形，混凝土随水分蒸发将产生________变形。

2-106 工地检验无明显流幅钢筋的力学性能是否合格的指标是：(1) ________；(2) __________；(3) ________。

2-107 工地检验有明显流幅钢筋的力学性能是否合格的指标是：(1) ________；(2) __________；(3) ________；(4) ________。

2-108 当钢筋混凝土构件收缩受到内部钢筋约束时，会在钢筋中产生__________应力，混凝土中产生________应力。

2-109 HPB300、HRB400 级钢筋的强度标准值以其________作为强度取值的依据。

2-110 钢筋与混凝土的粘结力主要由________、________、________三部分组成。

2-111 变形钢筋的粘结力除胶结力和摩擦力外，最主要的是________。

第3章
受弯构件的正截面受弯承载力

教学要求：

1. 深刻理解适筋梁正截面受弯全过程的三个阶段及其应用；
2. 熟练掌握单筋矩形截面、双筋矩形截面和T形截面受弯构件的正截面受弯承载力计算；
3. 熟练掌握梁截面内纵向钢筋的选择和布置；
4. 理解纵向受拉钢筋配筋率 ρ 的意义及其对正截面受弯性能的影响。

受弯构件主要是指各种类型的梁与板，它们是土木工程中用得最普遍的构件。

与构件的计算轴线相垂直的截面称为正截面。在第1章中已讲过，结构和构件要满足承载能力极限状态和正常使用极限状态的要求。梁、板正截面受弯承载力计算就是从满足承载能力极限状态出发的，即要求满足：

$$M \leqslant M_u \tag{3-1}$$

式中，M 是受弯构件正截面的弯矩设计值，它是由荷载设计值经内力计算给出的已知值；M_u 是受弯构件正截面受弯承载力设计值，它是由正截面上材料所提供的抗力，这里的下标 u 是指极限值（ultimate value）。

钢筋混凝土受弯构件正截面受弯承载力设计值 M_u 的计算及相关的构造等是本章要讲的中心问题，也是本课程的重点。作为预备知识，先从梁、板的一般构造讲起。

3.1 梁、板的一般构造

第3章教学课件

3.1.1 截面形式与尺寸

1. 截面形式

梁、板常用矩形、T 形、I 字形、槽形、空心的和倒 L 形的对称和不对称截面形式，如图 3-1 所示。

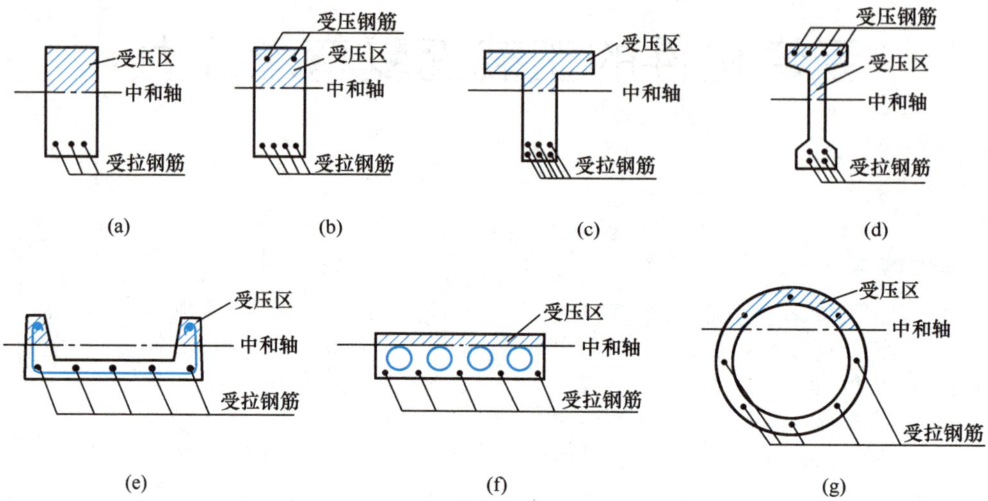

图 3-1 常用梁、板截面形式

(a) 单筋矩形梁；(b) 双筋矩形梁；(c) T 形梁；(d) I 形梁；

(e) 槽形板；(f) 空心板；(g) 环形截面梁

2. 梁、板的截面尺寸

现浇梁、板的截面尺寸宜按下述采用：

1）矩形截面梁的高宽比 h/b 一般取 2.0～3.5；T 形截面梁的 h/b 一般取2.5～4.0（此处 b 为梁肋宽）。矩形截面的宽度或 T 形截面的肋宽 b 一般取为 100mm、120mm、150mm、(180mm)、200mm、(220mm)、250mm 和 300mm，300mm 以上的级差为 50mm；括号中的数值仅用于木模。

2）采用梁高 h＝250mm、300mm、350mm、750mm、800mm、900mm、1000mm 等尺寸。800mm 以下的级差为 50mm，以上的为 100mm。

3）现浇板的宽度一般较大，设计时可取单位宽度（b=1000mm）进行计算。现浇钢筋混凝土板的厚度除应满足各项功能要求外，尚应满足表 3-1 的要求。

现浇钢筋混凝土板的最小厚度（mm） 表 3-1

板的类别		最小厚度
实心楼板、屋面板		80
密肋楼盖	上、下面板	50
	肋高	250

续表

板的类别		最小厚度
悬臂板（根部）	悬臂长度不大于500mm	80
	悬臂长度1200mm	100
无梁楼板		150
现浇空心楼盖		200

3.1.2 材料选择与一般构造

1. 混凝土强度等级

现浇钢筋混凝土梁、板常用的混凝土强度等级是C25、C30，一般不超过C40，这是为了防止混凝土收缩过大，同时由3.4节可知，提高混凝土强度等级对增大受弯构件正截面受弯承载力的作用不显著。

2. 钢筋强度等级及常用直径

1）梁的钢筋强度等级和常用直径

（1）梁内纵向受力钢筋。

梁内纵向受力钢筋宜采用HRB400级和HRB500级，常用直径为12mm、14mm、16mm、18mm、20mm、22mm和25mm。设计中若采用两种不同直径的钢筋，钢筋直径相差至少2mm，以便于在施工中能用肉眼识别。

纵向受力钢筋的直径，当梁高大于等于300mm时，不应小于10mm；当梁高小于300mm时，不应小于8mm。

为了便于浇筑混凝土以保证钢筋周围混凝土的密实性，纵筋的净间距应满足图3-2所示的要求：梁上部纵向钢筋水平方向的净间距（钢筋外边缘之间的最小距离）不应小于30mm和1.5d（d为钢筋的最大直径）；下部纵向钢筋水平方向的净间距不应小于25mm和d。梁下部纵向钢筋配置多于两层时，两层以上钢筋水平方向的中距应比下面两层的中距增大一倍。上部钢筋与下部钢筋中，各层钢筋之间的净间距不应小于25mm和d。上、下层钢筋应对齐，不应错列，以方便混凝土的浇捣。

对于单筋矩形截面梁，当梁的跨度小于4m时，架立钢筋的直径不宜小于8mm；当梁的跨度等于4～6m时，不应小于10mm；当梁的跨度大于6m时，不宜小于12mm。

（2）梁的箍筋宜采用HRB400级、HRB500级，少量用HPB300级钢筋，常用直径是6mm、8mm和10mm。

以上讲的梁内纵向钢筋数量、直径及布置的构造要求是根据长期工程实践经验，为了保证混凝土浇筑质量而提出的，其中有的是属于土木工程常识，例如混凝土保护层厚度，上、

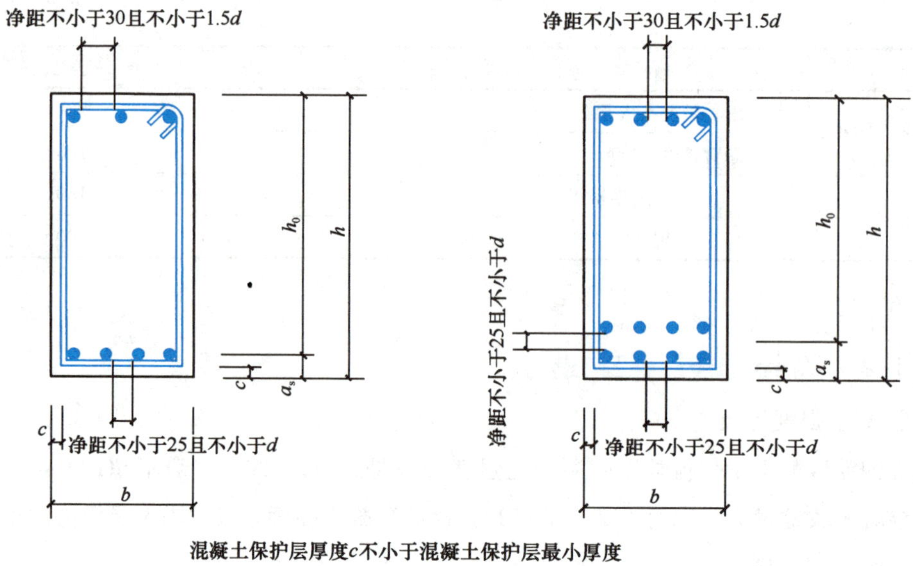

图 3-2 梁截面内纵向钢筋布置及截面有效高度 h_0

下部纵向钢筋间的净距等是应该记住的。

2）板的钢筋强度等级及常用直径

板内钢筋一般有受力钢筋与分布钢筋两种。

（1）板的受力钢筋

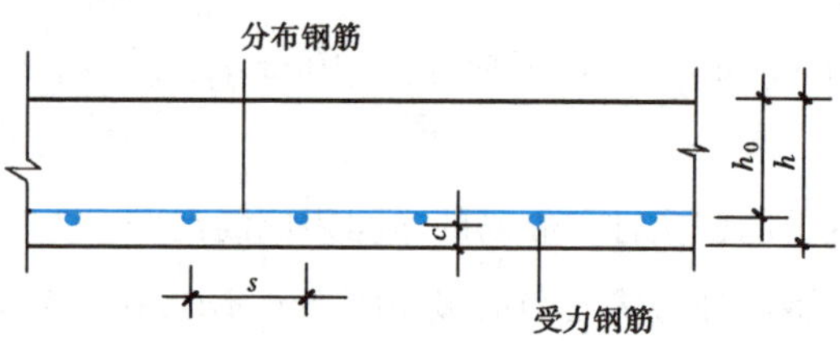

图 3-3 板的配筋

板的受力钢筋常用 HRB400 级和 HRB500 级钢筋，常用直径是 6mm、8mm、10mm 和 12mm，如图 3-3 所示。为了防止施工时钢筋被踩下，现浇板的板面钢筋直径不宜小于 8mm。

为了便于浇筑混凝土，保证钢筋周围混凝土的密实性，板内钢筋间距不宜太密；为了正常地分担内力，也不宜过稀。钢筋的间距一般为 70～200mm；当板厚 $h \leqslant 150$mm，不宜大于 200mm；当板厚 $h > 150$mm，不宜大于 $1.5h$，且不应大于 250mm。

（2）板的分布钢筋

当按单向板设计时①，除沿受力方向布置受拉钢筋外，还应在受拉钢筋的内侧布置与其垂直的分布钢筋，如图 3-3 所示。分布钢筋宜采用 HRB400 级钢筋，常用直径是 6mm 和 8mm。单位宽度上分布钢筋的截面面积不宜小于单位宽度上受力钢筋的 15%，且配筋率不

① 只在一个方向受弯的板称为单向板，详见中册第 11 章。

宜小于 0.15%；分布钢筋的间距不宜大于 250mm，直径不宜小于 6mm。当集中荷载较大时，分布钢筋的配筋面积尚应增加，且间距不宜大于 200mm。

3）纵向受拉钢筋的配筋率

设正截面上所有下部纵向受拉钢筋的合力点至截面受拉边缘的竖向距离为 a_s，则合力点至截面受压区边缘的竖向距离 $h_0=h-a_s$，见图 3-2。这里，h 是截面高度，下面将讲到对正截面受弯承载力起作用的是 h_0，而不是 h，所以称 h_0 为截面的有效高度，称 bh_0 为截面的有效面积，b 是截面宽度。

纵向受拉钢筋的总截面面积用 A_s 表示，单位为"mm^2"。纵向受拉钢筋总截面面积 A_s 与正截面的有效面积 bh_0 的比值，称为纵向受拉钢筋的配筋率，用 ρ 表示，用百分数来计量，即：

$$\rho=\frac{A_s}{bh_0}(\%) \tag{3-2}$$

纵向受拉钢筋的配筋率 ρ 在一定程度上标志了正截面上纵向受拉钢筋与混凝土之间的面积比率，它是对梁的受力性能有很大影响的一个重要指标。

3. 混凝土保护层厚度

从最外层钢筋的外表面到截面边缘的垂直距离，称为混凝土保护层厚度，用 c 表示，最外层钢筋包括箍筋、构造筋、分布筋等。

混凝土保护层有三个作用：①防止纵向钢筋锈蚀；②在火灾等情况下，使钢筋的温度上升缓慢；③使纵向钢筋与混凝土有较好的粘结。

梁、板、柱的混凝土保护层厚度与环境类别和混凝土强度等级有关，设计使用年限为 50 年的混凝土结构，其混凝土保护层最小厚度，见附表 4-3。由该表知，当环境类别为一类，即在正常的室内环境下，梁的最小混凝土保护层厚度是 20mm，板的最小混凝土保护层厚度是 15mm。此外，纵向受力钢筋的混凝土保护层最小厚度尚不应小于钢筋的公称直径。

3.2 受弯构件正截面的受弯性能

3.2.1 适筋梁正截面受弯的三个受力阶段

1. 适筋梁正截面受弯承载力的试验

下面将讲到受弯构件正截面受弯破坏形态与纵向受拉钢筋配筋率有关。当受弯构件正截面内配置的纵向受拉钢筋能使其正截面受弯破坏形态属于延性破坏类型时，称为适筋梁。

图 3-4 为一简支的钢筋混凝土适筋梁（试验梁），其设计的混凝土强度等级为 C25。为消除剪力对正截面受弯的影响，采用两点对称加载方式，使两个对称集中力之间的截面，在忽略自重的情况下，只受纯弯矩而无剪力，称为纯弯区段。在长度为 $l_0/3$ 的纯弯区段内及支座截面上端布置位移计，以观察加载后梁的受力全过程。

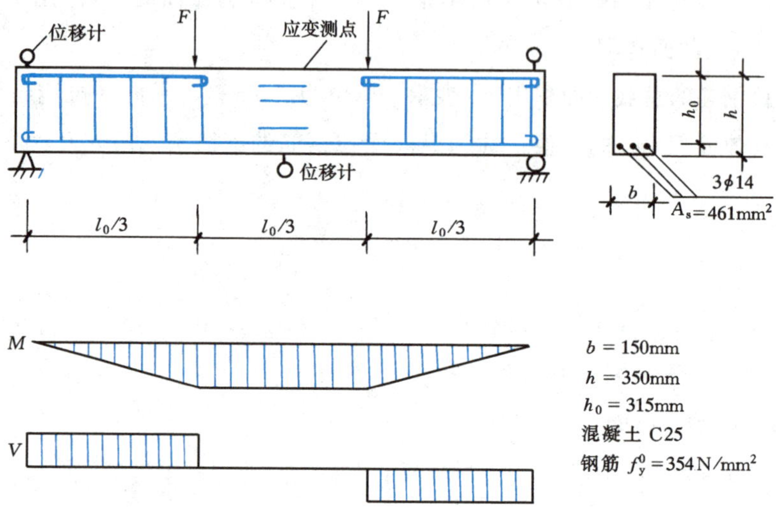

图 3-4 试验梁

荷载是逐级施加的，由零开始直至梁正截面受弯破坏。为了研究在加载过程中，试验梁正截面受力的全过程，在纯弯段内，沿梁高两侧布置测点，用仪表量测梁的纵向变形。为此，在浇筑混凝土前，在梁跨中附近的钢筋表面贴电阻片，用以量测钢筋的应变。因为量测变形的仪表总是有一定的标距，因此所测得的数值都表示在此标距范围内的平均应变值。另外，在跨中和支座处分别安装百（千）分表以量测跨中的挠度 f(也有采用挠度计量测挠度的)，有时还要安装倾角仪以量测梁的转角。

在纯弯区段内，弯矩将使正截面转动。在梁的单位长度上，正截面的转角称为截面曲率，用 φ 表示，它是度量正截面弯曲变形的标志，单位：1/mm。

图 3-5 为中国建筑科学研究院做的钢筋混凝土试验梁的弯矩与截面曲率关系曲线的实测结果。图中纵坐标为梁跨中截面的弯矩试验值 M^0，横坐标为梁跨中截面曲率试验值 φ^0。这里的上标 0 表示试验值，下同。

可见，M^0-φ^0 关系曲线上有两个明显的转折点 C 和 Y，它们把适筋梁正截面受弯的全过程划分为三个阶段——未裂阶段、裂缝阶段和破坏阶段。

2. 三个受力阶段

1）第Ⅰ阶段：混凝土开裂前的未裂阶段

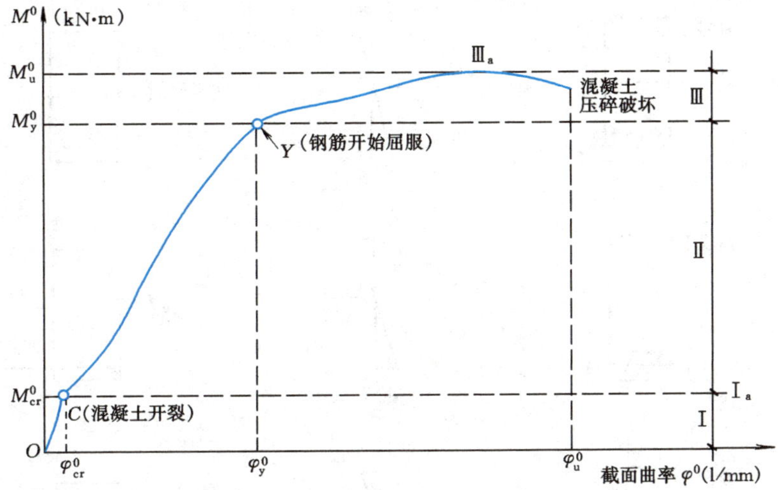

图 3-5　M^0-φ^0 图

刚开始加载时，由于弯矩很小，沿梁高量测到的各个纤维应变也小，且沿梁截面高度为直线变化，梁的受力情况与匀质弹性体梁相似，应力与应变成正比，受压区和受拉区混凝土应力分布图形为三角形，见图 3-6（a）。

由于混凝土抗拉能力弱，故弯矩再增大时，在受拉区边缘处混凝土首先表现出应变较应力增长速度为快的塑性特征。受拉区应力图形开始偏离直线而逐渐弯曲。弯矩继续增大，受拉区应力图形中曲线部分的范围不断向中和轴发展、扩大。

在弯矩增加到 M_{cr}^0时（下标 cr 表示裂缝 crack），受拉区边缘纤维的应变值即将到达混凝土受弯时的极限拉应变试验值 ε_{tu}^0，截面遂处于即将开裂状态，称为第Ⅰ阶段末，用Ⅰa 表示，见图 3-6（b）。这时受压区边缘纤维应变量测值还很小，故受压区混凝土基本上处于弹性工作阶段，受压区应力图形接近三角形。而受拉区应力图形则呈曲线分布。在Ⅰa 阶段时，由于粘结力的存在，受拉钢筋的应变与周围同一水平处混凝土拉应变相等，故这时钢筋应变接近 ε_{tu}^0值，相应的应力较低，约 20～30N/mm²，即 $f_{cu,k}=30\text{N/mm}^2$。由于受拉区混凝土塑性的发展，Ⅰa 阶段时中和轴的位置比第Ⅰ阶段初期略有上升。总之，第Ⅰ阶段的特点是：①混凝土没有开裂；②受压区混凝土的应力图形是直线，受拉区混凝土的应力图形在第Ⅰ阶段前期是直线，后期是曲线；③弯矩与截面曲率基本上是直线关系。

Ⅰa 阶段可作为受弯构件抗裂度的计算依据。

2）第Ⅱ阶段：混凝土开裂后至钢筋屈服前的裂缝阶段

$M^0=M_{cr}^0$时，在纯弯段抗拉能力最薄弱的某一截面处，当受拉区边缘纤维的拉应变值到达混凝土极限拉应变试验值 ε_{tu}^0时，将首先出现第一条裂缝，一旦开裂，梁即由第Ⅰ阶段转

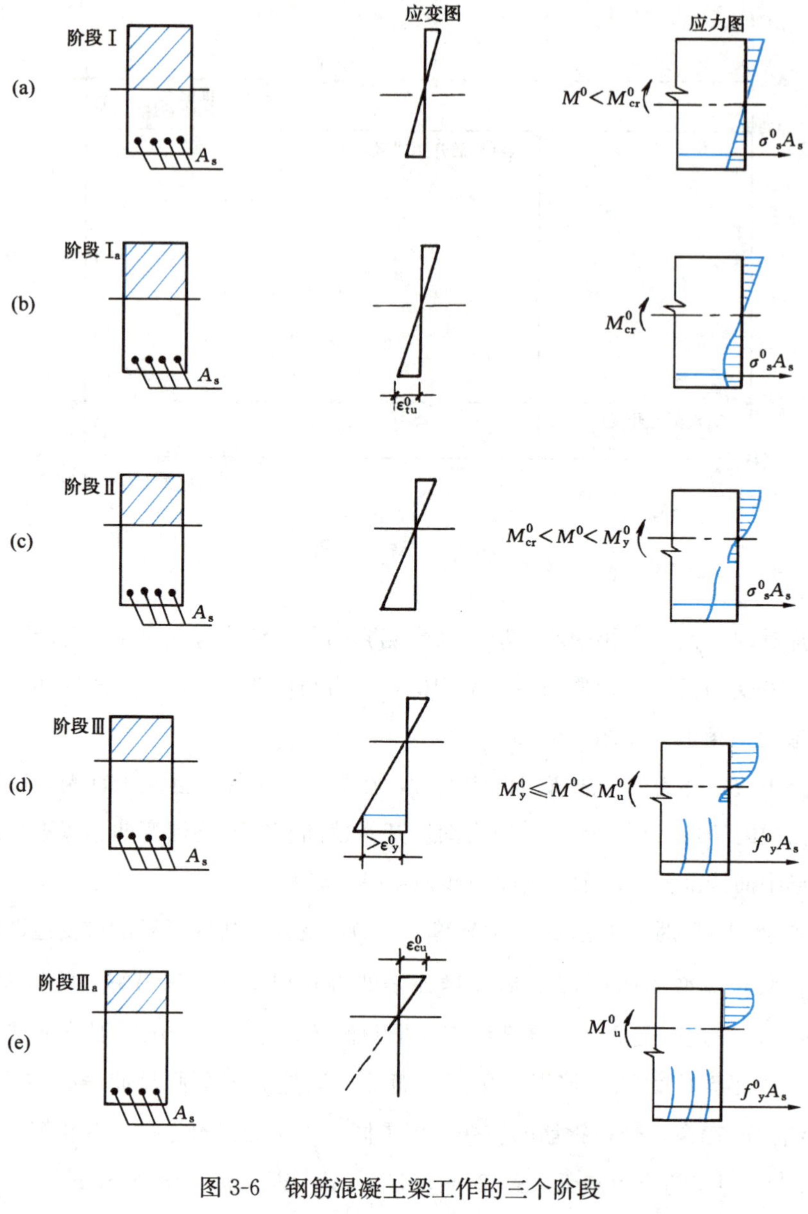

图 3-6　钢筋混凝土梁工作的三个阶段

入第Ⅱ阶段工作。

在裂缝截面处，混凝土一开裂，就把原先由它承担的那一部分拉力转给钢筋，使钢筋应力突然增大许多，故裂缝出现时梁的挠度和截面曲率都突然增大。裂缝截面处的中和轴位置也将随之上移，在中和轴以下裂缝尚未延伸到的部位，混凝土虽然仍可承受一小部分拉力，但受拉区的拉力主要由钢筋承担。

随着弯矩继续增大，受压区混凝土压应变与受拉钢筋的拉应变的实测值都不断增长，当应变的量测标距较大，跨越几条裂缝时，测得的应变沿截面高度的变化规律仍能符合平截面假定，见图 3-7（a）。

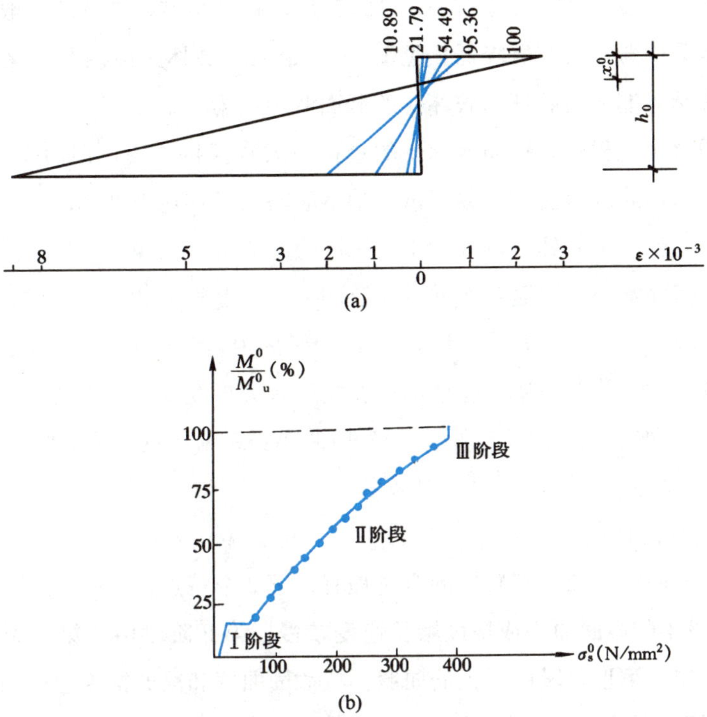

图 3-7　应变沿截面高度的变化及钢筋应力实测结果

弯矩再增大，截面曲率加大，裂缝开展越来越宽。由于受压区混凝土应变不断增大，受压区混凝土应变增长速度比应力增长速度快，塑性特征表现得越来越明显，受压区应力图形呈曲线变化，见图 3-6（c）。

第Ⅱ阶段是裂缝发生、开展的阶段，在此阶段中梁是带裂缝工作的，其受力特点是：①在裂缝截面处，受拉区大部分混凝土退出工作，拉力主要由纵向受拉钢筋承担，但钢筋没有屈服；②受压区混凝土已有塑性变形，但不充分，压应力图形为只有上升段的曲线；③弯矩与截面曲率是曲线关系，截面曲率与挠度的增长加快。

阶段Ⅱ相当于梁正常使用时的受力状态，可作为正常使用阶段验算变形和裂缝开展宽度的依据。

3）第Ⅲ阶段：钢筋开始屈服至截面破坏的破坏阶段

纵向受拉钢筋屈服后，正截面就进入第Ⅲ阶段工作。

钢筋屈服时，截面曲率和梁的挠度也突然增大，裂缝宽度随之扩展并沿梁高向上延伸，中和轴继续上移，受压区高度进一步减小，参看图 3-6（d）。这时受压区混凝土边缘纤维应变也迅速增长，塑性特征表现得更为充分，受压区压应力图形更趋丰满。

弯矩再增大直至峰值，即达到截面的受弯承载力极限值 M_u^0，此时，边缘纤维压应变到达（或接近）混凝土受弯时的极限压应变试验值 ε_{cu}^0，约为 0.003～0.005，标志着截面已开始破坏，称为第Ⅲ阶段末Ⅲ$_a$，见图 3-6（e）。其后，在试验室条件下的一般试验梁虽仍可继续变形，但所承受的弯矩将有所降低，见图 3-5。最后在破坏区段内受压区混凝土被压碎甚至剥落，梁丧失承载能力而破坏。破坏时的截面弯矩约为 M_u^0 的 85%。

在第Ⅲ阶段整个过程中，钢筋所承受的总拉力大致保持不变，但由于中和轴逐步上移，内力臂 z 略有增加，故截面受弯承载力试验值 M_u^0 略大于屈服弯矩 M_y^0。可见截面破坏的过程是破坏始于纵向受拉钢筋屈服，终结于受压区边缘混凝土压碎。其特点是：①纵向受拉钢筋屈服，拉力保持为常值；裂缝截面处，受拉区大部分混凝土已退出工作，受压区混凝土压应力曲线图形比较丰满，有上升段曲线，也有下降段曲线；②由于受压区混凝土合压力作用点外移使内力臂增大，故弯矩还略有增加；③受压区边缘混凝土压应变达到其极限压应变试验值 ε_{cu}^0时，混凝土被压碎，截面破坏；④弯矩-曲率关系为接近水平的曲线。

Ⅲ$_a$ 阶段可作为正截面受弯承载力计算的依据。

3. 受力全过程的特点

综上所述，试验梁从加载到破坏的全过程有以下 3 个特点：

1）第Ⅰ阶段梁的截面曲率或挠度增长速度较慢；第Ⅱ阶段由于梁带裂缝工作，它们的增长速度较前为快；第Ⅲ阶段由于钢筋屈服，故截面曲率和梁的挠度急剧增加。

2）随着弯矩的增大，中和轴不断上移，受压区高度试验值 x_c^0 逐渐缩小，混凝土边缘纤维压应变随之加大，受拉钢筋的拉应变也随弯矩的增长而加大，但平均应变仍符合平截面假定。即开裂时受拉区混凝土的拉应力图形大致与混凝土单轴受拉时的应力全曲线相对应；达到Ⅲ$_a$ 状态时，受压区混凝土的压应力图形也大致与其单轴向受压时的应力全曲线相对应。

3）由图 3-7（b）的$\dfrac{M^0}{M_u^0}$-σ_s^0 关系曲线可以看出，第Ⅰ阶段钢筋应力 σ_s^0 增长速度较慢；当 $M^0=M_{cr}^0$时，开裂前、后的钢筋应力发生突变，第Ⅱ阶段 σ_s^0 较第Ⅰ阶段增长速度快；当 $M^0=M_y^0$时，钢筋应力到达屈服强度 f_y^0。

表 3-2 简要地列出了适筋梁正截面受弯的三个受力阶段的主要特点。

适筋梁正截面受弯三个受力阶段的主要特点　　表 3-2

主要特点	受力阶段		
	第Ⅰ阶段	第Ⅱ阶段	第Ⅲ阶段
习称	未裂阶段	带裂缝工作阶段	破坏阶段
外观特征	没有裂缝，挠度很小	有裂缝，挠度还不明显	钢筋屈服，裂缝宽，挠度大

续表

<table>
<tr><th colspan="2" rowspan="2">主要特点</th><th colspan="3">受力阶段</th></tr>
<tr><th>第Ⅰ阶段</th><th>第Ⅱ阶段</th><th>第Ⅲ阶段</th></tr>
<tr><td colspan="2">弯矩-截面曲率
(M^0-φ^0)</td><td>大致呈直线</td><td>曲线</td><td>接近水平的曲线</td></tr>
<tr><td rowspan="2">混凝土应力图形</td><td>受压区</td><td>直线</td><td>受压区高度减小，混凝土压应力图形为上升段的曲线，应力峰值在受压区边缘</td><td>受压区高度进一步减小，混凝土压应力图形为较丰满的曲线；后期为有上升段与下降段的曲线，应力峰值不在受压区边缘而在边缘的内侧</td></tr>
<tr><td>受拉区</td><td>前期为直线，后期为有上升段的曲线，应力峰值不在受拉区边缘</td><td>大部分退出工作</td><td>绝大部分退出工作</td></tr>
<tr><td colspan="2">纵向受拉钢筋应力</td><td>$\sigma_s \leqslant 20\sim30\text{N/mm}^2$</td><td>$20\sim30\text{N/mm}^2 < \sigma_s < f_y^0$</td><td>$\sigma_s = f_y^0$</td></tr>
<tr><td colspan="2">与设计计算的联系</td><td>Ⅰ$_a$ 阶段用于抗裂验算</td><td>Ⅱ阶段用于裂缝宽度及变形验算</td><td>第Ⅲ$_a$ 阶段 M_u^0 用于正截面受弯承载力计算</td></tr>
</table>

试验和研究表明，钢筋混凝土结构和构件的受力全过程也分为上述的三个受力阶段，所以三个受力阶段是钢筋混凝土结构的基本属性。可见，正确认识三个受力阶段是很重要的。

注意，以下三种认识是错误的：①称第Ⅰ阶段为弹性阶段；②混凝土达到抗拉强度就开裂；③混凝土达到抗压强度就压碎。

3.2.2 正截面受弯的三种破坏形态

结构、构件和截面的破坏有脆性破坏和延性破坏两种类型。破坏前，变形很小，没有明显的破坏预兆，突然破坏的，属于脆性破坏类型；破坏前，变形较大，有明显的破坏预兆，不是突然破坏的，属于延性破坏类型。

脆性破坏将造成严重后果，且材料没有得到充分利用，因此在工程中，脆性破坏类型是不允许的。

试验表明，由于纵向受拉钢筋配筋率 ρ 的不同，受弯构件正截面受弯破坏形态有适筋破坏、超筋破坏和少筋破坏三种，如图 3-8 所示。这三种破坏形态的 M^0-φ^0 曲线如图 3-9 所示。与这三种破坏形态相对应的梁分别称为适筋梁、超筋梁和少筋梁。

1. 适筋破坏形态

当 $\rho_{\min} \cdot \dfrac{h}{h_0} \leqslant \rho \leqslant \rho_b$ 时发生适筋破坏，其特点是纵向受拉钢筋先屈服，受压区边缘混凝土随后压碎时，截面才破坏，属延性破坏类型。这里 $\rho_{\min}$、ρ_b 分别为纵向受拉钢筋的最小配

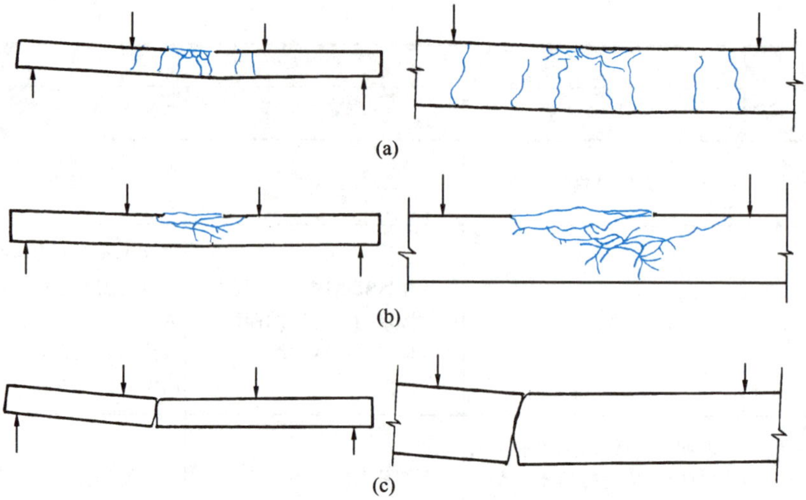

图 3-8 梁的三种破坏形态

（a）适筋破坏；（b）超筋破坏；（c）少筋破坏

筋率、界限配筋率。

适筋梁的破坏特点是破坏始自受拉区钢筋的屈服。在钢筋应力到达屈服强度之初，受压区边缘纤维的应变尚小于受弯时混凝土极限压应变值。从钢筋屈服到受压区边缘混凝土压碎的过程中，钢筋要经历较大的塑性变形，随之引起裂缝急剧开展和梁挠度的激增，它将给人以明显的破坏预兆，见图 3-8（a），属于延性破坏类型。

由图 3-5 可知，弯矩 M_y^0 增大到 M_u^0 的增量 $M_u^0-M_y^0$ 虽较小，但截面曲率增量 $\varphi_u^0-\varphi_y^0$ 却很大。这意味着适筋梁当弯矩超过 M_y^0 后，在截面承载力没有明显变化的情况下，具有较大的变形能力。换言之，这种梁具有较好的延性。在第 8 章中将讲到，延性是度量结构或截面后期变形能力的一个重要指标。

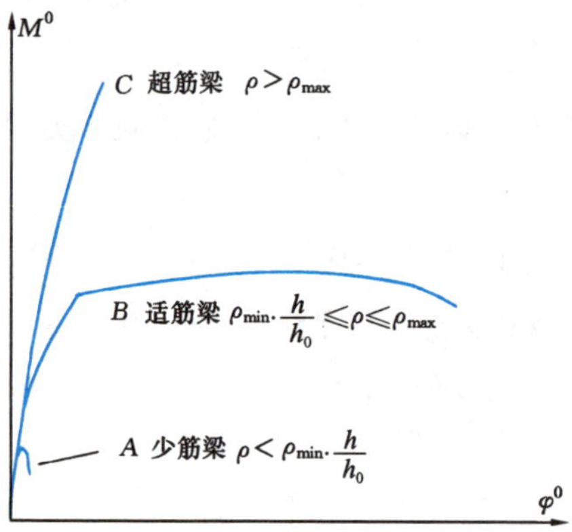

图 3-9 M^0-φ^0 示意图

2. 超筋破坏形态

当 $\rho>\rho_b$ 时发生超筋破坏，其特点是混凝土受压区边缘先压碎，纵向受拉钢筋不屈服，在基本没有明显预兆的情况下由于受压区混凝土被压碎而突然破坏，属于脆性破坏类型。试验表明，钢筋在梁破坏时没有屈服，裂缝开展不宽，延伸不高，截面曲率和梁的挠度都不大，如图 3-9 所示。

超筋梁因配置了过多的受拉钢筋，在梁破坏时钢筋应力低于屈服强度，不仅不经济，且破坏前基本没有预兆，属于受压脆性破坏类型，故设计中一般不允许采用超筋梁。

3. 少筋破坏形态

当$\rho<\rho_{min}\cdot\frac{h}{h_0}$时发生少筋破坏，少筋梁破坏时的极限弯矩$M_u^0$小于开裂弯矩$M_{cr}^0$，故其破坏特点是受拉区混凝土一裂就坏，属脆性破坏类型。少筋梁的配筋率ρ越小，$M_{cr}^0-M_u^0$的差值越大；ρ越大（但仍在少筋梁范围内），$M_{cr}^0-M_u^0$的差值越小。当$M_{cr}^0-M_u^0=0$时，从原则上讲，它就是少筋梁与适筋梁的界限。

图3-10为少筋梁的M^0-φ^0曲线，由图可见，梁破坏时的极限弯矩M_u^0小于开裂弯矩M_{cr}^0。少筋梁一旦开裂，受拉钢筋立即达到屈服强度，有时可迅速经历整个流幅而进入强化阶段，在个别情况下，钢筋甚至可能被拉断。

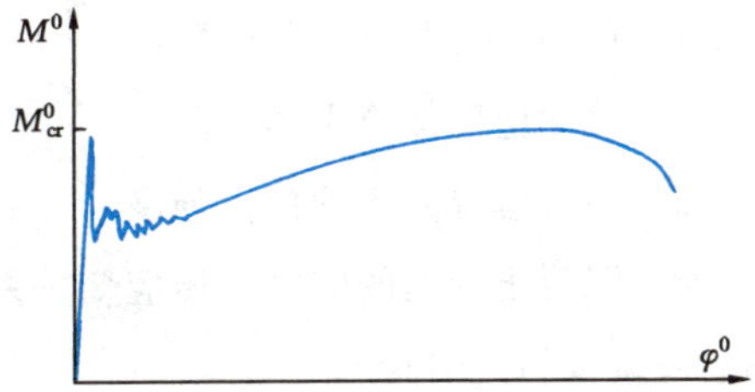

图3-10　少筋梁的M^0-φ^0曲线图

少筋梁破坏时，裂缝往往只有一条，不仅开展宽度很大，且沿梁高延伸较高。即使受压区混凝土暂未压碎，但因此时裂缝宽度大于1.5mm甚至更大，已标志着梁的“破坏”。从单纯满足承载力需要出发，少筋梁的截面尺寸过大，故不经济；同时它的承载力取决于混凝土的抗拉强度，属于受拉脆性破坏类型，故在土木工程中不允许采用（有些非受力因素而增大的截面也允许用）。水利工程中，往往截面尺寸很大，为了经济，有时也允许采用少筋梁。

3.2.3　界限破坏及界限配筋率

比较适筋梁和超筋梁的破坏，可以发现，两者的差异在于：前者破坏始自受拉钢筋屈服；后者则始自受压区边缘混凝土压碎。显然，总会有一个界限配筋率ρ_b，这时钢筋应力到达屈服强度的同时受压区边缘纤维应变也恰好到达混凝土受弯时的极限压应变值。这种破坏形态称为“界限破坏”，即适筋梁与超筋梁的界限。在国外多称之为“平衡配筋梁”。鉴于安全和经济的原因，在实际工程中一般不允许采用超筋梁，于是这个特定的配筋率ρ_b实质上就限制了适筋梁的最大配筋率。故当截面的实际配筋率$\rho<\rho_b$时，破坏始自钢筋的屈服；当$\rho>\rho_b$时，破坏始自受压区边缘混凝土的压碎；当$\rho=\rho_b$时，受拉钢筋应力到达屈服强度的同时受压区边缘混凝土也压碎使截面破坏。界限破坏也属于延性破坏类型，所以界限配筋的梁也属于适筋梁的范围。可见，梁的配筋应满足$\rho_{min}\frac{h}{h_0}\leqslant\rho\leqslant\rho_b$的要求。注意，这里用$\rho_{min}\frac{h}{h_0}$而不用$\rho_{min}$，是因为$\rho_{min}$是按$\frac{A_s}{bh}$来定义的，见附表4-5的注5，理由见下述确定$\rho_{min}$的理论原则。

3.3 正截面受弯承载力计算原理

3.3.1 正截面承载力计算的基本假定

《混凝土结构设计标准》规定，包括受弯构件在内的各种混凝土构件的正截面承载力应按下列五个基本假定进行计算：

1）截面应变保持平面。

2）不考虑混凝土的抗拉强度。

3）混凝土受压的应力与压应变关系曲线按下列规定取用：

当 $\varepsilon_c \leqslant \varepsilon_0$ 时（上升段），
$$\sigma_c = f_c\left[1-\left(1-\frac{\varepsilon_c}{\varepsilon_0}\right)^n\right] \tag{3-3}$$

当 $\varepsilon_0 < \varepsilon_c \leqslant \varepsilon_{cu}$ 时（水平段），
$$\sigma_c = f_c \tag{3-4}$$

式中，参数 n、ε_0 和 ε_{cu} 的取值如下，$f_{cu,k}$ 为混凝土立方体抗压强度标准值。

$$n = 2-\frac{1}{60}(f_{cu,k}-50) \leqslant 2.0 \tag{3-5}$$

$$\varepsilon_0 = 0.002+0.5\times(f_{cu,k}-50)\times10^{-5} \geqslant 0.002 \tag{3-6}$$

$$\varepsilon_{cu} = 0.0033-(f_{cu,k}-50)\times10^{-5} \leqslant 0.0033 \tag{3-7}$$

4）纵向受拉钢筋的极限拉应变取为 0.01。

5）纵向钢筋的应力取钢筋应变与其弹性模量的乘积，但其值应符合下列要求：

$$-f'_y \leqslant \sigma_{si} \leqslant f_y \tag{3-8}$$

式中 σ_{si} ——第 i 层纵向普通钢筋的应力，正值代表拉应力，负值代表压应力。

基本假定 1：在荷载作用下，梁的变形规律符合“平均应变平截面假定”，简称平截面假定。国内外大量试验，包括矩形、T 形、I 字形及环形截面的钢筋混凝土构件受力以后，截面各点的混凝土和钢筋纵向应变沿截面的高度方向呈直线变化。虽然就单个截面而言，此假定不一定成立，但在一定长度范围内还是正确的。该假定说明了在一定标距内，即跨越若干条裂缝后，钢筋和混凝土的变形是协调的。同时平截面假定也是简化计算的一种手段。

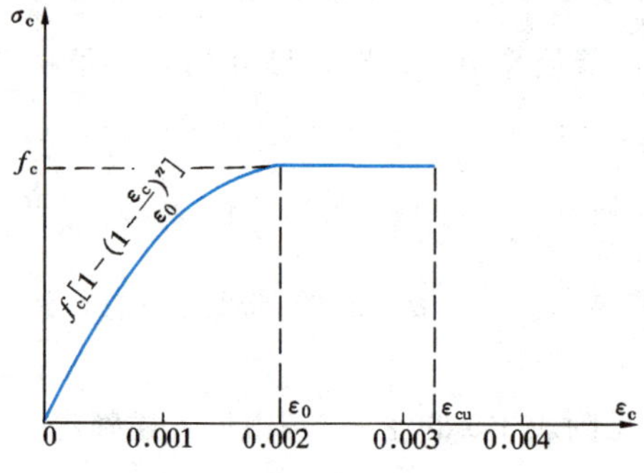

图 3-11　混凝土受压应力-应变曲线

基本假定 2：忽略中和轴以下混凝土的抗拉作用，主要是因为混凝土的抗拉强度很小，且其合力作用点离中和轴较近，内力矩的力臂很小的缘故。

基本假定 3：采用抛物线上升段和水平段的混凝土受压应力-应变关系曲线，见图 3-11。但曲线方程随着混凝土强度等级的不同而有所变化，压应力达到峰值时的应变 ε_0 和极限压应变 ε_{cu} 的取值随混凝土强度等级的不同而不同。对于正截面处于非均匀受压时的混凝土，极限压应变的取值最大不超过 0.0033。规定极限压应变值 ε_{cu}，实际是给定了混凝土单轴受压情况下的破坏准则。

对于混凝土各强度等级，各参数按式（3-5）～式（3-7）的计算结果见表3-3。规范建议的公式仅适用于正截面计算。

混凝土应力-应变曲线参数　　表 3-3

$f_{cu,k}$	≤C50	C60	C70	C80
n	2	1.83	1.67	1.50
ε_0	0.002	0.00205	0.0021	0.00215
ε_{cu}	0.0033	0.0032	0.0031	0.0030

按图 3-11，设 C_{cu} 为混凝土压应力-应变曲线所围的面积，y_{cu} 为此面积的形心到坐标原点 0 的距离，则有：

$$C_{cu}=\int_0^{\varepsilon_{cu}}\sigma_c(\varepsilon_c)\mathrm{d}\varepsilon_c \tag{3-9}$$

$$y_{cu}=\frac{\int_0^{\varepsilon_{cu}}\sigma_c(\varepsilon_c)\varepsilon_c\mathrm{d}\varepsilon_c}{C_{cu}} \tag{3-10}$$

令：

$$k_1 f_c=\frac{C_{cu}}{\varepsilon_{cu}},\quad k_2=\frac{y_{cu}}{\varepsilon_{cu}}$$

把基本假定 3 规定的 σ_c（ε_c）关系式（3-3）、式（3-4），以及参数 n、ε_0 和 ε_{cu} 的取值代入以上两式中，可求得系数 k_1 和 k_2，见表 3-4。系数 k_1 和 k_2 只取决于混凝土受压应力-应变曲线的形状，因此称为混凝土受压应力-应变曲线系数。

混凝土受压应力-应变曲线系数 k_1 和 k_2　　表 3-4

强度等级	≤C50	C60	C70	C80
k_1	0.797	0.774	0.746	0.713
k_2	0.588	0.598	0.608	0.619

基本假定 4：把纵向受拉钢筋的极限拉应变规定为 0.01，实际上是给出了正截面达到承载力极限状态的另一个标志。这个规定，对有屈服点的钢筋，它相当于钢筋应变进入了屈服台阶因变形太大而不适用于继续承载；对没有屈服点的钢筋，则是限制它的强化程度。这个规定也要求纵向受拉钢筋的极限拉应变不得小于 0.01，以保证结构构件具有必要的延性。

基本假定 5：规定了纵向受拉钢筋和纵向受压钢筋的应力都不大于其屈服强度标准值为基础的抗拉强度设计值和抗压强度设计值，从而使得正截面承载力有可靠的储备。所以基本假定 5 实际上是一种设计规定。

3.3.2 受压区混凝土的压应力的合力及其作用点

图 3-12 为一单筋矩形截面适筋梁的应力图形。由于采用了平截面假定以及基本假定 3，其受压区混凝土的压应力图形符合图 3-11 所示曲线的变化规律，即符合式（3-3）和式（3-4），此图形可称为理论应力图形。

注意，受压区压应力的理论应力图形与图 3-11 所示的应力-应变曲线图形两者的自变量是不同的，前者的自变量是任一纤维到中和轴的距离 y，$y=0 \sim x_c$，而后者的变量是 ε_c，$\varepsilon_c=0 \sim \varepsilon_{cu}$。

故受压区混凝土压应力的合力：

$$C=\int_0^{x_c} \sigma_c(\varepsilon_c) \cdot b \cdot \mathrm{d}y \tag{3-11}$$

合力 C 到中和轴的距离：

$$y_c=\frac{\int_0^{x_c} \sigma_c(\varepsilon_c) \cdot b \cdot y \cdot \mathrm{d}y}{C}=\frac{\int_0^{x_c} \sigma_c(\varepsilon_c) y \mathrm{d}y}{\int_0^{x_c} \sigma_c(\varepsilon_c) \mathrm{d}y} \tag{3-12}$$

式中　x_c——中和轴高度，即受压区的理论高度。

再来研究变量 y 与 ε_c 的关系。因为中和轴高度为 x_c，则由平截面假定可得距中和轴 y 处的压应变：

$$\varepsilon_c=\frac{\varepsilon_{cu}}{x_c} \cdot y$$

由上式，取 $y=\frac{x_c}{\varepsilon_{cu}}\varepsilon_c$，$\mathrm{d}y=\frac{x_c}{\varepsilon_{cu}}\mathrm{d}\varepsilon_c$，代入式（3-11）和式（3-12），可得受压区压应力的合力 C 和 C 到中和轴的距离分别为：

$$C=\int_0^{\varepsilon_{cu}} \sigma_c(\varepsilon_c) \cdot b \cdot \frac{x_c}{\varepsilon_{cu}} \mathrm{d}\varepsilon_c=x_c \cdot b \cdot \frac{C_{cu}}{\varepsilon_{cu}}=k_1 f_c b x_c \tag{3-13}$$

$$y_c=\frac{\int_0^{\varepsilon_{cu}} \sigma_c(\varepsilon_c) \cdot b \cdot \left(\frac{x_c}{\varepsilon_{cu}}\right)^2 \cdot \varepsilon_c \cdot \mathrm{d}\varepsilon_c}{x_c \cdot b \cdot \frac{C_{cu}}{\varepsilon_{cu}}}=x_c \cdot \frac{y_{cu}}{\varepsilon_{cu}}=k_2 x_c \tag{3-14}$$

3.3.3 等效矩形应力图

由式（3-13）、式（3-14）知，合力 C 和作用位置 y_c 仅与混凝土应力-应变曲线系数 k_1、k_2 及受压区高度 x_c 有关，而在 M_u 的计算中也仅需知道 C 的大小和作用位置 y_c 就够了。因此，为了简化计算，可取等效矩形应力图形来代换受压区混凝土的理论应力图形，如图 3-12

所示。两个图形的等效条件是：

1）混凝土压应力的合力 C 大小相等；

2）两图形中受压区合力 C 的作用点不变。

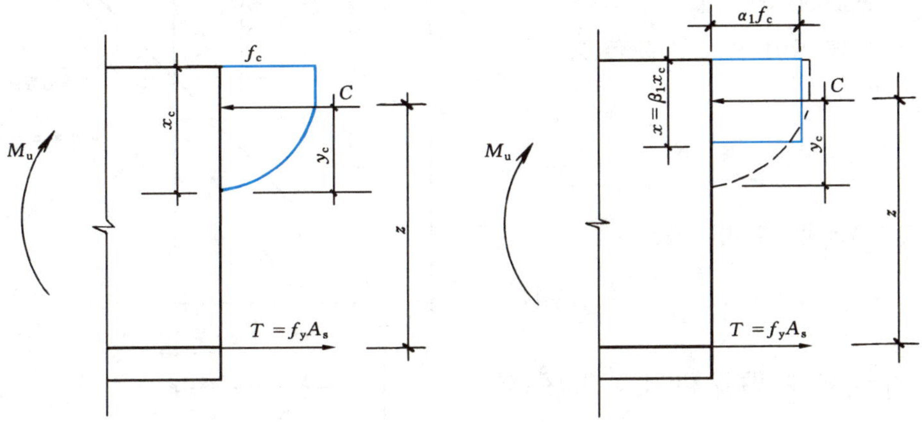

图 3-12　等效矩形应力图

设等效矩形应力图的应力值为 $\alpha_1 f_c$，高度为 x，则按等效条件，由式(3-13)、式（3-14）可得：

$$\left.\begin{aligned}\alpha_1 f_c bx &= k_1 f_c bx_c\\ x = 2(x_c - y_c),\ x &= 2(1-k_2)x_c\end{aligned}\right\}\tag{3-15}$$

令 $\beta_1=x/x_c=2（1-k_2）$，则 $\alpha_1=\dfrac{k_1}{\beta_1}=\dfrac{k_1}{2（1-k_2）}$。可见系数 α_1 和 β_1 也仅与混凝土应力-应变曲线有关，称为等效矩形应力图系数。系数 α_1 是受压区混凝土矩形应力图的应力值与混凝土轴心抗压强度设计值的比值；系数 β_1 是矩形应力图受压区高度 x 与中和轴高度 x_c 的比值。β_1 的取值为：当 $f_{cu,k}\leqslant 50\text{N/mm}^2$ 时，β_1 取为 0.8，当 $f_{cu,k}=80\text{N/mm}^2$ 时，β_1 取为 0.74，其间按直线内插法取用。α_1、β_1 的取值，见表 3-5。

混凝土受压区等效矩形应力图系数　　**表 3-5**

	≤C50	C55	C60	C65	C70	C75	C80
α_1	1.0	0.99	0.98	0.97	0.96	0.95	0.94
β_1	0.8	0.79	0.78	0.77	0.76	0.75	0.74

由表 3-5 知，混凝土强度等级不大于 C50 时，其 $\alpha_1=1.0$，$\beta_1=0.8$。

3.3.4　适筋梁与超筋梁的界限及界限配筋率

如 3.2.3 节所述，适筋梁与超筋梁的界限为“平衡配筋梁”，即在受拉纵筋屈服的同时，混凝土受压边缘纤维也达到其极限压应变值 ε_{cu}，截面破坏。如图 3-13 所示，设钢筋开始屈

服时的应变为 ε_y，则：

$$\varepsilon_y=\frac{f_y}{E_s}$$

此处 E_s 为钢筋的弹性模量。

设界限破坏时中和轴高度为 x_{cb}，则有：

$$\frac{x_{cb}}{h_0}=\frac{\varepsilon_{cu}}{\varepsilon_{cu}+\varepsilon_y} \tag{3-16}$$

把 $x_b=\beta_1\cdot x_{cb}$代入上式，得：

$$\frac{x_b}{\beta_1 h_0}=\frac{\varepsilon_{cu}}{\varepsilon_{cu}+\varepsilon_y} \tag{3-17}$$

设 $\xi_b=\frac{x_b}{h_0}$，称为界限相对受压区高度，则：

$$\xi_b=\frac{\beta_1}{1+\frac{f_y}{E_s\cdot\varepsilon_{cu}}} \tag{3-18}$$

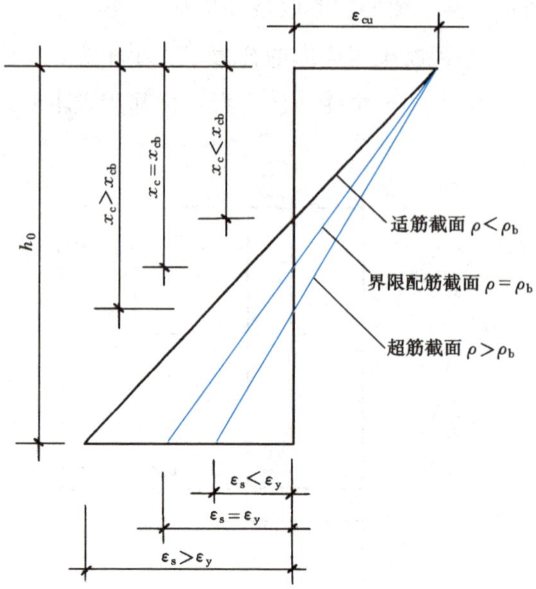

图 3-13　适筋梁、超筋梁、界限配筋梁破坏时的正截面平均应变图

式中　h_0——截面有效高度；

x_b——界限受压区高度；

f_y——纵向钢筋的抗拉强度设计值；

ε_{cu}——非均匀受压时混凝土极限压应变值，按式（3-7）计算，混凝土强度等级不大于 C50 时，$\varepsilon_{cu}=0.0033$。

由式（3-18）算得的 ξ_b 值见表 3-6。

相对界限受压区高度 ξ_b 和截面最大抵抗矩系数 $\alpha_{s,max}$　　**表 3-6**

混凝土强度等级	≤C50			C60		
钢筋强度等级	300MPa	400MPa	500MPa	300MPa	400MPa	500MPa
ξ_b	0.576	0.518	0.482	0.557	0.499	0.464
$\alpha_{s,max}$	0.410	0.384	0.366	0.402	0.375	0.356
混凝土强度等级	C70			C80		
钢筋强度等级	300MPa	400MPa	500MPa	300MPa	400MPa	500MPa
ξ_b	0.537	0.481	0.447	0.518	0.463	0.429
$\alpha_{s,max}$	0.393	0.365	0.347	0.384	0.356	0.337

当相对受压区高度 $\xi>\xi_b$ 时，属于超筋梁。

当 $\xi=\xi_b$ 时，属于界限情况，与此对应的纵向受拉钢筋的配筋率，称为界限配筋率，记作 ρ_b，此时考虑截面上力的平衡条件，有：

$$\alpha_1 f_c b x_b = f_y A_s$$

故：

$$\rho_b = \frac{A_s}{bh_0} = \alpha_1 \xi_b \frac{f_c}{f_y} \tag{3-19}$$

这里，x_{cb}、x_b、ρ_b、ξ_b 中的下标 b 表示界限（boundary）。

3.3.5　最小配筋率 ρ_{min}

少筋破坏的特点是一裂就坏，所以，确定纵向受拉钢筋最小配筋率 ρ_{min} 的理论原则是这样的：按Ⅲ$_a$ 阶段计算钢筋混凝土受弯构件正截面受弯承载力与由素混凝土受弯构件计算得到的正截面受弯承载力两者相等。按后者计算时，混凝土还没有开裂，所以规范规定的最小配筋率是按 h 而不是按 h_0 计算的。考虑到混凝土抗拉强度的离散性，以及收缩等因素的影响，所以在实用上，最小配筋率 ρ_{min} 往往是根据传统经验得出的。规范规定的纵向受力钢筋最小配筋率见附表4-5。为了防止梁“一裂就坏”，适筋梁的配筋率应不小于 $\rho_{min}\frac{h}{h_0}$。

附表 4-5 中规定：受弯构件、偏心受拉、轴心受拉构件，其一侧纵向受拉钢筋的配筋百分率不应小于 0.2%和 0.45 $\frac{f_t}{f_y}$ 中的较大值。

此外，卧置于地基上的混凝土板，板中受拉钢筋的最小配筋率可适当降低，但不应小于 0.15%。

3.4　单筋矩形截面受弯构件正截面受弯承载力计算

3.4.1　基本计算公式及适用条件

1. 基本计算公式

单筋矩形截面受弯构件的正截面受弯承载力计算简图如图 3-14 所示，图中的 x 称为混凝土受压区高度，z 称为内力臂。

由力的平衡条件，得：

$$\alpha_1 f_c b x = f_y A_s \tag{3-20}$$

由力矩平衡条件，得：

$$M_u = f_y A_s \left(h_0 - \frac{x}{2}\right) \tag{3-21}$$

或

$$M_u = \alpha_1 f_c b x \left(h_0 - \frac{x}{2}\right) \tag{3-22}$$

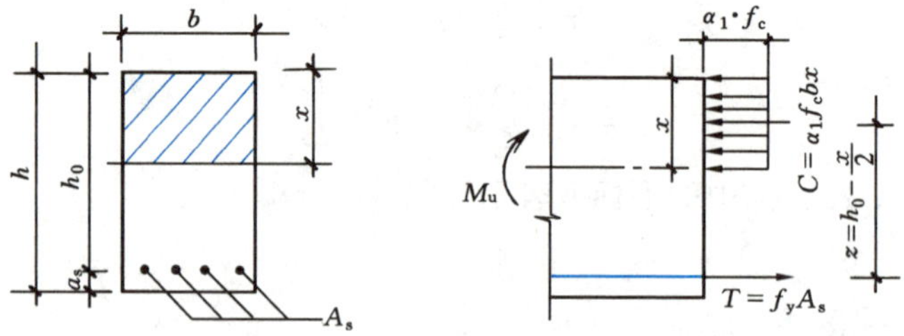

图 3-14　单筋矩形截面受弯构件正截面受弯承载力计算简图

2. 适用条件

1)
$$\rho \leqslant \rho_b = \alpha_1 \xi_b \frac{f_c}{f_y} \tag{3-23a}$$

或
$$x \leqslant \xi_b h_0 \tag{3-23b}$$

2)
$$\rho \geqslant \rho_{min} \frac{h}{h_0} \tag{3-24}$$

适用条件 1）是为了防止超筋破坏，因此单筋矩形截面的最大受弯承载力：

$$M_{u,max} = \alpha_1 f_c b h_0^2 \xi_b (1-0.5\xi_b) \tag{3-25}$$

适用条件 2）是为了防止少筋破坏。

式（3-23a）和式（3-23b）代表同一含义，只是从不同的角度表达而已。只有满足式（3-24）及式（3-23a）或式（3-23b），才能保证构件是适筋梁。

从式（3-21）及式（3-22）可知，当弯矩设计值 M 确定以后，我们可以设计出不同截面尺寸的梁。当配筋率 ρ 取得小些，梁截面就要大些；当 ρ 取得大些，梁截面就可小些。为了保证总造价低廉，必须根据钢材、水泥、砂石等材料价格及施工费用（包括模板费用）确定出不同 ρ 值时的造价，从中可以得出一个理论上最经济的配筋率。

按照我国经验，板的经济配筋率约为 0.3%～0.8%；单筋矩形梁的经济配筋率约为 0.6%～1.5%。

3.4.2　截面承载力计算的两类问题

受弯构件正截面受弯承载力计算包括截面设计、截面复核两类问题。

1. 截面设计

截面设计时，取正截面弯矩设计值 M 与截面受弯承载力设计值 M_u 相等，即 $M_u=M$。

常遇到下列情形：已知 M、混凝土强度等级及钢筋强度等级、矩形截面宽度 b 及截面高度 h，求所需的受拉钢筋截面面积 A_s。

这时，根据环境类别及混凝土强度等级，由附表 4-3 查得混凝土保护层最小厚度，再假定 a_s，得 h_0，并按混凝土强度等级确定 α_1，解二次联立方程式。然后验算适用条件 1)，即

要求满足 $\xi \leqslant \xi_b$。若 $\xi > \xi_b$，需加大截面，或提高混凝土强度等级，或改用双筋矩形截面。若 $\xi \leqslant \xi_b$，则计算继续进行，按求出的 A_s 选择钢筋，采用的钢筋截面面积与计算所得 A_s 值，两者相差不超过±5%，并检查实际的 a_s 值与假定的 a_s 是否大致相符，如果相差太大，则需重新计算。最后应该以实际采用的钢筋截面面积来验算适用条件 2)，即要求满足 $\rho \geqslant \rho_{min} \cdot \frac{h}{h_0}$，且 $\rho \geqslant 0.45\frac{f_t}{f_y} \cdot \frac{h}{h_0}$。如果不满足，则纵向受拉钢筋应按 $\rho_{min}\frac{h}{h_0}$ 配置。

在正截面受弯承载力设计中，钢筋直径、数量和层数等还不知道，因此纵向受拉钢筋合力点到截面受拉边缘的距离 a_s 往往需要预先估计。当环境类别为一类时（即室内环境），一般取：

梁内一层钢筋时，$a_s = 40\text{mm}$；

梁内两层钢筋时，$a_s = 65\text{mm}$；

对于板，$a_s = 20\text{mm}$。

2. 截面复核

已知：M、b、h、A_s、混凝土强度等级及钢筋强度等级，求 M_u。

先由 $\rho = \frac{A_s}{bh_0}$ 计算 $\xi = \rho\frac{f_y}{\alpha_1 f_c}$，如果满足适用条件：$\xi \leqslant \xi_b$ 及 $\rho \geqslant \rho_{min}\frac{h}{h_0}$，则按式（3-21）或式（3-22）求出：

$$M_u = f_y A_s h_0 (1 - 0.5\xi)$$

或

$$M_u = \alpha_1 f_c b h_0^2 \xi (1 - 0.5\xi)$$

当 $M_u \geqslant M$ 时，认为截面受弯承载力满足要求，否则为不安全。

当 M_u 大于 M 过多时，该截面设计不经济。

这里补充说一下 ξ 的物理意义：

1）由 $\xi = x/h_0$ 知，ξ 称为相对受压区高度；

2）由 $\xi = \rho\frac{f_y}{\alpha_1 f_c}$ 知，ξ 与纵向受拉钢筋配筋率 ρ 相比，不仅考虑了纵向受拉钢筋截面面积 A_s 与混凝土有效面积 bh_0 的比值，也考虑了两种材料力学性能指标的比值，能更全面地反映纵向受拉钢筋与混凝土有效面积的匹配关系，因此又称 ξ 为配筋系数。由于纵向受拉钢筋配筋率 ρ 比较直观，故通常还用 ρ 作为纵向受拉钢筋与混凝土两种材料匹配的标志。

截面复核也可采用以下方法：

先按式（3-20）求出混凝土受压区高度：

$$x = \frac{f_y A_s}{\alpha_1 f_c b}$$

再求出配筋率：

$$\rho = \frac{A_s}{bh_0}$$

如果满足：$x \leqslant \xi_b h_0$；$\rho \geqslant \rho_{min}\dfrac{h}{h_0}$

则 M_u 就可按式（3-21）求得。

3.4.3 正截面受弯承载力的计算系数与计算方法

取计算系数：

$$\alpha_s = \frac{M}{\alpha_1 f_c b h_0^2}；即\ \alpha_s = \xi(1-0.5\xi) \tag{3-26a}$$

$$\gamma_s = \frac{z}{h_0}；即\ \gamma_s = 1-0.5\xi \tag{3-26b}$$

令 $M=M_u$，由式（3-26a）和式（3-26b），可得：

$$\xi = 1-\sqrt{1-2\alpha_s} \tag{3-27a}$$

$$\gamma_s = \frac{1+\sqrt{1-2\alpha_s}}{2} \tag{3-27b}$$

因此，当按式（3-26a）求出 α_s 值后，就可由式（3-27a）、式（3-27b）求得 ξ、γ_s 值。

这里，$\gamma_s h_0$ 是内力臂，γ_s 称为内力矩的内力臂系数，α_s 称为截面抵抗矩系数，相当于匀质弹性体矩形截面梁抵抗矩 W 中的系数$\frac{1}{6}$。配筋率 ρ 越大，γ_s 越小，而 α_s 越大。

在截面设计中，求出内力臂系数 γ_s 后，就可方便地算出纵向受拉钢筋的截面面积：

$$A_s = \frac{M}{f_y z} = \frac{M}{f_y \gamma_s h_0} \tag{3-28}$$

另外，由式（3-25）和式（3-26a）知，单筋矩形截面的最大受弯承载力：

$$M_{u,max} = \alpha_{s,max} \cdot \alpha_1 f_c b h_0^2 \tag{3-29a}$$

$$\alpha_{s,max} = \xi_b(1-0.5\xi_b) \tag{3-29b}$$

$\alpha_{s,max}$称为截面的最大抵抗矩系数，见表 3-6。

由力的平衡条件式（3-20）知，单筋矩形截面纵向受拉钢筋的最大截面面积为：

$$A_{s,max} = \frac{\xi_b \alpha_1 f_c b h_0}{f_y} \tag{3-30}$$

【例 3-1】 已知矩形梁截面尺寸 $b \times h = 250\text{mm} \times 500\text{mm}$；环境类别为一类，弯矩设计值 $M = 180\text{kN} \cdot \text{m}$，混凝土强度等级为 C30，钢筋采用 HRB400 级钢筋。

求：所需的纵向受拉钢筋截面面积。

【解】 由附表 4-3 知，环境类别为一类，C30 时梁的混凝土保护层最小厚度 c 为 20mm。假设箍筋直径为 8mm，下部纵向受拉钢筋为一层，直径 22mm，故 $a_s = 20+8+11 = 39\text{mm}$，取整 $a_s = 40\text{mm}$，则：

$$h_0 = 500-40 = 460\text{mm}$$

由混凝土强度等级和钢筋等级，查附表 2-3、附表 2-9，得：

$f_c=14.3\text{N/mm}^2$，$f_y=360\text{N/mm}^2$，$f_t=1.43\text{N/mm}^2$。由表 3-5 知，$\alpha_1=1.0$，由表 3-6 知，$\xi_b=0.518$。

求截面抵抗矩系数：

$$\alpha_s=\frac{M}{\alpha_1 f_c b h_0^2}=\frac{180\times10^6}{1.0\times14.3\times250\times460^2}=0.238^{①}$$

由式（3-27a）、式（3-27b），得：

$$\xi=1-\sqrt{1-2\alpha_s}=0.276<\xi_b=0.518\text{，可以}$$

$$\gamma_s=0.5(1+\sqrt{1-2\alpha_s})=0.862$$

$$A_s=\frac{M}{f_y\gamma_s h_0}=\frac{180\times10^6}{360\times0.862\times460}=1261\text{mm}^2$$

选用 4⌀20，$A_s=1256\text{mm}^2$，见图 3-15。验算在 $b=250\text{mm}$ 宽度内是否能放得下：$4\times20+3\times25+2(20+8)=211\text{mm}<250\text{mm}$，可以。

验算适用条件：

（1）适用条件 1）已满足。

（2）$\rho=\frac{1256}{250\times460}=1.09\%>\rho_{\min}\cdot\frac{h}{h_0}=0.45\frac{f_t}{f_y}\cdot\frac{h}{h_0}=0.45\times\frac{1.43}{360}\times\frac{500}{460}=0.2\%$，同时 $\rho>0.2\%\times\frac{h}{h_0}=0.2\%\times\frac{500}{460}=0.22\%$，可以。

注意，验算适用条件 2）时，要用实际采用的纵向受拉钢筋截面面积。

配筋后，实际的 $a_s=20+8+10=38\text{mm}$，与假设的 $a_s=40\text{mm}$ 相差很小，且偏于安全，故不再重算。

【例 3-2】 已知一单跨简支板，计算跨度 $l_0=3.0\text{m}$，板厚 100mm，计算宽度 $b=1000\text{mm}$，承受均布荷载，如图 3-16 所示；跨中正截面承受弯矩设计值 $M=14.5\text{kN}\cdot\text{m}$；混凝土强度等级 C30；钢筋采用 HRB400 级钢筋；环境类别为一类。

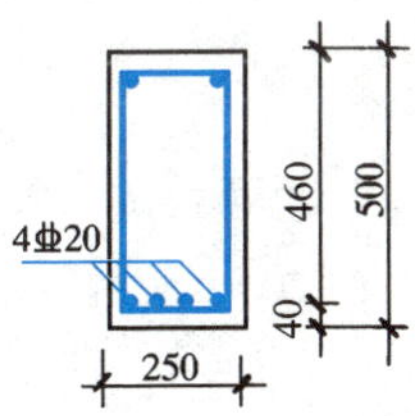

图 3-15 例 3-1 截面配筋图

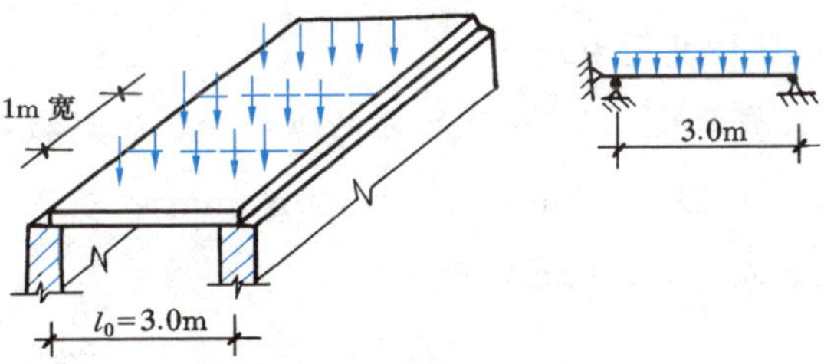

图 3-16 例 3-2 板受力图

① 计算中，单位采用“N、mm 和 N/mm^2”，故 $1\text{kN}\cdot\text{m}=1\times10^6\text{N}\cdot\text{mm}$。

求：纵向受拉钢筋和分布钢筋。

【解】取板宽 $b=1000\text{mm}$ 的板条作为计算单元。

由附表 4-3 知，环境类别为一类，板的混凝土保护层最小厚度为 15mm，设 $a_s=20\text{mm}$，故 $h_0=100-20=80\text{mm}$。查附表 2-3、附表 2-4 和附表 2-11 知 $f_c=14.3\text{N/mm}^2$，$f_t=1.43\text{N/mm}^2$，$f_y=360\text{N/mm}^2$。

查表 3-5 知，$\alpha_1=1.0$；查表 3-6 知，$\xi_b=0.518$。

$$\alpha_s=\frac{M}{\alpha_1 f_c b h_0^2}=\frac{14.5\times10^6}{1\times14.3\times1000\times80^2}=0.1585$$

$$\xi=1-\sqrt{1-2\alpha_s}=0.174<\xi_b=0.518,\text{可以}$$

$$\gamma_s=0.5\times(1+\sqrt{1-2\alpha_s})=0.913$$

$$A_s=\frac{M}{f_y\gamma_s h_0}=\frac{14.5\times10^6}{360\times0.913\times80}=551\text{mm}^2$$

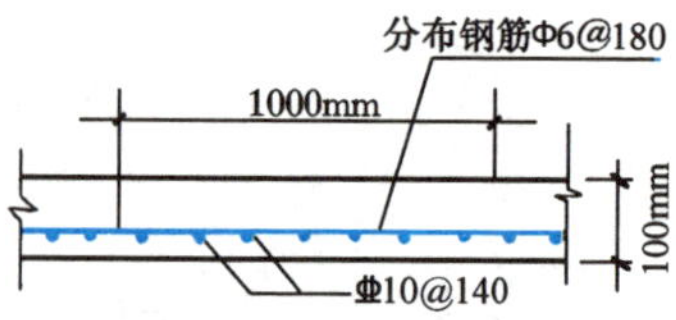

图 3-17　例 3-2 板配筋图

选用Φ 10@140，$A_s=561\text{mm}^2$，排列见图 3-17，垂直于纵向受拉钢筋放置Φ 6@180 的分布钢筋，其截面面积为 $28.3\times\frac{1000}{180}=157\text{mm}^2>0.15\%\times b\times h=0.15\%\times1000\times100=150\text{mm}^2$，且 $>15\%A_s=0.15\times561=84\text{mm}^2$，可以。

验算适用条件：

（1）$x=\xi\cdot h_0=0.174\times80=13.92\text{mm}<\xi_b h_0=0.518\times80=41.44\text{mm}$，满足。

（2）$\rho=\frac{561}{1000\times80}=0.701\%>\rho_{\min}\frac{h}{h_0}=0.45\frac{f_t}{f_y}\frac{h}{h_0}=0.45\times\frac{1.43}{360}\times\frac{100}{80}=0.22\%$，同时 $\rho>0.2\%\times\frac{h}{h_0}=0.2\%\times\frac{100}{80}=0.25\%$，满足。

【例 3-3】已知：弯矩设计值 $M=270\text{kN}\cdot\text{m}$，混凝土强度等级为 C70；钢筋为 HRB400，环境类别为一类。

求：梁截面尺寸 $b\times h$ 及所需的纵向受拉钢筋截面面积 A_s。

【解】$f_c=31.8\text{N/mm}^2$，$f_y=360\text{N/mm}^2$，查表 3-5，得 $\alpha_1=0.96$，$\beta_1=0.76$。假定 $\rho=1\%$ 及 $b=250\text{mm}$，则：

$$\xi=\rho\frac{f_y}{\alpha_1 f_c}=0.01\times\frac{360}{0.96\times31.8}=0.118$$

令 $M=M_u$，则由式 $M=\alpha_1 f_c b\xi(1-0.5\xi)h_0^2$ 可得：

$$h_0=\sqrt{\frac{M}{\alpha_1 f_c b\xi(1-0.5\xi)}}$$

$$=\sqrt{\frac{270\times10^6}{0.96\times31.8\times250\times0.118\times(1-0.5\times0.118)}}$$

$$=564\text{mm}$$

由附表 4-3 知，环境类别为一类，梁的混凝土保护层最小厚度为 20mm，取 $a_s=40$mm，$h=h_0+a_s=564+40=604$mm，实际取 $h=600$mm，$h_0=600-40=560$mm。

$$\alpha_s=\frac{M}{\alpha_1 f_c bh_0^2}=\frac{270\times10^6}{0.96\times31.8\times250\times560^2}=0.113$$

$$\xi=1-\sqrt{1-2\alpha_s}=1-\sqrt{1-2\times0.113}=0.12$$

$$\gamma_s=0.5\times(1+\sqrt{1-2\alpha_s})=0.5\times(1+\sqrt{1-2\times0.113})=0.94$$

$$A_s=\frac{M}{f_y\gamma_s h_0}=\frac{270\times10^6}{360\times0.94\times560}=1425\text{mm}^2$$

选配 3 Φ 25，$A_s=1473\text{mm}^2$，见图 3-18。

假定箍筋直径为 8mm，实际 $a_s=20+8+12.5=40.5$mm，与假定的相近；钢筋净距为（250－2×40.5－3×25）×0.5＝47mm＞25mm，也＞d＝25mm，可以。

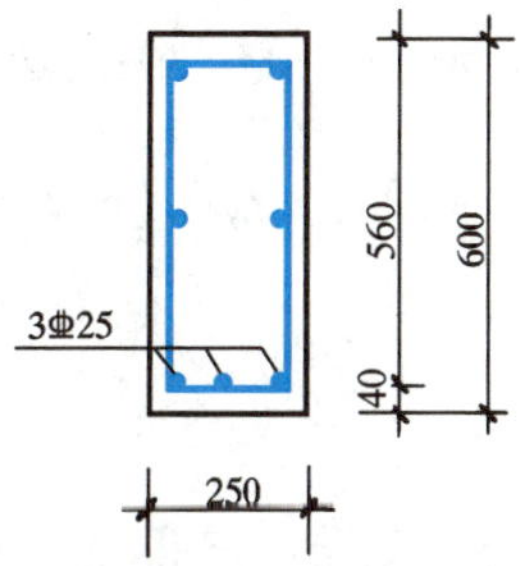

图 3-18　例 3-3 梁截面配筋图

验算适用条件：

(1) 查表 3-6 知 $\xi_b=0.481$，故 $\xi=0.12<\xi_b-0.481$，满足。

(2) $\rho=\frac{A_s}{bh_0}=\frac{1473}{250\times560}=1.05\%>\rho_{min}\cdot\frac{h}{h_0}=0.45\frac{f_t}{f_y}\cdot\frac{h}{h_0}=0.45\times\frac{2.14}{360}\times\frac{600}{560}=0.29\%$，且 ρ 值大于 $0.2\%\cdot\frac{h}{h_0}=0.2\%\times\frac{600}{560}=0.22\%$，满足要求。

【例 3-4】 已知梁的截面尺寸为 $b\times h=250\text{mm}\times450\text{mm}$；纵向受拉钢筋为 4 根直径为 16mm 的 HRB500 级钢筋，$A_s=804\text{mm}^2$；混凝土强度等级为C40；承受的弯矩 $M=127\text{kN}\cdot\text{m}$。环境类别为一类。

求：验算此梁截面是否安全。

【解】 $f_c=19.1\text{N/mm}^2$，$f_t=1.71\text{N/mm}^2$，$f_y=435\text{N/mm}^2$。由附表 4-3 知，环境类别为一类，梁的混凝土保护层最小厚度为 20mm，设箍筋直径 6mm，故 $a_s=34$mm，$h_0=450-34=416$mm。

$$\rho=\frac{A_s}{bh_0}=\frac{804}{250\times416}=0.77\%>\rho_{min}\cdot\frac{h}{h_0}$$

$$=0.45\frac{f_t}{f_y}\frac{h}{h_0}=0.45\times\frac{1.71}{435}\times\frac{450}{416}$$

$$=0.20\%\text{，同时 }\rho>0.2\%\times\frac{450}{416}=0.217\%\text{，满足适用条件 2)。}$$

查表 3-6 知，$\xi_b=0.482$，则 $\xi=\rho\dfrac{f_y}{\alpha_1 f_c}=0.0077\times\dfrac{435}{1.0\times19.1}=0.1754<\xi_b=0.482$，满足适用条件 1)。

由式（3-25）得：

$$M_u=\alpha_1 f_c b h_0^2\xi\ (1-0.5\xi)=1.0\times19.1\times250\times416^2\times0.1754\ (1-0.5\times0.1754)$$

$$=132.23\text{kN}\cdot\text{m}>M=127\text{kN}\cdot\text{m}\text{，安全。}$$

此题也可先求出：

$$x=\frac{f_y A_s}{\alpha_1 f_c b}=\frac{435\times804}{1\times19.1\times250}=73.24\text{mm}$$

$$\leqslant\xi_b h_0=0.482\times416=200.51\text{mm}$$

$\rho=0.78\%$，满足适用条件。

故 $M_u=f_y A_s\left(h_0-\dfrac{x}{2}\right)=435\times804\left(416-\dfrac{73.24}{2}\right)=132.68\text{kN}\cdot\text{m}$

3.5 双筋矩形截面受弯构件正截面受弯承载力计算

3.5.1 概述

单筋矩形截面梁通常是这样配筋的：在正截面的受拉区配置纵向受拉钢筋，在受压区配置纵向架立筋，再用箍筋把它们一起绑扎成钢筋骨架。其中，受压区的纵向架立钢筋虽然受压，但对正截面受弯承载力的贡献很小，所以只在构造上起架立钢筋的作用，在计算中是不考虑的。如果在受压区配置的纵向受压钢筋数量比较多，不仅起架立钢筋的作用，而且在正截面受弯承载力的计算中必须考虑它的作用，这样配筋的截面称为双筋截面。在正截面受弯承载力计算中，采用纵向受压钢筋协助混凝土承受压力是不经济的，因而从承载力计算角度出发，双筋截面只适用于以下情况：

1）弯矩很大，按单筋矩形截面计算所得的 ξ 大于 ξ_b，而梁截面尺寸受到限制，混凝土强度等级又不能提高时；

2）在不同荷载组合情况下，梁截面承受异号弯矩。

在第 8 章中将讲到纵向受压钢筋 A_s' 对截面延性、抗裂性、变形等是有利的。

3.5.2 计算公式与适用条件

1. 纵向受压钢筋抗压强度的取值

由平截面假定可得受压钢筋的压应变值：

$$\varepsilon'_s = \frac{x_c - a'_s}{x_c}\varepsilon_{cu} = \left(1 - \frac{a'_s}{x/\beta_1}\right)\varepsilon_{cu} = \left(1 - \frac{\beta_1 a'_s}{x}\right)\varepsilon_{cu}$$

若取 $a'_s=0.5x$，$\varepsilon'_s=\left(1-\frac{0.5x\beta_1}{x}\right)\times\varepsilon_{cu}=(1-0.5\beta_1)\times\varepsilon_{cu}$，当 $f_{cu,k}=80N/mm^2$，有 $\varepsilon_{cu}=0.003$，$\beta_1=0.74$，得 $\varepsilon'_s=0.00189$，相应的压应力 $\sigma'_s=\varepsilon'_s E_s=378N/mm^2$。由附表2-11知，对于300MPa级和400MPa级钢筋，此 σ'_s 值已超过它们的抗拉强度设计值 f_y，因此抗压强度设计值 f'_y，只能取等于 f_y（钢筋的抗拉与抗压屈服强度相同）。可见纵向受压钢筋的抗压强度采用 f'_y 的先决条件是：

$$x \geqslant 2a'_s \quad 或 \quad z \leqslant h_0 - a'_s \tag{3-31}$$

其含义为受压钢筋位置不低于矩形受压应力图形的重心。当不满足式（3-31）的规定时，则表明受压钢筋的位置离中和轴太近，受压钢筋的应变 ε'_s 太小，以致其应力达不到抗压强度设计值 f'_y。

500MPa级钢筋的抗压设计强度 $f'_y=435N/mm^2$。

此外，必须注意，在计算中若考虑受压钢筋作用时，应按规范规定，箍筋应做成封闭式，其间距不应大于15d（d为受压钢筋最小直径），同时不应大于400mm。否则，纵向受压钢筋可能发生纵向弯曲（压屈）而向外凸出，引起保护层剥落甚至使受压混凝土过早发生脆性破坏。

2. 计算公式及适用条件

双筋矩形截面受弯构件正截面受弯的截面计算图形如图3-19(a)所示。

由力的平衡条件，可得：

$$\alpha_1 f_c bx + f'_y A'_s = f_y A_s \tag{3-32}$$

由对受拉钢筋合力点取矩的力矩平衡条件，可得：

$$M_u = \alpha_1 f_c bx\left(h_0 - \frac{x}{2}\right) + f'_y A'_s(h_0 - a'_s) \tag{3-33}$$

应用以上两式时，必须满足下列适用条件：

1）$x\leqslant\xi_b h_0$；

2）$x\geqslant 2a'_s$。

当不满足条件2）时，可对受压钢筋 A'_s 取矩，正截面受弯承载力按下式计算：

$$M_u = f_y A_s(h_0 - a'_s) \tag{3-34}$$

当由构造要求或按正常使用极限状态计算要求配置的纵向受拉钢筋截面面积大于正截

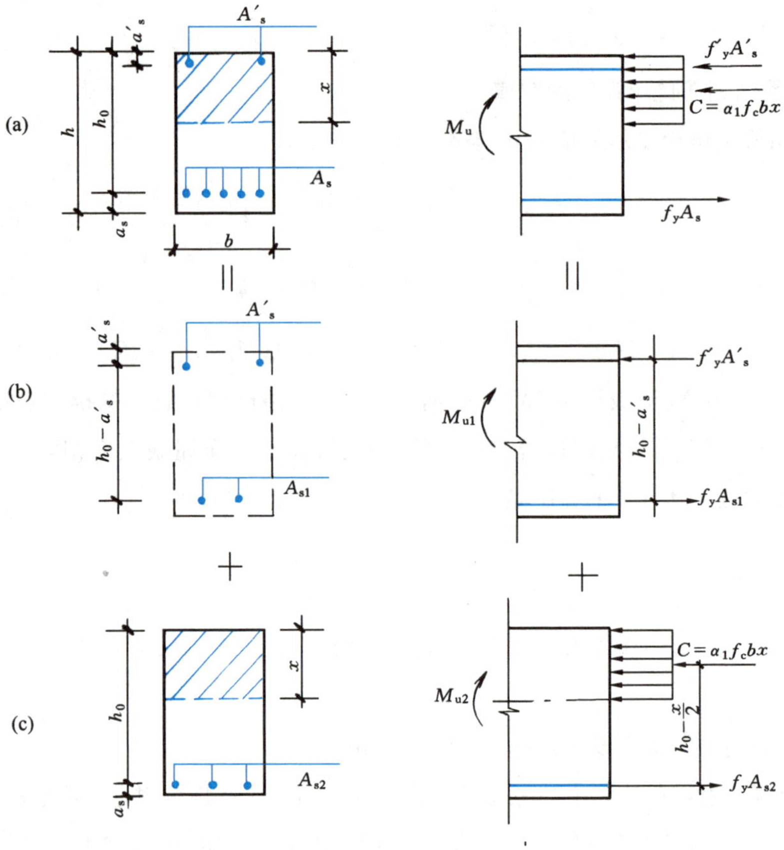

图 3-19　双筋矩形截面受弯构件正截面受弯承载力计算简图

面受弯承载力要求的配筋面积时，按式（3-32）或式（3-33）计算的混凝土受压区高度 x，可仅计入正截面受弯承载力条件所需的纵向受拉钢筋面积。

3.5.3 计算方法

1. 截面设计

有两种情况，一种是受压钢筋和受拉钢筋都是未知的；另一种是因构造要求等原因，受压钢筋是已知的，求受拉钢筋。已如前述，截面设计时，令 $M=M_u$。

1）情况 1：已知截面尺寸 $b\times h$，混凝土强度等级及钢筋等级，弯矩设计值 M。求：受压钢筋 A'_s 和受拉钢筋 A_s。

由于式（3-32）及式（3-33）的两个基本计算公式中含有 x、A'_s、A_s 三个未知数，其解是不定的，故尚需补充一个条件才能求解。显然，在截面尺寸及材料强度已知的情况下，只有引入（$A_s+A'_s$）之和最小为其最优解。由式（3-33）可有：

$$A'_s = \frac{M - \alpha_1 f_c bx\left(h_0 - \dfrac{x}{2}\right)}{f_y'(h_0 - a'_s)} \tag{3-35}$$

由式（3-32），令 $f_y = f_y'$，可得：

$$A_s = A'_s + \frac{\alpha_1 f_c bx}{f_y} \tag{3-36}$$

式（3-35）与式（3-36）相加，化简可得：

$$A_s + A'_s = \frac{\alpha_1 f_c bx}{f_y} + 2\frac{M - \alpha_1 f_c bx\left(h_0 - \dfrac{x}{2}\right)}{f_y(h_0 - a'_s)}$$

将上式对 x 求导，令 $\dfrac{\mathrm{d}(A_s + A'_s)}{\mathrm{d}x} = 0$，得到：

$$\frac{x}{h_0} = \xi = 0.5\left(1 + \frac{a'_s}{h_0}\right) \approx 0.55$$

为满足适用条件，当 $\xi > \xi_b$ 时应取 $\xi = \xi_b$。由表 3-6 知，当混凝土强度等级不大于 C50 时，对于 400MPa 级钢筋其 $\xi_b = 0.518$，故可直接取 $\xi = \xi_b$。对于 300MPa 级钢筋，在混凝土强度等级不大于 C50 及等于 C60 时，因它的 $\xi_b = 0.576$ 和 0.557，都大于 0.518，故宜取 $\xi = 0.518$ 计算，此时，若仍取 $\xi = \xi_b$，则钢筋用量略有增加。

当取 $\xi = \xi_b$ 时，令 $M = M_u$，由式（3-33）可得：

$$A'_s = \frac{M - \alpha_1 f_c bx_b\left(h_0 - \dfrac{x_b}{2}\right)}{f'_y(h_0 - a'_s)} = \frac{M - \alpha_1 f_c bh_0^2 \xi_b(1 - 0.5\xi_b)}{f'_y(h_0 - a'_s)} \tag{3-37}$$

由式（3-36）可得：

$$A_s = A'_s \frac{f_y'}{f_y} + \xi_b \frac{\alpha_1 f_c bh_0}{f_y} \tag{3-38a}$$

当 $f'_y = f_y$ 时：

$$A_s = A'_s + \xi_b \frac{\alpha_1 f_c bh_0}{f_y} \tag{3-38b}$$

这里，取 $\xi = \xi_b$ 的意义是充分利用混凝土受压区对正截面受弯承载力的贡献。

2）情况 2：已知截面尺寸 $b \times h$、混凝土强度等级、钢筋等级、弯矩设计值 M 及受压钢筋 A'_s，求受拉钢筋 A_s。

由于 A'_s 已知，所以只有充分利用 A'_s 才能使内力臂最大，从而算出的 A_s 才会最小。在两个基本公式（3-32）及式（3-33）中，仅 x 及 A_s 为未知数，可直接联立求解。但为了方便，可用以下方法来求解。

如图 3-19 所示，可把图 3-19（a）的双筋截面看成是以下两个截面相加：一个截面是由受压钢筋 A'_s 与对应的部分受拉钢筋 A_{s1} 构成的，提供承载力 M_{u1}，见图 3-19（b）；另一个截面是具有另一部分受拉钢筋 A_{s2} 的单筋矩形截面，提供承载力 M_{u2}，见图 3-19（c）。即：

$$M_u = M_{u1} + M_{u2} \tag{3-39}$$

在图 3-19（b）中，A'_s 和 $f_y{}'$ 是已知的，故可由力的平衡条件和力矩平衡条件，分别得出 A_{s1} 和 M_{u1}：

$$A_{s1} = \frac{f_y{}'}{f_y}A'_s \tag{3-40}$$

$$M_{u1} = f_y{}'A'_s(h_0 - a'_s) \tag{3-41}$$

令 $M=M_u$，故：

$$M_{u2} = M - M_{u1} \tag{3-42}$$

图 3-19（c）是单筋矩形梁，可求出其截面抵抗矩系数：

$$\alpha_s = \frac{M_{u2}}{\alpha_1 f_c b h_0^2}$$

然后再求出 ξ、γ_s 和 $A_{s2}=M_{u2}/f_y\gamma_s h_0$。

最后可得：

$$A_s = A_{s1} + A_{s2} = \frac{f_y'}{f_y}A'_s + \frac{M_{u2}}{f_y\gamma_s h_0} \tag{3-43}$$

在求 A_{s2} 时，尚需注意：

1）若 $\xi>\xi_b$，表明原有的 A'_s 不足，可按 A'_s 未知的情况 1 计算；

2）若求得的 $x<2a'_s$ 时，即表明 A'_s 不能到达其抗压强度设计值，因此，基本公式中 $\sigma'_s\neq f'_y$，故需要求出 σ'_s，但这样计算比较繁琐，通常可近似认为此时内力臂为（$h_0-a'_s$），即假设混凝土压应力合力 C 也作用在受压钢筋合力点处，这样对内力臂计算的误差很小且偏于安全，因而对求解 A_s 的误差也就很小。即：

$$A_s = \frac{M}{f_y(h_0 - a'_s)} \tag{3-44}$$

3）当 a'_s/h_0 较大，若 $M<2\alpha_1 f_c b a'_s(h_0-a'_s)$ 时，按单筋梁计算得到的 A_s 将比按式(3-44)求出的 A_s 要小，这时应不考虑受压钢筋按单筋梁确定受拉钢筋截面面积 A_s，以节约钢材。

2. 截面复核

已知截面尺寸 $b\times h$、混凝土强度等级及钢筋等级、受拉钢筋 A_s 及受压钢筋 A'_s，弯矩设计值 M，求正截面受弯承载力 M_u。

由式（3-32）求 x，若 $\xi_b h_0\geqslant x\geqslant 2a'_s$，可代入式（3-33）中求 M_u；

若 $x<2a'_s$，可利用式（3-34）求 M_u；

若 $x>\xi_b h_0$，则应把 $x=x_b$ 代入式（3-33）求 M_u。

【例 3-5】 已知梁的截面尺寸为 $b\times h=200\text{mm}\times 500\text{mm}$，混凝土强度等级为 C40，钢筋采用 HRB400 级，截面弯矩设计值 $M=330\text{kN}\cdot\text{m}$。环境类别为一类。

求：所需受压和受拉钢筋截面面积 A'_s、A_s。

【解】 $f_c=19.1\text{N/mm}^2$，$f_y=f'_y=360\text{N/mm}^2$，$\alpha_1=1.0$，$\beta_1=0.8$。假定受拉钢筋

放两层，设 $a_s=65\text{mm}$，则 $h_0=h-a_s=500-65=435\text{mm}$。

$$\alpha_s=\frac{M}{\alpha_1 f_c b h_0^2}=\frac{330\times10^6}{1\times19.1\times200\times435^2}=0.457$$

$$\xi=1-\sqrt{1-2\alpha_s}=0.707>\xi_b=0.518$$

这就说明，如果设计成单筋矩形截面，将会出现 $x>\xi_b h_0$ 的超筋情况。若不能加大截面尺寸，又不能提高混凝土强度等级，则应设计成双筋矩形截面。

取 $\xi=\xi_b$，由式（3-41）得：

$$\begin{aligned}M_{u2}&=\alpha_1 f_c b h_0^2\xi_b(1-0.5\xi_b)\\&=1.0\times19.1\times200\times435^2\times0.518\times(1-0.5\times0.518)\\&=277.45\text{kN}\cdot\text{m}\end{aligned}$$

$$A'_s=\frac{M-M_{u2}}{f'_y(h_0-a'_s)}=\frac{330\times10^6-277.45\times10^6}{360\times(435-40)}=370\text{mm}^2$$

由式（3-38a）得：

$$\begin{aligned}A_s&=\xi_b\frac{\alpha_1 f_c b h_0}{f_y}+A'_s=0.518\times\frac{1.0\times19.1\times200\times435}{360}+370\\&=2761\text{mm}^2\end{aligned}$$

受拉钢筋选用 3 Φ 25+1 Φ 25，2 Φ 22，$A_s=2724\text{mm}^2$。受压钢筋选用 2 Φ 16mm，$A'_s=402\text{mm}^2$。

【例 3-6】 已知条件同例 3-5，但在受压区已配置 3 Φ 20mm 钢筋，$A'_s=941\text{mm}^2$。

求：受拉钢筋 A_s。

【解】 $A_{s1}=A'_s=941\text{mm}^2$，由 f_yA_{s1} 与 $f'_yA'_s$ 构成的受弯承载力 $M_{u1}=f'_yA'_s$（$h_0-a'_s$）$=360\times941\times$（$435-40$）$=133.81\times10^6\text{N}\cdot\text{mm}$。

则 $M_{u2}=M-M_{u1}=330\times10^6-133.81\times10^6=196.19\times10^6\text{N}\cdot\text{mm}$

已知 M_{u2} 后，就按单筋矩形截面求 A_{s2}。设 $a_s=65\text{mm}$、$h_0=500-65=435\text{mm}$。

$$\alpha_s=\frac{M_{u2}}{\alpha_1 f_c b h_0^2}=\frac{196.19\times10^6}{1.0\times19.1\times200\times435^2}=0.272$$

$\xi=1-\sqrt{1-2\alpha_s}=1-\sqrt{1-2\times0.272}=0.325<\xi_b=0.518$，满足适用条件 1）。

$x=\xi h_0=0.325\times435=141\text{mm}>2a'_s=80\text{mm}$，满足适用条件 2）。

$$\gamma_s=0.5(1+\sqrt{1-2\alpha_s})=0.5\times(1+\sqrt{1-2\times0.272})=0.838$$

$$A_{s2}=\frac{M_{u2}}{f_y\gamma_s h_0}=\frac{196.19\times10^6}{360\times0.838\times435}=1495\text{mm}^2$$

最后得：

$$A_s=A_{s1}+A_{s2}=941+1495=2436\text{mm}^2$$

选用 3 Φ 25mm+2 Φ 25，A_s=2454mm^2。

比较：例 3-5 是 A'_s 未知，取 $\xi=\xi_b$ 的，$A'_s+A_s=370+2761=3131\text{mm}^2$，比例 3-6$A'_s$ 已知，$A'_s+A_s=941+2436=3377\text{mm}^2$ 的少 7%，可见充分利用受压区混凝土对正截面受弯承载力的贡献，能节约钢筋。

【例 3-7】已知混凝土强度等级 C30；钢筋采用 HRB500 级；环境类别为二类 b，梁截面尺寸为 200mm×500mm；受拉钢筋为 3 Φ 25 的钢筋，A_s=1473mm^2；受压钢筋为 2 Φ 16 的钢筋，A'_s=402mm^2；要求承受的弯矩设计值 M=200kN·m。

求：验算此截面是否安全。

【解】 $f_c=14.3\text{N/mm}^2$，$f_y=435\text{N/mm}^2$，$f'_y=410\text{N/mm}^2$。

由附表 4-4 知，混凝土保护层最小厚度为 35mm，故 $a_s=35+8+\dfrac{25}{2}=55.5\text{mm}$，$a'_s=35+8+\dfrac{16}{2}=51\text{mm}$。

$h_0=500-55.5=444.5\text{mm}$。

由式 $\alpha_1 f_c bx+f'_y A'_s=f_y A_s$，得：

$$x=\frac{f_y A_s-f'_y A'_s}{\alpha_1 f_c b}=\frac{435\times1473-410\times402}{1.0\times14.3\times200}$$

$$=166.41\text{mm}<\xi_b h_0=0.482\times444.5=214\text{mm}$$

$$>2a'_s=2\times51=102\text{mm}$$

代入式（3-33）：

$$M_u=\alpha_1 f_c bx\left(h_0-\frac{x}{2}\right)+f'_y A'_s(h_0-a'_s)$$

$$=1.0\times14.3\times200\times166.41\times\left(444.5-\frac{166.41}{2}\right)$$

$$+410\times402\times(444.5-51)$$

$$=236.80\times10^6\text{N}\cdot\text{mm}=236.80\text{kN}\cdot\text{m}>200\text{kN}\cdot\text{mm}\text{，安全}$$

注意，凡是正截面承载力复核题，都必须求出混凝土受压区高度 x 值，在偏心受压、偏心受拉中也是这样。

3.6 T 形截面受弯构件正截面受弯承载力计算

3.6.1 概述

受弯构件在破坏时，大部分受拉区混凝土早已退出工作，故从正截面受弯承载力的观点来看，可将受拉区的一部分混凝土挖去，见图 3-20。只要把原有的纵向受拉钢筋集中布置在梁肋中，截面的承载力计算值与原矩形截面完全相同，这样做不仅可以节约混凝土且可减轻自重。剩下的梁就成为由梁肋（$b \times h$）及挑出翼缘（$b_f{}' - b$）$\times h'_f$ 两部分所组成的 T 形截面。

T 形截面梁在工程中应用广泛，例如在现浇肋梁楼盖中，楼板与梁肋浇筑在一起形成 T 形截面梁。在预制构件中，有时由于构造要求，做成独立的 T 形梁，如 T 形檩条及 T 形吊车梁等。⊓形、箱形、I 形（便于布置纵向受拉钢筋）等截面，在承载力计算时均可按 T 形截面考虑。

但是，若翼缘在梁的受拉区，即如图 3-20(b)所示的倒 T 形截面梁，当受拉区的混凝土开裂以后，翼缘对承载力就不再起作用了。对于这种梁应按肋宽为 b 的矩形截面计算受弯承载力。又如现浇肋梁楼盖连续梁支座附近的截面，见图 3-21，由于承受负弯矩，翼缘（板）受拉，故仍应按肋宽为 b 的矩形截面计算。对于现浇肋梁楼盖中连续梁的承受正弯矩的跨中截面，就应按 T 形截面计算。

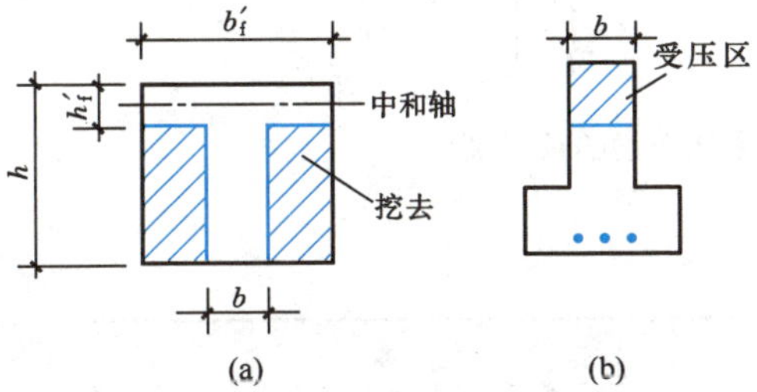

图 3-20　T 形截面与倒 T 形截面

（a）T 形截面；（b）倒 T 形截面

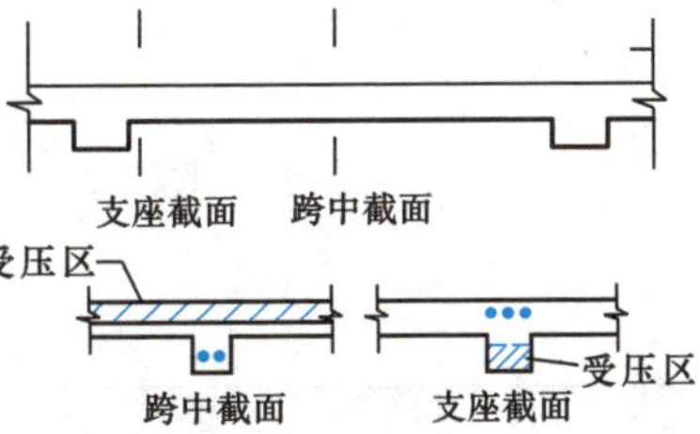

图 3-21　连续梁跨中与支座截面

由试验和理论分析知，T 形截面梁受力后，翼缘上的纵向压应力是不均匀分布的，离梁肋越远压应力越小。由弹性力学知，其压应力的分布规律取决于截面与跨度的相对尺寸及加载形式。但构件到达破坏时，由于塑性变形的发展，实际压应力分布要比按弹性分析得更均匀些，见图 3-22（a）、（c）。在工程中，对于现浇 T 形截面梁，即如图 3-21 所示的肋形梁，有时翼缘很宽，考虑到远离梁肋处的压应力很小，故在设计中把翼缘限制在一定范围内，称为翼缘的计算宽度 $b_f{}'$，并假定在 $b_f{}'$范围内压应力是均匀分布的，见图 3-22（b）、（d）。对于如图 3-23 所示的预制 T 形截面梁，即独立梁，设计时应使其实际翼缘宽度不超过 $b_f{}'$。对现浇楼盖和装配整体式楼盖，宜考虑楼板作为翼缘对梁刚度和承载力的影响，表 3-7 中列有《混凝土结构设计标准》规定的翼缘计算宽度 $b_f{}'$，计算 T 形梁翼缘宽度 $b_f{}'$时应取表中有关各项中的最小值。

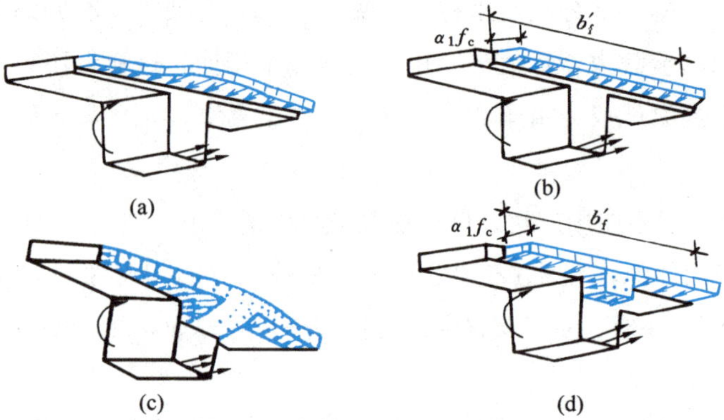

图 3-22 T 形截面梁受压区实际应力和计算应力图

(a)、(c) 实际应力图；(b)、(d) 计算应力图

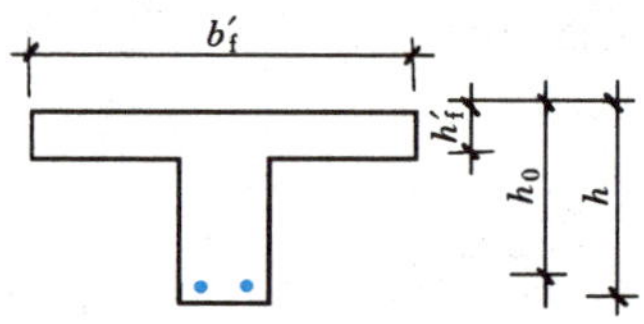

图 3-23 独立的 T 形截面梁的翼缘宽度

受弯构件受压区有效翼缘计算宽度 b_f' 表 3-7

<table>
<tr><th colspan="3" rowspan="2">情况</th><th colspan="2">T 形、I 形截面</th><th>倒 L 形截面</th></tr>
<tr><th>肋形梁（板）</th><th>独立梁</th><th>肋形梁（板）</th></tr>
<tr><td>1</td><td colspan="2">按计算跨度 l_0 考虑</td><td>$l_0/3$</td><td>$l_0/3$</td><td>$l_0/6$</td></tr>
<tr><td>2</td><td colspan="2">按梁（肋）净距 s_n 考虑</td><td>$b+s_n$</td><td>—</td><td>$b+s_n/2$</td></tr>
<tr><td rowspan="3">3</td><td rowspan="3">按翼缘高度 h_f' 考虑</td><td>$h_f'/h_0 \geqslant 0.1$</td><td>—</td><td>$b+12h_f'$</td><td>—</td></tr>
<tr><td>$0.1 > h_f'/h_0 \geqslant 0.05$</td><td>$b+12h_f'$</td><td>$b+12h_f'$</td><td>$b+5h_f'$</td></tr>
<tr><td>$h_f'/h_0 < 0.05$</td><td>$b+12h_f'$</td><td>b</td><td>$b+5h_f'$</td></tr>
</table>

注：1. 表中 b 为梁的腹板厚度；

2. 肋形梁在梁跨内设有间距小于纵肋间距的横肋时，可不考虑表中情况 3 的规定；

3. 加腋的 T 形、I 形和倒 L 形截面，当受压区加腋的高度 h_h 不小于 h_f' 且加腋的长度 b_h 不大于 $3h_h$ 时，其翼缘计算宽度可按表中情况 3 的规定分别增加 $2b_h$（T 形、I 形截面）和 b_h（倒 L 形截面）；

4. 独立梁受压区的翼缘板在荷载作用下经验算沿纵肋方向可能产生裂缝时，其计算宽度应取腹板宽度 b。

3.6.2 计算公式及适用条件

计算 T 形截面梁时，按中和轴位置不同，分为两种类型：

1）第一种类型：中和轴在翼缘内，即 $x \leqslant h_f'$；

2）第二种类型：中和轴在梁肋内，即 $x>h_f'$。

为了鉴别T形截面属于哪一种类型，首先分析一下图3-24所示 $x=h_f'$ 的特殊情况。由力的平衡条件，可得：

$$\alpha_1 f_c b_f' h_f' = f_y A_s \tag{3-45}$$

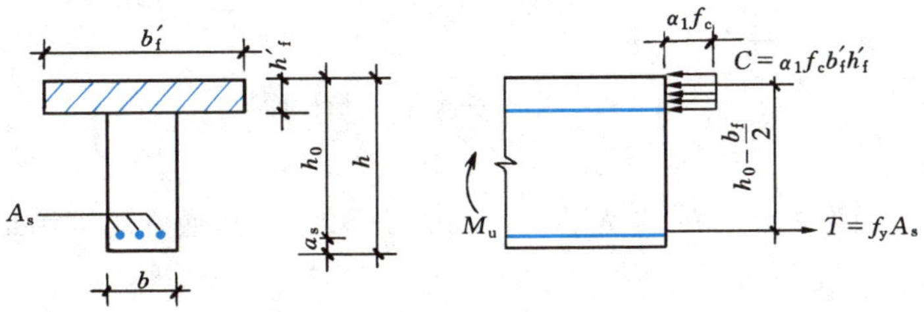

图3-24　$x=h_f'$ 时的T形梁

由力矩平衡条件，可得：

$$M_u = \alpha_1 f_c b_f' h_f'\left(h_0-\frac{h_f'}{2}\right) \tag{3-46}$$

式中　b_f'——T形截面受弯构件受压区的翼缘宽度；

h_f'——T形截面受弯构件受压区的翼缘高度。

显然，若：

$$f_y A_s \leqslant \alpha_1 f_c b_f' h_f' \tag{3-47}$$

或

$$M_u \leqslant \alpha_1 f_c b_f' h_f'\left(h_0-\frac{h_f'}{2}\right) \tag{3-48}$$

则 $x\leqslant h_f'$，即属于第一种类型。反之，若：

$$f_y A_s > \alpha_1 f_c b_f' h_f' \tag{3-49}$$

或

$$M_u > \alpha_1 f_c b_f' h_f'\left(h_0-\frac{h_f'}{2}\right) \tag{3-50}$$

则 $x>h_f'$，即属于第二种类型。

式（3-48）或式（3-50）适用于设计题的鉴别（此时 A_s 未知），而式(3-47)或式（3-49）适用于复核题的鉴别（此时 A_s 已知）。

1. 第一种类型的计算公式及适用条件

由图3-25可见，这种类型与梁宽为 b_f' 的矩形梁完全相同。这是因为受压区面积仍为矩形，而受拉区形状与承载力计算无关。故计算公式为：

$$\alpha_1 f_c b_f' x = f_y A_s \tag{3-51}$$

$$M_u = \alpha_1 f_c b_f' x\left(h_0-\frac{x}{2}\right) \tag{3-52}$$

适用条件：

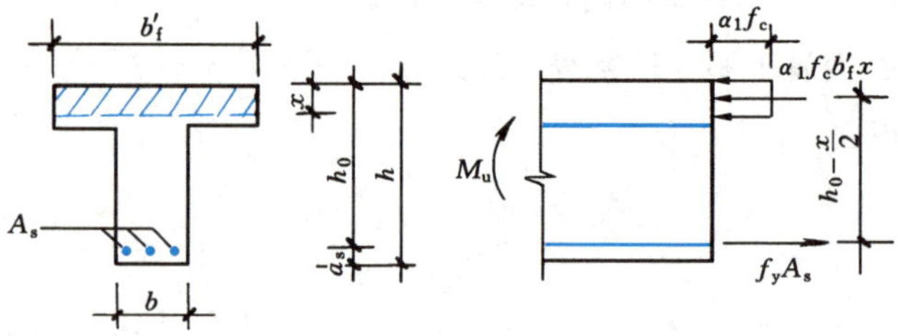

图 3-25　第一种类型 T 形截面梁

1）$x \leqslant \xi_b h_0$，因为 $\xi = x/h_0 \leqslant h'_f/h_0$，一般 $\frac{h'_f}{h_0}$ 较小，故通常均可满足 $\xi \leqslant \xi_b$ 的条件，不必验算。

2）$\rho \geqslant \rho_{min} \cdot \frac{h}{h_0}$，必须注意，此处 ρ 是对梁的肋部计算的，即 $\rho = \frac{A_s}{bh_0}$，而不是相对于 $b'_f h_0$ 的配筋率。如前所述，在理论上 ρ_{min} 是根据钢筋混凝土梁的受弯承载力与同样截面素混凝土梁受弯承载力相等的条件得出的，而 T 形截面素混凝土梁（肋宽 b，梁高为 h）的受弯承载力比矩形截面素混凝土梁（$b \times h$）的提高不多，为简化计算并考虑以往设计经验，此处 ρ_{min} 仍按矩形截面的数值采用。

因此，从正截面受弯承载力的观点来看，第一类 T 形截面就相当于宽度为 b'_f 的矩形截面，不过它的配筋百分率 ρ 仍应按肋部宽度 b 来计算。

2. 第二种类型的计算公式

由力的平衡，可得：

$$\alpha_1 f_c (b'_f - b) h'_f + \alpha_1 f_c bx = f_y A_s \tag{3-53}$$

由力矩平衡条件，可得：

$$M_u = \alpha_1 f_c (b'_f - b) h'_f \left(h_0 - \frac{h'_f}{2}\right) + \alpha_1 f_c bx \left(h_0 - \frac{x}{2}\right) \tag{3-54}$$

适用条件：

1）$x \leqslant \xi_b h_0$，这和单筋矩形受弯构件一样，是为了保证破坏时受拉钢筋先屈服；

2）$\rho \geqslant \rho_{min} \cdot \frac{h}{h_0}$，一般均能满足，可不验算。

3.6.3　计算方法

1. 截面设计

一般截面尺寸已知，求受拉钢筋截面面积 A_s，故可按下述两种类型进行：

1）第一种类型

令：

$$M = M_u$$

如满足：
$$M \leqslant \alpha_1 f_c b'_f h'_f \left(h_0 - \frac{h'_f}{2}\right) \tag{3-55}$$

则其计算方法与 $b'_f \times h$ 的单筋矩形梁完全相同。

2）第二种类型

令：
$$M = M_u$$

如满足：
$$M > \alpha_1 f_c b'_f h'_f \left(h_0 - \frac{h'_f}{2}\right) \tag{3-56}$$

则确属第二种类型的 T 形截面。这时可把它看成是以下两个截面相加：一个是由受压翼缘与相应的部分受拉钢筋 A_{s1} 构成的，提供承载力 M_{u1}；另一个是肋部受压区与相应的另一部分受拉钢筋 A_{s2} 构成的单筋矩形截面梁，提供承载力 M_{u2}，见图 3-26。故：

$$M_u = M_{u1} + M_{u2}$$

$$M_{u1} = \alpha_1 f_c (b'_f - b) h'_f \left(h_0 - \frac{h'_f}{2}\right) \tag{3-57}$$

$$M_{u2} = \alpha_1 f_c bx \left(h_0 - \frac{x}{2}\right) \tag{3-58}$$

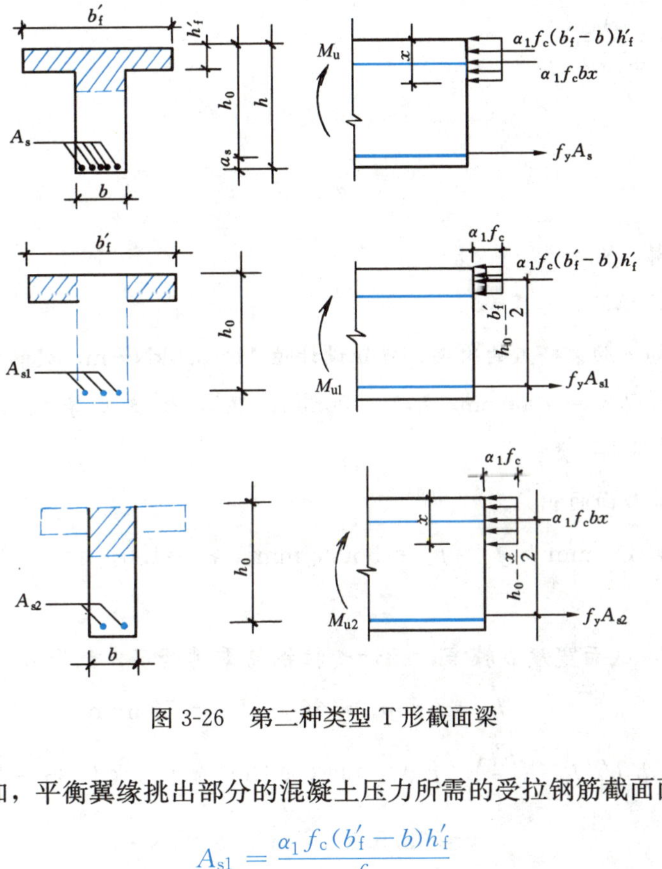

图 3-26　第二种类型 T 形截面梁

由图 3-26 可知，平衡翼缘挑出部分的混凝土压力所需的受拉钢筋截面面积 A_{s1} 为：

$$A_{s1} = \frac{\alpha_1 f_c (b'_f - b) h'_f}{f_y} \tag{3-59}$$

又由 $M_{u2}=M-M_{u1}$，可按单筋矩形梁的计算方法，求得 A_{s2}。

$$A_s=A_{s1}+A_{s2}=\frac{\alpha_1 f_c(b'_f-b)h'_f}{f_y}+A_{s2} \tag{3-60}$$

最后，验算 $x\leqslant\xi_b h_0$。

由此可知，可以把第二类T形截面梁理解为 $a'_s=h'_f/2$、$A'_s=A_{s1}$ 的双筋矩形截面受弯构件。

2. 截面复核

1）第一种类型

当满足式（3-47）时，可按 $b'_f h_0$ 矩形梁的计算方法求 M_u。

2）第二种类型

当满足式（3-49）时，可按以下步骤计算：

（1）计算 A_{s1}：

$$A_{s1}=\frac{\alpha_1 f_c(b'_f-b)h'_f}{f_y} \tag{3-61}$$

（2）计算：

$$A_{s2}=A_s-A_{s1} \tag{3-62}$$

（3）求出 $x=\dfrac{f_y A_{s2}}{\alpha_1 f_c b}$。

（4）

$$M_{u1}=f_y A_{s1}\left(h_0-\frac{h'_f}{2}\right) \tag{3-63}$$

$$M_{u2}=\alpha_1 f_c bx\left(h_0-\frac{x}{2}\right) \tag{3-64}$$

（5）最后可得：$M_u=M_{u1}+M_{u2}$。

（6）验算 $M_u\geqslant M$。

【例3-8】 已知一肋梁楼盖的次梁，弯矩设计值 $M=520\text{kN}\cdot\text{m}$，梁的截面尺寸为 $b\times h=200\text{mm}\times600\text{mm}$，$b'_f=1000\text{mm}$，$h'_f=100\text{mm}$；混凝土强度等级为C30，钢筋采用HRB400，环境类别为一类。

求：受拉钢筋截面面积 A_s。

【解】 $f_c=14.3\text{N/mm}^2$，$f_y=f'_y=360\text{N/mm}^2$，$\alpha_1=1.0$。

鉴别类型：

因弯矩较大，截面宽度 b 较窄，预计受拉钢筋需排两层，故取 $a_s=65\text{mm}$。

$$h_0=h-a_s=600-65=535\text{mm}$$

$$\alpha_1 f_c b'_f h'_f\left(h_0-\frac{h'_f}{2}\right)=1.0\times14.3\times1000\times100\times\left(535-\frac{100}{2}\right)$$

$$=693.55\text{kN}\cdot\text{m}>520\text{kN}\cdot\text{m}$$

属于第一种类型的T形梁。以 b'_f 代替 b，可得：

$$\alpha_s = \frac{M}{\alpha_1 f_c b'_f h_0^2} = \frac{520 \times 10^6}{1 \times 14.3 \times 1000 \times 535^2} = 0.1271$$

$$\xi = 1 - \sqrt{1 - 2\alpha_s} = 0.136 < \xi_b = 0.518$$

$$\gamma_s = 0.5 \times (1 + \sqrt{1 - 2\alpha_s}) = 0.932$$

$$A_s = \frac{M}{f_y \gamma_s h_0} = \frac{520 \times 10^6}{360 \times 0.932 \times 535} = 2897\text{mm}^2$$

选用 3Φ25+3Φ25，A_s=2945mm^2。

【例 3-9】 已知弯矩 M=650kN·m，混凝土强度等级为 C30，钢筋采用 HRB400，梁的截面尺寸为 $b\times h$=300mm×700mm，b'_f=600mm，h'_f=120mm；环境类别为一类。

求：所需的受拉钢筋截面面积 A_s。

【解】 f_c=14.3N/mm^2，$f_y=f'_y$=360N/mm^2，α_1=1.0。

鉴别类型：

假设受拉钢筋排成两层，故取：

$$h_0 = h - a_s = 700 - 65 = 635\text{mm}$$

$\alpha_1 f_c b'_f h'_f\left(h_0-\frac{h'_f}{2}\right)=1.0\times14.3\times600\times120\times\left(635-\frac{120}{2}\right)=592.02\times10^6<650\times10^6$，属于第二种类型的 T 形截面。

$$\begin{aligned}M_{u1} &= \alpha_1 f_c (b'_f - b) h'_f \left(h_0 - \frac{h'_f}{2}\right)\\ &= 1.0 \times 14.3 \times (600 - 300) \times 120 \times \left(635 - \frac{120}{2}\right)\\ &= 296\text{kN}\cdot\text{m}\end{aligned}$$

$$M_{u2} = M - M_{u1} = 650 \times 10^6 - 296 \times 10^6 = 354\text{kN}\cdot\text{m}$$

$$\alpha_s = \frac{M_{u2}}{\alpha_1 f_c b h_0^2} = \frac{354 \times 10^6}{1 \times 14.3 \times 300 \times 635^2} = 0.205$$

$$\xi = 1 - \sqrt{1 - 2\alpha_s} = 0.232 < \xi_b = 0.518$$

$$\gamma_s = 0.5 \times (1 + \sqrt{1 - 2\alpha_s}) = 0.884$$

$$A_{s2} = \frac{M_{u2}}{f_y \gamma_s h_0} = \frac{354 \times 10^6}{360 \times 0.884 \times 635} = 1752\text{mm}^2$$

$$A_{s1} = \frac{\alpha_1 f_c (b'_f - b) h'_f}{f_y} = \frac{1.0 \times 14.3 \times (600 - 300) \times 120}{360} = 1430\text{mm}^2$$

$$A_s = A_{s1} + A_{s2} = 1430 + 1752 = 3182\text{mm}^2$$

选配 4Φ25+4Φ22，A_s=3484mm^2。

思考题

问 答 题

3-1 混凝土弯曲受压时的极限压应变 ε_{cu}取为多少?

3-2 什么叫"界限破坏"?"界限破坏"时的 ε_s 和 ε_{cu}各等于多少?

3-3 适筋梁的受弯全过程经历了哪几个阶段?各阶段的主要特点是什么?与计算或验算有何联系?

3-4 正截面承载力计算的基本假定有哪些?单筋矩形截面受弯构件的正截面受弯承载力计算简图是怎样的?它是怎样得到的?

3-5 什么叫少筋梁、适筋梁和超筋梁?在建筑工程中为什么应避免采用少筋梁和超筋梁?

3-6 什么是纵向受拉钢筋的配筋率?它对梁的正截面受弯的破坏形态和承载力有何影响?ξ 的物理意义是什么?ξ_b 是怎样求得的?

3-7 单筋矩形截面梁的正截面受弯承载力的计算分为哪两类问题?计算步骤各是怎样的?其最大值 $M_{u,max}$与哪些因素有关?

3-8 双筋矩形截面受弯构件中,受压钢筋的抗压强度设计值是如何确定的?

3-9 在什么情况下可采用双筋截面梁?双筋梁的基本计算公式为什么要有适用条件 $x \geqslant 2a'_s$?

3-10 T形截面梁的受弯承载力计算公式与单筋矩形截面及双筋矩形截面梁的受弯承载力计算公式有何异同点?

3-11 在正截面受弯承载力计算中,对于混凝土强度等级小于C50的构件和混凝土强度等级不小于C50的构件,其计算有什么区别?

3-12 已知单筋矩形截面梁,$b \times h = 250\text{mm} \times 600\text{mm}$,承受弯矩设计值 $M = 360\text{kN} \cdot \text{m}$,$f_c = 14.3\text{N/mm}^2$,$f_y = 360\text{N/mm}^2$,环境类别为一类,你能很快估算出纵向受拉钢筋截面面积 A_s 吗?

3-13 双筋矩形截面梁比单筋矩形截面梁多一个未知数 A'_s,一般采用什么方法解决?

3-14 已知截面尺寸和受压钢筋面积时,求双筋矩形截面受拉钢筋面积有哪两种解法?

3-15 何谓双向受弯构件?双向受弯构件正截面受弯承载力计算与单向受弯构件的主要区别是什么?

3-16 什么是混凝土受弯构件的延性?其截面延性用什么来度量?

3-17 为什么要有延性要求?

3-18 受压钢筋在梁中起什么作用?

3-19 画出双筋矩形截面梁正截面承载力计算时的计算简图,写出基本平衡方程和适用条件,说明适用条件的意义。

3-20 T形梁的翼缘计算宽度为什么是有限的?怎样判别T形截面的类型?

选 择 题

3-21 钢筋混凝土梁的混凝土保护层厚度的定义是指下列的________项。

A. 箍筋外表面到截面边缘的最小垂直距离

B. 箍筋重心到截面边缘的最小垂直距离

C. 纵向受力钢筋外表面到截面边缘的最小垂直距离

D. 纵向受力钢筋的重心到截面边缘的最小垂直距离

3-22 正常使用下的混凝土受弯构件正截面受弯是处于下列的________项。

A. 处于第Ⅰ工作阶段,即没有裂缝

B. 处于第Ⅱ工作阶段,即带裂缝工作

C. 处于第Ⅲ工作阶段,即纵向受拉钢筋已屈服

D. 处于Ⅰ$_a$受力状态,即将裂未裂

3-23 界限相对受压区高度 ξ_b 是根据下列的________项确定的。

① 平截面假定

② 平截面假定、纵向受拉钢筋应变 $\varepsilon_s = f_y / E_s$

③ 受压区边缘混凝土压应变极限值 ε_{cu}

④ 假定受压区高度的计算值 x 与压应变高度 x_c 的关系为 $x = \beta_1 x_c$

A. ①④　　B. ②③

C. ①②③　　D. ①②③④

3-24 从受弯构件正截面受弯承载力的观点来看，确定是矩形截面还是 T 形截面的根据是下列的________项。

A. 截面受压区的形状　　B. 截面受拉区的形状

C. 截面的实际形状　　D. 截面的钢筋用量

3-25 正截面受弯承载力计算中，不考虑受拉区混凝土的作用是因为下列______项。

A. 受拉区混凝土已全部开裂

B. 受拉区混凝土所承担的拉力比纵向受拉钢筋的拉力 $f_y A_s$ 小得多

C. 受拉区混凝土靠近中和轴，内力臂小

D. 上述 B 和 C

3-26 关于提高单筋矩形截面受弯承载力的有效方法，下列的________项是正确的。

A. 提高纵向受拉钢筋的钢筋级别，即提高 f_y

B. 加大截面的高度

C. 加大截面的宽度

D. 提高混凝土的强度等级

3-27 下列说法中，________项是正确的。

A. M—正截面弯矩标准值

B. M_u—正截面受弯承载力试验值

C. 当 $M \leqslant M_u$ 时，能绝对保证正截面不发生受弯破坏

D. 当 $M \leqslant M_u$ 时，还有正截面发生受弯破坏的可能，但其概率已小到允许的程度

3-28 下列几种说法中，________项是正确的。

A. 少筋梁正截面受弯破坏的特点是"一裂就坏"，裂缝有很多条，细而密

B. 适筋梁正截面受弯破坏开始于纵向受拉钢筋屈服，导致受压区高度减小，当受压区混凝土压应力达到其弯曲抗压强度时，截面破坏

C. 适筋梁正截面受弯破坏开始于纵向受拉钢筋屈服，当受压区边缘的压应变达到混凝土压应变的极限值时，混凝土被压碎，截面破坏

D. 超筋梁正截面受弯破坏是由于受压区边缘的压应变达到了混凝土压应变的极限值，混凝土被压碎而造成的，破坏时纵向受拉钢筋没有屈服

3-29 下列几种说法，________项是不正确的。

A. 梁底部纵向受力钢筋水平方向的净距不应小于 d，也不小于 25mm；梁顶部纵向受力钢筋水平方向的净距不得小于 1.5d，也不小于 30mm，这里 d 为纵向受力钢筋的直径

B. 梁底部纵向受力钢筋设置两层时，钢筋的竖向净距不应小于钢筋直径，也不应小于 30mm，这里 d 为纵向受力钢筋直径

C. 当梁的底部钢筋多于两层时，从第三层起，钢筋的中距应比下面两层的中距增大一倍

D. 箍筋的外表面到截面边缘的垂直距离，称为混凝土保护层厚度

3-30 环境类别为一类，混凝土强度等级为 C30，以下________项的纵向受力钢筋的混凝土保护层最小厚度是正确的。

A. 板 10mm，梁 25mm，柱 30mm　　B. 板 15mm，梁 30mm，柱 35mm

C. 板 15mm，梁 20mm，柱 20mm　　D. 板 15mm，梁 20mm，柱 25mm

判　断　题

3-31 适筋梁正截面受弯的全过程分为三个工作阶段，即未裂阶段、裂缝阶段和破坏阶段。(　　)

3-32 凡正截面受弯时，由于受压区边缘的压应变达到混凝土极限压应变值，使混凝土压碎而产生破坏的梁，都称为超筋梁。(　　)

3-33 适筋梁正截面受弯破坏时，最大压应力不在受压区边缘而是在受压区边缘的内侧处。(　　)

3-34 “受拉区混凝土一裂就坏”是少筋梁的破坏特点。(　　)

3-35 受弯构件正截面受弯承载力计算的四个基本假定，不仅适合于受弯构件也适合于各种混凝土构件的正截面承载力计算。(　　)

3-36 适筋梁正截面受弯破坏的标志是，混凝土的极限压应变达到 ε_{cu} 或者受拉钢筋的极限拉应变达到 0.01，即这两个极限应变中只要具备其中的一个，就标志适筋梁正截面受弯达到了承载能力极限状态。(　　)

3-37 混凝土构件正截面承载力计算中，受压区混凝土的理论压应力图形与基本假定中给出的混凝土压应力-应变曲线图形，两者是相似的，有的是相同的。(　　)

3-38 有一矩形截面适筋梁，截面宽度 $b=200$mm，底部配置一层 4 ⌀ 22 的受力钢筋，顶部配置 4 ⌀ 20 的受力钢筋，这样配置受力钢筋是符合构造规定的。(　　)

3-39 对于材料和尺寸都相同的单筋矩形截面适筋梁，它的正截面受弯承载力和破坏阶段的变形能力都随纵向受拉钢筋配筋百分率的增大而提高。(　　)

3-40 强度等级不大于 C50 的混凝土，其受压区等效矩形应力图系数 $\alpha_1=1$，$\beta_1=0.8$。(　　)

3-41 有一单筋矩形截面板，$b=1000$mm，$h=120$mm，混凝土保护层厚度 15mm，混凝土强度等级为 C30，采用 HRB335 级钢筋，承受弯矩设计值 $M=21$kN·m，则其纵向受拉钢筋截面面积的估算值大致为 750mm^2。(　　)

3-42 有一单筋矩形截面梁，$b=250$mm，$h=600$mm，采用 HRB400 级钢筋，承受弯矩设计值 $M=200$kN·m，对其纵向受拉钢筋截面面积的估算值大致为 1150mm^2。(　　)

3-43 在计算第二类 T 形截面受弯承载力截面设计题时，可以把它看作为已知受压钢筋的双筋截面，这时的 $A'_s=\frac{1}{f'_y}\cdot\alpha_1 f_c\,(b'_f-b)\,h'_f$，$a'_s=h'_f/2$。(　　)

习题

3-1 已知单筋矩形截面梁的 $b\times h=250\text{mm}\times 500\text{mm}$，承受弯矩设计值 $M=260$kN·m，采用混凝土强度等级 C30，HRB400 钢筋，环境类别为一类。求所需纵向受拉钢筋的截面面积和配筋。

3-2 已知单筋矩形截面简支梁，梁的截面尺寸 $b\times h=200\text{mm}\times 450\text{mm}$，弯矩设计值 $M=145$kN·m，采用混凝土强度等级 C40，HRB400 钢筋，环境类别为二类 a。试求所需纵向受拉钢筋的截面面积。

3-3 图 3-27 为钢筋混凝土雨篷的悬臂板，已知雨篷板根部截面（100mm × 1000mm）承受负弯矩设计值 $M=30$kN·m，板采用 C30 的混凝土，HRB400 钢筋，环境类别为二类 b，求纵向受拉钢筋。

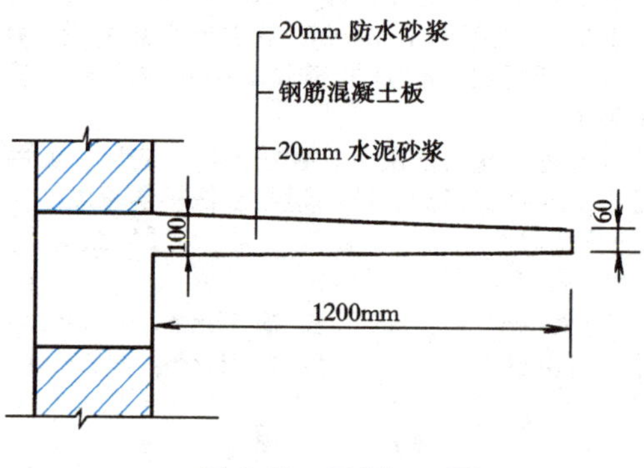

图 3-27　习题 3-3 图

3-4 已知梁的截面尺寸 $b\times h=200\text{mm}\times 450\text{mm}$，混凝土强度等级为 C30，配有 4 根直径 16mm 的 HRB400 钢筋（$A_s=804\text{mm}^2$），环境类别为一类。若承受弯矩设计值 $M=100$kN·m，试验算此梁正截面受弯承载力是否安全。

3-5　已知一双筋矩形截面梁，$b \times h = 200mm \times 500mm$，混凝土强度等级为 C25，HRB400 钢筋，截面弯矩设计值 $M = 260kN \cdot m$，环境类别为一类。试求纵向受拉钢筋和纵向受压钢筋截面面积。

3-6　T 形截面梁，$b'_f = 550mm$，$b = 250mm$，$h = 750mm$，$h'_f = 100mm$，承受弯矩设计值 $M = 500kN \cdot m$，选用混凝土强度等级为 C40，HRB400 钢筋，见图3-28，环境类别为二类 a。试求纵向受力钢筋截面面积 A_s。若选用混凝土强度等级为 C60，钢筋同上，试求纵向受力钢筋截面面积，并将两种情况进行对比。

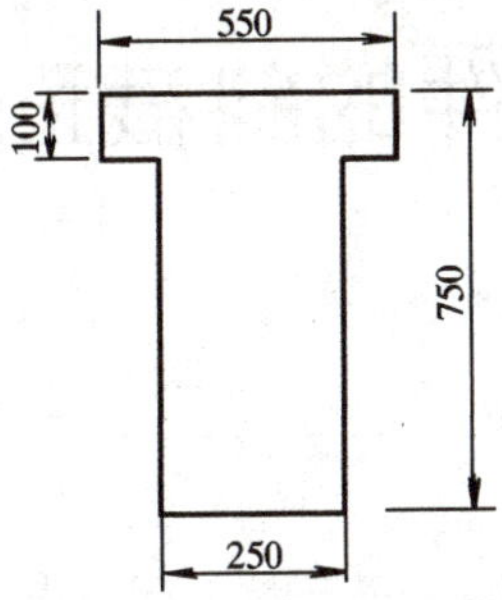

图 3-28　习题 3-6 图

3-7　已知 T 形截面梁的尺寸为 $b = 200mm$、$h = 500mm$、$b'_f = 400mm$、$h'_f = 80mm$，混凝土强度等级为 C30，钢筋为 HRB400，环境类别为一类，承受弯矩设计值 $M = 300kN \cdot m$，求该截面所需的纵向受拉钢筋。

3-8　已知 T 形截面梁的截面尺寸 $h = 700mm$，$b = 300mm$，$h'_f = 120mm$，$b'_f = 600mm$，梁底纵向受拉钢筋为 8 ⌀ 22（$A_s = 3041mm^2$），混凝土强度等级为 C30，环境类别为一类，承受弯矩设计值 $M = 600kN \cdot m$，试复核此截面是否安全？

第 4 章

受弯构件的斜截面承载力

教学要求：

1. 深刻理解受弯构件斜截面受剪的三种破坏形态及其防止对策；
2. 熟练掌握梁的斜截面受剪承载力计算方法；
3. 理解梁内纵向钢筋弯起和截断的构造要求；
4. 知道梁内各种钢筋，包括纵向受力钢筋、纵向构造钢筋、架立筋和箍筋等的构造要求。

第4章教学课件

4.1 概述

第 3 章讲了钢筋混凝土受弯构件在主要承受弯矩的区段内会产生竖向裂缝，如果正截面受弯承载力不够，将沿竖向裂缝发生正截面受弯破坏。钢筋混凝土受弯构件还有可能在剪力和弯矩共同作用的支座附近区段内，沿斜裂缝发生斜截面受剪破坏或斜截面受弯破坏。因此，在保证受弯构件正截面受弯承载力的同时，还要保证斜截面承载力，它包括斜截面受剪承载力和斜截面受弯承载力两方面。工程设计中，斜截面受剪承载力是由计算和构造来满足的，斜截面受弯承载力则是通过对纵向钢筋和箍筋的构造要求来保证的。

通常，板的跨高比较大，且大多承受分布荷载，因此相对于正截面承载力来讲，其斜截面承载力往往是足够的，故受弯构件斜截面承载力主要是对梁及厚板而言的。

为了防止梁沿斜裂缝破坏，应使梁具有一个合理的截面尺寸，并配置必要的箍筋。剪力较大时，可再设置斜钢筋。斜钢筋一般由梁内的纵筋弯起而成，称为弯起钢筋。箍筋、弯起钢筋（或斜筋）统称为腹筋，它们与纵筋、架立钢筋等构成梁的钢筋骨架，见图 4-1。

根据梁内应力分析，箍筋也应像弯起钢筋那样做成斜的，以便与主拉应力方向一致，更

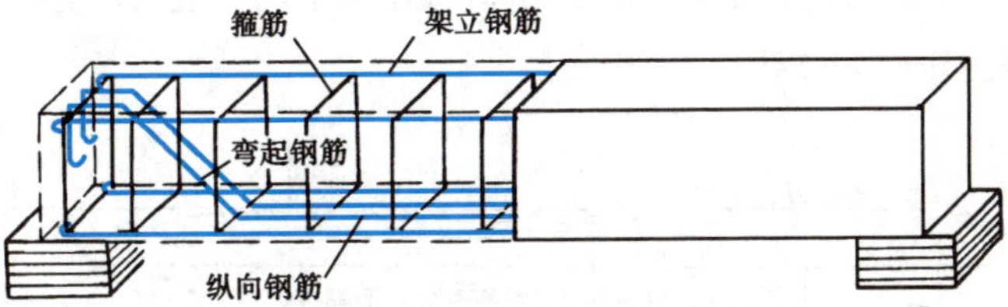

图 4-1　箍筋和弯起钢筋

有效地抑制斜裂缝的开展，但斜箍筋不便绑扎，与纵向钢筋难以形成牢固的钢筋骨架，故一般都采用竖向箍筋。

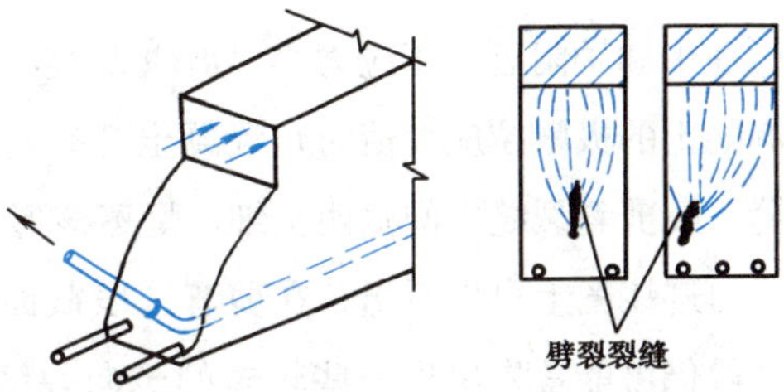

图 4-2　钢筋弯起处劈裂裂缝

试验研究表明，箍筋对抑制斜裂缝开展的效果比弯起钢筋要好，所以工程设计中，应优先选用箍筋，然后再考虑采用弯起钢筋。由于弯起钢筋承受的拉力比较大，且钢筋与混凝土相互作用区域也更加集中，有可能引起弯起处混凝土的劈裂裂缝，见图 4-2。因此放置在梁侧边缘的钢筋不宜弯起，梁底层钢筋中的角部钢筋不应弯起，顶层钢筋中的角部钢筋不应弯下。弯起钢筋的弯起角宜取 45°或 60°。

4.2　斜裂缝、剪跨比及斜截面受剪破坏形态

4.2.1　腹剪斜裂缝与弯剪斜裂缝

钢筋混凝土梁在剪力和弯矩共同作用的剪弯区段内，将产生斜裂缝。斜裂缝主要有腹剪斜裂缝和弯剪斜裂缝两类。

在未裂阶段，如果近似地把钢筋混凝土梁视为匀质弹性体，则任一点的主拉应力和主压应力可按材料力学公式计算：

主拉应力：
$$\sigma_{tp}=\frac{\sigma}{2}+\sqrt{\frac{\sigma^2}{4}+\tau^2} \tag{4-1}$$

主压应力：
$$\sigma_{cp}=\frac{\sigma}{2}-\sqrt{\frac{\sigma^2}{4}+\tau^2} \tag{4-2}$$

主拉应力的作用方向与梁轴线的夹角 α，按下式确定：

$$\tan 2\alpha=-\frac{2\tau}{\sigma} \tag{4-3}$$

图 4-3 所示为一无腹筋简支梁在对称集中荷载作用下的主应力轨迹线图形，实线是主拉应力迹线，虚线是主压应力迹线。

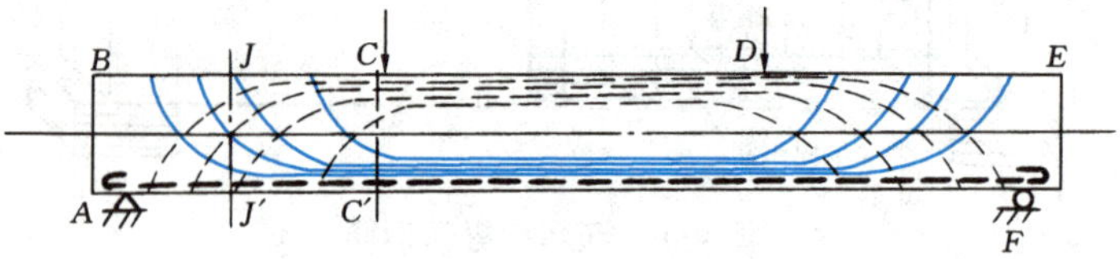

图 4-3　主应力轨迹线

在中和轴附近，正应力小，剪应力大，主拉应力方向大致为 45°。当荷载增大，拉应变达到混凝土的极限拉应变值时，混凝土开裂，沿主压应力迹线产生腹部的斜裂缝，称为腹剪斜裂缝。腹剪斜裂缝中间宽两头细，呈枣核形，常见于 I 形截面薄腹梁中，如图4-4(a)所示。从主应力迹线图上可以看出，在剪弯区段截面的下边缘，主拉应力还是水平向的，所以，在这些区段仍可能首先出现一些较短的竖向裂缝，然后发展成向集中荷载作用点延伸的斜裂缝，这种由竖向裂缝发展而成的斜裂缝，称为弯剪斜裂缝，这种裂缝下宽上细，是最常见的，如图 4-4（b）所示。

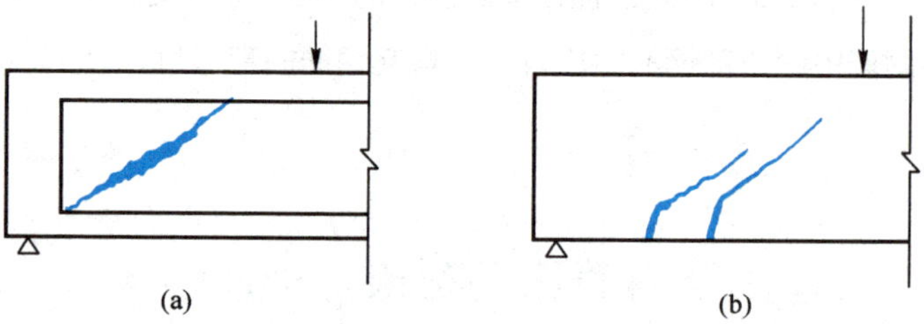

图 4-4　斜裂缝

（a）腹剪斜裂缝；（b）弯剪斜裂缝

4.2.2　剪跨比

在图 4-5 所示的承受集中荷载的简支梁中，计算截面到临近支座的距离 a 称为剪跨，剪跨 a 与梁截面有效高度 h_0 的比值，称为计算截面的剪跨比，简称剪跨比，用 λ 表示，$\lambda=\frac{a}{h_0}$。

对矩形截面梁，剪跨段内截面上的正应力 σ 和剪应力 τ 可表达为：

$$\sigma=\alpha_1\frac{M}{bh_0^2};\quad \tau=\alpha_2\frac{V}{bh_0}$$

故：

$$\frac{\sigma}{\tau}=\frac{\alpha_1}{\alpha_2}\cdot\frac{M}{Vh_0}=\frac{\alpha_1}{\alpha_2}\cdot\lambda \tag{4-4}$$

式中　α_1、α_2——与梁支座形式、计算截面位置等有关的系数；

λ——广义剪跨比，$\lambda=\frac{M}{Vh_0}$，M、V 为截面承受的弯矩、剪力设计值。

对于承受集中荷载的简支梁，$\lambda=\frac{M}{Vh_0}=\frac{a}{h_0}$，即这时的剪跨比与广义剪跨比相等。

对于承受均布荷载的简支梁，设 l 为梁的跨度，βl 为计算截面离支座的距离，则 λ 可表达为跨高比 l/h_0 的函数：

$$\lambda=\frac{M}{Vh_0}=\frac{\beta-\beta^2}{1-2\beta}\cdot\frac{l}{h_0} \tag{4-5}$$

可见，剪跨比 λ 反映了截面上正应力 σ 和剪应力 τ 的相对比值，在一定程度上也反映了截面上弯矩与剪力的相对比值。它对无腹筋梁的斜截面受剪破坏形态有着决定性的影响，对斜截面受剪承载力也有着极为重要的影响。

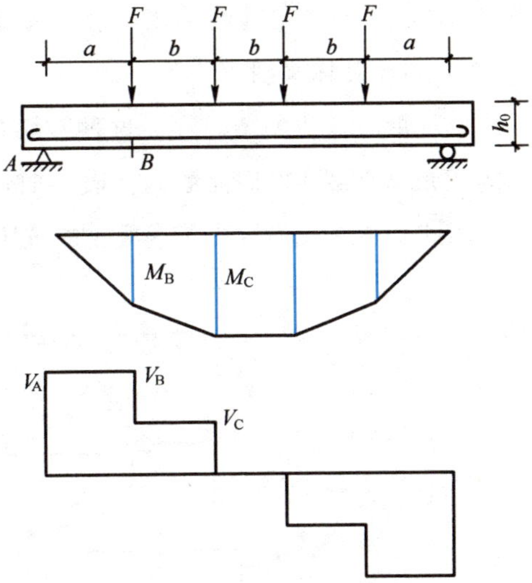

图 4-5　承受集中荷载作用的简支梁

4.2.3　斜截面受剪破坏的三种主要形态

1. 无腹筋梁的斜截面受剪破坏形态

不同的剪跨比，梁内的主应力迹线分布也有不同，图 4-6(a)、(b)、(c)分别给出了剪跨比等于$\frac{1}{2}$、1、2 时的主应力迹线分布图，图中虚线为主压应力迹线，实线为主拉应力迹线。

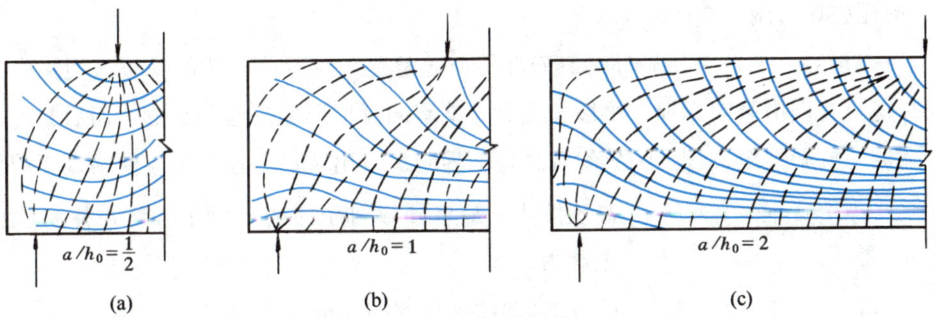

图 4-6　主应力迹线分布图

在剪跨比小的图 4-6(a)中，在集中力到支座之间有虚线所示的主压应力迹线，即力是按斜向短柱的形式传递的。可见，剪跨比小时，主要是斜向受压而产生斜压破坏。在剪跨比大的图 4-6(c)中，集中力与支座之间没有直接的主压应力迹线，故以弯曲传力为主，产生沿主压应力迹线的斜裂缝，并发展为斜拉破坏。试验也表明，无腹筋梁的斜截面受剪破坏形态与剪跨比 λ 有决定性的关系，主要有斜压破坏、剪压破坏和斜拉破坏三种破坏形态。

1）斜压破坏（图 4-7a）

$\lambda<1$ 时，发生斜压破坏。这种破坏多数发生在剪力大而弯矩小的区段，以及梁腹板很薄的 T 形截面或 I 形截面梁内。破坏时，混凝土被腹剪斜裂缝分割成若干个斜向短柱而压坏，因此受剪承载力取决于混凝土的抗压强度，是斜截面受剪承载力中最大的。

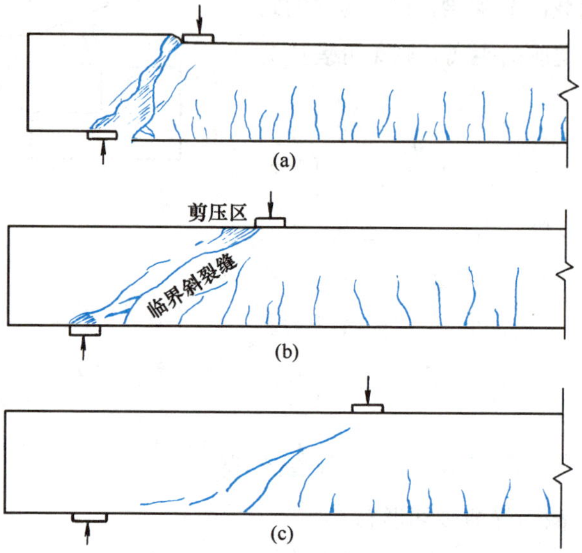

图 4-7　斜截面破坏形态

（a）斜压破坏；（b）剪压破坏；（c）斜拉破坏

2）剪压破坏（图 4-7b）

$1\leqslant\lambda\leqslant3$ 时，常发生剪压破坏。其破坏特征通常是，在弯剪区段的受拉区边缘先出现一些竖向裂缝，它们沿竖向延伸一小段长度后，就斜向延伸形成一些斜裂缝，而后又产生一条贯穿较宽的主要斜裂缝，称为临界斜裂缝，临界斜裂缝出现后迅速延伸，使斜截面剪压区的高度缩小，最后导致剪压区的混凝土破坏，使斜截面丧失承载力。

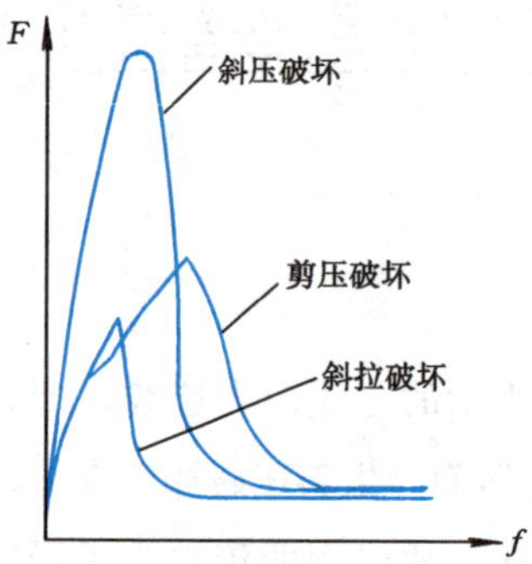

图 4-8　斜截面破坏的 F-f 曲线

3）斜拉破坏（图 4-7c）

$\lambda>3$ 时，常发生斜拉破坏。其特点是当竖向裂缝一出现，就迅速向受压区斜向延伸，斜截面承载力随之丧失。破坏荷载与出现斜裂缝时的荷载很接近，破坏过程急骤，破坏前梁变形很小，具有很明显的脆性，其斜截面受剪承载力最小。

图4-8为三种破坏形态的荷载-挠度（F-f）曲线图。可见，三种破坏形态的斜截面受剪承载力是不同的，斜压破坏时最大，其次为剪压，斜拉最小。它们在达到峰值荷载时，跨中挠度都不大，过峰值后荷载都会迅速下降，表明它们都属脆性破坏类型，是工程中应尽量避免的，尤其是应避免斜拉破坏。另外，这三种破坏形态虽然都是属于脆性破坏类型，但脆性程度是不同的。混凝土的极限拉应变值比极限压应变值小得多，所以斜拉破坏最脆，斜压破坏次之。为此，规范规定用构造措施，强制性地来防止斜拉、斜压破坏，而对剪压破坏，因其承载力变化幅度相对较大所以是通过计算来防止的，见下述。

2. 有腹筋梁的斜截面受剪破坏形态

配置箍筋的有腹筋梁，它的斜截面受剪破坏形态是以无腹筋梁为基础的，也分为斜压破坏、剪压破坏和斜拉破坏三种破坏形态。这时，除了剪跨比对斜截面破坏形态有决定性的影响以外，箍筋的配置数量对破坏形态也有很大的影响。

当$\lambda>3$且箍筋配置数量过少时，斜裂缝一旦出现，与斜裂缝相交的箍筋承受不了原来由混凝土所负担的拉力，箍筋立即屈服而不能限制斜裂缝的开展，与无腹筋梁相似，发生斜拉破坏。如果$\lambda>3$，箍筋配置数量适当的话，则可避免斜拉破坏，而转为剪压破坏。这是因为斜裂缝产生后，与斜裂缝相交的箍筋不会立即受拉屈服，箍筋限制了斜裂缝的开展，避免了斜拉破坏。箍筋屈服后，斜裂缝迅速向上发展，使斜裂缝上端剩余截面缩小，使剪压区的混凝土在正应力σ和剪应力τ共同作用下产生剪压破坏。

如果箍筋配置数量过多，箍筋应力增长缓慢，在箍筋尚未屈服时，梁腹混凝土就因抗压能力不足而发生斜压破坏。在薄腹梁中，即使剪跨比较大，也会发生斜压破坏。

所以，对有腹筋梁来说，只要截面尺寸合适，箍筋配置数量适当，使其斜截面受剪破坏成为剪压破坏形态是可能的。

4.3 简支梁斜截面受剪机理

解释简支梁斜截面受剪机理的结构模型有多种，这里讲述三种：带拉杆的梳形拱模型、拱形桁架模型、桁架模型。

4.3.1 带拉杆的梳形拱模型

带拉杆的梳形拱模型适用于无腹筋梁。

这种力学模型把梁的下部看成是被斜裂缝和竖向裂缝分割成一个个具有自由端的梳状齿，梁的上部与纵向受拉钢筋则形成带有拉杆的变截面两铰拱，如图4-9所示。

梳状齿的齿根与拱内圈相连，齿相当于一悬臂梁。齿的受力情况如图4-10所示，其上作用有：①纵筋的拉力 Z_J 和 Z_K，$Z_K > Z_J$；②纵筋的销栓力 V_J 和 V_K，这是由于斜裂缝两边的混凝土上下错动，使纵筋受剪而引起的；③裂缝间的骨料咬合力 S_J 和 S_K，这些力使梳状齿的根部产生了弯矩 M、轴力 N 和剪力 V，M、V 主要与纵筋的拉力差及销栓力平衡，N 则主要与咬合力平衡。随着斜裂缝的逐渐加宽，咬合力下降，沿纵筋保护层混凝土有可能被劈裂，钢筋的销栓力也会逐渐减弱，这时，梳状齿的作用将相应减小，梁上的荷载绝大部分由上部拱体承担，拱的受力如图 4-11 所示。这是一个带拉杆的拱体，拱顶 CD 是斜裂缝以上的残余剪压区，纵筋是拉杆，拱顶到支座间的斜向受压混凝土则为拱体 AC 和 FD。当拱顶承载力不足时，将发生剪压或斜拉破坏，当拱体的受压承载力不足时，将发生斜压破坏。

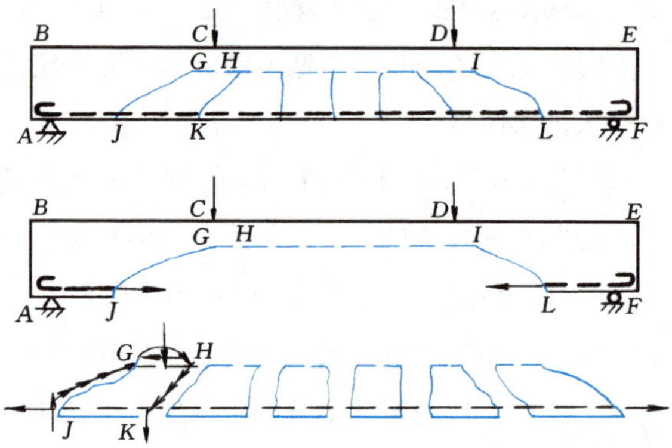

图 4-9　梳状结构

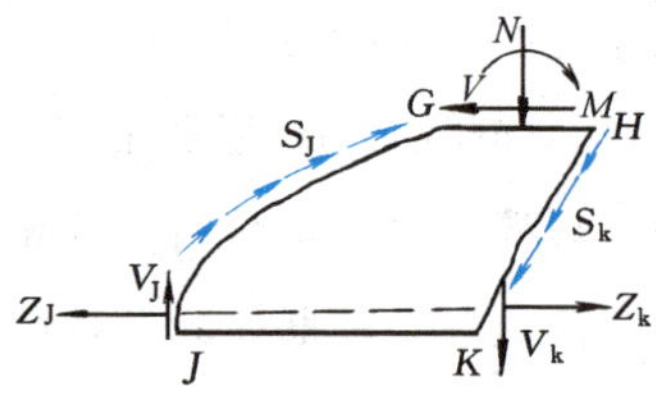

图 4-10　齿的受力

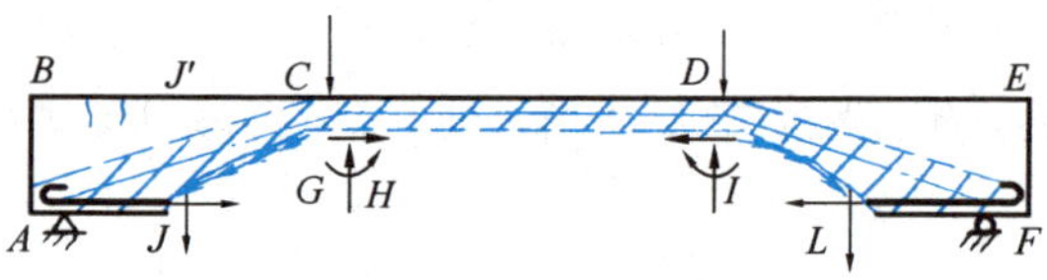

图 4-11　拱体的受力

图 4-11 中的点画线为拱体的压力线。在剪跨区段内的大部分截面，特别是靠近支座的截面，例如 J-J'，基本上处于大偏心受压状态。显然，压力线部位的压应变最大，离压力线越远，则压应变越小，在顶部甚至还会出现拉应力，荷载较大时，会在梁端的顶部出现受拉裂缝。所以，有效的拱体将是如图 4-11中的阴影线部分。

4.3.2　拱形桁架模型

拱形桁架模型适用于有腹筋梁。

这种力学模型把开裂后的有腹筋梁看作为拱形桁架，其中拱体是上弦杆，裂缝间的混凝土齿块是受压的斜腹杆，箍筋则是受拉腹杆，受拉纵筋是下弦杆，如图 4-12 所示。它与上述无腹筋梁梳形拱模型的主要区别是：①考虑了箍筋的受拉作用；②考虑了斜裂缝间混凝土

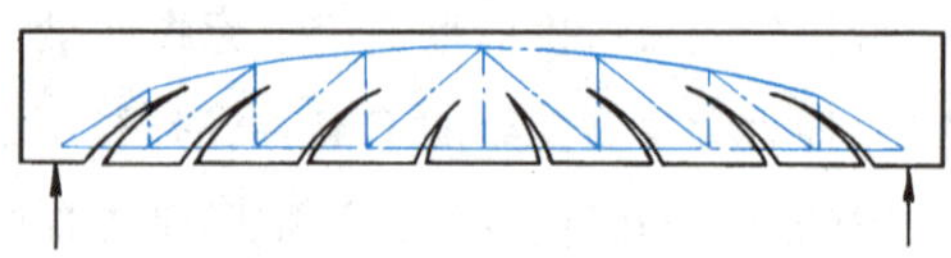

图 4-12　拱形桁架模型

的受压作用。

4.3.3 桁架模型

桁架模型也适用于有腹筋梁。

这种力学模型把有斜裂缝的钢筋混凝土梁比拟为一个铰接桁架，压区混凝土为上弦杆，受拉纵筋为下弦杆，腹筋为竖向拉杆，斜裂缝间的混凝土则为斜压杆。

桁架模型最初是由 Ritter 和 Mörsch 在 20 世纪初提出来的，他们假定斜腹杆倾角为 45°，称为 45°桁架模型，见图 4-13(a)。此后，许多学者又进行了研究，提出斜压杆倾角不一定是 45°，而是在一定范围内变化的，故称为变角桁架模型，见图 4-13(b)。变角桁架模型的内力分析，见图 4-13(c)，图中混凝土斜压杆的倾角为 β，压力为 C_d，腹筋与梁纵轴的夹角为 α，拉力为 T_s。

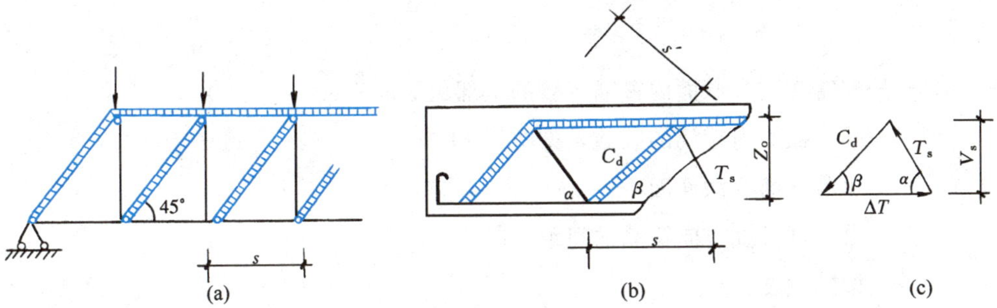

图 4-13　桁架模型

(a) 45°桁架模型；(b) 变角桁架模型；(c) 变角桁架模型的内力分析

国外已有学者按此桁架模型，给出了钢筋混凝土梁受剪承载力的计算公式，具体过程不再赘述。

4.4 斜截面受剪承载力的计算

与对正截面受弯承载力的要求一样，为满足承载能力极限状态的要求，斜截面受剪承载力设计值 V_u 必须不小于斜截面的剪力设计值 V，即符合条件 $V \leqslant V_u$。V 是由内力计算确定的，本节着重讲述 V_u 的计算。

4.4.1 影响斜截面受剪承载力的主要因素

1. 剪跨比

随着剪跨比 λ 的增加，梁的破坏形态按斜压（$\lambda<1$）、剪压（$1\leqslant\lambda\leqslant3$）和斜拉（$\lambda>3$）

的顺序演变，其受剪承载力则逐步减弱。当 $\lambda>3$ 时，剪跨比的影响将不明显。

2. 混凝土强度

斜截面破坏是由混凝土到达极限强度而发生的，故混凝土的强度对梁的受剪承载力影响很大。

梁斜压破坏时，受剪承载力取决于混凝土的抗压强度。梁斜拉破坏时，受剪承载力取决于混凝土的抗拉强度，而抗拉强度的增加较抗压强度来得缓慢，故混凝土强度的影响就略小。剪压破坏时，混凝土强度的影响则居于上述两者之间。

3. 箍筋的配筋率

梁内箍筋的配筋率是指沿梁长，在箍筋的一个间距范围内，箍筋各肢的全部截面面积与混凝土水平截面面积的比值。因此，梁内箍筋的配筋率：

$$\rho_{sv}=\frac{A_{sv}}{bs}=\frac{n\cdot A_{sv1}}{bs} \tag{4-6}$$

式中 A_{sv}——配置在同一截面内箍筋各肢的全部截面面积；

n——同一截面内箍筋的肢数，见图 4-14；

A_{sv1}——单肢箍筋的截面面积；

s——沿构件长度方向箍筋的间距；

b——梁的宽度。

在图 4-15 中横坐标为箍筋的配筋率 ρ_{sv} 与箍筋受拉强度试验值 f_{yv}^0 的乘积，纵坐标 V_u^0/bh_0 称为名义剪应力的试验值，即作用在正截面有效面积 bh_0 上的平均剪应力试验值；由图可见，梁的斜截面受剪承载力随箍筋的配筋率增大而提高，两者呈线性关系。

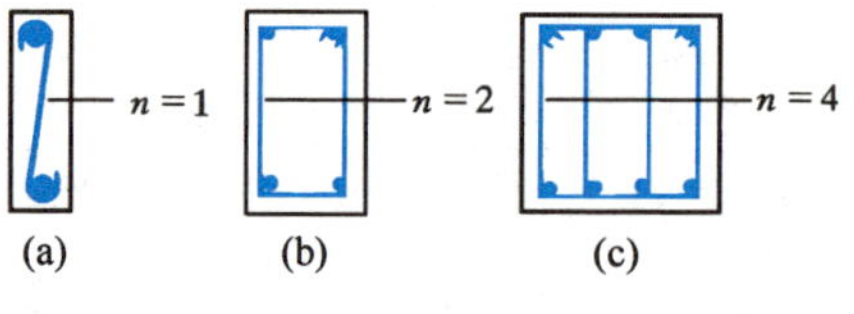

图 4-14　箍筋的肢数

(a) 单肢箍；(b) 双肢箍；(c) 四肢箍

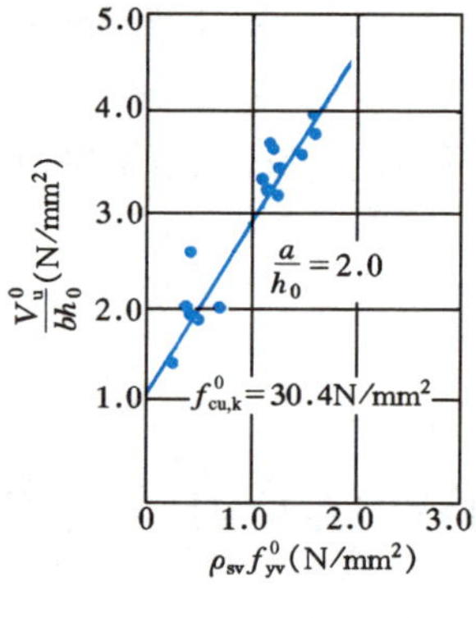

图 4-15　箍筋的配筋率对梁受剪承载力的影响

4. 纵筋配筋率

纵筋的受剪产生了销栓力，它能限制斜裂缝的伸展，从而使剪压区的高度增大。所以，纵筋的配筋率越大，梁的受剪承载力也就越高。

5. 斜截面上的骨料咬合力

斜裂缝处的骨料咬合力对无腹筋梁的斜截面受剪承载力影响较大。

6. 截面尺寸和形状

1）截面尺寸的影响

截面尺寸对无腹筋梁的受剪承载力有较大的影响，尺寸大的构件，破坏时的平均剪应力比尺寸小的构件要低。有试验表明，在其他参数（混凝土强度、纵筋配筋率、剪跨比）保持不变时，梁高扩大4倍，破坏时的平均剪应力可下降25%～30%。

对于有腹筋梁，截面尺寸的影响将减小。

2）截面形状的影响

这主要是指T形梁，其翼缘大小对受剪承载力有影响。适当增加翼缘宽度，可提高受剪承载力25%，但翼缘过大，增大作用就趋于平缓。另外，加大梁宽也可提高受剪承载力。

4.4.2 斜截面受剪承载力的计算公式

1. 基本假设

国内外许多学者曾在分析各种破坏机理的基础上，对钢筋混凝土梁的斜截面受剪承载力给出过不少类型的计算公式，但终因问题的复杂性而不能实际应用。我国规范目前采用的是半理论半经验的实用计算公式。

对于梁的三种斜截面受剪破坏形态，在工程设计时都应设法避免，但采用的方式有所不同。对于斜压破坏，通常用控制截面的最小尺寸来防止；对于斜拉破坏，则用满足箍筋的最小配筋率条件及构造要求来防止；对于剪压破坏，因其承载力变化幅度较大，必须通过计算，使构件满足一定的斜截面受剪承载力，从而防止剪压破坏。我国《混凝土结构设计标准》中所规定的计算公式，就是根据剪压破坏形态而建立的。所采用的是理论与试验相结合的方法，其中主要考虑力的平衡条件 $\Sigma y=0$，同时引入一些试验参数。其基本假设如下：

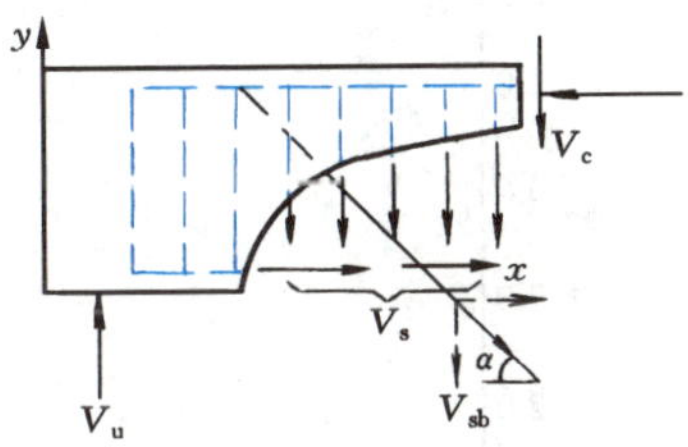

图4-16　受剪承载力的组成

1）梁发生剪压破坏时，斜截面所承受的剪力设计值由三部分组成，见图4-16，即：

$$\Sigma y=0, V_u=V_c+V_s+V_{sb} \tag{4-7}$$

式中　V_u——梁斜截面受剪承载力设计值；

V_c——混凝土剪压区受剪承载力设计值；

V_s——与斜裂缝相交的箍筋的受剪承载力设计值；

V_{sb}——与斜裂缝相交的弯起钢筋的受剪承载力设计值。

2）梁剪压破坏时，与斜裂缝相交的箍筋和弯起钢筋的拉应力都达到其屈服强度，但要考虑拉应力可能不均匀，特别是靠近剪压区的箍筋有可能达不到屈服强度。

3）斜裂缝处的骨料咬合力和纵筋的销栓力，在无腹筋梁中的作用还较显著，两者承受的剪力可达总剪力的50%～90%，但在有腹筋梁中，由于箍筋的存在，虽然使骨料咬合力和销栓力都有一定程度的提高，但它们的抗剪作用已大多被箍筋所代替，试验表明，它们所承受的剪力仅占总剪力的20%左右。另外，研究表明，只有当纵向受拉钢筋的配筋率大于1.5%时，骨料咬合力和销栓力才对无腹筋梁的受剪承载力有较明显的影响。所以为了计算简便，将不计入咬合力和销栓力对受剪承载力的贡献。

4）截面尺寸的影响主要对无腹筋的受弯构件，故仅在不配箍筋和弯起钢筋的厚板计算时才予以考虑。

5）剪跨比是影响斜截面承载力的重要因素之一，但为了计算公式应用简便，仅在计算受集中荷载为主的独立梁时才考虑了λ的影响。

2. 无腹筋梁混凝土剪压区的受剪承载力试验结果与取值

试验研究表明，梁中配置箍筋后，虽然能提高受剪承载力，但其影响规律较难掌握，不像无腹筋梁试验结果那样明确。因此，我国《混凝土结构设计标准》规定的受弯构件斜截面受剪承载力的计算公式主要是以无腹筋梁的试验结果为基础的。前面刚讲了无腹筋梁的三种破坏形态及其对策，这里再讲述无腹筋梁混凝土剪压区的受剪承载力，即V_c。

试验结果分为两种情况。

第一种是根据搜集到的大量无腹筋简支浅梁、简支短梁、简支深梁以及连续浅梁的试验数据，以支座处的剪力值V_u作为混凝土剪压区的受剪承载力进行分析，如图4-17（a）所示，图中l_0、h分别为梁的跨度和截面高度。

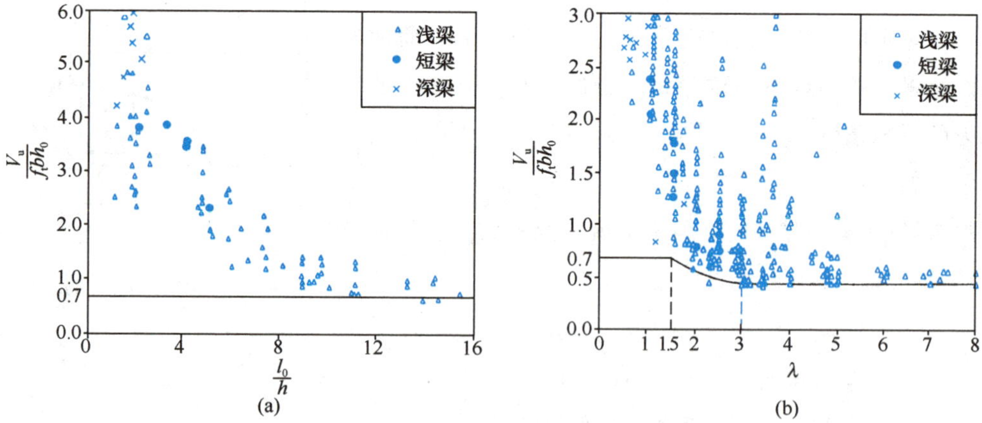

图4-17　无腹筋梁混凝土剪压区受剪承载力的试验结果

（a）均布荷载作用下；（b）集中荷载作用下

第二种是根据搜集到的大量在集中荷载作用下的独立浅梁、独立短梁和独立深梁的试验结果，如图 4-17（b）所示，图中剪跨比 $\lambda=a/h_0$，a 为剪跨长，h_0 为截面有效高度。

由图 4-17（a）和（b）可见，试验结果的数据点很分散，呈“满天星”状态。为了安全，对无腹筋梁受剪承载力的取值采用图中黑线所示的下包线，即取偏下值：

均布荷载时：

$$V_c=0.7f_tbh_0 \tag{4-8}$$

集中荷载下的独立梁：

$$V_c=\frac{1.75}{\lambda+1}f_tbh_0 \tag{4-9}$$

3. 计算公式

1）仅配置箍筋的矩形、T 形和 I 形截面受弯构件的斜截面受剪承载力设计值

$$V_u=V_{cs} \tag{4-10}$$

$$V_{cs}=\alpha_{cv}f_tbh_0+f_{yv}\frac{A_{sv}}{s}h_0 \tag{4-11}$$

式中　V_{cs}——构件斜截面上混凝土和箍筋的受剪承载力设计值；

α_{cv}——斜截面上受剪承载力系数，对于一般受弯构件取 0.7；对集中荷载作用下（包括作用有多种荷载，其中集中荷载对支座截面或节点边缘所产生的剪力值占总剪力的 75%以上的情况）的独立梁，取 α_{cv} 为$\frac{1.75}{\lambda+1}$；λ 为计算截面的剪跨比，可取 λ 等于 a/h_0；当 λ 小于 1.5 时，取 1.5；当 λ 大于 3 时，取 3；a 取集中荷载作用点至支座截面或节点边缘的距离；

A_{sv}——配置在同一截面内箍筋各肢的全部截面面积，取 nA_{sv1}；此处，n 为同一截面内箍筋的肢数，A_{sv1} 为单肢箍筋的截面面积；

s——沿构件长度方向的箍筋间距；

f_{yv}——箍筋的抗拉强度设计值，按附表 2-11 采用。

2）当配置箍筋和弯起钢筋时，矩形、T 形和 I 形截面受弯构件的斜截面承载力设计值

$$V_u=V_{cs}+V_{sb} \tag{4-12}$$

式中　V_{sb}——弯起钢筋承担的剪力设计值，等于弯起钢筋的拉力在垂直于梁轴方向的分力值，见图 4-18，按式（4-13）计算。

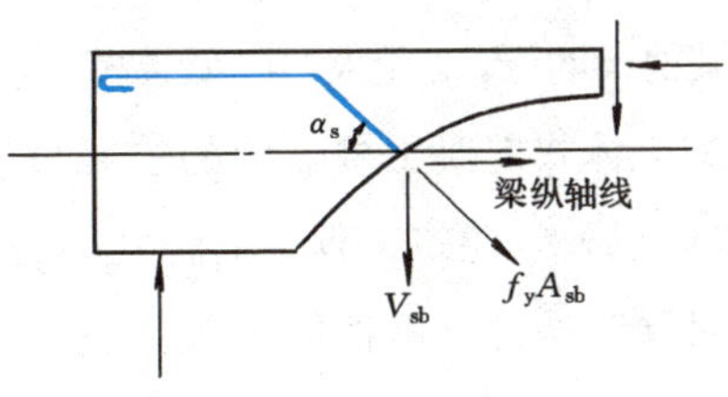

图 4-18　弯起钢筋承担的剪力

$$V_{sb}=0.8f_yA_{sb}\sin\alpha_s \tag{4-13}$$

故：

$$V_u=\alpha_{cv}f_tbh_0+f_{yv}\frac{A_{sv}}{s}h_0+0.8f_yA_{sb}\sin\alpha_s \tag{4-14}$$

式中 f_y——弯起钢筋的抗拉强度设计值；

A_{sb}——同一平面内弯起钢筋的截面面积；

α_s——斜截面上弯起钢筋与构件纵轴线的夹角，一般为45°，当梁截面超过800mm时，通常为60°。

公式中的系数0.8是对弯起钢筋受剪承载力的折减。这是因为考虑到弯起钢筋与斜裂缝相交时，有可能已接近剪压区，在斜截面受剪破坏时达不到屈服强度的缘故。

3）不配置箍筋和弯起钢筋的一般板类受弯构件，其斜截面受剪承载力设计值

$$V_u=0.7\beta_hf_tbh_0 \tag{4-15}$$

$$\beta_h=\left(\frac{800}{h_0}\right)^{1/4} \tag{4-16}$$

式中 β_h——截面高度影响系数；当h_0小于800mm时，取800mm；当h_0大于2000mm时，取2000mm。

4. 对计算公式的说明

1）V_{cs}由二项组成，前一项$\alpha_{cv}f_tbh_0$是由混凝土剪压区承担的剪力，后一项$f_{yv}\frac{A_{sv}}{s}h_0$中大部分是由箍筋承担的剪力，但有小部分是属于混凝土的，因为配置箍筋后，箍筋将抑制斜裂缝的开展，从而提高了混凝土剪压区的受剪承载力，但是究竟提高了多少，很难把它从第二项中分离出来，并且也没有必要。因此，应该把V_{cs}理解为混凝土剪压区与箍筋共同承担的剪力。

2）$f_{yv}\frac{A_{sv}}{s}h_0$的来历是这样的：假定弯剪斜裂缝的水平投影长度是$h_0$，且此范围内的箍筋都达到受拉设计强度，则它承担的剪力就是$f_{yv}\frac{A_{sv}}{s}h_0$。刚说过，其中一小部分是属于混凝土的贡献。

3）与$\lambda=1.5\sim3.0$相对应的$\alpha_{cv}=0.7\sim0.44$，这说明当$\lambda>1.5$时，集中荷载作用下的无腹筋独立梁，它的受剪承载力比其他梁的低，λ越大，降低越多。

4）现浇混凝土楼盖和装配整体式混凝土楼盖中的主梁虽然主要承受集中荷载，但不是独立梁，所以除吊车梁和试验梁以外，建筑工程中的独立梁是很少见的。

5）试验研究表明，箍筋对受弯构件抗剪性能的提高优于弯起钢筋，故《混凝土结构设计标准》规定，“混凝土梁宜采用箍筋作为承受剪力的钢筋”，同时考虑到设计与施工的方便，现今建筑工程中的一般梁（除悬臂梁外）、板都已经基本上不再采用弯起钢筋了，但在

桥梁工程中，弯起钢筋还是常用的。

6）式（4-11）和式（4-14）都适用于矩形、T形和I形截面，并不说明截面形状对受剪承载力没有影响，只是影响不大。

对于厚腹的T形梁，其抗剪性能与矩形梁相似，但受剪承载力略高。这是因为受压翼缘使剪压区混凝土的压应力和剪应力减小，但翼缘的这一有效作用是有限的，且翼缘超过肋宽两倍时，受剪承载力基本上不再提高。

对于薄腹的T形梁，腹板中有较大的剪应力，在剪跨区段内常有均匀的腹剪裂缝出现，当裂缝间斜向受压混凝土被压碎时，梁属斜压破坏，受剪承载力要比厚腹梁低，此时翼缘不能提高梁的受剪承载力。

5. 计算公式的适用范围

由于梁的斜截面受剪承载力计算公式仅是针对剪压破坏形态确定的，因而具有一定的适用范围，也即公式有其上、下限值。

1）截面的最小尺寸（上限值）。当梁截面尺寸过小，而剪力较大时，梁往往发生斜压破坏，这时，即使多配箍筋，受剪承载力也不会明显增加。因而，为避免斜压破坏，梁截面尺寸不宜过小，这是主要的原因，其次也为了防止梁在使用阶段斜裂缝过宽（主要是薄腹梁）。《混凝土结构设计标准》对矩形、T形和I形截面梁的截面尺寸作如下的规定：

当$\frac{h_w}{b}\leqslant 4$时（厚腹梁，也即一般梁），应满足：

$$V\leqslant 0.25\beta_c f_c b h_0 \tag{4-17}$$

当$\frac{h_w}{b}\geqslant 6$时（薄腹梁），应满足：

$$V\leqslant 0.2\beta_c f_c b h_0 \tag{4-18}$$

当$4<\frac{h_w}{b}<6$时，按直线内插法取用；

式中 V——剪力设计值；

β_c——混凝土强度影响系数，当混凝土强度等级不超过C50时，取$\beta_c=1.0$；当混凝土强度等级为C80时，取$\beta_c=0.8$，其间按直线内插法确定；

f_c——混凝土抗压强度设计值；

b——矩形截面的宽度，T形截面或I形截面的腹板宽度；

h_w——截面的腹板高度，矩形截面取有效高度h_0，T形截面取有效高度减去翼缘高度，I形截面取腹板净高。

对于薄腹梁，采用较严格的截面限制条件，是因为腹板在发生斜压破坏时，其抗剪能力要比厚腹梁低，同时也为了防止梁在使用阶段斜裂缝过宽。

2）箍筋的最小含量（下限值）。箍筋配置过少，一旦斜裂缝出现，箍筋中突然增大的拉应力很可能达到屈服强度，造成裂缝的加速开展，甚至箍筋被拉断，而导致斜拉破坏。为了避免这类破坏，当 $V>0.7f_tbh_0$ 时规定了梁内箍筋配筋率的下限值，即箍筋的配筋率 ρ_{sv} 应不小于其最小配筋率 $\rho_{sv,min}$：

$$\rho_{sv}=\frac{A_{sv}}{bs}\geqslant\rho_{sv,min}$$

$$\rho_{sv,min}=0.24\frac{f_t}{f_{yv}} \tag{4-19}$$

4.4.3 斜截面受剪承载力的计算方法

1. 计算截面

1）支座边缘处的截面，即图 4-19（a）中的截面 1-1。

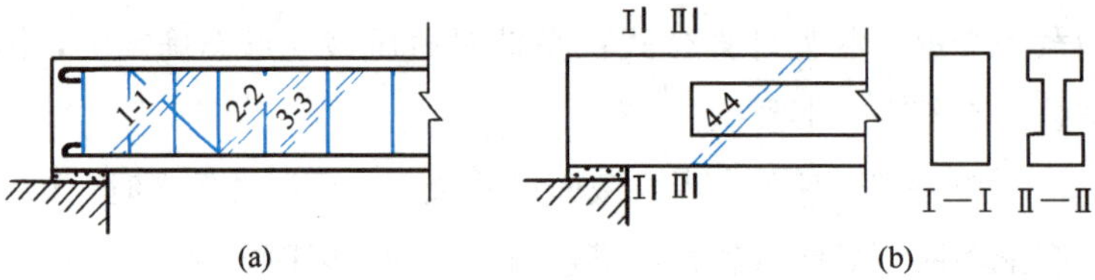

图 4-19　斜截面受剪承载力的计算截面位置

（a）1-1、2-2、3-3 截面位置；（b）4-4 截面位置

2）受拉区弯起钢筋弯起点处的斜截面，即图 4-19（a）中截面 2-2。

3）箍筋截面面积或间距改变处的斜截面，即图 4-19（a）中的截面 3-3。

4）腹板宽度改变处的斜截面。

例如薄腹梁在支座附近的截面变化处，即图 4-19（b）中的截面 4-4，由于腹板宽度变小，必然使梁的受剪承载力受到影响。

2. 计算步骤

钢筋混凝土梁的承载力计算包括正截面受弯承载力计算和斜截面受剪承载力计算两方面。通常后者是在前者的基础上进行的，也即截面尺寸和纵向钢筋等都已初步选定。此时，可先用斜截面受剪承载力计算公式适用范围的上限值来检验构件的截面尺寸是否符合要求，以避免产生斜压破坏。如不满足，则应重新调整截面尺寸。然后就可按照公式进行斜截面受剪承载力计算。根据计算结果，配置合适的箍筋及弯起钢筋。箍筋的配筋率应满足最小配筋率的要求，以防止斜拉破坏。当满足 $0.7f_tbh_0\geqslant V$ 或 $\frac{1.75}{\lambda+1}f_tbh_0\geqslant V$ 时，则可根据构造要求，按箍筋的最小配筋率来设置箍筋。

图 4-20 为钢筋混凝土梁斜截面受剪承载力计算步骤的框图。

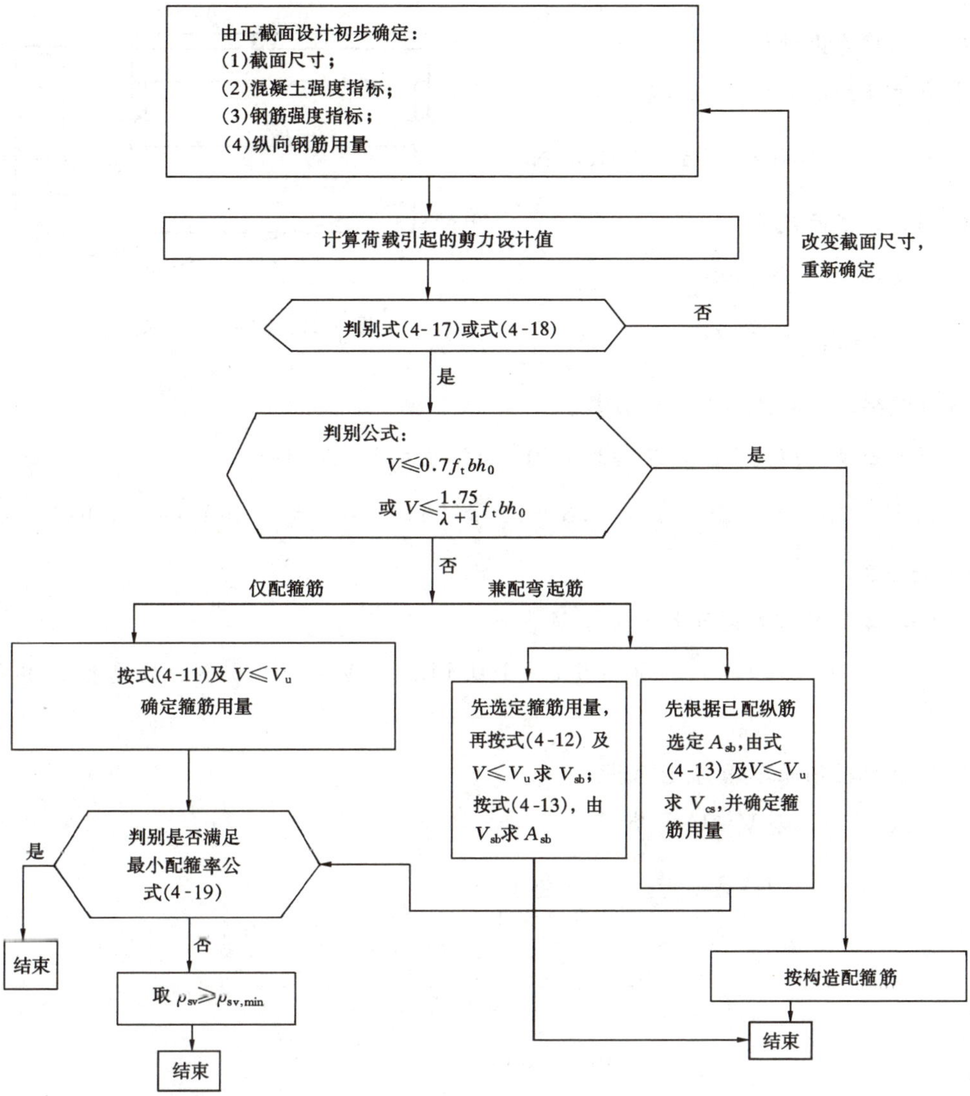

图 4-20　受弯构件斜截面受剪承载力的设计计算框图

4.4.4 计算例题

【例 4-1】 有一钢筋混凝土矩形截面简支梁，截面尺寸及纵筋数量等见图 4-21。该梁承受均布荷载设计值 70kN/m（包括自重），混凝土强度等级为 C30（$f_t = 1.43\text{N/mm}^2$、$f_c = 14.3\text{N/mm}^2$），箍筋采用 HPB300 级钢筋（$f_{yv} = 270\text{N/mm}^2$），纵筋采用 HRB400 级钢筋（$f_y = 360\text{N/mm}^2$）。

求：箍筋和弯起钢筋的数量。

【解】

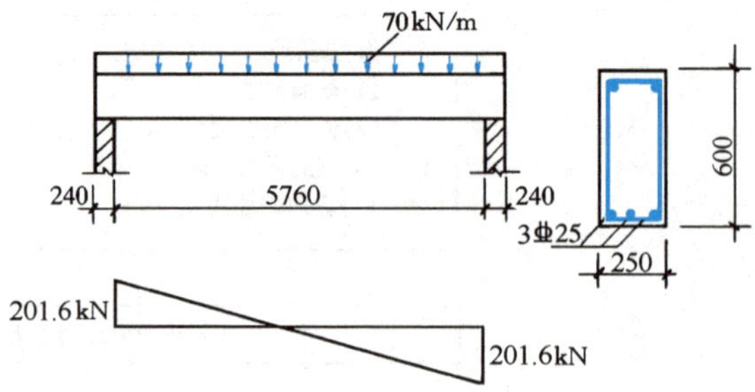

图 4-21 例 4-1 中的图一

（1）求剪力设计值

支座边缘处截面的剪力值最大：

$$V=\frac{1}{2}ql_0=\frac{1}{2}\times70\times5.76=201.6\text{kN}$$

（2）验算截面尺寸

$$h_w=h_0=560\text{mm},$$

$$\frac{h_w}{b}=\frac{560}{250}=2.24<4$$

属厚腹梁，应按式（4-17）验算。

混凝土强度等级为 C30，不超过 C50，故取 $\beta_c=1$，则：

$$0.25\beta_c f_c bh_0=0.25\times1\times14.3\times250\times560=500.5\text{kN}>V=201.6\text{kN},$$

截面符合要求。

（3）验算是否需要按计算配置箍筋

$0.7f_tbh_0=0.7\times1.43\times250\times560=140.14\text{kN}<V=201.6\text{kN}$，故需按计算配置箍筋。

（4）只配箍筋而不用弯起钢筋

按式（4-11），令 $V=V_u$，有：

$$\frac{nA_{sv1}}{s}=\frac{V-0.7f_tbh_0}{f_{yv}h_0}$$

$$=\frac{201.6\times10^3-0.7\times1.43\times250\times560}{270\times560}$$

$$=0.406\text{mm}^2/\text{mm}$$

采用双肢箍筋Φ 8@200（箍筋间距要求详见表 4-1），实有：

$$\frac{n\cdot A_{sv1}}{s}=\frac{2\times50.3}{200}=0.503\text{mm}^2/\text{mm}>0.406\text{mm}^2/\text{mm}，可以。$$

$$箍筋配筋率\ \rho_{sv}=\frac{n\cdot A_{sv1}}{bs}=\frac{2\times50.3}{250\times200}=0.2\%>\rho_{sv,min}=0.24\frac{f_t}{f_{yv}}$$

$$=0.24\times\frac{1.43}{270}=0.127\%，可以。$$

《混凝土结构设计标准》指出，“混凝土梁宜采用箍筋作为承受剪力的钢筋”，因此本例题的计算可以到此为止。下面配弯起钢筋的计算是从教学目的出发的。

（5）若配箍筋又配弯起钢筋

根据已配的3Φ25纵向钢筋，可利用1Φ25以45°角弯起，则弯筋承担的剪力：

$$V_{sb}=0.8A_{sb}f_y\sin\alpha_s=0.8\times490.9\times360\times\frac{\sqrt{2}}{2}=99.96\text{kN}$$

要求混凝土和箍筋承担的剪力：

$$V_{cs}=V-V_{sb}=201.6-99.96=101.64\text{kN}$$

选ϕ6@150，$\rho_{sv}=\frac{nA_{sv1}}{bs}=\frac{2\times28.3}{250\times150}=0.151\%>\rho_{sv,min}=0.127\%$，可以。

$$V_{cs}=0.7f_tbh_0+f_{yv}\cdot\frac{n\cdot A_{sv1}}{s}\cdot h_0$$

$$=140.14\times10^3+270\times\frac{2\times28.3}{150}\times560$$

$$=197.19\text{kN}>101.63\text{kN}，可以。$$

此题也可先选定箍筋，算出V_{cs}，再利用$V=V_{cs}+V_{sb}$求得V_{sb}，然后确定弯起钢筋面积A_{sb}，此处计算从略。

(6) 验算弯筋弯起点处的斜截面受剪承载力

如图4-22所示，该处的剪力设计值（弯起点离梁端净距为570mm）：

$$V=201.6\times\frac{(2.88-0.57)}{2.88}$$

$$=161.7\text{kN}<197.19\text{kN}$$

可不必再弯起钢筋或加大箍筋。

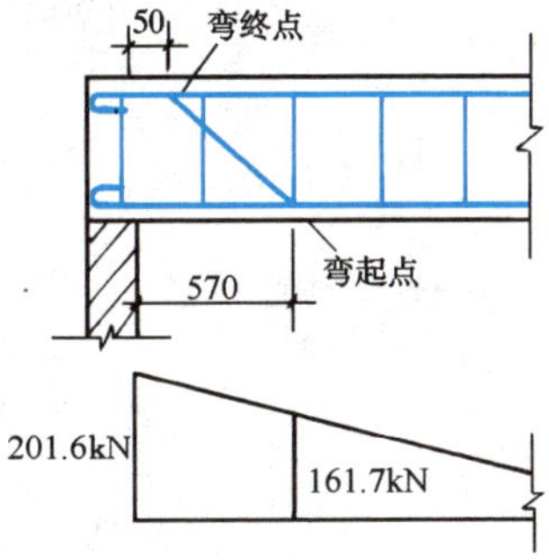

图4-22　例4-1中的图二

【例4-2】有一钢筋混凝土矩形截面独立简支梁，跨度4m，截面尺寸200mm×600mm，荷载如图4-23(a)所示，采用C25混凝土（$f_t=1.27\text{N/mm}^2$，$f_c=11.9\text{N/mm}^2$），箍筋采用HPB300级钢筋（$f_{yv}=270\text{N/mm}^2$）。

求：配置箍筋。

【解】

(1) 求剪力设计值

见图4-23(b)。

(2) 验算截面条件

$f_{cu,k}<50\text{N/mm}^2$，故$\beta_c=1$，则：

$$0.25\beta_cf_cbh_0=0.25\times1\times11.9\times200\times560$$

$$=333.2\text{kN}>\begin{matrix}V_A=180\text{kN}\\V_B=160\text{kN}\end{matrix}$$

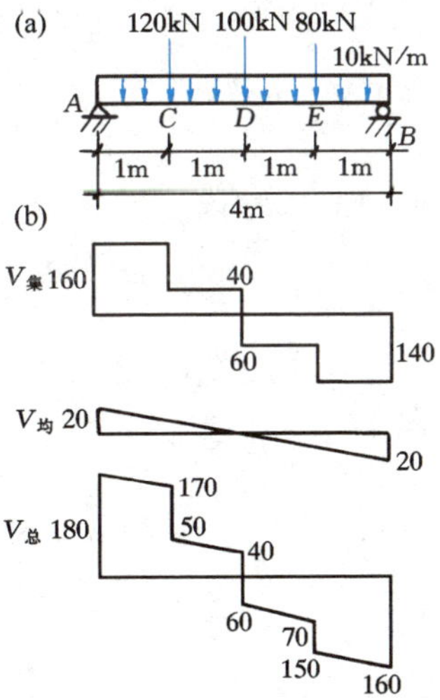

图4-23　例4-2图

截面尺寸符合要求。

(3) 确定箍筋数量

该梁既受集中荷载，又受均布荷载，但集中荷载在两支座截面上引起的剪力值均占总剪力值的75%以上。

A支座：$\frac{V_{集}}{V_{总}}=\frac{160}{180}=88\%$；

B支座：$\frac{V_{集}}{V_{总}}=\frac{140}{160}=87.5\%$；

故梁的左右两半区段均应按式(4-11)计算斜截面受剪承载力，并取$\alpha_{cv}=\frac{1.75}{\lambda+1}$。

根据剪力的变化情况，可将梁分为AC、CD、DE及EB四个区段来计算斜截面受剪承载力。

AC段：$\lambda=\frac{a}{h_0}=\frac{1000}{560}=1.786$。

$$\frac{1.75}{\lambda+1}f_t bh_0=\frac{1.75}{1.786+1}\times 1.27\times 200\times 560=89.36\text{kN}<V_A=180\text{kN}$$

必须按计算配置箍筋。

令：
$$V_A=V_{cs}, V_A=\frac{1.75}{\lambda+1}f_t bh_0+f_{yv}\frac{nA_{sv1}}{s}h_0$$

$$\frac{nA_{sv1}}{s}=\frac{(180-89.36)\times 10^3}{270\times 560}=0.6\text{mm}^2/\text{mm}$$

$$\rho_{sv,min}=0.24\frac{f_t}{f_{yv}}=0.24\times\frac{1.27}{270}=0.113\%$$

选配双肢箍筋Φ8@100，实有：

$$\frac{nA_{sv1}}{s}=\frac{2\times 50.3}{100}=1.006\text{mm}^2/\text{mm}>0.6\text{mm}^2/\text{mm}，可以；$$

$$\rho_{sv}=\frac{nA_{sv1}}{bs}=\frac{2\times 50.3}{200\times 100}=0.503\%>\rho_{sv,min}=0.113\%，可以。$$

CD段：$\lambda=\frac{a}{h_0}=\frac{2000}{560}=3.57>3$，取$\lambda=3$。

$$\frac{1.75}{\lambda+1}f_t bh_0=\frac{1.75}{3+1}\times 1.27\times 200\times 560=62.23\text{kN}>V_c=50\text{kN}$$

故仅需按构造配置箍筋，选用双肢箍筋Φ8@350（见表4-1，取$V_c<0.7f_t bh_0$时箍筋最大间距）。$\rho_{sv}=\frac{2\times 50.3}{200\times 350}=0.144\%>\rho_{sv,min}=0.113\%$，可以。

DE段：$\lambda=\frac{a}{h_0}=\frac{2000}{560}=3.57>3$，取$\lambda=3$。

$$\frac{1.75}{\lambda+1}f_tbh_0=62.23\text{kN}<V_E=70\text{kN}$$

必须按计算配置箍筋：

$$\frac{nA_{sv1}}{s}=\frac{(70-62.23)\times10^3}{270\times560}=0.0514\text{mm}^2/\text{mm}$$

选配双肢箍筋Φ 8@250，实有：

$$\frac{nA_{sv1}}{s}=\frac{2\times50.3}{250}=0.402>0.0514\text{，可以；}$$

$$\rho_{sv}=\frac{0.402}{200}=0.201\%>\rho_{sv,\min}=0.113\%\text{，可以。}$$

EB 段：$\lambda=\dfrac{a}{h_0}=\dfrac{1000}{560}=1.786$。

$$\frac{1.75}{\lambda+1}f_tbh_0=89.35\text{kN}<V_B=160\text{kN}$$

必须按计算配置箍筋：

$$\frac{nA_{sv1}}{s}=\frac{(160-89.35)\times10^3}{270\times560}=0.467\text{mm}^2/\text{mm}$$

选配双肢箍筋Φ 8@120，实有：

$$\frac{nA_{sv1}}{s}=\frac{2\times50.3}{120}=0.838\text{mm}^2/\text{mm}>0.467\text{mm}^2/\text{mm}\text{，可以。}$$

$$\rho_{sv}=\frac{2\times50.3}{200\times120}=0.419\%>\rho_{sv,\min}=0.113\%\text{，可以。}$$

【例 4-3】一钢筋混凝土 T 形截面独立简支梁，截面尺寸、跨度、纵向钢筋数量如图 4-24所示，承受一集中荷载（梁自重不计），荷载设计值为 550kN，混凝土采用 C30（$f_t=1.43\text{N/mm}^2$、$f_c=14.3\text{N/mm}^2$），箍筋和纵筋用 HRB400 级钢筋（$f_{yv}=f_y=360\text{N/mm}^2$）。

求：配置腹筋。

【解】

（1）求剪力设计值

见图 4-24。

（2）验算截面条件

$$\frac{h_w}{b}=\frac{700-200-65}{250}=1.74<4$$

属厚腹梁，混凝土强度等级为 C30，$f_{cu,k}=30\text{N/mm}^2<50\text{N/mm}^2$，故取 $\beta_c=1$，则：

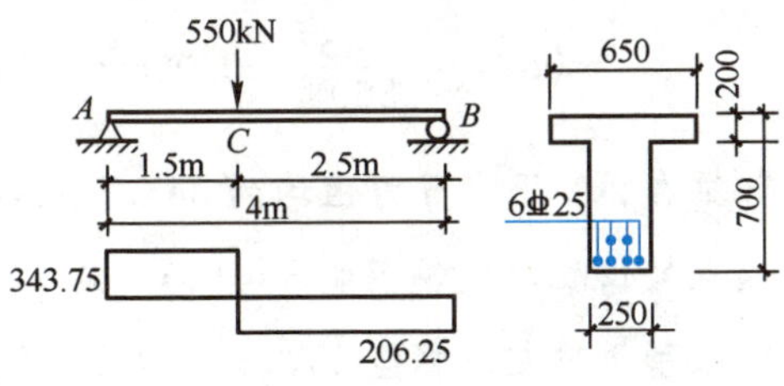

图 4-24　例 4-3 中的图一

$$0.25\beta_c f_c bh_0 = 0.25 \times 1 \times 14.3 \times 250 \times 635$$
$$= 567.53\text{kN} > V_A = 343.75\text{kN}$$

截面符合要求。

(3) 确定箍筋及弯起钢筋

AC 段：考虑到现有纵筋的配置情况，可在梁底第 2 层的 2 Φ 25 中先弯起一根（$A_{sb}=490.9\text{mm}^2$）。

$$V_{sb} = 0.8A_{sb}f_y\sin\alpha_s$$
$$= 0.8 \times 490.9 \times 360 \times \frac{\sqrt{2}}{2}$$
$$= 99.96\text{kN}$$
$$V_{cs} = V_A - V_{sb} = 343.75 - 99.96 = 243.79\text{kN}$$
$$\lambda = \frac{a}{h_0} = \frac{1500}{635} = 2.36$$
$$\frac{1.75}{\lambda+1}f_t bh_0 = \frac{1.75}{2.36+1} \times 1.43 \times 250 \times 635$$
$$= 118.24\text{kN} < V_{cs} = 243.78\text{kN}$$

必须按计算配置箍筋：

$$\frac{nA_{sv1}}{s} = \frac{(243.78 - 118.24) \times 10^3}{360 \times 635} = 0.549\text{mm}^2/\text{mm}$$

选配双肢箍筋Φ 8@120，实有：

$$\frac{nA_{sv1}}{s} = \frac{2 \times 50.3}{120}$$
$$= 0.838\text{mm}^2/\text{mm} > 0.549\text{mm}^2/\text{mm}，可以；$$

$$\rho_{sv} = \frac{0.838}{250}$$
$$= 0.34\% > \rho_{sv,min}$$
$$= 0.24 \times \frac{1.43}{360} = 0.095\%，可以。$$

该梁在 AC 段中剪力值均为 343.75kN，故在弯起钢筋的弯起点处仅配双肢箍筋Φ 8@120，必然不能满足受剪承载力，必须再弯起一根Φ 25，如图 4-25 所示。

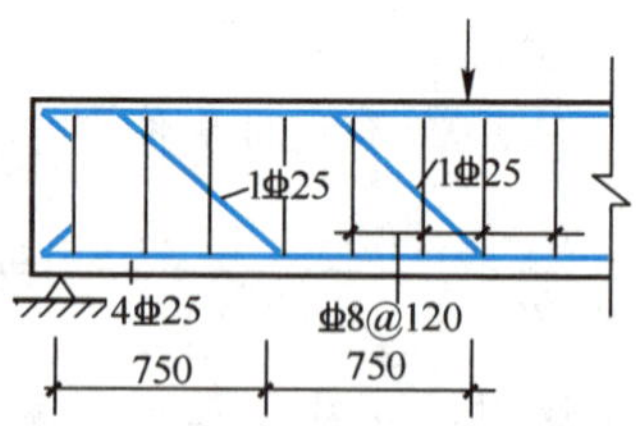

图 4-25　例 4-3 中的图二

CB 段：

$$\lambda = \frac{2500}{635} = 3.937 > 3，取\lambda = 3$$

$$\frac{1.75}{3+1} \times 1.43 \times 250 \times 635 = 99.32\text{kN} < V_B = 206.25\text{kN}$$

必须按计算配置箍筋。

配双肢箍筋⏀8@120：

$$V_{cs} = \frac{1.75}{\lambda+1} f_t b h_0 + f_{yv} \frac{nA_{sv1}}{s} h_0$$

$$= \frac{1.75}{3+1} \times 1.43 \times 250 \times 635 + 360 \times \frac{2 \times 50.3}{120} \times 635$$

$$= 99.32 + 191.64$$

$$= 290.96\text{kN} > V_B = 206.25\text{kN}$$

故在 CB 段不需设置弯起钢筋。

【例 4-4】 一钢筋混凝土外伸梁，如图 4-26 所示。混凝土强度等级为 C30（$f_t = 1.43\text{N/mm}^2$、$f_c = 14.3\text{N/mm}^2$），箍筋为 HPB300 级钢筋（$f_{yv} = 270\text{N/mm}^2$），纵筋为 HRB400 级钢筋（$f_y = 360\text{N/mm}^2$）。

求：配置腹筋。

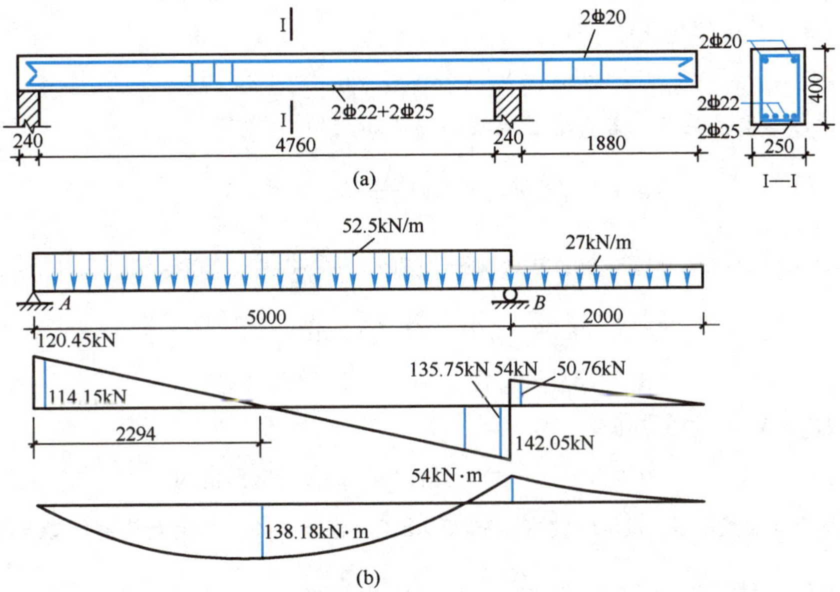

图 4-26　例 4-4 图

【解】

(1) 求剪力设计值

图 4-26 (b) 为该梁的计算简图和内力图。对斜截面受剪承载力而言，A 支座、B 支座

左边、B 支座右边为三个计算截面，内力图已给出了它们的剪力设计值。

（2）验算截面条件

$\beta_c=1$，$0.25\beta_c f_c bh_0=0.25\times1\times14.3\times250\times360=321.75\text{kN}$，此值大于三截面中最大的剪力值 $V_{B左}=135.75\text{kN}$，故截面尺寸都符合要求。

（3）配置腹筋

支座 A：$V_A=114.15\text{kN}$。

$0.7f_t bh_0=0.7\times1.43\times250\times360=90.09\text{kN}<V_A=114.15\text{kN}$，故必须按计算配置箍筋。

$$V_A=0.7f_t bh_0+f_{yv}\frac{nA_{sv1}}{s}h_0$$

$$\frac{nA_{sv1}}{s}=\frac{(114.15-90.09)\times10^3}{270\times360}=0.248\text{mm}^2/\text{mm}$$

选配双肢箍筋Φ 8@200，实有：

$$\frac{nA_{sv1}}{s}=\frac{2\times50.3}{200}=0.503\text{mm}^2/\text{mm}>0.248\text{mm}^2/\text{mm}\text{，可以；}$$

$$\rho_{sv}=\frac{0.503}{250}=0.2\%>\rho_{sv,\min}=0.24\frac{f_t}{f_{yv}}=0.24\times\frac{1.43}{270}=0.127\%\text{，可以。}$$

支座 $B_{左}$：$V_{B左}=135.75\text{kN}$。

$$0.7f_t bh_0=90.09\text{kN}<V_{B左}=135.75\text{kN}$$

必须按计算配置箍筋，若仍配置双肢箍筋Φ 8@200，实有：

$$\begin{aligned}V_{cs}&=0.7f_t bh_0+f_{yv}\frac{nA_{sv1}}{s}h_0\\&=90.09\times10^3+270\times\frac{2\times50.3}{200}\times360\\&=90.09\times10^3+48.89\times10^3\\&=138.98\text{kN}>V_{B左}=135.75\text{kN}\text{，可以。}\end{aligned}$$

支座 $B_{右}$：$V_{B右}=50.76\text{kN}$。

$$0.7f_t bh_0=90.09\text{kN}>V_{B右}=50.76\text{kN}$$

仅需按构造配置箍筋，选配双肢箍筋Φ 8@250，符合表 4-1 中最大箍筋间距的要求，$\rho_{sv}=\frac{2\times50.3}{250\times250}=0.161\%>\rho_{sv,\min}=0.24\frac{f_t}{f_{yv}}=0.24\times\frac{1.43}{270}=0.127\%$，可以。

【例 4-5】 已知材料强度设计值 f_t、f_c、f_y；截面尺寸 b、h_0；箍筋的 n、A_{sv1}、s 等，其数据全部与例 4-1 相同。要求复核斜截面所能承受的剪力设计值 V_u。

【解】 此题为截面复核题，只需将已知数据代入式（4-11）计算即可。

根据例 4-1 的数据，不配弯筋，箍筋用Φ 8@200，则：

$$V_u = 0.7 f_t b h_0 + f_{yv}\frac{nA_{sv1}}{s}h_0$$

$$= 0.7 \times 1.43 \times 250 \times 560 + 270 \times \frac{2 \times 50.3}{200} \times 560$$

$$= 140.14 \times 10^3 + 76.05 \times 10^3$$

$= 216.19\text{kN} > V = 201.6\text{kN}$，满足。

【例 4-6】 求 h_0 为 1475mm 的钢筋混凝土板在 1m 宽度内的斜截面受剪承载力。混凝土采用 C60（$f_t = 2.04\text{N/mm}^2$）。

【解】

$$V_u = 0.7\beta_h f_t b h_0$$

$$\beta_h = \left(\frac{800}{1475}\right)^{1/4} = (0.542)^{1/4} = 0.858$$

b 取板宽 1m，则：

$$V_u = 0.7 \times 0.858 \times 2.04 \times 1000 \times 1475$$

$$= 1807.21\text{kN}$$

4.5 保证斜截面受弯承载力的构造措施

在 4.1 节中讲过，斜截面承载力包括斜截面受剪承载力和斜截面受弯承载力两个方面。梁的斜截面受弯承载力是指斜截面上的纵向受拉钢筋、弯起钢筋、箍筋等在斜截面破坏时，它们各自所提供的拉力对剪压区 A 的内力矩之和（$M_u = F_s \cdot z + F_{sv} \cdot z_{sv} + F_{sb} \cdot z_{sb}$），见图4-27。

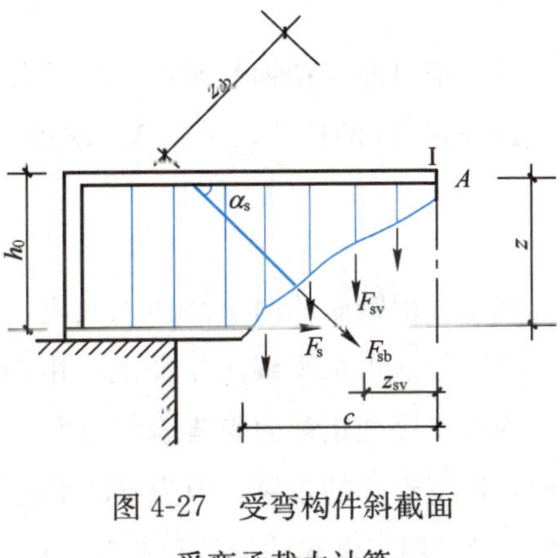

图 4-27　受弯构件斜截面受弯承载力计算

但是，通常斜截面受弯承载力是不进行计算的，而是用梁内纵向钢筋的弯起、截断、锚固及箍筋的间距等构造措施来保证。因此，本节将在上一章讲述单个正截面受弯承载力的计算和构造的基础上，着重讲述沿整个受弯构件长度的配筋构造等问题。为了说清楚这些问题，先介绍正截面受弯承载力图。

4.5.1 正截面受弯承载力图

由荷载对梁的各个正截面产生的弯矩设计值 M 所绘制的图形，称为弯矩图，即 M 图

（严格讲是指弯矩包络图，见第 11 章）。由钢筋和混凝土共同工作，对梁各个正截面产生的受弯承载力设计值 M_u 所绘制的图形，称为正截面受弯承载力图，因为 M_u 是由材料提供的，所以也称 M_u 图为材料图。

为满足 $M_u \geqslant M$ 的要求，M_u 图必须包住 M 图，才能保证梁的各个正截面受弯承载力。

图 4-28 为一承受均布荷载简支梁的配筋图、M 图和 M_u 图。该梁配置的纵筋为 2 Φ 22 +1 Φ 20。如果纵筋的总面积等于跨中截面所要求的计算面积，则 M_u 图的外围水平线正好与 M 图上最大弯矩点相切，若纵筋的总面积略大于计算面积，则可根据实际配筋量 A_s，利用式（3-20）和式（3-21）得到的下式来求得 M_u 图外围水平线的位置，即：

$$M_u = A_s f_y \left(h_0 - \frac{f_y A_s}{2\alpha_1 f_c b} \right) \tag{4-20}$$

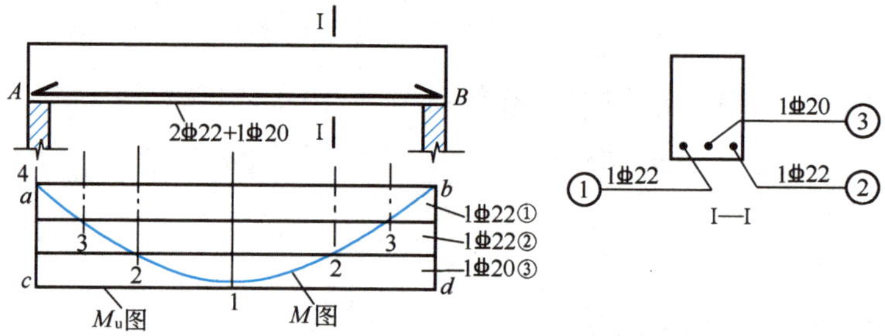

图 4-28　配通长纵筋简支梁的正截面受弯承载力图

任一根纵向受拉钢筋所提供的受弯承载力 M_{ui} 可近似按该钢筋的截面面积 A_{si} 与总的钢筋截面面积 A_s 的比值，乘以 M_u 求得，即：

$$M_{ui} = M_u \cdot \frac{A_{si}}{A_s} \tag{4-21}$$

如果 3 根钢筋的两端都伸入支座，则 M_u 图即为图 4-28 中的 $acdb$。每根钢筋所提供的弯矩 M_{ui} 分别用水平线示于图上。由图可见，除跨中外，其他正截面处的 M_u 都比 M 大得多，临近支座处正截面受弯承载力大大富裕。在工程设计中，往往将部分纵筋弯起，利用其受剪，达到经济的效果。因为梁底部的纵向受拉钢筋是不能截断的，而进入支座也不能少于 2 根，所以用于弯起的钢筋只有③号筋 1 Φ 20；绘 M_u 图时应注意，必须将它画在 M_u 图的外侧。

由图 4-28 知，③号钢筋在截面 1 处被充分利用；②号钢筋在截面 2 处被充分利用；①号钢筋在截面 3 处被充分利用。因而，可以把截面 1、2、3 分别称为③、②、①号钢筋的充分利用截面。由图 4-28 还可知，过了截面 2 以后，就不需要③号钢筋了，过了截面 3 以后也不需要②号钢筋了，所以可把截面 2、3、4 分别称为③、②、①号钢筋的不需要截面。

如果将③号钢筋在临近支座处弯起，如图 4-29所示，弯起点 e、f 必须在截面 2 的外面。可近似认为，当弯起钢筋在与梁截面高度的中心线相交处时，不再提供受弯承载力，故该处的 M_u 图即为图 4-29 中所示的 $aigefhjb$。图中 e、f 点分别垂直对应于弯起点 E、F，g、h 点分别垂直对应于弯起钢筋与梁高度中心线的交点 G、H。由于弯起钢筋的正截面受弯内力臂逐渐减小，其承担的正截面受弯承载力相应减小，所以反映在 M_u 图上 eg 和 fh 呈斜线。

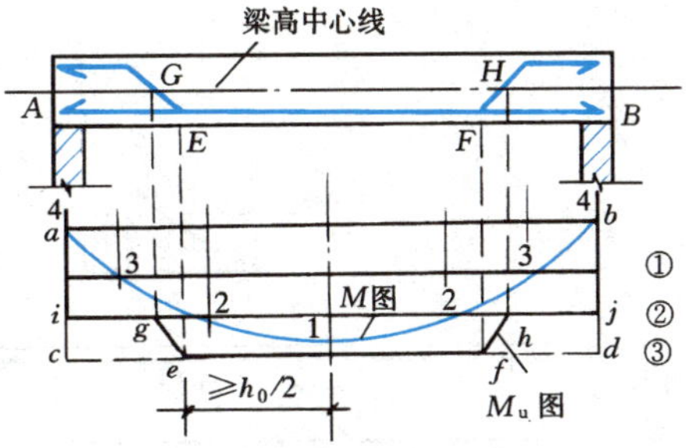

图 4-29　配弯起钢筋简支梁的正截面受弯承载力图

这里的 g、h 点都不能落在 M 图以内，也即纵筋弯起后的 M_u 图应能完全包住 M 图。

4.5.2 纵筋的弯起

上面讲的钢筋弯起的方法只是从正截面受弯承载力出发的，是不全面的。下面讲述纵向受拉钢筋应在其充分利用截面以外多大距离后才能弯起，以保证斜截面受弯承载力。所以现在要研究③号纵筋的弯起点 e、f 离充分利用截面 1 的距离。

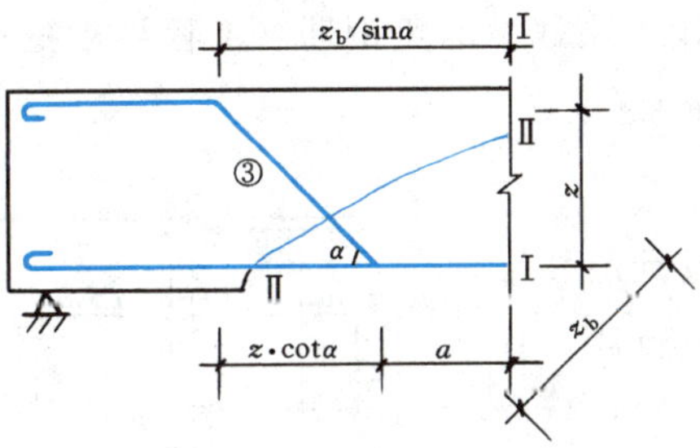

图 4-30　弯起点位置

1. 弯起点的位置

图 4-30 中，设要弯起的纵向受拉钢筋截面面积为 A_{sb}，弯起前，它在被充分利用的正截面Ⅰ-Ⅰ处提供的受弯承载力：

$$M_{u,\mathrm{I}} = f_y A_{sb} z \tag{4-22}$$

弯起后，它在斜截面Ⅱ-Ⅱ处提供的受弯承载力：

$$M_{u,\mathrm{II}} = f_y A_{sb} z_b \tag{4-23}$$

由图 4-30 知，斜截面Ⅱ-Ⅱ所承担的弯矩设计值就是斜截面末端剪压区处正截面Ⅰ-Ⅰ所承担的弯矩设计值，所以不能因为纵向钢筋弯起而使斜截面Ⅱ-Ⅱ的受弯承载力降低，也就是说为了保证斜截面的受弯承载力，至少要求斜截面受弯承载力与正截面受弯承载力等强，即 $M_{u,\mathrm{I}} = M_{u,\mathrm{II}}$，$z_b = z$。

设弯起点离弯筋充分利用的截面Ⅰ-Ⅰ的距离为 a，从图4-30可见：

$$\frac{z_b}{\sin\alpha} = z\cot\alpha + a \tag{4-24}$$

所以，

$$a = \frac{z_b}{\sin\alpha} - z\cot\alpha$$

$$= \frac{z(1-\cos\alpha)}{\sin\alpha} \tag{4-25}$$

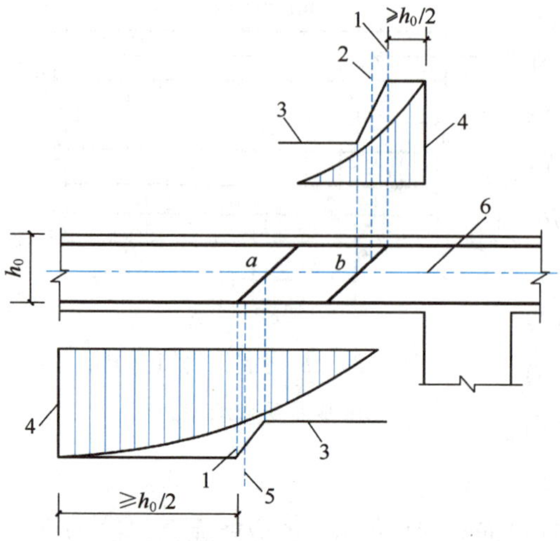

图 4-31　弯起钢筋弯起点与弯矩图形的关系
1—在受拉区域中的弯起截面；2—按计算不需要钢筋 b 的截面；3—正截面受弯承载力图；4—按计算充分利用钢筋 a 或 b 强度的截面；5—按计算不需要钢筋 a 的截面；6—梁中心线

通常，$\alpha=45°$ 或 60°，近似取 $z=0.9h_0$，则：

$$a=(0.373\sim 0.52)h_0 \tag{4-26}$$

为方便起见，《混凝土结构设计标准》规定弯起点与按计算充分利用该钢筋截面之间的距离，不应小于 $0.5h_0$，也即弯起点应在该钢筋充分利用截面以外，大于或等于 $0.5h_0$ 处，所以图 4-29 中 e 点离截面 1 应大于或等于 $h_0/2$。

连续梁中，把跨中承受正弯矩的纵向钢筋弯起，并把它作为承担支座负弯矩的钢筋时也必须遵循这一规定。如图 4-31 中的钢筋 a、b，不仅在梁底的正弯矩区段弯起时，a 的弯起点离充分利用截面 4 应大于或等于 $h_0/2$，在梁顶的负弯矩区段中，b 的弯起点（对承受正弯矩的纵向钢筋来讲是它的弯终点[①]）离开充分利用截面 4 的距离也应大于或等于 $h_0/2$，否则，此弯起筋将不能用作支座截面的负钢筋（工程界常把承受正、负弯矩的纵向受拉钢筋，简称为正钢筋、负钢筋）。

2. 弯终点的位置

如图 4-32 所示，弯起钢筋的弯终点到支座边或到前一排弯起钢筋弯起点之间的距离，都不应大于箍筋的最大间距，其值见表 4-1 内 $V>0.7f_tbh_0$ 一栏的规定。这一要求是为了使每根弯起钢筋都能与斜裂缝相交，以保证斜截面的受剪和受弯承载力。

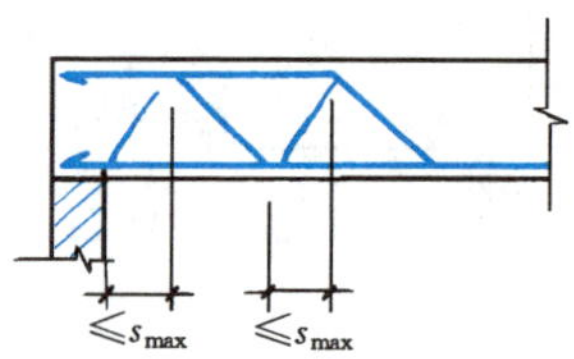

图 4-32　弯终点位置

3. 弯起钢筋的锚固，鸭筋与浮筋

弯起钢筋的端部，也应留有一定的锚固长度：在受拉区不应小于 $20d$，在受压区不应小于 $10d$，对于光面弯起钢筋，在末端还应设置弯钩，见图 4-33。

位于梁底或梁顶的角筋以及梁截面两侧的钢筋不宜弯起。

弯起钢筋除利用纵向筋弯起外，还可单独设置，如图 4-34（a）所示，称为鸭筋。由于弯筋的作用是将斜裂缝之间的混凝土斜压力传递给受压区混凝土，以加强混凝土块体之间的共同工作，形成一拱形桁架，因而不允许设置如图 4-34（b）所示的浮筋。

① 对负钢筋来讲，可称为弯下点。

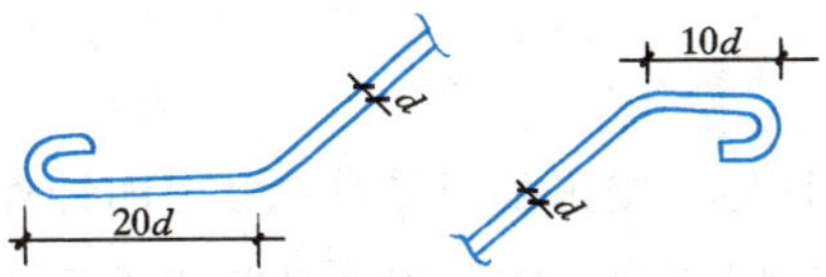

图 4-33　弯筋端部锚固

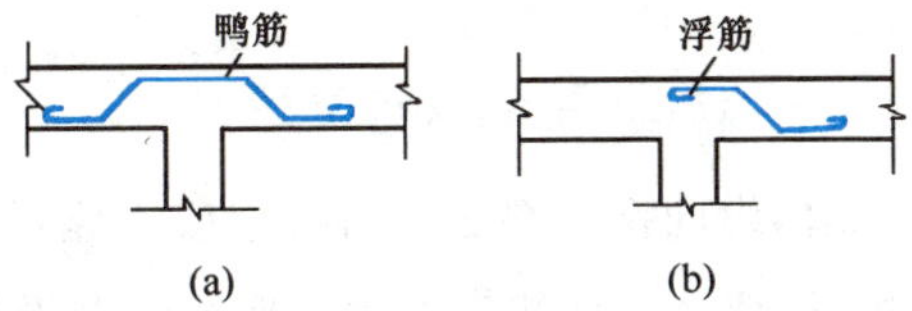

图 4-34　鸭筋和浮筋

4.5.3　纵筋的锚固

纵向受拉钢筋和受压钢筋的锚固要求已经在第 2 章中讲过了。这里再讲述梁端支座处纵筋的锚固要求。

简支梁在支座处出现斜裂缝以后，纵向钢筋应力将增加，这时，梁的抗弯能力还取决于纵向钢筋在支座处的锚固。如锚固长度不足，钢筋与混凝土之间的相对滑动将导致斜裂缝宽度显著增大，从而造成支座处的粘结锚固破坏，这种情况容易发生在靠近支座处有较大集中荷载时。

因此简支梁和连续梁简支端的下部纵向受力钢筋，应伸入支座有一定的锚固长度。考虑到支座处同时又存在有横向压应力的有利作用，支座处的锚固长度可比基本锚固长度略小。《混凝土结构设计标准》规定，钢筋混凝土梁简支端的下部纵向受拉钢筋伸入支座范围内的锚固长度 l_{as}，见图 4-35，应符合以下条件：

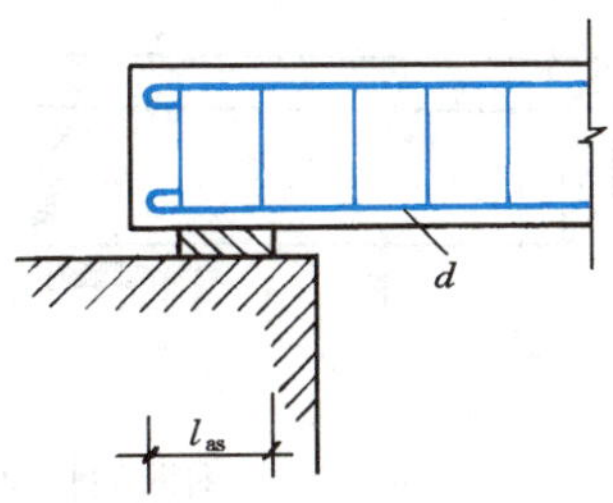

图 4-35　支座钢筋的锚固

(1) 当 $V \leqslant 0.7f_tbh_0$ 时，$l_{as} \geqslant 5d$；

(2) 当 $V > 0.7f_tbh_0$ 时，带肋钢筋 $l_{as} \geqslant 12d$；光圆钢筋 $l_{as} \geqslant 15d$；

式中　l_{as}——钢筋的受拉锚固长度；

d——锚固钢筋直径。

当 l_{as} 不能符合上述规定时，可采取弯钩或机械锚固措施。

混凝土强度等级小于或等于 C25 的简支梁和连续梁的简支端，如在距支座 1.5h 范围内，作用有集中荷载，且 $V > 0.7f_tbh_0$ 时，对带肋钢筋宜采用有效的锚固措施，或取 $l_{as} \geqslant 15d$ 。

支承在砌体结构上的钢筋混凝土独立梁，在纵向受力钢筋的锚固长度 l_{as} 范围内应配置不少于两个箍筋，其直径不宜小于纵向受力钢筋最大直径的 0.25 倍，间距不宜大于纵向受力钢筋最小直径的 10 倍，当采取机械锚固措施时，箍筋间距尚不宜大于纵向受力钢筋最小直径的 5 倍。

梁简支端支座截面上部应配负弯矩钢筋，其数量不小于下部纵向受力钢筋的 1/4，且不少于 2 根。

4.5.4 纵筋的截断

梁内纵向钢筋都是根据跨中或支座最大的弯矩设计值，按正截面受弯承载力的计算配置的。通常，正弯矩区段内梁底的纵向受拉钢筋都是采用弯向支座（用来受剪或承受负弯矩）的方式来减少其多余的数量，而不采用截断，因为梁的正弯矩图形的范围比较大，受拉区几乎覆盖整个跨度，故梁底纵筋不宜截断。对于在支座附近的负弯矩区段内梁顶的纵向受拉钢筋，因为负弯矩区段的范围不大，故往往采用截断的方式来减少纵筋的数量，但不宜在受拉区截断，当需要截断时，应符合下面的规定。

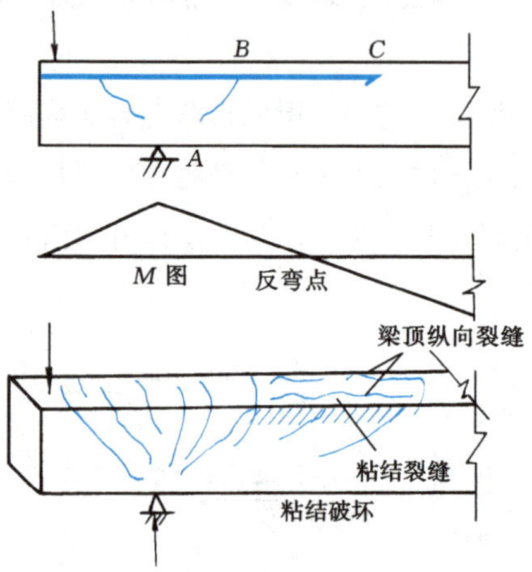

图 4-36　截断钢筋的粘结锚固

在连续梁和框架梁的跨度内，要把承担负弯矩的部分负钢筋截断，其截断点应满足以下两个控制条件：

（1）从该钢筋充分利用的截面起到截断点的长度，称为“伸出长度”，为了可靠锚固，负钢筋截断时必须满足“伸出长度”的要求。

这是因为在支座的负弯矩区段内，裂缝情况很复杂，既有垂直裂缝、斜裂缝，还有粘结裂缝等，如图 4-36 所示。在这种特定的锚固条件下，必须保证要截断的负钢筋有足够的锚固长度。也就是，必须伸出足够的锚固长度，才能充分利用它。

（2）从不需要该钢筋的截面起到截断点的长度，称为“延伸长度”，为了保证斜截面受弯承载力，负钢筋截断时还必须满足“延伸长度”的要求。

这是因为部分负钢筋截断后，必须保证剩下的负钢筋在截断点处的斜截面受弯承载力不低于该处正截面的受弯承载力。也就是，必须延伸一定的长度，才能使斜截面受弯承载力也不需要它。

鉴于上述原因，梁支座截面承受负弯矩的纵向受拉钢筋当必须截断时，应符合伸出长度和延伸长度两个条件的要求，见图 4-37，并分为以下三种情况。

情况 1：当 $V \leqslant 0.7f_tbh_0$ 时，如图 4-37（a）所示：a 点是①号钢筋的充分利用点，从 a 点到截断点 d 的距离 ad 称为伸出长度。截断时，除了满足伸出长度外，还要满足第 2 个条件，即所谓延伸长度的要求：b 点是①号钢筋的不需要截面，从 b 到实际截断点 d 的距离 bd 称为延伸长度。规范规定，当 $V \leqslant 0.7f_tbh_0$ 时，要求：①伸出长度不小于 $1.2l_a$；②延伸长度不小于 $20d$。

情况 2：当 $V > 0.7f_tbh_0$ 时，要求：①伸出长度不小于 $1.2l_a + h_0$；②延伸长度不小于

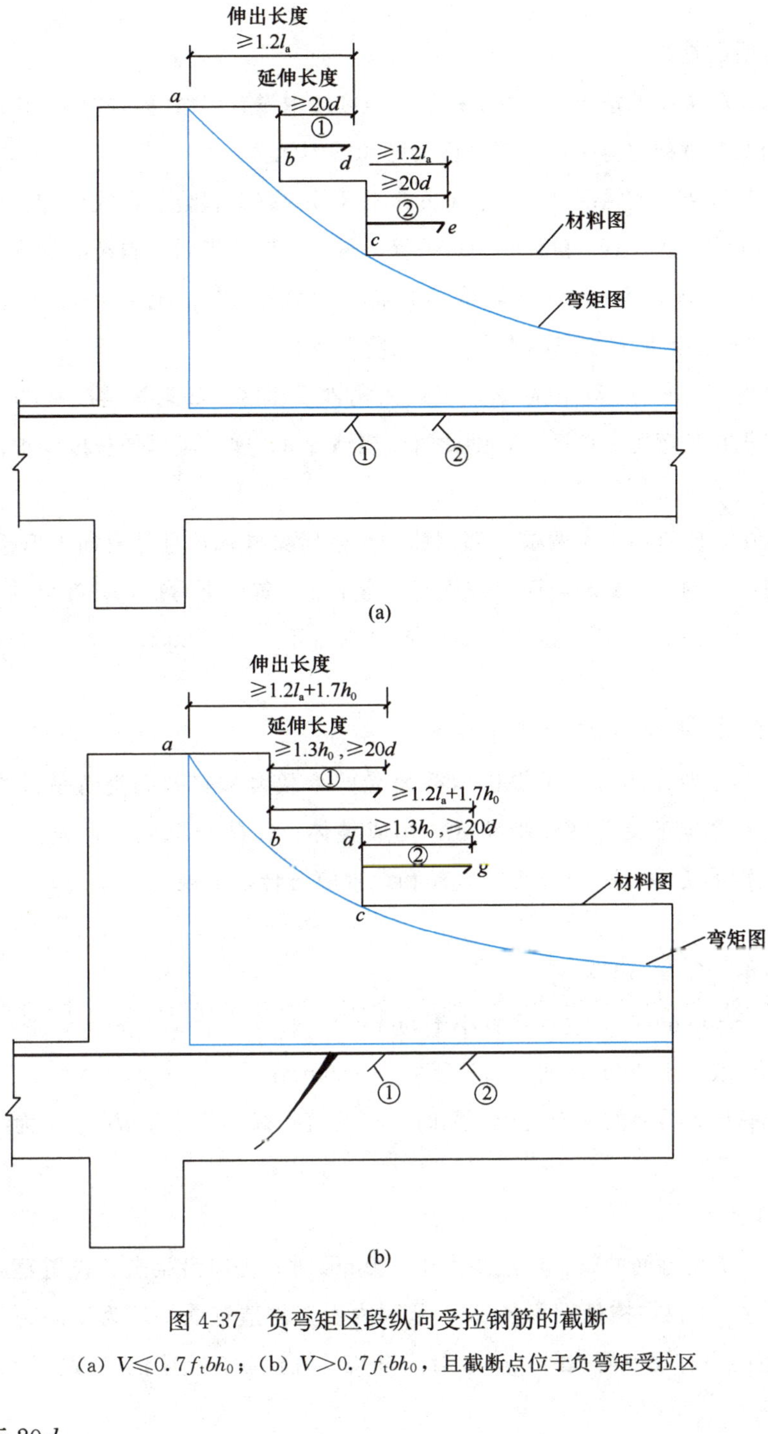

图 4-37　负弯矩区段纵向受拉钢筋的截断

(a) $V\leqslant0.7f_tbh_0$；(b) $V>0.7f_tbh_0$，且截断点位于负弯矩受拉区

h_0，且不小于 $20d$。

情况 3：若 $V>0.7f_tbh_0$ 且按情况 2 截断时，截断点仍位于负弯矩受拉区内，这时要求：①伸出长度不小于 $1.2l_a+1.7h_0$；②延伸长度不小于 $1.3h_0$ 且不小于 $20d$，如图 4-37（b）

所示。

这里要说明的是：

对于$V \leqslant 0.7 f_t b h_0$的情况1，由于在负弯矩区段内没有斜裂缝，故延伸长度与伸出长度都只与正截面受弯承载力有关而与斜截面受弯承载力无关。

对于$V > 0.7 f_t b h_0$的情况2，由于在负弯矩区段内有斜裂缝了，故延伸长度不仅要满足$20d$的要求，而且还应不小于斜裂缝的水平投影长度。试验表明，斜裂缝的水平投影长度大致为（0.75～1.0）h_0，为安全起见，取其上限h_0。另外，与情况1相比，伸出长度也应在原来$1.2l_a$的基础上增加斜裂缝的水平投影长度h_0。

情况2是指$V > 0.7 f_t b h_0$但截断点已进入构件受压区。如果按情况2的规定截断钢筋后，其截断点仍在负弯矩受拉区内，则此时就属情况3，这时对延伸长度和伸出长度的要求就更高了。

在悬臂梁中，应有不少于两根上部钢筋伸至悬臂梁外端，且竖直向下弯折不小于$12d$；其余钢筋不应在梁的上部截断，而应按规定的弯下点位置向下弯折，并在梁的下边锚固，弯终点外的锚固长度在受压区不应小于$10d$，在受拉区不应小于$20d$。

4.5.5 箍筋的设置及间距

梁内箍筋的主要作用是：①提供斜截面受剪承载力和斜截面受弯承载力，抑制斜裂缝的开展；②连系梁的受压区和受拉区，构成整体；③防止纵向受压钢筋的压屈；④与纵向钢筋构成钢筋骨架。梁内箍筋的直径和设置应符合以下规定。

1. 直径

箍筋的最小直径有如下规定：

当梁高大于800mm时，直径不宜小于8mm；

当梁高小于或等于800mm时，直径不宜小于6mm；

当梁中配有计算需要的纵向受压钢筋时，箍筋直径尚不应小于$d/4$（d为纵向受压钢筋的最大直径）。

2. 箍筋的设置

对于计算不需要箍筋的梁：当梁高大于300mm时，仍应沿梁全长设置箍筋；当梁高为150～300mm时，可仅在构件端部各$l_0/4$范围内设置构造箍筋，l_0为梁的跨度。但当在构件中部$l_0/2$范围内有集中荷载时，则应沿梁全长设置箍筋；当梁的高度在150mm以下时，可不设置箍筋。

箍筋的间距除按计算要求确定外，其最大的间距还应满足表4-1的规定。当$V > 0.7 f_t b h_0$时，箍筋的配筋率还不应小于$0.24 \frac{f_t}{f_{yv}}$。

梁中箍筋的最大间距（mm） 表 4-1

梁高 h	$V>0.7f_tbh_0$	$V\leqslant0.7f_tbh_0$
$150<h\leqslant300$	150	200
$300<h\leqslant500$	200	300
$500<h\leqslant800$	250	350
$h>800$	300	400

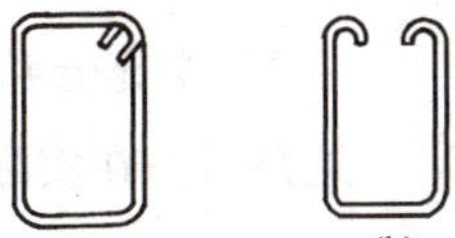

图 4-38 双肢箍筋的形式
(a) 封闭式；(b) 开口式

箍筋的间距在绑扎骨架中不应大于 $15d$，同时不应大于 400mm，d 为纵向受压钢筋中的最小直径。这是为了使箍筋的设置与受压钢筋协调，以防止受压筋的压屈。因此，当梁中配有计算需要的纵向受压钢筋时，箍筋还必须做成封闭式，如图 4-38（a）所示。当梁宽大于 400mm，且一层内的纵向受压钢筋多于 3 根时，或当梁宽不大于 400mm，但纵向钢筋一层内多于 4 根时，还应设置复合箍筋（例如四肢箍）；当一层内的纵向受压钢筋多于 5 根且直径大于 18mm 时，箍筋的间距必须小于或等于 $10d$，d 为纵向受压钢筋的最小直径。

当梁中绑扎骨架内纵向钢筋为非焊接搭接时，在搭接长度内，箍筋直径不宜小于搭接钢筋直径的 0.25 倍，箍筋的间距应符合以下规定：

纵筋受拉时，箍筋间距不应大于 $5d$，且不应大于 100mm；

纵筋受压时，箍筋间距不应大于 $10d$，且不应大于 200mm，d 为搭接钢筋中的最小直径。

当受压钢筋直径大于 25mm 时，应在搭接接头两个端面外 100mm 范围内，各设置两个箍筋。

采用机械锚固措施时，锚固长度范围内的箍筋不应少于 3 个，其直径不应小于纵向钢筋直径的 0.25 倍，其间距不应大于纵向钢筋直径的 5 倍。当纵向钢筋的混凝土保护层厚度不小于钢筋直径或等效直径的 5 倍时，可不配置上述箍筋。

4.6 梁、板内纵向钢筋的其他构造要求

4.6.1 纵向受力钢筋

1. 锚固

1）简支板和连续板中，下部纵向受力钢筋在支座上的锚固长度 l_{as} 不应小于 $5d$。当连续板内温度、收缩应力较大时，伸入支座的锚固长度宜适当增加。

2）连续梁的中间支座，通常上部受拉、下部受压。上部的纵向受拉钢筋应贯穿支座。下部的纵向钢筋在斜裂缝出现和粘结裂缝发生时，也有可能承受拉力，所以也应保证有一定的锚固长度，按以下的情况分别处理：

（1）设计中不利用支座下部纵向钢筋强度时，其伸入的锚固长度可按简支支座中当$V>0.7f_tbh_0$时的规定取用；

（2）设计中充分利用支座下部纵向钢筋的受拉强度时，其伸入的锚固长度不应小于锚固长度l_a；

（3）设计中充分利用支座下部纵向钢筋的抗压强度时，其伸入的锚固长度不应小于$0.7l_a$。这是考虑在实际结构中，压力主要靠混凝土传递，钢筋作用较小，对锚固长度要求不高的缘故。

2. 钢筋的连接

钢筋的连接可分为两类：绑扎搭接、机械连接或焊接。轴心受拉及小偏心受拉构件，例如桁架和拱的拉杆的纵向钢筋不得采用绑扎搭接接头。当受拉钢筋直径$d>25$mm及受压钢筋直径$d>28$mm时，不宜采用绑扎搭接接头。

1）绑扎搭接

当接头用搭接而不加焊时，其搭接长度l_l规定如下。

（1）受拉钢筋的搭接

受拉钢筋的搭接长度应根据位于同一连接范围内的搭接钢筋面积百分率，按下式计算，且不得小于300mm。

$$l_l = \zeta_l l_a \tag{4-27}$$

式中 l_l——受拉钢筋的搭接长度；

l_a——受拉钢筋的锚固长度；

ζ_l——受拉钢筋搭接长度修正系数，按表4-2取用。

受拉钢筋搭接长度修正系数ζ_l　　表4-2

纵向钢筋搭接接头面积百分率（%）	≤25	50	100
搭接长度修正系数ζ_l	1.2	1.4	1.6

搭接接头面积百分率，是指在同一连接范围内，有搭接接头的受力钢筋与全部受力钢筋面积之比。

同一构件中相邻纵向受力钢筋的绑扎搭接接头宜相互错开。

钢筋绑扎搭接接头连接区段的长度为1.3倍搭接长度，凡搭接接头中点位于该连接区段长度内的搭接接头均属于同一连接区段，见图4-39。

位于同一连接区段内的受拉钢筋搭接接头面积百分率：对梁类、板类及墙类构件，不宜大于25%；对柱类构件，不宜大于50%。当工程中确有必要增大受拉钢筋搭接接头面积百

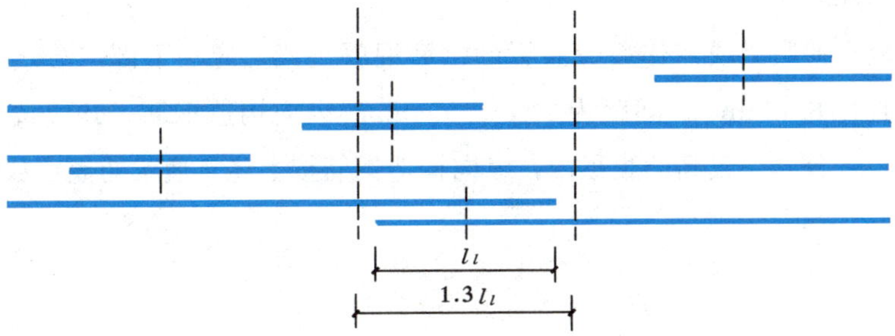

图 4-39　同一连接区段内的纵向受拉钢筋绑扎搭接接头

注：图中所示同一连接区段内的搭接接头钢筋为两根，当钢筋直径相同时，钢筋搭接接头面积百分率为 50%

分率时，对梁类构件，不应大于 50%；对板类、墙类及柱类构件，可根据实际情况放宽。

在任何情况下，纵向受拉钢筋绑扎搭接接头的搭接长度均不应小于 300mm。

(2) 受压钢筋的搭接

搭接长度取受拉搭接长度的 0.7 倍。

在任何情况下，受压钢筋的搭接长度都不应小于 200mm。

2) 机械连接或焊接

机械连接有多种，目前我国用得较多的是冷轧直螺纹套筒连接。

纵向受力钢筋的焊接接头应相互错开。钢筋焊接接头连接区段的长度为 35d（d为纵向受力钢筋的较大直径)，且不小于 500mm，凡接头中点位于该连接区段内的焊接接头均属于同一区段。

位于同一连接区段纵向受力钢筋的焊接接头面积百分率，对纵向受拉钢筋接头，不应大于 50%，纵向受压钢筋的接头面积百分率可不受限制。

4.6.2　架立钢筋及纵向构造钢筋

1. 架立钢筋

梁内架立钢筋的直径，当梁的跨度小于 4m 时，不宜小于 8mm；当梁的跨度为 4～6m 时，不宜小于 10mm；当梁的跨度大于 6m 时，不宜小于 12mm。

2. 纵向构造钢筋

纵向构造钢筋又称腰筋。当梁的腹板高度 h_w≥450mm，在梁的两个侧面应沿高度配置纵向构造钢筋，每侧纵向构造钢筋（不包括梁上、下部受力钢筋及架立钢筋）的截面面积不应小于腹板截面面积 bh_w 的 0.1%，且其间距不宜大于 200mm。此处，腹板高度 h_w 按式 (4-17) 的规定确定。配置腰筋是为了抑制梁的腹板高度范围内由荷载作用或混凝土收缩引起的垂直裂缝的开展。

对钢筋混凝土薄腹梁或需作疲劳验算的钢筋混凝土梁，应在下部二分之一梁高的腹板内沿两侧配置直径8～14mm、间距为100～150mm的纵向构造钢筋，并应按下密上疏的方式布置。在上部二分之一梁高的腹板内，纵向构造钢筋按上述普通梁的规定放置。

思考题

问　答　题

4-1　试述剪跨比的概念及其对无腹筋梁斜截面受剪破坏形态的影响。
4-2　梁的斜裂缝是怎样形成的？它发生在梁的什么区段内？
4-3　斜裂缝有几种类型？有何特点？
4-4　试述梁斜截面受剪破坏的三种形态及其破坏特征。
4-5　试述简支梁斜截面受剪机理的力学模型。
4-6　影响斜截面受剪性能的主要因素有哪些？
4-7　在设计中采用什么措施来防止梁的斜压和斜拉破坏？
4-8　写出矩形、T形、I形梁斜截面受剪承载力计算公式。
4-9　计算梁斜截面受剪承载力时应取哪些计算截面？
4-10　试述梁斜截面受剪承载力计算的步骤。
4-11　为了保证梁斜截面受弯承载力，对纵筋的弯起、锚固、截断以及箍筋的间距，有哪些主要的构造要求？
4-12　梁中正钢筋为什么不能截断只能弯起？负钢筋截断时为什么要满足伸出长度和延伸长度的要求？
4-13　钢筋混凝土受弯构件的斜截面破坏发生在构件的什么区段内？
4-14　剪跨比的物理含义是什么？它对梁的斜截面受剪破坏形态和斜截面受剪承载力有何影响？
4-15　影响梁的斜截面受剪承载力的主要因素是什么？
4-16　设计中如何防止梁斜截面受剪破坏的三种形态？
4-17　有腹筋梁发生剪压破坏时，其受剪承载力计算公式由哪几项组成？其中 V_c 一项（$0.7f_t bh_0$ 或 $\frac{1.75}{\lambda+1}f_t bh_0$）是否就是有腹筋梁中混凝土所提供的全部受剪承载力？
4-18　钢筋混凝土梁受剪承载力计算时，计算截面一般选择在哪些部位？
4-19　钢筋混凝土梁的斜截面受弯承载力是依靠哪些构造措施来保证的？
4-20　什么是材料抵抗弯矩图？应如何绘制？绘制材料抵抗弯矩图是为了什么？
4-21　在材料抵抗弯矩图上指出什么是钢筋充分利用截面和不需要截面。
4-22　对梁内弯起钢筋的弯起点的位置作何规定？为什么？
4-23　钢筋的锚固长度公式是如何建立的？
4-24　为什么负弯矩钢筋不能在它的不需要点处截断？

选　择　题

4-25　无腹筋梁斜截面的破坏形态主要有斜压破坏、剪压破坏和斜拉破坏三种，这三种破坏的性质是________。

A. 都属于脆性破坏类型
B. 剪压破坏时延性破坏类型，其他为脆性破坏类型
C. 均为延性破坏类型

4-26　条件相同的无腹筋梁，发生斜压、剪压和斜拉三种破坏形态时，梁的斜截面承载力的大致关系

是________。

A. 斜压>斜拉>剪压　　B. 剪压>斜拉>斜压

C. 剪压>斜压>斜拉　　D. 斜压>剪压>斜拉

4-27 钢筋混凝土受弯构件，当计算截面上所承受的剪力设计值 $V \leqslant 0.7 f_t b h_0$ 时，该构件________。

A. 不需配置箍筋

B. 只要按构造要求配置箍筋

C. 应按理论计算配置箍筋

4-28 进行斜截面设计，当计算截面上的剪力设计值 $V > 0.25 \beta_c f_c b h_0$ 时，一般________。

A. 应加大截面或提高混凝土的强度等级后，再计算腹筋

B. 直接应用有关计算公式配置腹筋

C. 按构造要求选配箍筋

4-29 限制箍筋最大间距的目的主要是________。

A. 控制箍筋的配筋率

B. 保证箍筋和斜裂缝相交

C. 保证箍筋的直径不至于太大

4-30 为了保证斜截面的受弯承载力，弯起钢筋起点和其充分利用截面之间的距离必须________。

A. 大于等于 $h_0/3$　　B. 小于 $h_0/3$

C. 大于等于 $h_0/2$　　D. 小于 $h_0/2$

4-31 正截面受弯承载力包住设计弯矩图，就可保证________。

A. 斜截面受剪承载力

B. 斜截面受弯承载力

C. 正截面受弯承载力

D. 正截面受弯承载力和斜截面受弯承载力

4-32 在设计中要防止受弯构件发生斜截面受弯破坏，一般通过________。

A. 一定的构造要求来解决　　B. 计算解决

C. 加密箍筋来解决　　D. 设置弯起钢筋来解决

4-33 当 $V > 0.7 f_t b h_0$ 时，连续梁中间支座负弯矩纵筋的截断，应伸出按正截面受弯承载力其不需要该钢筋的截面以外一段长度后才能截断，这段延伸长度应不小于________。

A. $20d$　　B. h_0

C. h_0 且不小于 $20d$

4-34 当 $V > 0.7 f_t b h_0$ 时，连续梁中间支座负弯矩纵筋的截面，应伸出按计算充分利用截面以外一段长度后才能截断，这段延伸长度应不小于________。

A. $1.2 l_a$　　B. $1.2 l_a + h_0$

C. h_0

判断题

4-35 钢筋混凝土梁的斜截面破坏全是由剪力引起的。(　　)

4-36 剪跨比 $1 \leqslant \lambda \leqslant 3$ 的无腹筋梁为剪压破坏。(　　)

4-37 箍筋对梁斜裂缝的出现影响很大。(　　)

4-38 薄腹梁的腹板中往往会出现弯剪斜裂缝。(　　)

4-39 防止了梁的斜截面剪压破坏，也就防止了斜截面受剪破坏。(　　)

4-40 箍筋对提高斜压破坏梁的受剪承载力作用不大。(　　)

4-41 控制梁中箍筋的最小配筋率，是为了防止梁的斜拉破坏。(　　)

4-42 只要正截面受弯承载力图能包住弯矩图，那么，该梁的正截面受弯承载力和斜截面受弯承载力都能满足。(　　)

4-43 钢筋混凝土受弯构件的斜截面受剪承载力计算公式是针对其斜截面受剪的剪压破坏形态的。(　　)

4-44 为了防止梁的斜压破坏，要求受剪截面必须符合 $V > 0.25 \beta_c f_c b h_0$ 的条件。(　　)

4-45 剪跨比 λ 对有腹筋梁受剪承载力的影响比对无腹筋梁的要小。(　　)

4-46　对有腹筋梁，虽然剪跨比 $\lambda > 3$，但只要配有足够的箍筋，也可能不会发生斜拉破坏。(　　)
4-47　虽然箍筋与弯起钢筋都能提高梁的斜截面受剪承载力，但设计时应优先考虑配置箍筋。(　　)

习题

4-1　钢筋混凝土简支梁，截面尺寸为 $b \times h = 200\text{mm} \times 500\text{mm}$，$a_s = 40\text{mm}$，混凝土为 C30，承受剪力设计值 $V = 140\text{kN}$，环境类别为一类，箍筋采用 HPB300 级钢筋，求所需受剪箍筋。

4-2　梁截面尺寸等同上题，但 $V = 62\text{kN}$ 及 $V = 280\text{kN}$，应如何处理？

4-3　钢筋混凝土梁如图 4-40 所示，采用 C30 级混凝土，均布荷载设计值 $q = 40\text{kN/m}$（包括自重），环境类别为一类，求截面 A、$B_{左}$、$B_{右}$ 受剪钢筋。

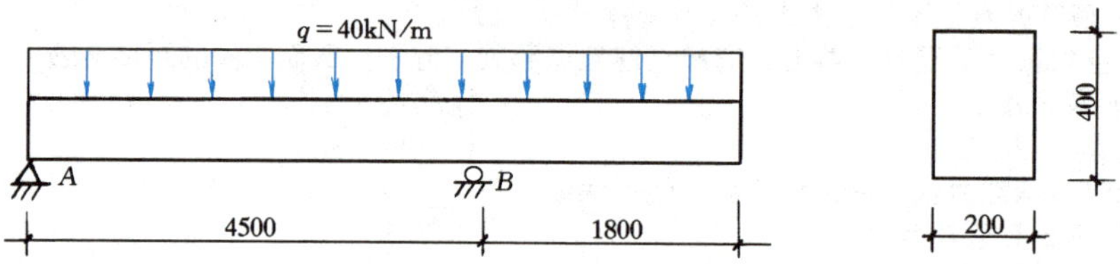

图 4-40　习题 4-3 图

4-4　如图 4-41 所示简支梁，承受均布荷载设计值 $q = 50\text{kN/m}$（包括自重），混凝土为 C30，环境类别为一类，试求：
(1) 不设弯起钢筋时的受剪箍筋；
(2) 利用现有纵筋为弯起钢筋，求所需箍筋；
(3) 当箍筋为Φ8@200 时，弯起钢筋应为多少？

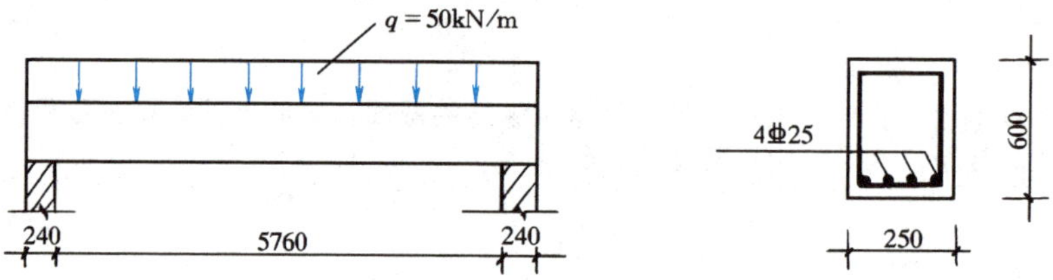

图 4-41　习题 4-4 图

4-5　一简支梁如图 4-42 所示，混凝土为 C30，荷载设计值为两个集中力 $F = 100\text{kN}$，忽略梁自重的影响，环境类别为一类，纵向受拉钢筋采用 HRB400 级钢筋，箍筋采用 HRB400 级钢筋，试求：

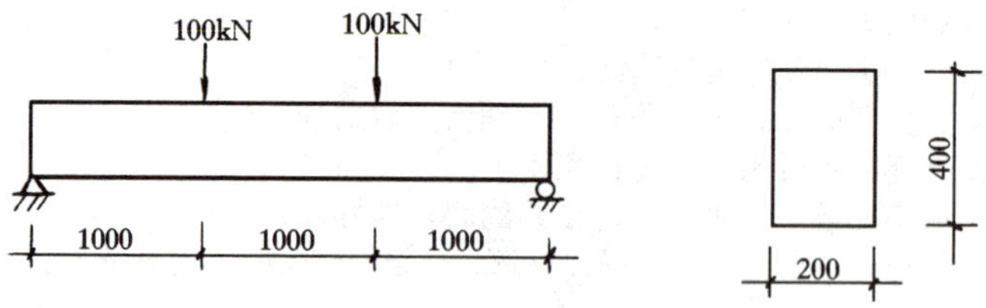

图 4-42　习题 4-5 图

(1) 所需纵向受拉钢筋；
(2) 求受剪箍筋（无弯起钢筋）；

(3) 利用受拉纵筋为弯起钢筋时，求所需箍筋。

4-6　如图 4-43 所示简支梁，环境类别为一类，混凝土为 C30，求受剪箍筋。

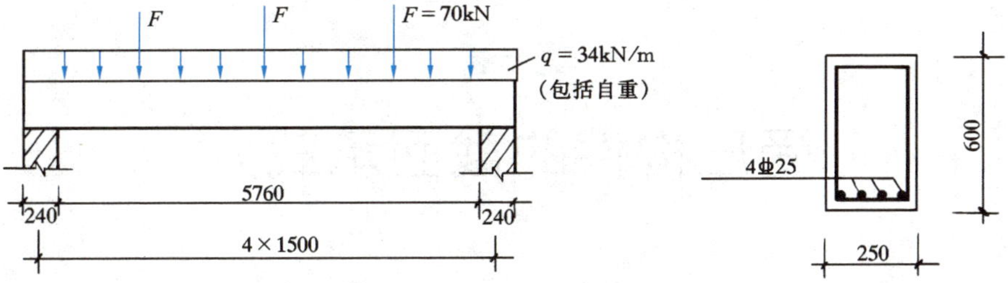

图 4-43　习题 4-6 图

4-7　如图 4-44 所示钢筋混凝土简支梁，采用 C30 混凝土，纵筋为热轧 HRB400 级钢筋，箍筋为 HPB300 级钢筋，如果忽略梁自重及架立钢筋的作用，环境类别为一类，试求此梁所能承受的最大荷载设计值 F，此时该梁为正截面破坏还是斜截面破坏?

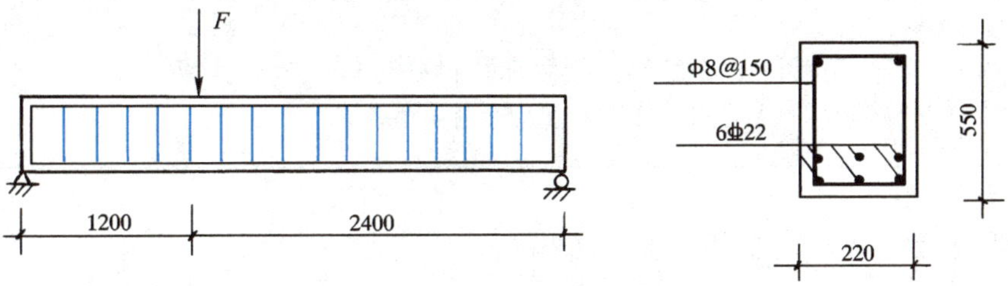

图 4-44　习题 4-7 图

4-8　如图 4-45 所示简支梁，求其能承受的最大集中荷载设计值 F。混凝土为 C30，环境类别为一类，忽略梁的自重，梁底纵向受拉钢筋为 3⏀25 并认为该梁正截面受弯承载力已足够。

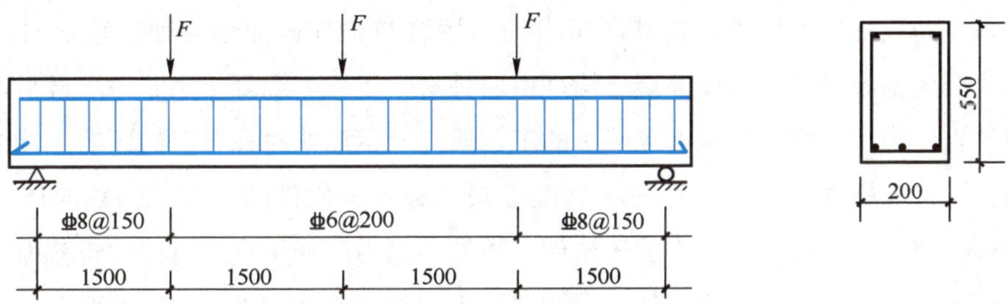

图 4-45　习题 4-8 图

第5章
受压构件的截面承载力

教学要求：

1. 理解轴心受压螺旋筋柱间接配筋的原理；
2. 深刻理解偏心受压构件的破坏形态和矩形截面受压承载力的计算简图和基本计算公式；
3. 熟练掌握矩形截面对称配筋偏心受压构件的受压承载力计算；
4. 领会受压构件中纵向钢筋和箍筋的主要构造要求。

以承受轴向压力为主的构件属于受压构件。例如，单层厂房柱、拱、屋架上弦杆，多层和高层建筑中的框架柱、剪力墙、核心筒体墙，烟囱的筒壁，桥梁结构中的桥墩、桩等均属于受压构件。受压构件按其受力情况可分为，轴心受压构件、单向偏心受压构件和双向偏心受压构件。

对于单一匀质材料的构件，当轴向压力的作用线与构件截面形心轴线重合时为轴心受压，不重合时为偏心受压。钢筋混凝土构件由两种材料组成，混凝土是非匀质材料，钢筋可非对称布置，但为了方便，不考虑混凝土的不匀质性及钢筋非对称布置的影响，近似地用轴向压力的作用点与构件正截面形心的相对位置来划分受压构件的类型。当轴向压力的作用点位于构件正截面形心时，为轴心受压构件。当轴向压力的作用点只对构件正截面的一个主轴有偏心距时，为单向偏心受压构件。当轴向压力的作用点对构件正截面的两个主轴都有偏心距时，为双向偏心受压构件。

第5章教学课件

5.1 受压构件的一般构造要求

5.1.1 截面形式及尺寸

为便于制作模板，轴心受压构件截面一般采用方形或矩形，有时也采用圆形或多边形。

偏心受压构件一般采用矩形截面，但为了节约混凝土和减轻柱的自重，特别是在装配式柱中，较大尺寸的柱常常采用I形截面。拱结构的肋常做成T形截面。采用离心法制造的柱、桩、电杆以及烟囱、水塔支筒等常采用环形截面。

方形柱的截面尺寸不宜小于250mm×250mm。为了避免矩形截面轴心受压构件长细比过大，承载力降低过多，常取$l_0/b\leqslant 30$，$l_0/h\leqslant 25$。此处l_0为柱的计算长度，b为矩形截面短边边长，h为长边边长。此外，为了施工支模方便，柱截面尺寸宜采用整数，800mm及以下的，宜取50mm的倍数，800mm以上的，可取100mm的倍数。

对于I形截面，翼缘厚度不宜小于120mm，因为翼缘太薄，会使构件过早出现裂缝，同时在靠近柱底处的混凝土容易在车间生产过程中碰坏，影响柱的承载力和使用年限。腹板厚度不宜小于100mm，地震区采用I形截面柱时，其腹板宜再加厚些。

5.1.2 材料强度要求

混凝土强度等级对受压构件的承载能力影响较大。为了减小构件的截面尺寸，节省钢材，宜采用较高强度等级的混凝土。一般采用C30、C35、C40，对于高层建筑的底层柱，必要时可采用高强度等级的混凝土。

纵向钢筋一般采用HRB400级、RRB400级和HRB500级钢筋，箍筋一般采用HRB400级、HRB500级钢筋，也可采用HPB300级钢筋。

5.1.3 纵筋

柱中纵向钢筋直径不宜小于12mm；全部纵向钢筋的配筋率不宜大于5%（详见5.2.1节末）；全部纵向钢筋配率不应小于附表4-5中给出的最小配筋百分率ρ_{min}（%），且截面一侧纵向钢筋配筋率不应小于0.2%。

轴心受压构件的纵向受力钢筋应沿截面的四周均匀放置，钢筋根数不应少于4根，见图5-1（a）。钢筋直径通常在16～32mm范围内选用。为了减少钢筋在施工时可能产生的纵向弯曲，宜采用较粗的钢筋。

圆柱中纵向钢筋宜沿周边均匀布置，根数不宜少于8根，且不应少于6根。

偏心受压构件的纵向受力钢筋应放置在偏心方向截面的两边。当截面高度$h\geqslant 600$mm时，在侧面应设置直径为不小于10mm的纵向构造钢筋，并相应地设置附加箍筋或拉筋，见图5-1（b）。

由附表4-3知，柱内纵筋的混凝土保护层厚度对一类环境取20mm。纵筋净距不应小于50mm。在水平位置上浇筑的预制柱，其纵筋最小净距可按梁的规定采用。纵向受力钢筋彼此间的中距不宜大于300mm。

纵筋的连接接头宜设置在受力较小处，同一根钢筋宜少设接头。钢筋的接头可采用机械连接接头，也可采用焊接接头和搭接接头。对于直径大于 25mm 的受拉钢筋和直径大于 28mm 的受压钢筋，不宜采用绑扎的搭接接头。

5.1.4 箍筋

为了能箍住纵筋，防止纵筋压屈，柱及其他受压构件中的周边箍筋应做成封闭式；其间距在绑扎骨架中不应大于 15d（d 为纵筋最小直径），且不应大于 400mm，也不大于构件横截面的短边尺寸。

箍筋直径不应小于 $d/4$（d 为纵筋最大直径），且不应小于 6mm。

当纵筋配筋率超过 3%时，箍筋直径不应小于 8mm，其间距不应大于 10d（d 为纵向受力钢筋最小直径），且不应大于 200mm；箍筋末端应做成 135°弯钩且弯钩末端平直段长度不应小于箍筋直径的 10 倍。

当截面短边大于 400mm 且各边纵筋多于 3 根时，或当柱截面短边尺寸不大于 400mm，但各边纵筋多于 4 根时，应设置复合箍筋，见图 5-1（b）。

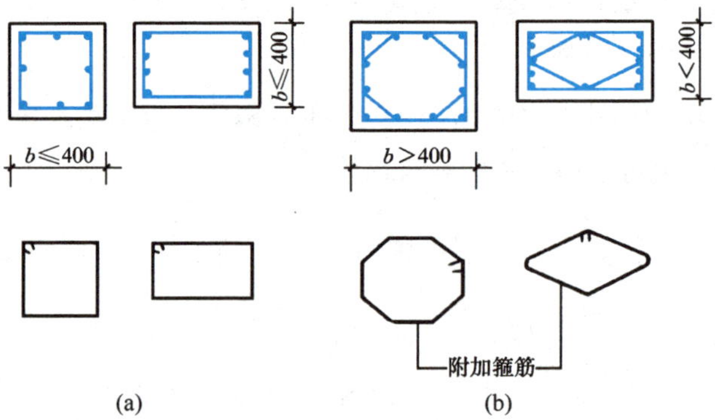

图 5-1　方形、矩形截面箍筋形式

设置柱内箍筋时，宜使纵筋每隔 1 根位于箍筋的转折点处。

在纵筋搭接长度范围内，箍筋的直径不宜小于搭接钢筋直径的 0.25 倍；其箍筋间距不应大于 5d，且不应大于 100mm；d 为搭接钢筋中的较小直径。当搭接受压钢筋直径大于 25mm 时，应在搭接接头两个端面外 100mm 范围内各设置两道箍筋。

对于截面形状复杂的构件，不可采用具有内折角的箍筋，以避免产生向外的拉力，致使折角处的混凝土破损，见图 5-2。

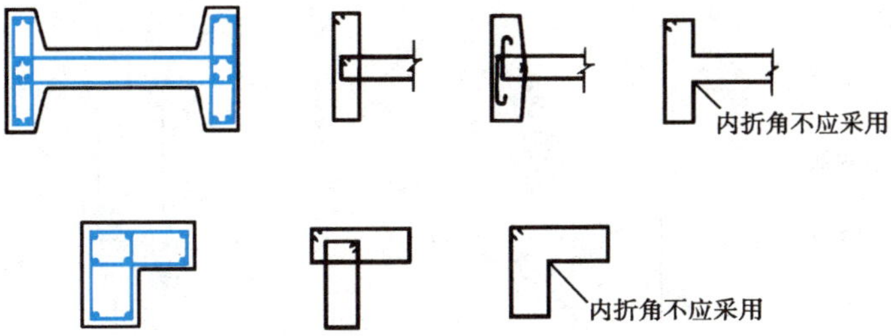

图 5-2　I形、L形截面箍筋形式

5.2　轴心受压构件正截面受压承载力

在实际工程结构中，由于混凝土材料的非均质性，纵向钢筋的不对称布置，荷载作用位置的不准确及施工时不可避免的尺寸误差等原因，使得真正的轴心受压构件几乎不存在。但在设计以承受恒荷载为主的多层房屋的内柱及桁架的受压腹杆等构件时，可近似地按轴心受压构件计算。另外，轴心受压构件正截面承载力计算还用于偏心受压构件垂直弯矩平面的承载力验算。

一般把钢筋混凝土柱按照箍筋的作用及配置方式的不同分为两种：配有纵向钢筋和普通箍筋的柱，简称普通箍筋柱；配有纵向钢筋和螺旋式或焊接环式箍筋的柱，简称螺旋箍筋柱。

5.2.1　轴心受压普通箍筋柱的正截面受压承载力计算

最常见的轴心受压柱是普通箍筋柱，见图 5-3。纵筋的作用是提高柱的承载力，减小构件的截面尺寸，防止因偶然偏心产生的破坏，改善破坏时构件的延性和减小混凝土的徐变变形。箍筋能与纵筋形成骨架，并防止纵筋受力后外凸。

1. 受力分析和破坏形态

配有纵筋和箍筋的短柱，在轴心荷载作用下，整个截面的应变基本上是均匀分布的。当荷载较小时，混凝土和钢筋都处于弹性阶段，柱子压缩变形的增大与荷载的增大成正比，纵筋和混凝土的压应力的增加也与荷载的增大成正比。当荷载较大时，由于混凝土塑性变形的发展，压缩变形增加的速度快于荷载增加速度；纵筋配筋率越小，这个现象越为明显。同时，在相同荷载增量下，钢筋的压应力比混凝土的压应力增加得快，见图 5-4。随着荷载的继续增加，柱中开始出现微细裂缝，在临近破坏荷载时，柱四周出现明显的纵向裂缝，箍筋间的纵筋发生压屈，向外凸出，混凝土被压碎，柱子即告破坏，见图 5-5。

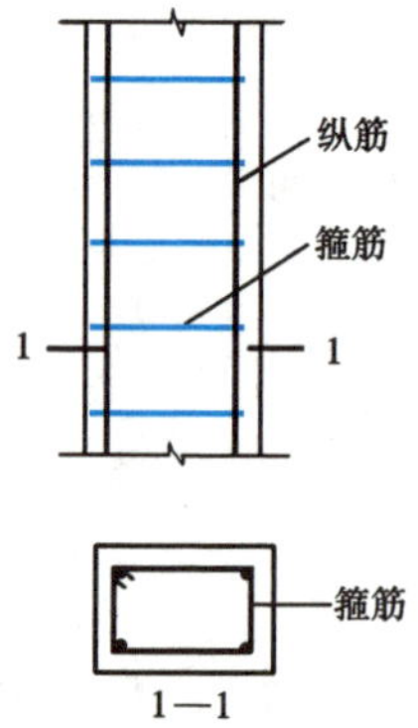

图 5-3　配有纵筋和箍筋的柱

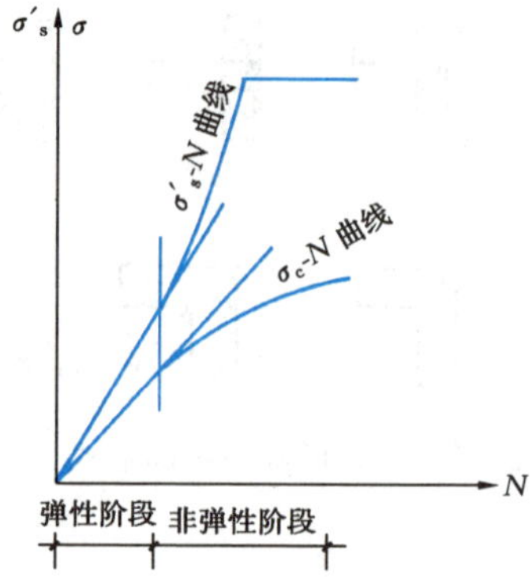

图 5-4　应力-荷载曲线示意图

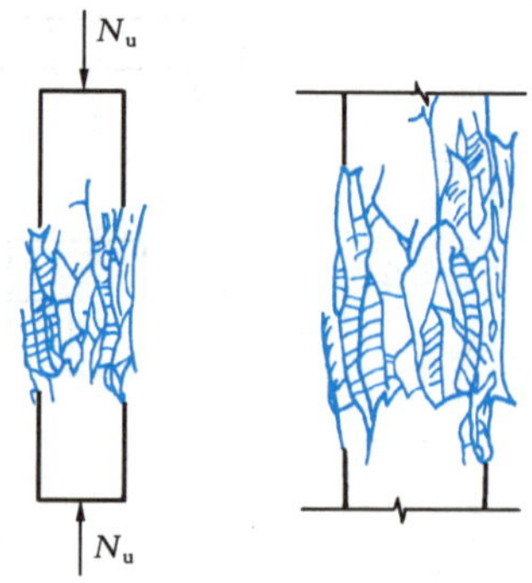

图 5-5　短柱的破坏

试验表明，素混凝土棱柱体构件达到最大压应力值时的压应变值为 0.0015～0.002，而钢筋混凝土短柱达到应力峰值时的压应变一般在 0.0025～0.0035 之间。其主要原因是纵向钢筋起到了调整混凝土应力的作用，使混凝土的塑性得到了较好的发挥，改善了受压破坏的脆性。在破坏时，一般是纵筋先达到屈服强度，此时可继续增加一些荷载。最后混凝土达到极限压应变值，构件破坏。当纵向钢筋的屈服强度较高时，可能会出现钢筋没有达到屈服强度而混凝土达到了极限压应变值的情况。

在计算时，以构件的压应变达到 0.002 为控制条件，认为此时混凝土达到了棱柱体抗压强度 f_c，相应的纵筋应力值 $\sigma'_s = E_s\varepsilon'_s \approx 200\times10^3\times0.002\approx400\text{N/mm}^2$；对于 HRB400 级、HPB300 级和 RRB400 级热轧带肋钢筋，此值已大于其抗压强度设计值，故计算时可按 f'_y取值。500MPa 级钢筋，$f'_y=400\text{N/mm}^2$。

上述是短柱的受力分析和破坏形态。对于长细比较大的柱子，试验表明，由各种偶然因素造成的初始偏心距的影响是不可忽略的。加载后，初始偏心距导致产生附加弯矩和相应的侧向挠度，而侧向挠度又增大了荷载的偏心距；随着荷载的增加，附加弯矩和侧向挠度将不断增大。这样相互影响的结果，使长柱在轴力和弯矩的共同作用下发生破坏。破坏时，首先在凹侧出现纵向裂缝，随后混凝土被压碎，纵筋被压屈向外凸出；凸侧混凝土出现垂直于纵轴方向的横向裂缝，侧向挠度急剧增大，柱子破坏，见图 5-6。

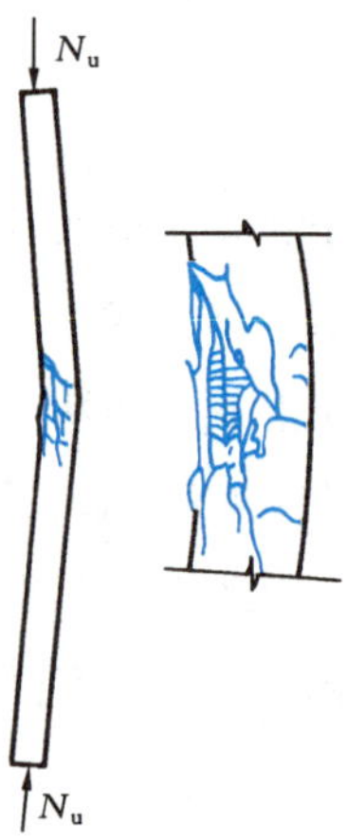

图 5-6　长柱的破坏

试验表明，长柱的破坏荷载低于其他条件相同的短柱破坏荷载，长细比越大，承载能力降低越多。其原因在于，长细比越大，由于各种偶然因素造成的初始偏心距将越大，从而产生的附加弯矩和相应的侧向挠度也越大。对于长细比很大的细长柱，还可能发生失稳破坏现象。此外，在长期荷载作用下，由于混凝土的徐变，侧向挠度将增大更多，从而使长柱的承载力降低得更多，长期荷载在全部荷载中所占的比例越多，其承载力降低得越多。

《混凝土结构设计标准》采用稳定系数 φ 来表示长柱承载力的降低程度，即：

$$\varphi = \frac{N_u^l}{N_u^s} \tag{5-1}$$

式中　N_u^l、N_u^s——分别为长柱和短柱的承载力。

中国建筑科学研究院的试验资料及一些国外的试验数据表明，稳定系数 φ 值主要与构件的长细比有关，见图 5-7。长细比是指构件的计算长度 l_0 与其截面的回转半径 i 之比；对于矩形截面为 l_0/b（b 为截面的短边尺寸）。

在图 5-7 中可以看出，l_0/b 越大，φ 值越小。当 $l_0/b<8$ 时，柱的承载力没有降低，φ 值可取为 1。对于具有相同 l_0/b 值的柱，由于混凝土强度等级和钢筋的种类以及配筋率的不同，φ 值的大小还略有变化。根据试验结果及数理统计可得下列经验公式：

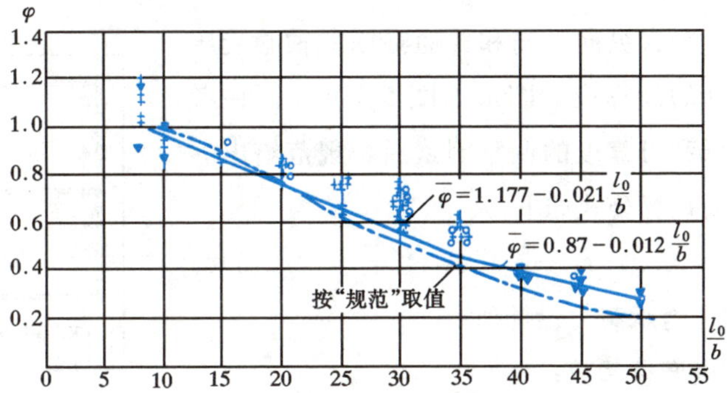

图 5-7　φ 值的试验结果及规范取值

当 $l_0/b=8\sim34$ 时：

$$\varphi = 1.177 - 0.021 l_0/b \tag{5-2}$$

当 $l_0/b=35\sim50$ 时：

$$\varphi = 0.87 - 0.012\, l_0/b \tag{5-3}$$

《混凝土结构设计标准》采用的 φ 值见表 5-1。表中，对于长细比 l_0/b 较大的构件，考虑到荷载初始偏心和长期荷载作用对构件承载力的不利影响较大，φ 的取值比按经验公式所得到的 φ 值还要降低一些，以保证安全。对于长细比 l_0/b 小于 20 的构件，考虑过去的使用经验，φ 的取值略微抬高一些。构件的计算长度 l_0 按《混凝土结构设计标准》相关表格或本教材中册的表12-4和表 13-2 采用。

钢筋混凝土构件的稳定系数　　　　表 5-1

$\frac{l_0}{b}$	$\frac{l_0}{d}$	$\frac{l_0}{i}$	φ	$\frac{l_0}{b}$	$\frac{l_0}{d}$	$\frac{l_0}{i}$	φ
≤8	≤7	≤28	≤1.00	30	26	104	0.52
10	8.5	35	0.98	32	28	111	0.48
12	10.5	42	0.95	34	29.5	118	0.44
14	12	48	0.92	36	31	125	0.40
16	14	55	0.87	38	33	132	0.36
18	15.5	62	0.81	40	34.5	139	0.32
20	17	69	0.75	42	36.5	146	0.29
22	19	76	0.70	44	38	153	0.26
24	21	83	0.65	46	40	160	0.23
26	22.5	90	0.60	48	41.5	167	0.21
28	24	97	0.56	50	43	174	0.19

注：表中 l_0 为构件计算长度；b 为矩形截面的短边尺寸；d 为圆形截面的直径；i 为截面最小回转半径。

2. 承载力计算公式

根据以上分析，配有纵向钢筋和普通箍筋的轴心受压短柱破坏时，横截面的计算应力图形如图 5-8 所示。在考虑长柱承载力的降低和可靠度的调整因素后，规范给出的轴心受压构件承载力计算公式如下：

$$N_u = 0.9\varphi(f_c A + f'_y A'_s) \tag{5-4}$$

式中　N_u——轴向压力承载力设计值；

0.9——可靠度调整系数；

φ——钢筋混凝土轴心受压构件的稳定系数，见表 5-1；

f_c——混凝土的轴心抗压强度设计值；

A——构件截面面积；

f'_y——纵向钢筋的抗压强度设计值；

A'_s——全部纵向钢筋的截面面积。

当纵向钢筋配筋率大于 3%时，式（5-4）中 A 应改用 $(A-A'_s)$。

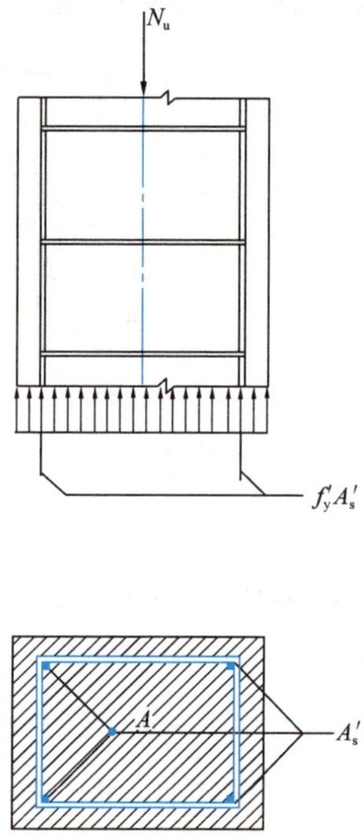

图 5-8　普通箍筋柱正截面受压承载力计算简图

构件计算长度与构件两端支承情况有关，当两端铰支时，取 $l_0=l$（l 是构件实际长度）；当两端固定时，取 $l_0=0.5l$；当一端固定、一端铰支时，取 $l_0=0.7l$；当一端固定、一端自由时，取 $l_0=2l$。

在实际结构中，构件端部的连接不像上面几种情况那样理想、明确，这会在确定 l_0 时遇到困难。为此《混凝土结构设计标准》对单层厂房排架柱、框架柱等的计算长度作了具体规定，分别见中册第12、13章。

轴心受压构件在加载后荷载维持不变的条件下，由于混凝土徐变，则随着荷载作用时间的增加，混凝土的压应力逐渐变小，钢筋的压应力逐渐变大，一开始变化较快，经过一定时间后趋于稳定。在荷载突然卸载时，构件回弹，由于混凝土徐变变形的大部分不可恢复，故当荷载为零时，会使柱中钢筋受压而混凝土受拉，见图5-9；若柱的配筋率过大，还可能将混凝土拉裂，若柱中纵筋和混凝土之间的粘结应力很大时，则能同时产生纵向裂缝。为了防止出现这种情况，故要控制柱中纵筋的配筋率，要求全部纵筋配筋率不宜超过5%。

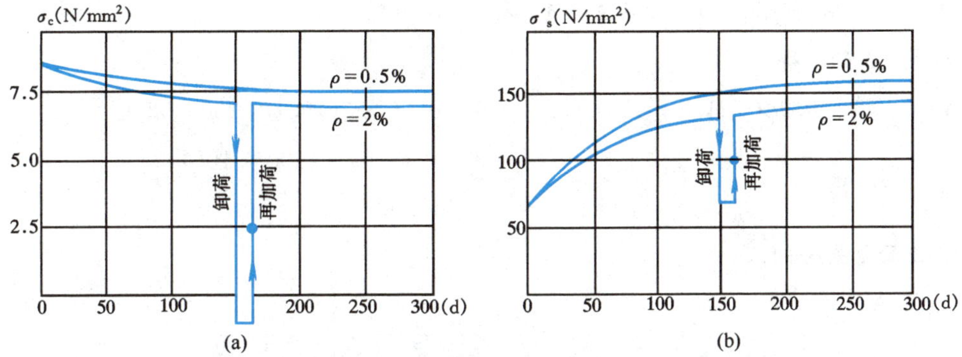

图5-9　长期荷载作用下截面上混凝土和钢筋的应力重分布

(a) 混凝土；(b) 钢筋

【例5-1】 已知：某四层四跨现浇框架结构的底层内柱，截面尺寸为400mm×400mm，轴心压力设计值$N=3090$kN，$H=3.9$m，混凝土强度等级为C40，钢筋用HRB400级。

求：纵向钢筋截面面积。

【解】 按《混凝土结构设计标准》规定：

$$l_0 = H = 3.9\text{m}$$

由$l_0/b=3900/400=9.75$，查表5-1，得$\varphi=0.983$。

按式（5-4）求A'_s：

$$A'_s = \frac{1}{f'_y}\left(\frac{N}{0.9\varphi} - f_c A\right) = \frac{1}{360}\left(\frac{3090\times10^3}{0.9\times0.983} - 19.1\times400\times400\right) = 1213\text{mm}^2$$

如果采用4Φ20，$A'_s=1256\text{mm}^2$，则

$\rho' = \dfrac{A'_s}{A} = \dfrac{1256}{400\times400} = 0.79\% < 3\%$，故上述$A$的计算中没有减去$A'_s$是正确的，且由附表4-5知，$\rho'_{min}=0.55\%$，故$\rho'>\rho'_{min}$，可以。

截面每一侧配筋率：

$$\rho' = \frac{0.5\times1256}{400\times400} = 0.39\% > 0.2\%,\quad \text{可以。}$$

故满足受压纵筋最小配筋率（全部纵向钢筋的 $\rho'_{\min}=0.55\%$；一侧纵向钢筋的 $\rho'_{\min}=0.2\%$）的要求。选用 4 Φ 20，$A'_s=1256\text{mm}^2$。

【例 5-2】根据建筑的要求，某现浇柱截面尺寸定为 250mm×250mm。由两端支承情况决定其计算高度 $l_0=2.8\text{m}$；柱内配有 4 Φ 22 的 HRB400 级钢筋（$A'_s=1520\text{mm}^2$）作为纵筋；构件混凝土强度等级为 C40。柱的轴向力设计值 $N=1500\text{kN}$。

求：截面是否安全。

【解】

由 $l_0/b=2800/250=11.2$，查表 5-1，得 $\varphi=0.962$。

按式（5-4），得：

$$
\begin{aligned}
0.9\varphi(f_cA+f'_yA'_s)/N &= 0.9\times0.962\times(19.1\times250\times250\\
&\quad+360\times1520)/(1500\times10^3)\\
&=1.16>1.0
\end{aligned}
$$

故截面是安全的。

5.2.2 轴心受压螺旋箍筋柱的正截面受压承载力计算

当柱承受很大轴心压力，并且柱截面尺寸由于建筑上及使用上的要求受到限制，若设计成普通箍筋的柱，即使提高了混凝土强度等级和增加了纵筋配筋量也不足以承受该轴心压力时，可考虑采用螺旋箍筋或焊接环筋以提高承载力。这种柱的截面形状一般为圆形或多边形，图5-10所示为螺旋箍筋柱和焊接环筋柱的构造形式。

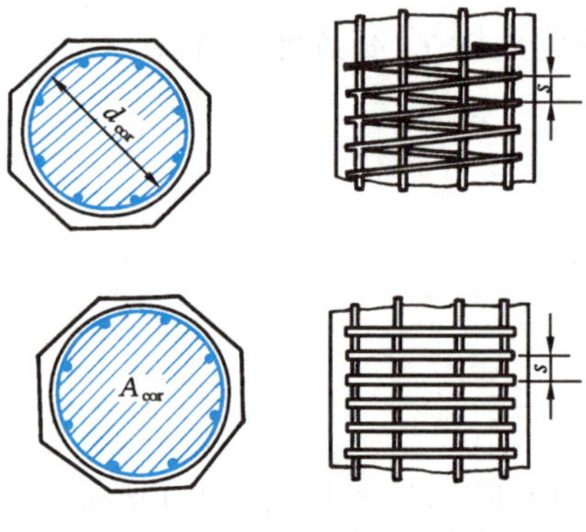

图 5-10 螺旋箍筋柱和焊接环筋柱

螺旋箍筋柱和焊接环筋柱的配箍率高，而且不会像普通箍筋那样容易“崩出”，因而能约束核心混凝土在纵向受压时产生的横向变形，从而提高了混凝土抗压强度和变形能力，这种受到约束的混凝土称为“约束混凝土”。同时，在螺旋箍筋或焊接环筋中产生了拉应力。当外力逐渐加大，它的应力达到抗拉屈服强度时，若继续加载就不再能有效地约束混凝土的横向变形，混凝土的抗压强度就不能再提高，这时构件破坏。可见，在柱的横向采用螺旋箍筋或焊接环筋也能像直接配置纵向钢筋那样起到提高承载力和变形能力的作用，故把这种配筋方式称为“间接配筋”。螺旋箍筋或焊接环筋外的混凝土保护层在螺旋箍筋或焊接环筋受到较大拉应力时就开裂或崩落，故在计算时不考虑此部分混凝土。

大家知道，箍筋用于抗剪、抗扭及抗冲切设计时，其抗拉强度设计值是受到限制的，不宜采用强度高于500MPa级的钢筋。但是当用于约束混凝土的间接配筋（如连续螺旋箍或封闭焊接箍）时，其强度可以得到充分发挥，如采用500MPa级钢筋或更高强度的钢筋，就具有一定的经济效益。

根据上述分析可知，螺旋箍筋或焊接环筋所包围的核心截面混凝土因处于三向受压状态故其轴心抗压强度高于单轴向的轴心抗压强度，可利用圆柱体混凝土周围加液压所得近似关系式进行计算：

$$f = f_c + \beta\sigma_r \tag{5-5}$$

式中 f——被约束后的混凝土轴心抗压强度；

σ_r——当间接钢筋的应力达到屈服强度时，柱的核心混凝土受到的径向压应力值。

在间接钢筋间距 s 范围内，利用 σ_r 的合力与钢筋的拉力平衡，如图5-11所示，则可得：

$$\sigma_r = \frac{2f_y A_{ss1}}{sd_{cor}} = \frac{2f_y A_{ss1} d_{cor}\pi}{4\dfrac{\pi d_{cor}^2}{4}s} = \frac{f_y A_{ss0}}{2A_{cor}} \tag{5-6}$$

$$A_{ss0} = \frac{\pi d_{cor} A_{ss1}}{s} \tag{5-7}$$

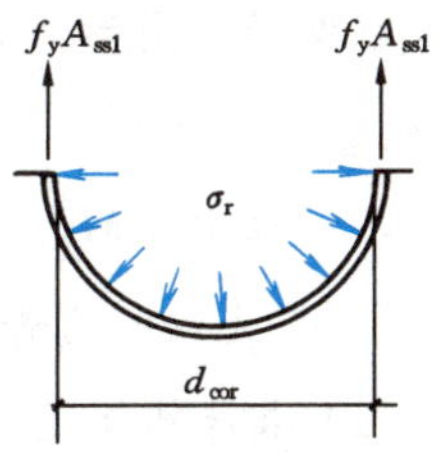

图5-11 混凝土径向压力示意图

式中 A_{ss1}——单根间接钢筋的截面面积；

f_y——间接钢筋的抗拉强度设计值；

s——沿构件轴线方向间接钢筋的间距；

d_{cor}——构件的核心直径，按间接钢筋内表面确定；

A_{ss0}——间接钢筋的换算截面面积，见式（5-7）；

A_{cor}——构件的核心截面面积。

根据力的平衡条件，得：

$$N_u = (f_c + \beta\sigma_r)A_{cor} + f'_y A'_s$$

故：

$$N_u = f_c A_{cor} + \frac{\beta}{2} f_y A_{ss0} + f'_y A'_s \tag{5-8}$$

令 $2\alpha = \beta/2$ 代入上式，同时考虑可靠度的调整系数0.9后，《混凝土结构设计标准》规定螺旋式或焊接环式间接钢筋柱的承载力计算公式为：

$$N_u = 0.9(f_c A_{cor} + 2\alpha f_y A_{ss0} + f'_y A'_s) \tag{5-9}$$

式中，α 称为间接钢筋对混凝土约束的折减系数，当混凝土强度等级不超过C50时，取 $\alpha=1.0$；当混凝土强度等级为C80时，取 $\alpha=0.85$；当混凝土强度等级在C50与C80之间时，按直线内插法确定。

为使间接钢筋外面的混凝土保护层对抵抗脱落有足够的安全，按式（5-9）算得的构件承载力不应比按式（5-4）算得的大50%。

凡属下列情况之一者，不考虑间接钢筋的影响而按式（5-4）计算构件的承载力：

1）当 $l_0/d>12$ 时，此时因长细比较大，有可能因纵向弯曲使得螺旋筋不起作用；

2）当按式（5-9）算得的受压承载力小于按式（5-4）算得的受压承载力时；

3）当间接钢筋换算截面面积 A_{ss0} 小于纵筋全部截面面积的 25%时，可以认为间接钢筋配置得太少，约束混凝土的效果不明显。

如在正截面受压承载力计算中考虑间接钢筋的作用时，箍筋间距不应大于 80mm 及 $d_{cor}/5$，也不小于 40mm。间接钢筋的直径按箍筋有关规定采用。

【例 5-3】已知：某旅馆底层门厅内现浇钢筋混凝土柱，一类环境，承受轴心压力设计值 $N=6000$kN，从基础顶面至二层楼面高度为 $H=5.2$m。混凝土强度等级为 C40，由于建筑要求柱截面为圆形，直径为 $d=470$mm。柱中纵筋用 HRB400 级钢筋，箍筋用 HPB300 级钢筋。

求：柱中配筋。

【解】先按配有普通纵筋和箍筋柱计算。

（1）求计算长度 l_0

取钢筋混凝土现浇框架底层柱的计算长度 $l_0=H=5.2$m

（2）求计算稳定系数 φ

$$l_0/d = 5200/470 = 11.06$$

查表 5-1 得：$\varphi=0.938$。

（3）求纵筋 A'_s

已知圆形混凝土截面积为 $A=\pi d^2/4=3.14\times470^2/4=17.34\times10^4\text{mm}^2$

由式（5-4）得：

$$A'_s=\frac{1}{f'_y}\left(\frac{N}{0.9\varphi}-f_cA\right)=\frac{1}{360}\times\left(\frac{6000\times10^3}{0.9\times0.938}-19.1\times17.34\times10^4\right)$$

$$=10543\text{mm}^2$$

（4）求配筋率

$$\rho'=A'_s/A=10543/(17.34\times10^4)=6.08\%>5\%\text{，不可以。}$$

配筋率太高，若混凝土强度等级不再提高，并因 $l_0/d<12$，可采用螺旋箍筋柱。下面再按螺旋箍筋柱来计算。

（5）假定纵筋配筋率 $\rho'=0.045$，则得 $A'_s=\rho'A=7803\text{mm}^2$，选用 16 ⌀ 25，$A'_s=7854\text{mm}^2$。混凝土的保护层取用 20mm，估计箍筋直径为 10mm，得：

$$d_{cor}=d-30\times2=470-60=410\text{mm}$$

$$A_{cor}=\pi d_{cor}^2/4=3.14\times410^2/4=13.20\times10^4\text{mm}^2$$

（6）混凝土强度等级小于C50，$\alpha=1.0$；按式（5-9）求螺旋箍筋的换算截面面积A_{ss0}得：

$$A_{ss0}=\frac{N/0.9-(f_cA_{cor}+f'_yA'_s)}{2f_y}$$
$$=\frac{6000\times10^3/0.9-(19.1\times13.20\times10^4+360\times7854)}{2\times270}=2441\text{mm}^2$$

$A_{ss0}>0.25A'_s=0.25\times7854=1964\text{mm}^2$，满足构造要求。

（7）假定螺旋箍筋直径$d=10$mm，则单肢螺旋箍筋面积$A_{ss1}=78.5\text{mm}^2$。螺旋箍筋的间距s可通过式（5-7）求得：$s=\pi d_{cor}A_{ss1}/A_{ss0}=3.14\times410\times78.5/2441=41.4$mm。

取$s=40$mm，以满足不小于40mm，并不大于80mm及$0.2d_{cor}$的要求。

（8）根据所配置的螺旋箍筋$d=10$mm，$s=40$mm，重新用式（5-7）及式（5-9）求得间接配筋柱的轴向力设计值N_u如下：

$$A_{ss0}=\frac{\pi d_{cor}A_{ss1}}{s}=\frac{3.14\times410\times78.5}{40}=2527\text{mm}^2$$

$$N_u=0.9(f_cA_{cor}+2\alpha f_yA_{ss0}+f'_yA'_s)$$
$$=0.9\times(19.1\times13.20\times10^4+2\times1\times270\times2527+360\times7854)$$
$$=6041.88\text{kN}$$

按式（5-4）得：

$$N_u=0.9\varphi[f_c(A-A'_s)+f'_yA'_s]$$
$$=0.9\times0.938\times[19.1\times(17.34\times10^4-7854)+360\times7854]$$
$$=5056.23\text{kN}$$

且：$$1.5\times5056.23=7584.35\text{kN}>6041.88\text{kN}$$

满足要求。

5.3 偏心受压构件正截面受压破坏形态

5.3.1 偏心受压短柱的破坏形态

试验表明，钢筋混凝土偏心受压短柱的破坏形态有受拉破坏和受压破坏两种破坏形态。

1. 受拉破坏形态

受拉破坏形态又称大偏心受压破坏，它发生于轴向压力N的相对偏心距较大，且受拉钢筋配置得不太多时。此时，在靠近轴向压力的一侧受压，另一侧受拉。随着荷载的增加，首先在受拉区产生横向裂缝；荷载再增加，拉区的裂缝不断地开展，在破坏前主裂缝逐渐明显，受拉钢筋的应力达到屈服强度，进入流幅阶段，受拉变形的发展大于受压变形，中和轴上升，使混凝土压区高度迅速减小，最后压区边缘混凝土达到其极限压应变值，出现纵向裂缝而混凝土被压碎，构件即告破坏，这种破坏属延性破坏类型；破坏时压区的纵筋也能达到受压屈服强度。总之，受拉破坏形态的特点是受拉钢筋先达到屈服强度，最终导致受压区边缘混凝土压碎截面破坏。这种破坏形态与适筋梁的破坏形态相似，构件破坏时，其正截面上的应力状态如图5-12（a)所示；构件破坏时的立面展开图见图 5-12（b)。

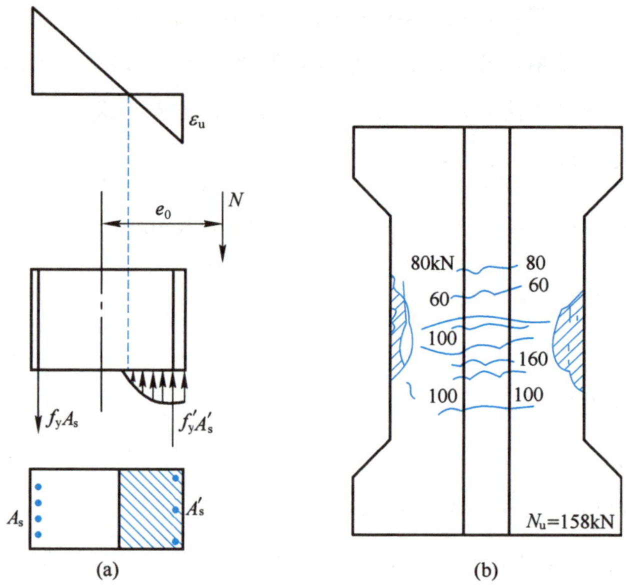

图 5-12　受拉破坏时的截面应力和受拉破坏形态

（a）截面应力；（b）受拉破坏形态

2. 受压破坏形态

受压破坏形态又称小偏心受压破坏，截面破坏是从受压区边缘开始的，发生于以下两种情况。

1）第一种情况：当轴向力 N 的相对偏心距较小时，构件截面全部受压或大部分受压，如图 5-13（a）或图 5-13（b）所示的情况。一般情况下截面破坏是从靠近轴向力 N 一侧受压区边缘处的压应变达到混凝土极限压应变值而开始的。破坏时，受压应力较大一侧的混凝土被压坏，同侧的受压钢筋的应力也达到抗压屈服强度。而离轴向力 N 较远一侧的钢筋（以下简称“远侧钢筋”），可能受拉也可能受压，但都未达到受拉屈服，分别见图 5-13（a）和（b）。只有当偏心距很小（对矩形截面 $e_0 \leqslant 0.15h_0$）而轴向力 N 又较大（$N > \alpha_1 f_c b h_0$）时，远侧钢筋才可能受压屈服。另外，当相对偏心距很小时，由于截面的实际形心和构件的

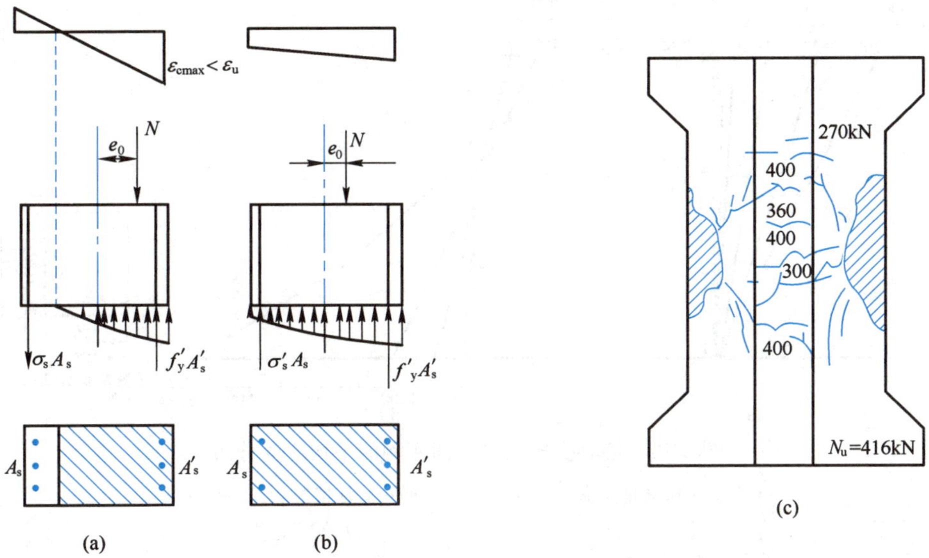

图 5-13　受压破坏时的截面应力和受压破坏形态

(a)、(b) 截面应力；(c) 受压破坏形态

几何中心不重合，若纵向受压钢筋比纵向受拉钢筋多很多，也会发生离轴向力作用点较远一侧的混凝土先压坏的现象，这可称为“反向破坏”。

2）第二种情况：当轴向力 N 的相对偏心距虽然较大，但却配置了特别多的受拉钢筋，致使受拉钢筋始终不屈服。破坏时，受压区边缘混凝土达到极限压应变值，受压钢筋应力达到抗压屈服强度，而远侧钢筋受拉而不屈服，其截面上的应力状态如图 5-13（a）所示。破坏无明显预兆，压碎区段较长，混凝土强度越高，破坏越带突然性，见图 5-13（c）。

总之，受压破坏形态或称小偏心受压破坏形态的特点是混凝土先被压碎，远侧钢筋可能受拉也可能受压，受拉时不屈服，受压时可能屈服也可能不屈服，属于脆性破坏类型。

综上可知，“受拉破坏形态”与“受压破坏形态”都属于材料发生了破坏，它们相同之处是截面的最终破坏都是受压区边缘混凝土达到其极限压应变值而被压碎；不同之处在于截面破坏的起因，受拉破坏的起因是受拉钢筋屈服，受压破坏的起因是受压区边缘混凝土被压碎。

在“受拉破坏形态”与“受压破坏形态”之间存在着一种界限破坏形态，称为“界限破坏”。它不仅有横向主裂缝，而且比较明显。其主要特征是：在受拉钢筋达到受拉屈服强度的同时，受压区边缘混凝土被压碎。界限破坏形态也属于受拉破坏形态。

试验还表明，从加载开始到接近破坏为止，沿偏心受压构件截面高度，用较大的测量标距量测到的偏心受压构件的截面各处的平均应变值都较好地符合平截面假定。图 5-14 反映了两个偏心受压试件中，截面平均应变沿截面高度变化规律的情况。

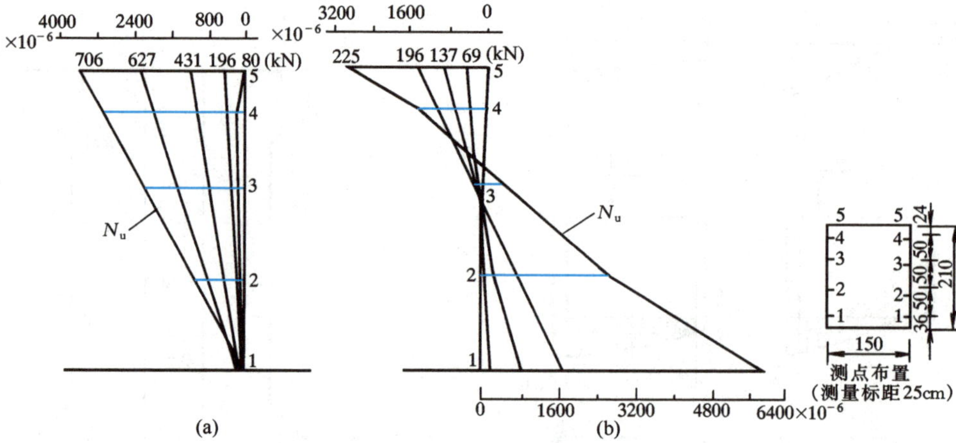

图 5-14　偏心受压构件截面实测的平均应变分布

(a) 受压破坏情况 $e_0/h_0=0.24$；(b) 受拉破坏情况 $e_0/h_0=0.68$

5.3.2　偏心受压长柱的破坏类型

试验表明，钢筋混凝土柱在承受偏心受压荷载后，会产生纵向弯曲。但长细比小的柱，即所谓“短柱”，由于纵向弯曲小，在设计时一般可忽略不计。对于长细比较大的柱则不同，它会产生比较大的纵向弯曲，设计时必须予以考虑。图5-15是一根长柱的荷载-侧向变形（N-f）试验曲线。

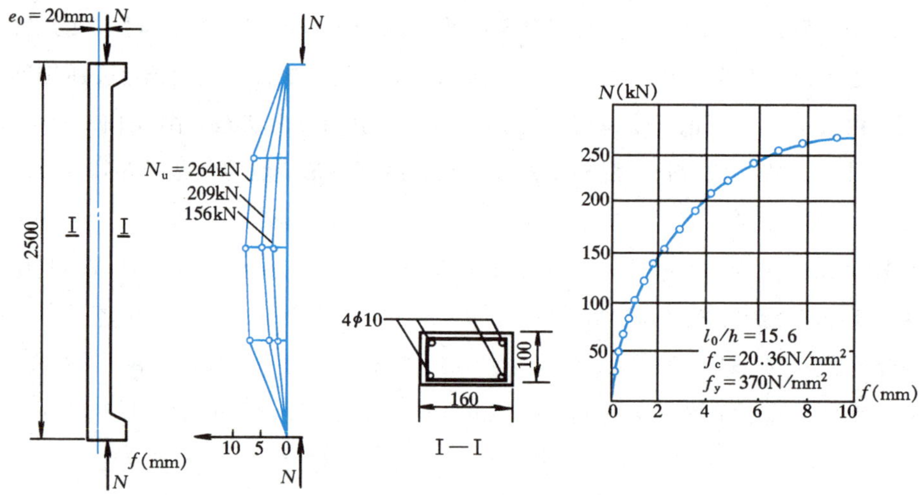

图 5-15　长柱实测 N-f 曲线

偏心受压长柱在纵向弯曲影响下，可能发生失稳破坏和材料破坏两种破坏类型。长细比很大时，构件的破坏不是由材料引起的，而是由于构件纵向弯曲失去平衡引起的，称为“失稳破坏”。当柱长细比在一定范围内时，虽然在承受偏心受压荷载后，偏心距由 e_i 增加到 e_i+f，使柱的承载能力比同样截面的短柱减小，但就其破坏特征来讲与短柱一样都属于

“材料破坏”，即因截面材料强度耗尽而产生破坏。

在图 5-16 中，示出了截面尺寸、配筋和材料强度等完全相同，仅长细比不相同的 3 根柱，从加载到破坏的示意图。

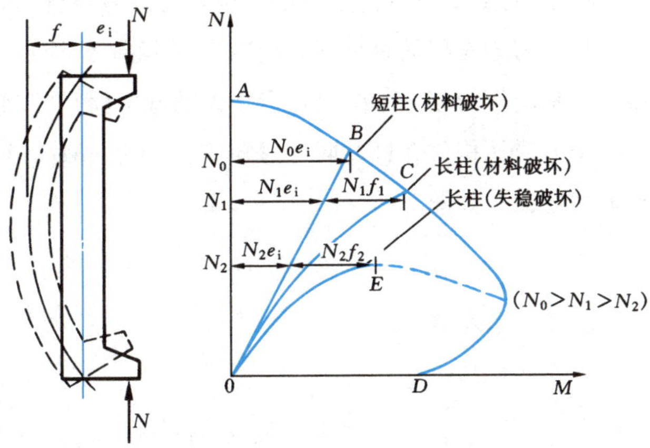

图 5-16　不同长细比柱从加荷到破坏的 N-M 关系

图 5-16 中的曲线 ABCD 表示某钢筋混凝土偏心受压构件截面材料破坏时的承载力 M 与 N 之间的关系。直线 OB 表示长细比小的短柱从加载到破坏点 B 时 N 和 M 的关系线，由于短柱的纵向弯曲很小，可假定偏心距自始至终是不变的，即 M/N 为常数，所以其变化轨迹是直线，属“材料破坏”。曲线 OC 是长柱从加载到破坏点 C 时 N 和 M 的关系曲线。在长柱中，偏心距是随着纵向力的加大而不断非线性增加的，也即 M/N 是变数，所以其变化轨迹呈曲线形状，但也属“材料破坏”。若柱的长细比很大时，则在没有达到 M、N 的材料破坏关系曲线 ABCD 前，由于轴向力的微小增量 ΔN 可引起不收敛的弯矩 M 的增加而破坏，即“失稳破坏”。曲线 OE 即属于这种类型；在 E 点的承载力已达最大，但此时截面内的钢筋应力并未达到屈服强度，混凝土也未达到极限压应变值。在图5-16中还能看出，这三根柱的轴向力偏心距 e_i 值虽然相同，但其承受纵向力 N 值的能力是不同的，分别为 $N_0>N_1>N_2$。这表明构件长细比的加大会降低构件的正截面受压承载力。产生这一现象的原因是，当长细比较大时，偏心受压构件的纵向弯曲引起了不可忽略的附加弯矩或称二阶弯矩。

5.4　偏心受压构件的二阶效应

轴向压力对偏心受压构件的侧移和挠曲产生附加弯矩和附加曲率的荷载效应称为偏心受压构件的二阶荷载效应，简称二阶效应。其中，由侧移产生的二阶效应，习称 P-Δ 效应；由挠曲产生的二阶效应，习称 P-δ 效应。

5.4.1　由受压构件自身挠曲产生的 P-δ 二阶效应

1. 杆端弯矩同号时的 P-δ 二阶效应

1）控制截面的转移

在中册第 12 章中讲述单层厂房柱的内力组合时，将讲到“不论大偏心受压，还是小偏心受压，弯矩对配筋总是不利的”；“N 相差不多时，M 大的不利。”因此，在偏心受压构件中，当轴向压力相差不多时，弯矩大的截面就是控制整个构件配筋的控制截面。

偏心受压构件在杆端同号弯矩 M_1、M_2（$M_2>M_1$）和轴向力 P 的共同作用下，将产生单曲率弯曲，如图 5-17（a）所示。

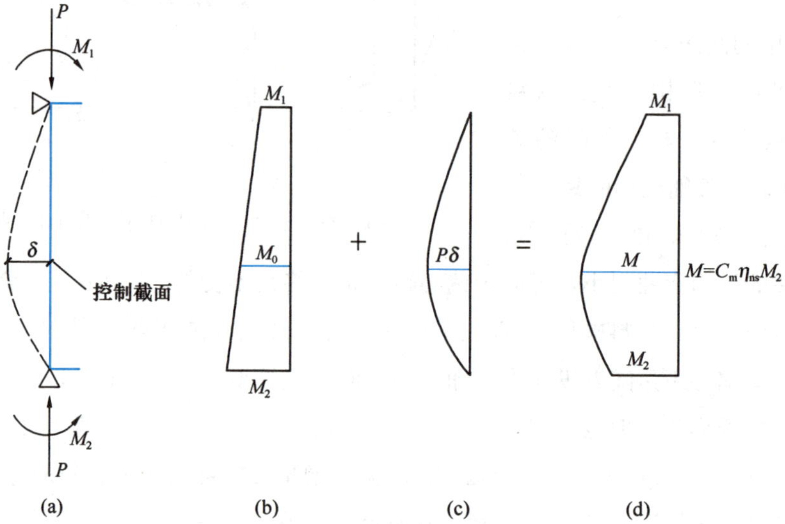

图 5-17　杆端弯矩同号时的二阶效应（P-δ 效应）

不考虑二阶效应时，杆件的弯矩图，即一阶弯矩图示于图 5-17（b），杆端 B 截面的弯矩 M_2 最大，因此整个杆件的截面承载力计算是以它为控制截面来进行的。

考虑二阶效应后，轴向压力 P 对杆件中部任一截面产生附加弯矩 $P\delta$，与一阶弯矩 M_0 叠加后，得合成弯矩：

$$M = M_0 + P\delta \tag{5-10}$$

式中　δ——任一截面的挠度值。

图 5-17（c）为附加弯矩图，图 5-17（d）为合成弯矩图。可见，在杆件中部总有一个截面，它的弯矩 M 是最大的。如果附加弯矩 $P\delta$ 比较大，且 M_1 接近 M_2 的话，就有可能发生 $M>M_2$ 的情况。这时，偏心受压构件的控制截面就由原来的杆端截面转移到杆件长度中部弯矩最大的那个截面。例如，当 $M_1=M_2$ 时，这个控制截面就在杆件长度的中点。

可见，当控制截面转移到杆件长度中部时，就要考虑 P-δ 二阶效应。

2）考虑 P-δ 二阶效应的条件

杆端弯矩同号时，发生控制截面转移的情况是不普遍的，为了减少计算工作量，《混凝土结构设计标准》规定，当只要满足下述三个条件中的一个条件时，就要考虑 P-δ 二阶效应：

$$M_1/M_2>0.9 \tag{5-11a}$$

$$\text{轴压比 } N/(f_cA)>0.9 \tag{5-11b}$$

$$\frac{l_c}{i}>34-12(M_1/M_2) \tag{5-11c}$$

式中　M_1、M_2——分别为已考虑侧移影响的偏心受压构件两端截面按结构弹性分析确定的同一主轴的组合弯矩设计值，绝对值较大端为 M_2，绝对值较小端为 M_1，当构件按单曲率弯曲时，M_1/M_2 取正值；

l_c——构件的计算长度，可近似取偏心受压构件相应主轴方向上下支撑点之间的距离；

i——偏心方向的截面回转半径，对于矩形截面 bh，$i=0.289h$；

A——偏心受压构件的截面面积。

3）考虑 P-δ 二阶效应后控制截面的弯矩设计值

《混凝土结构设计标准》规定，除排架结构柱外，其他偏心受压构件考虑轴向压力在挠曲杆件中产生的 P-δ 二阶效应后控制截面的弯矩设计值，应按下列公式计算：

$$M=C_m\eta_{ns}M_2 \tag{5-12a}$$

$$C_m=0.7+0.3\frac{M_1}{M_2} \tag{5-12b}$$

$$\eta_{ns}=1+\frac{1}{1300\left(\frac{M_2}{N}+e_a\right)/h_0}\left(\frac{l_c}{h}\right)^2\zeta_c \tag{5-12c}$$

$$\zeta_c=\frac{0.5f_cA}{N} \tag{5-12d}$$

当 $C_m\eta_{ns}$ 小于 1.0 时取 1.0；对剪力墙及核心筒墙肢，因其 P-δ 效应不明显，可取 $C_m\eta_{ns}$ 等于 1.0。

式中　C_m——构件端截面偏心距调节系数，当小于 0.7 时取 0.7；

η_{ns}——弯矩增大系数，$\eta_{ns}=1+\frac{\delta}{e_i}$，$e_i=M_2/N+e_a$；

e_a——附加偏心距；

ζ_c——截面曲率修正系数，当计算值大于 1.0 时取 1.0；

h——截面高度；对环形截面，取外直径；对圆形截面，取直径；

h_0——截面有效高度；对环形截面，取 $h_0=r_2+r_s$；对圆形截面，取 $h_0=r+r_s$；此处，r_2 是环形截面的外半径，r_s 是纵向钢筋所在圆周的半径，r 是圆形截面的半径；

A——构件截面面积。

2. 杆端弯矩异号时的 $P\text{-}\delta$ 二阶效应

这时杆件按双曲率弯曲，杆件长度中都有反弯点，最典型的是框架柱，如图 5-18 所示。

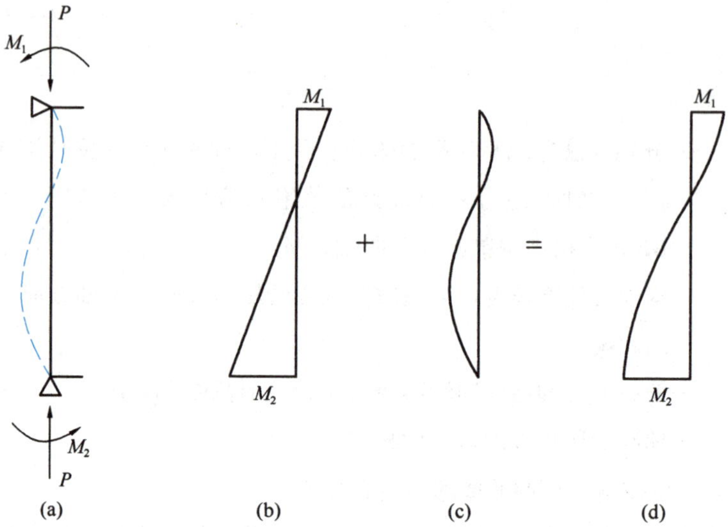

图 5-18　杆端弯矩异号时的二阶效应（$P\text{-}\delta$ 效应）

虽然轴向压力对杆件长度中部的截面将产生附加弯矩，增大其弯矩值，但弯矩增大后还是比不过端节点截面的弯矩值，即不会发生控制截面转移的情况，故不必考虑二阶效应。

5.4.2　由侧移产生的 $P\text{-}\Delta$ 二阶效应

现以偏心受压的框架柱来说明。

图 5-19（a）为单层单跨框架在水平力 F 作用下，框架柱的弯矩图；图 5-19（b）为轴向压力 P 对框架柱侧移产生的附加弯矩图；图 5-19（c）为上述两个弯矩图叠加后的合成弯矩图。可见，$P\text{-}\Delta$ 效应引起的附加弯矩将增大框架柱截面的弯矩设计值，故在框架柱的内力计算中应考虑 $P\text{-}\Delta$ 效应。

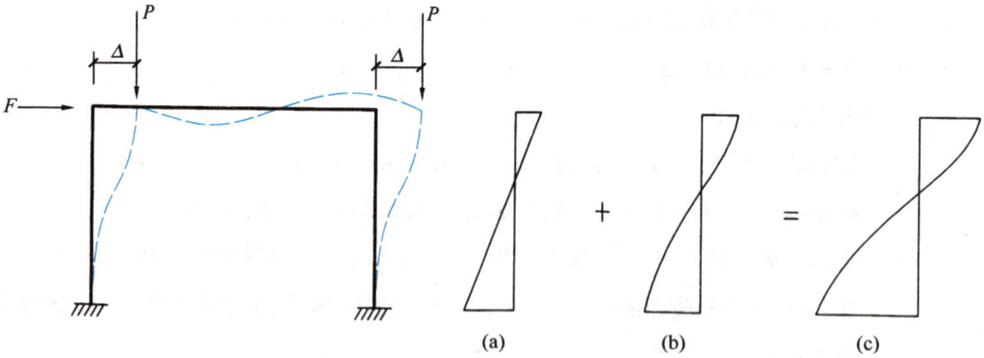

图 5-19　由侧移产生的二阶效应（$P\text{-}\Delta$ 效应）

不过，由 $P\text{-}\Delta$ 效应产生的弯矩增大属于结构分析中考虑几何非线性的内力计算问题，也就是说，在偏心受压构件截面计算时给出的内力设计值中已经包含了 $P\text{-}\Delta$ 效应，故不必在截面承载力计算中再考虑。

排架柱和框架柱考虑 $P\text{-}\Delta$ 效应的简化计算方法将分别在中册的第 12 章和第 13 章中讲述。

总之，$P\text{-}\Delta$ 效应是在结构内力计算中考虑的；$P\text{-}\delta$ 效应是在杆端弯矩同号或杆件长细比很大时，当满足式（5-11a、b、c）三个条件中任一个条件的情况时，必须在截面承载力计算中予以考虑，其他情况则不予考虑。

5.5　矩形截面偏心受压构件正截面受压承载力的基本计算公式

5.5.1　区分大、小偏心受压破坏形态的界限

第 3 章中讲的正截面承载力计算的基本假定同样也适用于偏心受压构件正截面受压承载力的计算。

与受弯构件相似，利用平截面假定规定了受压区边缘极限压应变值的数值后，就可以求得偏心受压构件正截面在各种破坏情况下，沿截面高度的平均应变分布，见图 5-20。

在图 5-20 中，ε_{cu} 表示受压区边缘混凝土极限压应变值；ε_y 表示受拉纵筋屈服时的应变值；ε'_y 表示受压纵筋屈服时的应变值，$\varepsilon'_y = f'_y/E_s$；$x_{cb}$ 表示界限状态时按应变的截面中和轴高度。

从图 5-20 中可看出，当受压区达到 x_{cb} 时，受拉纵筋达到屈服。因此相应于界限破坏形态的相对受压区高度 ξ_b 可用第 3 章的式（3-18）确定。

当 $\xi \leqslant \xi_b$ 时，属大偏心受压破坏形态；当 $\xi > \xi_b$ 时，属小偏心受压破坏形态。

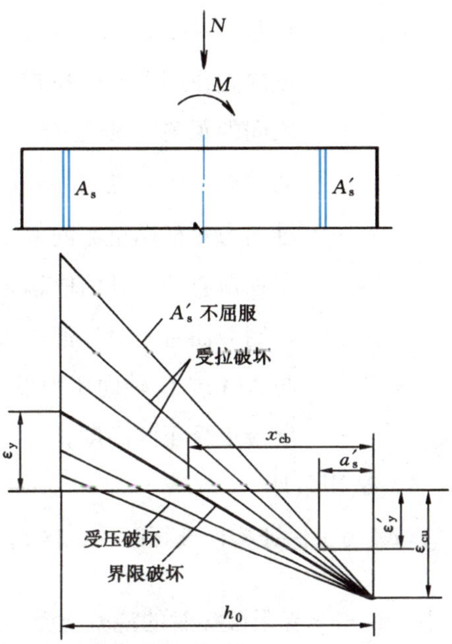

图 5-20　偏心受压构件正截面在各种破坏情况时沿截面高度的平均应变分布

5.5.2　矩形截面偏心受压构件正截面的承载力计算

1. 矩形截面大偏心受压构件正截面受压承载力的基本计算公式

按受弯构件的处理方法，把受压区混凝土曲线压应力图用等效矩形图形来替代，其应力

值取为 $\alpha_1 f_c$，受压区高度取为 x，故大偏心受压破坏的截面计算简图如图 5-21 所示。

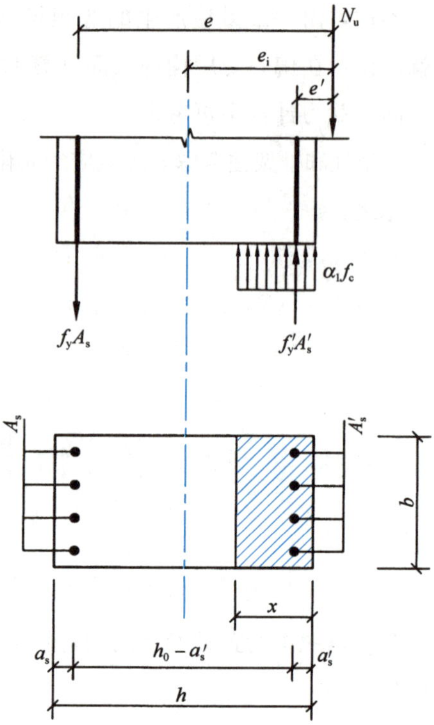

图 5-21　大偏心受压截面承载力计算简图

1）计算公式

由力的平衡条件及各力对受拉钢筋合力点取矩的力矩平衡条件，可以得到下面两个基本计算公式：

$$N_u = \alpha_1 f_c bx + f'_y A'_s - f_y A_s \tag{5-13}$$

$$N_u e = \alpha_1 f_c bx\left(h_0 - \frac{x}{2}\right) + f'_y A'_s (h_0 - a'_s) \tag{5-14}$$

$$e = e_i + \frac{h}{2} - a_s \tag{5-15}$$

$$e_i = e_0 + e_a \tag{5-16}$$

$$e_0 = M/N \tag{5-17}$$

式中　N_u——受压承载力设计值；

α_1——系数，见表 3-5；

e——轴向力作用点至受拉钢筋 A_s 合力点之间的距离，见式（5-15）；

e_i——初始偏心距，见式（5-16）；

e_0——轴向力对截面重心的偏心距；

e_a——附加偏心距，其值取偏心方向截面尺寸的 1/30 和 20mm 中的较大者；

M——控制截面弯矩设计值，考虑 P-δ 二阶效应时，按式（5-12a）计算；

N——与 M 相应的轴向压力设计值；

x——混凝土受压区高度。

2）适用条件

（1）为了保证构件破坏时受拉区钢筋应力先达到屈服强度 f_y，要求：

$$x \leqslant x_b \tag{5-18}$$

式中　x_b——界限破坏时的混凝土受压区高度，$x_b = \xi_b h_0$，ξ_b 与受弯构件的相同。

（2）为了保证构件破坏时，受压钢筋应力能达到屈服强度 f'_y，与双筋受弯构件一样，要求满足：

$$x \geqslant 2a'_s \tag{5-19}$$

式中　a'_s——纵向受压钢筋合力点至受压区边缘的距离。

2. 矩形截面小偏心受压构件正截面受压承载力的基本计算公式

小偏心受压破坏时，受压区边缘混凝土先被压碎，受压钢筋 A'_s 的应力达到屈服强度，

而远侧钢筋 A_s 可能受拉或受压，可能屈服也可能不屈服。

小偏心受压可分为三种情况：

1）$\xi_{cy}>\xi>\xi_b$，这时 A_s 受拉或受压，但都不屈服，见图 5-22（a）；

2）$h/h_0>\xi\geqslant\xi_{cy}$，这时 A_s 受压屈服，但 $x<h$，见图 5-22（b）；

3）$\xi>\xi_{cy}$，且 $\xi\geqslant h/h_0$，这时 A_s 受压屈服，且全截面受压，见图 5-22（c）。

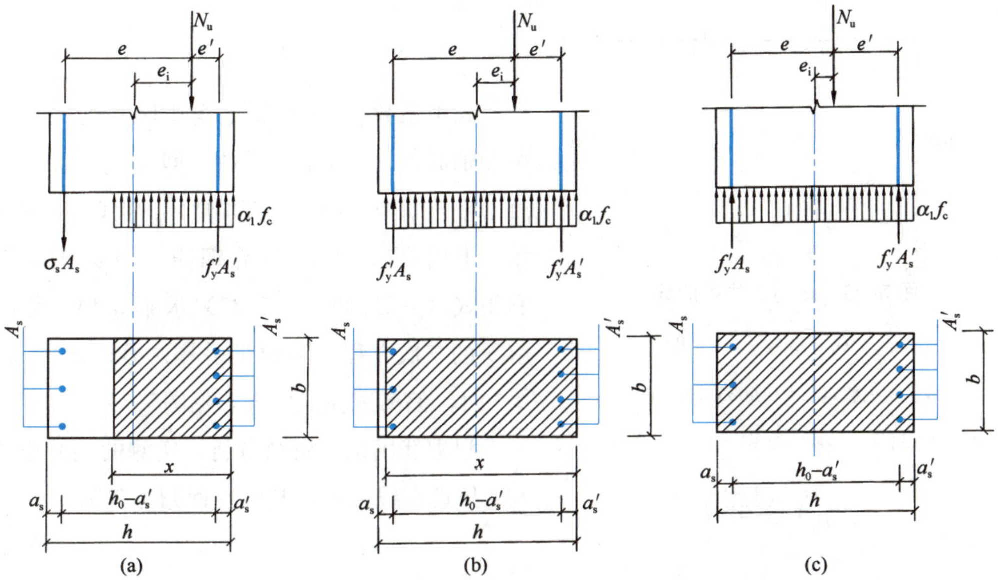

图 5-22　小偏心受压截面承载力计算简图

（a）$\xi_{cy}>\xi>\xi_b$，A_s 受拉或受压，但都不屈服；（b）$h/h_0>\xi\geqslant\xi_{cy}$，$A_s$ 受压屈服，但 $x<h$；（c）$\xi>\xi_{cy}$，且 $\xi\geqslant h/h_0$，A_s 受压屈服，且全截面受压

ξ_{cy} 为 A_s 受压屈服时的相对受压区高度，见下述。

假定 A_s 是受拉的，根据力的平衡条件及力矩平衡条件，见图 5-22（a），可得：

$$N_u=\alpha_1 f_c bx+f'_y A'_s-\sigma_s A_s \tag{5-20}$$

$$N_u e=\alpha_1 f_c bx\left(h_0-\frac{x}{2}\right)+f'_y A'_s(h_0-a'_s) \tag{5-21}$$

或

$$N_u e'=\alpha_1 f_c bx\left(\frac{x}{2}-a'_s\right)-\sigma_s A_s(h_0-a'_s) \tag{5-22}$$

$$\sigma_s=\frac{\xi-\beta_1}{\xi_b-\beta_1}f_y \tag{5-23}$$

式中　x——混凝土受压区高度，当 $x>h$ 时，取 $x=h$；

σ_s——钢筋 A_s 的应力值，可根据截面应变保持平面的假定计算，亦可按式（5-23）取值，要求满足 $-f'_y\leqslant\sigma_s\leqslant f_y$；

ξ、ξ_b——分别为相对受压区高度和相对界限受压区高度；

e、e'——分别为轴向力作用点至受拉钢筋 A_s 合力点和受压钢筋 A_s' 合力点之间的距离。

$$e' = \frac{h}{2} - e_i - a'_s \tag{5-24}$$

现对式（5-23）说明如下。

在 $x \leqslant h_0$（即 $\xi < 1$）的情况下，可利用图 5-20（a)的应变关系图推导出下列公式：

$$\sigma_s = \varepsilon_{cu} E_s \left(\frac{\beta_1}{\xi} - 1\right) = \varepsilon_{cu} E_s \left(\frac{\beta_1 h_0}{x} - 1\right) \tag{5-25}$$

式中系数 β_1 是混凝土受压区高度 x 与截面中和轴高度 x_c 的比值系数（即 $x = \beta_1 x_c$），当混凝土强度等级不大于 C50 时，$\beta_1 = 0.8$，见第 3 章。但用式（5-25）计算钢筋应力 σ_s 时，需要利用式（5-21)和式（5-22）求解 x 值，势必要解 x 的三次方程，不便于手算，另外该公式在 $\xi > 1$ 时，偏离试验值较大，见图5-23。

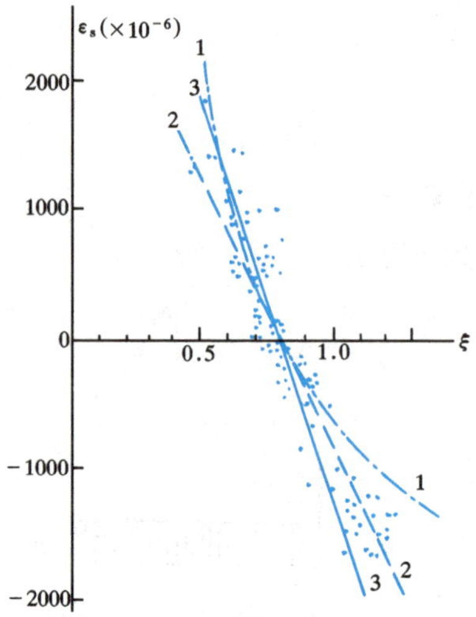

图 5-23　ε_s 与 ξ 关系曲线

（$\varepsilon_{cu} = 0.0033$，$\beta_1 = 0.8$）

1—按平截面假定 $\varepsilon_s = 0.0033\ (0.8/\xi - 1)$；

2—回归方程 $\varepsilon_s = 0.0044\ (0.81 - \xi)$；3—简化公式

$\varepsilon_s = \frac{f_y}{E_s}\left(\frac{0.8 - \xi}{0.8 - \xi_b}\right)$

根据我国试验资料分析，实测的钢筋应变 ε_s 与 ξ 接近直线关系，其线性回归方程为：

$$\varepsilon_s = 0.0044(0.81 - \xi) \tag{5-26a}$$

由于 σ_s 对小偏压截面承载力影响较小，考虑界限条件 $\xi = \xi_b$ 时，$\varepsilon_s = f_y/E_s$；$\xi = \beta_1$ 时，$\varepsilon_s = 0$；调整回归方程（5-26a）后，简化成下式：

$$\varepsilon_s = \frac{f_y}{E_s} \frac{\beta_1 - \xi}{\beta_1 - \xi_b} \tag{5-26b}$$

$\sigma_s = \varepsilon_s E_s$，故得式（5-23）。

在式（5-23）中，令 $\sigma_s = -f'_y$，则可得到 A_s 受压屈服时的相对受压区高度

$$\xi_{cy} = 2\beta_1 - \xi_b \tag{5-27}$$

3. 矩形截面小偏心受压构件反向破坏的正截面承载力计算

当偏心距很小，A'_s 比 A_s 大得多，且轴向力很大时，截面的实际形心轴偏向 A'_s，导致偏心方向的改变，有可能在离轴向力较远一侧的边缘混凝土先压坏的情况，称为反向受压破坏。这时的截面承载力计算简图如图 5-24 所示。

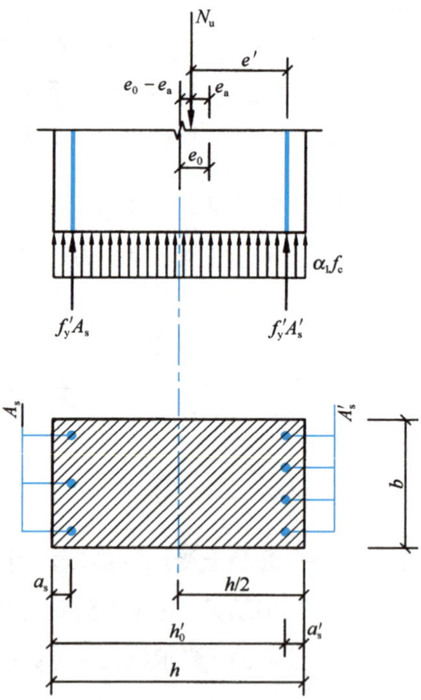

图 5-24　反向破坏时的截面承载力计算简图

这时，附加偏心距 e_a 反向了，使 e_0 减小，即：

$$e' = \frac{h}{2} - a'_s - (e_0 - e_a) \tag{5-28}$$

对 A'_s 合力点取矩，得：

$$A_s = \frac{N_u e' - \alpha_1 f_c bh\left(h'_0 - \frac{h}{2}\right)}{f'_y(h'_0 - a_s)} \tag{5-29}$$

截面设计时，令 $N_u = N$，按式（5-29）求得的 A_s 应不小于 $\rho_{min}bh$，$\rho_{min} = 0.2\%$，否则应取 $A_s = 0.002bh$。

数值分析表明，只有当 $N > \alpha_1 f_c bh$ 时，按式（5-29）求得的 A_s 才有可能大于 $0.002bh$；当 $N \leqslant \alpha_1 f_c bh$ 时，求得的 A_s 总是小于 $0.002bh$。所以《混凝土结构设计标准》规定，当 $N > f_c bh$时，尚应验算反向受压破坏的承载力。

5.6 矩形截面非对称配筋偏心受压构件正截面受压承载力计算

与受弯构件正截面受弯承载力计算一样，偏心受压构件正截面受压承载力的计算也分为截面设计与截面复核两类问题。

计算时，首先要确定是否要考虑 P-δ 效应。

5.6.1 截面设计

构件截面上的内力设计值 N、M、材料及构件截面尺寸为已知，欲求 A_s 和 A'_s。计算步骤为先算出偏心距 e_i，初步判别截面的破坏形态，当 $e_i > 0.3h_0$ 时，可先按大偏心受压情况计算；当 $e_i \leqslant 0.3h_0$ 时，则先按属于小偏心受压情况计算，然后应用有关计算公式求得钢筋截面面积 A_s 及 A_s'。求出 A_s、A_s'后再计算 x，用 $x \leqslant x_b$，$x > x_b$ 来检查原先假定的是否正确，如果不正确需要重新计算。在所有情况下，A_s 及 A_s'还要满足最小配筋率的规定；同时（$A_s + A_s'$）不宜大于 bh 的 5%。最后，要按轴心受压构件验算垂直于弯矩作用平面的受压承载力。

1. 大偏心受压构件的截面设计

分为 A'_s 为未知与 A'_s 为已知的两种情况。

1）已知：截面尺寸 $b \times h$，混凝土的强度等级，钢筋种类（在一般情况下 A_s 及 A'_s 取同一种钢筋），轴向力设计值 N 及弯矩设计值 M，长细比 l_c/h，求钢筋截面面积 A_s 及 A'_s。

令 $N = N_u$，$M = Ne_0$，从式（5-13）和式（5-14）中可看出共有 x、A_s 和 A'_s 三个未知数，而只有两个方程式；所以与双筋受弯构件类似，为了使钢筋（$\boldsymbol{A_s + A'_s}$）的总用量为最小，应取 $\boldsymbol{x = x_b = \xi_b h_0}$（$x_b$ 为界限破坏时受压区计算高度）。今将 $x = x_b = \xi_b h_0$ 代入式（5-

14)，得钢筋 A'_s 的计算公式：

$$A'_s=\frac{Ne-\alpha_1 f_c bx_b(h_0-0.5x_b)}{f'_y(h_0-a'_s)}=\frac{Ne-\alpha_1 f_c bh_0^2\xi_b(1-0.5\xi_b)}{f'_y(h_0-a'_s)} \tag{5-30}$$

将求得的 A'_s 及 $x=\xi_b h_0$ 代入式（5-13），则得：

$$A_s=\frac{\alpha_1 f_c bh_0\xi_b-N}{f_y}+\frac{f'_y}{f_y}A'_s \tag{5-31}$$

最后，按轴心受压构件验算垂直于弯矩作用平面的受压承载力，当其不小于 N 值时为满足，否则要重新设计。

2）已知：b、h、N、M、f_c、f_y、f'_y、l_c/h 及受压钢筋 A'_s 的数量，求钢筋截面面积 A_s。

令 $N=N_u$，$M=Ne_0$，从式（5-13）及式（5-14）中可看出，仅有 x 及 A_s 两个未知数，完全可以通过式（5-13）和式（5-14）的联立，直接求算 A_s 值，但要解算 x 的二次方程，相当麻烦。对此可仿照第 3 章中双筋截面已知 A'_s 时的情况，令 $M_{u2}=\alpha_1 f_c bx\ (h_0-x/2)$，由式（5-14）知 $M_{u2}=Ne-f'_yA'_s\ (h_0-a'_s)$，再算出 $\alpha_s=\dfrac{M_{u2}}{\alpha_1 f_c bh_0^2}$，于是 $\xi=1-\sqrt{1-2\alpha_s}$，代入式（5-13）求出 A_s。尚需注意，若求得 $x>\xi_b h_0$，就应改用小偏心受压重新计算；如果仍用大偏心受压计算，则要采取加大截面尺寸或提高混凝土强度等级，加大 A'_s 的数量等措施，也可按 A'_s 未知的情况来重新计算，使其满足 $x<\xi_b h_0$ 的条件。若 $x<2a'_s$ 时，仿照双筋受弯构件的办法，对受压钢筋 A'_s 合力点取矩，计算 A_s 值，得：

$$A_s=\frac{N\left(e_i-\frac{h}{2}+a'_s\right)}{f_y(h_0-a'_s)} \tag{5-32}$$

另外，再按不考虑受压钢筋 A'_s，即取 $A'_s=0$，利用式（5-13）、式（5-14）求算 A_s 值，然后与用式（5-32）求得的 A_s 值作比较，取其中较小值配筋。

最后也要按轴心受压构件验算垂直于弯矩作用平面的受压承载力。

由上可知，大偏心受压构件的截面设计方法，不论 A'_s 是未知还是已知，都基本上与双筋受弯构件的相仿。

2. 小偏心受压构件正截面承载力设计

这时未知数有 x、A_s 和 A'_s 三个，而独立的平衡方程式只有两个，故必须补充一个条件才能求解。注意，式（5-23）并不是补充条件，因为式中的 $\xi=x/h_0$。

建议按以下两个步骤进行截面设计。

1）确定 A_s，作为补充条件

当 $\xi_{cy}>\xi>\xi_b$ 时，不论 A_s 配置多少，它总是不屈服的，为了经济，可取 $A_s=\rho_{min}bh=$

0.002bh，同时考虑到防止反向破坏的要求，A_s 按以下方法确定：

(1) 当 $N \leqslant f_c bh$ 时，取 $A_s = 0.002bh$；

(2) 当 $N > f_c bh$ 时，A_s 由反向受压破坏的式（5-29）求得，如果 $A_s < 0.002bh$，取 $A_s = 0.002bh$。

2）求出 ξ 值，再按 ξ 的三种情况求出 A'_s

把 A_s 代入力的平衡方程式（5-20）和力矩平衡方程式（5-21）中，消去 A'_s，得：

$$\xi = u + \sqrt{u^2 + v} \tag{5-33}$$

$$u = \frac{a'_s}{h_0} + \frac{f_y A_s}{(\xi_b - \beta_1)\alpha_1 f_c b h_0}\left(1 - \frac{a'_s}{h_0}\right) \tag{5-34}$$

$$v = \frac{2Ne'}{\alpha_1 f_c b h_0^2} - \frac{2\beta_1 f_y A_s}{(\xi_b - \beta_1)\alpha_1 f_c b h_0}\left(1 - \frac{a'_s}{h_0}\right) \tag{5-35}$$

得到 ξ 值后，按下述小偏心受压的三种情况分别求出 A'_s。

(1) $\xi_{cy} > \xi > \xi_b$ 时，把 ξ 代入力的平衡方程式或力矩平衡方程式中，即可求出 A'_s。

(2) $h/h_0 > \xi \geqslant \xi_{cy}$ 时，取 $\sigma_s = -f'_y$，按下式重新求 ξ：

$$\xi = \frac{a'_s}{h_0} + \sqrt{\left(\frac{a'_s}{h_0}\right)^2 + 2\left[\frac{Ne'}{\alpha_1 f_c b h_0^2} - \frac{A_s}{bh_0}\frac{f'_y}{\alpha_1 f_c}\left(1 - \frac{a'_s}{h_0}\right)\right]} \tag{5-36}$$

再按式（5-20）求出 A'_s。

(3) $\xi \geqslant \xi_{cy}$ 且 $\xi \geqslant \dfrac{h}{h_0}$ 时，取 $x = h$，$\sigma_s = -f'_y$，$\alpha_1 = 1$，由式（5-21）得：

$$A'_s = \frac{Ne - f_c bh\ (h_0 - 0.5h)}{f'_y\ (h_0 - a'_s)} \tag{5-37}$$

如果以上求得的 A'_s 值小于 0.002bh，应取 $A'_s = 0.002bh$。

5.6.2 承载力复核

进行承载力复核时，一般已知 b、h、A_s 和 A'_s，混凝土强度等级及钢筋级别，构件长细比 l_c/h。分为两种情况：一种是已知轴向力设计值，求偏心距 e_0，即验算截面能承受的弯矩设计值 M；另一种是已知 e_0，求轴向力设计值。不论哪一种情况，都需要进行垂直于弯矩作用平面的承载力复核。

1. 弯矩作用平面的承载力复核

1）已知轴向力设计值 N，求弯矩设计值 M

先将已知配筋和 ξ_b 代入式（5-13）计算界限情况下的受压承载力设计值 N_{ub}。如果 $N \leqslant N_{ub}$，则为大偏心受压，可按式（5-13）求 x，再将 x 代入式（5-14）求 e，则得弯矩设计值 $M = Ne_0$。如 $N > N_{ub}$，为小偏心受压，可先假定属于第一种小偏心受压情况，按式（5-20）和式（5-23）求 x，当 $x < \xi_{cy} h_0$ 时，说明假定正确，再将 x 代入式（5-21）求 e，由式

(5-16)、式（15-17）求得 e_0，及 $M=Ne_0$。如果 $x<\xi_{cy}h_0$，则应按式（5-36）重求 x；当 $x\geqslant h$时，就取 $x=h$。

另一种方法是，先假定 $\xi\leqslant\xi_b$，由式（5-13）求出 x，如果 $\xi=x/h_0\leqslant\xi_b$，说明假定是对的，再由式（5-14）求 e_0；如果 $\xi=\dfrac{x}{h_0}>\xi_b$，说明假定有误，则应按上述小偏心受压情况求出 x，再由式（5-21）求出 e_0。

2）已知偏心距 e_0 求轴向力设计值 N

因截面配筋已知，故可按图 5-21 对 N 作用点取矩求 x。当 $x\leqslant x_b$时，为大偏压，将 x 及已知数据代入式（5-13）可求解出轴向力设计值 N，即为所求。当 $x>x_b$ 时，为小偏心受压，将已知数据代入式（5-20）～式（5-23）联立求解轴向力设计值 N。

由上可知，在进行弯矩作用平面的承载力复核时，与受弯构件正截面承载力复核一样，总是要求出 x 才能使问题得到解决。

2. 垂直于弯矩作用平面的承载力复核

无论是设计题或截面复核题，是大偏心受压还是小偏心受压，除了在弯矩作用平面内依照偏心受压进行计算外，都要验算垂直于弯矩作用平面的轴心受压承载力。此时，应考虑 φ 值，并取 b 作为截面高度，见本章例 5-10。

【例 5-4】已知，荷载作用下柱的轴向力设计值 $N=396\text{kN}$，杆端弯矩设计值 $M_1=0.92M_2$，$M_2=218\text{kN}\cdot\text{m}$，截面尺寸：$b=300\text{mm}$，$h=400\text{mm}$，$a_s=a'_s=40\text{mm}$；混凝土强度等级为 C30，钢筋采用 HRB400 级；$l_c/h=6$。

求：钢筋截面面积 A'_s 及 A_s。

【解】因 $\dfrac{M_1}{M_2}=0.92>0.9$，故需考虑 P-δ 效应。

$$C_m=0.7+0.3\frac{M_1}{M_2}=0.976$$

$$\zeta_c=\frac{0.5f_cA}{N}=0.5\times\frac{14.3\times300\times400}{396\times10^3}=2.17>1,\text{取 }\zeta_c=1$$

$$e_a=20\text{mm}$$

$$\eta_{ns}=1+\frac{1}{1300\dfrac{\left(\dfrac{M_2}{N}+e_a\right)}{h_0}}\left(\frac{l_c}{h}\right)^2\zeta_c=1+\frac{1}{1300\times\dfrac{\left(\dfrac{218\times10^6}{396\times10^3}+20\right)}{360}}\times6^2\times1$$

$$=1.014$$

$$C_m\eta_{ns}=0.976\times1.014=0.993<1,\text{取 }C_m\eta_{ns}=1$$

$$M=C_m\eta_{ns}M_2=M_2=218\text{kN}\cdot\text{m}$$

$$e_i=\frac{M}{N}+e_a=\frac{218\times10^6}{396\times10^3}+20=551+20=571\text{mm}$$

因 $e_i=571\text{mm}>0.3h_0=0.3\times360=108\text{mm}$，先按大偏压情况计算：

$$e=e_i+h/2-a_s=571+400/2-40=731\text{mm}$$

由式（5-30）得：

$$A'_s=\frac{Ne-\alpha_1 f_c bh_0^2\xi_b(1-0.5\xi_b)}{f'_y(h_0-a'_s)}$$
$$=\frac{396\times10^3\times731-1.0\times14.3\times300\times360^2\times0.518(1-0.5\times0.518)}{360\times(360-40)}$$
$$=660\text{mm}^2>\rho'_{\min}bh=0.002\times300\times400=240\text{mm}^2$$

由式（5-31）得：

$$A_s=\frac{\alpha_1 f_c bh_0\xi_b-N}{f_y}+\frac{f'_y}{f_y}A'_s$$
$$=\frac{1.0\times14.3\times300\times360\times0.518-396\times10^3}{360}+660$$
$$=1782\text{mm}^2$$

受拉钢筋 A_s 选用 3⌀22+2⌀20（$A_s=1768\text{mm}^2$），受压钢筋 A'_s 选用 2⌀18+1⌀14（$A'_s=662.9\text{mm}^2$）。

由式（5-13），求出 x：

$$x=\frac{N-f'_yA'_s+f_yA_s}{\alpha_1 f_c b}=\frac{396\times10^3-360\times662.9+360\times1768}{1.0\times14.3\times300}=185\text{mm}，\xi=\frac{x}{h_0}=\frac{185}{360}=$$

$0.514<\xi_b=0.518$，故前面假定为大偏心受压是正确的。

垂直于弯矩作用平面的承载力经验算满足要求，此处从略。

【例 5-5】已知条件同例 5-4，并已知 $A'_s=942\text{mm}^2$（3⌀20）。

求：受拉钢筋截面面积 A_s。

【解】令 $N=N_u$，

由式（5-14）知：

$$M_{u2}=Ne-f'_yA'_s(h_0-a'_s)=396\times10^3\times731-360\times942\times(360-40)=181\text{kN}\cdot\text{m}$$

$$\alpha_s=\frac{M_{u2}}{\alpha_1 f_c bh_0^2}=\frac{181\times10^6}{1\times14.3\times300\times360^2}=0.326$$

$\xi=1-\sqrt{1-2\alpha_s}=1-\sqrt{1-2\times0.326}=0.41<\xi_b=0.518$，是大偏心受压

$$x=\xi h_0=0.41\times360=148\text{mm}>2a'_s=2\times40=80\text{mm}$$

由式（5-13）得：

$$A_s=\frac{\alpha_1 f_c bx+f'_yA'_s-N}{f_y}=\frac{1\times14.3\times300\times148+360\times942-396\times10^3}{360}=1606\text{mm}^2$$

选用 2⌀20+2⌀25（$A_s=1610\text{mm}^2$）。

比较例 5-4 与例 5-5 可看出，当取 $\xi=\xi_b$ 时，总的用钢量计算值为 $660+1782=2442\text{mm}^2$，比例 5-5 求得的总用钢量 $942+1606=2548\text{mm}^2$ 少 4.16%。

【例 5-6】已知，$N=160\text{kN}$，杆端弯矩设计值 $M_1=M_2=250.9\text{kN}\cdot\text{m}$，$b=300\text{mm}$，$h=500\text{mm}$，$a_s=a'_s=40\text{mm}$，受压钢筋用 4⌀22，$A'_s=1520\text{mm}^2$（HRB400 级钢筋），混凝土

强度等级为C30，构件的计算长度 $l_c=6\text{m}$。

求：受拉钢筋截面面积 A_s。

【解】由式（5-11c）：$\dfrac{l_c}{i}=\dfrac{l_c}{\sqrt{\dfrac{1}{12}}h}=\dfrac{6000}{0.289\times500}=41.5>34-12\left(\dfrac{M_1}{M_2}\right)=22$。

故需考虑 P-δ 效应：

$$\frac{M_2}{N}=\frac{250.9\times10^6}{160\times10^3}=1568\text{mm}$$

$$e_a=20\text{mm}$$

$$\zeta_c=\frac{0.5f_cA}{N}=\frac{0.5\times14.3\times300\times500}{160\times10^3}=6.70>1$$

$$\zeta_c=1$$

$$\frac{l_c}{h}=\frac{6000}{500}=12$$

$$\eta_{ns}=1+\frac{1}{\dfrac{1300(M_2/N+e_a)}{h_0}}\left(\frac{l_c}{h}\right)^2\zeta_c$$

$$=1+\frac{1}{1300\times3.452}\times(12)^2\times1$$

$$=1.032$$

$$C_m=0.7+0.3\frac{M_1}{M_2}=1$$

$$M=C_m\eta_{ns}M_2$$

$$=1\times1.032\times250.9=259\text{kN}\cdot\text{m}$$

$e_i=\dfrac{M}{N}+e_a=1619+20=1639\text{mm}>0.3h_0=0.3\times460=138\text{mm}$，可先按大偏心受压情况计算。

$$e=e_i+\frac{h}{2}-a_s=1639+500/2-40$$

$$=1849\text{mm}$$

$$M_{u2}=Ne-f'_yA'_s(h_0-a'_s)$$

$$=160\times10^3\times1849-360\times1520\times(460-40)$$

$$=66.02\text{kN}\cdot\text{m}$$

$$\alpha_s=\frac{M_{u2}}{\alpha_1f_cbh_0^2}$$

$$=\frac{66.02\times10^6}{1\times14.3\times300\times(460)^2}$$

$$=0.073$$

$\xi=1-\sqrt{1-2\alpha_s}=1-\sqrt{1-2\times0.073}=0.076<\xi_b=0.518$，说明假定大偏心受压是正确的。$x=\xi h_0=0.076\times460=35\text{mm}<2a'_s=80\text{mm}$。

按式（5-32）计算 A_s 值：

$$A_s=\frac{N\cdot(e_i-h/2+a'_s)}{f_y(h_0-a'_s)}$$

$$=\frac{160\times10^3\times(1639-500/2+40)}{360\times(460-40)}$$

$$=1512\text{mm}^2$$

如果按不考虑受压钢筋 A'_s 的情况进行计算：

$$M_{u2}=Ne=160\times10^3\times1849=295.84\text{kN}\cdot\text{m}$$

$$\alpha_s=0.326,\ \xi=0.410,\ x=189\text{mm},\ A_s=1804\text{mm}^2$$

说明本题如不考虑受压钢筋，受拉钢筋 A_s 会得到较大数值。因此，本题取 $A_s=1512\text{mm}^2$ 来配筋，选用 4⌀22（$A_s=1520\text{mm}^2$）。

【例 5-7】 已知：$N=600\text{kN}$，杆端弯矩设计值 $M_1=M_2=180\text{kN}\cdot\text{m}$，$b=300\text{mm}$，$h=700\text{mm}$，$a_s=a'_s=45\text{mm}$，采用 HRB400 钢筋，$f_y=f'_y=360\text{N/mm}^2$，混凝土强度等级为 C40，$f_c=19.1\text{N/mm}^2$，构件的计算长度 $l_c=5\text{m}$。

求：钢筋截面面积 A'_s 及 A_s。

【解】 由式（5-11c）$\frac{l_c}{i}=\frac{5000}{0.289\times700}=24.7>34-12\left(\frac{M_1}{M_2}\right)=22$，故需考虑 P-δ 效应。

$$C_m=0.7+0.3\frac{M_1}{M_2}=1$$

$$\zeta_c=\frac{0.5f_cA}{N}=0.5\times\frac{19.1\times300\times700}{600000}=3.3>1,\text{取}\ \zeta_c=1$$

$$e_a=700/30=23\text{mm}(>20\text{mm})$$

$$\eta_{ns}=1+\frac{1}{1300\dfrac{(M_2/N+e_a)}{h_0}}\left(\frac{l_c}{h}\right)^2\zeta_c$$

$$=1+\frac{1}{1300\times0.493}\times7.14^2\times1=1.08$$

$$M=C_m\eta_{ns}M_2=1.08\times1\times180=194.4\text{kN}\cdot\text{m}$$

$$e_0=\frac{M}{N}=\frac{194.4\times10^6}{600\times10^3}=324\text{mm}$$

$$e_i=e_0+e_a=324+23=347\text{mm}$$

$$e_i=347\text{mm}>0.3h_0=0.3\times655=197\text{mm}$$

可先按大偏心受压情况计算：

$$e=e_i+\frac{h}{2}-a_s=347+\frac{700}{2}-45=652\text{mm}$$

由式(5-30)得：

$$A'_s=\frac{Ne-\alpha_1f_cbh_0^2\xi_b(1-0.5\xi_b)}{f'_y(h_0-a'_s)}$$

$$=\frac{600\times10^3\times652-1.0\times19.1\times300\times655^2\times0.518\times(1-0.5\times0.518)}{360\times(655-45)}$$

$=$ 负数

取 $A'_s=\rho'_{min}bh=0.002\times300\times700=420mm^2$。

选用 4⌀12（$A_s=452mm^2$），这样，该题就变成已知受压钢筋 $A'_s=452mm^2$，求受拉钢筋 A_s 的问题，下面计算从略。

【例 5-8】已知：$N=1200kN$，$b=400mm$，$h=600mm$，$a_s=a'_s=40mm$，混凝土强度等级为 C40，钢筋采用 HRB400 级，A_s 选用 4⌀20（$A_s=1256mm^2$），A'_s 选用 4⌀22（$A'_s=1520mm^2$）。构件计算长度 $l_c=4m$，两杆端弯矩设计值的比值为 $M_1=0.85M_2$。

求：该截面在 h 方向能承受的弯矩设计值。

因：

$$M_1/M_2=0.85<0.9$$

$$\frac{N}{f_cA}=0.26<0.9$$

$$\frac{l_c}{i}=23.1<34-12\left(\frac{M_1}{M_2}\right)=23.8$$

故不考虑 P-δ 效应。

【解】令 $N=N_u$，由式（5-21）得：

$$x=\frac{N-f'_yA'_s+f_yA_s}{\alpha_1f_cb}$$

$$=\frac{1200\times10^3-360\times1520+360\times1256}{1.0\times19.1\times400}$$

$$=145mm<\xi_bh_0(=0.518\times560=290mm)$$

属于大偏心受压情况。$x=145mm>2a'_s$（$=2\times45=90mm$），说明受压钢筋能达到屈服强度。由式（5-14）得：

$$e=\frac{\alpha_1f_cbx\left(h_0-\frac{x}{2}\right)+f'_yA'_s(h_0-a'_s)}{N}$$

$$=\frac{1.0\times19.1\times400\times145\times(560-145/2)+360\times1520\times(560-40)}{1200\times10^3}$$

$$=687mm$$

$$e_i=e-\frac{h}{2}+a_s=687-\frac{600}{2}+40=427mm$$

由 $e_i=e_0+e_a$，$e_a=20mm$，

则：

$$e_0=e_i-e_a=427-20=407mm$$

$$M=Ne_0=1200\times0.407=488.4kN\cdot m$$

该截面在 h 方向能承受的弯矩设计值为：

$$M=488.4kN\cdot m$$

【例 5-9】 已知：框架柱截面尺寸 $b=500mm$，$h=700mm$，$a_s=a'_s=45mm$，混凝土强度等级为 C35，采用 HRB400 钢筋，A_s 选用 6 ⌀ 25（$A_s=2945mm^2$），A'_s 选用 4 ⌀ 25（$A'_s=1964mm^2$）。构件计算长度 $l_c=12.25m$，轴向力的偏心距 $e_0=600mm$。

求：截面能承受的轴向力设计值 N_u。

【解】框架柱的反弯点在柱间，故不考虑 P-δ 效应。

$$e_0=600mm,\ e_a=700/30=23mm\ (>20mm)$$

$$e_i=e_0+e_a=600+23=623mm$$

由图 5-21，对 N_u 点取矩，得：

$$\alpha_1 f_c bx\left(e_i-\frac{h}{2}+\frac{x}{2}\right)=f_y A_s\left(e_i+\frac{h}{2}-a_s\right)-f'_y A'_s\left(e_i-\frac{h}{2}+a'_s\right)$$

代入数据，则：

$$1.0\times16.7\times500\times x\left(623-350+\frac{x}{2}\right)$$

$$=360\times2945\times(623+350-45)-360\times1964\times(623-350+45)$$

移项求解：

$$x^2+546x-181803=0$$

$$x=\frac{1}{2}\times(-546+\sqrt{546^2+4\times181803})=233mm$$

故 $2a'_s(=2\times45=90mm)<x<x_b(=0.518\times655=339mm)$。

由式（5-13）得：

$$N_u=\alpha_1 f_c bx+f'_y A'_s-f_y A_s$$

$$=1.0\times16.7\times500\times233+360\times1964-360\times2945$$

$$=1589.2kN$$

该截面能承受的轴向力设计值为：

$$N_u=1589.2kN$$

【例 5-10】已知柱的轴向压力设计值 $N=4600kN$，杆端弯矩设计值 $M_1=0.5M_2$，$M_2=130kN\cdot m$，截面尺寸为 $b=400mm$，$h=600mm$，$a_s=a'_s=45mm$，混凝土强度等级为 C35，$f_c=16.7N/mm^2$，采用 HRB400 级钢筋，$l_c=l_0=3m$。

求：钢筋截面面积 A_s 和 A'_s。

【解】

轴压比 $\dfrac{N}{f_c bh}=\dfrac{4600\times10^3}{16.7\times400\times600}=1.15>0.9$，故要考虑 P-δ 效应。

$$C_m=0.7+0.3\frac{M_1}{M_2}=0.7+0.3\times0.5=0.85$$

$$\zeta_c = 0.5\frac{f_cA}{N} = \frac{0.5\times16.7\times400\times600}{4600\times10^3} = 0.436$$

$$\eta_{ns} = 1+\frac{1}{1300\left(\frac{M_2}{N}+e_a\right)/h_0}\left(\frac{l_c}{h}\right)^2\zeta_c$$

$$= 1+\frac{1}{1300\times\left(\frac{130\times10^6}{4600\times10^3}+20\right)/555}\times\left(\frac{3.0}{0.6}\right)^2\times0.436$$

$$= 1.096$$

$C_m\eta_{ns} = 0.85\times1.096 = 0.932 < 1.0$，取 $C_m\eta_{ns} = 1.0$。

故弯矩设计值：　　$M = C_m\eta_{ns}M_2 = 1.0\times130 = 130\text{kN}\cdot\text{m}$

$$e_0 = \frac{M}{N} = \frac{130\times10^6}{4600\times10^3} = 28.26\text{mm}$$

$$e_i = e_0 + e_a = 28.26 + 20 = 48.26\text{mm}$$

$$< 0.3h_0 = 0.3\times555 = 166.5\text{mm}$$

故初步按小偏心受压计算，并分为两个步骤。

(1) 确定 A_s

$N = 4600\text{kN} > f_cbh = 16.7\times400\times600 = 4008\text{kN}$，故令 $N = N_u$，按反向破坏的式(5-28)、式(5-29)求 A_s。

$$e' = \frac{h}{2} - a'_s - (e_0 - e_a) = \frac{600}{2} - 45 - (28.26 - 20)$$

$$= 246.74\text{mm}$$

$$A_s = \frac{Ne' - \alpha_1 f_cbh\left(h'_0 - \frac{h}{2}\right)}{f_y(h_0 - a_s)}$$

$$= \frac{4600\times10^3\times246.74 - 1\times16.7\times400\times600\times(555-300)}{360\times(555-45)}$$

$$= 615\text{mm}^2 > 0.002bh = 0.002\times400\times600 = 480\text{mm}^2$$

因此取 $A_s = 615\text{mm}^2$ 作为补充条件。

(2) 求 ξ，并按 ξ 的情况求 A'_s

$$\xi = u + \sqrt{u^2 + v}$$

$$u = \frac{a'_s}{h_0} + \frac{f_yA_s}{(\xi_b - \beta_1)\alpha_1 f_cbh_0}\left(1 - \frac{a'_s}{h_0}\right)$$

$$= \frac{45}{555} + \frac{360\times615}{(0.518-0.8)\times1\times16.7\times400\times555}\times\left(1-\frac{45}{555}\right)$$

$$= 0.0811 - 0.1946 = -0.1135$$

$$v=\frac{2Ne'}{\alpha_1 f_c bh_0^2}-\frac{2\beta_1 f_y A_s}{(\xi_b-\beta_1)\alpha_1 f_c bh_0}\left(1-\frac{a_s'}{h_0}\right)$$

$$=\frac{2\times4600\times10^3\times246.74}{1\times16.7\times400\times555^2}-\frac{2\times0.8\times360\times615}{(0.518-0.8)\times1\times16.7\times400\times555^2}\times\left(1-\frac{45}{555}\right)$$

$$=1.103+0.3114=1.4144$$

$$\xi=-0.1135+\sqrt{(-0.1135)^2+1.4144}=1.0812>\xi_b=0.518$$

确属小偏压。

$\xi_{cy}=2\beta_1-\xi_b=2\times0.8-0.518=1.082>\xi=1.0812$，故属于小偏心受压的第一种情况：$\xi_{cy}>\xi>\xi_b$。由力的平衡方程式得：

$$A_s'=\frac{N-\alpha_1 f_c\xi bh_0+\left(\frac{\xi-\beta_1}{\xi_b-\beta_1}\right)f_y A_s}{f_y'}$$

$$=\frac{4600\times10^3-1\times16.7\times1.0812\times400\times555+\frac{1.0812-0.8}{0.518-0.8}\times360\times615}{360}$$

$$=1030\text{mm}^2$$

对 A_s 采用 3⏀16，$A_s=603\text{mm}^2$；对 A_s' 采用 8⏀25，$A_s'=3927\text{mm}^2$。

再验算垂直于弯矩作用平面的轴心受压承载力：

由$\frac{l_0}{b}=\frac{3000}{400}=7.5$，查表 5-1，得 $\varphi=1.0$，按式（5-4）得：

$$N_u=0.9\varphi[f_c bh+f_y'(A_s'+A_s)]$$

$$=0.9\times1.0\times[16.7\times400\times600+360\times(603+3927)]$$

$$=5074.92\text{kN}>N=4600\text{kN}，满足。$$

以上是理论计算的结果，A_s 与 A_s' 相差太大，为了实用，可加大 A_s，使 A_s' 减小，但（A_s+A_s'）的用量将增加。

【例 5-11】 已知：在荷载作用下框架柱的轴向力设计值 $N=3500\text{kN}$，柱截面尺寸 $b=300\text{mm}$，$h=600\text{mm}$，$a=a'=45\text{mm}$；混凝土强度等级为 C40，采用 HRB400钢筋，A_s 选用 4⏀16（$A_s=804\text{mm}^2$），A_s' 选用 4⏀25（$A_s=1964\text{mm}^2$）构件计算长度 $l_c=l_0=7.2\text{m}$，$-M_1=M_2$。

求：该截面 h 方向能承受的弯矩设计值。

因$\frac{M_1}{M_2}=-1$，反弯点在框架柱间，此时不考虑 P-δ 效应。

【解】 先按大偏心受压计算式（5-13），求算 x 值：

$$x=\frac{N-f_y'A_s'+f_y A_s}{\alpha_1 f_c b}=\frac{3500\times10^3-360\times1964+360\times804}{1.0\times19.1\times300}$$

$$=538\text{mm}>\xi_b h_0=0.518\times555=287\text{mm}$$

属于小偏心受压破坏情况。可先验算垂直于弯矩作用平面的承载力是否安全，该方向可视为轴心受压。

由已知条件 $l_0/b=7200/300=24$，查表 5-1 得：$\varphi=0.65$。按式（5-4）得：

$$
\begin{aligned}
N &= 0.9\varphi[f_c bh + f'_y(A'_s + A_s)] \\
&= 0.9 \times 0.65[19.1 \times 300 \times 600 + 360 \times (1964 + 804)] \\
&= 2594.17\text{kN} < 3500\text{kN}
\end{aligned}
$$

上述结果说明该偏心受压构件在垂直弯矩平面的承载力是不安全的，可通过加宽截面尺寸、提高混凝土强度等级或加大钢筋截面来解决，然后再行计算。

本题采用加宽 b 值，取 $b=400\text{mm}$，重算 φ 值。

由已知条件 $l_0/b=7200/400=18$，查表 5-1，得 $\varphi=0.81$，按式（5-4）得：

$$
\begin{aligned}
N &= 0.9\varphi[f_c bh + f'_y(A'_s + A_s)] \\
&= 0.9 \times 0.81 \times [19.1 \times 400 \times 600 + 360 \times (1964 + 804)] \\
&= 4068.17\text{kN} > 3500\text{kN}
\end{aligned}
$$

满足要求。

下面再求该截面在 h 方向能承受的弯矩设计值。

由式（5-13）求算 x 值：

$$
\begin{aligned}
x &= \frac{N - f'_y A'_s + f_y A_s}{\alpha_1 f_c b} = \frac{3500 \times 10^3 - 360 \times 1964 + 360 \times 804}{1.0 \times 19.1 \times 400} \\
&= 403\text{mm} > \xi_b h_0 = 0.518 \times 555 = 287\text{mm}
\end{aligned}
$$

属于小偏心受压破坏情况。

重求 x 值，假定属于第一种小偏压，σ_s 采用式（5-23）：

$$
\frac{x}{h_0} = \frac{N - f'_y A'_s - \dfrac{0.8}{\xi_b - 0.8} f_y A_s}{\alpha_1 f_c b h_0 - \dfrac{1}{\xi_b - 0.8} f_y A_s} = \frac{3500000 - 360 \times 1964 - \dfrac{0.8 \times 360 \times 804}{0.518 - 0.8}}{1.0 \times 19.1 \times 400 \times 555 - \dfrac{360 \times 804}{0.518 - 0.8}}
$$

$= 0.686$（注：这个计算式是由式 5-20 得来的）

$$x = 0.686h_0 = 0.686 \times 555 = 380.7\text{mm}$$

$$\xi_{cy} = 2\beta_1 - \xi_b = 2 \times 0.8 - 0.518 = 1.082$$

$x < \xi_{cy} h_0 = 1.082 \times 555 = 600.51\text{mm}$，说明假定是对的。

由式（5-21）求 e 值：

$$
\begin{aligned}
e &= \frac{\alpha_1 f_c bx\left(h_0 - \dfrac{x}{2}\right) + f'_y A'_s (h_0 - a')}{N} \\
&= \frac{1.0 \times 19.1 \times 400 \times 380.7 \times (555 - 380.7/2) + 360 \times 1964 \times (555 - 45)}{3500 \times 10^3} \\
&= 406\text{mm}
\end{aligned}
$$

$$e_i = e - \frac{h}{2} + a = 406 - \frac{600}{2} + 45 = 151\text{mm}$$

$$e_a = 600/30 = 20\text{mm}$$

$$e_i = e_0 + e_a$$

$$e_0 = e_i - e_a = 151 - 20 = 131\text{mm}$$

则该截面在 h 方向能承受的弯矩设计值：

$$M = Ne_0 = 3500 \times 10^3 \times 0.131 = 458.5\text{kN} \cdot \text{m}$$

5.7 矩形截面对称配筋偏心受压构件正截面受压承载力计算

在实际工程中，偏心受压构件在不同内力组合下，可能有相反方向的弯矩。当其数值相差不大时，或即使相反方向的弯矩值相差较大，但按对称配筋设计求得的纵向钢筋的总量比按不对称配筋设计所得纵向钢筋的总量增加不多时，均宜采用对称配筋。装配式柱为了保证吊装不会出错，一般采用对称配筋。

5.7.1 截面设计

对称配筋时，截面两侧的配筋相同，即 $A_s = A'_s$，$f_y = f'_y$。

1. 大偏心受压构件的计算

令 $N = N_u$，由式（5-13）可得：

$$x = \frac{N}{\alpha_1 f_c b} \tag{5-38}$$

代入式（5-14），可以求得：

$$A_s = A'_s = \frac{Ne - \alpha_1 f_c bx\left(h_0 - \dfrac{x}{2}\right)}{f'_y(h_0 - a'_s)} \tag{5-39}$$

当 $x < 2a'_s$ 时，可按不对称配筋计算方法一样处理。若 $x > x_b$，（也即 $\xi > \xi_b$ 时），则认为受拉筋 A_s 达不到受拉屈服强度，而属于“受压破坏”情况，就不能用大偏心受压的计算公式进行配筋计算。此时要用小偏心受压公式进行计算。

2. 小偏心受压构件的计算

由于是对称配筋，即 $A_s = A'_s$，可以由式（5-20）～式（5-22）进行直接计算 x 和 $A_s = A'_s$。取 $f_y = f'_y$，由式（5-23）代入式（5-20），并取 $x = \xi h_0$，$N = N_u$， 得：

$$N = \alpha_1 f_c bh_0 \xi + (f'_y - \sigma_s)A'_s$$

也即：

$$f_y' A_s' = \frac{N - \alpha_1 f_c b h_0 \xi}{\dfrac{\xi_b - \xi}{\xi_b - \beta_1}}$$

代入式（5-21），得：

$$Ne = \alpha_1 f_c b h_0^2 \xi \left(1 - \frac{\xi}{2}\right) + \frac{N - \alpha_1 f_c b h_0 \xi}{\dfrac{\xi_b - \xi}{\xi_b - \beta_1}} (h_0 - a_s')$$

也即：

$$Ne\left(\frac{\xi_b - \xi}{\xi_b - \beta_1}\right) = \alpha_1 f_c b h_0^2 \xi (1 - 0.5\xi)\left(\frac{\xi_b - \xi}{\xi_b - \beta_1}\right) + (N - \alpha_1 f_c b h_0 \xi) \cdot (h_0 - a_s') \quad (5\text{-}40)$$

由式（5-40）可知，求 x（$x = \xi h_0$）需要求解三次方程，手算十分不便，可采用下述简化方法：

令：

$$\bar{y} = \xi(1 - 0.5\xi) \frac{\xi - \xi_b}{\beta_1 - \xi_b} \quad (5\text{-}41)$$

代入式（5-40），得：

$$\frac{Ne}{\alpha_1 f_c b h_0^2}\left(\frac{\xi_b - \xi}{\xi_b - \beta_1}\right) - \left(\frac{N}{\alpha_1 f_c b h_0^2} - \xi / h_0\right)(h_0 - a_s') = \bar{y} \quad (5\text{-}42)$$

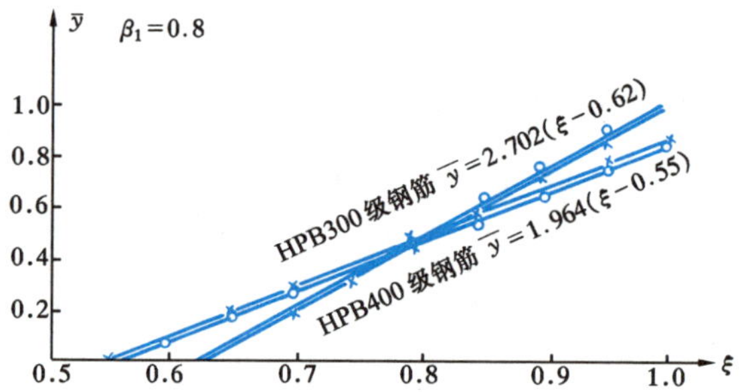

图 5-25　参数$\bar{y}$-ξ 关系曲线

对于给定的钢筋级别和混凝土强度等级，ξ_b、β_1 为已知，则由式（5-42）可画出 $\bar{y}$ 与 ξ 的关系曲线，见图 5-25。

通过图 5-25 可知，在小偏心受压（$\xi_b < \xi \leqslant \xi_{cy}$）的区段内，$\bar{y}$ 与 ξ 逼近于直线关系。对于 HPB300、HRB400（或 RRB400）级钢筋，$\bar{y}$ 与 ξ 的线性方程可近似取为：

$$\bar{y} = 0.43 \frac{\xi - \xi_b}{\beta_1 - \xi_b} \quad (5\text{-}43)$$

将式（5-43）代入式（5-42），经整理后可得到《混凝土结构设计标准》给出的 ξ 的近似公式：

$$\xi = \frac{N - \xi_b \alpha_1 f_c b h_0}{\dfrac{Ne - 0.43\alpha_1 f_c b h_0^2}{(\beta_1 - \xi_b)(h_0 - a_s')} + \alpha_1 f_c b h_0} + \xi_b \quad (5\text{-}44)$$

代入式（5-39）即可求得钢筋面积：

$$A_s = A_s' = \frac{Ne - \alpha_1 f_c b h_0^2 \xi (1 - 0.5\xi)}{f_y'(h_0 - a_s')} \quad (5\text{-}45)$$

5.7.2　截面复核

可按不对称配筋的截面复核方法进行验算，但取 $A_s = A'_s$，$f_y = f'_y$。

【例 5-12】已知条件同例 5-4，设计成对称配筋。

求：钢筋截面面积 $A'_s = A_s$。

【解】由例 5-4 的已知条件，可求得 $e_i = 571\text{mm} > 0.3h_0$，属于大偏心受压情况。由式（5-38)及式（5-39）得：

$$x = \frac{N}{\alpha_1 f_c b} = \frac{396 \times 10^3}{1.0 \times 14.3 \times 300} = 92.3\text{mm} \begin{matrix} < 0.518h_0 \\ > 2a'_s \end{matrix}$$

$$A_s = A'_s = \frac{Ne - \alpha_1 f_c bx(h_0 - x/2)}{f'_y(h_0 - a'_s)}$$

$$= \frac{396 \times 10^3 \times 731 - 1.0 \times 14.3 \times 300 \times 92.3 \times (360 - 92.3/2)}{360 \times (360 - 40)}$$

$$= 1434\text{mm}^2$$

每边配置 3Φ20+1Φ18（$A_s = A'_s = 1451\text{mm}^2$）。

本题与例 5-4 比较可以看出，当采用对称配筋时，钢筋用量需要多一些。

计算值的比较为：例 5-4 中，$A_s + A'_s = 1780 + 662.9 = 2442.9\text{mm}^2$。

本题中 $A_s + A'_s = 2 \times 1434 = 2868\text{mm}^2$。

可见，采用对称配筋时，钢筋用量稍大一些。

【例 5-13】已知：轴向力设计值 $N = 3500\text{kN}$，弯矩 $M_1 = 0.88M_2$，$M_2 = 350\text{kN} \cdot \text{m}$，截面尺寸 $b = 400\text{mm}$，$h = 700\text{mm}$，$a_s = a'_s = 45\text{mm}$；混凝土强度等级为 C40，钢筋用 HRB400 钢筋，构件计算长度 $l_c = l_0 = 3.3\text{m}$。

求：对称配筋时 $A_s = A'_s$ 的数值。

【解】

因：

$$M_1/M_2 = 0.88 < 0.9$$

$$N/f_c A = \frac{3500 \times 10^3}{19.1 \times 400 \times 700} = 0.65 < 0.9$$

$$\frac{l_c}{i} = \frac{3300}{0.289 \times 700} = 16.3 < 34 - 12\frac{M_1}{M_2} = 23.4$$

故，不考虑 P-δ 效应。

$$M = M_2 = 350\text{kN} \cdot \text{m}$$

$$e_a = 700/30 = 23\text{mm} > 20\text{mm}$$

$$e_0 = M/N = (350 \times 10^6) \div (3500 \times 10^3) = 100\text{mm}$$

$$e_i = e_0 + e_a = 100 + 23 = 123\text{mm}$$

$$e_i = 123\text{mm} < 0.3h_0 = 0.3 \times 655 = 196.5\text{mm}$$

$$e = e_i + h/2 - a_s = 123 + 700/2 - 45 = 428\text{mm}$$

$$x = \frac{N}{\alpha_1 f_c b} = \frac{350 \times 10^4}{1.0 \times 19.1 \times 400} = 458\text{mm} > x_b = 0.518 \times 655 = 339\text{mm}$$

属于小偏心受压。

按简化计算方法（近似公式法）计算。

由 $\beta_1 = 0.8$ 和式（5-44），求 ξ：

$$\xi = \frac{N - \xi_b \alpha_1 f_c b h_0}{\dfrac{Ne - 0.43\alpha_1 f_c b h_0^2}{(\beta_1 - \xi_b)(h_0 - a')} + \alpha_1 f_c b h_0} + \xi_b$$

$$= \frac{3500 \times 10^3 - 0.518 \times 1.0 \times 19.1 \times 400 \times 655}{\dfrac{3500 \times 10^3 \times 428 - 0.43 \times 1.0 \times 19.1 \times 400 \times 655^2}{(0.8 - 0.518) \times (655 - 45)} + 1.0 \times 19.1 \times 400 \times 655}$$

$$+ 0.518 = 0.6826$$

$$x = \xi h_0 = 0.6826 \times 655 = 447\text{mm}$$

$$A_s = A_s' = \frac{Ne - \alpha_1 f_c bx\left(h_0 - \dfrac{x}{2}\right)}{f_y'(h_0 - a_s')}$$

$$= \frac{3500 \times 10^3 \times 428 - 1.0 \times 19.1 \times 400 \times 447 \times \left(655 - \dfrac{447}{2}\right)}{360 \times (655 - 45)}$$

$$= 111\text{mm}^2 < \rho_{\min}' bh = 0.2\% \times 400 \times 700 = 560\text{mm}^2$$

取 $A_s' = A_s = 560\text{mm}^2$ 配筋。同时满足整体配筋率不小于 0.55% 的要求，每边选用 2Φ14+2Φ18，$A_s' = A_s = 817\text{mm}^2$。

此外，还需以轴心受压验算垂直于弯矩作用方向的承载能力。

由 $\dfrac{l_0}{b} = \dfrac{3300}{400} = 8.25$，查表 5-1 得 $\varphi = 0.998$。

按式（5-4）得：

$$N = 0.9\varphi[f_c bh + f_y'(A_s' + A_s)]$$

$$= 0.9 \times 0.998 \times [19.1 \times 400 \times 700 + 360 \times (817 + 817)]$$

$$= 5332\text{kN} > 3500\text{kN}$$

验算结果安全。

综上可知，在矩形截面偏心受压构件的正截面受压承载力计算中，能利用的只有力与力矩两个平衡方程式，故当未知数多于 2 个时，就要采用补充条件［小偏心受压时 σ_s 的近似计算公式（5-23）中也含有未知数 x，所以不是补充条件］；当未知数不多于 2 个时，计算也必须采用适当的方法才能顺利求解。表5-2给出了矩形截面偏心受压构件正截面承载力的计算方法，供参考。这里，矩形截面非对称配筋和对称配筋大偏心受压时的截面设计方法是重点，必须熟练掌握，ξ的简化计算公式不必死记。

矩形截面偏心受压构件正截面承载力的计算方法　　表 5-2

配筋	题型	破坏形态或情况	未知数	补充条件或对策	注意事项
非对称配筋	截面设计	大偏心受压	A_s、A'_s、x	令 $\xi=\xi_b$	
			A_s、x（A'_s 已知）	令 $M_{u2}=Ne-f'_yA'_s(h_0-a'_s)$ $\alpha_s=\dfrac{M_{u2}}{\alpha_1 f_c bh_0^2}$，求出 x	$x<2a'_s$ 时，对 A'_s 取矩，求出 A_s；再令 $A'_s=0$，求出 A_s，取两者中的小值； $x>x_b$ 时，可加大截面或增加 A'_s 或把 A'_s 作为未知
		小偏心受压	A_s、A'_s、x	$N\leqslant f_cbh$，取$A_s=0.002bh$； $N>f_cbh$，按反向破坏求 A_s	求出 ξ，再按 ξ 的三种情况分别求出 A'_s
	截面复核	e_0 未知，N 已知	e_i、x	令 $x=\xi_bh_0$ 求 N_{ub}，或假定是大偏心受压，直接求 x	$N\leqslant N_{ub}$ 或 $x\leqslant x_b$ 时，按大偏心受压求 x；$N>N_{ub}$ 或 $x>x_b$ 时，按小偏心受压求 x，都用 $\Sigma X=0$ 来求 x，求出 x 后再求 e
		e_0 已知，N 未知	N、x	令 $\sigma_s=f_y$，用 $\Sigma M_N=0$，求 ξ	$\xi>\xi_b$ 时，改用 σ_s 公式，用 $\Sigma M_N=0$，重求 ξ，再用 $\Sigma X=0$，求出 N_u
对称配筋	截面设计	大偏心受压	$A_s=A'_s$、x	直接求 x	$x<2a'_s$ 时，对 A'_s 取矩，求出 $A_s=A'_s$
		小偏心受压	$A_s=A'_s$、x	取 $\xi(1-0.5\xi)=0.43$，得 ξ 的近似公式	要求满足 $\xi\leqslant\xi_{cy}$，$\xi_{cy}=2\beta_1-\xi_b$

5.8　I 形截面对称配筋偏心受压构件正截面受压承载力计算

为了节省混凝土和减轻柱的自重，对于较大尺寸的装配式柱往往采用 I 形截面柱。I 形截面柱的正截面破坏形态和矩形截面相同。

5.8.1　大偏心受压

1. 计算公式

1）当 $x>h'_f$时，受压区为 T 形截面，见图 5-26（a），按下列公式计算。

$$N_u=\alpha_1 f_c[bx+(b'_f-b)h'_f] \tag{5-46}$$

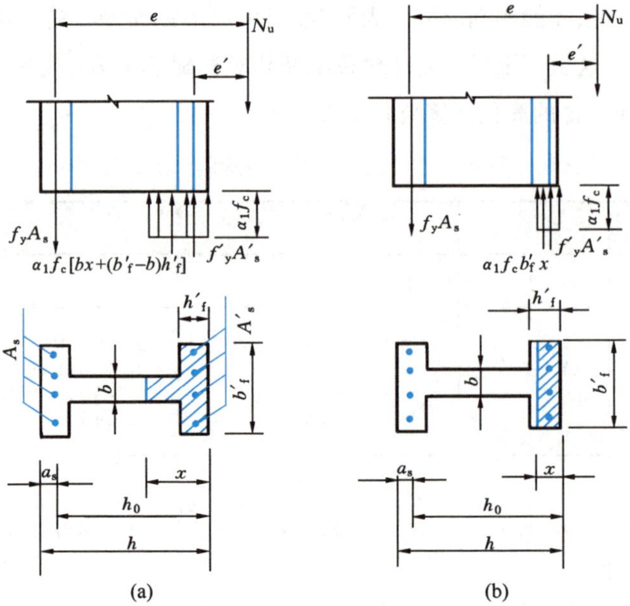

图 5-26 I形截面大偏心受压计算图形

$$N_u e=\alpha_1 f_c\left[bx\left(h_0-\frac{x}{2}\right)+(b'_f-b)h'_f\left(h_0-\frac{h'_f}{2}\right)\right]+f'_yA'_s(h_0-a'_s) \tag{5-47}$$

2）当 $x\leqslant h'_f$时，则按宽度 b'_f的矩形截面计算，见图 5-26（b）。

$$N_u=\alpha_1 f_c b'_f x \tag{5-48}$$

$$N_u e=\alpha_1 f_c b'_f x\left(h_0-\frac{x}{2}\right)+f'_yA'_s(h_0-a'_s) \tag{5-49}$$

式中 b'_f——I形截面受压翼缘宽度；

h'_f——I形截面受压翼缘高度。

2. 适用条件

为了保证上述计算公式中的受拉钢筋 A_s 及受压钢筋 A'_s能达到屈服强度，要满足下列条件：

$$x\leqslant x_b 及 x\geqslant 2a'_s$$

式中 x_b——界限破坏时受压区计算高度。

3. 计算方法

将I形截面假想为宽度是 b'_f的矩形截面，由式（5-48）得：

$$x=\frac{N_u}{\alpha_1 f_c b'_f} \tag{5-50}$$

按 x 值的不同，分成三种情况：

1）当 $x>h'_f$时，用式（5-46）及式（5-47），可求得钢筋截面面积。此时必须验算满

足 $x \leqslant x_b$ 的条件。

2）当 $2a'_s \leqslant x \leqslant h'_f$ 时，用式（5-49），求得钢筋截面面积。

3）当 $x < 2a'_s$ 时，则如同双筋受弯构件一样，取 $x = 2a'_s$，用已给的公式（5-32）求钢筋截面面积：

$$A'_s = A_s = \frac{N\left(e_i - \frac{h}{2} + a'_s\right)}{f_y(h_0 - a'_s)}$$

另外，再按不考虑受压钢筋 A'_s，即取 $A'_s=0$，按非对称配筋构件计算 A_s 值；然后与用式（5-32）计算出来的 A_s 值作比较，取用小值配筋（具体配筋时，仍取用 $A'_s = A_s$ 配置，但此 A_s 值是上面所求得的小的数值）。

I形截面非对称配筋的计算方法与前述矩形截面的计算方法并无原则区别，只需注意翼缘的作用，本章从略。

5.8.2 小偏心受压

1. 计算公式

对于小偏心受压I形截面，一般不会发生 $x < h'_f$ 的情况，这里仅列出 $x > h'_f$ 的计算公式。由图5-27知：

$$N_u = \alpha_1 f_c[bx + (b'_f - b)h'_f] + f'_y A'_s - \sigma_s A_s \tag{5-51}$$

$$N_u e = \alpha_1 f_c\left[bx\left(h_0 - \frac{x}{2}\right) + (b'_f - b)h'_f\left(h_0 - \frac{h'_f}{2}\right)\right] + f'_y A'_s(h_0 - a'_s) \tag{5-52}$$

式中 x ——混凝土受压区高度，当 $x > h - h_f$ 时，在计算中应考虑翼缘 h_f 的作用，可改用式（5-53）、式（5-54）计算。

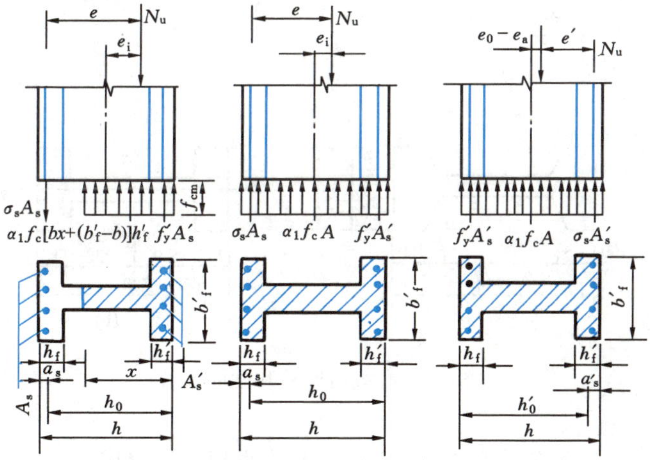

图5-27 I形截面小偏压计算图形

$A = bh + 2(b'_f - b)h'_f$

$$N_u=\alpha_1 f_c[bx+(b_f'-b)h_f'+(b_f-b)(h_f+x-h)]+f_y'A_s'-\sigma_s A_s \tag{5-53}$$

$$N_u e=\alpha_1 f_c\left[bx\left(h_0-\frac{x}{2}\right)+(b_f'-b)h_f'\left(h_0-\frac{h_f'}{2}\right)\right.$$
$$\left.+(b_f-b)(h_f+x-h)\left(h_f-\frac{h_f+x-h}{2}-a_s\right)\right]$$
$$+f_y'A_s'(h_0-a_s') \tag{5-54}$$

式中 x 值大于 h 时，取 $x=h$ 计算。σ_s 仍可近似用式（5-23）计算。

对于小偏心受压构件，尚应满足下列条件。

$$N_u\left[\frac{h}{2}-a_s'-(e_0-e_a)\right]\leqslant\alpha_1 f_c\left[bh\left(h_0'-\frac{h}{2}\right)+(b_f-b)h_f\left(h_0'-\frac{h_f}{2}\right)\right.$$
$$\left.+(b_f'-b)h_f'(h_f'/2-a_s')\right]+f_y'A_s(h_0'-a_s) \tag{5-55}$$

式中 h_0'——钢筋 A_s'合力点至离纵向力 N 较远一侧边缘的距离，即 $h_0'=h-a_s$。

2. 适用条件

$x>x_b$。

3. 计算方法

I形截面对称配筋的计算方法与矩形截面对称配筋的计算方法基本相同，一般可采用迭代法和近似公式计算法两种方法。采用迭代法时，σ_s 仍用式(5-23)计算；而式（5-20）和式（5-21)分别用式（5-51）、式（5-52）或式（5-53）、式（5-54）来替代即可，详见下例。

【例 5-14】 已知：I形截面边柱，$l_c=l_0=6.7$m，柱截面控制内力 $N=853.5$kN，$M_1=M_2=352.5$kN·m，截面尺寸如图 5-28 所示。混凝土强度等级为 C40，采用 HRB400 级钢筋，对称配筋。

求：所需钢筋截面面积 $A_s=A_s'$。

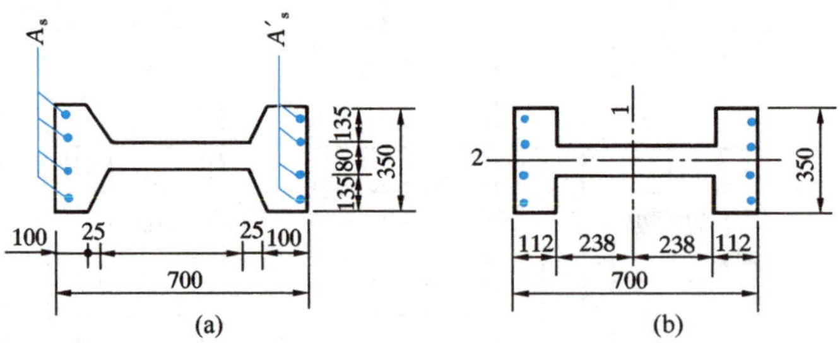

图 5-28　截面尺寸和配筋布置

【解】 在计算时，可近似地把图 5-28（a）简化成图 5-28（b）。

由于 $l_c/h=\dfrac{6700}{700}=9.57>6$，要考虑挠度的二阶效应对偏心距的影响，即需要计算 η_{ns}。

取 $a_s=a'_s=50\text{mm}$，$C_m=0.7+0.3\dfrac{M_1}{M_2}=1$，则 $h_0=700-50=650\text{mm}$。

$$e_a=700/30=23\text{mm}>20\text{mm},\zeta_c=\frac{0.5f_cA}{N}>1,\text{取 }\zeta_c=1。$$

$$\eta_{ns}=1+\frac{1}{1300\dfrac{\left(\dfrac{M_2}{N}+e_a\right)}{h_0}}\left(\frac{l_c}{h}\right)^2\zeta_c=1+\frac{1}{1300\times\dfrac{\dfrac{352.5\times10^6}{853.5\times10^3}+23}{650}}\times9.57^2\times1$$

$$=1.105$$

$$e_i=M/N+e_a=C_m\eta_{ns}M_2/N+e_a=479.40\text{mm}$$

先按大偏心受压计算，用式（5-50）求出受压区计算高度：

$$x=\frac{N}{\alpha_1f_cb'_f}=\frac{853.5\times10^3}{1.0\times19.1\times350}=128\text{mm}>h'_f=112\text{mm}$$

此时中和轴在腹板内，应由式（5-46）重新求算 x 值得：

$$x=\frac{N-\alpha_1f_ch'_f(b'_f-b)}{\alpha_1f_cb}=\frac{853.5\times10^3-19.1\times112\times(350-80)}{19.1\times80}$$

$$=180.57\text{mm}<x_b=0.518\times650=336.7\text{mm}$$

可用大偏心受压公式计算钢筋：

$$e=e_i+h/2-a=479.40+700/2-50=779.40\text{mm}$$

由式（5-47），求得：

$$A_s=A'_s=\frac{Ne-\alpha_1f_c\left[bx\left(h_0-\dfrac{x}{2}\right)+(b'_f-b)h'_f\left(h_0-\dfrac{h'_f}{2}\right)\right]}{f'_y(h_0-a'_s)}$$

$$=\frac{853.5\times10^3\times779.4-1\times19.1\times80\times180.57\times\left(650-\dfrac{180.57}{2}\right)}{360\times(650-50)}$$

$$-\frac{1\times19.1\times(350-80)\times112\times\left(650-\dfrac{112}{2}\right)}{360\times(650-50)}$$

$$=776\text{mm}^2>\rho'_{min}bh=0.002\times80\times700=112\text{mm}^2$$

每边选用4Φ16，$A_s=A'_s=804\text{mm}^2$。

【例5-15】已知条件同例5-14的柱，柱的截面控制内力设计值为 $N=1510\text{kN}$，$M=248\text{kN}\cdot\text{m}$。

求：所需钢筋截面面积（对称配筋）。

【解】先按大偏心受压考虑。

$$x=\frac{N}{\alpha_1f_cb'_f}=\frac{1510000}{19.1\times350}=226\text{mm}$$

中和轴进入模板，应由式（5-46）重新计算 x 值：

$$x=\frac{N-\alpha_1 f_c h'_f(b'_f-b)}{\alpha_1 f_c b}=\frac{1510000-19.1\times112\times(350-80)}{1.0\times19.1\times80}$$

$$=610\text{mm}>x_b=0.518\times650=336.7\text{mm}$$

应按小偏心受压公式计算钢筋。

由于 $l_c/h=\frac{6700}{700}=9.57>6$，要考虑挠度的二阶效应对偏心距的影响，即需要计算 η_{ns}，取 $a_s=a'_s=50\text{mm}$，$C_m=0.7+0.3\frac{M_1}{M_2}=1$，则 $h_0=700-50=650\text{mm}$。

$$e_a=700/30=23\text{mm}>20\text{mm},\zeta_c=\frac{0.5f_cA}{N}=0.738$$

$$\eta_{ns}=1+\frac{1}{1300\frac{\left(\frac{M_2}{N}+e_a\right)}{h_0}}\left(\frac{l_c}{h}\right)\zeta_c=1+\frac{1}{1300\times\frac{\frac{248}{1.51}+23}{650}}\times9.57^2\times0.738$$

$$=1.181$$

$$e_i=M/N+e_a=C_m\eta_{ns}M_2/N+e_a=216.89\text{mm}$$

$$e=e_i+h/2-a=216.89+700/2-50=516.89\text{mm}$$

用近似公式法计算。

对于I形小偏心受压，如果采用近似公式时，求 ξ 的公式（5-44）可改写成下式：

$$\xi=\frac{N-\alpha_1 f_c(b'_f-b)h'_f-\xi_b\alpha_1 f_c bh_0}{\frac{Ne-\alpha_1 f_c(b'_f-b)h'_f(h_0-h'_f/2)-0.43\alpha_1 f_c bh_0^2}{(0.8-\xi_b)(h_0-a'_s)}+\alpha_1 f_c bh_0}+\xi_b$$

把本题的数据代入求得 ξ 如下：

$$\xi=0.734$$

$$x=\xi h_0=0.734\times650=477.10\text{mm}$$

代入式（5-52）得：

$A_s=A'_s=637\text{mm}^2$，每边实取3Φ18，$A_s=A'_s=763\text{mm}^2$。

垂直于弯矩平面方向需要以轴心受压进行验算。由图5-26计算得：

$$I_{2-2}=817\times10^6\text{mm}^4$$

$$A=116700\text{mm}^2$$

$$i_{2-2}=\sqrt{\frac{I_{2-2}}{A}}=\sqrt{\frac{817\times10^6}{116700}}=83.7\text{mm}$$

$$\frac{l_0}{i_{2-2}}=\frac{6700}{83.7}=80.05$$

查表5-1得：$\varphi=0.672$。

按式（5-4）计算，得：

$$
\begin{aligned}
N &= 0.9\varphi[f_cA + f'_y(A'_s + A_s)] \\
&= 0.9 \times 0.672 \times [19.1 \times 116700 + 360 \times (763 + 763)] \\
&= 1680\text{kN} > 1510\text{kN}
\end{aligned}
$$

验算结果安全。

5.9 正截面承载力 N_u-M_u 的相关曲线及其应用

对于给定的一个偏心受压构件正截面，现在来研究它的受压承载力设计值 N_u 与正截面的受弯承载力设计值 M_u之间的关系（$N_u e_i = M_u$）。试验表明，小偏心受压情况下，随着轴向压力的增加，正截面受弯承载力随之减小；但在大偏心受压情况下，轴向压力的存在反而使构件正截面的受弯承载力提高。在界限破坏时，正截面受弯承载力达到最大值。

图 5-29 是西南交通大学所做的一组偏心受压试件，在不同偏心距作用下所测得承载力 M_u 与 N_u 之间试验曲线图，图中曲线反映了上述的规律。

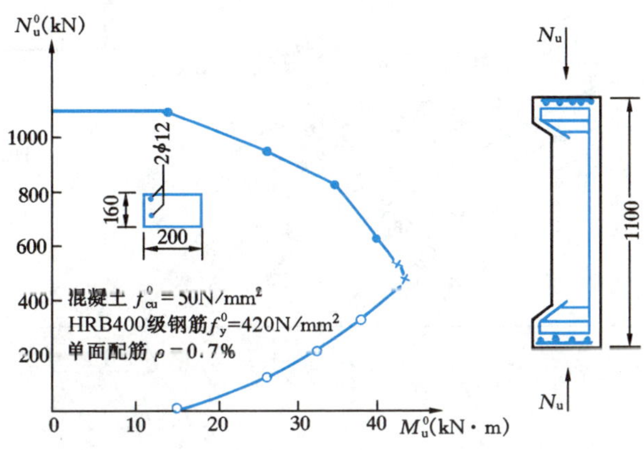

图 5-29　N_u-M_u 试验相关曲线

这表明，对于给定截面尺寸、配筋和材料强度的偏心受压构件，可以在无数组不同的 N_u 和 M_u 的组合下到达承载能力极限状态，或者说当给定轴力 N_u 时就有唯一的 M_u，反之，也一样。下面以对称配筋截面为例建立 N_u-M_u 的相关曲线方程。

5.9.1 矩形截面对称配筋大偏心受压构件的 N_u-M_u 相关曲线

将 N_u、$A_s=A'_s$、$f_y=f'_y$ 代入式（5-13），得：

$$N_u = \alpha_1 f_c bx \tag{5-56}$$

$$x = \frac{N_u}{\alpha_1 f_c b} \tag{5-57}$$

将式（5-57）、式（5-15）代入式（5-14），得：

$$N_u\left(e_i+\frac{h}{2}-a_s\right)=\alpha_1 f_c b\frac{N_u}{\alpha_1 f_c b}\left(h_0-\frac{N_u}{2\alpha_1 f_c b}\right)+f_y' A_s'(h_0-a_s') \tag{5-58}$$

整理后得：

$$N_u e_i=-\frac{N_u^2}{2\alpha_1 f_c b}+\frac{N_u h}{2}+f_y' A_s'(h_0-a_s') \tag{5-59}$$

这里，$N_u e_i=M_u$，故有：

$$M_u=-\frac{N_u^2}{2\alpha_1 f_c b}+\frac{N_u h}{2}+f_y' A_s'(h_0-a_s') \tag{5-60}$$

这就是矩形截面大偏心受压构件对称配筋条件下 N_u-M_u 的相关曲线方程。从式（5-60）可以看出 M_u 是 N_u 的二次函数，并且随着 N_u 的增大 M_u 也增大，如图5-30中水平虚线以下的曲线所示。

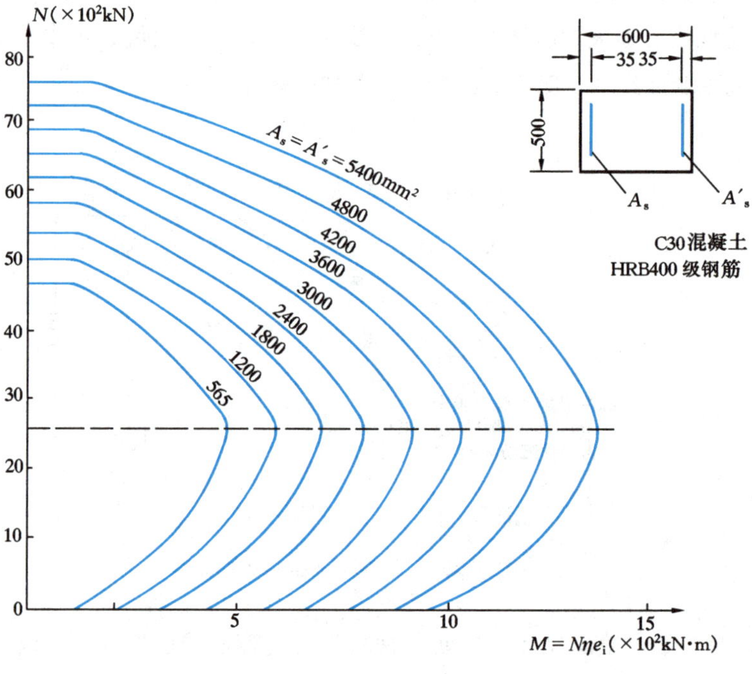

图 5-30　对称配筋时 N_u-M_u（N-M）相关曲线

5.9.2　矩形截面对称配筋小偏心受压构件的 N_u-M_u 的相关曲线

假定截面为局部受压，将 N_u、σ_s、$x=\xi h_0$ 代入式（5-20），将 N_u、$x=\xi h_0$ 代入式（5-21），可得：

$$N_u=\alpha_1 f_c b h_0\xi+f_y' A_s'-\left(\frac{\xi-\beta_1}{\xi_b-\beta_1}\right)f_y A_s \tag{5-61}$$

$$N_u e = \alpha_1 f_c b h_0^2 \xi (1-0.5\xi) + f_y' A_s' (h_0 - a_s') \tag{5-62}$$

将 $A_s = A_s'$、$f_y = f_y'$ 代入式（5-61）整理后则得：

$$N_u = \frac{\alpha_1 f_c b h_0 (\xi_b - \beta_1) - f_y' A_s'}{\xi_b - \beta_1}\xi - \left(\frac{\xi_b}{\xi_b - \beta_1}\right) f_y' A_s'$$

由上式解得：

$$\xi = \frac{\beta_1 - \xi_b}{\alpha_1 f_c b h_0 (\beta_1 - \xi_b) + f_y' A_s'} N_u - \frac{\xi_b f_y' A_s'}{\alpha_1 f_c b h_0 (\beta_1 - \xi_b) + f_y' A_s'} \tag{5-63a}$$

令：

$$\lambda_1 = \frac{\beta_1 - \xi_b}{\alpha_1 f_c b h_0 (\beta_1 - \xi_b) + f_y' A_s'} \tag{5-63b}$$

$$\lambda_2 = -\frac{\xi_b f_y' A_s'}{\alpha_1 f_c b h_0 (\beta_1 - \xi_b) + f_y' A_s'} \tag{5-63c}$$

则：

$$\xi = \lambda_1 N_u + \lambda_2$$

将式（5-63b）、式（5-63c）、式（5-15）代入式（5-62）可得：

$$N_u\left(e_i + \frac{h}{2} - a_s\right) = \alpha_1 f_c b h_0^2 (\lambda_1 N_u + \lambda_2)\left(1 - \frac{\lambda_1 N_u + \lambda_2}{2}\right) + f_y' A_s' (h_0 - a_s')$$

整理后并注意 $N_u e_i = M_u$ 则得：

$$M_u = \alpha_1 f_c b h_0^2 [(\lambda_1 N_u + \lambda_2) - 0.5(\lambda_1 N_u + \lambda_2)^2] - \left(\frac{h}{2} - a_s\right) N_u + f_y' A_s' (h_0 - a_s') \tag{5-64}$$

这就是矩形截面小偏心受压构件对称配筋条件下 N_u-M_u 的相关方程。从式（5-64）可以看出，M_u 也是 N_u 的二次函数，但随着 N_u 的增大而 M_u 将减小，如图 5-30 中水平虚线以上的曲线所示。

5.9.3 N_u-M_u 相关曲线的特点和应用

整个曲线分为大偏心受压破坏和小偏心受压破坏两个曲线段，其特点是：

1）$M_u=0$ 时，N_u 最大；$N_u=0$ 时，M_u 不是最大；界限破坏时，M_u 最大。

2）小偏心受压时，N_u 随 M_u 的增大而减小；大偏心受压时，N_u 随 M_u 的增大而增大。

3）对称配筋时，如果截面形状和尺寸相同，混凝土强度等级和钢筋级别也相同，但配筋数量不同，则在界限破坏时，它们的 N_u 是相同的（因为 $N_u=\alpha_1 f_c b x_b$），因此各条 N_u-M_u 曲线的界限破坏点在同一水平处，见图 5-30 中的虚线。

利用这些特点，就能对单层厂房排架柱的内力组合进行评判，见中册第 12 章。

应用 N_u-M_u 的相关方程，可以对一些特定的截面尺寸、特定的混凝土强度等级和特定的钢筋类别的偏心受压构件，通过计算机预先绘制出一系列图表。设计时可直接查图求得所需的配筋面积，以简化计算，节省大量的计算工作。图 5-30 所示为按照截面尺寸 $b\times h=$

500mm×600mm、混凝土强度等级C30、钢筋采用HRB400而绘制的对称配筋矩形截面偏心受压构件正截面承载力计算图表。设计时，先计算 e_i，然后查与设计条件完全对应的图表，由 N 和 Ne_i 值便可查出所需的 A_s 和 A'_s。

5.10 偏心受压构件斜截面受剪承载力计算

5.10.1 轴向压力对构件斜截面受剪承载力的影响

偏心受压构件，一般情况下剪力值相对较小，可不进行斜截面受剪承载力的计算；但对于有较大水平力作用下的框架柱，有横向力作用下的桁架上弦压杆，剪力影响相对较大，必须予以考虑。

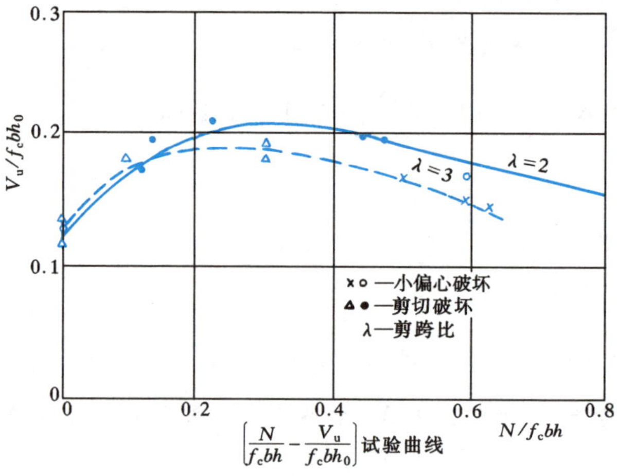

图5-31 相对轴压力和剪力关系

试验表明，轴压力的存在，能推迟垂直裂缝的出现，并使裂缝宽度减小；产生压区高度增大，斜裂缝倾角变小而水平投影长度基本不变，纵筋拉力降低的现象，使得构件斜截面受剪承载力要高一些。但有一定限度，当轴压比 $N/f_cbh=0.3\sim0.5$ 时，再增加轴向压力将转变为带有斜裂缝的小偏心受压的破坏情况，斜截面受剪承载力达到最大值，如图5-31所示。

试验还说明，当 $N<0.3f_cbh$ 时，不同剪跨比构件的轴压力影响相差不多，见图5-32。

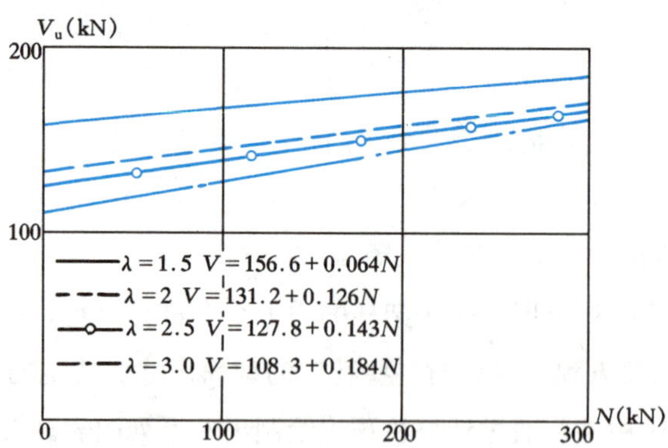

图5-32 不同剪跨比时 V_u 和 N 的回归公式对比图

5.10.2　偏心受压构件斜截面受剪承载力的计算公式

通过试验资料分析和可靠度计算，规范建议对承受轴压力和横向力作用的矩形 T 形和 I 形截面偏心受压构件，其斜截面受剪承载力应按下列公式计算：

$$V_u = \frac{1.75}{\lambda + 1.0} f_t b h_0 + 1.0 f_{yv} \frac{A_{sv}}{s} h_0 + 0.07N \tag{5-65}$$

式中　λ——偏心受压构件计算截面的剪跨比；对各类结构的框架柱，取 $\lambda = M/Vh_0$；当框架结构中柱的反弯点在层高范围内时，可取 $\lambda = H_n/2h_0$（H_n 为柱的净高）；当 $\lambda < 1$ 时，取 $\lambda = 1$；当 $\lambda > 3$ 时，取 $\lambda = 3$；此处，M 为计算截面上与剪力设计值 V 相应的弯矩设计值，H_n 为柱净高；对其他偏心受压构件，当承受均布荷载时，取 $\lambda = 1.5$；当承受集中荷载时（包括作用有多种荷载且集中荷载对支座截面或节点边缘所产生的剪力值占总剪力的 75%以上的情况），取 $\lambda = a/h_0$；当 $\lambda < 1.5$时，取 $\lambda = 1.5$ ；当 $\lambda > 3$ 时，取 $\lambda = 3$；此处，a 为集中荷载至支座或节点边缘的距离；

N——与剪力设计值 V 相应的轴向压力设计值；当 $N > 0.3 f_c A$ 时，取 $N = 0.3 f_c A$；A 为构件的截面面积。

若符合下列公式的要求时，则可不进行斜截面受剪承载力计算，而仅需根据构造要求配置箍筋。

$$V \leqslant \frac{1.75}{\lambda + 1.0} f_t b h_0 + 0.07N \tag{5-66}$$

偏心受压构件的受剪截面尺寸尚应符合《混凝土结构设计标准》的有关规定。

5.11　型钢混凝土柱和钢管混凝土柱简介

5.11.1　型钢混凝土柱简介

1. 型钢混凝土柱概述

型钢混凝土柱又称钢骨混凝土柱，苏联称之为劲性钢筋混凝土柱。在型钢混凝土柱中，除了主要配置轧制或焊接的型钢外，还配有少量的纵向钢筋与箍筋。

按配置的型钢形式，型钢混凝土柱分为实腹式和空腹式两类。实腹式型钢混凝土柱的截面形式如图 5-33 所示。空腹式型钢混凝土柱中的型钢是不贯通柱截面的宽度和高度的，例如在柱截面的四角设置角钢，角钢间用钢缀条或钢缀板连接而成的钢骨架。

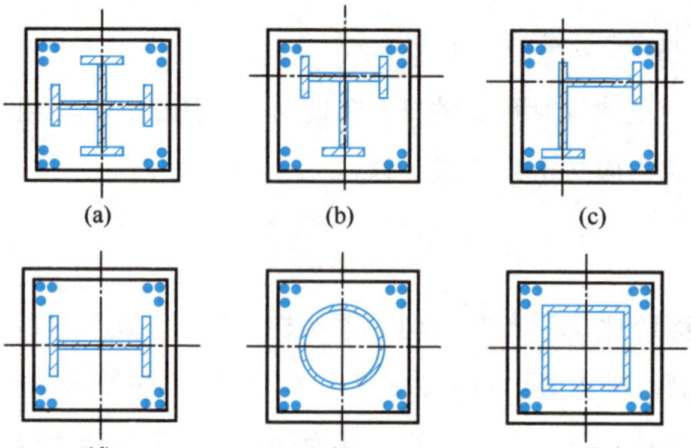

图 5-33　实腹式型钢混凝土柱的截面形式

(a) 十字形；(b) 丁字形；(c) L 形；(d) H 形；(e) 圆钢管；(f) 方钢管

震害表明，实腹式型钢混凝土柱有较好的抗震性能，而空腹式型钢混凝土柱的抗震性能较差。故工程中大多采用实腹式型钢混凝土柱。

由于含钢率较高，因此型钢混凝土柱与同等截面的钢筋混凝土柱相比，承载力大大提高。另外，混凝土中配置型钢以后，混凝土与型钢相互约束。钢筋混凝土包裹型钢使其受到约束，从而使型钢基本不发生局部屈曲；同时，型钢又对柱中核心混凝土起着约束作用。又因为整体的型钢构件比钢筋混凝土中分散的钢筋刚度大得多，所以型钢混凝土柱比钢筋混凝土柱的刚度明显提高。

实腹式型钢混凝土柱，不仅承载力高，刚度大，而且有良好的延性及韧性。因此，它更加适合用于要求抗震和要求承受较大荷载的柱子。

2. 型钢混凝土柱承载力的计算

1）轴心受压柱承载力计算公式

在型钢混凝土柱轴心受压试验中，无论是短柱还是长柱，由于混凝土对型钢的约束，均未发现型钢有局部屈曲现象。因此，在设计中不予考虑型钢局部屈曲。其轴心受压柱的正截面承载力可按下式计算：

$$N_u = 0.9\varphi(f_c A_c + f'_y A'_s + f'_s A_{ss}) \tag{5-67}$$

式中　N_u——轴心受压承载力设计值；

φ——型钢混凝土柱稳定系数；

f_c——混凝土轴心抗压强设计值；

A_c——混凝土的净面积；

A_{ss}——型钢的有效截面面积，即应扣除因孔洞削弱的部分；

A'_s——纵向钢筋的截面面积；

f'_y——纵向钢筋的抗压强度设计值；

f'_s——型钢的抗压强度设计值；

0.9——系数，考虑到与偏心受压型钢柱的正截面承载力计算具有相近的可靠度。

2）型钢混凝土偏心受压柱正截面承载力计算

对于配置实腹型钢的混凝土柱，其偏心受压柱正截面承载力的计算，可按《组合结构设计规范》JGJ 138—2016进行，其计算方法如下。

（1）基本假定

根据试验分析型钢混凝土偏心受压柱的受力性能及破坏特点，型钢混凝土柱正截面偏心承载力计算，采用如下基本假定：

①截面中型钢、钢筋与混凝土的应变均保持平面；

②不考虑混凝土的抗拉强度；

③受压区边缘混凝土极限压应变 ε_{cu} 取0.0033，相应的最大应力取混凝土轴心抗压强度设计值为 f_c；

④受压区混凝土的应力图形简化为等效的矩形，其高度取按平截面假定中确定的中和轴高度乘以系数0.8；

⑤型钢腹板的拉、压应力图形均为梯形，设计计算时，简化为等效的矩形应力图形；

⑥钢筋的应力等于其应变与弹性模量的乘积，但不应大于其强度设计值，受拉钢筋和型钢受拉翼缘的极限拉应变取 $\varepsilon_{su}=0.01$。

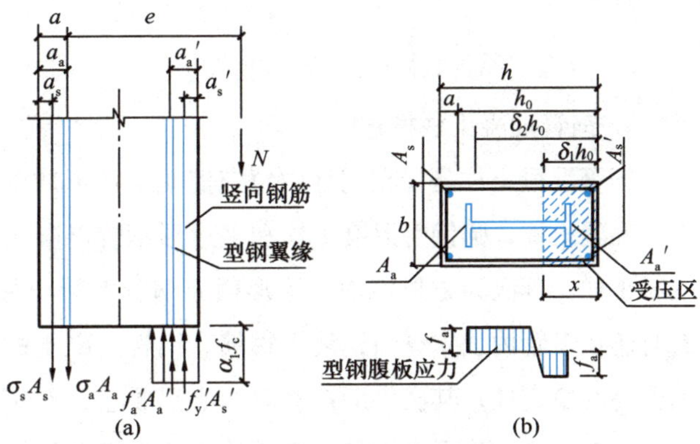

图5-34 偏心受压柱的截面应力图形

（a）全截面应力；（b）型钢腹板应力

（2）承载力计算公式

型钢混凝土柱正截面受压承载力计算简图如图5-34所示。

$$N_u = f_c bx + f'_y A'_s + f'_a A'_a - \sigma_s A_s - \sigma_a A_a + N_{aw} \tag{5-68}$$

$$N_u e = f_c bx\left(h - \frac{x}{2}\right) + f'_y A'_s(h - a) + f'_a A'_a(h - a) + M_{aw} \tag{5-69}$$

式中 N——轴向压力设计值；

e——轴向力作用点至受拉钢筋和型钢受拉翼缘的合力点之间的距离，按5.5.2节式（5-15）和式（5-16）计算；

f'_y、f'_a——分别为受压钢筋、型钢的抗压强度设计值；

A'_s、A'_a——分别为竖向受压钢筋、型钢受压翼缘的截面面积；

A_s、A_a——分别为竖向受拉钢筋、型钢受拉翼缘的截面面积；

b、x——分别为柱截面宽度和柱截面受压区高度；

a'_s、a'_a——分别为受压纵筋合力点、型钢受压翼缘合力点到截面受压边缘的距离；

a_s、a_a——分别为受拉纵筋合力点、型钢受拉翼缘合力点到截面受拉边缘的距离；

a——受拉纵筋和型钢受拉翼缘合力点到截面受拉边缘的距离。

N_{aw}、M_{aw}按《组合结构设计规范》JGJ 138—2016计算。

受拉边或受压较小边的钢筋应力 σ_s 和型钢翼缘应力 σ_a 可按下列条件计算：

当 $x \leqslant \xi_b h_0$ 时，为大偏心受压构件，取 $\sigma_s = f_y$，$\sigma_a = f_a$；

当 $x \geqslant \xi_b h_0$ 时，为小偏心受压构件，取：

$$\sigma_s = \frac{f_y}{\xi_b - 0.8}\left(\frac{x}{h_0} - 0.8\right) \tag{5-70}$$

$$\sigma_a = \frac{f_a}{\xi_b - 0.8}\left(\frac{x}{h_0} - 0.8\right) \tag{5-71}$$

其中，ξ_b 为柱混凝土截面的相对界限受压区高度，即：

$$\xi_b = \frac{0.8}{1 + \dfrac{f_y + f_a}{2 \times 0.003 E_s}} \tag{5-72}$$

5.11.2 钢管混凝土柱简介

1. 钢管混凝土柱概述

钢管混凝土柱是指在钢管中填充混凝土而形成的构件，按钢管截面形式的不同，分为方钢管混凝土柱、圆钢管混凝土柱和多边形钢管混凝土柱。常用的钢管混凝土组合柱为圆钢管混凝土柱，其次为方形截面、矩形截面钢管混凝土柱，如图 5-35 所示。为了提高抗火性能，有时还在钢管内设置纵向钢筋和箍筋。钢管混凝土的基本原理是：首先借助内填混凝土增强钢管壁的稳定性；其次借助钢管对核心混凝土的约束（套箍）作用，使核心混凝土处于三向受压状态，从而使混凝土具有更高的抗压强度和压缩变形能力，不仅使混凝土的塑性和韧性性能大为改善，而且可以避免或延缓钢管发生局部屈曲。因此，与钢筋混凝土柱相比钢管混凝土柱具有承载力高、重量轻、塑性好、耐疲劳、耐冲击、省工、省料、施工速度快等优点。

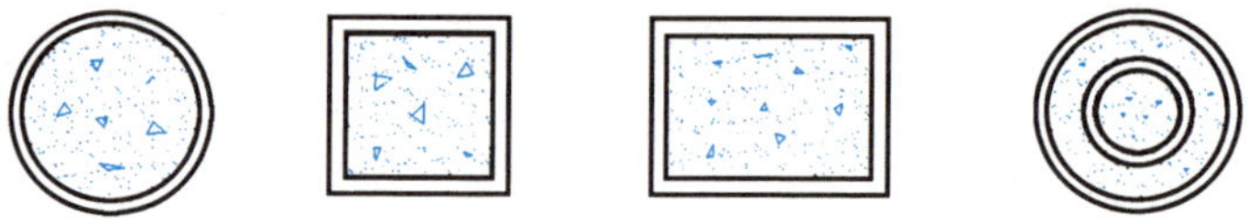

(a)　(b)　(c)　(d)

图 5-35　钢管混凝土柱的截面形式

（a）圆钢管；（b）方钢管；（c）矩形钢管；（d）双重钢管

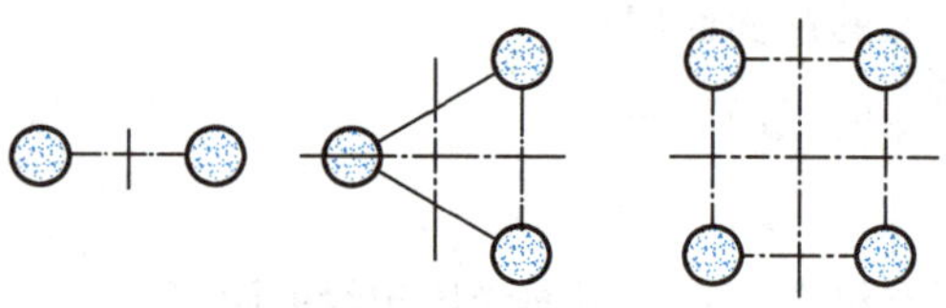

(a)　(b)　(c)

图 5-36　截面形式

（a）等截面双肢柱；（b）等截面三肢柱；（c）等截面四肢柱

对于钢管混凝土柱，最能发挥其特长的是轴心受压，因此，钢管混凝土柱最适合于轴心受压或小偏心受压构件。当轴心力偏心较大时或采用单肢钢管混凝土柱不够经济合理时，宜采用双肢或多肢钢管混凝土组合柱结构，如图 5-36 所示。

2. 钢管混凝土受压柱承载力计算公式

1）钢管混凝土轴心受压承载力计算公式

钢管混凝土轴心受压柱的承载力设计值按下式计算：

$$N_u = \varphi(f_s A_s + k_1 f_c A_c) \tag{5-73}$$

式中　N_u——轴心受压承载力设计值；

φ——钢管混凝土轴心受压稳定系数；

A_s——钢管截面面积；

f_s——钢管钢材抗压强度设计值；

A_c——钢管内核心混凝土截面面积；

f_c——混凝土轴心抗压强度设计值；

k_1——核心混凝土轴心抗压强度提高系数。

2）钢管混凝土偏心受压柱正截面承载力计算

（1）钢管混凝土偏心受压杆件承载力设计值可按下式计算：

$$N_u = \gamma\varphi_e(f_s A_s + k_1 f_c A_c) \tag{5-74}$$

$$\gamma = 1.124\frac{2t}{D} - 0.0003f$$

式中　N_u——轴向力设计值；

φ_e——钢管混凝土偏心受压杆件设计承载力折减系数；

k_1——核心混凝土强度提高系数；

γ——φ_e 的修正值；

D、t——分别为钢管的外直径和厚度；

f——钢管钢材抗压强度设计值。

（2）钢管混凝土偏心受压杆件在外荷载作用下的设计计算偏心距 e_i 按下列公式计算：

$$e_i = \eta e_1 \tag{5-75}$$

$$e_1 = e_0 + e_a \tag{5-76}$$

$$e_0 = \frac{M}{N_e} \tag{5-77}$$

$$e_a = 0.12\left(0.3D - \frac{M}{N_e}\right) \tag{5-78}$$

式中　e_a——杆件附加偏心距，当$\frac{M}{N_e} \geqslant 0.3D$时，取 $e_a=0$；

e_0——杆件初始偏心距；

η——偏心距增大系数，按式（5-79）计算；

M——荷载作用下在杆件内产生的最大弯矩设计值。

（3）钢管混凝土偏心受压杆件偏心距增大系数 η 按下式计算：

$$\eta=\frac{1}{1-\dfrac{N_e}{N_k}} \tag{5-79}$$

$$N_k=\varphi(A_s f_{sk}+k_1 A_c f_{ck}) \tag{5-80}$$

式中 N_e——钢管混凝土偏心受压杆件纵向压力设计值；

N_k——相同杆件在轴心受压下极限承载力；

φ——钢管混凝土轴心受压稳定系数；

f_{sk}——钢材抗压、抗拉、抗弯强度设计值。

思考题

问 答 题

5-1 轴心受压普通箍筋短柱与长柱的破坏形态有何不同？轴心受压长柱的稳定系数 φ 是如何确定的？

5-2 轴心受压普通箍筋柱与螺旋箍筋柱的正截面受压承载力计算有何不同？

5-3 受压构件的纵向钢筋与箍筋有哪些主要的构造要求？

5-4 长柱的正截面受压破坏与短柱的破坏有何异同？什么是偏心受压构件的 P-δ 二阶效应？

5-5 在什么情况下要考虑 P-δ 效应？

5-6 怎样区分大、小偏心受压破坏的界限？

5-7 矩形截面非对称配筋大偏心受压构件正截面受压承载力的计算简图和计算公式是怎样的？

5-8 写出矩形截面非对称配筋小偏心受压构件正截面受压承载力的基本计算公式。

5-9 怎样进行非对称配筋矩形截面大偏心受压构件和小偏心受压构件正截面受压承载力的截面设计？

5-10 矩形截面对称配筋偏心受压构件大、小偏心受压破坏的界限如何区分？

5-11 怎样进行矩形截面对称配筋大偏心受压构件和小偏心受压构件正截面承载力的截面设计？

5-12 什么是偏心受压构件正截面承载力 N_u-M_u 的相关曲线？

5-13 怎样计算偏心受压构件的斜截面受剪承载力？

5-14 混凝土的抗压性能好，为什么在混凝土受压柱中还要配置一定数量的纵向钢筋？这些纵向钢筋对轴心受压柱起什么作用？

5-15 为什么在受压构件中采用高强度混凝土比在受弯构件中采用高强度混凝土更有效？

5-16 螺旋箍筋轴心受压柱计算公式中为什么没有 φ 值？

5-17 受弯构件和偏心受压构件正截面应力和应变分布有何相同和不同之处？

5-18 附加偏心矩 e_a 的物理意义是什么？

5-19 轴向压力对偏心受压构件斜截面受剪承载力计算有何影响？

5-20 为什么受压构件中的纵向钢筋不宜采用强度很高的钢筋？

选 择 题

5-21 在钢筋混凝土轴心受压构件中，由混凝土徐变引起的塑性应力重分布现象与纵向钢筋配筋百分率 ρ 的关系是________。

A. ρ 越大，塑性应力重分布现象越明显

B. ρ 越小，塑性应力重分布现象越明显

C. 塑性应力重分布现象与 ρ 无关

5-22 对于轴心受压短柱，在长期荷载作用下，由于混凝土发生徐变，使得____。

A. 混凝土压应力增大，钢筋压应力减小

B. 混凝土压应力减小，钢筋压应力增大

C. 混凝土压应力增大，钢筋拉应力增大

D. 混凝土压应力减小，钢筋拉应力减小

5-23 螺旋箍筋柱核心截面的直径 d_{cor} 是按________确定的。

A. 螺旋箍筋的内表面　　B. 螺旋箍筋的外表面

C. 螺旋箍筋的形心　　D. 受压钢筋的形心

5-24 柱的 $\frac{l_0}{b}$ 或 $\frac{l_0}{d}$ 或 $\frac{l_0}{h}$ 中，l_0 为________。

A. 柱的总长度

B. 楼层的层高

C. 视柱两端约束情况而定的柱的计算长度

D. 偏心受力方向上下支承点之间柱的长度

5-25 某一钢筋混凝土柱，在（N_{1u}、M_{1u}）与（N_{2u}、M_{2u}）作用下都发生大偏心受压破坏，且 $N_{1u}>N_{2u}$，则 M_{1u} 与 M_{2u} 的关系是________。

A. $M_{1u}>M_{2u}$　　B. $M_{1u}=M_{2u}$　　C. $M_{1u}<M_{2u}$　　D. 两者无关

5-26 某一钢筋混凝土柱，在（N_{1u}、M_{1u}）与（N_{2u}、M_{2u}）作用下都发生小偏心受压破坏，且 $N_{1u}>N_{2u}$，则 M_{1u} 与 M_{2u} 的关系是________。

A. $M_{1u}>M_{2u}$　　B. $M_{1u}=M_{2u}$　　C. $M_{1u}<M_{2u}$　　D. 两者无关

5-27 对于矩形截面偏心受压构件，当 $e_i>0.3h_0$ 时，可初判为大偏心受压，当 $e_i\leqslant0.3h_0$ 时，可初判为小偏心受压，这种初判方法主要用于________。

A. 非对称配筋和对称配筋截面设计时

B. 非对称配筋截面设计时

C. 对称配筋截面设计时

D. 截面复核时

5-28 以下________种情况的矩形截面偏心受压构件的正截面承载力计算与双筋矩形截面受弯构件正截面受弯承载力计算是相似的。

A. 非对称配筋大偏心受压截面设计时

B. 非对称配筋小偏心受压截面设计时

C. 大偏心受压截面复核时

D. 小偏心受压截面复核时

5-29 大偏心受压破坏形态与小偏心受压破坏形态的根本区别是________。

A. 受压区边缘纤维的压应变是否达到混凝土的极限压应变值

B. 离轴向力较远一侧的纵向钢筋 A_s 是否受拉屈服

C. 离轴向力较近一侧的纵向钢筋 A_s 是否受压屈服

D. 离轴向力较远一侧的纵向钢筋 A_s 是否受拉

判断题

5-30 轴心受压构件中，采用强度很高的高强钢筋是经济的。(　　)

5-31 采用强度等级高的混凝土，在受压构件中比在受弯构件中更加有效。(　　)

5-32 螺旋筋柱与普通箍筋柱相比，承载能力有所提高，变形能力却没有提高。(　　)

5-33 对于大偏心受压构件可以不考虑附加偏心距 e_a 的影响。(　　)

5-34 对于 $l_c/h\leqslant8$ 的短柱，可以不考虑弯矩增大系数，取 $\eta_{ns}=1.0$。(　　)

5-35 对于截面、材料、配筋及 e_0/h_0 等因素都相同，但 l_c/h 不同的两个偏心受压构件，l_c/h 大的正截面受压承载力大。(　　)

5-36 偏心受压构件正截面的相对界限受压区高度 ξ_b 与受弯构件正截面的相对界限受压区高度 ξ_b 是相同的。(　　)

5-37 对于长柱，不论是大偏心受压破坏，还是小偏心受压破坏，都要考虑弯矩增大系数 η_{ns}。(　　)

5-38 当 $e_i \leqslant 0.3h_0$ 时，可初步判定为小偏心受压破坏形态。(　　)

5-39 当 $e_i > 0.3h_0$ 时，可以初步判定为大偏心受压破坏形态。(　　)

5-40 当 $x \leqslant x_b$ 时，必为大偏心受压；当 $x > x_b$ 时，必为小偏心受压。(　　)

5-41 小偏心受压构件的 σ_s 是未知的，可以是拉应力也可以是压应力，因此在截面内力的平衡方程式中，例如在 $\sum X=0$ 中，可以取为拉应力，即 $N_u=\alpha_1 f_c bx+f'_y A'_s-\sigma_s A_s$，也可以取为压应力，即 $N_u=\alpha_1 f_c bx+f'_y A'_s+\sigma_s A_s$。(　　)

5-42 轴心受压构件正截面承载力的计算公式应是 $N_u=0.9\varphi(\alpha_1 f_c A+f'_y A'_s)$，而不是 $N_u=0.9\varphi(f_c A+f'_y A'_s)$。(　　)

5-43 不论是大偏心受压还是小偏心受压，不论是截面设计还是截面复核都必须验算垂直弯矩作用平面的承载力。(　　)

5-44 受压构件纵向受力钢筋（HRB400 级配筋）的最小配筋百分率，对全部纵向钢筋是 0.55%；对一侧纵向钢筋是 0.2%。(　　)

习题

5-1 已知某多层四跨现浇框架结构的第二层内柱，轴心压力设计值 $N=1100\text{kN}$，楼层高 $H=6\text{m}$，混凝土强度等级为 C30，采用 HRB400 级钢筋，柱截面尺寸为 350mm×350mm。求所需纵筋面积。

5-2 已知圆形截面现浇钢筋混凝土柱，直径不超过 350mm，承受轴心压力设计值 $N=2900\text{kN}$，计算长度 $l_0=4\text{m}$，混凝土强度等级为 C40，柱中纵筋采用 HRB400 级钢筋，箍筋用 HPB300 级钢筋。试设计该柱截面。

5-3 已知偏心受压柱的轴向力设计值 $N=800\text{kN}$，杆端弯矩设计值 $M_1=0.6M_2$，$M_2=160\text{kN}\cdot\text{m}$；截面尺寸 $b=300\text{mm}$，$h=500\text{mm}$，$a_s=a'_s=40\text{mm}$；混凝土强度等级为 C30，采用 HRB400 级钢筋；计算长度 $l_c=l_0=2.8\text{m}$。求钢筋截面面积 A'_s 及 A_s。

5-4 已知柱的轴向力设计值 $N=550\text{kN}$，杆端弯矩设计值 $M_1=-M_2$，$M=450\text{kN}\cdot\text{m}$；截面尺寸 $b=300\text{mm}$，$h=600\text{mm}$，$a_s=a'_s=40\text{mm}$；混凝土强度等级为 C35，采用 HRB400 级钢筋；计算长度 $l_0=3.0\text{m}$。求钢筋截面面积 A'_s 及 A_s。

5-5 已知荷载作用下偏心受压构件的轴向力设计值 $N=3170\text{kN}$，杆端弯矩设计值 $M_1=M_2=83.6\text{kN}\cdot\text{m}$；截面尺寸 $b=400\text{mm}$，$h=600\text{mm}$，$a_s=a'_s=45\text{mm}$；混凝土强度等级为 C40，采用 HRB400 级钢筋；计算长度 $l_c=l_0=3\text{m}$。求钢筋截面面积 A'_s 及 A_s。

5-6 已知轴向力设计值 $N=7500\text{kN}$，杆端弯矩设计值 $M_1=0.9M_2$，$M_2=1800\text{kN}\cdot\text{m}$；截面尺寸 $b=800\text{mm}$，$h=1000\text{mm}$，$a_s=a'_s=40\text{mm}$；混凝土强度等级为 C40，采用 HRB400 级钢筋；计算长度 $l_c=l_0=6\text{m}$，采用对称配筋（$A'_s=A_s$）。求钢筋截面面积 $A'_s=A_s$。

5-7 已知柱承受轴向力设计值 $N=3100\text{kN}$，杆端弯矩设计值 $M_1=0.95M_2$，$M_2=85\text{kN}\cdot\text{m}$；截面尺寸 $b=400\text{mm}$，$h=600\text{mm}$，$a_s=a'_s=40\text{mm}$；混凝土强度等级为 C40，采用 HRB400 级钢筋，配有 $A'_s=1964\text{mm}^2$（4⌀25），$A_s=603\text{mm}^2$（3⌀16），计算长度 $l_c=l_0=6\text{m}$。试复核截面是否安全。

5-8 已知某单层工业厂房的 I 形截面边柱，下柱高 5.7m，柱截面控制内力设计值 $N=870\text{kN}$，杆端弯矩设计值 $M_1=0.95M_2$，$M_2=420\text{kN}\cdot\text{m}$；截面尺寸 $b=80\text{mm}$，$h=700\text{mm}$，$b_f=b'_f=350\text{mm}$，$h_f=h'_f=112\text{mm}$，$a_s=a'_s=40\text{mm}$；混凝土强度等级为 C40，采用 HRB400 级钢筋；对称配筋。求钢筋截面面积。

第6章
受拉构件的截面承载力

教学要求：

掌握轴心受拉构件和偏心受拉构件的正截面承载力计算。

第6章教学课件

6.1　轴心受拉构件正截面受拉承载力计算

与适筋梁相似，轴心受拉构件从加载开始到破坏为止，其受力全过程也可分为三个受力阶段。第Ⅰ阶段为从加载到混凝土受拉开裂前。第Ⅱ阶段为混凝土开裂后至钢筋即将屈服。第Ⅲ阶段为受拉钢筋开始屈服到全部受拉钢筋达到屈服；此时，混凝土裂缝开展很大，可认为构件达到了破坏状态，即达到极限荷载 N_u。

轴心受拉构件破坏时，混凝土早已被拉裂，全部拉力由钢筋来承受，直到钢筋受拉屈服。故轴心受拉构件正截面受拉承载力计算公式如下：

$$N_u = f_y A_s \tag{6-1}$$

式中　N_u——轴心受拉承载力设计值；

f_y——钢筋的抗拉强度设计值；

A_s——受拉钢筋的全部截面面积。

【例 6-1】 已知某钢筋混凝土屋架下弦，截面尺寸 $b \times h = 200\text{mm} \times 150\text{mm}$，其所受的轴心拉力设计值为 288kN，混凝土强度等级 C30，钢筋为 HRB400。求截面配筋。

【解】 HRB400 钢筋，$f_y = 360\text{N/mm}^2$，代入式（6-1）得：

$$A_s = N/f_y = 288 \times 10^3 / 360 = 800\text{mm}^2$$

选用 4Φ16，$A_s = 804\text{mm}^2$。

6.2 偏心受拉构件正截面受拉承载力计算

偏心受拉构件正截面的承载力计算，按纵向拉力 N 的位置不同，可分为大偏心受拉与小偏心受拉两种情况：当纵向拉力 N 作用在钢筋 A_s 合力点及 A'_s 的合力点范围以外时，属于大偏心受拉的情况；当纵向拉力 N 作用在钢筋 A_s 合力点及 A'_s 合力点范围以内时，属于小偏心受拉的情况。

6.2.1 大偏心受拉构件正截面的承载力计算

当轴向拉力作用在 A_s 合力点及 A'_s 合力点以外时，截面虽开裂，但还有受压区，否则拉力 N 得不到平衡。既然还有受压区，截面不会裂通，这种情况称为大偏心受拉。

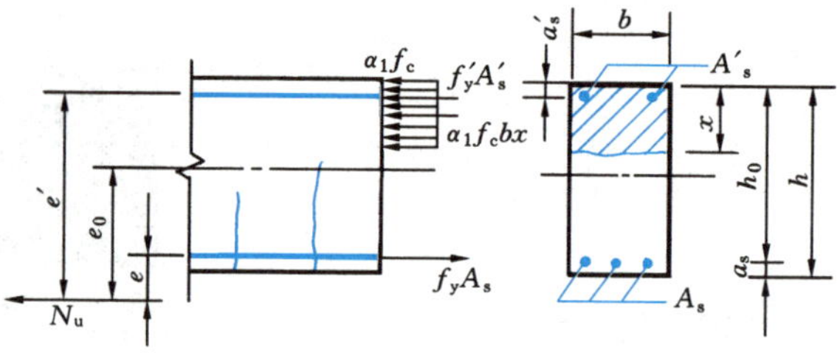

图 6-1 大偏心受拉构件截面受拉承载力计算简图

图 6-1 表示矩形截面大偏心受拉构件的计算简图。构件破坏时，钢筋 A_s 及 A'_s 的应力都达到屈服强度，受压区混凝土强度达到 $\alpha_1 f_c$。

基本公式如下：

$$N_u = f_y A_s - f'_y A'_s - \alpha_1 f_c bx \tag{6-2}$$

$$N_u e = \alpha_1 f_c bx\left(h_0 - \frac{x}{2}\right) + f'_y A'_s\ (h_0 - a'_s) \tag{6-3}$$

$$e = e_0 - \frac{h}{2} + a_s \tag{6-4}$$

受压区的高度应当符合 $x \leqslant x_b$ 的条件，计算中考虑受压钢筋时，还要符合 $x \geqslant 2a'_s$ 的条件。

设计时为了使钢筋总用量（$A_s + A'_s$）最少，与偏心受压构件一样，应取$x = x_b$，代入式（6-3）及式（6-2），可得：

$$A'_s = \frac{N_u e - \alpha_1 f_c bx_b\ (h_0 - x_b/2)}{f'_y\ (h_0 - a'_s)} \tag{6-5}$$

$$A_s = \frac{\alpha_1 f_c bx_b + N_u}{f_y} + \frac{f'_y}{f_y} A'_s \tag{6-6}$$

式中 x_b——界限破坏时受压区高度；$x_b = \xi_b h_0$，ξ_b 的计算见第 3 章式（3-18）。

对称配筋时，由于 $A_s=A_s'$ 和 $f_y=f_y'$，将其代入基本公式（6-2）后，必然会求得 x 为负值，即属于 $x<2a'_s$ 的情况。这时候，可按偏心受压的相应情况类似处理，即取 $x=2a'_s$，并对 A_s' 合力点取矩和取 $A_s'=0$ 分别计算 A_s 值，最后按所得较小值配筋。

其他情况的设计题和复核题的计算与大偏心受压构件相似，所不同的是轴向力为拉力。

6.2.2 小偏心受拉构件正截面承载力计算

在小偏心拉力作用下，临破坏前，一般情况是截面全部裂通，拉力完全由钢筋承担，其计算简图如图 6-2 所示。

在这种情况下，不考虑混凝土的受拉工作。设计时，可假定构件破坏时钢筋 A_s 及 A_s' 的应力都达到屈服强度。根据内外力分别对钢筋 A_s 及 A_s' 的合力点取矩的平衡条件，可得：

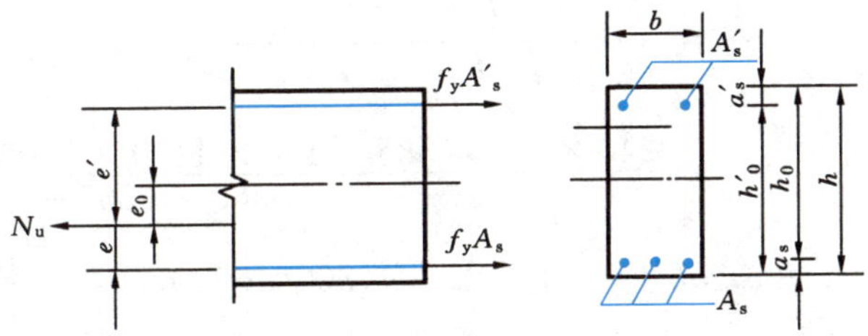

图 6-2　小偏心受拉构件截面受拉承载力计算简图

$$N_ue=f_yA_s'(h_0-a'_s) \tag{6-7}$$

$$N_ue'=f_yA_s(h_0'-a_s) \tag{6-8}$$

$$e=\frac{h}{2}-e_0-a_s \tag{6-9}$$

$$e'=e_0+\frac{h}{2}-a'_s \tag{6-10}$$

对称配筋时可取：

$$A_s'=A_s=\frac{N_ue'}{f_y(h_0-a'_s)} \tag{6-11}$$

$$e'=e_0+\frac{h}{2}-a'_s \tag{6-12}$$

《混凝土结构设计标准》规定：轴心受拉及小偏心受拉杆件的纵向受力钢筋不得采用绑扎接头。

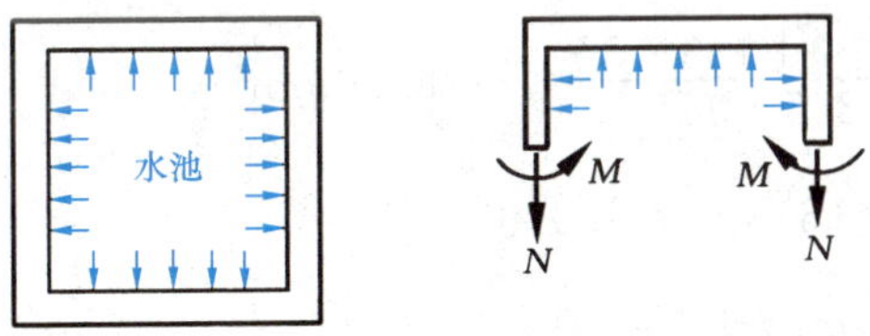

图 6-3　矩形水池池壁弯矩 M 和拉力 N 的示意图

【例 6-2】 如图 6-3 所示，已知某矩形水池，壁厚为 300mm，可通过内力分析，求得跨中水平方向每米宽度上最大弯矩设计值 $M=120\text{kN}\cdot\text{m}$，相应的每米宽度上的轴向拉力设计值 $N=240\text{kN}$，该水池的混凝土强度等级为 C25，采用 HRB400 级钢筋。

求：水池在该处需要的 A_s 及 A_s' 值。

【解】 令 $N=N_u$，$M=N_u e_0$，$b\times h=1000\text{mm}\times300\text{mm}$；取 $a_s=a'_s=35\text{mm}$。

$$e_0=\frac{M}{N}=\frac{120\times1000}{240}=500\text{mm}$$

为大偏心受拉。

$$e=e_0-\frac{h}{2}+a_s=500-150+35=385\text{mm}$$

先假定 $x=x_b=0.518h_0=0.518\times265=137\text{mm}$ 来计算 A'_s 值，因为这样能使（$A_s+A'_s$）的用量为最少。

$$A'_s=\frac{N_u e-\alpha_1 f_c b x_b\left(h_0-\frac{x_b}{2}\right)}{f'_y(h_0-a'_s)}$$

$$=\frac{240\times10^3\times385-1.0\times11.9\times1000\times137\times(265-137/2)}{360\times(265-45)}<0$$

取 $A'_s=\rho'_{\min}bh=0.002\times1000\times300=600\text{mm}^2$，选用$\Phi$12@180mm（$A'_s=628\text{mm}^2$）。

该题由求算 A'_s 及 A_s 的问题转化为已知 A'_s 求 A_s 的问题。此时 x 不再是界限值 x_b 了，必须重新求算 x 值，计算方法和偏心受压构件计算类同。由式(6-3)计算 x 值。

将式（6-3）转化成下式：

$$\alpha_1 f_c b x^2/2-\alpha_1 f_c b h_0 x+Ne-f'_y A'_s\ (h_0-a'_s)\ =0$$

代入数据得：

$$1.0\times11.9\times1000\times x^2/2-1.0\times11.9\times1000\times265x$$
$$+240\times10^3\times385-360\times628\times(265-35)=0$$

$$5.95x^2-3153.5x+40401.6=0$$

$$x=\frac{3153.5-\sqrt{3153.5^2-4\times5.95\times40401.6}}{2\times5.95}=13.1\text{mm}$$

$x=13.1\text{mm}<2a'_s=70\text{mm}$，取 $x=2a'_s$，并对 A'_s 合力点取矩，可求得：

$$A_s=\frac{Ne'}{f_y(h_0-a'_s)}=\frac{240000\times(500+150-35)}{360\times(265-35)}=1782.6\text{mm}^2$$

另外，当不考虑 A'_s，即取 $A'_s=0$，由式（6-3）重求 x 值。

$$\alpha_1 f_c b x^2/2-\alpha_1 f_c b h_0 x+Ne=0$$

代入数据得：

$$1.0\times11.9\times1000\times x^2/2-1.0\times11.9\times1000\times265x+240\times10^3\times385=0$$

$$5.95x^2-3153.5x+92400=0$$

$$x=\frac{+3153.5-\sqrt{3153.5^2-4\times5.95\times92400}}{2\times5.95}=31.13\text{mm}$$

由式（6-2）重求得 A_s 值：

$$A_s=\frac{N+f'_yA'_s+\alpha_1f_cbx}{f_y}=\frac{240\times10^3+1.0\times11.9\times1000\times31.13}{360}=1696\text{mm}^2$$

从上面计算中取小者配筋（即在 $A_s=1782.6\text{mm}^2$ 和 1696mm^2 中取小的值配筋）。今取 $A_s=1696\text{mm}^2$ 来配筋，选用直径Φ14@90mm（$A_s=1710\text{mm}^2$）。

6.3 偏心受拉构件斜截面受剪承载力计算

一般偏心受拉构件，在承受弯矩和拉力的同时，也存在着剪力，当剪力较大时，不能忽视斜截面承载力的计算。

试验表明，拉力 N 的存在有时会使斜裂缝贯穿全截面，使斜截面末端没有剪压区，构件的斜截面承载力比无轴向拉力时要降低一些，降低的程度与轴向拉力的数值有关。

通过对试验资料的分析，偏心受拉构件的斜截面受剪承载力可按下式计算：

$$V_u=\frac{1.75}{\lambda+1.0}f_tbh_0+f_{yv}\frac{A_{sv}}{s}h_0-0.2N \tag{6-13}$$

式中　λ——计算截面的剪跨比，按式（5-64）规定取值；

N——轴向拉力设计值。

式（6-13）右侧的计算值小于 $f_{yv}\frac{A_{sv}}{s}h_0$ 时，应取等于 $f_{yv}\frac{A_{sv}}{s}h_0$，且 $f_{yv}\frac{A_{sv}}{s}h_0$ 值不得小于 $0.36f_tbh_0$。

与偏心受压构件相同，受剪截面尺寸尚应符合《混凝土结构设计标准》的有关要求。

思考题

问 答 题

6-1 当轴心受拉构件的受拉钢筋强度不同时，怎样计算其正截面的承载力?
6-2 怎样区别偏心受拉构件所属的类型?
6-3 怎样计算小偏心受拉构件的正截面承载力?
6-4 大偏心受拉构件的正截面承载力计算中，x_b 为什么取与受弯构件相同?
6-5 偏心受拉和偏心受压杆件斜截面承载力计算公式有何不同? 为什么?
6-6 简述轴心受拉构件正截面承载力计算方法。
6-7 钢筋混凝土偏心受拉构件分为大偏心受拉和小偏心受拉，它们的破坏特征有何不同? 大、小偏心受拉构件的区分与哪些因素有关?

选 择 题

6-8 矩形截面大、小偏心受拉构件是按下述________来判别的。

A. $e_0 > h/2 - a_s$的为大偏心受拉构件，$e_0 \leqslant h/2 - a_s$的为小偏心受拉构件

B. $(e_0 + e_a) > h/2 - a_s$的为大偏心受拉构件，$(e_0 + e_a) \leqslant h/2 - a_s$的为小偏心受拉构件，这里 e_a 为附加偏心距

C. $\eta_{ns} e_0 > h/2 - a_s$的为大偏心受拉构件，$\eta e_0 \leqslant h/2 - a_s$的为小偏心受拉构件，这里 η_{ns} 为弯矩增大系数

6-9 矩形截面小偏心受拉构件正截面受拉承载力设计题中，以下________项是求 A_s和 A_s'的正确方法。

A. 用$\sum M_{A_s'} = 0$，来求 A_s，即 $A_s = \dfrac{Ne'}{f_y(h_0 - a_s')}$，$e' = e_0 + \dfrac{h}{2} + a_s'$；用$\sum M_{A_s} = 0$ 来求 A_s'，$A_s' = \dfrac{Ne}{f_y'(h_0 - a_s)}$，$e = \dfrac{h}{2} - e_0 + a_s$

B. 用$\sum M_{A_s'} = 0$，来求 A_s，即 $A_s = \dfrac{Ne'}{f_y(h_0 - a_s')}$，$e' = e_0 + \dfrac{h}{2} - a_s'$；用$\sum M_{A_s} = 0$ 来求 A_s'，$A_s' = \dfrac{Ne}{f_y'(h_0 - a_s)}$，$e = \dfrac{h}{2} - e_0 - a_s$

6-10 在矩形截面大偏心受拉构件的正截面承载力设计计算中，用以下________项的方法来求 A_s和 A_s'是正确和全面的。

A. 第一步是令 $\xi = \xi_b$，求出 $A_s' = \dfrac{Ne - \alpha_{s,max}\alpha_1 f_c b h_0^2}{f_y'(h_0 - a_s')}$；第二步是已知 A_s'，求出 $\alpha_s = \dfrac{Ne - f_y' A_s'(h_0 - a_s')}{\alpha_1 f_c b h_0^2}$，然后求出 ξ 和γ_s，$A_s = \dfrac{Ne - f_y' A_s'(h_0 - a_s')}{f_y \gamma_s h_0}$

B. 以上 A 项的计算方法是对的，但最后求 A_s 的公式是错的，应该是 $A_s = \dfrac{N + \alpha_1 f_c bx + f_y' A_s'}{f_y}$

C. 以上 B 项的计算方法，只有在 $x = \xi h_0 \geqslant 2a_s'$时，才是正确的。如果 $x < 2a_s'$时，应从以下两个 A_s 值中取小值。一个是 $A_s = \dfrac{Ne'}{f_y(h_0 - a_s')}$，$e' = e_0 + \dfrac{h}{2} - a_s'$；另一个是令 $A_s' = 0$，由 $\alpha_s = \dfrac{Ne}{\alpha_1 f_c b h_0^2}$，求出 ξ 和γ_s，再求出 $A_s = \dfrac{Ne}{f_y \gamma_s h_0}$或 $A_s = \dfrac{N + \alpha_1 f_c bx}{f_y}$

判 断 题

6-11 混凝土强度等级对轴心受拉构件正截面受拉承载力没有影响。(　　)

6-12　当 $e_0=\frac{M}{N}>\frac{h}{2}-a_s$ 时，为大偏心受拉构件；当 $e_0=\frac{M}{N}\leqslant\frac{h}{2}-a_s$ 时，为小偏心受拉构件。(　　)

6-13　矩形截面大、小偏心受拉构件中，离纵向拉力较近一侧的纵向钢筋称为 A_s，离纵向拉力较远一侧的纵向钢筋称为 A_s'。(　　)

6-14　大偏心受拉构件正截面受拉破坏时，混凝土开裂后不会裂通，离纵向力较远一侧有受压区，否则对拉力 N_u 作用点取矩将得不到平衡。(　　)

6-15　矩形截面小偏心受拉构件，其正截面上均是拉应力，A_s侧的拉应力最大。(　　)

6-16　轴心受拉构件全部纵向钢筋的最小配筋百分率和偏心受拉构件一侧的受拉钢筋的最小配筋百分率都是取 0.2%和 $(45f_t/f_y)$%中的较大值。(　　)

6-17　大偏心受拉，已知 A_s'时，可由 $\alpha_s=[Ne-f_y'A_s'(h_0-a_s')]/\alpha_1f_cbh_0^2$，求出 $\xi=1-\sqrt{1-2\alpha_s}$，$x=\xi h_0$。(　　)

6-18　大偏心受拉，已知 A_s'，且求出 $x<2a_s'$后，应由$\sum M_{A_s'}=0$ 求出 A_s，即 $A_s=Ne'/f_y(h_0-a_s')$。(　　)

6-19　大偏心受拉，已知 A_s'，且求出 $x<2a_s'$后，也可以由$\sum X=0$，求出 A_s，即 $A_s=(N+\alpha_1f_cbx+f_y'A_s')/f_y$。(　　)

6-20　大偏心受拉，已知 A_s'，求出的 $x<2a_s'$，这时应按下述两种方法分别求出 A_s，然后取其中的较小值。第一种方法是 $A_s=Ne'/f_y(h_0-a_s')$，第二种方法是令 $A_s'=0$，由$\sum M_{A_s}=0$，求出 A_s。(　　)

习题

6-1　已知某构件承受轴向拉力设计值 $N=600$kN，弯矩 $M=540$kN·m，混凝土强度等级为 C30，采用 HRB400 级钢筋。柱截面尺寸为 $b=300$mm，$h=450$mm，$a_s=a_s'=45$mm。求所需纵筋面积。

第 7 章 受扭构件的扭曲截面承载力

教学要求：

1. 理解按变角度空间桁架模型计算受扭构件扭曲截面承载力的基本思路；
2. 掌握弯剪扭构件的配筋计算；
3. 领会受扭构件的构造要求。

第7章教学课件

7.1 概述

工程结构中，处于纯扭矩作用的情况是很少的，绝大多数都是处于弯矩、剪力、扭矩共同作用下的复合受扭情况。例如图 7-1 所示的吊车梁、现浇框架的边梁，以及雨篷梁、曲

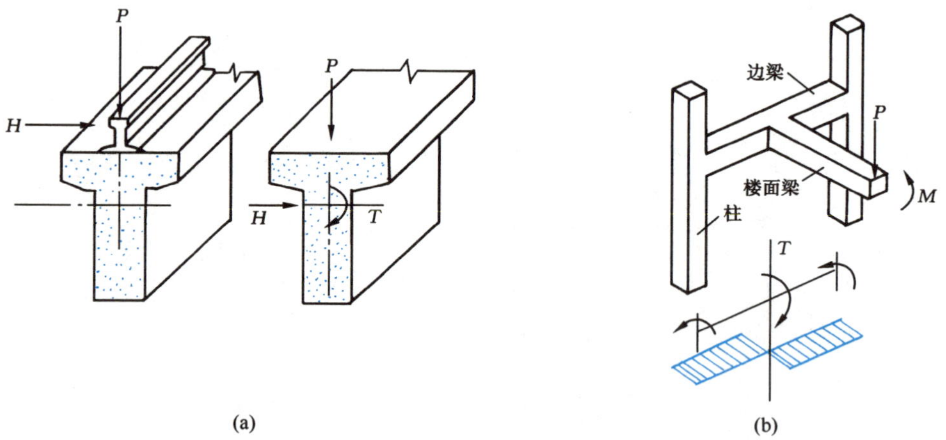

图 7-1 平衡扭转与协调扭转图例

(a) 吊车梁；(b) 边梁

梁、槽形墙板等，都属弯、剪、扭复合受扭构件。

静定的受扭构件，由荷载产生的扭矩是由构件的静力平衡条件确定而与受扭构件的抗扭刚度无关的，称为平衡扭转。例如图 7-1（a）所示的吊车梁，在吊车横向水平制动力和偏心的竖向轮压对吊车梁截面产生的扭矩 T 就属于平衡扭转。对于超静定受扭构件，作用在构件上的扭矩除了静力平衡条件以外，还必须由与相邻构件的变形协调条件才能确定的，称为协调扭转。例如图 7-1（b）所示的现浇框架边梁，边梁承受的扭矩 T 就是作用在楼面梁的支座处的负弯矩，它由楼面梁支座处的转角与该处边梁扭转角的变形协调条件来确定。当边梁和楼面梁开裂后，由于楼面梁的弯曲刚度特别是边梁的抗扭刚度发生了显著的变化，楼面梁和边梁都产生内力重分布，此时边梁的扭转角急剧增大，使得作用于边梁的扭矩迅速减小（内力重分布的概念将在中册第 11 章中讲述）。

7.2 纯扭构件的试验研究

7.2.1 裂缝出现前的性能

裂缝出现前，钢筋混凝土纯扭构件的受力性能，大体上符合圣维南弹性扭转理论。如图 7-2所示，在扭矩较小时，其扭矩-扭转角曲线为直线，抗扭刚度与按弹性理论的计算值十分接近，纵筋和箍筋的应力都很小。当扭矩增大至接近开裂扭矩 T_{cr}时，扭矩-扭转角曲线偏离了原直线。

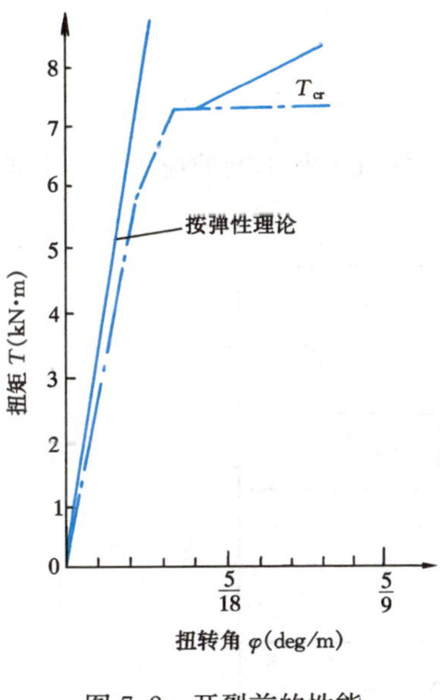

图 7-2　开裂前的性能

7.2.2 裂缝出现后的性能

裂缝出现时，由于部分混凝土退出工作，钢筋应力明显增大，特别是扭转角开始显著增大。此时，裂缝出现前构件截面受力的平衡状态被打破，带有裂缝的混凝土和钢筋共同组成一个新的受力体系以抵抗扭矩，并获得新的平衡。如图7-3所示，裂缝出现后，构件截面的抗扭刚度降低较大，且受扭钢筋用量越少，构件截面的抗扭刚度降低越多。试验研究表明，裂缝出现后，在带有裂缝的混凝土和钢筋共同组成新的受力体系中，混凝土受压，受扭纵筋和箍筋均受拉。钢筋混凝土构件截面的开裂扭矩比相应的素混凝土构件约高 10%～30%。

试验也表明，矩形截面钢筋混凝土受扭构件的初始裂缝一般发生在剪应力最大处，即截

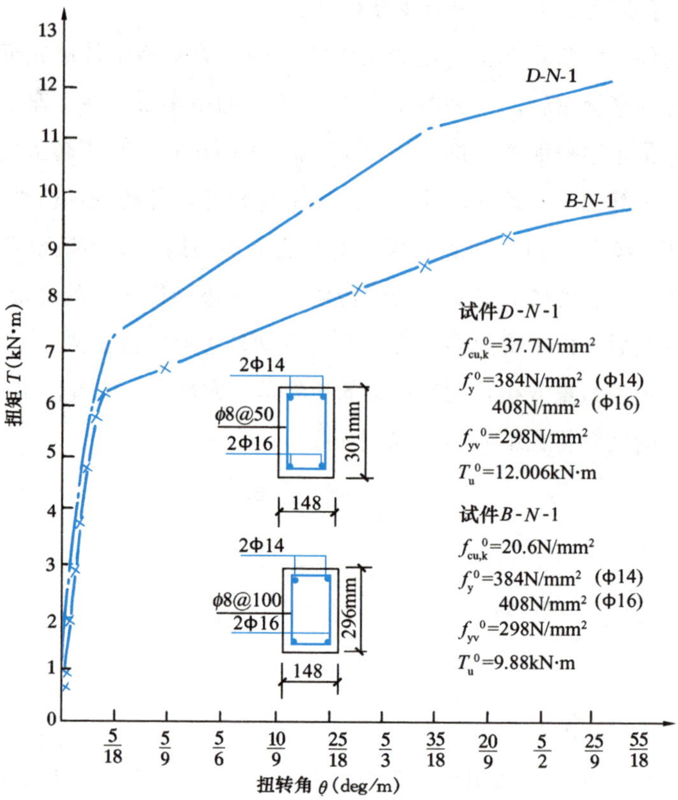

图 7-3 扭矩-扭转角曲线

面长边的中点附近且与构件轴线约呈45°角。此后，这条初始裂缝逐渐向两边缘延伸并相继出现许多新的螺旋形裂缝，见图 7-4。随后，在扭矩作用下，混凝土和钢筋的应力、应变都

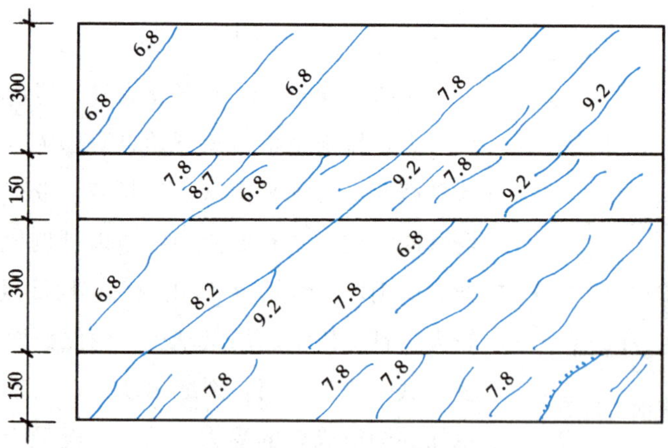

图 7-4 钢筋混凝土受扭试件的螺旋形裂缝展开图（注：图中所注数字是该裂缝出现时的扭矩值（kN·m），未注数字的裂缝是破坏时出现的裂缝）

不断增长，直至构件破坏。图 7-5 示出了纵筋与箍筋的扭矩-钢筋拉应变关系曲线。

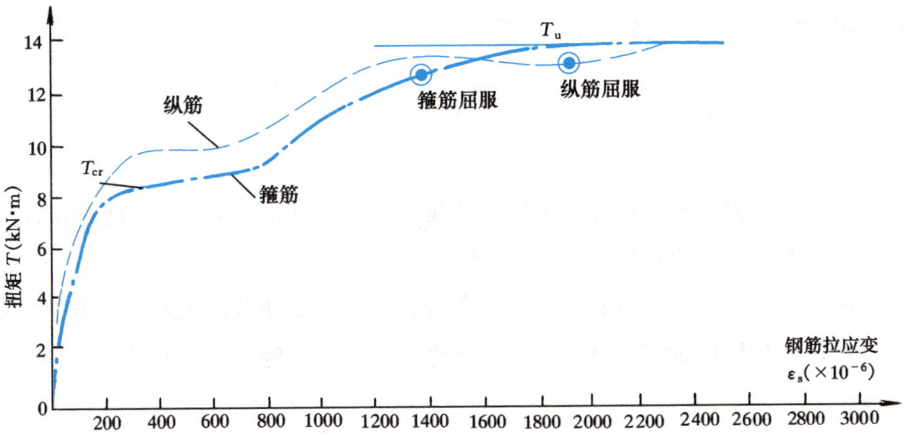

图 7-5　纯扭构件纵筋和箍筋的扭矩-钢筋拉应变曲线

7.2.3 破坏形态

受扭构件的破坏形态与受扭纵筋和受扭箍筋配筋率的大小有关，可分为适筋破坏、部分超筋破坏、超筋破坏和少筋破坏四类。

对于正常配筋条件下的钢筋混凝土构件，在扭矩作用下，纵筋和箍筋先到达屈服强度，然后混凝土被压碎而破坏。这种破坏与受弯构件适筋梁类似，属延性破坏类型。此类受扭构件称为适筋受扭构件。

若纵筋和箍筋不匹配，两者配筋比率相差较大，例如纵筋的配筋率比箍筋的配筋率小得多，则破坏时仅纵筋屈服，而箍筋不屈服；反之，则箍筋屈服，纵筋不屈服，此类构件称为部分超筋受扭构件。部分超筋受扭构件破坏时，亦具有一定的延性，但较适筋受扭构件破坏时的延性小。

当纵筋和箍筋配筋率都过高，致使纵筋和箍筋都没有达到屈服强度，而混凝土先行压坏，这种破坏和受弯构件超筋梁类似，属受压脆性破坏类型。这种受扭构件称为超筋受扭构件。

若纵筋和箍筋配置均过少，一旦裂缝出现，构件会立即发生破坏。此时，纵筋和箍筋不仅达到屈服强度而且可能进入强化阶段，其破坏特性类似于受弯构件中的少筋梁，称为少筋受扭构件，属受拉脆性破坏类型。在设计中应避免少筋和超筋受扭构件。

7.3 纯扭构件的扭曲截面承载力

7.3.1 开裂扭矩

如前所述，钢筋混凝土纯扭构件在裂缝出现前，钢筋应力很小，且钢筋对开裂扭矩的影响也不大。可以忽略钢筋的作用。

图 7-6 所示为一在扭矩 T 作用下的矩形截面构件，扭矩使截面上产生扭剪应力 τ。由于扭剪应力作用，在与构件轴线呈 45°和 135°角的方向，相应地产生主拉应力 σ_{tp} 和主压应力 σ_{cp}，并有：

$$|\sigma_{tp}| = |\sigma_{cp}| = \tau$$

若混凝土为理想弹塑性材料，在弹性阶段，构件截面上的剪应力分布如图 7-7（a）所示。最大扭剪应力 τ_{max} 及最大主应力，均发生在长边中点。当最大扭剪应力值或者说最大主拉应力值到达混凝土抗拉强度值时，荷载还可少量增加，直到截面边缘的拉应变达到混凝土的极限拉应变值后，构件开裂。此时，截面承受的扭矩称为开裂扭矩设计值 T_{cr}，见图 7-7（b）。

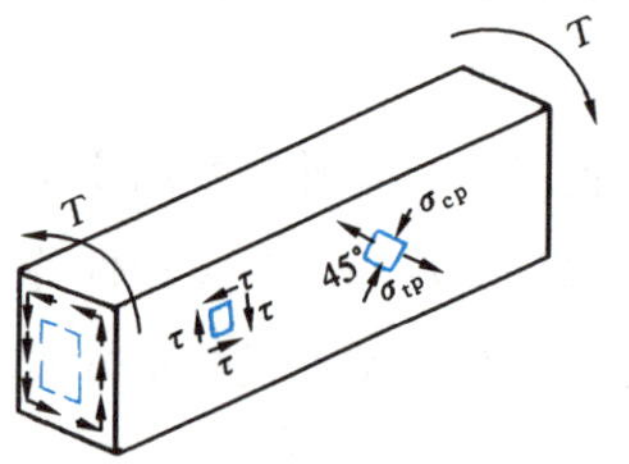

图 7-6 矩形截面受扭构件

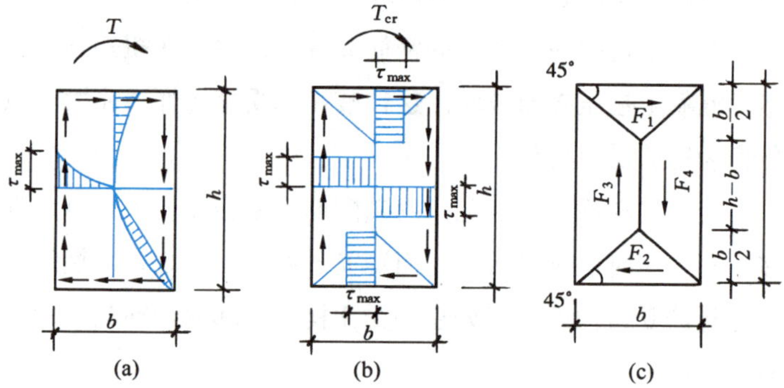

图 7-7 扭剪应力分布

根据塑性力学理论，可把截面上的扭剪应力划分成四个部分，见图 7-7（c）。计算各部分扭剪应力的合力及相应组成的力偶，其总和则为 T_{cr}，见图 7-7（b），即：

$$T_{cr} = \tau_{max} W_t = \tau_{max} \frac{b^2}{6}(3h-b) = f_t \cdot \frac{b^2}{6}(3h-b) \tag{7-1}$$

式中 h、b——分别为矩形截面的长边和短边尺寸；

W_t——受扭构件的截面受扭塑性抵抗矩，对矩形截面，$W_t = \frac{b^2}{6}(3h-b)$。

若混凝土为弹性材料，则当最大扭剪应力或最大主拉应力达到混凝土抗拉强度 f_t 时，构件开裂，从而开裂扭矩 T_{cr} 为：

$$T_{cr}=f_t \cdot \alpha \cdot b^2 h \tag{7-2}$$

式中　α——与比值 $\frac{h}{b}$ 有关的系数，当比值 $\frac{h}{b}=1\sim10$ 时，$\alpha=0.208\sim0.313$。

实际上，混凝土既非弹性材料又非理想弹塑性材料，而是介于两者之间的弹塑性材料。试验表明，当按式（7-1）计算开裂扭矩时，计算值总比试验值高；而按式（7-2）计算时，则计算值比试验值低。

为实用方便，开裂扭矩可近似采用理想弹塑性材料的应力分布图形进行计算，但混凝土抗拉强度要适当降低。试验表明，对高强度混凝土，其降低系数约为0.7，对低强度混凝土，降低系数接近0.8。

《混凝土结构设计标准》取混凝土抗拉强度降低系数为0.7，故开裂扭矩设计值的计算公式为：

$$T_{cr}=0.7 f_t W_t \tag{7-3}$$

7.3.2　按变角度空间桁架模型的扭曲截面受扭承载力计算

试验表明，受扭的素混凝土构件，一旦出现斜裂缝就立即破坏。若配置适量的受扭纵筋和箍筋，则不但其承载力有较显著的提高，且构件破坏时，具有较好的延性。

迄今为止，钢筋混凝土受扭构件扭曲截面受扭承载力的计算，主要有以变角度空间桁架模型和以斜弯理论（扭曲破坏面极限平衡理论）为基础的两种计算方法，《混凝土结构设计标准》采用的是前者。

图7-8示出的变角度空间桁架模型是 P. Lampert 和 B. Thürlimann 在1968年提出来的，它是1929年 E. Raüsch 提出的45°空间桁架模型的改进和发展。

变角度空间桁架模型的基本思路是，在裂缝充分发展且钢筋应力接近屈服强度时，截面核心混凝土退出工作，从而实心截面的钢筋混凝土受扭构件可以用一个空心的箱形截面构件来代替，它由螺旋形裂缝的混凝土外壳、纵筋和箍筋三者共同组成变角度空间桁架以抵抗扭矩。

变角度空间桁架模型的基本假定有：

（1）混凝土只承受压力，具有螺旋形裂缝的混凝土外壳组成桁架的斜压杆，其倾角为 α；

（2）纵筋和箍筋只承受拉力，分别为桁架的弦杆和腹杆；

（3）忽略核心混凝土的受扭作用及钢筋的销栓作用。

按弹性薄壁管理论，在扭矩 T 作用下，沿箱形截面侧壁中将产生大小相等的环向剪力

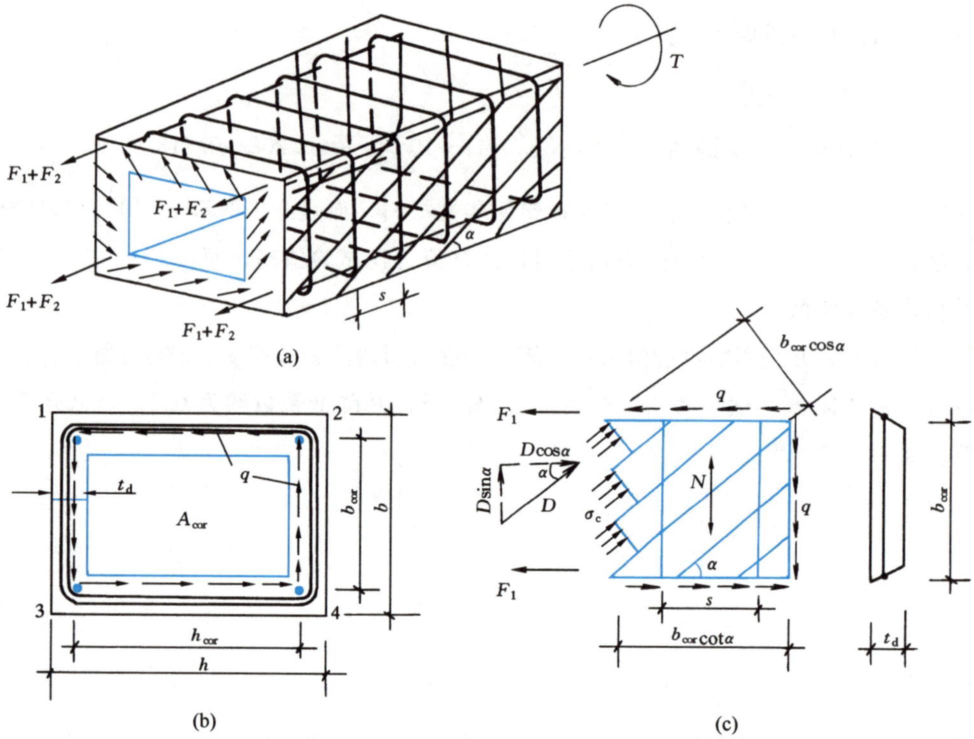

图 7-8　变角度空间桁架模型

流 q，见图 7-8（b），且：

$$q=\tau \cdot t_{\mathrm{d}}=\frac{T}{2A_{\mathrm{cor}}} \tag{7-4}$$

式中　A_{cor}——剪力流路线所围成的面积，取为箍筋内表面围成的核心部分的面积，$A_{\mathrm{cor}}=b_{\mathrm{cor}}\times h_{\mathrm{cor}}$；

τ——扭剪应力；

t_{d}——箱形截面侧壁厚度。

由图 7-8（a）知，变角度空间桁架模型是由 2 榀竖向的变角度平面桁架和 2 榀水平的变角度平面桁架组成的。现在先研究竖向的变角度平面桁架。

作用于侧壁的剪力流 q 所引起的桁架内力如图 7-8（c）所示。图中，斜压杆倾角为 α，其平均压应力为 σ_{c}，斜压杆的总压力为 D。由静力平衡条件知：

斜压力：

$$D=\frac{q \cdot b_{\mathrm{cor}}}{\sin\alpha}=\frac{\tau \cdot t_{\mathrm{d}} \cdot b_{\mathrm{cor}}}{\sin\alpha} \tag{7-5}$$

混凝土平均压应力：

$$\sigma_c=\frac{D}{t_d b_{cor}\cos\alpha}=\frac{q}{t_d \sin\alpha\cdot\cos\alpha}=\frac{\tau}{\sin\alpha\cdot\cos\alpha} \tag{7-6}$$

纵筋拉力：

$$F_1=\frac{1}{2}D\cos\alpha=\frac{1}{2}q\cdot b_{cor}\cdot\cot\alpha=\frac{1}{2}\tau\cdot t_d\cdot b_{cor}\cdot\cot\alpha=\frac{Tb_{cor}}{2A_{cor}}\cot\alpha \tag{7-7}$$

箍筋拉力：

$$N=\frac{qb_{cor}}{b_{cor}\cot\alpha}\cdot s$$

故：

$$N=q\cdot s\cdot\tan\alpha=\tau\cdot t_d\cdot s\cdot\tan\alpha=\frac{T}{2A_{cor}}s\cdot\tan\alpha \tag{7-8}$$

设水平的变角度平面桁架的斜压杆倾角也是 α，则同理可得纵向钢筋的拉力：

$$F_2=\frac{Th_{cor}}{2A_{cor}}\cot\alpha \tag{7-9}$$

故全部纵筋的总拉力：

$$R=4\ (F_1+F_2)\ =q\cdot\cot\alpha\cdot u_{cor}=\frac{T\cdot u_{cor}}{2A_{cor}}\cdot\cot\alpha \tag{7-10}$$

式中　u_{cor}——截面核心部分的周长，$u_{cor}=2\ (b_{cor}+h_{cor})$。

混凝土平均压应力：

$$\sigma_c=\frac{T}{2A_{cor}\cdot t_d\cdot\sin\alpha\cdot\cos\alpha} \tag{7-11}$$

式（7-4）、式（7-8）、式（7-10）和式（7-11）是按变角度空间桁架模型得出的四个基本的静力平衡方程。若属适筋受扭构件，即混凝土压坏前纵筋和箍筋先屈服，故它们的应力可分别取为 f_y 和 f_{yv}，设受扭的全部纵向钢筋截面面积为 A_{stl}，受扭的单肢箍筋截面面积为 A_{st1}，则 R 和 N 分别为：

$$R=R_y=f_yA_{stl} \tag{7-12}$$

$$N=N_y=f_{yv}A_{st1} \tag{7-13}$$

从而由式（7-10）和式（7-8）可分别得出适筋受扭构件扭曲截面受扭承载力计算公式：

$$T_u=2R_y\frac{A_{cor}}{u_{cor}}\tan\alpha=2f_yA_{stl}\frac{A_{cor}}{u_{cor}}\tan\alpha \tag{7-14}$$

$$T_u=2N_y\frac{A_{cor}}{s}\cot\alpha=2f_{yv}A_{st1}\frac{A_{cor}}{s}\cot\alpha \tag{7-15}$$

消去 T_u，得到：

$$\tan\alpha=\sqrt{\frac{f_{yv}A_{st1}\cdot u_{cor}}{f_yA_{stl}\cdot s}}=\sqrt{\frac{1}{\zeta}} \tag{7-16}$$

故：

$$T_u=2A_{cor}\sqrt{\frac{f_yA_{stl}f_{yv}A_{st1}}{u_{cor}\cdot s}}=2\sqrt{\zeta}\frac{f_{yv}A_{st1}A_{cor}}{s} \tag{7-17}$$

$$\zeta=\frac{f_y \cdot A_{stl} \cdot s}{f_{yv} \cdot A_{st1} \cdot u_{cor}} \tag{7-18}$$

式中　ζ——受扭构件纵筋与箍筋的配筋强度比，见式（7-18）。

纵筋为不对称配筋截面时，按较少一侧配筋的对称配筋截面计算。对于纵筋与箍筋的配筋强度比 ζ 为 1 的特殊情况，由式（7-16）可知，斜压杆倾角为 45°，此时，式（7-14）、式（7-15)分别简化为：

$$T_u=2f_yA_{stl}\frac{A_{cor}}{u_{cor}} \tag{7-19}$$

$$T_u=2f_{yv}A_{st1}\frac{A_{cor}}{s} \tag{7-20}$$

式（7-19）及式（7-20）则为按 E. Raüsch 45°空间桁架模型的计算公式。当 ζ 不等于 1 时，在纵筋（或箍筋）屈服后产生内力重分布，斜压杆倾角也会改变。试验研究表明，若斜压杆倾角 α 介于 30°和 60°之间，按式（7-16），得到的 $\zeta=3\sim0.333$，构件破坏时，若纵筋和箍筋用量适当，则两种钢筋应力均能达到屈服强度。为了进一步限制构件在使用荷载作用下的裂缝宽度，一般取 α 角的限制范围为：

$$\frac{3}{5}\leqslant\tan\alpha\leqslant\frac{5}{3} \tag{7-21}$$

或

$$0.36\leqslant\zeta\leqslant2.778 \tag{7-22}$$

由式（7-18）可以看出，构件扭曲截面的受扭承载力主要取决于钢筋骨架尺寸、纵筋和箍筋用量及其屈服强度。为了避免发生超配筋构件的脆性破坏，必须限制两种钢筋（即纵筋和箍筋）的最大用量或者限制斜压杆平均压应力 σ_c 的大小。

7.3.3　按《混凝土结构设计标准》的纯扭构件受扭承载力计算方法

《混凝土结构设计标准》基于变角度空间桁架模型分析和试验资料的统计分析，并考虑可靠度的要求，分别给出了如图 7-9 所示的矩形截面、箱形截面以及 T 形、I 形截面纯扭构件的受扭承载力计算公式。

1. 矩形截面钢筋混凝土纯扭构件受扭承载力计算公式

矩形截面纯扭构件的受扭承载力按下式计算：

$$T_u=0.35f_tW_t+1.2\sqrt{\zeta}\frac{f_{yv}A_{st1}A_{cor}}{s} \tag{7-23}$$

式中　ζ——受扭纵向钢筋与箍筋的配筋强度比值，按式（7-18）采用，其值不应小于 0.6，当 $\zeta>1.7$ 时，取 $\zeta=1.7$；

A_{st1}——受扭计算中沿截面周边配置的箍筋单肢截面面积；

f_{yv}——受扭箍筋的抗拉强度设计值，按附表 2-11 采用但取值不应大于360N/mm²；

A_{cor}——截面核心部分的面积，$A_{cor}=b_{cor}h_{cor}$，此处，b_{cor}、h_{cor} 分别为箍筋内表面范围

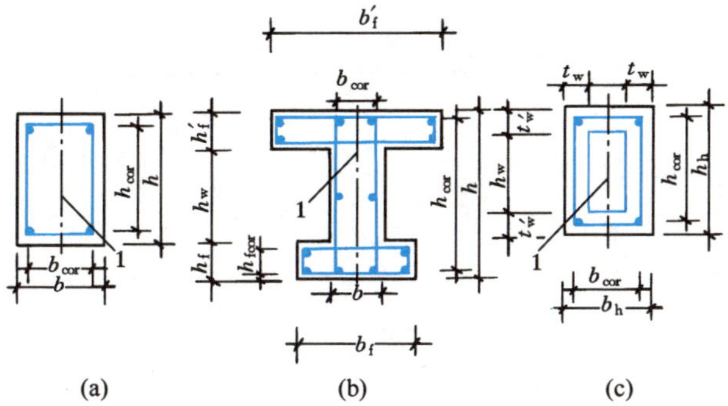

图 7-9　受扭构件截面

(a) 矩形截面 ($h \geqslant b$)；(b) T 形、I 形截面；(c) 箱形截面 ($t_w \leqslant t'_w$)

1—弯矩、剪力作用平面

内截面核心部分的短边、长边尺寸；

s——受扭箍筋间距。

式 (7-23) 中，等式右边的第一项为混凝土的受扭作用，第二项为钢筋的受扭作用。

对于钢筋的受扭作用，可采用变角度空间桁架模型予以说明。由式 (7-23) 第二项与式 (7-17) 比较看出，除系数小于 2 外，其表达式完全相同。该系数小于理论值 2 的主要原因是：《混凝土结构设计标准》的公式，即式 (7-23) 考虑了混凝土的抗扭作用，A_{cor} 为按箍筋内表面计算的而非截面角部纵筋中心连线计算的截面核心面积，以及建立规范公式时，包括了少量部分超配筋构件的试验点。此外，如图7-10所示，公式 (7-23) 的系数 1.2 及 0.35，是在统计试验资料的基础上，考虑了可靠指标 β 值的要求，由试验点偏下限得出的。

试验研究表明，截面尺寸及配筋完全相同的受扭构件，混凝土强度等级对极限扭矩是有影响的，混凝土强度等级高的，受扭承载力亦较大。对于带有裂缝的钢筋混凝土纯扭构件，《混凝土结构设计标准》取混凝土提供的受扭承载力，即式 (7-23) 中的第一项为开裂扭矩的 50%。

国内试验表明，若 ζ 在 0.5～2.0 范围内变化，构件破坏时，其受扭纵筋和箍筋应力均可达到屈服强度。为了稳妥，《混凝土结构设计标准》取 ζ 的限制条件为 $\zeta \geqslant 0.6$，当 $\zeta > 1.7$ 时，按 $\zeta = 1.7$ 计算。

对于在轴向压力和扭矩共同作用下的矩形截面钢筋混凝土构件，其受扭承载力应按下列公式计算：

$$T_u = 0.35 f_t W_t + 1.2\sqrt{\zeta} \cdot f_{yv} \frac{A_{st1} A_{cor}}{s} + 0.07 \frac{N}{A} W_t \tag{7-24}$$

此处，ζ 应按公式 (7-18) 计算，且应符合 $\zeta \geqslant 0.6$，当 $\zeta > 1.7$ 时，取 $\zeta = 1.7$ 的要求。式中，N 为与扭矩设计值 T 相应的轴向压力设计值，当 $N > 0.3 f_c A$ 时，取 $N = 0.3 f_c A$；A

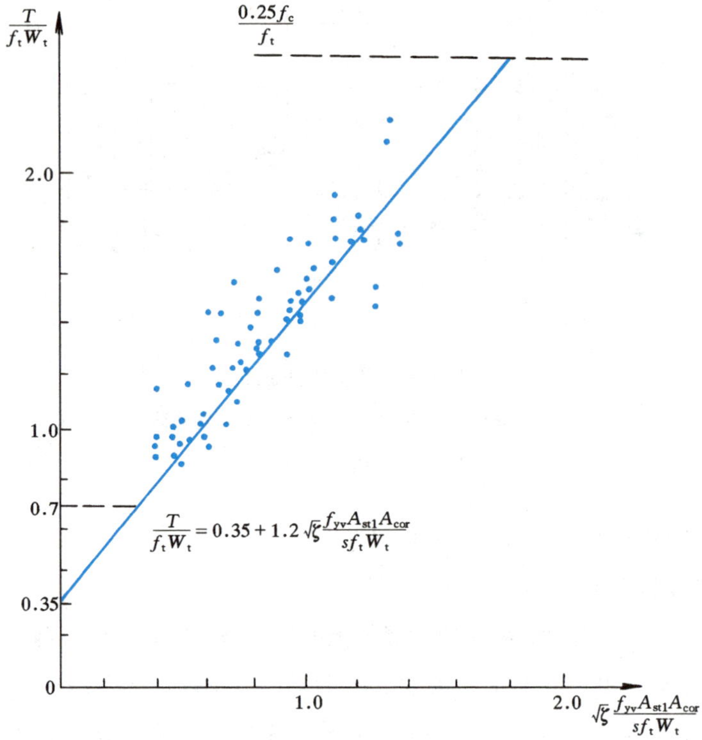

图 7-10 计算公式与试验值的比较

为构件截面面积。

2. 箱形截面钢筋混凝土纯扭构件的受扭承载力计算公式

试验和理论研究表明，当截面宽度和高度、混凝土强度及配筋完全相同时，一定壁厚箱形截面构件的受扭承载力与实心截面构件是基本相同的。对于箱形截面纯扭构件，《混凝土结构设计标准》将式（7-23）中的混凝土项乘以与截面相对壁厚有关的折减系数，得出如下受扭承载力计算公式：

$$T_u=0.35\alpha_h f_t W_t+1.2\sqrt{\zeta}\cdot f_{yv}\frac{A_{st1}\cdot A_{cor}}{s} \tag{7-25}$$

式中 α_h——箱形截面壁厚影响系数，$\alpha_h=(2.5t_w/b_h)$，当 $\alpha_h>1$ 时，取 $\alpha_h=1$；

t_w——箱形截面壁厚，其值不应小于 $b_h/7$；

b_h——箱形截面的宽度。

ζ 值应按式（7-18）计算，且应符合 $\zeta\geqslant0.6$，当 $\zeta>1.7$ 时，取 $\zeta=1.7$ 的要求。

箱形截面受扭塑性抵抗矩为：

$$W_t=\frac{b_h^2}{6}(3h_h-b_h)-\frac{(b_h-2t_w)^2}{6}[3h_w-(b_h-2t_w)] \tag{7-26}$$

式中 b_h、h_h——箱形截面的宽度和高度；

h_w——箱形截面的腹板净高；

t_w——箱形截面壁厚。

3. T形和I形截面钢筋混凝土纯扭构件的受扭承载力计算公式

对于T形和I形截面纯扭构件，可将其截面划分为几个矩形截面进行配筋计算，矩形截面划分的原则是首先按截面的总高度划分出腹板截面并保持其完整性，然后再划出受压翼缘和受拉翼缘的面积，如图7-11所示。划出的各矩形截面所承担的扭矩值，按各矩形截面的受扭塑性抵抗矩与截面总的受扭塑性抵抗矩的比值进行分配的原则确定，并分别按式（7-23）计算受扭钢筋。每个矩形截面的扭矩设计值可按下列规定计算。

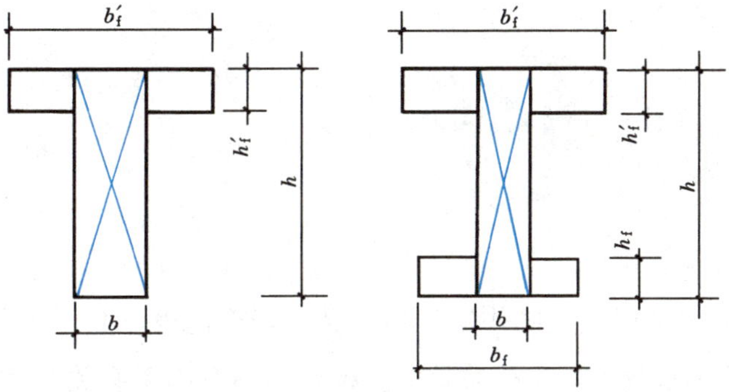

图7-11　T形和I形截面的矩形划分方法

1）腹板

$$T_w=\frac{W_{tw}}{W_t}\cdot T \tag{7-27}$$

2）受压翼缘

$$T'_f=\frac{W'_{tf}}{W_t}\cdot T \tag{7-28}$$

3）受拉翼缘

$$T_f=\frac{W_{tf}}{W_t}\cdot T \tag{7-29}$$

式中，T为整个截面所承受的扭矩设计值；T_w为腹板截面所承受的扭矩设计值；T'_f、T_f分别为受压翼缘、受拉翼缘截面所承受的扭矩设计值；W_{tw}、W'_{tf}、W_{tf}、W_t分别为腹板、受压翼缘、受拉翼缘受扭塑性抵抗矩和截面总的受扭塑性抵抗矩。《混凝土结构设计标准》规定，T形和I形截面的腹板、受压和受拉翼缘部分的矩形截面受扭塑性抵抗矩W_{tw}、W'_{tf}和W_{tf}，可分别按式（7-30）～式（7-32）计算。

$$W_{tw}=\frac{b^2}{6}(3h-b) \tag{7-30}$$

$$W'_{tf}=\frac{h'^2_f}{2}(b'_f-b) \tag{7-31}$$

$$W_{tf}=\frac{h^2_f}{2}(b_f-b) \tag{7-32}$$

截面总的受扭塑性抵抗矩为：

$$W_t=W_{tw}+W'_{tf}+W_{tf} \tag{7-33}$$

计算受扭塑性抵抗矩时取用的翼缘宽度尚应符合 $b'_f \leqslant b+6h'_f$ 及 $b_f \leqslant b+6h_f$ 的要求。

7.4 弯剪扭构件的扭曲截面承载力

7.4.1 破坏形态

处于弯矩、剪力和扭矩共同作用下的钢筋混凝土构件，其受力状态是十分复杂的，构件的破坏形态及其承载力，与荷载效应及构件的内在因素有关。对于荷载效应，通常以扭弯比 $\psi\left(=\frac{T}{M}\right)$ 和扭剪比 $\chi\left(=\frac{T}{Vb}\right)$ 表示。构件的内在因素是指构件的截面尺寸、配筋及材料强度。试验表明，弯剪扭构件有弯型破坏、扭型破坏和剪扭型破坏三种破坏形态。

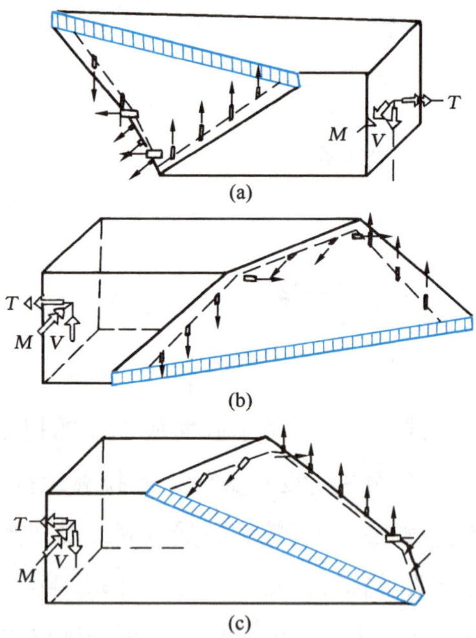

图 7-12　弯剪扭构件的破坏形态

(a) 弯型破坏；(b) 扭型破坏；(c) 剪扭型破坏

1. 弯型破坏

试验表明，在配筋适当的条件下，若弯矩作用显著即扭弯比 ψ 较小时，裂缝首先在弯曲受拉底面出现，然后发展到两侧面。三个面上的螺旋形裂缝形成一个扭曲破坏面，而第四面即弯曲受压顶面无裂缝。构件破坏时与螺旋形裂缝相交的纵筋及箍筋均受拉并达到屈服强度，构件顶部受压，形成如图 7-12（a）所示的弯型破坏。

2. 扭型破坏

若扭矩作用显著即扭弯比 ψ 及扭剪比 χ 均较大，而构件顶部纵筋少于底部纵筋时，可能形成如图 7-12（b）所示的受压区在构件底部的扭型破坏。这种现象出现的原因是，虽然由于弯矩作用使顶部纵筋受压，但由于弯矩较小，从而其压应力亦较小。又由于顶部纵筋少于底部纵筋，故扭矩产生的拉应力就有可能抵消弯矩产生的压应力并使顶部纵筋先期到达屈服强度，最后促使构件底部受压而破坏。

3. 剪扭型破坏

若剪力和扭矩起控制作用，则裂缝首先在侧面出现（在这个侧面上，剪力和扭矩产生的主应力方向是相同的），然后向顶面和底面扩展，这三个面上的螺旋形裂缝构成扭曲破坏面，破坏时与螺旋形裂缝相交的纵筋和箍筋受拉并达到屈服强度，而受压区则靠近另一侧面（在这个侧面上，剪力和扭矩产生的主应力方向是相反的），形成如图7-12（c）所示的剪扭型破坏。

如第4章所述，没有扭矩作用的受弯构件斜截面会发生剪压破坏。对于弯剪扭共同作用下的构件，除了前述三种破坏形态外，试验表明，若剪力作用十分显著而扭矩较小即扭剪比 χ 较小时，还会发生与剪压破坏十分相近的剪切破坏形态。

弯剪扭共同作用下钢筋混凝土构件扭曲截面承载力计算，与纯扭构件相同，主要有以变角度空间桁架模型和以斜弯理论（扭曲破坏面极限平衡理论）为基础的两种计算方法。

7.4.2 按《混凝土结构设计标准》的配筋计算方法

对于剪扭、弯扭和弯剪扭共同作用下的构件，当采用按斜弯理论和变角度空间桁架模型得出的计算公式来进行配筋计算时，是十分烦琐的。在国内大量试验研究和按变角度空间桁架模型分析的基础上，《混凝土结构设计标准》规定了剪扭、弯扭及弯剪扭构件扭曲截面的实用配筋计算方法。

鉴于《混凝土结构设计标准》的受剪和受扭承载力计算公式中都考虑了混凝土的作用，因此剪力和扭矩共同作用的剪扭构件的承载力计算公式至少必须考虑扭矩对混凝土受剪承载力和剪力对混凝土受扭承载力的影响。类似于纯扭构件的扭曲截面承载力计算，根据截面形式的不同，规范采用了不同的计算公式，分述如下。

1. 对于剪力和扭矩共同作用下的矩形截面一般剪扭构件

1）剪扭构件的受剪承载力

$$V_u = 0.7(1.5-\beta_t)f_t b h_0 + f_{yv}\frac{A_{sv}}{s}h_0 \tag{7-34}$$

2）剪扭构件的受扭承载力

$$T_u = 0.35\beta_t f_t W_t + 1.2\sqrt{\zeta}\cdot f_{yv}\frac{A_{st1}\cdot A_{cor}}{s} \tag{7-35}$$

式中，β_t 为剪扭构件混凝土受扭承载力降低系数，一般剪扭构件的 β_t 值按式（7-36）计算，将在本节第 4 点中说明其依据。

$$\beta_t=\frac{1.5}{1+0.5\frac{V}{T}\frac{W_t}{bh_0}} \tag{7-36}$$

对集中荷载作用下的独立剪扭构件，其受剪承载力计算式（7-34）应改为：

$$V_u=\frac{1.75}{\lambda+1}(1.5-\beta_t)f_tbh_0+f_{yv}\frac{A_{sv}}{s}h_0 \tag{7-37}$$

受扭承载力仍按式（7-35）计算，但式（7-35）和式（7-37）中的剪扭构件混凝土受扭承载力降低系数应改为按下列公式：

$$\beta_t=\frac{1.5}{1+0.2(\lambda+1)\frac{V\cdot W_t}{T\cdot bh_0}} \tag{7-38}$$

按式（7-36）及式（7-38）计算得出的剪扭构件混凝土受扭承载力降低系数 β_t 值，若小于 0.5，则可不考虑扭矩对混凝土受剪承载力的影响，故此时取 $\beta_t=0.5$。若大于 1.0，则可不考虑剪力对混凝土受扭承载力的影响，故此时取 $\beta_t=1.0$。λ 为计算截面的剪跨比，按第 4 章所述采用。

2. 箱形截面钢筋混凝土一般剪扭构件

1）剪扭构件的受剪承载力

$$V_u=0.7(1.5-\beta_t)f_tbh_0+f_{yv}\frac{A_{sv}}{s}h_0 \tag{7-39}$$

2）剪扭构件的受扭承载力

$$T_u=0.35\alpha_h\beta_tf_tW_t+1.2\sqrt{\zeta}\cdot f_{yv}\frac{A_{st1}A_{cor}}{s} \tag{7-40}$$

此处，α_h 值和 ζ 值应按箱形截面钢筋混凝土纯扭构件的受扭承载力计算规定要求取值。

箱形截面一般剪扭构件混凝土受扭承载力降低系数 β_t 近似按公式（7-38）计算，但式中的 W_t 应以 α_hW_t 代替，即：

$$\beta_t=\frac{1.5}{1+0.2(\lambda+1)\frac{V\cdot\alpha_hW_t}{Tb_hh_0}} \tag{7-41}$$

对集中荷载作用下独立的箱形截面剪扭构件，其受剪承载力计算公式与式（7-37）相同，但其中的 β_t 应按式（7-41）计算。

集中荷载作用下独立箱形截面剪扭构件的受扭承载力仍按式（7-40）计算，但式中的 W_t 应以 α_hW_t 代替，β_t 应按（7-41）计算。

3. T 形和 I 形截面剪扭构件的承载力

1）剪扭构件的受剪承载力，按公式（7-34）与式（7-36）或按式（7-37）与式（7-38）进行计算，但计算时应将 T 及 W_t 分别以 T_w 及 W_{tw} 代替，即假设剪力全部由腹板承担；

2）剪扭构件的受扭承载力，可按纯扭构件的计算方法，将截面划分为几个矩形截面分别进行计算；腹板为剪扭构件，可按公式（7-35）以及式（7-36）或式（7-38）进行计算，但计算时应将 T 及 W_t 分别以 T_w 及 W_{tw} 代替；受压翼缘及受拉翼缘为纯扭构件可按矩形截面纯扭构件的规定进行计算，但计算时应将 T 及 W_t 分别以 T_f' 及 W_{tf}' 和 T_f 及 W_{tf} 代替。

矩形、T 形、I 形和箱形截面的弯扭构件的配筋计算，《混凝土结构设计标准》采用按纯弯矩和纯扭矩分别计算所需的纵筋和箍筋，然后将相应的钢筋截面面积叠加的计算方法。因此，弯扭构件的纵筋为受弯（弯矩为 M）所需的纵筋（A_s、A_s'）和受扭（扭矩为 T）所需的纵筋（A_{stl}）截面面积之和，而箍筋则仅为受扭（扭矩为 T）所需的箍筋（A_{st1}）。

矩形、T 形、I 形和箱形截面钢筋混凝土弯剪扭构件配筋计算的一般原则是：纵向钢筋应按受弯构件的正截面受弯承载力和剪扭构件的受扭承载力分别计算所需的钢筋截面面积和相应的位置进行配筋。箍筋应按剪扭构件的受剪承载力和受扭承载力分别计算所需的箍筋截面面积，并配置在相应位置。

因此，对于矩形截面弯剪扭构件，当内力设计值 M、V、T 已知时，根据 M 按受纯弯构件正截面承载力计算所需的纵筋（A_s、A'_s），根据 V、T 按剪扭构件受剪扭承载力由式（7-36）或式（7-38）确定 β_t 值，并根据式（7-34）及式（7-35）或式（7-37）及式（7-35）计算构件截面的受剪承载力所需的箍筋（A_{sv}）和受扭承载力所需的纵筋（A_{stl}）和箍筋（A_{st1}），并配置在相应位置。

《混凝土结构设计标准》规定，在弯矩、剪力和扭矩共同作用下但剪力或扭矩较小的矩形、T 形、I 形和箱形钢筋混凝土截面弯剪扭构件，当符合下列条件时，可按下列规定进行承载力计算：

（1）当 $V \leqslant 0.35 f_t b h_0$ 或 $V \leqslant 0.875 f_t b h_0/(\lambda+1)$ 时，可忽略剪力的作用，仅按受弯构件的正截面受弯承载力和纯扭构件扭曲截面受扭承载力分别进行计算；

（2）当 $T \leqslant 0.175 f_t W_t$ 或对于箱形截面构件 $T \leqslant 0.175 \alpha_h f_t W_t$ 时，可忽略扭矩的作用，仅按受弯构件的正截面受弯承载力和斜截面受剪承载力分别进行计算。

4. 剪扭构件混凝土受扭承载力降低系数 β_t 的依据

下面用剪扭承载力的相关关系来说明式（7-34）、式（7-35）中剪扭构件混凝土受扭承载力降低系数 β_t 的依据。

试验研究表明，弯剪扭共同作用下矩形截面无腹筋构件剪扭承载力相关曲线基本上符合 1/4 圆曲线规律，如图 7-13（a）所示；图中 T_c、V_c 为无腹筋构件同时作用剪力和扭矩时混凝土的受扭承载力和受剪承载力；T_{co} 为无腹筋构件受纯扭时的受扭承载力；V_{co} 为无腹筋构件受剪时，混凝土的受剪承载力。如果假定配有箍筋的有腹筋构件，其混凝土的剪扭承载力相关曲线也符合1/4圆曲线规律，并将其简化为如图 7-13（b）所示的三折线，则有：

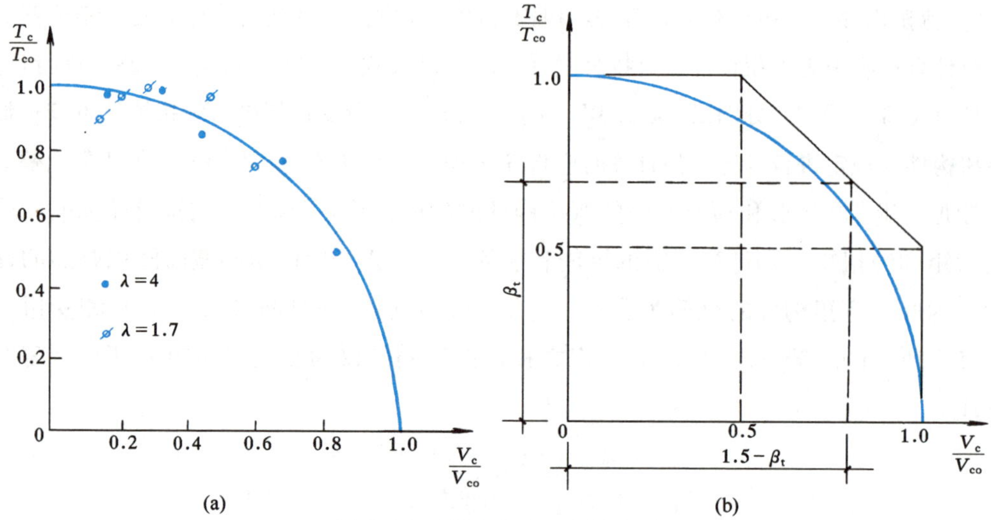

图 7-13　剪扭承载力相关关系

(a) 无腹筋构件；(b) 有腹筋构件混凝土承载力计算曲线

$$\frac{V_c}{V_{co}}\leqslant 0.5 \text{ 时，} \frac{T_c}{T_{co}}=1.0 \tag{7-42}$$

$$\frac{T_c}{T_{co}}\leqslant 0.5 \text{ 时，} \frac{V_c}{V_{co}}=1.0 \tag{7-43}$$

$$\frac{T_c}{T_{co}}\text{、}\frac{V_c}{V_{co}}>0.5 \text{ 时，} \frac{T_c}{T_{co}}+\frac{V_c}{V_{co}}=1.5 \tag{7-44}$$

对于式 (7-44)，若令：

$$\frac{T_c}{T_{co}}=\beta_t \tag{7-45}$$

则有：

$$\frac{V_c}{V_{co}}=1.5-\beta_t$$

从而得到：

$$\beta_t=\frac{1.5}{1+\frac{V_c/V_{co}}{T_c/T_{co}}} \tag{7-46}$$

式 (7-42) ～式 (7-46) 中，T_c、V_c 为有腹筋构件同时作用剪力和扭矩时，混凝土的受扭承载力和受剪承载力，T_{co}和 V_{co}为有腹筋构件受纯扭和受剪时，混凝土的受扭承载力和受剪承载力。在式 (7-46) 中，若以剪力和扭矩设计值之比$\frac{V}{T}$代替$\frac{V_c}{T_c}$，取 $T_{co}=0.35f_tW_t$ 和 $V_{co}=0.7f_tbh_0$ 代入时，则可得出式 (7-36)，取 $T_{co}=0.35f_tW_t$ 和 $V_{co}=\frac{1.75}{\lambda+1}f_tbh_0$ 代入时，

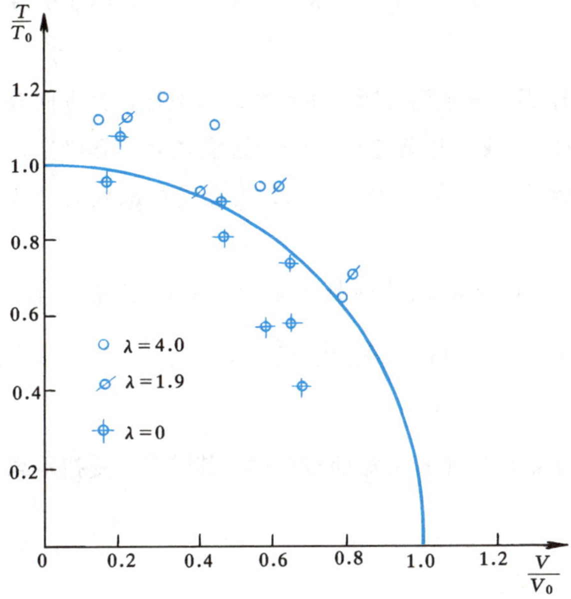

图 7-14　剪扭承载力相关关系

则可得出式(7-38)。

有腹筋构件的试验表明，弯剪扭共同作用下矩形截面构件剪扭承载力相关曲线一般可近似以 1/4 圆曲线表示，如图 7-14 所示；图中 T_0、V_0 分别代表受纯扭作用有腹筋构件的受扭承载力及扭矩为零剪跨比 λ 值不同时有腹筋构件的受剪承载力。按前述变角度空间桁架模型的计算分析，虽然构件的剪扭承载力相关关系相当复杂，但一般情况下，构件的剪扭承载力相关关系亦可近似用 1/4 圆曲线描述。

对于弯剪扭及剪扭矩形截面构件，《混凝土结构设计标准》采用的受剪和受扭承载力计算公式是根据有腹筋构件的剪扭承载力相关关系为 1/4 圆曲线作为校正线，采用混凝土部分相关，钢筋部分不相关的近似拟合公式。虽然，按式(7-36)或式（7-38）计算的混凝土受扭承载力降低系数 β_t 值，如图 7-13（b）所示，较按 1/4 圆曲线的计算值稍大，但采用此 β_t 值后，构件的剪扭承载力相关曲线与 1/4 圆曲线较为接近。

7.5　在轴向力、弯矩、剪力和扭矩共同作用下钢筋混凝土矩形截面框架柱受扭承载力计算

1. 轴向力为压力时

《混凝土结构设计标准》规定，在轴向压力、弯矩、剪力和扭矩共同作用下的钢筋混凝土矩形截面框架柱，其剪、扭承载力应按下列公式计算。

1）受剪承载力

$$V_u=(1.5-\beta_t)\left(\frac{1.75}{\lambda+1}f_t b h_0+0.07N\right)+f_{yv}\frac{A_{sv}}{s}h_0 \tag{7-47}$$

2）受扭承载力

$$T_u=\beta_t\left(0.35f_t W_t+0.07\frac{N}{A}W_t\right)+1.2\sqrt{\zeta}\cdot f_{yv}\frac{A_{st1}A_{cor}}{s} \tag{7-48}$$

此处，β_t 近似按公式（7-38）计算。式（7-47）、式（7-48）和式（7-38）中 λ 为计算截面的剪跨比，按第 4 章有关规定取用。

在轴向压力、弯矩、剪力和扭矩共同作用下的钢筋混凝土矩形截面框架柱，其纵向普通钢筋截面面积应分别按偏心受压构件正截面承载力和剪扭构件的受扭承载力计算确定，并应配置在相应的位置。箍筋截面面积应分别按剪扭构件的受剪承载力和受扭承载力计算确定，并应配置在相应位置。

在轴向压力、弯矩、剪力和扭矩共同作用下的钢筋混凝土矩形截面框架柱，当 $T \leqslant \left(0.175f_t+0.035\dfrac{N}{A}\right)W_t$ 时，可仅计算偏心受压构件的正截面承载力和斜截面受剪承载力。

2. 轴向力为拉力时

在轴向拉力、弯矩、剪力和扭矩作用下的混凝土矩形截面框架柱，其受剪、受扭承载力按下列公式计算。

1）受剪承载力

$$V_u=(1.5-\beta_t)\left(\frac{1.75}{\lambda+1}f_tbh_0-0.2N\right)+f_{yv}\frac{A_{sv}}{s}h_0$$

$$\text{当 } V_u<f_{yv}\frac{A_{sv}}{s}h_0 \text{ 时，取 } V_u=f_{yv}\frac{A_{sv}}{s}h_0 \tag{7-49}$$

2）受扭承载力

$$T_u=\beta_t\left(0.35f_t-0.2\frac{N}{A}\right)W_t+1.2\sqrt{\zeta}f_{yv}\frac{A_{stl}A_{cor}}{s} \tag{7-50}$$

$$\text{当 } T_u<1.2\sqrt{\zeta}f_{yv}\frac{A_{stl}A_{cor}}{s}\text{ 时，取 } T_u=1.2\sqrt{\zeta}f_{yv}\frac{A_{stl}A_{cor}}{s}$$

式中 N——与剪力、扭矩设计值 V、T 相应的轴向压力或轴向拉力；

λ——计算截面的剪跨比；

A_{sv}——受剪承载力所需的箍筋截面面积；

A_{stl}——受扭计算中沿截面周边配置的箍筋单肢截面面积。

在轴向拉力、弯矩、剪力和扭矩作用下的钢筋混凝土矩形截面框架柱，当 $T \leqslant \left(0.175f_t-0.1\dfrac{N}{A}\right)W_t$ 时，可仅计算偏心受拉构件的正截面承载力和斜截面承载力。

《混凝土结构设计标准》还规定，在轴向拉力、弯矩、剪力和扭矩共同作用下的钢筋混凝土矩形截面框架柱，其纵向普通钢筋截面面积应分别按偏心受拉构件的正截面承载力和剪扭构件的受扭承载力确定，并应配置在相应位置；箍筋截面面积应分别按剪扭构件的受剪承载力和受扭承载力确定，并应配置在相应位置。

7.6　协调扭转的钢筋混凝土构件扭曲截面承载力

协调扭转的钢筋混凝土构件开裂以后，抗扭刚度降低，内力重分布将导致作用于构件上的扭矩减小。一般情况下，为简化计算，可取抗扭刚度为零，即忽略扭矩的作用，但应按构造要求配置受扭纵向钢筋和箍筋，以保证构件有足够的延性和满足正常使用时裂缝宽度的要求，此即一些国外规范采用的零刚度设计法。我国《混凝土结构设计标准》没有采用上述简化计算法，而是规定宜考虑内力重分布的影响，将扭矩设计值 T 降低，按弯剪扭构件进行承载力计算。

7.7　受扭构件的构造要求

1. 受扭纵向钢筋的构造要求

1）为了防止发生少筋破坏，梁内受扭纵向钢筋的配筋率 ρ_{tl} 应不小于其最小配筋率 $\rho_{stl,\min}$，即：

$$\rho_{tl}=\frac{A_{stl}}{bh}\geqslant\rho_{tl,\min}$$

$$\rho_{tl,\min}=\frac{A_{stl,\min}}{bh}=0.6\sqrt{\frac{T}{Vb}}\cdot\frac{f_t}{f_y}\tag{7-51}$$

式中，当 $\frac{T}{Vb}>2$ 时，取 $\frac{T}{Vb}=2$。

2）受扭纵向受力钢筋的间距不应大于 200mm 和梁的截面宽度。

3）在截面四角必须设置受扭纵向受力钢筋，并沿截面周边均匀对称布置；当支座边作用有较大扭矩时，受扭纵向钢筋应按充分受拉锚固在支座内。

4）在弯剪扭构件中，配置在截面弯曲受拉边的纵向受力钢筋，其截面面积不应小于按受弯构件受拉钢筋最小配筋率计算的截面面积与按受扭纵向钢筋最小配筋率计算并分配到弯曲受拉边的钢筋截面面积之和。

2. 受扭箍筋的构造要求

1）为了防止发生少筋破坏，弯剪扭构件中，箍筋的配筋率 ρ_{sv} 不应小于 $0.28\frac{f_t}{f_{yv}}$，即：

$$\rho_{sv}=\frac{nA_{sv1}}{bs}\geqslant0.28\frac{f_t}{f_{yv}}\tag{7-52}$$

2）受扭所需的箍筋应做成封闭式，且应沿截面周边布置。当采用复合箍时，位于截面内部的箍筋不应计入受扭所需的截面面积。

3）受扭所需箍筋的末端应做成135°弯钩，弯钩平直段长度不应小于$10d$，d为箍筋直径。

注意，在变角度空间桁架模型中，受扭纵向钢筋是上、下弦杆，混凝土是斜压腹杆，箍筋是受拉的竖向腹杆，因此受扭箍筋与受扭纵向钢筋两者必须同时配置，才能起桁架作用。

对于箱形截面构件，式（7-51）和式（7-52）中的b均应以b_h代替。

3. 截面尺寸的构造要求

为了使弯剪扭构件不发生在钢筋屈服前混凝土先压碎的超筋破坏，《混凝土结构设计标准》规定，在弯矩、剪力和扭矩共同作用下，h_w/b不大于6的矩形、T形、I形截面和h_w/t_w不大于6的箱形截面构件（图7-9），其截面尺寸应符合下列条件：

当h_w/b（或h_w/t_w）不大于4时：

$$\frac{V}{bh_0}+\frac{T}{0.8W_t}\leqslant 0.25\beta_c f_c \tag{7-53}$$

当h_w/b（或h_w/t_w）等于6时：

$$\frac{V}{bh_0}+\frac{T}{0.8W_t}\leqslant 0.2\beta_c f_c \tag{7-54}$$

当h_w/b（或h_w/t_w）大于4但小于6时，按线性内插法确定。

当h_w/b大于6或h_w/t_w大于6时，受扭构件的截面尺寸要求及扭曲截面承载力计算应符合专门规定。

式中　T——扭矩设计值；

b——矩形截面的宽度，T形或I形截面取腹板宽度，箱形截面取两侧壁总厚度$2t_w$；

W_t——受扭构件的截面受扭塑性抵抗矩；

h_w——截面的腹板高度：对矩形截面，取有效高度h_0；对T形截面，取有效高度减去翼缘高度；对I形和箱形截面，取腹板净高。

t_w——箱形截面壁厚，其值不应小于$b_h/7$，此处，b_h为箱形截面宽度。

4. 按构造要求配置受扭纵向钢筋和受扭箍筋的条件

在弯矩、剪力和扭矩作用下的构件，当符合下列条件时，可不进行构件受剪扭承载力的计算，而按构造要求配置纵向受扭钢筋和受扭箍筋：

$$\frac{V}{bh_0}+\frac{T}{W_t}\leqslant 0.7f_t \tag{7-55}$$

或

$$\frac{V}{bh_0}+\frac{T}{W_t}\leqslant 0.7f_t+0.07\frac{N}{bh_0} \tag{7-56}$$

式中　N——与剪力、扭矩设计值V、T相应的轴向压力设计值，当$N>0.3f_cA$时，取$N=0.3f_cA$。

【例7-1】已知：均布荷载作用下T形截面构件，截面尺寸 $b\times h=250\text{mm}\times500\text{mm}$，$b_f'=400\text{mm}$，$h_f'=100\text{mm}$；弯矩设计值 $M=110\text{kN}\cdot\text{m}$，剪力设计值 $V=120\text{kN}$，扭矩设计值 $T=15\text{kN}\cdot\text{m}$。混凝土强度等级C30；纵筋和箍筋均采用HRB400级钢筋。环境类别为一类。

求：受弯、受剪及受扭所需的钢筋。

【解】$f_c=14.3\text{N/mm}^2$，$f_t=1.43\text{N/mm}^2$，$f_y=360\text{N/mm}^2$，$f_{yv}=360\text{N/mm}^2$

1）验算构件截面尺寸

$$h_0=h-a_s=500-40=460\text{mm}$$

$$W_{tw}=\frac{b^2}{6}(3h-b)=\frac{250^2}{6}\times(3\times500-250)=1302.1\times10^4\text{mm}^3$$

$$W_{tf}'=\frac{h_f'^2}{2}(b_f'-b)=\frac{100^2}{2}\times(400-250)=75\times10^4\text{mm}^3$$

$$W_t=W_{tw}+W_{tf}'=(1302.1+75)\times10^4=1377.1\times10^4\text{mm}^3$$

按 $\dfrac{V}{bh_0}+\dfrac{T}{0.8W_t}\leqslant0.25\beta_cf_c$ 和 $\dfrac{V}{bh_0}+\dfrac{T}{W_t}\leqslant0.7f_t$ 有：

$$\frac{V}{bh_0}+\frac{T}{0.8W_t}=\frac{120\times10^3}{250\times460}+\frac{15\times10^6}{0.8\times1377.1\times10^4}$$

$$=2.41\text{N/mm}^2\leqslant0.25\beta_cf_c=0.25\times1.0\times14.3=3.58\text{N/mm}^2$$

$$\frac{V}{bh_0}+\frac{T}{W_t}=\frac{120\times10^3}{250\times460}+\frac{15\times10^6}{1377.1\times10^4}$$

$$=2.13\text{N/mm}^2>0.7f_t=0.7\times1.43=1.0\text{N/mm}^2$$

截面尺寸满足要求，但需按计算配置钢筋。

2）确定计算方法

$$T=15\text{kN}\cdot\text{m}>0.175f_tW_t=0.175\times1.43\times1377.1\times10^4=3.45\text{kN}\cdot\text{m}$$

$$V=120\text{kN}>0.35f_tbh_0=0.35\times1.43\times250\times460=57.56\text{kN}$$

须考虑扭矩及剪力对构件受剪和受扭承载力的影响。

3）计算受弯纵筋

由于 $\alpha_1f_cb_f'h_f'\left(h_0-\dfrac{h_f'}{2}\right)=1.0\times14.3\times400\times100\times\left(460-\dfrac{100}{2}\right)=234.52\text{kN}\cdot\text{m}>$ $110\text{kN}\cdot\text{m}$

故属于第一种类型的T形梁。

求 α_s：$\alpha_s=\dfrac{M}{\alpha_1f_cb_f'h_0^2}=\dfrac{110\times10^6}{1.0\times14.3\times400\times460^2}=0.091$

得出：$\gamma_0=0.5\left(1+\sqrt{1-2\alpha_s}\right)=0.5\times\left(1+\sqrt{1-2\times0.091}\right)=0.952$

$$A_s=\frac{M}{f_y\gamma_0 h_0}=\frac{110\times10^6}{360\times0.952\times460}=697.7\text{mm}^2$$

4）计算受剪及受扭钢筋

（1）腹板和受压翼缘承受的扭矩

腹板： $$T_w=\frac{W_{tw}}{W_t}T=\frac{1302.1\times10^4}{1377.1\times10^4}\times15\times10^6=14.18\text{kN}\cdot\text{m}$$

受压翼缘： $$T'_f=\frac{W'_{tf}}{W_t}T=\frac{75\times10^4}{1377.1\times10^4}\times15\times10^6=0.817\text{kN}\cdot\text{m}$$

（2）腹板配筋计算

$$A_{cor}=b_{cor}\times h_{cor}=194\times444=86136\text{mm}^2$$

$$u_{cor}=2\ (b_{cor}+h_{cor})\ =2\times(194+444)=1276\text{mm}$$

①受扭箍筋计算

由式（7-36），有：

$$\beta_t=\frac{1.5}{1+0.5\dfrac{V}{T_w}\dfrac{W_{tw}}{bh_0}}=\frac{1.5}{1+0.5\times\dfrac{120\times10^3}{14.18\times10^6}\times\dfrac{1302.1\times10^4}{250\times460}}=1.014>1.0,$$

取 $\beta_t=1.0$。

取 $\zeta=1.2$，$T=T_u$，按式（7-35）求得：

$$\frac{A_{st1}}{s}=\frac{T_w-0.35\beta_t f_t W_{tw}}{1.2\sqrt{\zeta}f_{yv}A_{cor}}$$
$$=\frac{14.18\times10^6-0.35\times1.0\times1.43\times1302.1\times10^4}{1.2\times\sqrt{1.2}\times360\times86136}$$
$$=0.188\text{mm}^2/\text{mm}$$

受剪箍筋计算由式（7-34）得：

$$\frac{A_{sv}}{s}=\frac{V_u-0.7(1.5-\beta_t)f_t bh_0}{f_{yv}h_0}$$
$$=\frac{120\times10^3-0.7\times(1.5-1.0)\times1.43\times250\times460}{360\times460}$$
$$=0.377\text{mm}^2/\text{mm}$$

腹板所需单肢箍筋总面积：

$$\frac{A_{st1}}{s}+\frac{A_{sv}}{2s}=0.188+\frac{0.377}{2}=0.377\text{mm}^2/\text{mm}$$

取箍筋直径为 8mm 的 HRB400 级钢筋，其截面面积为 50.3mm^2，得箍筋间距为

$$s=\frac{50.3}{0.377}=133.4\text{mm}，取\ s=130\text{mm}$$

②受扭纵筋计算

由式（7-18），求得：

$$A_{stl}=\frac{\zeta f_{yv}A_{st1}u_{cor}}{f_y s}=\frac{1.2\times360\times0.188\times1276}{360}=287.9\text{mm}^2$$

腹板底面所需受弯和受扭纵筋截面面积：

$$A_s+A_{stl}\frac{(b_{cor}+h_{cor}/3)}{u_{cor}}=697.7+287.9\times\frac{(194+444/3)}{1276}=775\text{mm}^2$$

选用3根直径20mm的HRB400级钢筋，其截面面积为942mm²。

腹板侧边所需受扭纵筋截面面积：

$$A_{stl}\frac{2h_{cor}/3}{u_{cor}}=287.9\times\frac{2\times444/3}{1276}=66.8\text{mm}^2$$

选用2根直径为12mm的HRB400级钢筋，其截面面积为226.1mm²。

腹板顶面所需受扭纵筋的截面面积：

$$A_{stl}\frac{(b_{cor}+h_{cor}/3)}{u_{cor}}=287.9\times\frac{(194+444/3)}{1276}=77.2\text{mm}^2$$

选用2根直径为12mm的HRB400级钢筋，其截面面积为226mm²。

（3）受压翼缘配筋计算

$$A'_{cor}=b'_{cor}\times h'_{cor}=94\times44=4136\text{mm}^2$$

$$u'_{cor}=2(b'_{cor}+h'_{cor})=2\times(94+44)=276\text{mm}$$

①受扭箍筋计算

取 ζ—1.2，按式（7 23）求得：

$$\frac{A'_{st1}}{s}=\frac{T'_f-0.35f_tW'_{tf}}{1.2\sqrt{\zeta}f_{yv}A'_{cor}}=\frac{0.817\times10^6-0.35\times1.43\times75\times10^4}{1.2\times\sqrt{1.2}\times360\times4136}$$

$$=0.226\text{mm}^2/\text{mm}$$

取箍筋为直径8mm的双肢箍，采用HRB400级钢筋，单肢 $A'_{sv1}=50.3\text{mm}^2$，则箍筋间距为：

$$s=\frac{50.3}{0.226}=222.6\text{mm}，取\ s=200\text{mm}$$

②受扭纵筋计算

由式（7-18），得：

$$A_{stl}=\frac{\zeta f_{yv}A'_{st1}u'_{cor}}{f_y s}=\frac{1.2\times360\times0.226\times276}{360}=74.9\text{mm}^2$$

选用4根直径为8mm的HRB400级钢筋，其截面面积为201mm²。

5）验算腹板最小箍筋配筋率

由式（7-52），有：

$$\rho_{sv,min}=0.28\frac{f_t}{f_{yv}}=0.28\times\frac{1.43}{360}=0.0011$$

实有配筋率为：

$$\rho_{sv}=\frac{nA_{sv1}}{bs}=\frac{2\times50.3}{250\times130}=0.0031>0.0011$$

6）验算腹板弯曲受拉纵筋配筋量

由式（7-51），得：

$$\rho_{stl,min}=\frac{A_{stl,min}}{bh}=0.6\sqrt{\frac{T_w}{Vb}}\cdot\frac{f_t}{f_y}=0.6\times\sqrt{\frac{14.18\times10^6}{120\times10^3\times250}}\times\frac{1.43}{360}$$
$$=0.0016$$

受弯构件纵筋最小配筋率：

$$\rho_{min}=0.45\frac{f_t}{f_y}=0.45\times\frac{1.43}{360}=0.178\%<0.2\%\text{，取 }\rho_{min}=0.2\%$$

截面弯曲受拉边的纵向受力钢筋最小配筋量为：

$$\rho_{min}bh+\rho_{stl,min}bh\frac{(b_{cor}+h_{cor}/3)}{u_{cor}}$$
$$=0.002\times250\times500+0.0016\times250\times500\times\frac{(194+444/3)}{1276}$$
$$=303.6\text{mm}^2<942\text{mm}^2\text{（实配 }3\Phi20\text{ 的截面面积）}$$

7）翼缘受扭的最小纵筋和最小箍筋配筋率的验算均已满足，验算过程略。

截面配筋见图 7-15。

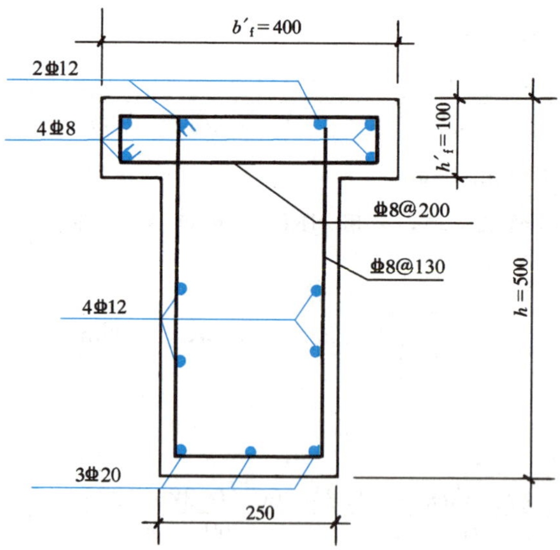

图 7-15　例 7-1 中的截面配筋图

思考题

问 答 题

7-1 按变角度空间桁架模型计算扭曲截面承载力的基本思路是什么，有什么基本假设，有几个主要计算公式？

7-2 简述钢筋混凝土纯扭和剪扭构件的扭曲截面承载力的计算步骤。

7-3 纵向钢筋与箍筋的配筋强度比 ζ 的含义是什么？起什么作用？有什么限制？

7-4 在钢筋混凝土构件纯扭实验中，有少筋破坏、适筋破坏、超筋破坏和部分超筋破坏，它们各有什么特点？在受扭计算中如何避免少筋破坏和超筋破坏？

7-5 在剪扭构件承载力计算中如符合下列条件，说明了什么？

$$\frac{V}{bh_0}+\frac{T}{W_t}>0.7f_t \text{ 和 } \frac{V}{bh_0}+\frac{T}{0.8W_t}\geqslant 0.25\beta_c f_c$$

7-6 为满足受扭构件受扭承载力计算和构造规定要求，配置受扭纵筋及箍筋应当注意哪些问题？

7-7 我国《混凝土结构设计标准》中受扭构件计算公式中的 β_t 的物理意义是什么？其表达式表示了什么关系？此表达式的取值考虑了哪些因素？

7-8 实际工程中哪些构件中有扭矩作用？什么是平衡扭转？什么是协调扭转？

7-9 矩形截面纯扭构件的裂缝和同一构件的剪切裂缝有哪些相同点和不同点？

7-10 当 $h/b<6$ 时，纯扭构件控制 $T\leqslant 0.25f_cW_t$ 的目的是什么？试说明 T 形截面纯扭构件的计算方法。

7-11 构件同时受剪力和扭矩的作用，受剪承载力是否要降低？为什么？

7-12 钢筋混凝土构件是如何抵抗外扭矩作用的？抗扭纵筋的配置有何要求？其与抗弯纵筋的布置有何不同？

7-13 从受力分析看，抗扭箍筋和抗剪箍筋有何不同？

选 择 题

7-14 矩形截面纯扭构件中，最大剪应力发生在________。

A. 短边中点　　B. 长边中点　　C. 角部　　D. 截面中心

7-15 受扭裂缝的特点是________。

A. 与构件轴线大致呈 45°的断断续续的螺旋形裂缝

B. 与构件轴线大致呈 45°的连续的螺旋形裂缝

C. 与构件轴线大致呈 45°的斜裂缝

7-16 受扭构件的配筋方式可为________。

A. 仅配置受扭箍筋

B. 仅配置受扭纵筋

C. 配置受扭箍筋及受扭纵筋

7-17 对钢筋混凝土纯扭构件，其受扭的纵向钢筋与箍筋的配筋强度比值 ζ 应符合________的要求。

A. <0.5　　B. >1.7　　C. $0.6\leqslant\zeta\leqslant 1.7$

7-18 b、h 分别为矩形截面受扭构件的截面短边尺寸、长边尺寸，则截面的塑性抵抗矩 W_t 应按下列________计算。

A. $W_t=\frac{b^2}{6}(3b-h)$

B. $W_t=\frac{b^2}{6}(3h-b)$

C. $W_t = \frac{h^2}{6}(3b - h)$

7-19 受扭构件的破坏形态与受扭纵筋和受扭箍筋配筋率的大小有关，大致可分为________。

A. 适筋破坏、超筋破坏和少筋破坏三类

B. 适筋破坏、部分超筋破坏、超筋破坏和少筋破坏四类

C. 适筋破坏、超筋破坏、部分少筋破坏和少筋破坏四类

判 断 题

7-20 构件因受扭而产生的裂缝，总体上呈螺旋形，与构件轴线的夹角大致为 45°，螺旋形裂缝是连续贯通的。(　　)

7-21 受扭构件扭曲截面承载力计算中，$\sqrt{\zeta}$是变角空间桁架模型中混凝土斜压杆与构件纵轴线夹角　的余切，即$\sqrt{\zeta} = cot$　。(　　)

7-22 受扭构件扭曲截面承载力计算中，系数 ζ 是受扭的纵向钢筋与箍筋的配筋强度比值，$\zeta = f_y A_{stl} s / f_{yv} A_{sv1} u_{cor}$，$\zeta$ 应满足大于 1.7 的要求。(　　)

7-23 A_{stl} 是指受扭计算中取对称布置的全部纵向非预应力钢筋截面面积；A_{sv1} 是指受扭计算中沿截面周边配置的箍筋单肢截面面积。(　　)

7-24 素混凝土纯扭构件的开裂扭矩与破坏扭矩基本相等。(　　)

7-25 受扭钢筋对钢筋混凝土纯扭构件开裂扭矩的影响很大。(　　)

7-26 受扭钢筋的配筋量对钢筋混凝土纯扭构件的破坏形态有很大的影响。(　　)

7-27 对受扭起作用的钢筋主要是箍筋，纵筋对受扭基本没有作用。(　　)

7-28 箍筋和纵筋对受扭都是有作用的，因此在受扭构件的扭曲截面承载力计算中，可以既设置受扭箍筋又设置受扭纵筋，也可以只设置受扭箍筋而不设置受扭纵筋，或者可以不设置受扭箍筋只设置受扭纵筋。(　　)

7-29 变角空间桁架模型中没有考虑截面核心混凝土的作用。(　　)

7-30 我国《混凝土结构设计标准》和变角空间桁架模型中都考虑了混凝土的抗扭作用。(　　)

7-31 弯剪扭构件的承载力配筋计算中，纵筋是由受弯承载力及受扭承载力所需相应纵筋叠加而得，这与弯扭构件的承载力计算结果是相同的。(　　)

7-32 β_t称为一般剪扭构件混凝土受扭承载力降低系数，$(1.5 - \beta_t)$ 可称为一般剪扭构件混凝土受剪承载力降低系数。(　　)

7-33 受扭纵向钢筋的布置要求是，沿截面周边均匀对称配置，间距不应大于 200mm，截面四角必须设置。(　　)

习题

7-1 有一钢筋混凝土矩形截面受纯扭构件，已知截面尺寸为 $b \times h = 300\text{mm} \times 500\text{mm}$，配有 4 根直径为 16mm 的 HRB400 级纵向钢筋。箍筋为直径 8mm 的 HRB400 级钢筋，间距为 100mm。混凝土强度等级为 C30，试求该构件扭曲截面的受扭承载力。

7-2 雨篷剖面见图 7-16。雨篷板上承受均布荷载（已包括板的自身重力）$q = 3.6\text{kN/m}^2$（设计值），在雨篷自由端沿板宽方向每米承受活荷载 $p = 1.4\text{kN/m}$（设计值）。雨篷梁截面尺寸 240mm × 240mm，计算跨度 2.5m。采用混凝土强度等级为 C30，箍筋采用 HRB400 级钢筋，纵筋采用 HRB400 级钢筋，环境类别为二类 a。经计算知：雨篷梁弯矩设计值 $M = 14\text{kN} \cdot \text{m}$，剪力设计值 $V = 16\text{kN}$，试确定雨篷梁端的扭矩设计值并进行配筋。

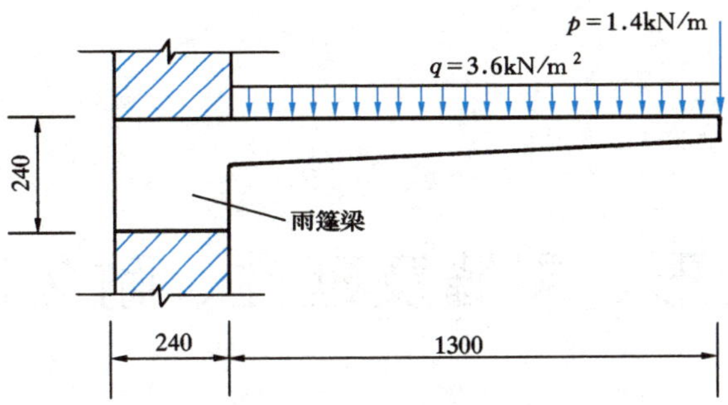

图 7-16　习题 7-2 图

7-3　有一钢筋混凝土弯扭构件，截面尺寸为 $b\times h=200\text{mm}\times 400\text{mm}$，弯矩设计值为 $M=70\text{kN}\cdot\text{m}$，扭矩设计值为 $T=12\text{kN}\cdot\text{m}$，采用 C30 混凝土，箍筋用 HRB400 级钢筋，纵向钢筋用 HRB400 级钢筋，试计算其配筋。

第 8 章
变形、裂缝及延性、耐久性

教学要求：

1. 对钢筋混凝土结构三个受力阶段的品性以及对正常使用极限状态的验算有进一步地理解；
2. 理解正常使用阶段截面弯曲刚度的定义，理解裂缝间纵向受拉钢筋应变不均匀系数 ψ 的物理意义和裂缝开展的机理；
3. 掌握挠度和裂缝宽度的验算；
4. 理解延性和截面曲率延性系数的概念；
5. 理解混凝土碳化和钢筋锈蚀的原理， 知道耐久性设计的主要内容和技术措施。

第8章教学课件

8.1 钢筋混凝土构件的变形

8.1.1 截面弯曲刚度的定义

结构或结构构件受力后将在截面上产生内力，并使截面产生变形。截面上的材料抵抗内力的能力就是截面承载力；抵抗变形的能力就是截面刚度。对于承受弯矩 M 的截面来说，抵抗截面转动的能力，就是截面弯曲刚度。截面的转动是以截面曲率 ϕ 来度量的，因此截面弯曲刚度就是使截面产生单位曲率需要施加的弯矩值。

对于匀质弹性材料，M-ϕ 关系是不变的（正比例关系，如图 8-1 中虚线 OA 所示），故其截面弯曲刚度 EI 是常数，$EI=M/\phi$。这里，E 是材料的弹性模量，I 是截面的惯性矩。可见，当弯矩一定时，截面弯曲刚度越大，其截面曲率就越小。由材料力学知，匀质弹性材料梁当忽略剪切变形的影响时，其跨中挠度：

$$f = S\frac{Ml_0^2}{EI} \text{ 或 } f = S\phi l_0^2 \tag{8-1}$$

式中，S 是与荷载形式、支承条件有关的挠度系数，例如承受均布荷载的简支梁，$S=5/48$；l_0 是梁的计算跨度。由式（8-1）知，截面弯曲刚度 EI 越大，挠度 f 越小。

注意，这里研究的是截面弯曲刚度，而不是杆件的弯曲线刚度，$i=EI/l_0$。

但是，钢筋混凝土是不匀质的非弹性材料，钢筋混凝土受弯构件的正截面在其受力全过程中，弯矩与曲率（M-ϕ）的关系是在不断变化的，所以截面弯曲刚度不是常数，而是变化的，记作 B。

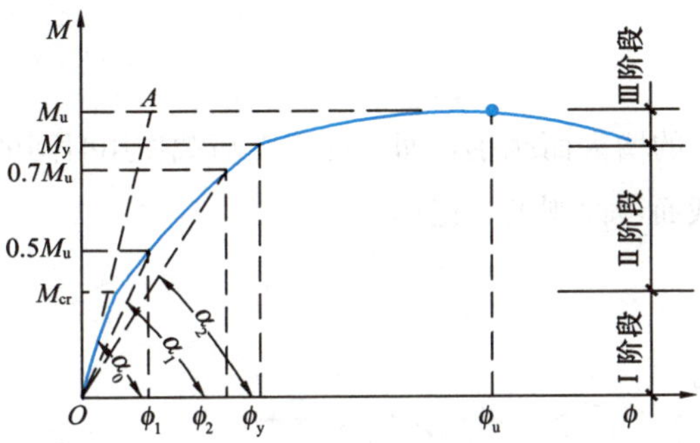

图 8-1　截面弯曲刚度的定义

图 8-1 示出了适筋梁正截面的 M-ϕ 曲线，曲线上任一点处切线的斜率 $dM/d\phi$ 就是该点处的截面弯曲刚度 B。虽然这样做在理论上是正确的，但实际工程中这样做既有困难，又不实用。

为了便于工程应用，对截面弯曲刚度的确定，采用以下两种简化方法：

1. 混凝土未裂时的截面弯曲刚度

在混凝土开裂前的第Ⅰ阶段，可近似地把 M-ϕ 关系曲线看成是直线，它的斜率就是截面弯曲刚度。考虑到受拉区混凝土的塑性，故把混凝土的弹性模量降低 15%，即取截面弯曲刚度：

$$B = 0.85E_cI_0 \tag{8-2}$$

式中　E_c——混凝土的弹性模量，见附表 2-5；

I_0——换算截面的截面惯性矩。

换算截面是指把截面上的钢筋换算成混凝土后的纯混凝土截面。换算的方法是把钢筋截面面积乘以钢筋弹性模量 E_s 与混凝土弹性模量 E_c 的比值 $\alpha_E=E_s/E_c$，把钢筋换算成混凝土后，其重心应仍在钢筋原来的重心处。

式（8-2）也可用于要求不出现裂缝的预应力混凝土构件。

2. 正常使用阶段的截面弯曲刚度

钢筋混凝土受弯构件的挠度验算是按正常使用极限状态的要求进行的，正常使用时它是带裂缝工作的，即处于第Ⅱ阶段，这时 M-ϕ 不能简化成直线，所以截面弯曲刚度应该比 $0.85E_cI_0$ 小，而且是随弯矩的增大而变小的，是变化的值。

研究表明，钢筋混凝土受弯构件正常使用时正截面承受的弯矩大致是其受弯承载力 M_u 的 50%～70%。

此外，还要求所给出的截面弯曲刚度必须适合于用手算的方法来进行挠度验算。

在东南大学等单位的大量科学试验以及工程实践经验的基础上，我国《混凝土结构设计标准》给出了受弯构件截面弯曲刚度 B 的定义是，在 M-ϕ 曲线的 $0.5M_u \sim 0.7M_u$ 区段内，曲线上的任一点与坐标原点相连割线的斜率。

因此，由图 8-1 知，$B=\tan\alpha=M/\phi$，$M=0.5M_u \sim 0.7M_u$；在弯矩的这个区段内割线的倾角 α 随弯矩的增大而减小，由 α_0 减小到 α_1，再减小到 α_2，也就是说截面弯曲刚度是随弯矩的增大而减小的。

可以理解到，这样定义的截面弯曲刚度就是弯矩由零增加到 $0.5M_u \sim 0.7M_u$ 过程中，截面弯曲刚度的总平均值。

8.1.2 短期截面弯曲刚度 B_s

截面弯曲刚度不仅随弯矩（或者说荷载）的增大而减小，而且还将随荷载作用时间的增长而减小。这里先讲不考虑时间因素的短期截面弯曲刚度，记作 B_s。

1. B_s 的基本表达式

研究变形、裂缝的钢筋混凝土试验梁与图 3-4 的基本相同，图 8-2 示出了纯弯区段内，弯矩 $M=0.5M_u^0 \sim 0.7M_u^0$ 时，测得的钢筋和混凝土的应变情况：①沿梁长，各正截面上受拉钢筋的拉应变和受压区边缘混凝土的压应变都是不均匀分布的，裂缝截面处最大，分别为 ε_s、ε_c，裂缝与裂缝之间逐渐变小，呈曲线变化；②沿梁长，截面受压区高度是变化的，裂缝截面处最小，因此沿梁长中和轴呈波浪形变化；③当量测范围比较长（≥750mm）时，则各水平纤维的平均应变沿截面高度的变化符合平截面假定。

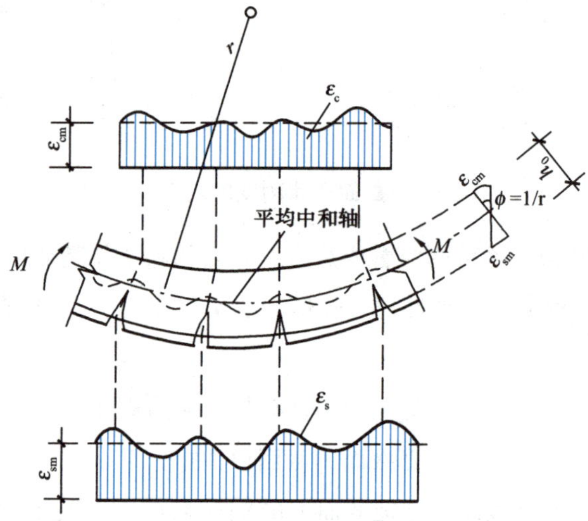

图 8-2 纯弯段内的平均应变

根据平截面假定，可得纯弯区段的平均曲率：

$$\phi=\frac{1}{r}=\frac{\varepsilon_{sm}+\varepsilon_{cm}}{h_0} \tag{8-3}$$

式中 r——与平均中和轴相对应的平均曲率半径；

ε_{sm}、ε_{cm}——分别为纵向受拉钢筋重心处的平均拉应变和受压区边缘混凝土的平均压应变，这里第二个下标 m 表示平均值（mean value）；

h_0——截面的有效高度。

刚讲过，截面弯曲刚度就是使截面产生单位曲率需要施加的弯矩值。因此，短期截面弯曲刚度：

$$B_s=\frac{M}{\phi}=\frac{Mh_0}{\varepsilon_{sm}+\varepsilon_{cm}} \tag{8-4}$$

2. 平均应变 ε_{sm} 和 ε_{cm}

纵向受拉钢筋的平均应变 ε_{sm} 可以由裂缝截面处纵向受拉钢筋的应变 ε_s 来表达，即：

$$\varepsilon_{sm}=\psi\varepsilon_s \tag{8-5}$$

式中　ψ——裂缝间纵向受拉钢筋的应变不均匀系数，见下述。

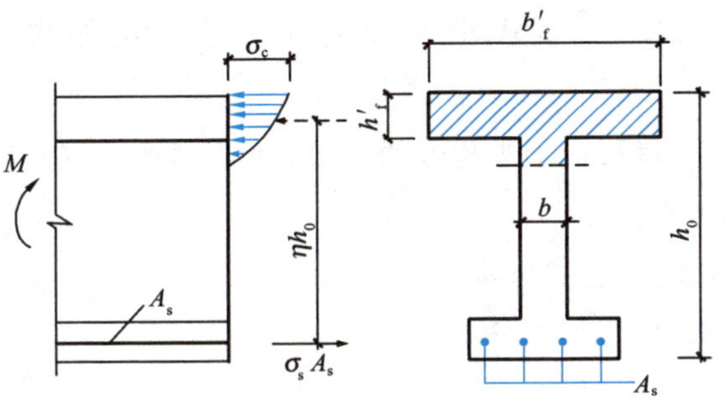

图 8-3　第Ⅱ阶段裂缝截面的应力图

图 8-3 示出了第Ⅱ阶段裂缝截面的应力图。对受压区合压力点取矩，可得裂缝截面处纵向受拉钢筋的应力：

$$\sigma_s=\frac{M}{A_s\eta h_0} \tag{8-6}$$

式中　η——正常使用阶段裂缝截面处的内力臂系数。

研究表明，对常用的混凝土强度等级及配筋率，可近似地取：

$$\eta=0.87 \tag{8-7}$$

因此：

$$\varepsilon_{sm}=\psi\varepsilon_s=\psi\frac{\sigma_s}{E_s}=\psi\frac{M}{A_s\eta h_0E_s}=1.15\psi\frac{M}{A_sh_0E_s} \tag{8-8}$$

另外，通过试验研究，对受压区边缘混凝土的平均压应变 ε_{cm} 可取为：

$$\varepsilon_{cm}=\frac{M}{\zeta bh_0^2E_c} \tag{8-9}$$

以上公式中，E_s、E_c 分别为钢筋、混凝土的弹性模量。ζ 称为受压区边缘混凝土平均应变综合系数。

3. 裂缝间纵向受拉钢筋应变不均匀系数 ψ

图 8-4 示出了沿一根试验梁的梁长，实测的纵向受拉钢筋的应变分布图；由图可见，在纯弯区段 A-A 内，钢筋应变是不均匀的，裂缝截面处最大，其应变为 ε_s，离开裂缝截面就逐渐减小，这是由于裂缝间的受拉混凝土参加工作，承担部分拉力的缘故。图 8-4 中的水平虚线表示平均应变 $\varepsilon_{sm}=\psi\varepsilon_s$。

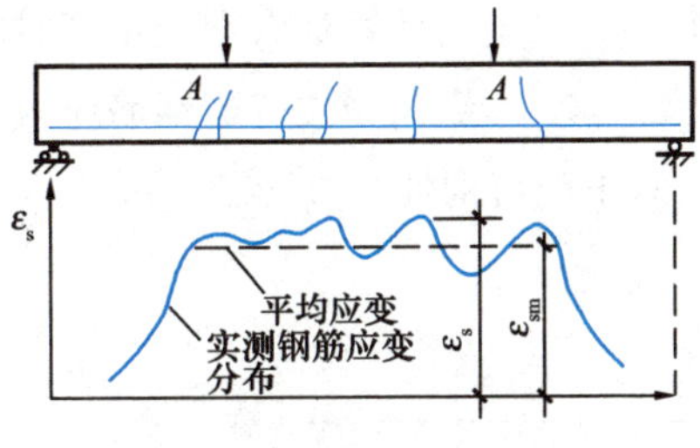

图 8-4　纯弯区段内受拉钢筋的应变分布

因此，系数 ψ 反映了受拉钢筋应变的不均匀性，其物理意义就是表明了裂缝间受拉混凝土参加工作，对减小变形和裂缝宽度的贡献。ψ 越小，说明裂缝间受拉混凝土帮助纵向受拉钢筋承担拉力的程度越大，使 ε_{sm} 降低得越多，对增大截面弯曲刚度、减小变形和裂缝宽度的贡献越大。ψ 越大，则效果相反。

试验表明，随着荷载（或弯矩）的增大，ε_{sm} 与 ε_s 间的差距逐渐减小，也就是说，随着荷载（或弯矩）的增大，裂缝间受拉混凝土是逐渐退出工作的，当 $\varepsilon_{sm}=\varepsilon_s$ 时，$\psi=1$，表明此时裂缝间受拉混凝土全部退出工作。当然，ψ 值不可能大于 1。ψ 的大小还与以有效受拉混凝土截面面积计算且考虑钢筋粘结性能差异后的有效纵向受拉钢筋配筋率 ρ_{te} 有关。这是因为参加工作的受拉混凝土主要是指钢筋周围的那部分有效范围内的受拉混凝土面积。当 ρ_{te} 较小时，说明参加受拉的混凝土相对面积大些，对纵向受拉钢筋应变的影响程度也相应大些，因而 ψ 就小些。

对轴心受拉构件，有效受拉混凝土截面面积 A_{te} 即为构件的截面面积；对受弯（及偏心受压和偏心受拉）构件，按图 8-5 采取，并近似取：

$$A_{te}=0.5bh+(b_f-b)h_f \tag{8-10}$$

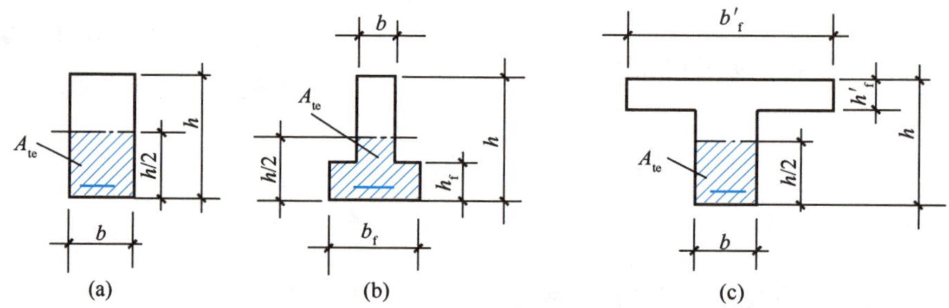

图 8-5　有效受拉混凝土面积

此外，ψ 值还受到截面尺寸的影响，即 ψ 随截面高度的增加而增大。

试验研究表明，ψ 可近似表达为：①

$$\psi=1.1-0.65\frac{f_{tk}}{\rho_{te}\sigma_{sq}} \tag{8-11}$$

式中　σ_{sq}——与计算最大裂缝宽度时的相同，即按荷载准永久组合计算的钢筋混凝土构件纵向受拉普通钢筋应力。

对于受弯构件：

$$\sigma_{sq}=\frac{M_q}{0.87h_0A_s} \tag{8-12}$$

① 对系数 ψ，采用与裂缝宽度计算相同的公式，不用 σ_{sk} 而用 σ_{sq}，将能更好地符合试验结果。

式中 M_q——按荷载准永久组合计算的截面弯矩。

当 $\psi<0.2$ 时，取 $\psi=0.2$；当 $\psi>1$ 时，取 $\psi=1$；对直接承受重复荷载的构件，取 $\psi=1$。

ρ_{te} 为按有效受拉混凝土截面面积计算的纵向受拉钢筋配筋率：

$$\rho_{te}=\frac{A_s}{A_{te}} \tag{8-13}$$

在最大裂缝宽度中，当 $\rho_{te}\leqslant0.01$ 时，取 $\rho_{te}=0.01$。

4. B_s 的计算公式

国内外试验资料表明，受压区边缘混凝土平均应变综合系数 ζ 与 $\alpha_E\rho$ 及受压翼缘加强系数 γ'_f 有关，为简化计算，可直接给出 $\alpha_E\rho/\zeta$ 的值：

$$\frac{\alpha_E\rho}{\zeta}=0.2+\frac{6\alpha_E\rho}{1+3.5\gamma'_f} \tag{8-14}$$

式中，$\alpha_E=E_s/E_c$，$\gamma'_f=(b'_f-b)h'_f/(bh_0)$，即 γ'_f 等于受压翼缘截面面积与腹板有效截面面积的比值。

把式（8-5）、式（8-8）和式（8-9）、式（8-14）代入 B_s 的基本表达式（8-4）中，即得短期截面弯曲刚度 B_s 的计算公式：

$$B_s=\frac{E_sA_sh_0^2}{1.15\psi+0.2+\dfrac{6\alpha_E\rho}{1+3.5\gamma'_f}} \tag{8-15}$$

式中，当 $h'_f>0.2h_0$ 时，取 $h'_f=0.2h_0$ 计算 γ'_f。因为当翼缘较厚时，靠近中和轴的翼缘部分受力较小，如仍按全部 h'_f 计算 γ'_f，将使 B_s 的计算值偏高。

在荷载效应的标准组合作用下，受压钢筋对刚度的影响不大，计算时可不考虑，如需估计其影响，可在 γ'_f 式中加入 $\alpha_E\rho'$，即：

$$\gamma'_f=\frac{(b'_f-b)\ h'_f}{bh_0}+\alpha_E\rho' \tag{8-16}$$

式中 ρ'——受压钢筋的配筋率，$\rho'=A'_s/(bh_0)$。

式（8-15）适用于矩形、T形、倒T形和I形截面受弯构件，由该式计算的平均曲率与试验结果符合较好。

综上可知，短期截面弯曲刚度 B_s 是受弯构件的纯弯区段在承受50%～70%的正截面受弯承载力 M_u 的第Ⅱ阶段区段内，考虑了裂缝间受拉混凝土的工作，即纵向受拉钢筋应变不均匀系数 ψ，也考虑了受压区边缘混凝土压应变的不均匀性，从而用纯弯区段的平均曲率来求得 B_s 的。对 B_s 可有以下认识：

1）B_s 主要是用纵向受拉钢筋来表达的，其计算公式表面复杂，实际上比用混凝土表达的反而简单。

2）B_s 不是常数，是随弯矩而变的，弯矩 M_k 增大，B_s 减小；M_k 减小，B_s 增大，这种

影响是通过 ψ 来反映的。

3）当其他条件相同时，截面有效高度 h_0 对截面弯曲刚度的影响最显著。

4）当截面有受拉翼缘或有受压翼缘时，都会使 B_s 有所增大。

5）具体计算表明 ，纵向受拉钢筋配筋率 ρ 增大，B_s 也略有增大。

6）在常用配筋率 ρ=1%～2%的情况下，提高混凝土强度等级对提高 B_s 的作用不大。

7）B_s 的单位与弹性材料的 EI 是一样的，都是“N·mm²”，因为弯矩的单位是“N·mm”，截面曲率的单位是“1/mm”。

8.1.3 受弯构件的截面弯曲刚度 B

在荷载长期作用下，构件截面弯曲刚度将会降低，致使构件的挠度增大。在实际工程中，总是有部分荷载长期作用在构件上，因此计算挠度时必须采用按荷载效应的标准组合并考虑荷载效应的长期作用影响的刚度 B。

1. 荷载长期作用下刚度降低的原因

在荷载长期作用下，受压混凝土将发生徐变，即荷载不增加而变形却随时间增长。在配筋率不高的梁中，由于裂缝间受拉混凝土的应力松弛以及混凝土和钢筋的徐变滑移，使受拉混凝土不断退出工作，因而受拉钢筋平均应变和平均应力亦将随时间而增大。同时，由于裂缝不断向上发展，使其上部原来受拉的混凝土脱离工作，以及由于受压混凝土的塑性发展，使内力臂减小，也将引起钢筋应变和应力的增大。以上这些情况都会导致曲率增大、刚度降低。此外，受拉区和受压区混凝土的收缩不一致，使梁发生翘曲，亦将导致曲率的增大和刚度的降低。总之，凡是影响混凝土徐变和收缩的因素都将导致刚度的降低，使构件挠度增大。

2. 截面弯曲刚度

前面讲了弯矩的标准组合值 M_k，现在再简单讲一下弯矩的准永久组合值 M_q，详细的见中册第 10 章。

在结构设计使用期间，荷载的值不随时间而变化，或其变化与平均值相比可以忽略不计的，称为永久荷载或恒荷载，例如结构的自身重力等。在结构设计使用期间，荷载的值随时间而变化，或其变化与平均值相比不可忽略的荷载，称为可变荷载或活荷载，例如楼面活荷载等。

不过，活荷载中也会有一部分荷载值是随时间变化不大的，这部分荷载称为准永久荷载，例如住宅中的家具等。而书库等建筑物的楼面活荷载中，准永久荷载值占的比例将达到 80%。

作用在结构上的荷载往往有多种，例如作用在楼面梁上的荷载有结构自重（永久荷载）和楼面活荷载。由永久荷载产生的弯矩与由活荷载中的准永久荷载产生的弯矩组合起来，就称为弯矩的准永久组合。

受弯构件挠度验算时采用的截面弯曲刚度 B，是在它的短期刚度 B_s 的基础上，用弯矩的准永久组合值 M_q 对挠度增大的影响系数 θ 来考虑荷载长期作用部分的影响。钢筋混凝土受弯构件挠度验算时采用的截面弯曲刚度 B，是在它的短期刚度基础上，用弯矩的准永久组合值 M_q 对挠度增大的影响系数 θ 来考虑长期作用部分的影响，公式为：

$$B=\frac{B_s}{\theta} \tag{8-17a}$$

该式即为弯矩的准永久组合并考虑荷载长期作用影响的刚度，实质上是考虑荷载长期作用部分使刚度降低的因素后，对短期刚度 B_s 进行修正。

关于 θ 的取值，根据天津大学和东南大学长期荷载试验的结果，考虑了受压钢筋在荷载长期作用下对混凝土受压徐变及收缩所起的约束作用，从而减小了刚度的降低，《混凝土结构设计标准》建议对混凝土受弯构件，当 $\rho'=0$ 时，$\theta=2.0$；当 $\rho'=\rho$ 时，$\theta=1.6$；当 ρ' 为中间数值时，θ 按直线内插，即：

$$\theta=2.0-0.4\frac{\rho'}{\rho} \tag{8-17b}$$

式中　ρ、ρ'——分别为受拉及受压钢筋的配筋率。

上述 θ 值适用于一般情况下的矩形、T 形和 I 形截面梁。由于 θ 值与温、湿度有关，对于干燥地区，收缩影响大，因此建议 θ 应酌情增加 15%～25%。对翼缘位于受拉区的倒 T 形梁，由于在荷载标准组合作用下受拉混凝土参加工作较多，而在荷载准永久组合作用下退出工作的影响较大，《混凝土结构设计标准》建议 θ 应增大 20%（但当按此求得的挠度大于按肋宽为矩形截面计算得的挠度时，应取后者）。此外，对于因水泥用量较多等导致混凝土的徐变和收缩较大的构件，亦应考虑使用经验，将 θ 酌情增大。

预应力混凝土受弯构件需对在 M_q 作用下的那部分长期挠度乘以 θ，而在 M_k-M_q 作用下产生的短期挠度部分是不必增大的。参照式（8-1），则受弯构件的挠度：

$$f=S\frac{(M_k-M_q)\ l_0^2}{B_s}+S\frac{M_q l_0^2}{B_s}\theta \tag{8-18}$$

式中　θ——考虑荷载长期作用对挠度增大的影响系数。

如果上式仅用刚度 B 表达时，有：

$$f=S\frac{M_k l_0^2}{B} \tag{8-19}$$

当荷载作用形式相同时，使式（8-19）等于式（8-18），即可得截面刚度 B 的计算公式：

$$B=\frac{M_k}{M_q\ (\theta-1)\ +M_k}B_s \tag{8-20}$$

8.1.4 最小刚度原则与挠度验算

上面讲的刚度计算公式都是指纯弯区段内平均的截面弯曲刚度。但是，一个受弯构件，例如图 8-6 所示的简支梁，在剪跨范围内各截面弯矩是不相等的，靠近支座的截面弯曲刚度要比纯弯区段内的大，如果都用纯弯区段的截面弯曲刚度，似乎会使挠度计算值偏大。但实际情况却不是这样，因为在剪跨段内还存在着剪切变形，甚至可能出现少量斜裂缝，它们都会使梁的挠度增大，而这在计算中是没有考虑到的。为了简化计算，对图 8-6 所示的梁，可近似地都按纯弯区段平均的截面弯曲刚度采用，这就是“最小刚度原则”。

“最小刚度原则”就是在简支梁全跨长范围内，可都按弯矩最大处的截面弯曲刚度，亦即按最小的截面弯曲刚度（如图 8-6b 中虚线所示），用材料力学方法中不考虑剪切变形影响的公式来计算挠度。当构件上存在正、负弯矩时，可分别取同号弯矩区段内 $|M_{max}|$ 处截面的最小刚度计算挠度。

试验分析表明，一方面按 B_{min} 计算的挠度值偏大，即如图 8-6（c）中多算了用阴影线示出的两小块 M_k/B_{min} 面积；另一方面，不考虑剪切变形的影响，对出现如图 8-7 所示的斜裂缝的情况，剪跨内钢筋应力大于按正截面的计算值，这些均导致挠度计算值偏小。然而，上述两方面的影响大致可以相互抵消，对国内外约 350 根试验梁验算的结果表明计算值与试验值符合较好。因此，采用“最小刚度原则”是可以满足工程要求的。

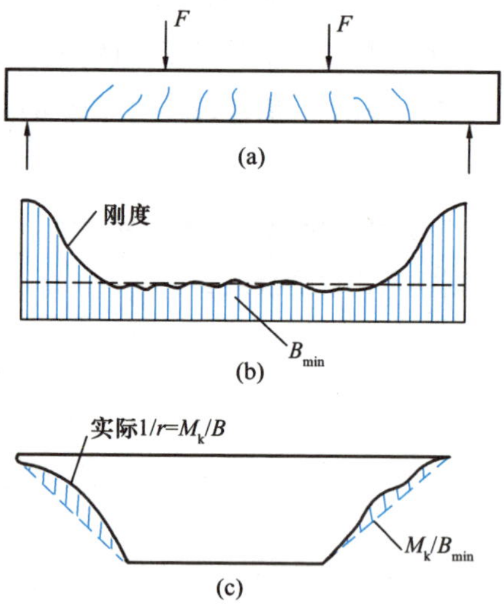

图 8-6　沿梁长的刚度和曲率分布

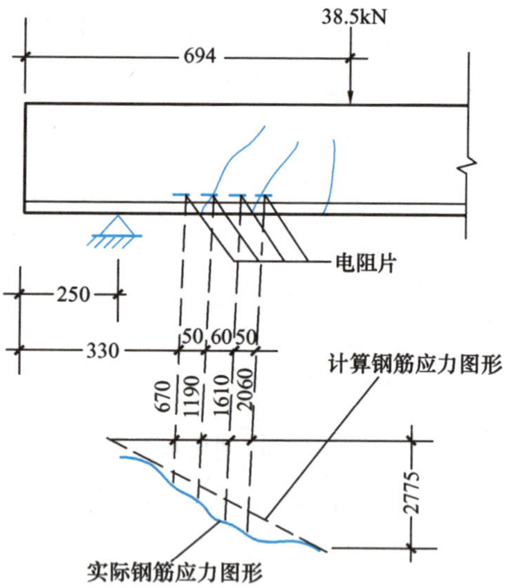

图 8-7　梁剪跨段内钢筋应力分布

当用 B_{min} 代替匀质弹性材料梁截面弯曲刚度 EI 后，梁的挠度计算就十分简便。按《混凝土结构设计标准》要求，挠度验算应满足：

$$f \leqslant f_{\lim} \tag{8-21}$$

式中 $f_{\lim}$——挠度限值，按附录4附表4-1取用；

f——根据最小刚度原则采用的刚度B进行计算的挠度，当跨间为同号弯矩时，由式（8-1）求得。

$$f = S\frac{M_{q}l_{0}^{2}}{B} \tag{8-22}$$

对连续梁的跨中挠度，当为等截面且计算跨度内的支座截面弯曲刚度不大于跨中截面弯曲刚度的两倍或不小于跨中截面弯曲刚度的二分之一时，也可按跨中最大弯矩截面的截面弯曲刚度计算。

8.1.5 对挠度验算的讨论

1. 与截面承载力计算的区别

要注意的是，这里将要讲的挠度验算以及下面要讲的裂缝宽度验算与前面几章讲的截面承载力计算有以下区别：

1）极限状态不同

截面承载力计算是为了结构和结构构件满足承载能力极限状态要求的；挠度、裂缝宽度验算则是为了满足正常使用极限状态的。

2）要求不同

结构构件不满足正常使用极限状态对生命财产的危害程度比不满足承载能力极限状态的要小，因此对满足正常使用极限状态的要求可以放宽些(在中册的第10章中将讲到其相应的目标可靠指标[β]值要小些)。所以称挠度、裂缝宽度为“验算”而不是“计算”，并在验算时采用由荷载标准组合值、荷载准永久组合值产生的内力标准值、内力准永久值以及材料强度的标准值，而不是像截面承载力计算时那样采用由荷载设计值产生的内力设计值以及材料强度的设计值(详见第10章)。

3）受力阶段不同

第3章中讲过，三个受力阶段是钢筋混凝土结构的基本属性；截面承载力以破坏阶段为计算的依据；第Ⅱ阶段是构件正常使用时的受力状态，它是挠度、裂缝宽度验算的依据。

2. 配筋率对承载力和挠度的影响

一根梁，如果满足了承载力的计算要求，是否就满足挠度的验算要求呢？这就要看它的配筋率大小了。当梁的尺寸和材料性能给定时，若其正截面弯矩设计值M比较大，就应配置较多的受拉钢筋方可满足$M_{u} \geqslant M$的要求。然而，配筋率加大对提高截面弯曲刚度并不显著，因此就有可能出现不满足挠度验算的要求。

例如，有一根承受两个集中荷载的简支梁（荷载作用在三分点上），$l_{0}=6.9$m，$b \times h=$

200mm × 450mm，保护层厚度 $c=25$mm，采用混凝土强度等级为 C20，HRB400 热轧钢筋，$f_{lim}=l_0/200$，$M_s/M_q=1.5:1$，则当配筋率处于自 ρ_{min} 至 ρ_b 之间时，配筋率与 M_u/M_{u0}、B/B_0 及 f/f_0 之间的关系如图 8-8 所示，在此，M_{u0}、B_0 及 f_0 分别表示最小配筋率时的相应值。由图可见，M_u/M_{u0} 几乎与配筋率呈线性关系增长；但是刚度增长缓慢，最终导致挠度随配筋率增高而增大。当配筋率超过一定数值后（本例为 $\rho\geqslant 1.6\%$），满足了正截面承载力要求，就不满足挠度要求。

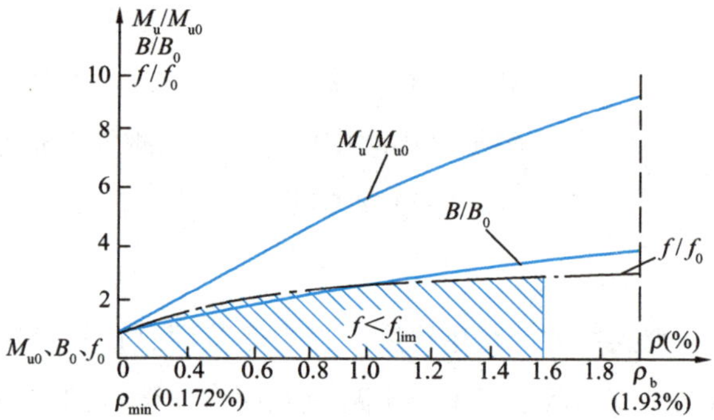

图 8-8 配筋率对承载力、刚度及挠度的影响

这说明，一个构件不能盲目地用增大配筋率的方法来解决挠度不满足的问题。尤应注意，当允许挠度值较小，即对挠度要求较高时，在中等配筋率时就会出现不满足的情况。因此，应通过验算予以保证。

3. 跨高比

从式（8-22）可见，l_0 越大，f 越大。因此，在承载力计算前若选定足够的截面高度或较小的跨高比 l_0/h，配筋率又限制在一定范围内时，如满足承载力要求，挠度也必然同时满足。对此，可以给出不需作挠度验算的最大跨高比，在此不予赘述。

根据工程经验，为了便于满足挠度的要求，建议设计时可选用下列跨高比：对采用 HRB400 级钢筋配筋的简支梁，当允许挠度为 $l_0/200$ 时，l_0/h 在 20～10 的范围内分别取较大值或较小值；当允许挠度为 $l_0/250$ 或 $l_0/300$ 时，l_0/h 取值应相应减小些；当为整体肋形梁或连续梁时，则取值可大些。

4. 混凝土结构构件变形限值

在一般建筑中，对混凝土构件的变形有一定的要求，主要是出于以下四方面的考虑：

1）保证建筑的使用功能要求。结构构件产生过大的变形将损害甚至丧失其使用功能。例如，楼盖梁、板的挠度过大，将使仪器设备难以保持水平；吊车梁的挠度过大会妨碍吊车的正常运行；屋面构件和挑檐的挠度过大会造成积水和渗漏等。

2）防止对结构构件产生不良影响。这是指防止结构性能与设计中的假定不符。例如，梁端的旋转将使支承面积减小，当梁支承在砖墙上时，可能使墙体沿梁顶、底出现内外水平缝，严重时将产生局部承压或墙体失稳破坏（图 8-9）①；又如当构件挠度过大，在可变荷载下可能出现因动力效应引起的共振等。

① 已发生过多起因梁跨度较大而引起整幢混合结构房屋倒塌的事故，应予高度重视。

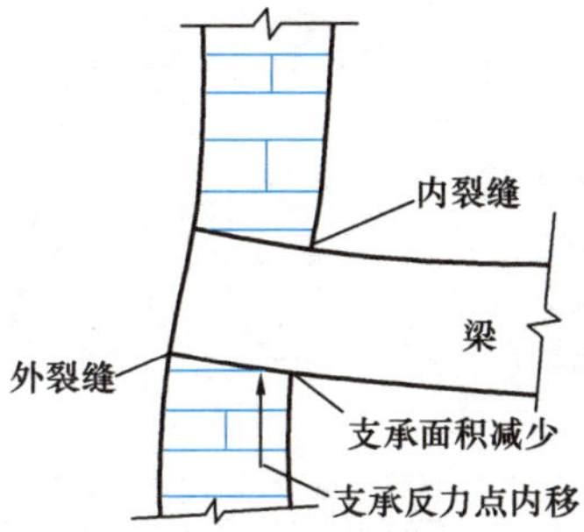

图 8-9　梁端支承处转角过大引起的问题

3）防止对非结构构件产生不良影响。这包括防止结构构件变形过大使门窗等活动部件不能正常开关；防止非结构构件如隔墙及天花板的开裂、压碎、臌出或其他形式的损坏等。

4）保证人们的感觉在可接受程度之内。例如，防止梁、板明显下垂引起的不安全感；防止可变荷载引起的振动及噪声对人的不良感觉等。调查表明，从外观要求来看，构件的挠度宜控制在$l_0/250$的限值以内。

随着高强度混凝土和钢筋的采用，构件截面尺寸相应减小，变形问题更为突出。

《混凝土结构设计标准》在考虑上述因素的基础上，根据工程经验，仅对受弯构件规定了允许挠度值。

【例 8-1】已知在教学楼楼盖中一矩形截面简支梁，截面尺寸为 200mm×500mm，配置 4⏀16HRB400 级受力钢筋，混凝土强度等级为 C30，保护层厚度 c=25mm，箍筋直径 8mm，l_0=5.6m；承受均布荷载，其中永久荷载（包括自重在内）标准值 g_k=12.4kN/m，楼面活荷载标准值 q_k=8kN/m，楼面活荷载的准永久值系数 ψ_q=0.5。试验算其挠度 f。

【解】（1）求 M_q

$$M_q=\frac{1}{8}(g_k+\psi_q q_k)l_0^2$$
$$=\frac{1}{8}\times(12.4+0.5\times8)\times5.6^2$$
$$=64.29\text{kN}\cdot\text{m}$$

（2）计算有关参数

$$h_0=500-25-8-0.5\times16$$
$$=459\text{mm}$$

$$\alpha_E\rho=\frac{E_s}{E_c}\cdot\frac{A_s}{bh_0}=\frac{2\times10^5}{3\times10^4}\cdot\frac{804}{200\times459}=0.058$$

$$\rho_{te}=\frac{A_s}{A_{te}}=\frac{804}{0.5\times200\times500}=0.016>0.01$$

$$\sigma_{sq}=\frac{M_q}{\eta h_0 A_s}=\frac{64.29\times10^6}{0.87\times459\times804}=200.24\text{N/mm}^2$$

$$\psi=1.1-0.65\frac{f_{tk}}{\rho_{te}\sigma_{sq}}=1.1-0.65\times\frac{2.01}{0.016\times200.24}=0.692\begin{matrix}>0.2\\<1.0\end{matrix}$$

（3）计算 B_s

$$B_s=\frac{E_sA_sh_0^2}{1.15\psi+0.2+\dfrac{6\alpha_E\rho}{1+3.5\gamma_f'}}=\frac{2\times10^5\times804\times459^2}{1.15\times0.692+0.2+6\times0.058}$$
$$=2.52\times10^{13}\text{N}\cdot\text{mm}^2$$

(4) 计算 B

$$\theta = 2.0 - 0.4\frac{\rho'}{\rho},\ \rho' = 0,\ \theta = 2.0$$

$$B = \frac{B_s}{\theta} = 1.26 \times 10^{13}\,\mathrm{N \cdot mm^2}$$

(5) 变形验算

$$f = \frac{5}{48} \cdot \frac{M_q l_0^2}{B} = \frac{5}{48} \times \frac{64.29 \times 10^6 \times 5600^2}{1.26 \times 10^{13}} = 16.7\mathrm{mm}$$

查附表 4-1 知，$f_{lim}/l_0 = 1/200$，故：

$f/l_0 = 16.7/5600 = 1/335 < 1/200$，变形满足要求。

【例 8-2】 已知如图 8-10 (a) 所示八孔空心板，混凝土强度等级为 C30，配置 9Φ6 受力钢筋，没有箍筋，保护层厚度 $c = 15\mathrm{mm}$，计算跨度 $l_0 = 3.04\mathrm{m}$；承受荷载标准组合 $M_k = 4.47\mathrm{kN \cdot m}$，荷载准永久组合 $M_q = 2.91\mathrm{kN \cdot m}$；$f_{lim} = l_0/200$。试验算挠度是否满足。

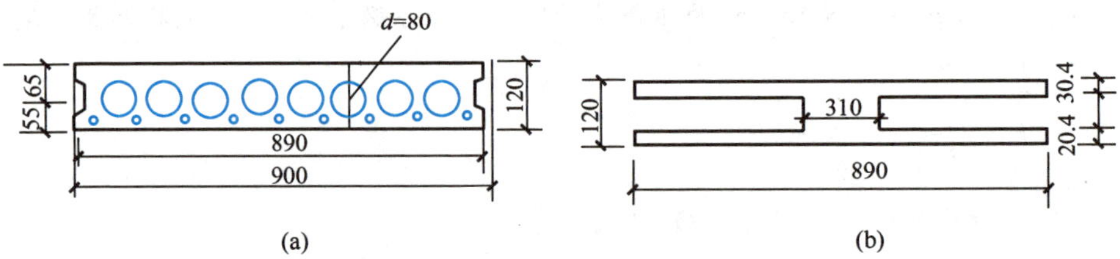

图 8-10 多孔板及其换算截面

【解】 按截面形心位置、面积和对形心轴惯性矩不变的条件，将圆孔换算成 $b_h \times h_h$ 的矩形孔，即：

$$\frac{\pi d^2}{4} = b_h h_h,\ \frac{\pi d^4}{64} = \frac{b_h h_h^3}{12}$$

求得 $b_h = 72.6\mathrm{mm}$，$h_h = 69.2\mathrm{mm}$，则换算后的 I 字形截面（图 8-10b）的尺寸为：$b = 890 - 8 \times 72.6 \approx 310\mathrm{mm}$；$h_0 = 120 - (15 + 3) = 102\mathrm{mm}$，$h_f' = 65 - 69.2/2 = 30.4\mathrm{mm} > 0.2h_0 = 20.4\mathrm{mm}$，故计算 γ_f' 时取 20.4mm；$h_f = 55 - 69.2/2 = 20.4\mathrm{mm}$。

$$\alpha_E \rho = \frac{210}{30} \times \frac{9 \times 28.3}{310 \times 102} = 0.056$$

$$\rho_{te} = \frac{A_s}{0.5bh + (b_f - b)h_f} = \frac{9 \times 28.3}{0.5 \times 310 \times 120 + (890 - 310) \times 20.4}$$

$$= 0.0084$$

取 $\rho_{te} = 0.01$。

$$\gamma_f' = \frac{(b_f' - b)\ h_f'}{bh_0} = \frac{(890-310)\ \times 20.4}{310 \times 102} = 0.374$$

$$\sigma_{sq} = \frac{M_q}{\eta h_0 A_s} = \frac{2.91 \times 10^6}{0.87 \times 102 \times 9 \times 28.3} = 129\text{N/mm}^2$$

$$\psi = 1.1 - \frac{0.65 f_{tk}}{\rho_{te}\sigma_{sq}} = 1.1 - \frac{0.65 \times 2.01}{0.01 \times 129} = 0.087 < 0.2\text{，取 } \psi = 0.2$$

$$B_s = \frac{E_s A_s h_0^2}{1.15\psi + 0.2 + \dfrac{6\alpha_E \rho}{1+3.5\gamma_f'}} = \frac{210 \times 10^3 \times 9 \times 28.3 \times 102^2}{1.15 \times 0.2 + 0.2 + \dfrac{6 \times 0.056}{1+3.5 \times 0.374}}$$

$$= 9.67 \times 10^{11}\text{N} \cdot \text{mm}^2$$

$$\theta = 2.0 - 0.4\frac{\rho'}{\rho} = 2.0\text{（注：}\theta\text{ 值增加 }20\%\text{）}$$

$$B = \frac{B_s}{\theta} = \frac{9.67 \times 10^{11}}{1.2 \times 2.0} = 4.03 \times 10^{11}\text{N} \cdot \text{mm}^2$$

$$f = \frac{5}{48} \times \frac{2.91 \times 10^6 \times 3040^2}{4.03 \times 10^{11}} = 6.95\text{mm} < l_0/200 = 15.2\text{mm，满足要求。}$$

8.2 钢筋混凝土构件的裂缝宽度验算

裂缝有多种，这里讲的是与轴心受拉、受弯、偏心受力等构件的计算轴线相垂直的垂直裂缝，即正截面裂缝。与挠度验算时一样，裂缝宽度验算也采用荷载准永久组合和材料强度的标准值。

8.2.1 裂缝的机理

1. 裂缝的出现

未出现裂缝时，在受弯构件纯弯区段内，各截面受拉混凝土的拉应力、拉应变大致相同；由于这时钢筋和混凝土间的粘结没有被破坏，因而钢筋拉应力、拉应变沿纯弯区段长度亦大致相同。

当受拉区外边缘的混凝土达到其抗拉强度 f_t^0 时，由于混凝土的塑性变形，因此还不会马上开裂；当其拉应变接近混凝土的极限拉应变值时，就处于即将出现裂缝的状态，这就是第 I_a 阶段，如图 8-11（a）所示。

当受拉区外边缘混凝土在最薄弱的截面处达到其极限拉应变值 ε_{ct}^0 后，就会出现第一批裂缝，一条或几条，如图 8-11（b）中的 a-a、c-c 截面处。

混凝土一开裂，张紧的混凝土就像剪断了的橡皮筋那样向裂缝两侧回缩，但这种回缩是

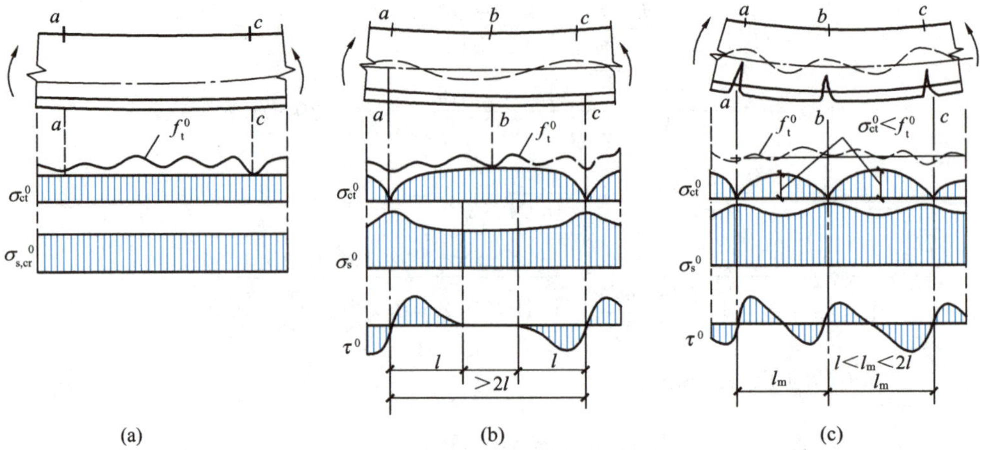

图 8-11 裂缝的出现、分布和开展

（a）裂缝即将出现；（b）第一批裂缝出现；（c）裂缝的分布及开展

不自由的，它受到钢筋的约束，直到被阻止。在回缩的那一段长度 l 中，混凝土与钢筋之间有相对滑移，产生粘结应力 τ^0，通过粘结应力的作用，随着离裂缝截面距离的增大，混凝土拉应力由裂缝处的零逐渐增大，达到 l 后，粘结应力消失，混凝土的应力又趋于均匀分布，如图 8-11（b）所示。在此，l 即为粘结应力作用长度，也可称传递长度。

裂缝处，钢筋的情况与混凝土相反。在裂缝出现瞬间，裂缝处的混凝土应力突然降至零，使得钢筋的拉应力突然增大。通过粘结应力的作用，随着离开裂缝截面距离的增大，钢筋拉应力逐渐降低，混凝土逐渐张紧达到 l 后，混凝土又处于要开裂的状态。

2. 裂缝的出齐

第一批裂缝出现后，在粘结应力作用长度 l 以外的那部分混凝土仍处于受拉张紧状态之中，因此当弯矩继续增大时，就有可能在离裂缝截面大于等于 l 的另一薄弱截面处出现新裂缝，如图 8-11（b）、（c）中的 b-b 截面处。

按此规律，随着弯矩的增大，裂缝将逐条出现，当截面弯矩达到 $0.5M_u^0\sim0.7M_u^0$ 时，裂缝将基本“出齐”，即裂缝的分布处于稳定状态。从图 8-11（c）可见，此时，在两条裂缝之间，混凝土拉应力 σ_{ct}^0 将小于实际混凝土抗拉强度，即不足以产生新的裂缝。

3. 裂缝间距

假设材料是匀质的，则两条相邻裂缝的最大间距应为 $2l$。比 $2l$ 稍大一点时，就会在其中央再出现一条新裂缝，使裂缝间距变为 l。因此，从理论上讲，裂缝间距在 $l\sim2l$ 之间，其平均裂缝间距为 $1.5l$。

4. 裂缝宽度

同一条裂缝，不同位置处的裂缝宽度是不同的，例如梁底面的裂缝宽度比梁侧表面的大。试验表明，沿裂缝深度，裂缝宽度也是不相等的，钢筋表面处的裂缝宽度大约只有构件混凝土表面裂缝宽度的 1/5～1/3。

我国《混凝土结构设计标准》定义的裂缝开展宽度是指受拉钢筋重心水平处构件侧表面混凝土的裂缝宽度。

裂缝的开展是混凝土的回缩，钢筋的伸长，导致混凝土与钢筋之间不断产生相对滑移而造成的，因此裂缝的宽度就等于裂缝间钢筋的伸长减去混凝土的伸长。可见，裂缝间距小，裂缝宽度就小，即裂缝密而细，这是工程中所希望的。

在荷载长期作用下，混凝土的滑移徐变和拉应力的松弛，将导致裂缝间受拉混凝土不断退出工作，使裂缝开展宽度增大；混凝土的收缩使裂缝间混凝土的长度缩短，这也会引起裂缝的进一步开展；此外，荷载的变动使钢筋直径时胀时缩等因素，也将引起粘结强度的降低，导致裂缝宽度的增大。

实际上，由于材料的不均匀性以及截面尺寸的偏差等因素的影响，裂缝的出现具有某种程度的偶然性，因而裂缝的分布和宽度同样是不均匀的。但是，对大量试验资料的统计分析表明，从平均的观点来看，平均裂缝间距和平均裂缝宽度是有规律的，平均裂缝宽度与最大裂缝宽度之间也具有一定的规律性。

下面讲述平均裂缝间距和平均裂缝宽度以及根据统计求得的“扩大系数”来确定最大裂缝宽度的验算方法。

8.2.2　平均裂缝间距

上面讲过，平均裂缝间距 $l_m=1.5l$。对粘结应力传递长度 l 可由平衡条件求得。

以轴心受拉构件为例。当即将出现裂缝时（Ⅰ$_a$ 阶段），截面上混凝土拉应力为 f_t，钢筋的拉应力为 $\sigma_{s,cr}$。如图 8-12 所示，当薄弱截面 a-a 出现裂缝后，混凝土拉应力降至零，钢筋应力由 $\sigma_{s,cr}$突然增加至 σ_{s1}。如前所述，通过粘结应力的传递，经过传递长度 l 后，混凝土拉应力从截面 a-a 处为零提高到截面b-b处的 f_t，钢筋应力则降至 σ_{s2}，又恢复到出现裂缝时的状态。

按图 8-12（a）的内力平衡条件，有：

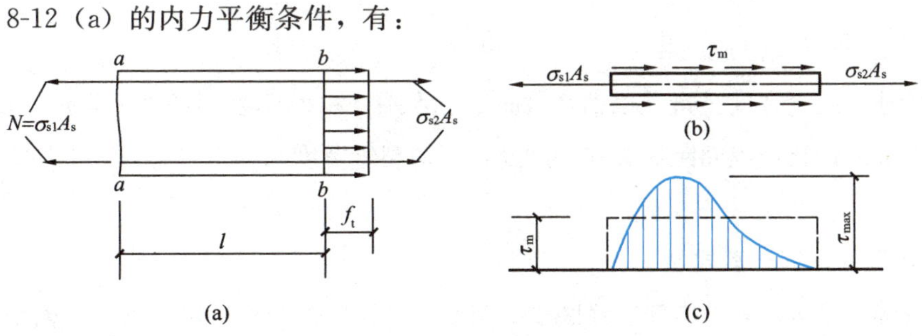

图 8-12　轴心受拉构件粘结应力传递长度

$$\sigma_{s1}A_s=\sigma_{s2}A_s+f_tA_{te} \tag{8-23}$$

取 l 段内的钢筋为截离体，作用在其两端的不平衡力由粘结力来平衡。粘结力为钢筋表面积上粘结应力的总和，考虑到粘结应力的不均匀分布，在此取平均粘结应力 τ_m。由图 8-12（b）有：

$$\sigma_{s1}A_s=\sigma_{s2}A_s+\tau_m ul \tag{8-24}$$

代入式（8-23）即得：

$$l=\frac{f_t}{\tau_m}\cdot\frac{A_{te}}{u} \tag{8-25}$$

钢筋直径相同时，$A_{te}/u=d/4\rho_{te}$，乘以 1.5 后得平均裂缝间距：

$$l_m=\frac{3}{8}\frac{f_t}{\tau_m}\frac{d}{\rho_{te}} \tag{8-26}$$

式中　u——钢筋总周界长度。

试验表明，混凝土和钢筋间的粘结强度大致与混凝土抗拉强度成正比例关系，且可取 f_t^0/τ_m 为常数。因此，式（8-26）可表示为：

$$l_m=k_1\frac{d}{\rho_{te}} \tag{8-27}$$

式中　k_1——经验系数。

试验还表明，l_m 不仅与 d/ρ_{te} 有关，而且与混凝土保护层厚度 c 有较大的关系。此外，用带肋变形钢筋时比用光圆钢筋的平均裂缝间距要小些，钢筋表面特征同样影响平均裂缝间距，对此可用钢筋的等效直径 d_{eq} 代替 d。据此，对 l_m 采用两项表达式，即：

$$l_m=k_2c+k_1\frac{d_{eq}}{\rho_{te}} \tag{8-28}$$

对受弯构件、偏心受拉和偏心受压构件，均可采用式（8-28）的表达式，但其中的经验系数 k_2、k_1 的取值不同。在下面讨论最大裂缝宽度表达式时，k_2 及 k_1 值还将与其他影响系数合并起来。

8.2.3　平均裂缝宽度

如前所述，裂缝宽度是指受拉钢筋截面重心水平处构件侧表面的裂缝宽度。试验表明，裂缝宽度的离散性比裂缝间距更大些。因此，平均裂缝宽度的确定，必须以平均裂缝间距为基础。

1. 平均裂缝宽度计算式

平均裂缝宽度 w_m 等于构件裂缝区段内钢筋的平均伸长与相应水平处构件侧表面混凝土平均伸长的差值（图 8-13），即：

$$w_m=\varepsilon_{sm}l_m-\varepsilon_{ctm}l_m=\varepsilon_{sm}\left(1-\frac{\varepsilon_{ctm}}{\varepsilon_{sm}}\right)l_m \tag{8-29}$$

式中 ε_{sm}——纵向受拉钢筋的平均拉应变，$\varepsilon_{sm}=\psi\varepsilon_{sq}=\psi\sigma_{sq}/E_s$；

ε_{ctm}——与纵向受拉钢筋相同水平处侧表面混凝土的平均拉应变。

令：

$$\alpha_c=1-\varepsilon_{ctm}/\varepsilon_{sm} \tag{8-30}$$

α_c 称为裂缝间混凝土自身伸长对裂缝宽度的影响系数。

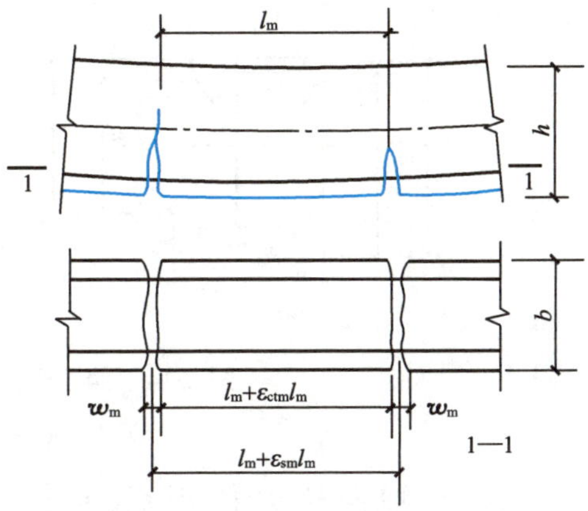

图 8-13 平均裂缝宽度计算图式

试验研究表明，系数 α_c 虽然与配筋率、截面形状和混凝土保护层厚度等因素有关，但在一般情况下，α_c 变化不大，且对裂缝开展宽度的影响也不大，为简化计算，对受弯、轴心受拉、偏心受力构件，均可近似取 $\alpha_c=0.85$。则：

$$w_m=\alpha_c\psi\frac{\sigma_{sq}}{E_s}l_m=0.85\psi\frac{\sigma_{sq}}{E_s}l_m \tag{8-31}$$

2. 裂缝截面处的钢筋应力 σ_{sq}

式（8-31）中，ψ 可按式（8-11）采取；σ_{sq}是指按荷载准永久组合计算的钢筋混凝土构件裂缝截面处纵向受拉普通钢筋的应力。对于受弯、轴心受拉、偏心受拉以及偏心受压构件，σ_{sq}均可按裂缝截面处力的平衡条件求得。

1）受弯构件

$$\sigma_{sq}=\frac{M_q}{0.87A_sh_0} \tag{8-32a}$$

2）轴心受拉构件

$$\sigma_{sq}=\frac{N_q}{A_s} \tag{8-32b}$$

式中 N_q——按荷载准永久组合计算的轴向力值；

A_s——受拉钢筋总截面面积。

3）偏心受拉构件

大小偏心受拉构件裂缝截面应力图形分别如图 8-14（a）、（b）所示。

若近似采用大偏心受拉构件（图 8-14a）的截面内力臂长度 $\eta h_0=h_0-a_s'$，则大小偏心受拉构件的 σ_{sq}计算可统一由下式表达：

$$\sigma_{sq}=\frac{N_qe'}{A_s(h_0-a_s')} \tag{8-33}$$

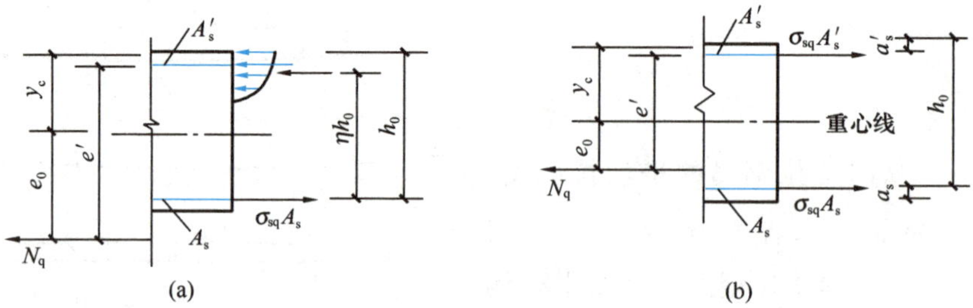

图 8-14 偏心受拉构件钢筋应力计算图式

（a）大偏心受拉；（b）小偏心受拉

式中 e'——轴向拉力作用点至受压区或受拉较小边纵向钢筋合力点的距离，$e'=e_0+y_c-a'_s$；

y_c——截面重心至受压或较小受拉边缘的距离。

4）偏心受压构件

偏心受压构件裂缝截面的应力图形如图 8-15所示。对受压区合力点取矩，得：

$$\sigma_{sq}=\frac{N_q\ (e-z)}{A_s z} \tag{8-34}$$

$$\eta_s=1+\frac{1}{4000e_0/h_0}\ (l_0/h)^2 \tag{8-35}$$

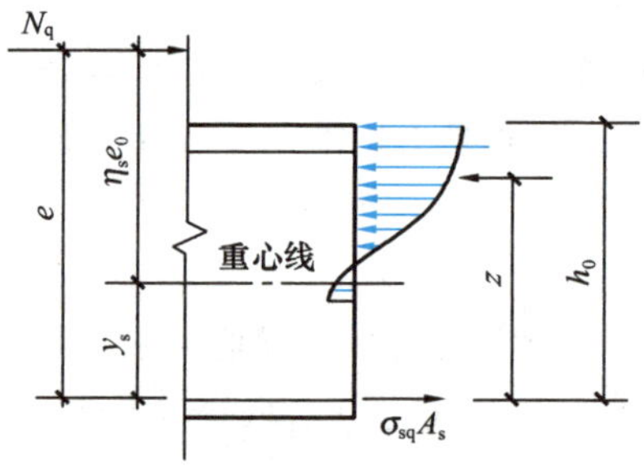

图 8-15 偏心受压构件钢筋应力计算图式

$$z=\left[0.87-0.12\ (1-\gamma_f')\ \left(\frac{h_0}{e}\right)^2\right]h_0 \tag{8-36}$$

式中 N_q——按荷载准永久组合计算的轴向压力值；

e——N_q 至受拉钢筋 A_s 合力点的距离，$e=\eta_s e_0+y_s$，即考虑了侧向挠度的影响，此处，y_s 为截面重心至纵向受拉钢筋合力点的距离，η_s 是指使用阶段的轴向压力偏心距增大系数，可近似地按式（8-35）计算；当 $l_0/h\leqslant 14$ 时，取 $\eta_s=1.0$；

z——纵向受拉钢筋合力点至受压区合力点的距离，近似地按式（8-36）计算。

8.2.4 最大裂缝宽度及其验算

1. 短期荷载作用下的最大裂缝宽度 $w_{s,\max}$

可根据平均裂缝宽度乘以裂缝宽度扩大系数 τ 得到，即：

$$w_{s,\max}=\tau w_m$$

2. 长期荷载作用下的最大裂缝宽度 w_{max}

在长期荷载作用下，由于混凝土收缩将使裂缝宽度不断增大；同时由于受拉区混凝土的应力松弛和滑移徐变，裂缝间受拉钢筋的平均应变将不断增大，从而也使裂缝宽度不断增大。研究表明，长期荷载作用下的最大裂缝宽度可由短期荷载作用下的最大裂缝宽度乘以裂缝扩大系数 τ_l 得到，即：

$$w_{max}=\tau_l w_{s,max}=\tau\tau_l w_m \tag{8-37}$$

根据东南大学两批长期加载试验梁的试验结果，分别给出了荷载标准组合下的扩大系数 τ 以及荷载长期作用下的扩大系数 τ_l：轴心受拉构件和偏心受拉构件 $\tau=1.9$，偏心受压构件 $\tau=1.66$；$\tau_l=1.5$。

根据试验结果，将相关的各种系数归并后，《混凝土结构设计标准》规定对矩形、T形、倒T形和I形截面的钢筋混凝土受拉、受弯和偏心受压构件，按荷载效应的准永久组合并考虑长期作用影响的最大裂缝宽度可按下列公式计算：

$$w_{max}=\alpha_{cr}\psi\frac{\sigma_{sq}}{E_s}\left(1.9c_s+0.08\frac{d_{eq}}{\rho_{te}}\right) \tag{8-38}$$

式中　ψ、ρ_{te}分别按式（8-11）、式（8-13）计算，若 $\rho_{te}<0.01$，取 $\rho_{te}=0.01$；

c_s——最外层纵向受拉钢筋外边缘至受拉区底边的距离（mm）：当 $c_s<20$mm 时，取 $c_s=20$mm；当 $c_s>65$mm 时，取 $c_s=65$mm；

σ_{sq}—按荷载准永久组合计算的钢筋混凝土构件纵向受拉普通钢筋应力；

d_{eq}——纵向受拉钢筋的等效直径（mm）：$d_{eq}=\sum n_i d_i^2/\sum n_i\nu_i d_i$；$n_i$、$d_i$ 分别为受拉区第 i 种纵向钢筋的根数、公称直径（mm），ν_i 为第 i 种纵向钢筋的相对粘结特性系数，光圆钢筋 $\nu_i=0.7$，带肋钢筋 $\nu_i=1.0$；

α_{cr}——构件受力特征系数，对钢筋混凝土构件有：轴心受拉构件，$\alpha_{cr}=2.7$；偏心受拉构件，$\alpha_{cr}=2.4$；受弯和偏心受压构件，$\alpha_{cr}=1.9$。

应该指出，由式（8-38）计算出的最大裂缝宽度，并不就是绝对最大值，而是具有95%保证率的相对最大裂缝宽度。

3. 最大裂缝宽度验算

《混凝土结构设计标准》把钢筋混凝土构件和预应力混凝土构件的裂缝控制等级分为3个等级。一级和二级指的是要求不出现裂缝的预应力混凝土构件，见第9章；三级裂缝控制等级时，钢筋混凝土构件的最大裂缝宽度可按荷载准永久组合并考虑长期作用影响的效应计算，最大裂缝宽度应符合下列规定：

$$w_{max}\leqslant w_{lim} \tag{8-39}$$

式中　w_{lim}——《混凝土结构设计标准》规定的最大裂缝宽度限值，按本书附录4附表4-2采取。

与受弯构件挠度验算相同，裂缝宽度的验算也是在满足构件承载力的前提下进行的，因而诸如截面尺寸、配筋率等均已确定。在验算中，可能会出现满足了挠度的要求，不满足裂缝宽度的要求，这通常在配筋率较低而选用的钢筋直径较大的情况下出现。因此，当计算最大裂缝宽度超过允许值不大时，常可用减小钢筋直径的方法解决；必要时可适当增加配筋率。

从式（8-38）可知，w_{max}主要与钢筋应力、有效配筋率及钢筋直径等有关。为简化起见，根据σ_{sq}、ρ_{te}及d_s三者的关系，可以给出钢筋混凝土构件不需作裂缝宽度验算的最大钢筋直径图表，可供参考。

对于受拉及受弯构件，当承载力要求较高时，往往会出现不能同时满足裂缝宽度或变形限值要求的情况，这时增大截面尺寸或增加用钢量，显然是不经济也是不合理的。对此，有效的措施是施加预应力。

此外，尚应注意《混凝土结构设计标准》中的有关规定。例如，对直接承受吊车荷载的受弯构件，因吊车荷载满载的可能性较小，且已取$\psi=1$，所以可将计算求得的最大裂缝宽度乘以0.85；对$e_0/h_0\leqslant0.55$的偏心受压构件，试验表明最大裂缝宽度小于允许值，因此可不予验算。

4. 最大裂缝宽度限值

确定最大裂缝宽度限值，主要考虑两个方面的理由，一是外观要求；二是耐久性要求，并以后者为主。

从外观要求考虑，裂缝过宽将给人以不安全感，同时也影响对结构质量的评价。满足外观要求的裂缝宽度限值，与人们的心理反应、裂缝开展长度、裂缝所处位置，乃至光线条件等因素有关。这方面尚待进一步研究，目前有提出可取0.25～0.3mm的。

根据国内外的调查及试验结果，耐久性所要求的裂缝宽度限值，应着重考虑环境条件及结构构件的工作条件。对此，将在8.4节中详细地进行讨论。

《混凝土结构设计标准》对混凝土构件规定的最大裂缝宽度限值见附录4附表4-2。

对于斜裂缝宽度，当配置受剪承载力所需的腹筋后，使用阶段的裂缝宽度一般小于0.2mm，故不必验算。

【例8-3】已知某屋架下弦按轴心受拉构件，截面尺寸为200mm×160mm，保护层厚度$c=25$mm，纵向受拉钢筋配置4Φ16HRB400级钢筋，箍筋直径6mm，混凝土强度等级为C40，荷载效应准永久组合的轴向拉力$N_q=142$kN，$w_{lim}=0.2$mm。试验算最大裂缝宽度。

【解】按式（8-38），$\alpha_{cr}=2.7$。

$$\rho_{te}=A_s/bh=804/(200\times160)=0.0251$$

$$d_{eq}/\rho_{te}=16/0.0251=637\text{mm}$$

$$\sigma_{sq}=N_q/A_s=142000/804=177\text{N/mm}^2$$

$$\psi=1.1-\frac{0.65f_{tk}}{\rho_{te}\sigma_{sq}}=1.1-\frac{0.65\times2.39}{0.0251\times177}=0.75$$

$$w_{max}=\alpha_{cr}\psi\frac{\sigma_{sq}}{E_s}\left(1.9c_s+0.08\frac{d_{eq}}{\rho_{te}}\right)$$

$$=2.7\times0.75\times\frac{177}{2\times10^5}\left[1.9\times(25+6)+0.08\times637\right]$$

$=0.197\text{mm}<w_{lim}=0.2\text{mm}$，满足要求。

【例 8-4】条件同例 8-1，$w_{lim}=0.3$mm。试验算最大裂缝宽度。

【解】由例 8-1 知：$M_q=64.29$kN·m，$\psi=0.692$，$\sigma_{sq}=200.24\text{N/mm}^2$，$\rho_{te}=0.016$，$c_s=33$mm，$d_{eq}=16$mm。

对受弯构件，$\alpha_{cr}=1.9$。

$$w_{max}=1.9\times0.692\times\frac{200.24}{2\times10^5}\times\left(1.9\times33+0.08\times\frac{16}{0.016}\right)$$

$=0.188\text{mm}<w_{lim}=0.3\text{mm}$，满足要求。

【例 8-5】条件同例 8-2，$w_{lim}=0.2$mm。试验算最大裂缝宽度。

【解】由例 8-2 知：$M_k=4.47$kN·m，$\psi=0.2$，$\sigma_{sq}=129\text{N/mm}^2$，$\rho_{te}=0.0084$（此值小于 0.01，故取 0.01），$c=15$mm，$d_g=6$mm。

对受弯构件，$\alpha_{cr}=1.9$，因为是光圆钢筋，$v_i=0.7$，故：

$$d_{eq}=\frac{6}{0.7}=8.57\text{mm}$$

$$w_{max}=1.9\times0.2\times\frac{129}{2.1\times10^5}\times\left(1.9\times15+0.08\times\frac{8.57}{0.01}\right)$$

$=0.023\text{mm}<w_{lim}=0.2\text{mm}$，满足要求。

【例 8-6】有一矩形截面的对称配筋偏心受压柱，截面尺寸 $b\times h=350\text{mm}\times600\text{mm}$。计算长度 $l_0=5$m，受拉及受压钢筋均为 4 Φ 20HRB400 级钢筋（$A_s=A_s'=1256\text{mm}^2$），采用混凝土强度等级为 C30，混凝土保护层厚度 $c=30$mm，箍筋直径 10mm；荷载效应准永久组合的 $N_q=380$kN，$M_q=160$kN·m。试验算是否满足一类环境中使用的裂缝宽度要求。

【解】查附录 4 附表 4-2，$w_{lim}=0.3$mm

$$l_0/h=5000/600=8.33<14,\quad \eta_s=1.0$$

$$a_s=30+10+20/2=50\text{mm}$$

$$h_0=h-a_s=600-50=550\text{mm}$$

$$e_0=M_q/N_q=160\times10^3/380=421\text{mm}$$

$$e=\eta_s e_0+h/2-a_s=1\times421+300-50=671\text{mm}$$

$$\eta h_0=\left[0.87-0.12\times\left(\frac{h_0}{e}\right)^2\right]h_0=\left[0.87-0.12\times\left(\frac{550}{671}\right)^2\right]\times550=434\text{mm}$$

$$\sigma_{sq}=N_q(e-\eta h_0)/(A_s\eta h_0)=380\times10^3\times(671-434)/(1256\times434)$$

$$=165\text{N/mm}^2$$

$$\rho_{te}=A_s/0.5bh=1256/(0.5\times350\times600)=0.012$$

$$\psi=1.1-0.65f_{tk}/(\rho_{te}\sigma_{sq})=1.1-0.65\times2.01/(0.012\times165)$$

$$=0.44$$

则

$$w_{max}=1.9\psi\frac{\sigma_{sq}}{E_s}\left(1.9c_s+0.08\frac{d_{eq}}{\rho_{te}}\right)$$

$$=1.9\times0.44\times\frac{165}{2\times10^5}\times\left(1.9\times40+0.08\times\frac{20}{0.012}\right)$$

$$=0.14\text{mm}<w_{lim}=0.3\text{mm}$$，满足要求。

8.3 混凝土构件的截面延性

8.3.1 延性的概念

前面讲了钢筋混凝土构件在正常使用阶段的变形和裂缝，下面再讲述它们在破坏阶段的变形能力，即延性问题。

结构、构件或截面的延性是指从屈服到破坏的变形能力。也就是说，延性是反映它们的后期变形能力的。“后期”是指从钢筋开始屈服进入破坏阶段直到最大承载能力（或下降到最大承载能力的85%）时的整个过程，如图8-1中从 ϕ_y 至 ϕ_u 的过程。延性差的结构、构件或截面，其后期变形能力小，刚进入破坏阶段就会破坏，这是不好的。因此，对结构、构件或截面除了要求它们满足承载能力以外，还要求它们具有一定的延性，其目的在于：

1）有利于吸收和耗散地震能量，满足抗震方面的要求；

2）防止发生像超筋梁那样的脆性破坏，以确保生命和财产的安全；

3）在超静定结构中，能更好地适应地基不均匀沉降以及温度变化等情况；

4）使超静定结构能够充分地进行内力重分布，并避免配筋疏密悬殊，便于施工，节约钢材。

延性通常是用延性系数来表达的，包括截面曲率延性系数、结构顶点水平位移延性系数等。

8.3.2 受弯构件的截面曲率延性系数

在研究截面曲率延性系数时，仍采用平截面假定。

1. 受弯构件截面曲率延性系数表达式

图 8-16（a）、（b）分别表示适筋梁截面受拉钢筋开始屈服和达到截面最大承载力时的截面应变及应力图形。由截面应变图知：

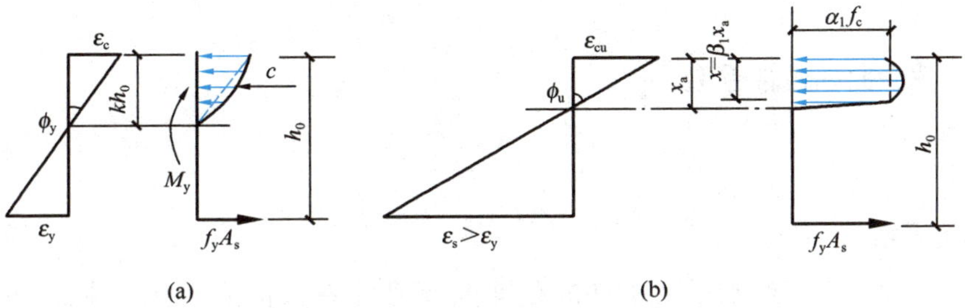

图 8-16 适筋梁截面开始屈服及最大承载力时应变、应力图

（a）开始屈服时；（b）最大承载力时

$$\phi_y=\frac{\varepsilon_y}{(1-k)\ h_0} \tag{8-40}$$

$$\phi_u=\frac{\varepsilon_{cu}}{x_a} \tag{8-41}$$

则截面曲率延性系数：

$$\mu_\phi=\frac{\phi_u}{\phi_y}=\frac{\varepsilon_{cu}}{\varepsilon_y}\times\frac{(1-k)\ h_0}{x_a} \tag{8-42}$$

式中 ε_{cu}——受压区边缘混凝土极限压应变；

x_a——达到截面最大承载力时混凝土受压区的压应变高度；

ε_y——钢筋开始屈服时的钢筋应变，$\varepsilon_y=f_y/E_s$；

k——钢筋开始屈服时的受压区高度系数。

式（8-40）中，钢筋开始屈服时的混凝土受压区高度系数 k，可按图 8-16（a）虚线所示的混凝土受压区压应力图形为三角形，由平衡条件求得。对单筋截面：

$$k=\sqrt{(\rho\alpha_E)^2+2\rho\alpha_E}-\rho\alpha_E \tag{8-43}$$

对双筋截面：

$$k=\sqrt{(\rho+\rho')^2\alpha_E^2+2\ (\rho+\rho' a_s'/h_0)\ \alpha_E}-\ (\rho+\rho')\ \alpha_E \tag{8-44}$$

式中 ρ、ρ'——分别为受拉及受压钢筋的配筋率，$\rho=A_s/(bh_0)$，$\rho'=A_s'/(bh_0)$；

α_E——钢筋与混凝土弹性模量之比，$\alpha_E = E_s/E_c$。

达到截面最大承载力时的混凝土受压区压应变高度 x_a，可用承载力计算中采用的混凝土受压区高度 x 来表示，即：

$$x_a = \frac{x}{\beta_1} = \frac{(\rho - \rho')\ f_y h_0}{\beta_1 \alpha_1 f_c} \tag{8-45}$$

将式（8-45）代入式（8-41），得：

$$\phi_u = \frac{\beta_1 \varepsilon_{cu} \alpha_1 f_c}{(\rho - \rho')\ f_y h_0} \tag{8-46}$$

因此，截面曲率延性系数：

$$\mu_\phi = \frac{\beta_1\ \varepsilon_{cu} \alpha_1 f_c E_s (1-k)}{(\rho - \rho') f_y^2} \tag{8-47}$$

2. 影响因素

由式（8-47）知，影响受弯构件的截面曲率延性系数的主要因素是纵向钢筋配筋率、混凝土极限压应变、钢筋屈服强度及混凝土强度等。各影响因素有如下规律：

1）纵向受拉钢筋配筋率 ρ 增大，延性系数减小，如图 8-17 所示。这是由于配筋率高时，k 和 x_a 均增大，导致 ϕ_y 增大而 ϕ_u 减少。

2）受压钢筋配筋率 ρ' 增大，延性系数增大。因这时 k 和 x_a 均减小，导致 ϕ_y 减小而 ϕ_u 增大。

3）混凝土极限压应变 ε_{cu} 增大，则延性系数提高。大量试验表明，采用密排箍筋能增加对受压混凝土的约束，使极限压应变值增大，从而提高延性系数。

4）混凝土强度等级提高，而钢筋屈服强度适当降低，也可使延性系数有所提高。因为此时相应的 k 及 x_a 均略有减小，使 f_c/f_y 比值增高，ϕ_u 增大。

上述各影响因素可以归纳为两个综合因素，即极限压应变 ε_{cu} 以及受压区高度 kh_0 和 x_a。在实际应用时，还应作出具体分析。例如，把单筋矩形截面梁改为双筋梁，除了 x_a 减小外，ε_{cu} 也略有增大，故截面曲率延性系数提高较多。所以有时在受压区配置受压钢筋比加密箍筋的作用还有效些。当 x_a 相同时，双筋矩形截面梁的截面曲率延性系数比单筋 T 形截面梁大些，因为 T 形截面梁

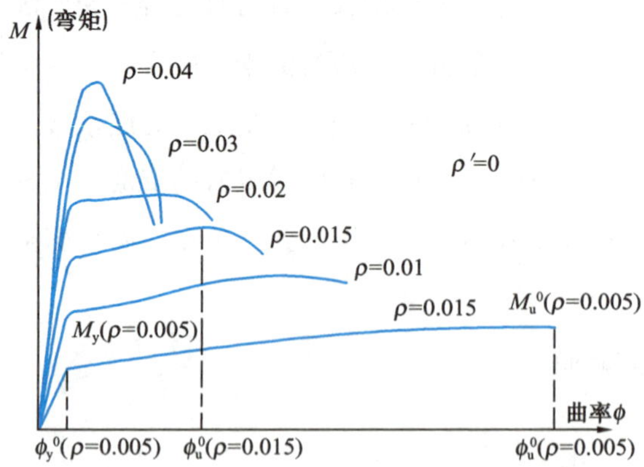

图 8-17 单筋矩形截面梁 M-φ 关系计算曲线

挑出的翼缘脆性大些。

提高截面曲率延性系数的措施主要有：

1）限制纵向受拉钢筋的配筋率，一般不应大于2.5%；受压区高度 $x \leqslant$（0.25～0.35）h_0；

2）规定受压钢筋和受拉钢筋的最小比例，一般使 A_s'/A_s 保持为0.3～0.5；

3）在弯矩较大的区段适当加密箍筋。

8.3.3　偏心受压构件截面曲率延性的分析

影响偏心受压构件截面曲率延性系数的两个综合因素是和受弯构件相同的，其差别主要是偏心受压构件存在轴向压力，致使受压区的高度增大，截面曲率延性系数降低较多。

试验研究表明，轴压比 $\mu_N = N/(f_c A)$ 是影响偏心受压构件截面曲率延性系数的主要因素之一，在相同混凝土极限压应变值的情况下，轴压比越大，截面受压区高度越大，则截面曲率延性系数越小。为了防止出现小偏心受压破坏形态，保证偏心受压构件截面具有一定的延性，应限制轴压比，《混凝土结构设计标准》规定，考虑地震作用组合的框架柱，根据不同的抗震等级，轴压比限值为0.65～0.95。

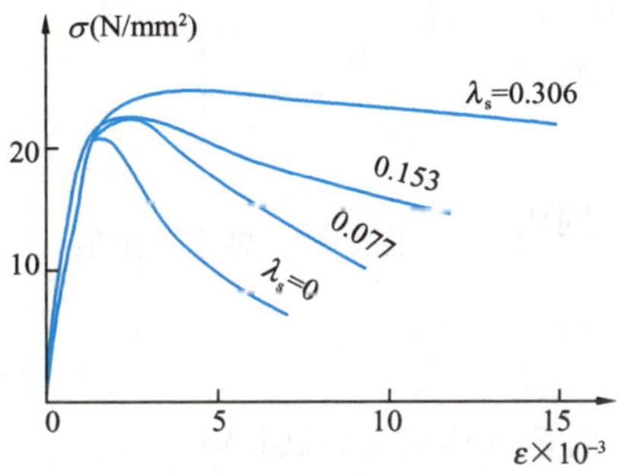

图8-18　配箍率对棱柱体试件 σ-ε 曲线的影响

偏心受压构件配箍率的大小，对截面曲率延性系数的影响较大。图8-18为一组配箍率不同的混凝土棱柱体应力-应变关系曲线。在图中，配箍率以含箍特征值 $\lambda_s = \rho_s f_y / f_c$ 表示，可见 λ_s 对于 f_c^0 的提高作用不十分显著，但对破坏阶段的应变影响较大。当 λ_s 较高时，下降段平缓，混凝土极限压应变值增大，使截面曲率延性系数提高。

试验还表明，如采用密排的封闭箍筋或在矩形、方形箍内附加其他形式的箍筋（如螺旋形、井字形等构成复式箍筋）以及采用螺旋箍筋，都能有效地提高受压区混凝土的极限压应变值，从而增大截面曲率延性。

在工程中，常采取一些抗震构造措施以保证地震区的框架柱等具有一定的延性。这些措施中最主要的是综合考虑不同抗震等级对延性的要求，确定轴压比限值，规定加密箍筋的要求及区段等。

8.3.4 框架柱的轴压比限值

在我国《混凝土结构设计标准》《建筑抗震设计标准》GB/T 50011—2010（2024 年版）和《高层建筑混凝土结构技术规程》JGJ 3—2010 中都规定框架柱的截面尺寸应满足轴压比限值的要求。

框架柱的轴压比 μ_N 是指考虑地震作用组合的框架柱名义压应力 N/A 与混凝土轴心抗压强度设计值 f_c 的比值，即 $\mu_N=N/(f_cA)$，或者说轴压比是框架柱轴向压力设计值与柱全截面面积和混凝土轴心抗压强度设计值 f_c 乘积的比值。

大家知道，偏心受压构件的破坏形态有大偏心受压破坏和小偏心受压破坏两种。大偏心受压破坏属于延性破坏类型，小偏心受压破坏属于脆性破坏类型。为了使得框架柱有较好的抗震性能，就要求它的破坏形态是属于延性破坏类型的。于是就把界限破坏时的轴压比作为分界线，称为轴压比限值 $[\mu_N]$，当满足 $\mu_N\leqslant[\mu_N]$ 时，框架柱的破坏形态就是大偏心受压的，即属于延性破坏类型。

图 8-19 所示为对称配筋矩形截面柱界限破坏时的应力、应变图。这里带上角标 0 的都表示内力、应力和应变的试验值。

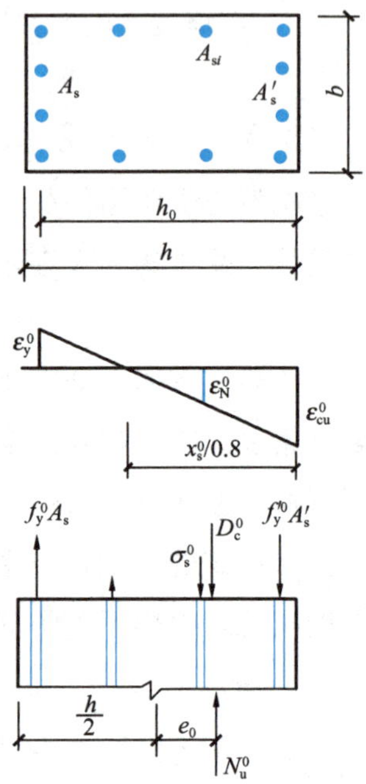

图 8-19 轴压比限值

忽略受拉区混凝土的拉应力，并设 $A_sf_y^0=A'_sf'^0_y$，则由力的平衡条件：

$$N_u^0=D_c^0+\Sigma A_{si}\sigma_{si}^0 \tag{8-48}$$

式中 A_{si}、σ_{si}^0——沿截面高度中部的任一纵向钢筋截面面积及其应力的试验值；

D_c^0——受压区混凝土压应力的合力，可近似取 $D_c^0=1.1\alpha_1f_c^0\xi_b^0bh_0$，$f_c^0$ 为混凝土轴心受压强度的试验值。

由于 σ_{si}^0 有拉有压，且数值不大，故可略去 $\Sigma A_{si}\sigma_{si}^0$，并设 $h_0=0.9h$，则由式（8-48）得：

$$\frac{N_u^0}{\alpha_1f_c^0bh}=\xi_b^0 \tag{8-49}$$

令 A 为截面面积，$A=bh$，当混凝土强度等级不大于 C50 时，$\alpha_1=1.0$，因此如果称 $\sigma_c^0=N_u^0/A$ 为名义压应力的试验值，并把 σ_c^0/f_c^0 称为轴压比限值的试验值 $[\mu_u^0]$，则：

$$[\mu_u^0]=\frac{\sigma_c^0}{f_c^0}=\frac{N_u^0}{f_c^0A}=\xi_b^0 \tag{8-50}$$

可见，轴压比限值的试验值 $[\mu_N^0]$ 等于截面界限相对受压区高度的试验值 ξ_b^0，由截面应变的平截面假定知：

$$\xi_b^0 = \frac{\beta_1}{1+\frac{\varepsilon_y^0}{\varepsilon_{cu}^0}} \tag{8-51}$$

式中 ε_y^0、ε_{cu}^0——分别为钢筋屈服应变和混凝土极限压应变的试验值。

显然，单独确定试验值 ε_y^0 和 ε_{cu}^0 是困难的，为了方便，可近似地用两者设计值的比值来代替试验值的比值，即取 $\varepsilon_s/\varepsilon_{cu} \approx \varepsilon_s^0/\varepsilon_{cu}^0$，当混凝土强度等级不大于C50时，$\beta_1=0.8$，则得：

$$\xi_b^0 \approx \xi_b = \frac{0.8}{1+\frac{\varepsilon_y}{\varepsilon_{cu}}} \tag{8-52}$$

为了用于设计，把 N_u^0 和 f_c^0 用其相应的标准值代替，即 $N_u^0=N_k$，$f_c^0=f_{ck}$，再近似取 $N/N_k=1.2$，$f_{ck}/f_c=1.36$，则轴压比限值的试验值：

$$[\mu_N^0] = \frac{N_k}{f_{ck}A} = \frac{N}{1.2\times 1.36 f_c A}$$

令 $[\mu_N] = \frac{N}{f_c A}$，并称 $[\mu_N]$ 为柱轴压比限值的设计值，则：

$$[\mu_N] = 1.63[\mu_N^0] = 1.63\xi_b^0 \approx 1.63\xi_b \tag{8-53}$$

框架柱的轴压比限值见附表4-6。可见，规范对抗震等级为三级的框架柱轴压比限值定为0.85是合适的，也是偏于安全的。

注意，规范中给出的是轴压比设计值的限值，是供设计时用的；如果是做试验，就要用轴压比的试验值的限值；前者大致是后者的1.63倍。

与轴压比限值相仿，在受弯构件的斜截面受剪承载力计算中，有一个剪压比限值，当是一般梁时，要求 $\frac{V}{\beta_c f_c b h_0} \leqslant 0.25$。这里的 $V/(\beta_c f_c b h_0)$ 就是剪压比，0.25是其限值，目的是防止梁截面尺寸过小而使斜截面产生脆性的斜压破坏形态。

8.4 混凝土结构的耐久性

8.4.1 耐久性的一般概念

第1章中讲过，混凝土结构应满足安全性、适用性和耐久性三方面的要求，承载力计算与变形、裂缝宽度验算是分别为了满足安全性与适用性要求的。

混凝土结构的耐久性是指结构或构件在设计使用年限内，在正常维护条件下，不需要进行大修就可满足正常使用和安全功能要求的能力。一般建筑结构的设计使用年限为50年。纪念性建筑和特别重要的建筑结构为100年及以上。

在这方面，世界上的经济发达国家是有教训的。这些国家的工程建设大体上经历了三个阶段：大规模建设阶段，新建与改建、维修并重阶段，重点转向既有建筑物和结构物的维修改造阶段。我国在改革开放以后才真正开始大规模建设，因此必须重视混凝土结构的耐久性，避免重蹈发达国家的覆辙。

混凝土结构的耐久性按耐久性极限状态控制，特别是随时间发展因材料劣化而引起性能衰退。耐久性极限状态表现为：钢筋混凝土构件表面出现锈胀裂缝；预应力筋开始锈蚀；结构表面混凝土出现可见的耐久性损伤（酥裂、粉化等）。

影响混凝土结构耐久性能的因素很多，主要有内部和外部两个方面。内部因素主要有混凝土的强度、密实性、水泥用量、水灰比、氯离子及碱含量、外加剂用量、保护层厚度等；外部因素主要是环境条件，包括温度、湿度、CO_2 含量、侵蚀性介质等。出现耐久性能下降的问题，往往是内、外部因素综合作用的结果。此外，设计不周、施工质量差或使用中维护不当等也会影响耐久性能。

混凝土的碳化及钢筋锈蚀是影响混凝土结构耐久性的最主要的因素。

8.4.2 混凝土的碳化

大气环境中的 CO_2 引起混凝土中性化的过程称为混凝土的碳化。

溶液有酸性、碱性和中性三种。当溶液中氢离子的浓度指数 pH 值小于 7 时呈酸性；大于 7 时呈碱性；等于 7 时呈中性。

当大气环境中的 CO_2 不断向混凝土内部扩散，并与混凝土中的碱性水化物，主要是与 $Ca(OH)_2$ 发生中和反应，使 pH 值下降而中性化。所以，混凝土的碳化就是指混凝土的中性化。

碳化对混凝土本身是无害的，但碳化会破坏钢筋表面的氧化膜，为钢筋锈蚀创造了前提条件；同时碳化会加剧混凝土的收缩，可导致混凝土开裂，使钢筋容易锈蚀。

在硅酸盐水泥混凝土中，初始碱度较高，pH 值常达到 12.5～13.5，从而使得混凝土中的碱性物质 $Ca(OH)_2$ 在钢筋表面生成氧化膜，它是致密的，可保护钢筋不被腐蚀，故也称氧化膜为钝化膜。但是，碳化了使混凝土的 pH 值降到 10 以下，当碳化从构件表面开始向内发展，使保护层完全碳化直至钢筋表面时，氧化膜就被破坏了，这叫脱钝。

混凝土碳化深度可用碳酸试液测定，当敲开混凝土滴上试液后，碳化的保持原色，未碳化部分混凝土呈浅红色。

影响混凝土碳化的因素很多，可归结为环境因素与材料本身因素。环境因素主要是空气中 CO_2 的浓度，通常室内的浓度较高，故室内混凝土的碳化比室外的快些。试验表明，混凝土周围相对湿度为 50%～70%时，碳化速度快些；温度交替变化有利于 CO_2 的扩散，可加速混凝土的碳化。

混凝土材料自身的影响不可忽视。混凝土强度等级越高，内部结构越密实，孔隙率越低，孔径也越小，碳化速度越慢；水灰比大也会加速碳化反应。针对混凝土自身的影响因素，减小、延缓其碳化的主要措施有：

1）合理设计混凝土配合比，规定水泥用量的低限值和水灰比的高限值，合理采用掺合料；

2）提高混凝土的密实性、抗渗性；

3）规定钢筋保护层的最小厚度；

4）采用覆盖面层（水泥砂浆或涂料等）。

8.4.3　钢筋的锈蚀

钢筋的锈蚀是影响混凝土结构耐久性的关键问题之一。

钢筋表面氧化膜的破坏是使钢筋锈蚀的必要条件。这时，如果含氧水分侵入，钢筋就会锈蚀。因此，含氧水分侵入是钢筋锈蚀的充分条件。钢筋锈蚀严重时，体积膨胀，导致沿钢筋长度出现纵向裂缝，并使保护层剥落，从而使钢筋截面削弱，截面承载力降低，最终将使结构构件破坏或失效。

混凝土中钢筋的锈蚀机理是电化学腐蚀。由于钢筋中化学成分的不均匀分布，混凝土碱度的差异以及裂缝处氧气的增浓等原因，使得钢筋表面各部位之间产生电位差，从而构成了许多具有阳极和阴极的微电池。

钢筋表面的氧化膜被破坏后，钢材表面从空气中吸收溶有 CO_2、O_2 或 SO_2 的水分，在微电池中形成了电解质水膜，于是就在阴极与阳极间以电解方式产生电化学腐蚀反应。其结果是生成氢氧化亚铁 $Fe(OH)_2$，它在空气中又进一步被氧化成氢氧化铁 $Fe(OH)_3$，即铁锈。铁锈是疏松多孔的，它的体积比原来的增加 2～4 倍，迫使混凝土保护层胀裂，进一步加快了锈蚀的发展。

当然，钢筋锈蚀是一个相当长的过程，先是在裂缝较宽的个别点上“坑蚀”，继而逐渐形成“环蚀”，同时向两边扩展，形成锈蚀面，使钢筋截面削弱。锈蚀严重时，体积膨胀，导致沿钢筋长度的混凝土产生纵向裂缝，并使混凝土保护层剥落，习称“暴筋”。通常可把大范围内出现沿钢筋的纵向裂缝作为判别混凝土结构构件寿命终结的标准。

防止钢筋锈蚀的主要措施有：

1）降低水灰比，增加水泥用量，提高混凝土的密实度；

2）要有足够的混凝土保护层厚度；

3）严格控制氯离子的含量；

4）采用覆盖层，防止 CO_2、O_2、Cl^- 的渗入。

8.4.4 混凝土结构的耐久性设计

由于影响混凝土结构材料性能劣化的因素比较复杂，其规律不确定性很大，一般混凝土结构的耐久性设计只能采用经验性的定性方法解决。参考现行国家标准《混凝土结构耐久性设计规范》GB/T 50476—2019 的规定，根据调查研究及我国国情，《混凝土结构设计标准》规定了混凝土结构耐久性设计的基本内容如下：

1）确定结构所处的环境类别。

2）提出对混凝土材料的耐久性基本要求。

对设计年限为 50 年的混凝土结构，其混凝土材料的耐久性基本要求宜符合表 8-1 的规定。

结构混凝土材料的耐久性基本要求 表 8-1

环境等级	最大水胶比	最低强度等级	水溶性氯离子最大含量（%）	最大碱含量（kg/m^3）
一	0.60	C20	0.30	不限制
二 a	0.55	C25	0.20	3.0
二 b	0.50（0.55）	C30（C25）	0.10	
三 a	0.45（0.50）	C35（C30）	0.10	
三 b	0.40	C40	0.06	

注：1. 氯离子含量按氯离子占水泥用量的质量百分比计算；

2. 预应力构件混凝土中的最大氯离子含量为 0.06%；其最低混凝土强度等级宜按表中的规定提高两个等级；

3. 素混凝土构件的水胶比及最低强度等级的要求可适当放松；

4. 有可靠工程经验时，二类环境中的最低混凝土强度等级可降低一个等级；

5. 处于严寒和寒冷地区二 b、三 a 类环境中的混凝土应使用引气剂，并可采用括号中的有关参数；

6. 当使用非碱活性骨料时，对混凝土中的碱含量可不作限制。

3）确定构件中钢筋的混凝土保护层厚度。

混凝土保护层厚度应符合附表 4-3 的规定；当采取有效的表面防护措施时，混凝土保护层厚度可适当减小。

4）混凝土结构及构件尚应采取下列耐久性技术措施：

（1）预应力混凝土结构中的预应力筋应根据具体情况采取表面防护、孔道灌浆、加大混凝土保护层厚度等措施，外露的锚固端应采取封锚和混凝土表面处理等有效措施；

（2）有抗渗要求的混凝土结构，混凝土的抗渗等级应符合有关标准的要求；

（3）严寒及寒冷地区的潮湿环境中，结构混凝土应满足抗冻要求，混凝土抗冻等级应符合有关标准的要求；

(4) 处于二、三类环境中的悬臂构件宜采用悬臂梁-板的结构形式，或在其上表面增设防护层；

(5) 处于二、三类环境中的结构构件，其表面的预埋件、吊钩、连接件等金属部件应采取可靠的防锈措施，对于后张预应力混凝土外露金属锚具，其防护要求见《混凝土结构设计标准》第 10.3.13 条；

(6) 处在三类环境中的混凝土结构构件，可采用阻锈剂、环氧树脂涂层钢筋或其他具有耐腐蚀性能的钢筋、采取阴极保护措施或采用可更换的构件等措施。

5) 提出结构在设计使用年限内的检测与维护要求：

(1) 建立定期检测、维修制度；

(2) 设计中可更换的混凝土构件应按规定更换；

(3) 构件表面的防护层，应按规定维护或更换；

(4) 结构出现可见的耐久性缺陷时，应及时进行处理。

对临时性混凝土结构，可不考虑混凝土的耐久性要求。

思考题

问 答 题

8-1 对钢筋混凝土结构构件，为什么要验算其变形和裂缝宽度?

8-2 匀质弹性材料杆件的截面弯曲刚度、线弯曲刚度是怎样定义的? 我国规范对钢筋混凝土构件的截面弯曲刚度又是怎样定义的?

8-3 怎样理解钢筋混凝土梁截面弯曲刚度是变数? 随着弯矩的增大，截面弯曲刚度是增大还是减小，为什么? 这在刚度计算公式中是怎样体现的?

8-4 荷载长期作用下，截面弯曲刚度降低的主要原因是什么? 我国规范是怎样考虑这一影响对短期刚度 B_s 进行修正的?

8-5 什么是“最小刚度原则”，连续梁的跨中挠度是怎样计算的?

8-6 裂缝间纵向钢筋应变不均匀系数 ψ 的物理意义是什么? 计算 ψ 时为什么要用 ρ_{te} 而不用 ρ?

8-7 混凝土拉应变的极限值大致是 1.5×10^{-4}，当混凝土开裂时，受拉钢筋的拉应力大致是多少?

8-8 我国规范对钢筋混凝土受弯构件垂直裂缝宽度是怎样定义的?

8-9 第一条裂缝出现后，沿构件长度受拉钢筋和受拉混凝土的应力与裂缝出现前相比发生了什么变化? 粘结应力的分布是怎样的? 裂缝出齐是指什么?

8-10 平均裂缝宽度是怎样确定的? 在确定最大裂缝宽度时，主要考虑了哪些因素?

8-11 提高受弯构件的截面弯曲刚度以及减小裂缝宽度比较有效的措施各是什么?

8-12 在实际工程中，当发现梁上或板上有裂缝时，应如何正确对待?

8-13 什么是钢筋混凝土构件的截面延性? 如何确定受弯构件的截面曲率延性系数? 研究延性有何重要意义?

8-14 什么是混凝土结构的耐久性? 什么是混凝土的碳化? 钢筋锈蚀的机理是什么?

8-15 提高混凝土结构件耐久性的主要技术措施有哪些?

8-16 按公式计算的裂缝最大宽度是随混凝土保护层厚度的加大而加宽的，那为什么说加大混凝土保护层厚度能提高耐久性?

选 择 题

8-17 我国《混凝土结构设计标准》中定义的截面弯曲刚度是指下述中的________项。

A. M-ϕ 曲线上任一点处切线的斜率

B. M-ϕ 曲线上任一点处割线的斜率

C. M-ϕ 曲线上的（0.5～0.7）M_u区段内任一点处割线的斜率

D. M-ϕ 曲线上的（0.5～0.7）M_u区段内任一点处切线的斜率

8-18 钢筋混凝土梁的受拉区边缘达到下述情况________时，受拉区开始出现裂缝。

A. 达到混凝土实际的抗拉强度

B. 达到混凝土抗拉强度的标准值

C. 达到混凝土抗拉强度的设计值

D. 达到混凝土弯曲时的拉应变极限值

8-19 以下四种说法中，________种说法是正确的。

A. 在变形、裂缝宽度验算中，对永久荷载和可变荷载（活荷载）都取它们的标准值

B. 在变形验算中，对永久荷载和可变荷载都取它们的标准值

C. 变形验算时，对短期刚度 B_s应取永久荷载的标准值和活荷载的标准值；对截面弯曲刚度 B，永久荷载取其标准值，活荷载则取其准永久值

D. 活荷载的准永久值等于其准永久值系数 φ_q 乘其标准值，即 $\varphi_q q_k$

8-20 有 A、B 两根情况相同的简支梁，且都是适筋梁，A 梁的纵向受拉钢筋为 4⏀16，B 梁的纵向受拉钢筋为 2⏀16，在以下四种说法中，________种说法是正确的。

A. 与 B 梁相比，A 梁的正截面受弯承载力大，截面弯曲刚度大，变形大，在使用阶段的裂缝宽度小

B. 与 B 梁相比，A 梁的正截面受弯承载力大，截面弯曲刚度大，变形小，在使用阶段的裂缝宽度大

C. 与 B 梁相比，A 梁的正截面受弯承载力大，截面弯曲刚度大，变形小，在使用阶段的裂缝宽度与 B 梁的相同

D. 与 B 梁相比，A 梁的正截面受弯承载力大，截面弯曲刚度大，变形小，在使用阶段的裂缝平均间距计算值两者不同，但 A 梁的裂缝宽度小些

8-21 以下四种说法中________种说法是正确的。

A. 正截面承载力是以Ⅲ$_a$阶段为依据的，所以不考虑受拉混凝土对承载力的影响；变形、裂缝宽度验算是以第Ⅱ阶段为依据的，必须考虑受拉混凝土的作用，这种作用是由纵向受拉钢筋应变不均匀系数 ψ 来体现的

B. ψ 反映了裂缝间受拉混凝土参加工作的程度，ψ 小，说明工作程度小，ψ 大，说明工作程度大

C. 截面弯曲刚度是随弯矩的增大而减小的，这主要体现在 ψ 的计算公式中，M_k大，σ_s 大，故 ψ 大，所以 B_s、B 小

D. 受弯构件的裂缝宽度是随弯矩的增大而增大的，因为这时不仅受拉混凝土参加工作的程度小（ψ 大）而且纵向受拉钢筋的拉应力 σ_s 也增大了

8-22 受弯构件的截面曲率延性系数 β_ϕ 等于最大承载力时的截面曲率 ϕ_u 与纵向受拉钢筋开始屈服时的截面曲率 φ_y 两者的比值，即 $\beta_\phi = \phi_u / \phi_y$。以下所述的规律，________项是正确的。

A. 纵向受拉钢筋配筋百分率 ρ 增大，β_ϕ 减小

B. 纵向受压钢筋配筋百分率 ρ'增大，β_ϕ 减小

C. 混凝土极限压应变值 ε_{cu} 增大，β_ϕ 增大

D. 提高混凝土强度等级或降低钢筋屈服强度，β_ϕ 减小

8-23 对于混凝土结构耐久性的定义，以下________项的说法是正确的。

A. 混凝土结构的耐久性是指在设计使用年限内，结构和构件在正常维护条件下应能保持其使用功能，而不需要进行大修加固的性能

B. 混凝土结构的耐久性是指在设计使用年限内，结构和构件在正常维护条件下应能保持其使用功能，而不需要进行维修加固的性能

判　断　题

8-24 在钢筋混凝土结构中，对各类构件都必须进行承载力的计算，但变形和裂缝宽度只要求对某些结构构件进行验算。(　　)

8-25 变形及裂缝宽度验算时，采用荷载标准值、荷载准永久值和材料强度的标准值。(　　)

8-26 验算变形及裂缝宽度时，应按荷载效应的标准组合值并考虑长期作用的影响。(　　)

8-27 我国《混凝土结构设计标准》对截面弯曲刚度的定义是：在 M-φ 曲线上（0.5～0.7）M_u^0 区段内，曲线上的任一点与坐标原点 O 相连的割线斜率 $\tan\alpha$。(　　)

8-28 从耐久性的观点来看，通常认为裂缝细而密比裂缝粗而稀的情况要差。(　　)

8-29 我国《混凝土结构设计标准》所定义的梁的裂缝宽度是指梁底面处的裂缝宽度。(　　)

8-30 钢筋混凝土受弯构件挠度的最主要影响因素是跨高比。(　　)

8-31 混凝土构件的截面延性是指截面在破坏阶段的变形能力，它是抗震性能的一个重要指标。(　　)

8-32 混凝土结构应根据使用环境类别和设计使用年限进行耐久性设计。(　　)

8-33 大气中的二氧化碳与混凝土中的碱性物质发生反应，使混凝土的 pH 值降低的现象，称为混凝土的碳化。(　　)

8-34 混凝土中钢筋锈蚀的机理为电化学腐蚀。混凝土中的碱性物质 $Ca(OH)_2$ 使混凝土内的钢筋表面形成氧化膜，它能有效地保护钢筋，防止钢筋锈蚀。(　　)

8-35 我国《混凝土结构设计标准》所规定的变形和裂缝宽度验算方法属于“平均刚度和平均裂缝宽度理论”范畴。(　　)

填　空　题

8-36 混凝土构件裂缝开展宽度及变形验算属于________极限状态的设计要求，验算时材料强度采用________。

8-37 ________是提高钢筋混凝土受弯构件刚度的最有效措施。

8-38 钢筋混凝土构件的平均裂缝间距随混凝土保护层厚度的增大而________。用带肋变形钢筋时的平均裂缝间距比用光面钢筋时的平均裂缝间距________。(大、小)

8-39 钢筋混凝土受弯构件挠度计算中采用的最小刚度原则是指在________弯矩范围内，假定其刚度为常数，并按截面处的________刚度进行计算。

8-40 结构构件正常使用极限状态的要求主要是指在各种作用下________和________不超过规定的限值。

8-41 裂缝间纵向受拉钢筋应变的________是指裂缝间钢筋平均应变与裂缝截面钢筋应变之比，反映了裂缝间________参与工作的程度。

习题

8.1 已知：某钢筋混凝土屋架下弦，$b \times h = 200\text{mm} \times 200\text{mm}$，按荷载效应准永久组合的轴向拉力 $N_q = 130\text{kN}$，有 4 根 HRB400 直径 14mm 的受拉钢筋，混凝土强度等级为 C30，保护层厚度 $c =$

20mm，箍筋直径 6mm，$w_{lim}=0.2mm$。

求：验算裂缝宽度是否满足？当不满足时如何处理？

8.2 已知：T 形截面简支梁，$l_0=6m$，$b'_f=600mm$，$b=200mm$，$h'_f=60mm$，$h=500mm$，采用 C30 强度等级混凝土，HRB400 级钢筋，承受均布线荷载：

永久荷载：5.0kN/m；

可变荷载：3.5kN/m；准永久值系数 $\psi_{q1}=0.4$；

雪荷载：0.8kN/m；准永久值系数 $\psi_{q2}=0.2$。

求：

(1) 正截面受弯承载力所要求的纵向受拉钢筋面积，并选用钢筋直径（在 18～22mm 之间选择）。

(2) 验算挠度是否小于 $f_{lim}=l_0/250$？

(3) 验算裂缝宽度是否小于 $w_{lim}=0.3mm$？

提示：按荷载效应准永久组合的跨中弯矩 $M_q=\frac{1}{8}(50+0.4\times35+0.2\times8)l_0^2$。

8.3 已知：倒 T 形截面简支梁 $l_0=6m$，$b_f=600mm$，$b=200mm$，$h_f=60mm$，$h=500mm$，其他条件同第 8.2 题。

求：

(1) 正截面受弯承载力所要求的纵向受拉钢筋面积，并选配钢筋直径（在 18～22mm 之间选择）。

(2) 验算挠度是否满足 $f\leqslant f_{lim}=l_0/250$？

(3) 验算裂缝宽度是否满足 $w_{max}\leqslant w_{lim}=0.3mm$？

(4) 与第 8.2 题比较，提出分析意见。

8.4 已知：矩形截面偏心受拉构件的截面尺寸 $b\times h=160mm\times200mm$，配置 4 Φ 16 钢筋（$A_s=804mm^2$），箍筋直径为 6mm，混凝土强度等级为 C30，混凝土保护层厚度为 20mm，按荷载效应的准永久组合的轴向拉力值 $N_q=140kN$，偏心距 $e_0=30mm$，$w_{lim}=0.3mm$，试验算最大裂缝宽度是否符合要求。

第9章
预应力混凝土构件

教学要求：

1. 理解预应力的各种损失及预应力损失值的组合；
2. 理解后张法预应力轴心受拉构件各阶段的应力分析，会做后张法预应力轴心受拉构件的设计计算；
3. 了解预应力混凝土受弯构件各阶段的应力分析，对其使用阶段正截面受弯承载力计算，施工阶段抗裂度验算及构件变形验算等也有所了解；
4. 知道预应力混凝土构件的主要构造要求。

第9章教学课件

9.1 概述

9.1.1 预应力混凝土的概念

钢筋混凝土受拉与受弯等构件，由于混凝土的抗拉强度及极限拉应变值都很低，其极限拉应变约为 $0.1\times10^{-3}\sim0.15\times10^{-3}$，即每米只能拉长 0.1～0.15mm，所以在使用荷载作用下，通常是带裂缝工作的。因而对使用上不允许开裂的构件，受拉钢筋的应力只能用到 $20\sim30\text{N/mm}^2$，不能充分利用其强度。对于允许开裂的构件，通常当受拉钢筋应力达到 250N/mm^2 时，裂缝宽度已达 0.2～0.3mm，构件耐久性有所降低，故不宜用于高湿度或侵蚀性环境中。为了满足变形和裂缝控制的要求，则需增大构件的截面尺寸和用钢量，这将导致自重过大，使钢筋混凝土结构用于大跨度或承受动力荷载的结构成为不可能或很不经济。如果采用高强度钢筋，在使用荷载作用下，其应力可达 $500\sim1000\text{N/mm}^2$，但此时的裂缝宽度将很大，无法满足使用要求。因而，钢筋混凝土结构中采用高强度钢筋是不能充分发挥其作用的。而提高混凝土强度等级对提高构件的抗裂性能和控制裂缝宽度的作用也不大。

为了避免钢筋混凝土结构的裂缝过早出现、充分利用高强度钢筋及高强度混凝土，可以设法在结构构件受荷载作用前，通过预加外力，使它受到预压应力来减小或抵消荷载所引起的混凝土拉应力，从而使结构构件截面的拉应力不大，甚至处于受压状态，以达到控制受拉混凝土不过早开裂的目的。在构件承受荷载以前预先对混凝土施加压应力的方法有多种，有配置预应力筋，再通过张拉或其他方法建立预加应力的；也有在离心制管中采用膨胀混凝土生产的自应力混凝土等。本章所讨论的预应力混凝土构件是指常用的张拉预应力筋的预应力混凝土构件。

现以图 9-1 所示预应力混凝土简支梁为例，说明预应力混凝土的概念。

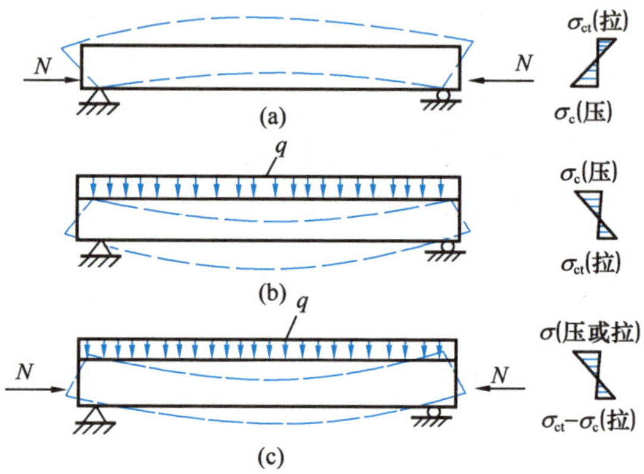

图 9-1　预应力混凝土简支梁

（a）预压力作用下；（b）外荷载作用下；（c）预压力与外荷载共同作用下

在荷载作用之前，预先在梁的受拉区施加偏心压力 N，使梁截面下边缘混凝土产生预压应力 σ_c，梁上边缘产生预拉应力 σ_{ct}，见图 9-1（a）。当荷载 q（包括梁自重）作用时，设梁跨中截面下边缘产生拉应力 σ_{ct}，梁上边缘产生压应力 σ_c，见图 9-1（b）。这样，在预压力 N 和荷载 q 的共同作用下，梁的下边缘拉应力将减小至 $\sigma_{ct}-\sigma_c$；梁上边缘应力为 $\sigma_c-\sigma_{ct}$，一般为压应力，但也有可能为拉应力，见图 9-1（c）。如果增大预压力 N，则在荷载作用下梁下边缘的拉应力还可减小，甚至变成压应力。由此可见，预应力混凝土构件可延缓混凝土构件的开裂，提高构件的抗裂度和刚度。高强度钢筋和高强度混凝土的应用，可取得节约钢筋、减轻构件自重的效果，克服了钢筋混凝土的主要缺点。

预应力混凝土构件具有很多的优点，下列结构物宜优先采用预应力混凝土：

（1）要求裂缝控制等级较高的结构；

（2）大跨度或受力很大的构件；

（3）对构件的刚度和变形控制要求较高的结构构件，如工业厂房中的吊车梁、码头和桥梁中的大跨度梁式构件等。

预应力混凝土构件的缺点是构造、施工和计算均较钢筋混凝土构件复杂，且延性也差些。

9.1.2　预应力混凝土的分类

根据预加应力值对构件截面裂缝控制程度的不同，预应力混凝土分为全预应力的和部分预应力的两类。

在使用荷载作用下，不允许截面上混凝土出现拉应力的构件，一般称为全预应力混凝土，大致相当于《混凝土结构设计标准》中裂缝的控制等级为一级，即严格要求不出现裂缝的构件。

在使用荷载作用下，允许出现裂缝，但最大裂缝宽度不超过允许值的构件，一般称为部分预应力混凝土，大致相当于《混凝土结构设计标准》中裂缝的控制等级为三级，即允许出现裂缝的构件。

在使用荷载作用下根据荷载组合情况，不同程度地保证混凝土不开裂的构件，则称为限值预应力混凝土，大致相当于《混凝土结构设计标准》中裂缝的控制等级为二级，即一般要求不出现裂缝的构件。

限值预应力混凝土也属部分预应力混凝土。

9.1.3 张拉预应力筋的方法

张拉预应力筋的方法主要有先张法和后张法两种。

1. 先张法

在浇灌混凝土之前张拉预应力筋的方法称为先张法。制作先张法预应力构件一般都需要台座、拉伸机、传力架和夹具等设备，其工序见图 9-2。当构件尺寸不大时，可不用台座，

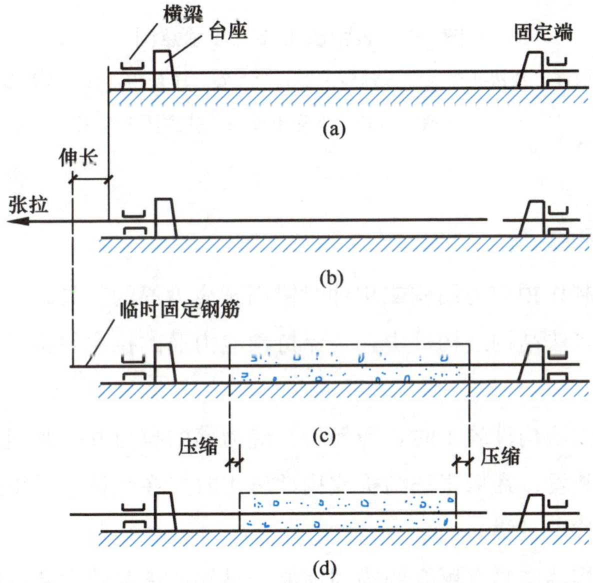

图 9-2 先张法主要工序示意图

(a) 预应力筋就位；(b) 张拉预应力筋；(c) 临时固定预应力筋，浇灌混凝土并养护；(d) 放松预应力筋，预应力筋回缩，混凝土受预压

而在钢模上直接进行张拉。

先张法预应力混凝土构件，预应力是靠预应力筋与混凝土之间的粘结力来传递的。

2. 后张法

在结硬后的混凝土构件上张拉预应力筋的方法称为后张法。其工序见图 9-3。张拉预应力筋后，在孔道内灌浆，使预应力筋与孔道内混凝土产生粘结力形成整体构件，见图 9-3（d）。张拉预应力筋后，也可不灌浆，完全通过锚具传递预压力，形成无粘结的预应力构件。后张法预应力混凝土构件，预应力主要是靠预应力筋端部的锚具来传递的。

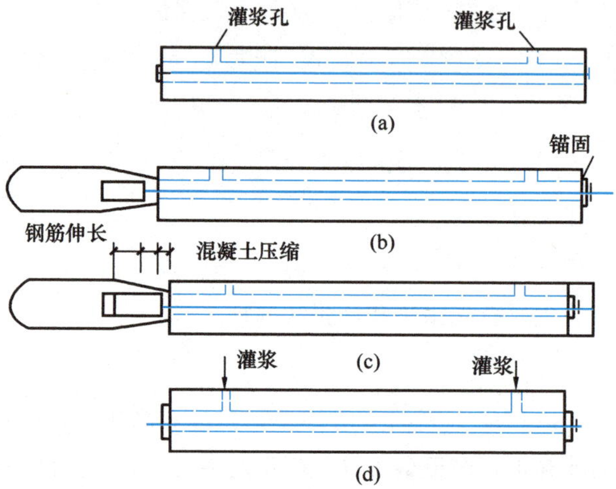

图 9-3　后张法主要工序示意图

（a）制作构件，预留孔道，穿入预应力筋；（b）安装千斤顶；（c）张拉预应力筋；（d）锚住预应力筋，拆除千斤顶，孔道压力灌浆

9.1.4　锚具和夹具

锚具和夹具是在制作预应力结构或构件时锚固预应力筋的工具。

锚具：是指在后张法结构或构件中，为保持预应力筋的拉力并将其传递到混凝土内部的永久性锚固装置。

夹具：是指在先张法构件施工时，为保持预应力筋的拉力并将其固定在生产台座（或设备）上的临时性锚固装置；在后张法结构或构件施工时，在张拉千斤顶或设备上夹持预应力筋的临时性装置（又称工具锚）。

锚具、夹具和连接器应具有可靠的锚固性能、足够的承载能力和良好的适用性，以保持充分发挥预应力筋的强度，安全地实现预应力张拉作业，避免锈蚀、沾污、遭受机械损伤或散失。

预应力筋锚固体系由张拉端锚具、固定端锚具和连接器组成。根据锚固形式的不同有夹片式、支承式、锥塞式和握裹式四种锚具形式。

1）固定端锚具：安装在预应力筋端部，通常埋在混凝土中，不用以张拉的锚具。常用的锚具形式有 P 型（图 9-4a）和 H 型（图 9-4b）。

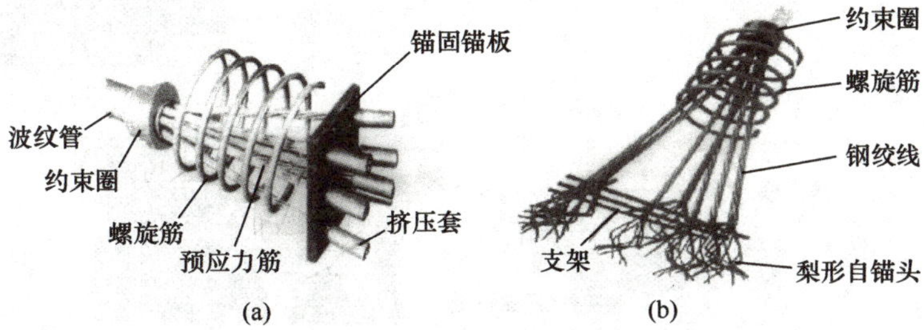

图 9-4　固定端握裹式锚具

（a）P 型挤压锚具；（b）H 型压花锚具

P 型锚具：是用挤压机将挤压套压结在钢绞线上的一种握裹式挤压锚具，适用于构件端部设计应力大或群锚构件端部空间受到限制的情况。

H 型锚具：是将钢绞线一端用压花机压梨状后，固定在支架上，可排列成长方形或正方形，适用于钢绞线数量较少、梁的断面比较小的情况。

以上两种锚具属握裹式形式，均是预先埋在混凝土内，待混凝土凝固到设计强度后，再进行张拉，利用握裹力将预应力传递给混凝土。

2）张拉端锚具：安装在预应力筋张拉端端部、可以在预应力筋的张拉过程中始终对预应力筋保持锚固状态的锚固工具。

以下简要介绍常用的张拉端锚具。

1. 夹片式锚具

1）圆柱体夹片式锚具

圆柱体夹片式锚具，由夹片、锚环、锚垫板以及螺旋筋四部分组成。夹片是锚固体系的关键零件，用优质合金钢制造。圆柱体夹片式锚具有单孔（图 9-5a）和多孔（图 9-5b）两种形式。锚固性能稳定、可靠，适用范围广泛，并具有良好的放张自锚性能，施工操作简便，适用的钢绞线根数可从 1 根至 55 根。

2）长方体扁形锚具（图 9-5c）

长方体扁形锚具由扁锚板、工作夹片、扁锚垫板等组成。当预应力钢绞线配置在板式结构内时，如空心板、低高度箱梁等，为避免因配索而增大板厚，可采取扁形锚具将预应力钢绞线布置成扁平放射状，使应力分布更加均匀合理，进一步减薄结构厚度。

2. 支承式锚具

1）镦头锚具（图 9-6）

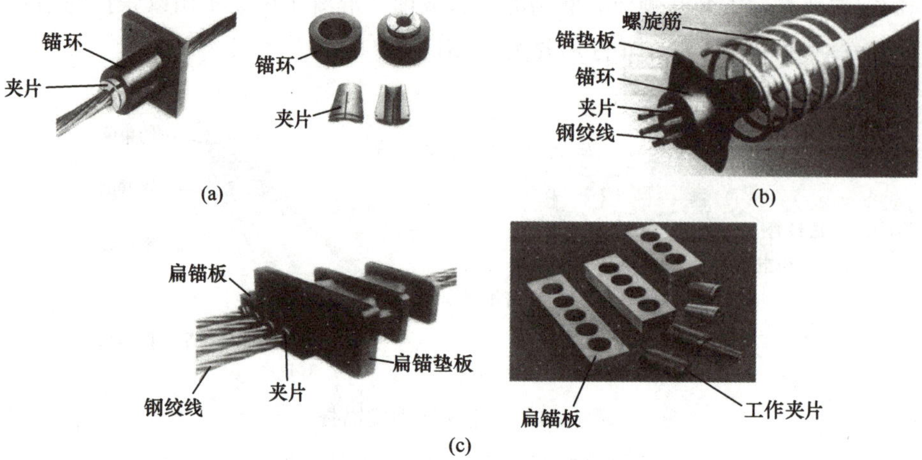

图 9-5　圆柱体夹片式锚具

(a) 圆形单孔锚具；(b) 圆形多孔锚具；(c) 长方体扁形锚具

镦头锚具可用于张拉端，也可用于固定端。张拉端采用锚环，固定端采用锚板。

镦头锚具由锚板（或锚环）和带镦头的预应力筋组成。先将钢丝穿过固定端锚板及张拉端锚环中圆孔，然后利用镦头器对钢丝两端进行镦粗，形成镦头，通过承压板或疏筋板锚固预应力钢丝，可锚固极限强度标准值为 1570MPa 和 1670MPa 的高强钢丝束。

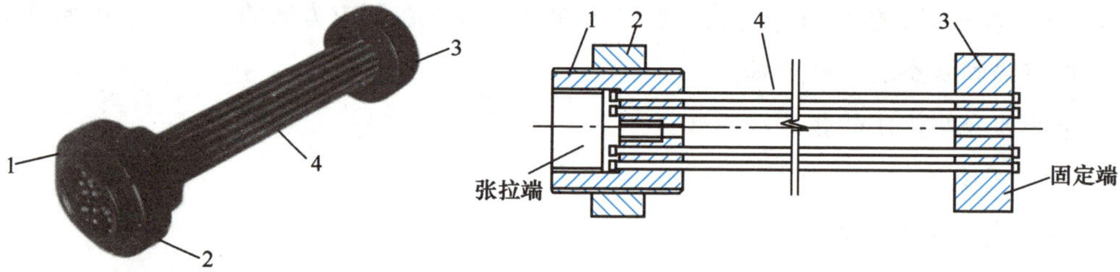

图 9-6　镦头锚具

1—锚环；2—螺母；3—固定端锚板；4—钢丝束

2）螺母锚具（图 9-7）

用于锚固高强精轧螺纹钢筋的锚具，由螺母、垫板、连接器组成，具有性能可靠、回缩损失小、操作方便的特点。

3. 锥塞式锚具

锥塞式锚具之一的钢质锥形锚具（图 9-8），主要由锚环、锚塞组成。其工作原理是通过张拉预应力钢丝顶压锚塞，把钢丝束楔紧在锚环与锚塞之间，借助摩擦力传递张拉力。同时利用钢丝回缩力带动锚塞向锚环内滑进，使钢丝进一步楔紧。

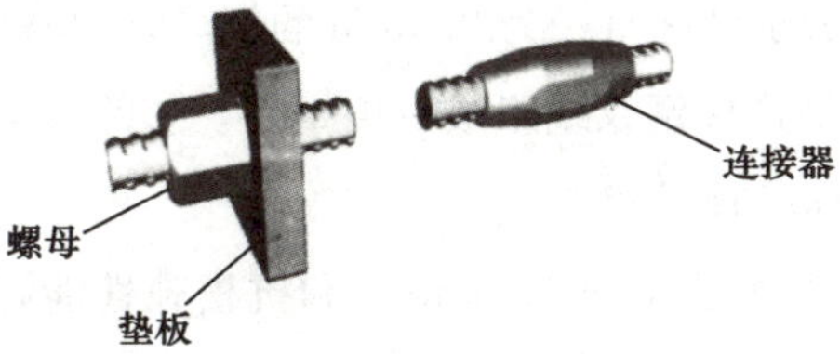

图 9-7　螺母锚具

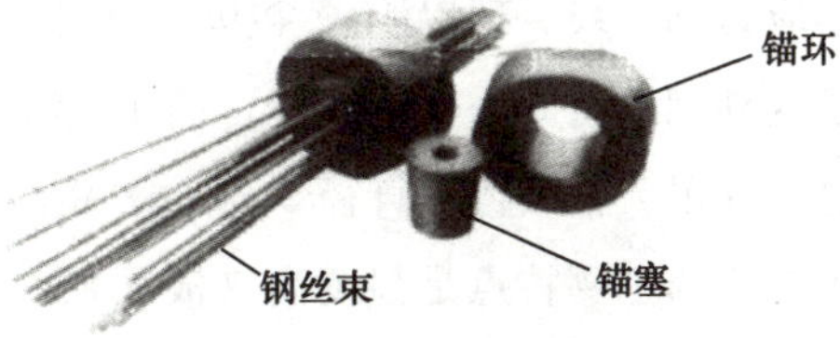

图 9-8　钢质锥形锚具

9.1.5　预应力混凝土材料

1. 混凝土

预应力混凝土结构构件所用的混凝土，需满足下列要求：

1）强度高。与钢筋混凝土不同，预应力混凝土必须采用高强度混凝土。强度高的混凝土对采用先张法的构件可提高钢筋与混凝土之间的粘结力，对采用后张法的构件，可提高锚固端的局部承压承载力。

2）收缩、徐变小。以减少因收缩、徐变引起的预应力损失。

3）快硬、早强。可尽早施加预应力，加快台座、锚具、夹具的周转率，以利加快施工进度。

因此，《混凝土结构设计标准》规定，预应力混凝土结构的混凝土强度等级不宜低于C40，且不应低于C30。

2. 钢材

我国目前用于预应力混凝土结构或构件中的预应力筋，主要采用预应力钢丝、钢绞线和预应力螺纹钢筋。

1）预应力钢丝

常用的预应力钢丝为消除应力光面钢丝和螺旋肋钢丝，公称直径有5mm、7mm和9mm等规格。消除应力钢丝包括低松弛钢丝和普通松弛钢丝；按照其强度级别可分类为：中强度预应力钢丝其极限强度标准值为800～1270N/mm^2；高强度预应力钢丝为1470～1860N/mm^{2}等。成品钢丝不得存在电焊接头。

2）钢绞线

钢绞线是由冷拉光圆钢丝，按一定数量（有2根、3根、7根等）捻制而成钢绞线，再经过消除应力的稳定化处理（为减少应用时的应力松弛，钢绞线在一定的张力下，进行的短时热处理），以盘卷状供应。常用三根钢丝捻制的钢绞线表示为1×3、公称直径有8.6～12.9mm，用七根钢丝捻制的标准型钢绞线表示为1×7，公称直径有9.5～21.6mm。

预应力筋往往由多根钢绞线组成。例如有15-7Φ^{s}9.5、12-7Φ^{s}9.5、9-7Φ^{s}9.5等型号规

格的预应力钢绞线。现以 15-7 Φ^s9.5 为例，9.5 表示公称直径为 9.5mm 的钢丝，7 Φ^s9.5 表示 7 条这种钢丝组成一根钢绞线，而 15 表示 15 根这种钢绞线组成一束钢筋，总的含义就是“一束由 15 根 7 丝（每丝直径 9.5mm）钢绞线组成的钢筋”。

钢绞线的主要特点是强度高（极限强度标准值可达 1960N/mm^2）和抗松弛性能好，展开时较挺直。钢绞线要求内部不应有折断、横裂和相互交叉的钢丝，表面不得有油污、润滑脂等物质，以免降低钢绞线与混凝土之间的粘结力。钢绞线表面可允许有轻微的浮锈，但不得有目视的锈蚀麻坑。

3）预应力螺纹钢筋

预应力螺纹钢筋（也称精轧螺纹钢筋），是采用热轧、轧后余热处理或热处理等工艺制作成带有不连续无纵肋的外螺纹的直条钢筋，该钢筋在任意截面处均可用带有匹配形状的内螺纹的连接器或锚具进行连接或锚固，直径为 18～50mm，具有高强度、高韧性等特点。要求钢筋端部应平齐，不影响连接件通过。表面不得有横向裂纹、结疤，但允许有不影响钢筋力学性能和连接的其他缺陷。

9.1.6 张拉控制应力 σ_{con}

张拉控制应力是指预应力筋在进行张拉时所控制达到的最大应力值。其值为张拉设备（如千斤顶油压表）所指示的总张拉力除以预应力筋截面面积而得的应力值，以 σ_{con} 表示。

张拉控制应力的取值，直接影响预应力混凝土的使用效果，如果张拉控制应力取值过低，则预应力筋经过各种损失后，对混凝土产生的预压力过小，不能有效地提高预应力混凝土构件的抗裂度和刚度。如果张拉控制应力取值过高，则可能引起以下的问题：

1）在施工阶段会使构件的某些部位受到拉力（称为预拉力）甚至开裂，对后张法构件可能造成端部混凝土局压破坏；

2）构件出现裂缝时的荷载值与极限荷载值很接近，使构件在破坏前无明显的预兆，构件的延性较差；

3）为了减少预应力损失，有时需进行超张拉，有可能在超张拉过程中使个别预应力筋的应力超过它的实际屈服强度，使预应力筋产生较大塑性变形或脆断。

张拉控制应力值大小的确定，还与预应力的钢种有关。由于预应力混凝土采用的都为高强度钢筋，其塑性较差，故控制应力不能取得太高。

《混凝土结构设计标准》规定，在一般情况下，张拉控制应力不宜超过表 9-1 的限值。

符合下列情况之一时，表 9-1 中的张拉控制应力限值可提高 0.05f_{ptk}或 0.05f_{pyk}：

1）要求提高构件在施工阶段的抗裂性能，而在使用阶段受压区内设置的预应力筋；

2）要求部分抵消由于应力松弛、摩擦、钢筋分批张拉以及预应力筋与张拉台座之间的温差等因素产生的预应力损失。

张拉控制应力 σ_{con} 限值　表 9-1

钢筋种类	σ_{con}
消除应力钢丝、钢绞线	$\leqslant 0.75f_{ptk}$
中强度预应力钢丝	$\leqslant 0.70f_{ptk}$
预应力螺纹钢筋	$\leqslant 0.85f_{pyk}$

注：1. 表中消除应力钢丝、钢绞线、中强度预应力钢丝的张拉控制应力值不应小于 $0.4f_{ptk}$；

2. 预应力螺纹钢筋的张拉控制应力值不宜小于 $0.5f_{pyk}$。

9.1.7　预应力损失

在预应力混凝土构件施工及使用过程中，由于混凝土和钢材的性质以及制作方法上的原因，预应力筋的张拉力值是在不断降低的，称为预应力损失。引起预应力损失的因素很多，一般认为预应力混凝土构件的总预应力损失值，可采用各种因素产生的预应力损失值进行叠加的办法求得。下面将讲述六项预应力损失。

1. 直线预应力筋由于锚具变形和预应力筋内缩引起的预应力损失值 σ_{l1}

直线预应力筋当张拉到 σ_{con} 后，锚固在台座或构件上时，由于锚具各零件之间（例如锚具、垫板与构件之间的缝隙被挤紧）以及由于预应力筋锚具之间的相对位移和局部塑性变形，使得被拉紧的预应力筋内缩所引起的预应力损失值 σ_{l1}（N/mm²），按下式计算：

$$\sigma_{l1}=\frac{a}{l}E_s \tag{9-1}$$

式中　a——张拉端锚具变形和预应力筋内缩值（mm），按表 9-2 取用；

l——张拉端至锚固端之间的距离（mm）；

E_s——预应力筋的弹性模量（N/mm²），按附录 2 附表 2-14 取用。

锚具变形和预应力筋内缩值 a（mm）　表 9-2

锚具类别		a
支承式锚具（钢丝束镦头锚具等）	螺母缝隙	1
	每块后加垫板的缝隙	1
夹片式锚具	有顶压时	5
	无顶压时	6～8

注：1. 表中的锚具变形和预应力筋内缩值也可根据实测数值确定；

2. 其他类型的锚具变形和钢筋内缩值应根据实测数据确定。

锚具损失只考虑张拉端，固定端因在张拉过程中已被挤紧，故不考虑其所引起的应力损失。

对于块体拼成的结构，其预应力损失尚应计及块体间填缝的预压变形。当采用混凝土或砂浆填缝材料时，每条填缝的预压变形值可取 1mm。

减少 σ_{l1} 的措施有：

1）选择锚具变形小或使预应力筋内缩小的锚具、夹具，并尽量少用垫板，因每增加一块垫板，a 值就增加 1mm；

2）增加台座长度。因 σ_{l1} 值与台座长度成反比，采用先张法生产的构件，当台座长度为 100m 以上时，σ_{l1} 可忽略不计。

后张法构件曲线预应力筋或折线预应力筋，由于锚具变形和预应力内缩引起的预应力损失值 σ_{l1}，应根据曲线预应力筋或折线预应力筋与孔道壁之间反向摩擦影响长度 l_f 范围内的预应力筋变形值等于锚具变形和预应力筋内缩值的条件确定。σ_{l1} 可按《混凝土结构设计标准》附录 J 进行计算。

2. 预应力筋与孔道壁之间的摩擦引起的预应力损失值 σ_{l2}

采用后张法张拉预应力筋时，由于预应力筋在张拉过程中与混凝土孔壁或套管接触而产生摩擦阻力。这种摩擦阻力距离预应力张拉端越远，影响越大，使构件各截面上的实际预应力有所减少，见图 9-9，称为摩擦损失，以 σ_{l2} 表示。σ_{l2} 可按下述方法进行计算。

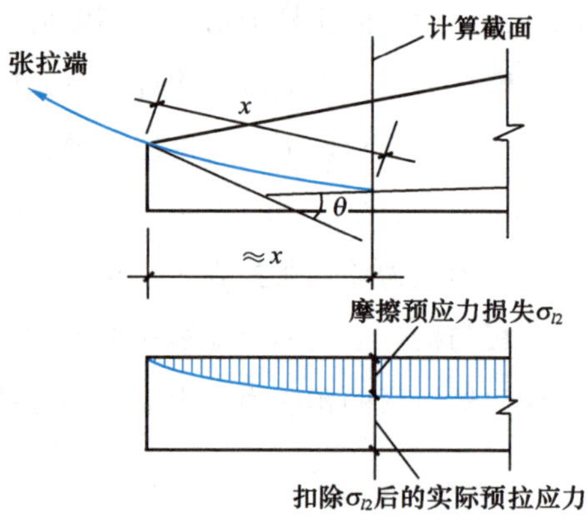

图 9-9　摩擦引起的预应力损失

摩擦阻力主要由下述两个原因引起，先分别计算，然后相加。

1）张拉曲线预应力筋时，由于曲线孔道的曲率，使预应力筋和孔道壁之间产生法向正压力而引起的摩擦阻力，见图 9-10（b）。

设 $\mathrm{d}x$ 段上两端的拉力分别为 N 和 $N-\mathrm{d}N'$，$\mathrm{d}x$ 两端的预拉力对孔壁产生的法向正压力为：

$$F= N\sin\left(\frac{1}{2}\mathrm{d}\theta\right)+(N-\mathrm{d}N')\sin\left(\frac{1}{2}\mathrm{d}\theta\right)$$
$$= 2N\sin\left(\frac{1}{2}\mathrm{d}\theta\right)-\mathrm{d}N'\sin\left(\frac{1}{2}\mathrm{d}\theta\right)$$

令 $\sin\left(\frac{1}{2}\mathrm{d}\theta\right)\approx\frac{1}{2}\mathrm{d}\theta$，忽略高阶小量 $\mathrm{d}N'\sin\frac{1}{2}\mathrm{d}\theta$，则得：

$$F\approx 2N\frac{1}{2}\mathrm{d}\theta = N\mathrm{d}\theta$$

设预应力筋与孔道间的摩擦系数为 μ，则 $\mathrm{d}x$ 段所产生的摩擦阻力 $\mathrm{d}N_1$ 为：

$$\mathrm{d}N_1 =-\mu N\mathrm{d}\theta$$

2）预留孔道因施工中产生局部偏差、孔壁粗糙、预应力筋偏离设计位置等原因，张拉预应力筋时，预应力筋和孔道壁之间将产生法向正压力而引起的摩擦阻力，见图 9-10（c）。

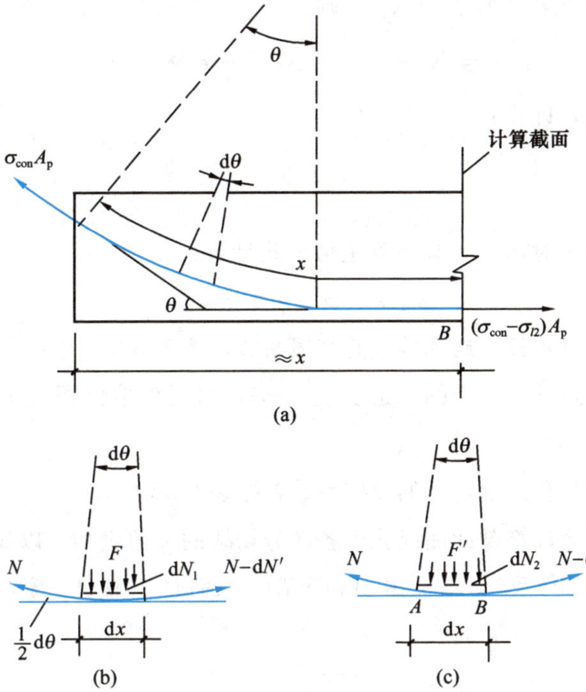

图 9-10　预留孔道中张拉钢筋与孔道壁的摩擦力

令孔道位置与设计位置不符的程度以偏离系数平均值 κ' 表示，κ' 为单位长度上的偏离值（以弧度计）。设 B 端偏离 A 端的角度为 $\kappa'\mathrm{d}x$，$\mathrm{d}x$ 段中预应力筋对孔壁所产生的法向正压力为：

$$F' = N\sin\left(\frac{1}{2}\kappa'\mathrm{d}x\right) + (N-\mathrm{d}N')\sin\left(\frac{1}{2}\kappa'\mathrm{d}x\right) \approx N\kappa'\mathrm{d}x$$

同理，$\mathrm{d}x$ 段所产生的摩擦阻力 $\mathrm{d}N_2$ 为：

$$\mathrm{d}N_2 = -\mu N\kappa'\mathrm{d}x$$

将以上两个摩擦阻力 $\mathrm{d}N_1$ 及 $\mathrm{d}N_2$ 相加，并从张拉端到计算截面点 B 积分，得：

$$\mathrm{d}N = \mathrm{d}N_1 + \mathrm{d}N_2 = -[\mu N\mathrm{d}\theta + \mu N\kappa'\mathrm{d}x]$$

$$\int_{N_0}^{N_B}\frac{\mathrm{d}N}{N} = -\mu\int_0^{\theta}\mathrm{d}\theta - \mu\kappa'\int_0^{x}\mathrm{d}x$$

式中 μ、κ' 都为试验值，用孔道每米长度局部偏差的摩擦系数 κ 代替 $\mu\kappa'$，则得：

$$\ln\frac{N_B}{N_0} = -(\kappa x + \mu\theta)$$

$$N_B = N_0\mathrm{e}^{-(\kappa x+\mu\theta)}$$

式中　N_0——张拉端的张拉力；

N_B——B 点的张拉力。

设张拉端到 B 点的张拉力损失为 N_{l2}，则：

$$N_{l2}=N_0-N_B=N_0[1-e^{-(\kappa x+\mu\theta)}]$$

除以预应力筋截面面积，即得：

$$\sigma_{l2}=\sigma_{con}[1-e^{-(\kappa x+\mu\theta)}]=\sigma_{con}\left(1-\frac{1}{e^{\kappa x+\mu\theta}}\right) \tag{9-2}$$

当 $(\kappa x+\mu\theta)\leqslant 0.3$ 时，σ_{l2} 可按下列近似公式计算：

$$\sigma_{l2}=(\kappa x+\mu\theta)\sigma_{con}$$

式中 κ ——考虑孔道每米长度局部偏差的摩擦系数，按表 9-3 取用；

x ——从张拉端至计算截面的孔道长度（m），可近似取该段孔道在纵轴上的投影长度（图 9-10）；

μ ——预应力筋与孔道壁之间的摩擦系数，按表 9-3 取用；

θ ——从张拉端至计算截面曲线孔道各部分切线的夹角之和（以弧度计）。

注：当采用夹片式群锚体系时，在 σ_{con} 中宜扣除锚口摩擦损失。锚口摩擦损失按实测值或厂家提供数据确定。

摩擦系数　　表 9-3

孔道成型方式	κ	μ	
		钢绞线、钢丝束	预应力螺纹钢筋
预埋金属波纹管	0.0015	0.25	0.5
预埋塑料波纹管	0.0015	0.15	—
预埋钢管	0.0010	0.30	—
抽芯成型	0.0014	0.55	0.60
无粘结预应力筋	0.0040	0.09	—

注：摩擦系数也可根据实测数据确定。

在式（9-2）中，对按抛物线、圆弧曲线变化的空间曲线及可分段后叠加的广义空间曲线，夹角之和 θ 可按下列近似公式计算：

抛物线、圆弧曲线：

$$\theta=\sqrt{\alpha_v^2+\alpha_h^2} \tag{9-3}$$

广义空间曲线：

$$\theta=\sum\sqrt{\Delta\alpha_v^2+\Delta\alpha_h^2} \tag{9-4}$$

式中 α_v、α_h——按抛物线、圆弧曲线变化的空间曲线预应力筋在竖直向、水平向投影所形成抛物线、圆弧曲线的弯转角；

$\Delta\alpha_v$、$\Delta\alpha_h$——广义空间曲线预应力筋在竖直向、水平向投影所形成分段曲线的弯转角增量。

减少 σ_{l2} 的措施有：

1）对于较长的构件可在两端进行张拉，则计算中孔道长度可按构件的一半长度计算。比较图 9-11（a）及图 9-11（b），两端张拉可减少摩擦损失是显而易见的。但这个措施将引起σ_{l1}的增加，应用时需加以注意。

2）采用超张拉，如图9-11（c）所示，若张拉程序为：$1.1\sigma_{con} \xrightarrow{停2min} 0.85\sigma_{con} \xrightarrow{停2min} \sigma_{con}$。当张拉端$A$超张拉10%时，预应力筋中的预拉应力将沿$EHD$分布。当张拉端的张拉力降低至$0.85\sigma_{con}$时，由于孔道与预应力筋之间产生反向摩擦，预拉应力将沿$FGHD$分布。当张拉端A再次张拉至σ_{con}时，则预应力筋中的应力将沿$CGHD$分布，显然比图9-11（a）所建立的预拉应力要均匀些，预应力损失要小一些。

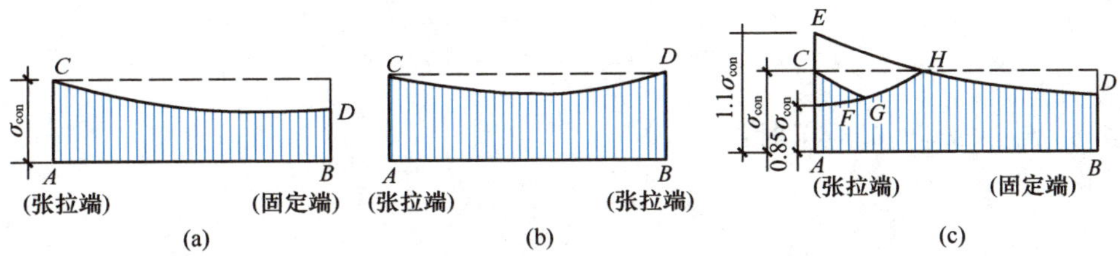

图9-11 一端张拉、两端张拉及超张拉对减少摩擦损失的影响

3. 混凝土加热养护时预应力筋与承受拉力的设备之间温差引起的预应力损失值σ_{l3}

为了缩短先张法构件的生产周期，浇灌混凝土后常采用蒸汽养护的办法加速混凝土的硬结。升温时，预应力筋受热自由膨胀，产生了预应力损失。

设混凝土加热养护时，预应力筋与承受拉力的设备（台座）之间的温差为Δt（℃），预应力筋的线膨胀系数$\alpha=0.00001/℃$，则σ_{l3}可按下式计算：

$$\begin{aligned}\sigma_{l3} &= \varepsilon_s E_s = \frac{\Delta l}{l}E_s = \frac{\alpha l\Delta t}{l}E_s = \alpha E_s\Delta t \\ &= 0.00001\times 2.0\times 10^5\times\Delta t = 2\Delta t(\text{N/mm}^2)\end{aligned} \tag{9-5}$$

减少σ_{l3}的措施有：

1）采用两次升温养护。先在常温下养护，待混凝土达到一定强度等级，例如达C7.5～C10时，再逐渐升温至规定的养护温度，这时可认为预应力筋与混凝土已结成整体，能够一起胀缩而不引起应力损失。

2）在钢模上张拉预应力筋。由于预应力筋是锚固在钢模上的，升温时两者温度相同，可以不考虑此项损失。

4. 预应力筋应力松弛引起的预应力损失值σ_{l4}

预应力筋在高应力长期作用下其塑性变形具有随时间而增长的性质，在预应力筋长度保持不变的条件下预应力筋的应力会随时间的增长而逐渐降低，这种现象称为预应力筋的应力松弛。在预应力筋应力保持不变的条件下，其应变会随时间的增长而逐渐增大，这种现象称为预应力筋的徐变。预应力筋的松弛和徐变均将引起预应力筋中的应力损失，这种损失统称为预应力筋应力松弛损失σ_{l4}。

《混凝土结构设计标准》根据试验结果给出：

1）消除应力钢丝、钢绞线

（1）普通松弛：

$$\sigma_{l4}=0.4\left(\frac{\sigma_{con}}{f_{ptk}}-0.5\right)\sigma_{con} \tag{9-6}$$

（2）低松弛：

当 $\sigma_{con}\leqslant 0.7f_{ptk}$ 时：

$$\sigma_{l4}=0.125\left(\frac{\sigma_{con}}{f_{ptk}}-0.5\right)\sigma_{con} \tag{9-7}$$

当 $0.7f_{ptk}<\sigma_{con}\leqslant 0.8f_{ptk}$ 时：

$$\sigma_{l4}=0.2\left(\frac{\sigma_{con}}{f_{ptk}}-0.575\right)\sigma_{con} \tag{9-8}$$

2）中强度预应力钢丝

$$\sigma_{l4}=0.08\sigma_{con} \tag{9-9}$$

3）预应力螺纹钢筋

$$\sigma_{l4}=0.03\sigma_{con} \tag{9-10}$$

当 $\sigma_{con}/f_{ptk}\leqslant 0.5$ 时，$\sigma_{l4}=0$。

试验表明，预应力筋应力松弛与下列因素有关：

1）应力松弛与时间有关，开始阶段发展较快，第一小时松弛损失可达全部松弛损失的50%左右，24h后可达80%左右，以后发展缓慢。

2）应力松弛损失与钢材的初始应力和极限强度有关，当初始应力小于 $0.7f_{ptk}$ 时，松弛与初始应力呈线性关系，初始应力高于 $0.7f_{ptk}$ 时，松弛显著增大。

3）张拉控制应力值高，应力松弛大；反之，则小。

减少 σ_{l4} 的措施有：

进行超张拉，先控制张拉应力达 $1.05\sigma_{con}\sim1.1\sigma_{con}$，持荷 2～5min，然后卸荷再施加张拉应力至 σ_{con}，这样可以减少松弛引起的预应力损失。因为在高应力短时间所产生的松弛损失可达到在低应力下需经过较长时间才能完成的松弛数值，所以，经过超张拉部分松弛损失业已完成。

5. 混凝土收缩、徐变引起受拉区和受压区纵向预应力筋的损失值 σ_{l5}、σ'_{l5}

混凝土在一般温度条件下结硬时体积会发生收缩，而在预应力作用下，沿压力方向混凝土发生徐变。两者均使构件的长度缩短，预应力筋也随之内缩，造成预应力损失。收缩与徐变虽是两种性质完全不同的现象，但它们的影响因素、变化规律较为相似，故《混凝土结构设计标准》将这两项预应力损失合在一起考虑。

混凝土收缩、徐变引起受拉区纵向预应力筋的预应力损失 σ_{l5} 和受压区纵向预应力筋的预应力损失值 σ'_{l5}。可按下列公式计算：

1）一般情况

先张法构件：

$$\sigma_{l5}=\frac{60+340\dfrac{\sigma_{pc}}{f'_{cu}}}{1+15\rho} \tag{9-11}$$

$$\sigma'_{l5}=\frac{60+340\dfrac{\sigma'_{pc}}{f'_{cu}}}{1+15\rho'} \tag{9-12}$$

后张法构件：

$$\sigma_{l5}=\frac{55+300\dfrac{\sigma_{pc}}{f'_{cu}}}{1+15\rho} \tag{9-13}$$

$$\sigma'_{l5}=\frac{55+300\dfrac{\sigma'_{pc}}{f'_{cu}}}{1+15\rho'} \tag{9-14}$$

式中　σ_{pc}、σ'_{pc}——受拉区、受压区预应力筋在各自合力点处混凝土法向压应力，此时，预应力损失值仅考虑混凝土预压前（第一批）的损失，其普通钢筋中的应力 σ_{l5}、σ'_{l5} 值应取等于零；σ_{pc}、σ'_{pc} 值不得大于 $0.5f'_{cu}$；当 σ'_{pc} 为拉应力时，则式（9-12）、式（9-14）中的 σ'_{pc} 应取等于零；计算混凝土法向应力 σ_{pc}、σ'_{pc} 时可根据构件制作情况考虑自重的影响；

f'_{cu}——施加预应力时的混凝土立方体抗压强度；

ρ、ρ'——受拉区、受压区预应力钢筋和普通钢筋的配筋率。

对先张法构件：

$$\rho=\frac{A_p+A_s}{A_0}\quad \rho'=\frac{A'_p+A'_s}{A_0} \tag{9-15}$$

对后张法构件：

$$\rho=\frac{A_p+A_s}{A_n}\quad \rho'=\frac{A'_p+A'_s}{A_n} \tag{9-16}$$

式中，A_0 为混凝土换算截面面积；A_n 为混凝土净截面面积。

对于对称配置预应力筋和普通钢筋的构件，配筋率 ρ、ρ' 应分别按钢筋总截面面积的一半计算（图 9-12）。

由式（9-11）～式（9-14）可以看出：

（1）σ_{l5} 与相对初始应力 $\dfrac{\sigma_{pc}}{f'_{cu}}$ 为线性关系，公式所给出的是线性徐变条件下的应力损失，因此要求符合 $\sigma_{pc}<0.5f'_{cu}$ 的条件。否则，将导致预应力损失值显著增大。由此可见，过大

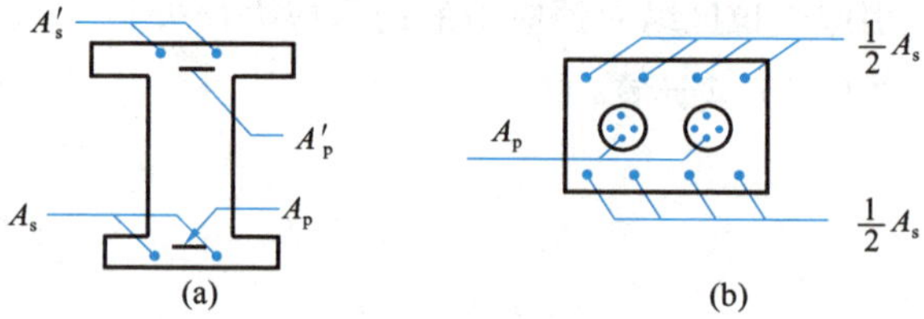

先张法：$\rho = \frac{A_p + A_s}{A_0}, \rho' = \frac{A'_p + A'_s}{A_0}$　　先张法：$\rho = \rho' = \frac{A_p + A_s}{2A_0}$

后张法：$\rho = \frac{A_p + A_s}{A_n}, \rho' = \frac{A'_p + A'_s}{A_n}$　　后张法：$\rho = \rho' = \frac{A_p + A_s}{2A_n}$

图 9-12　计算 σ_{l5} 时配筋率 ρ、ρ' 的确定

(a) 受弯构件；(b) 轴心受拉构件

的预加应力以及放张时过低的混凝土抗压强度均是不妥的。

(2) 后张法构件 σ_{l5} 的取值比先张法构件低，因为后张法构件在施加预应力时，混凝土的收缩已完成了一部分。

当结构处于年平均相对湿度低于 40%的环境下，σ_{l5} 和 σ'_{l5} 应增加 30%。

减少 σ_{l5} 的措施有：

①采用高强度等级水泥，减少水泥用量，降低水灰比，采用干硬性混凝土；

②采用级配较好的骨料，加强振捣，提高混凝土的密实性；

③加强养护，以减少混凝土的收缩。

2) 对重要的结构构件

当需要考虑与时间相关的混凝土收缩、徐变及预应力筋应力松弛预应力损失值时，可按《混凝土结构设计标准》附录 K 进行计算。

6. 用螺旋式预应力筋作配筋的环形构件，由于混凝土的局部挤压引起的预应力损失 σ_{l6}

采用螺旋式预应力筋作配筋的环形构件，由于预应力筋对混凝土的局部挤压，使环形构件的直径有所减小，预应力筋中的拉应力就会降低，从而引起预应力钢筋的应力损失 σ_{l6}。

σ_{l6} 的大小与环形构件的直径 d 成反比，直径越小，损失越大，故《混凝土结构设计标准》规定：

当 $d \leqslant 3$m 时：　$\sigma_{l6} = 30\text{N/mm}^2$　(9-17)

当 $d > 3$m 时：　$\sigma_{l6} = 0$　(9-18)

9.1.8　预应力损失值的组合

上述的六项预应力损失，它们有的只发生在先张法构件中，有的只发生在后张法构件中，有的两种构件均有，而且是分批产生的。为了便于分析和计算，《混凝土结构设计标准》

规定，预应力构件在各阶段的预应力损失值宜按表 9-4 的规定进行组合。

各阶段预应力损失值的组合　　表 9-4

预应力损失值的组合	先张法构件	后张法构件
混凝土预压前（第一批）的损失 $\sigma_{l\mathrm{I}}$	$\sigma_{l1}+\sigma_{l2}+\sigma_{l3}+\sigma_{l4}$	$\sigma_{l1}+\sigma_{l2}$
混凝土预压后（第二批）的损失 $\sigma_{l\mathrm{II}}$	σ_{l5}	$\sigma_{l4}+\sigma_{l5}+\sigma_{l6}$

注：先张法构件由于预应力筋应力松弛引起的损失值 σ_{l4} 在第一批和第二批损失中所占的比例，如需区分，可根据实际情况确定。

考虑到各项预应力损失值的离散性，实际损失值有可能比按《混凝土结构设计标准》的计算值高，所以当计算求得的预应力总损失值 σ_l 小于下列数值时，应按下列数值取用。

先张法构件：100N/mm^2；

后张法构件：80N/mm^2。

当后张法构件的预应力筋采用分批张拉时，应考虑后批张拉预应力筋所产生的混凝土弹性压缩（或伸长）对于先批张拉预应力筋的影响，可将先批张拉预应力筋的张拉控制应力值 σ_{con}增加（或减小）$\alpha_E\sigma_{pci}$。此处，σ_{pci}为后批张拉预应力筋在先批张拉预应力筋重心处产生的混凝土法向应力。

9.1.9　先张法构件预应力筋的传递长度

先张法预应力混凝土构件的预压应力是靠构件两端一定距离内预应力筋和混凝土之间的粘结力来传递的。其传递并不能在构件的端部集中一点完成，而必须通过一定的传递长度进行。

图 9-13（a）示出了构件端部长度为 x 的预应力筋脱离体在放张钢筋时，预应力筋发生内缩或滑移的情况。此时，端部 a 处是自由端，预应力筋的预拉应力为零，而在构件端面以内，预应力筋的内缩受到周围混凝土的阻止，使得预应力筋受拉，即预拉应力 σ_p，周围混

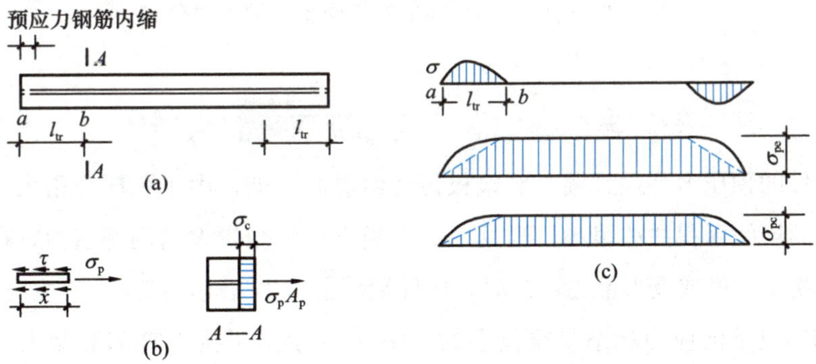

图 9-13　预应力的传递

（a）放松预应力筋时预应力钢筋的回缩；（b）预应力筋表面的粘结应力 τ 及截面 A-A 的应力分布；（c）粘结应力、预应力筋拉应力及混凝土预压应力沿构件长度之分布

凝土受压，即预压应力 σ_c。随着离端部距离 x 的增大，由于粘结力的积累，预应力筋的预拉应力 σ_p 及周围混凝土中的预压应力 σ_c 将增大，当 x 达到一定长度 l_{tr}（图 9-13a 中 a 截面与 b 截面之间的距离）时，在 l_{tr} 长度内的粘结力与预拉力 $\sigma_p A_p$ 平衡，l_{tr} 长度以外，即自 b 截面起，预应力筋才建立起稳定的预拉应力 σ_{pe}，周围混凝土也建立起有效的预压应力 σ_{pc}，见图 9-13（c）。长度 l_{tr} 称为先张法构件预应力筋的传递长度，ab 段称为先张法构件的自锚区。由于在自锚区的预应力值较小，所以对先张法预应力混凝土构件端部进行斜截面受剪承载力计算以及正截面、斜截面抗裂验算时，应考虑预应力筋在其传递长度 l_{tr} 范围内实际应力值的变化。在计算时，把预应力筋的实际预应力都简化为按线性规律增大。如图 9-13（c）虚线所示，即在构件端部为零，在其预应力传递长度的末端取有效预应力值 σ_{pe}。预应力筋的预应力传递长度 l_{tr} 可按下式计算：

$$l_{tr} = \alpha \frac{\sigma_{pe}}{f'_{tk}} \tag{9-19}$$

式中 σ_{pe}——放张时预应力筋的有效预应力值；

α——预应力筋的外形系数；

f'_{tk}——与放张时混凝土立方体抗压强度 f'_{cu} 相应的轴心抗拉强度标准值，可按附录 2 附表 2-2 以线性内插法确定。

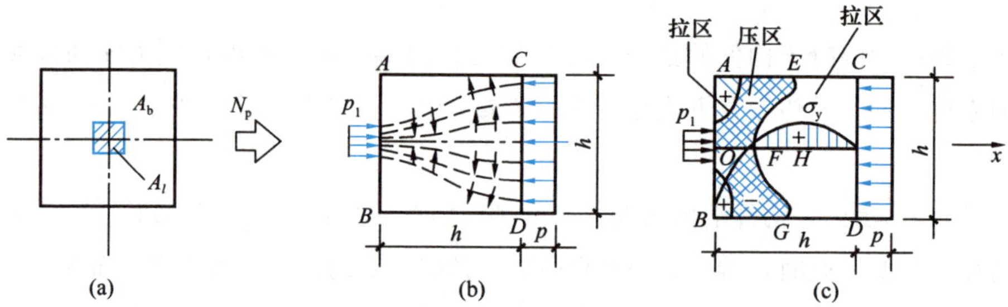

图 9-14 构件端部混凝土局部受压时的内力分布

9.1.10 后张法构件端部锚固区的局部受压承载力计算

后张法构件的预压力是通过锚具经垫板传递给混凝土的。由于预压力很大，而锚具下的垫板与混凝土的接触面积往往很小，锚具下的混凝土将承受较大的局部压力，在局部压力的作用下，当混凝土强度或变形能力不足时，构件端部会产生裂缝，甚至会发生局部受压破坏。

构件端部锚具下的应力状态是很复杂的，图 9-14 示出了构件端部混凝土局部受压时的内力分布。由弹性力学中的圣维南原理知，锚具下的局部压应力要经过一段距离才能扩散到整个截面上。因此，要把图 9-14（a）、（b）中示出的作用在截面 AB 的面积 A_l 上的总预压力 N_p，逐渐扩散到一个较大截面上，使得在这个截面是全截面均匀受压的，就需要有一定的距离。从端部局部受压过渡到全截面均匀受压的这个区段，称为预应力混凝土构件的锚固区，即图 9-14（c）中的区段 $ABDC$。试验研究表明，上述锚固区的长度约等于构件的截面高度 h。

由平面应力问题分析得知，在锚固区中任何一点将产生 σ_x、σ_y 和 τ 三种应力。σ_x 为沿 x 方向（即纵向）的正应力，在块体 $ABDC$ 中的绝大部分 σ_x 都是压应力，在纵轴 Ox 上其值较大，其中又以 O 点为最大，即等于 p_1。σ_y 为沿 y 方向（即横向）的正应力，在块体的 $AOBGFE$ 部分，σ_y 是压应力；在 $EFGDC$ 部分，σ_y 是拉应力，最大横向拉应力发生在 H 点，见图 9-14（c）。当预压力 N_p 逐渐增大，以致 H 点的拉应变超过混凝土的极限拉应变值时，混凝土出现纵向裂缝，如承载力不足，则会导致局部受压破坏。为此，《混凝土结构设计标准》规定，设计时既要保证在张拉预应力筋时锚具下锚固区的混凝土不开裂和不产生过大的变形，又要求计算配置在锚具区内所需的间接钢筋以满足局部受压承载力的要求。

1. 构件局部受压区截面尺寸

试验表明，当局压区配筋过多时，局压板底面下的混凝土会产生过大的下沉变形，为限制下沉变形不致过大，对配置间接钢筋的混凝土结构构件，其局部受压区的截面尺寸应符合下列要求：

$$F_l \leqslant 1.35\beta_c\beta_l f_c A_{ln} \tag{9-20}$$

$$\beta_l = \sqrt{\frac{A_b}{A_l}} \tag{9-21}$$

式中 F_l——局部受压面上作用的局部荷载或局部压力设计值；对有粘结预应力混凝土构件中的锚头局压区，应取 $F_l = 1.2\sigma_{con}A_p$；

f_c——混凝土轴心抗压强度设计值，在后张法预应力混凝土构件的张拉阶段验算中，可根据相应阶段的混凝土立方体抗压强度 f'_{cu} 值，按附录 2 附表 2-3 线性内插法取用；

β_c——混凝土强度影响系数：当混凝土强度等级不超过 C50 时，取 $\beta_c = 1.0$；当混凝土强度等级等于 C80 时，取 $\beta_c = 0.8$，其间按线性内插法取用；

β_l——混凝土局部受压时的强度提高系数；

A_{ln}——混凝土局部受压净面积：对后张法构件，应在混凝土局部受压面积中扣除孔道、凹槽部分的面积；

A_b——局部受压的计算底面积，可根据局部受压面积与计算底面积按同心、对称的原则确定，对常用情况可按图 9-15 取用；

A_l——混凝土的局部受压面积；当有垫板时可考虑预压力沿垫板的刚性扩散角 45°扩散后传至混凝土的受压面积，见图 9-16。

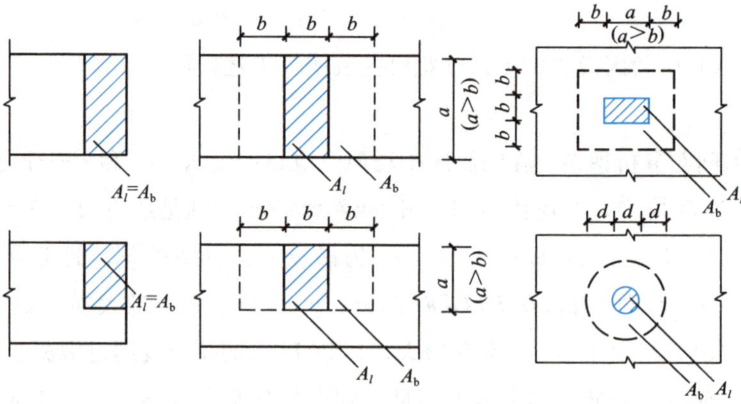

图 9-15　局部受压的计算底面积 A_b

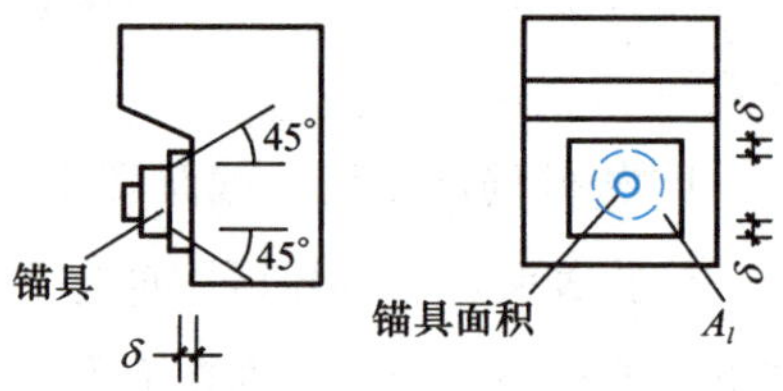

图 9-16　有垫板时预应力传至混凝土的受压面积

当不满足式（9-20）时，应加大端部锚固区的截面尺寸、调整锚具位置或提高混凝土强度等级。

2. 局部受压承载力计算

在锚固区段配置间接钢筋（焊接钢筋网或螺旋式钢筋）可以有效地提高锚固区段的局部受压强度，防止局部受压破坏。当配置方格网式或螺旋式间接钢筋，且其核心面积 $A_{cor} \geqslant A_l$ 时，见图 9-17，局部受压承载力应按下列公式计算：

$$F_l \leqslant 0.9(\beta_c \beta_l f_c + 2\alpha\rho_v \beta_{cor} f_{yv})A_{ln} \tag{9-22}$$

$$\beta_{cor} = \sqrt{\frac{A_{cor}}{A_l}} \tag{9-23}$$

式中　F_l、β_c、β_l、f_c、A_{ln}同式（9-18）；

β_{cor}——配置间接钢筋的局部受压承载力提高系数；当 A_{cor}大于 A_b 时，取 $A_{cor}=A_b$；当 A_{cor}不大于混凝土局部受压面积 A_l 的 1.25 倍时，$\beta_{cor}=1.0$；

α——间接钢筋对混凝土约束的折减系数，当混凝土强度等级不超过 C50 时，取 $\alpha=1.0$；当混凝土强度等级为 C80 时，取 $\alpha=0.85$；当混凝土强度等级为 C50 与 C80 之间时，按线性内插法确定；

A_{cor}——配置方格网或螺旋式间接钢筋内表面范围内的混凝土核心截面面积（不扣除孔道面积），应大于混凝土局部受压面积 A_l，其重心应与 A_l 的重心重合，计算中按同心对称的原则取值；

f_{yv}——间接钢筋的抗拉强度设计值，见附录 2 附表 2-11；

ρ_v——间接钢筋的体积配筋率（核心面积 A_{cor}范围内的单位混凝土体积所含间接钢筋的体积），且要求 $\rho_v \geqslant 0.5\%$。

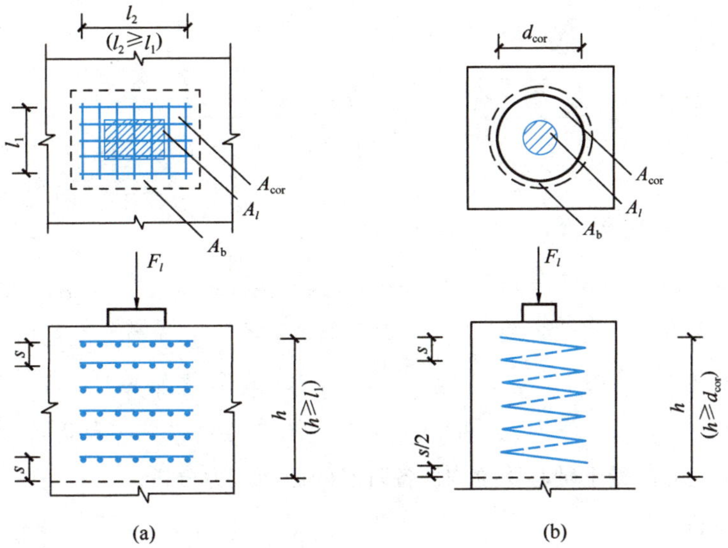

图 9-17　局部受压区的间接钢筋

（a）方格网式配筋；（b）螺旋式配筋

当为方格网式配筋时（图 9-17a）：

$$\rho_v = \frac{n_1 A_{s1} l_1 + n_2 A_{s2} l_2}{A_{cor} s} \tag{9-24}$$

此时，钢筋网两个方向上单位长度内钢筋截面面积的比值不宜大于 1.5 倍。

当为螺旋式配筋时（图 9-17b）：

$$\rho_v = \frac{4A_{ss1}}{d_{cor} s} \tag{9-25}$$

式中　n_1、A_{s1}——方格网沿 l_1 方向的钢筋根数、单根钢筋的截面面积；

n_2、A_{s2}——方格网沿 l_2 方向的钢筋根数、单根钢筋的截面面积；

A_{ss1}——单根螺旋式间接钢筋的截面面积；

d_{cor}——螺旋式间接钢筋内表面范围内的混凝土截面直径；

s——方格网式或螺旋式间接钢筋的间距，宜取 30～80mm。

按式（9-22）计算的间接钢筋应配置在图 9-17 所规定的高度 h 范围内，对方格网式钢筋，不应少于 4 片，对螺旋式钢筋，不应少于 4 圈。

如验算不能满足式（9-22）时，对于方格钢筋网，应增加钢筋根数，加大钢筋直径，减小钢筋网的间距；对于螺旋钢筋，应加大直径，减小螺距。

9.2 预应力混凝土轴心受拉构件的设计计算

9.2.1 轴心受拉构件各阶段的应力分析

预应力混凝土轴心受拉构件从张拉预应力筋开始直到构件破坏，截面中混凝土和预应力筋应力的变化可以分为两个阶段：施工阶段和使用阶段。每个阶段又包括若干个特征受力过程，因此，在设计预应力混凝土构件时，除应进行荷载作用下的承载力、抗裂度或裂缝宽度计算外，还要对各个特征受力过程的承载力和抗裂度进行验算。表 9-5、表 9-6 分别为先张法和后张法预应力混凝土轴心受拉构件各阶段的截面应力分析。

1. 先张法构件

1）施工阶段

（1）张拉预应力筋，见表 9-5 中的 b 项。在台座上张拉截面面积为 A_p 的预应力筋至张拉控制应力 σ_{con}，这时预应力筋的总拉力为 $\sigma_{con}A_p$。普通钢筋不承担任何应力。

（2）在混凝土受到预压应力之前，完成第一批损失，见表 9-5 中的 c 项。张拉预应力筋完毕，将预应力筋锚固在台座上，浇灌混凝土，蒸汽养护构件。因锚具变形、温差和部分预应力筋松弛而产生第一批预应力损失值 $\sigma_{l\,\mathrm{I}}$。预应力筋的拉应力由 σ_{con} 降低到 $\sigma_{pe}=\sigma_{con}-\sigma_{l\,\mathrm{I}}$。此时，由于预应力筋尚未放松，故混凝土应力 $\sigma_{pc}=0$，普通钢筋应力 $\sigma_s=0$。

（3）放松预应力筋，见表 9-5 中的 d 项。当混凝土达到 75%以上的强度设计值后，放松预应力筋，预应力筋回缩，依靠预应力筋与混凝土之间的粘结力使混凝土受压缩，预应力筋亦将随之缩短，拉应力减小。设放松预应力筋时混凝土所获得的预压应力为 $\sigma_{pc\mathrm{I}}$，由于预应力筋与混凝土两者的变形协调，则预应力筋的拉应力相应减小了 $\alpha_E\sigma_{pc\mathrm{I}}$。即：

$$\sigma_{pe\,\mathrm{I}}=\sigma_{con}-\sigma_{l\,\mathrm{I}}-\alpha_E\sigma_{pc\mathrm{I}} \tag{9-26}$$

同时，普通钢筋也得到预压应力 $\sigma_{s\,\mathrm{I}}$

$$\sigma_{s\,\mathrm{I}}=\alpha_E\sigma_{pc\,\mathrm{I}}$$

式中 α_E——预应力筋或普通钢筋的弹性模量与混凝土弹性模量之比，$\alpha_E=\dfrac{E_s}{E_c}$。

由力的平衡条件求得：

$$\sigma_{pe\,\mathrm{I}}A_p=\sigma_{pc\,\mathrm{I}}A_c+\sigma_{s\,\mathrm{I}}A_s$$

将 $\sigma_{pe\,\mathrm{I}}$ 和 $\sigma_{s\,\mathrm{I}}$ 的表达式代入上式，可得：

$$\sigma_{pc\,\mathrm{I}}=\frac{(\sigma_{con}-\sigma_{l\,\mathrm{I}})A_p}{A_c+\alpha_E A_s+\alpha_E A_p}=\frac{N_{p\,\mathrm{I}}}{A_n+\alpha_E A_p}=\frac{N_{p\,\mathrm{I}}}{A_0} \tag{9-27}$$

先张法预应力混凝土轴心受拉构件各阶段的应力分析　　　**表 9-5**

受力阶段		简图	预应力筋应力 σ_p	混凝土应力 σ_{pc}	普通钢筋应力 σ_s
施工阶段	*a*. 在台座上穿钢筋		0	—	—
	b. 张拉预应力筋		σ_{con}	—	—
	c. 完成第一批损失	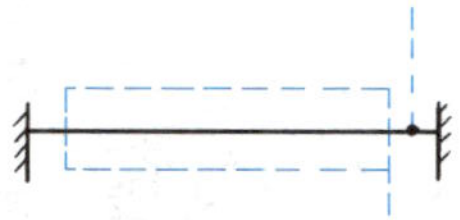	$\sigma_{con}-\sigma_{l\,\mathrm{I}}$	0	0
	d. 放松钢筋	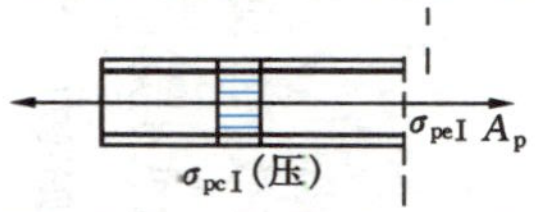	$\sigma_{pe\,\mathrm{I}}=\sigma_{con}-\sigma_{l\mathrm{I}}-\alpha_E\sigma_{pc\,\mathrm{I}}$	$\sigma_{pc\,\mathrm{I}}=\dfrac{(\sigma_{con}-\sigma_{l\,\mathrm{I}})\ A_p}{A_0}$（压）	$\sigma_{s\,\mathrm{I}}=\alpha_E\sigma_{pc\,\mathrm{I}}$（压）
	e. 完成第二批损失	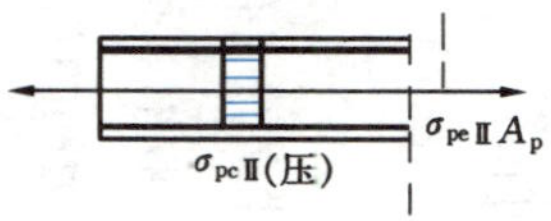	$\sigma_{pe\,\mathrm{II}}=\sigma_{con}-\sigma_l-\alpha_E\sigma_{pc\,\mathrm{II}}$	$\sigma_{pc\,\mathrm{II}}=\dfrac{(\sigma_{con}-\sigma_l)\ A_p-\sigma_{l5}A_s}{A_0}$（压）	$\sigma_{s\,\mathrm{II}}=\alpha_E\sigma_{pc\,\mathrm{II}}+\sigma_{l5}$（压）
使用阶段	*f*. 加载至 $\sigma_{pc}=0$	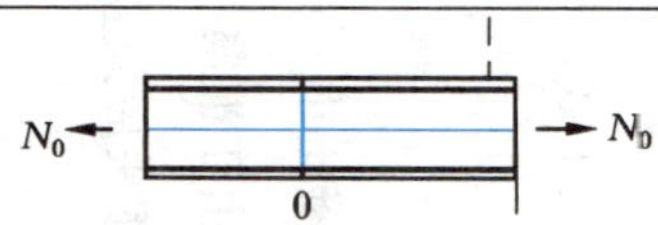	$\sigma_{p0}=\sigma_{con}-\sigma_l$	0	σ_{l5}（压）
	g. 加载至裂缝即将出现	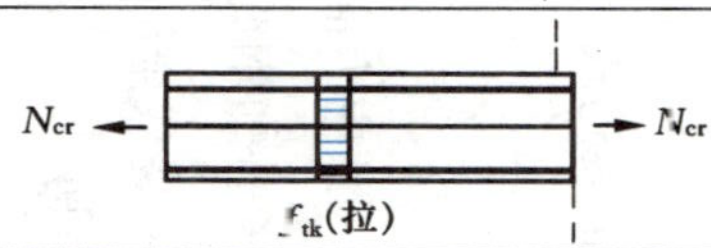	$\sigma_{pcr}=\sigma_{con}-\sigma_l+\alpha_E f_{tk}$	f_{tk}（拉）	$\alpha_E f_{tk}-\sigma_{l5}$（拉）
	h. 加载至破坏	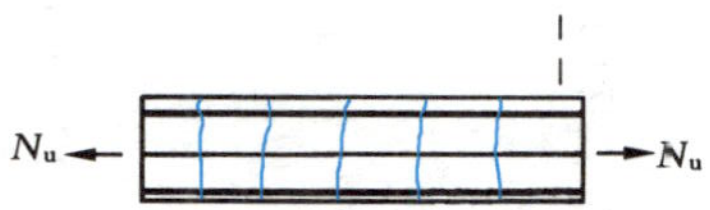	f_{py}	0	f_y（拉）

式中 A_c——扣除预应力筋和普通钢筋截面面积后的混凝土截面面积；

A_0——构件换算截面面积（混凝土截面面积 A_c 以及全部纵向预应力筋和普通钢筋截面面积换算成混凝土的截面面积），即 $A_0=A_c+\alpha_E A_s+\alpha_E A_p$，对由不同强度等级混凝土组成的截面，应根据混凝土弹性模量比值换算成同一强度等级混凝土的截面面积；

A_n——构件净截面面积（换算截面面积减去全部纵向预应力筋截面面积换算成混凝土的截面面积，即 $A_n=A_0-\alpha_E A_p$）；

$N_{p\mathrm{I}}$——完成第一批损失后预应力筋的总预拉力，$N_{p\mathrm{I}}=(\sigma_{con}-\sigma_{l\mathrm{I}})A_p$。

（4）混凝土受到预压应力，完成第二批损失之后，见表 9-5 中 e 项。随着时间的增长，因预应力筋进一步松弛，混凝土发生收缩、徐变而产生第二批预应力损失值 $\sigma_{l\mathrm{II}}$。这时，混凝土和钢筋将进一步缩短，混凝土压应力由 $\sigma_{pc\mathrm{I}}$ 降低至 $\sigma_{pc\mathrm{II}}$，预应力钢筋的拉应力也由 $\sigma_{pe\mathrm{I}}$ 降低至 $\sigma_{pe\mathrm{II}}$，普通钢筋的压应力降至 $\sigma_{s\mathrm{II}}$，于是：

$$\begin{aligned}\sigma_{pe\mathrm{II}}&=\sigma_{con}-\sigma_{l\mathrm{I}}-\alpha_E\sigma_{pc\mathrm{I}}-\sigma_{l\mathrm{II}}+\alpha_E(\sigma_{pc\mathrm{I}}-\sigma_{pc\mathrm{II}})\\&=\sigma_{con}-\sigma_l-\alpha_E\sigma_{pc\mathrm{II}}\end{aligned} \tag{9-28}$$

式中 $\alpha_E(\sigma_{pc\mathrm{I}}-\sigma_{pc\mathrm{II}})$——由于混凝土压应力减小，构件的弹性压缩有所恢复，其差额值所引起的预应力筋中拉应力的增加值。

由力的平衡条件求得：

$$\sigma_{pe\mathrm{II}}A_p=\sigma_{pc\mathrm{II}}A_c+\sigma_{s\mathrm{II}}A_s$$

此时，普通钢筋所得到的压应力 $\sigma_{s\mathrm{II}}$ 除有 $\alpha_E\sigma_{pc\mathrm{II}}$ 外，考虑到因混凝土收缩、徐变而在普通钢筋中产生的压应力 σ_{l5}，所以：

$$\sigma_{s\mathrm{II}}=\alpha_E\sigma_{pc\mathrm{II}}+\sigma_{l5} \tag{9-29}$$

将 $\sigma_{pc\mathrm{II}}$ 和 $\sigma_{s\mathrm{II}}$ 的表达式代入上式，可得：

$$\sigma_{pc\mathrm{II}}=\frac{(\sigma_{con}-\sigma_l)A_p-\sigma_{l5}A_s}{A_c+\alpha_E A_s+\alpha_E A_p}=\frac{N_{p\mathrm{II}}-\sigma_{l5}A_s}{A_0} \tag{9-30}$$

式中 $\sigma_{pc\mathrm{II}}$——预应力混凝土中所建立的“有效预压应力”；

σ_{l5}——普通钢筋由于混凝土收缩、徐变引起的应力；

$N_{p\mathrm{II}}$——完成全部损失后预应力筋的总预拉力，$N_{p\mathrm{II}}=(\sigma_{con}-\sigma_l)A_p$。

2）使用阶段

（1）加载至混凝土应力为零，见表 9-5 中 f 项。由轴向拉力 N_0 产生的混凝土拉应力恰好全部抵消混凝土的有效预压应力 $\sigma_{pc\mathrm{II}}$，使截面处于消压状态，即 $\sigma_{pc}=0$。这时，预应力筋的拉应力 σ_{p0} 是在 $\sigma_{pe\mathrm{II}}$ 的基础上增加 $\alpha_E\sigma_{pc\mathrm{II}}$，即：

$$\sigma_{p0}=\sigma_{pe\mathrm{II}}+\alpha_E\sigma_{pc\mathrm{II}}$$

将式（9-28）代入上式，可得：

$$\sigma_{p0}=\sigma_{con}-\sigma_l \tag{9-31}$$

普通钢筋的压应力 σ_s 由原来压应力 $\sigma_{s\text{II}}$ 的基础上，增加了一个拉应力 $\alpha_E\sigma_{pc\text{II}}$，因此：

$$\sigma_s=\sigma_{s\text{II}}-\alpha_E\sigma_{pc\text{II}}=\alpha_E\sigma_{pc\text{II}}+\sigma_{l5}-\alpha_E\sigma_{pc\text{II}}=\sigma_{l5}$$

由上式得知此阶段普通钢筋仍为压应力，其值等于 σ_{l5}。

轴向拉力 N_0 可由力的平衡条件求得：

$$\begin{aligned}N_0&=\sigma_{p0}A_p-\sigma_{l5}A_s=(\sigma_{con}-\sigma_l)A_p-\sigma_{l5}A_s\\&=N_{p\text{II}}-\sigma_{l5}A_s\end{aligned}$$

由式（9-30）知：

$$N_{p\text{II}}-\sigma_{l5}A_s=\sigma_{pc\text{II}}A_0$$

所以：

$$N_0=\sigma_{pc\text{II}}A_0 \tag{9-32}$$

式中 N_0——混凝土应力为零时的轴向拉力。

（2）加载至裂缝即将出现时，见表9-5中的 g 项。当轴向拉力超过 N_0 后，混凝土开始受拉，随着荷载的增加，其拉应力亦不断增长，当荷载加至 N_{cr}，即混凝土拉应力达到混凝土轴心抗拉强度标准值 f_{tk} 时，混凝土即将出现裂缝，这时预应力筋的拉应力 σ_{pcr} 是在 σ_{p0} 的基础上再增加 $\alpha_E f_{tk}$，即：

$$\sigma_{pcr}=\sigma_{p0}+\alpha_E f_{tk}=\sigma_{con}-\sigma_l+\alpha_E f_{tk}$$

普通钢筋的应力 σ_s 由压应力 σ_{l5} 转为拉应力，其值为：

$$\sigma_s=\alpha_E f_{tk}-\sigma_{l5}$$

轴向拉力 N_{cr} 可由力的平衡条件求得：

$$N_{cr}=\sigma_{pcr}A_p+\sigma_s A_s+f_{tk}A_c$$

将 σ_{pcr}、σ_s 的表达式代入上式，可得：

$$N_{cr}=(\sigma_{pc\text{II}}+f_{tk})A_0 \tag{9-33}$$

可见，由于预压应力 $\sigma_{pc\text{II}}$ 的作用（$\sigma_{pc\text{II}}$ 比 f_{tk} 大得多），使预应力混凝土轴心受拉构件的 N_{cr} 值比钢筋混凝土轴心受拉构件大很多，这就是预应力混凝土构件抗裂度高的原因所在。

（3）加载至破坏，见表9-5中的 h 项。当轴向拉力超过 N_{cr} 后，混凝土开裂，在裂缝截面上，混凝土不再承受拉力，拉力全部由预应力筋和普通钢筋承担，破坏时，预应力筋及普通钢筋的应力分别达到抗拉强度设计值 f_{py} 和 f_y。

轴向拉力 N_u 可由力的平衡条件求得：

$$N_u=f_{py}A_p+f_yA_s \tag{9-34}$$

2. 后张法构件

1）施工阶段

（1）浇灌混凝土后，养护直至预应力筋张拉前，可以认为截面中不产生任何应力，见表9-6中的 a 项。

后张法预应力混凝土轴心受拉构件各阶段的应力分析　　表 9-6

<table>
<tr><th colspan="2">受力阶段</th><th>简图</th><th>预应力筋应力 σ_p</th><th>混凝土应力 σ_{pc}</th><th>普通钢筋 σ_s</th></tr>
<tr><td rowspan="4">施工阶段</td><td>a. 穿钢筋</td><td>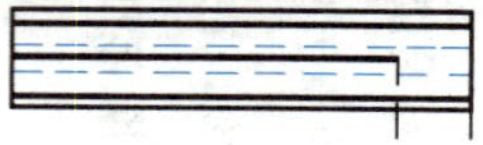</td><td>0</td><td>0</td><td>0</td></tr>
<tr><td>b. 张拉钢筋</td><td>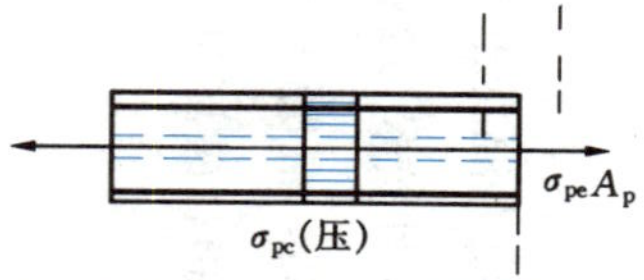</td><td>$\sigma_{con}-\sigma_{l2}$</td><td>$\sigma_{pc}=\frac{(\sigma_{con}-\sigma_{l2})A_p}{A_n}$（压）</td><td>$\sigma_s=\alpha_E\sigma_{pc}$（压）</td></tr>
<tr><td>c. 完成第一批损失</td><td>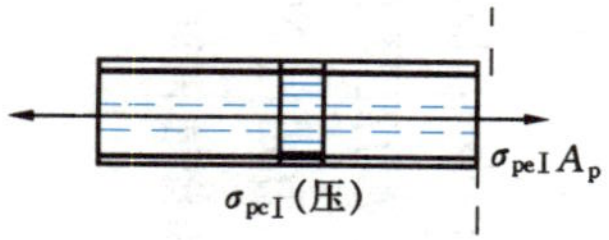</td><td>$\sigma_{pe\,I}=\sigma_{con}-\sigma_{l\,I}$</td><td>$\sigma_{pc\,I}=\frac{(\sigma_{con}-\sigma_{l\,I})A_p}{A_n}$（压）</td><td>$\sigma_{s\,I}=\alpha_E\sigma_{pc\,I}$（压）</td></tr>
<tr><td>d. 完成第二批损失</td><td>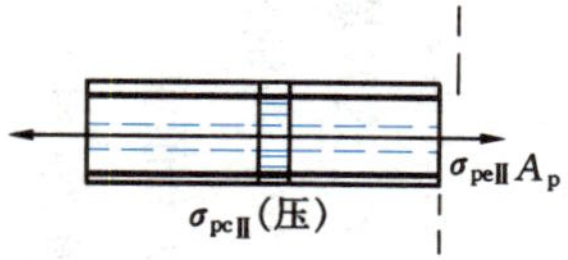</td><td>$\sigma_{pe\,II}=\sigma_{con}-\sigma_l$</td><td>$\sigma_{pc\,II}=\frac{(\sigma_{con}-\sigma_l)A_p-\sigma_{l5}A_s}{A_n}$
（压）</td><td>$\sigma_{s\,II}=\alpha_E\sigma_{pc\,II}+\sigma_{l5}$（压）</td></tr>
<tr><td rowspan="3">使用阶段</td><td>e. 加载至 $\sigma_{pc}=0$</td><td>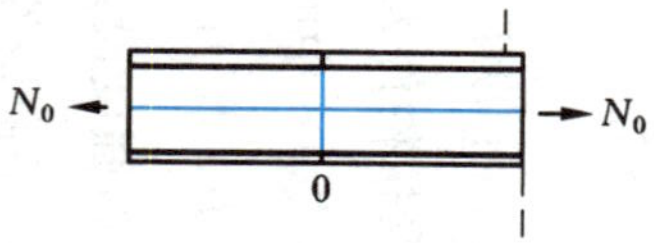</td><td>$\sigma_{po}=\sigma_{con}-\sigma_l+\alpha_E\sigma_{pc\,II}$</td><td>0</td><td>$\sigma_{l5}$（压）</td></tr>
<tr><td>f. 加载至裂缝即将出现</td><td>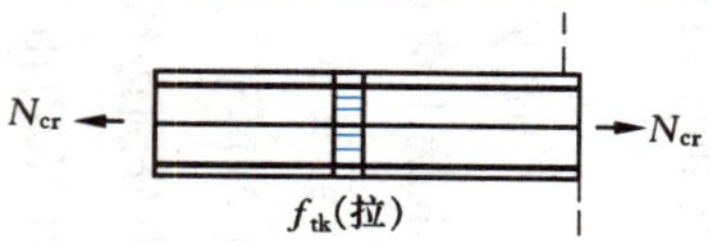</td><td>$\sigma_{pcr}=\sigma_{con}-\sigma_l+\alpha_E\sigma_{pc\,II}+\alpha_E f_{tk}$</td><td>$f_{tk}$　（拉）</td><td>$\alpha_E f_{tk}-\sigma_{l5}$　（拉）</td></tr>
<tr><td>g. 加载至破坏</td><td>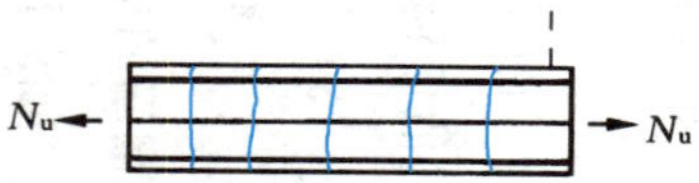</td><td>f_{py}</td><td>0</td><td>f_y（拉）</td></tr>
</table>

（2）张拉预应力筋，见表 9-6 中 b 项。张拉预应力筋的同时，千斤顶的反作用力通过传力架传给混凝土，使混凝土受到弹性压缩，并在张拉过程中产生摩擦损失 σ_{l2}，这时预应力筋中的拉应力 $\sigma_{pe}=\sigma_{con}-\sigma_{l2}$。普通钢筋中的压应力为 $\sigma_s=\alpha_E\sigma_{pc}$。

混凝土预压应力 σ_{pc} 可由力的平衡条件求得：

$$\sigma_{pe}A_p=\sigma_{pc}A_c+\sigma_s A_s$$

将 σ_{pe}、σ_s 的表达式代入上式，可得：

$$(\sigma_{con}-\sigma_{l2})A_p=\sigma_{pc}A_c+\alpha_E\alpha_{pc}A_s$$

$$\sigma_{pc}=\frac{(\sigma_{con}-\sigma_{l2})A_p}{A_c+\alpha_E A_s}=\frac{(\sigma_{con}-\sigma_{l2})A_p}{A_n} \tag{9-35}$$

式中　A_c——扣除普通钢筋截面面积以及预留孔道后的混凝土截面面积。

（3）混凝土受到预压应力之前，完成第一批损失，见表 9-6 中的 c 项。张拉预应力钢筋后，锚具变形和钢筋回缩引起的应力损失为 σ_{l1}，此时预应力筋的拉应力由 $\sigma_{con}-\sigma_{l2}$ 降低至 $\sigma_{con}-\sigma_{l2}-\sigma_{l1}$，故：

$$\sigma_{pe\,\mathrm{I}}=\sigma_{con}-\sigma_{l2}-\sigma_{l1}=\sigma_{con}-\sigma_{l\,\mathrm{I}} \tag{9-36}$$

普通钢筋中的压应力为 $\sigma_{s\,\mathrm{I}}=\alpha_E\sigma_{pc\,\mathrm{I}}$。

混凝土压应力 $\sigma_{pc\,\mathrm{I}}$ 由力的平衡条件求得：

$$\sigma_{pe\,\mathrm{I}}A_p=\sigma_{pc\,\mathrm{I}}A_c+\sigma_{s\,\mathrm{I}}A_s$$

将 $\sigma_{pe\,\mathrm{I}}$、$\sigma_{s\,\mathrm{I}}$ 的表达式代入上式，可得：

$$(\sigma_{con}-\sigma_{l\,\mathrm{I}})A_p=\sigma_{pc\,\mathrm{I}}A_c+\alpha_E\sigma_{pc\,\mathrm{I}}A_s$$

$$\sigma_{pc\,\mathrm{I}}=\frac{(\sigma_{con}-\sigma_{l\,\mathrm{I}})A_p}{A_c+\alpha_E A_s}=\frac{N_{p\,\mathrm{I}}}{A_n} \tag{9-37}$$

（4）混凝土受到预压应力之后，完成第二批损失，见表 9-6 中的 d 项。由于预应力筋松弛、混凝土收缩和徐变（对于环形构件还有挤压变形）引起的应力损失 σ_{l4}、σ_{l5}（以及 σ_{l6}），使预应力筋的拉应力由 $\sigma_{pe\,\mathrm{I}}$ 降低至 $\sigma_{pe\,\mathrm{II}}$，即 $\sigma_{pe\,\mathrm{II}}=\sigma_{con}-\sigma_{l\,\mathrm{I}}-\sigma_{l\,\mathrm{II}}=\sigma_{con}-\sigma_l$。

普通钢筋中的压应力为 $\sigma_{s\,\mathrm{II}}=\alpha_E\sigma_{pc\,\mathrm{II}}+\sigma_{l5}$。

混凝土压应力 $\sigma_{pc\,\mathrm{II}}$ 由力的平衡条件求得：

$$\sigma_{pe\,\mathrm{II}}A_p=\sigma_{pc\,\mathrm{II}}A_c+\sigma_{s\,\mathrm{II}}A_s$$

将 $\sigma_{pc\,\mathrm{II}}$、$\sigma_{s\,\mathrm{II}}$ 的表达式代入上式，可得：

$$(\sigma_{con}-\sigma_l)A_p=\sigma_{pc\,\mathrm{II}}\cdot A_c+(\alpha_E\sigma_{pc\,\mathrm{II}}+\sigma_{l5})A_s$$

$$\sigma_{pc\,\mathrm{II}}=\frac{(\sigma_{con}-\sigma_l)A_p-\sigma_{l5}A_s}{A_c+\alpha_E A_s}=\frac{(\sigma_{con}-\sigma_l)A_p-\sigma_{l5}A_s}{A_n}$$

$$=\frac{N_{p\,\mathrm{II}}-\sigma_{l5}A_s}{A_n} \tag{9-38}$$

2）使用阶段

（1）加载至混凝土应力为零，见图 9-6 中的 e 项。由轴向拉力 N_0 产生的混凝土拉应力恰好全部抵消混凝土的有效预压应力 $\sigma_{pc\text{II}}$，使截面处于消压状态，即 $\sigma_{pc}=0$。这时，预应力筋的拉应力 σ_{p0} 是在 $\sigma_{pe\text{II}}$ 的基础上增加 $\alpha_E\sigma_{pc\text{II}}$，即：

$$\sigma_{p0}=\sigma_{pe\text{II}}+\alpha_E\sigma_{pc\text{II}}=\sigma_{con}-\sigma_l+\alpha_E\sigma_{pc\text{II}}$$

普通钢筋的应力 σ_s 由原来的压应力 $\alpha_E\sigma_{pc\text{II}}+\sigma_{l5}$ 基础上，增加了一个拉应力 $\alpha_E\sigma_{pc\text{II}}$，因此：

$$\sigma_s=\sigma_{s\text{II}}-\alpha_E\sigma_{pc\text{II}}=\alpha_E\sigma_{pc\text{II}}+\sigma_{l5}-\alpha_E\sigma_{pc\text{II}}=\sigma_{l5}$$

轴向拉力 N_0 可由力的平衡条件求得：

$$N_0=\sigma_{p0}A_p-\sigma_{l5}A_s=(\sigma_{con}-\sigma_l+\alpha_E\sigma_{pc\text{II}})A_p-\sigma_{l5}A_s \tag{9-39a}$$

由式（9-38）知：

$$(\sigma_{con}-\sigma_l)A_p-\sigma_{l5}A_s=\sigma_{pc\text{II}}(A_c+\alpha_E A_s)$$

所以：

$$\begin{aligned}N_0&=\sigma_{pc\text{II}}(A_c+\alpha_E A_s)+\alpha_E\sigma_{pc\text{II}}A_p\\&=\sigma_{pc\text{II}}(A_c+\alpha_E A_s+\alpha_E A_p)=\sigma_{pc\text{II}}A_0\end{aligned} \tag{9-39b}$$

（2）加载至裂缝即将出现，见表 9-6 中第 f 项。混凝土受拉，直至拉应力达到 f_{tk}，预应力筋的拉应力 σ_{pcr} 是在 σ_{p0} 的基础上再增加 $\alpha_E f_{tk}$，即：

$$\sigma_{pcr}=\sigma_{p0}+\alpha_E f_{tk}=(\sigma_{con}-\sigma_l+\alpha_E\sigma_{pc\text{II}})+\alpha_E f_{tk}$$

普通钢筋的应力 σ_s 由压应力 σ_{l5} 转为拉应力，其值为 $\sigma_s=\alpha_E f_{tk}-\sigma_{l5}$。

轴向拉力 N_{cr} 可由力的平衡条件求得：

$$N_{cr}=\sigma_{pcr}A_p+\sigma_s A_s+f_{tk}A_c$$

将 σ_{pcr}、σ_s 的表达式代入上式，可得：

$$\begin{aligned}N_{cr}&=(\sigma_{con}-\sigma_l+\alpha_E\sigma_{pc\text{II}}+\alpha_E f_{tk})A_p+(\alpha_E f_{tk}-\sigma_{l5})A_s+f_{tk}A_c\\&=(\sigma_{con}-\sigma_l+\alpha_E\sigma_{pc\text{II}})A_p-\sigma_{l5}A_s+f_{tk}(A_c+\alpha_E A_s+\alpha_E A_p)\end{aligned}$$

由式（9-39a）等于式（9-39b）即：

$$N_0=\sigma_{pc\text{II}}A_0=(\sigma_{con}-\sigma_l+\alpha_E\sigma_{pc\text{II}})A_p-\sigma_{l5}A_s$$

则

$$N_{cr}=\sigma_{pc\text{II}}A_0+f_{tk}A_0=(\sigma_{pc\text{II}}+f_{tk})A_0 \tag{9-40}$$

（3）加载至破坏，见表 9-6 中的 g 项。和先张法相同，破坏时预应力筋和普通钢筋的拉应力分别达到 f_{py} 和 f_y，由力的平衡条件，可得：

$$N_u=f_{py}A_p+f_y A_s \tag{9-41}$$

由表 9-5、表 9-6 可见：

1）在施工阶段，$\sigma_{pc\text{II}}$ 的计算公式，先张法的式（9-30）与后张法的式（9-38）的形式基本相同，只是 σ_l 的具体计算值不同，同时先张法构件用换算截面面积 A_0，而后张法构件用

净截面面积 A_n。如果采用相同的 σ_{con}、相同的材料强度等级、相同的混凝土截面尺寸、相同的预应力筋及截面面积，由于 $A_0>A_n$，则后张法构件的有效预压应力值 $\sigma_{pc\,II}$ 要高些。

2）使用阶段 N_0、N_{cr}、N_u的三个计算公式，不论先张法或后张法，公式形式都相同，但计算 N_0 和 N_{cr}时两种方法的 $\sigma_{pc\,II}$ 是不相同的。

3）预应力筋从张拉直至构件破坏，始终处于高拉应力状态，而混凝土则在轴向拉力达到 N_0 值以前始终处于受压状态，发挥了两种材料各自的性能。

4）预应力混凝土构件出现裂缝比钢筋混凝土构件迟得多，故构件抗裂度大为提高，但出现裂缝时的荷载值与破坏荷载值比较接近，故延性较差。

5）当材料强度等级和截面尺寸相同时，预应力混凝土轴心受拉构件与钢筋混凝土受拉构件的承载力相同。

9.2.2 轴心受拉构件使用阶段的计算

预应力混凝土轴心受拉构件，除了进行使用阶段承载力计算、抗裂度验算或裂缝宽度验算以外，还要进行施工阶段张拉（或放松）预应力筋时构件的承载力验算，及对采用锚具的后张法构件进行端部锚固区局部受压的验算。

1. 使用阶段承载力计算

截面的计算简图如图 9-18（a）所示，构件正截面受拉承载力按下式计算：

$$N \leqslant N_u = f_{py}A_p + f_yA_s \tag{9-42}$$

式中　N——轴向拉力设计值；

f_{py}、f_y——预应力筋及普通钢筋抗拉强度设计值；

A_p、A_s——纵向预应力筋及普通钢筋的全部截面面积。

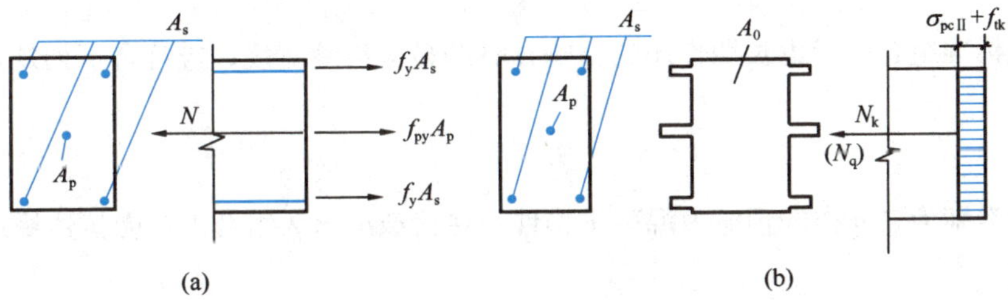

图 9-18　预应力构件轴心受拉使用阶段承载力计算图式

（a）预应力轴心受拉构件的承载力计算图式；（b）预应力轴心受拉构件的抗裂度验算图式

2. 抗裂度验算及裂缝宽度验算

由式（9-33）、式（9-40）可看出，如果轴向拉力值 N 不超过 N_{cr}，则构件不会开裂。其计算简图见图 9-18（b）。

$$N \leqslant N_{cr} = (\sigma_{pc\,II} + f_{tk})A_0 \tag{9-43}$$

此式用应力形式表达，则可写成：

$$\frac{N}{A_0} \leqslant \sigma_{pc\,II} + f_{tk}$$

$$\sigma_c - \sigma_{pc\,II} \leqslant f_{tk} \tag{9-44}$$

预应力构件按所处环境类别和使用要求，应有不同的抗裂安全储备。《混凝土结构设计标准》将预应力混凝土构件正截面的受力裂缝控制等级分为三级，等级划分及要求应符合下列规定：

1）一级——严格要求不出现裂缝的构件

按荷载标准组合计算时，构件受拉边缘混凝土不应产生拉应力：

$$\sigma_{ck} - \sigma_{pc\,II} \leqslant 0 \tag{9-45}$$

2）二级——一般要求不出现裂缝的构件

按荷载标准组合计算时，构件受拉边缘混凝土拉应力不应大于混凝土抗拉强度标准值：

$$\sigma_{ck} - \sigma_{pc\,II} \leqslant f_{tk} \tag{9-46}$$

$$\sigma_{ck} = \frac{N_k}{A_0} \tag{9-47}$$

式中 σ_{ck}——荷载标准组合下抗裂验算边缘的混凝土法向应力；

N_k——按荷载标准组合计算的轴向力值；

A_0——换算截面面积 $A_0 = A_c + \alpha_E A_p + \alpha_E A_s$；

$\sigma_{pc\,II}$——扣除全部预应力损失后，在抗裂验算边缘的混凝土的预压应力，按式（9-30）和式（9-38）计算；

f_{tk}——混凝土的轴心抗拉强度标准值，按附录 2 附表 2-2 取用。

3）三级——允许出现裂缝的构件

按荷载标准组合并考虑长期作用的影响计算的最大裂缝宽度，应符合下列规定：

$$w_{max} = \alpha_{cr}\psi\frac{\sigma_s}{E_s}\left(1.9c_s + 0.08\frac{d_{eq}}{\rho_{te}}\right) \leqslant w_{lim} \tag{9-48}$$

对环境类别为二 a 类的预应力混凝土构件，在荷载准永久组合下，受拉边缘应力，应符合下列规定：

$$\sigma_{cq} - \sigma_{pc\,II} \leqslant f_{tk} \tag{9-49}$$

$$d_{eq} = \frac{\sum n_i d_i^2}{\sum n_i \nu_i d_i} \tag{9-50}$$

式中 α_{cr}——构件受力特征系数，对轴心受拉构件，取 $\alpha_{cr} = 2.2$；

ψ——裂缝间纵向受拉钢筋应变不均匀系数，$\psi = 1.1 - \frac{0.65 f_{tk}}{\rho_{te}\sigma_s}$；当 $\psi < 0.2$ 时，取 $\psi = 0.2$，当 $\psi > 1.0$ 时，取 $\psi = 1.0$，对直接承受重复荷载的构件取 $\psi = 1.0$；

ρ_{te}——按有效受拉混凝土截面面积计算的纵向受拉钢筋配筋率，$\rho_{te}=\frac{A_s+A_p}{A_{te}}$，当 $\rho_{te}<0.01$时，取 $\rho_{te}=0.01$；

A_{te}——有效受拉混凝土截面面积，$A_{te}=bh$；

σ_s——按荷载标准组合计算的预应力混凝土构件纵向受拉钢筋的等效应力，$\sigma_s=\frac{N_k-N_{p0}}{A_p+A_s}$；

σ_{cq}——荷载准永久组合下抗裂验算边缘的混凝土法向应力；

N_{p0}——计算截面上混凝土法向预应力等于零时的预加力；

c_s——最外层纵向受拉钢筋外边缘至受拉区底边的距离（mm），当 $c_s<20$ 时，取 $c_s=20$，当 $c_s>65$ 时，取 $c_s=65$；

A_p、A_s——受拉区纵向预应力筋、普通钢筋的截面面积；

d_{eq}——受拉区纵向钢筋的等效直径（mm）；对于有粘结预应力钢绞线束的直径取为 $\sqrt{n_1}d_{p1}$，其中 d_{p1} 为单根钢绞线的公称直径，n_1 为单束钢绞线根数；

d_i——受拉区第 i 种纵向钢筋的公称直径（mm）；对于有粘结预应力钢绞线束的直径取为$\sqrt{n}\cdot d_{p1}$，其中 d_{p1} 为单根钢绞线的公称直径，n_1 为单束钢绞线根数；

n_i——受拉区第 i 种纵向钢筋的根数；对于有粘结预应力钢绞线，取钢绞线束数；

ν_i——受拉区第 i 种纵向钢筋的相对粘结特性系数，可按表 9-7 取用；

w_{lim}——最大裂缝宽度限值，按环境类别查附录 4 附表 4-2 取用。

钢筋的相对粘结特性系数 **表 9-7**

钢筋类别	钢筋		先张法预应力筋			后张法预应力筋		
	光圆钢筋	带肋钢筋	带肋钢筋	螺旋肋钢丝	钢绞线	带肋钢筋	钢绞线	光面钢丝
ν_i	0.7	1.0	1.0	0.8	0.6	0.8	0.5	0.4

注：对环氧树脂涂层带肋钢筋，其相对粘结特性系数应按表中系数的 0.8 倍取用。

9.2.3 轴心受拉构件施工阶段的验算

当放张预应力筋（先张法）或张拉预应力筋完毕（后张法）时，混凝土将受到最大的预压应力 σ_{cc}，而这时混凝土强度通常仅达到设计强度的 75%，构件强度是否足够，应予验算。验算包括两个方面：

1. 张拉（或放松）预应力钢筋时，构件的承载力验算

为了保证在张拉（或放松）预应力钢筋时，混凝土不被压碎，混凝土的预压应力应符合下列条件：

$$\sigma_{cc}\leqslant 0.8f'_{ck} \tag{9-51}$$

式中 f'_{ck}——与张拉（或放松）预应力钢筋时，混凝土立方体抗压强度 f'_{cu} 相应的轴心抗压强度标准值，可按附录 2 中的附表 2-1 以线性内插法取用。

先张法构件在放松（或切断）钢筋时，仅按第一批损失出现后计算 σ_{cc}，即：

$$\sigma_{cc}=\frac{(\sigma_{con}-\sigma_{l\,\mathrm{I}})A_p}{A_0} \tag{9-52}$$

后张法张拉钢筋完毕至 σ_{con}，而又未锚固时，按不考虑预应力损失值计算 σ_{cc}，即：

$$\sigma_{cc}=\frac{\sigma_{con}A_p}{A_n} \tag{9-53}$$

2. 构件端部锚固区的局部受压承载力的验算

按式（9-20）、式（9-22）进行验算。

预应力混凝土轴心受拉构件设计步骤框图如图 9-19 所示。

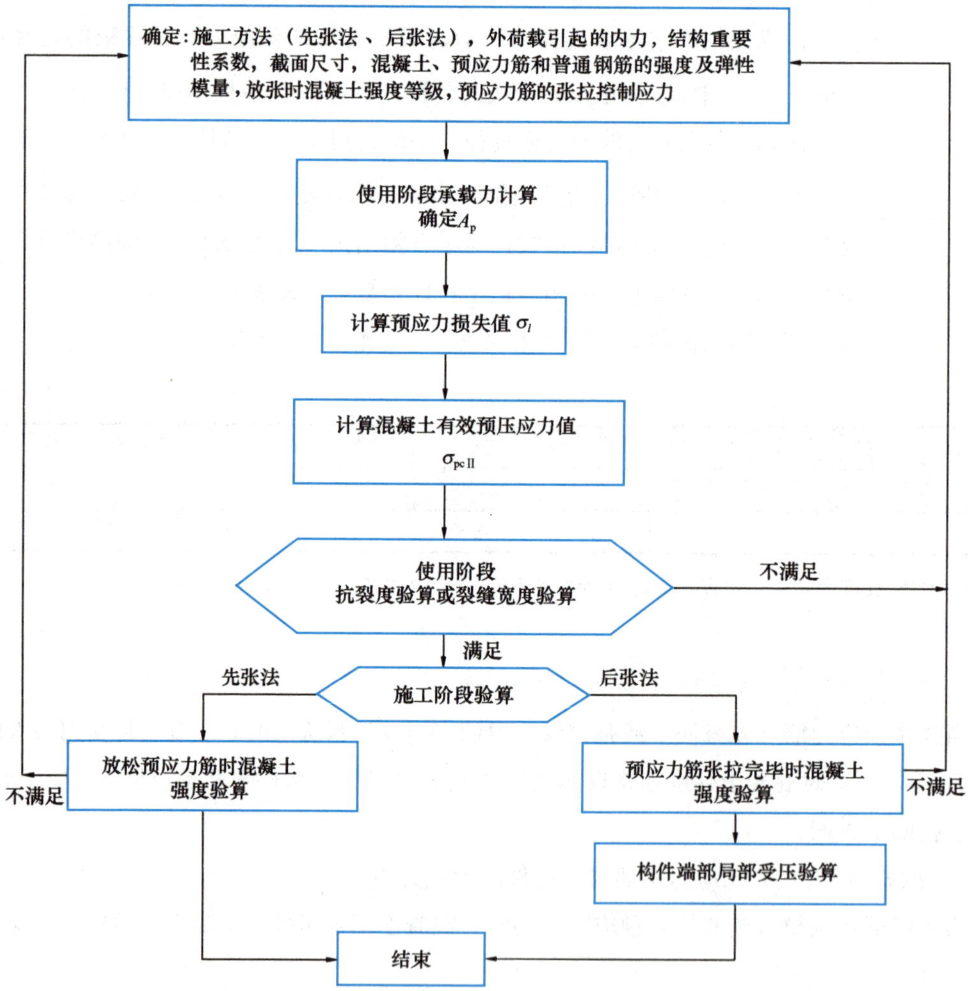

图 9-19　预应力混凝土轴心受拉构件设计步骤框图

【例 9-1】24m 预应力混凝土屋架下弦杆的计算。设计条件如表 9-8 所示。

例 9-1 用表　　表 9-8

材料	混凝土	预应力筋	普通钢筋
品种和强度等级	C60	钢绞线	HRB400
截面	280mm×180mm 孔道 2ϕ55	4Φ^{s}1×7（d=15.2mm）	按构造要求配置 4Φ12（A_s=452mm^2）
材料强度（N/mm^2）	$f_c=27.5$　$f_{ck}=38.5$ $f_t=2.04$　$f_{tk}=2.85$	$f_{ptk}=1860$ $f_{py}=1320$	$f_{yk}=400$ $f_y=360$
弹性模量（N/mm^2）	$E_c=3.6\times10^4$	$E_s=1.95\times10^5$	$E_s=2\times10^5$
张拉控制应力	$\sigma_{con}=0.70f_{ptk}=0.70\times1860=1302\text{N/mm}^2$		
张拉时混凝土强度	$f'_{cu}=60\text{N/mm}^2$		
张拉工艺	后张法，一端张拉，采用夹片式锚具，孔道为预埋塑料波纹管		
杆件内力	永久荷载标准值产生的轴向拉力 N_k=700kN 可变荷载标准值产生的轴向拉力 N_k=300kN 可变荷载的准永久值系数为 0.5		
结构重要性系数	$\gamma_0=1.1$		

【解】

1）使用阶段承载力计算

由式（9-42）：

$$A_p=\frac{\gamma_0N-f_yA_s}{f_{py}}$$

$$=\frac{1.1\times(1.3\times700\times10^3+1.5\times300\times10^3)-360\times452}{1320}=1010\text{mm}^2$$

采用 2 束高强低松弛钢绞线，每束 4Φ^{s}1×7，d=15.2mm（A_p=1120mm^2），见图 9-20（c）。

2）使用阶段抗裂度验算

（1）截面几何特征

预应力：　$$\alpha_{E1}=\frac{E_s}{E_c}=\frac{1.95\times10^5}{3.6\times10^4}=5.42$$

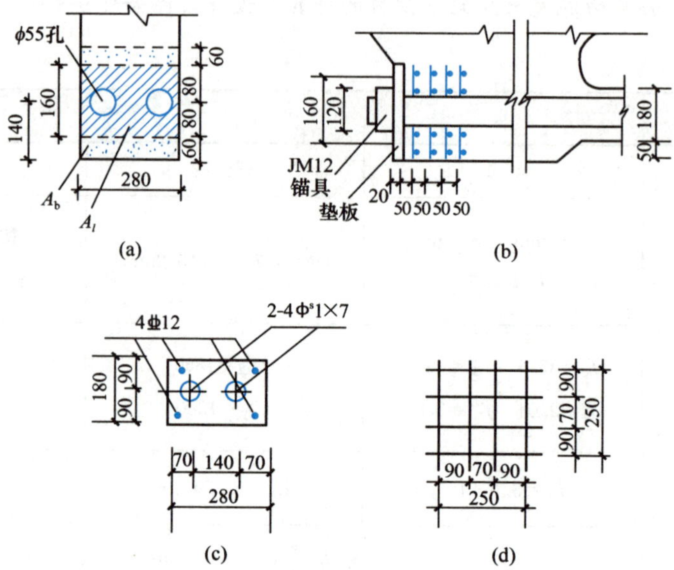

图 9-20　屋架下弦

(a) 受压面积图；(b) 下弦端节点；(c) 下弦截面配筋；(d) 钢筋网片

非预应力：

$$\alpha_{E2}=\frac{2.0\times10^5}{3.6\times10^4}=5.56$$

$$A_n=A_c+\alpha_{E2}A_s=280\times180-2\times\frac{\pi}{4}\times55^2-452+5.56\times452$$

$$=47709\text{mm}^2$$

$$A_0=A_n+\alpha_{E1}A_p=47709+5.42\times1120=53779\text{mm}^2$$

(2) 计算预应力损失

①锚具变形损失 σ_{l1}

由表 9-2 夹片式锚具 $a=5$mm，则：

$$\sigma_{l1}=\frac{a}{l}E_s=\frac{5}{24000}\times1.95\times10^5=40.63\text{N/mm}^2$$

②孔道摩擦损失 σ_{l2}

按锚固端计算该项损失，所以 $l=24$m，直线配筋 $\theta=0°$，$\kappa x=0.0015\times24=0.036<0.3$，可用近似公式计算：

$$\sigma_{l2}=(\kappa x+\mu\theta)\sigma_{con}=(0.0015\times24)\times1302=46.87\text{N/mm}^2$$

则第一批损失为：

$$\sigma_{l\text{I}}=\sigma_{l1}+\sigma_{l2}=40.63+46.87=87.50\text{N/mm}^2$$

③预应力钢筋的应力松弛损失 σ_{l4}

$$\frac{\sigma_{con}}{f_{ptk}}=\frac{1302}{1860}=0.7>0.5$$

$$\sigma_{l4}=0.125\left(\frac{\sigma_{con}}{f_{ptk}}-0.5\right)\sigma_{con}$$

$$=0.125\times\left(\frac{1302}{1860}-0.5\right)\times 1302=32.55\text{N/mm}^2$$

④混凝土的收缩和徐变损失 σ_{l5}

$$\sigma_{pc\,\mathrm{I}}=\frac{(\sigma_{con}-\sigma_{l\,\mathrm{I}})A_p}{A_n}=\frac{(1302-87.50)\times 1120}{47709}=28.51\text{N/mm}^2$$

$$\frac{\sigma_{pc\,\mathrm{I}}}{f'_{cu}}=\frac{28.51}{60}=0.48<0.5$$

$$\rho=\frac{A_p+A_s}{A_n}=\frac{1120+452}{2\times 47709}=0.0165$$

$$\sigma_{l5}=\frac{55+300\dfrac{\sigma_{pc\,\mathrm{I}}}{f'_{cu}}}{1+15\rho}=\frac{55+300\times 0.48}{1+15\times 0.0165}=159.52\text{N/mm}^2$$

则第二批损失为：

$$\sigma_{l\,\mathrm{II}}=\sigma_{l4}+\sigma_{l5}=32.55+159.52=192.07\text{N/mm}^2$$

总损失：

$$\sigma_l=\sigma_{l\,\mathrm{I}}+\sigma_{l\,\mathrm{II}}=87.50+192.07=279.57\text{N/mm}^2>80\text{N/mm}^2$$

(3) 验算抗裂度

计算混凝土有效预压应力

在一类环境下，预应力混凝土屋架，按二级裂缝控制等级进行验算。

$$\sigma_{pc\,\mathrm{II}}=\frac{(\sigma_{con}-\sigma_l)A_p-\sigma_{l5}A_s}{A_n}$$

$$=\frac{(1302-279.57)\times 1120-159.52\times 452}{47709}=22.49\text{N/mm}^2$$

在荷载标准组合下：

$$N_k=700+300=1000\text{kN}$$

$$\sigma_{ck}=\frac{N_k}{A_0}=\frac{1000\times 10^3}{53779}=18.59\text{N/mm}^2$$

$$\sigma_{ck}-\sigma_{pc\,\mathrm{II}}=18.59-22.49<0$$

满足要求。

3) 施工阶段验算

最大张拉力：

$$N_p=\sigma_{con}\times A_p=1302\times 1120=1458000\text{N}=1458\text{kN}$$

截面上混凝土压应力：

$$\sigma_{cc} = \frac{N_p}{A_n} = \frac{1458 \times 10^3}{47709} = 30.56\text{N/mm}^2 < 0.8 f'_{ck}$$
$$= 0.8 \times 38.5 = 30.8\text{N/mm}^2$$

满足要求。

4）锚具下局部受压验算

（1）端部受压区截面尺寸验算

夹片式锚具的直径为120mm，锚具下垫板厚20mm，局部受压面积可按压力 F_l 从锚具边缘在垫板中按45°扩散的面积计算，在计算局部受压底面积时，近似地可按图9-20（a）两实线所围的矩形面积代替两个圆面积。

$$A_l = 280 \times (120 + 2 \times 20) = 44800\text{mm}^2$$

锚具下局部受压计算底面积：

$$A_b = 280 \times (160 + 2 \times 60) = 78400\text{mm}^2$$

混凝土局部受压净面积：

$$A_{ln} = 44800 - 2 \times \frac{\pi}{4} \times 55^2 = 40048\text{mm}^2$$

$$\beta_l = \sqrt{\frac{A_b}{A_l}} = \sqrt{\frac{78400}{44800}} = 1.323$$

当 $f_{cuk} = 60\text{N/mm}^2$ 时，按线性内插法得 $\beta_c = 0.933$ 按式（9-20）：

$$F_l = 1.2\sigma_{con}A_p = 1.2 \times 1302 \times 1120 = 1749888\text{N} \approx 1749.9\text{kN}$$
$$< 1.35\beta_c\beta_l f_c A_{ln} = 1.35 \times 0.933 \times 1.323 \times 27.5 \times 40048$$
$$= 1835 \times 10^3\text{N} = 1835\text{kN}$$

满足要求。

（2）局部受压承载力计算

间接钢筋采用4片 $\phi 8$ 方格焊接网片，见图9-20(b)，间距 $s = 50\text{mm}$，网片尺寸见图9-20(d)。

$$A_{cor} = 250 \times 250 = 62500\text{mm}^2 > A_l = 44800\text{mm}^2$$

$$\beta_{cor} = \sqrt{\frac{A_{cor}}{A_l}} = \sqrt{\frac{62500}{44800}} = 1.181$$

间接钢筋的体积配筋率：

$$\rho_v = \frac{n_1 A_{s1} l_1 + n_2 A_{s2} l_2}{A_{cor} s} = \frac{4 \times 50.3 \times 250 + 4 \times 50.3 \times 250}{62500 \times 50} = 0.032$$

按式（9-22）：

$$0.9(\beta_c \beta_l f_c + 2\alpha\rho_v\beta_{cor} f_{yv})A_{ln}$$

$=0.9\times(0.933\times1.323\times27.5+2\times0.95\times0.032\times1.181\times270)\times40048$

$=1922\times10^3\text{N}=1922\text{kN}>F_l=1749.9\text{kN}$

满足要求。

9.3 预应力混凝土受弯构件的设计计算

9.3.1 平衡荷载设计法的概念

张拉预应力筋对混凝土梁的作用，可用一组等效荷载来代替。等效荷载一般由两部分组成：①预应力筋在锚固区对梁产生的压力 N_p；②由曲线预应力筋曲率引起的、垂直于预应力筋束中心线的向上的分布力 w，如图 9-21（b）所示，或由折线预应力筋转折引起的向上的集中力。

上述分布力或集中力可以部分或全部抵消作用在梁上的荷载。下面以一单跨简支梁为例加以说明。

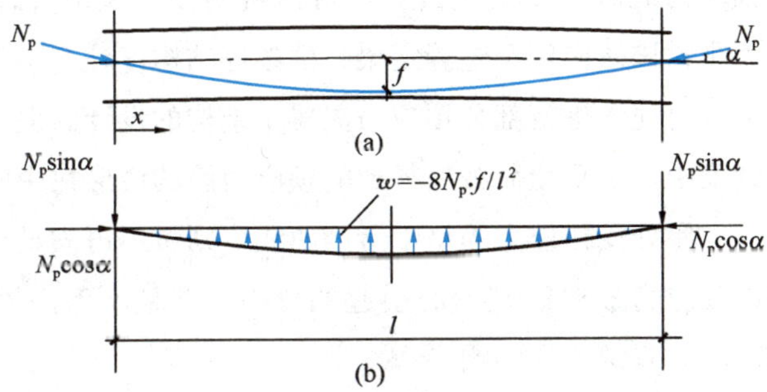

图 9-21 平衡荷载设计法示意

如图 9-21 所示，梁内配有一根线形为二次抛物线的预应力筋，其抛物线方程为：

$$y=4f[x/l-(x/l)^2] \tag{9-54}$$

式中 f——抛物线的矢高。

因此，预加力 N_p 对梁截面产生的弯矩方程也是抛物线形的，即：

$$M=4N_pf(1-x)x/l^2 \tag{9-55}$$

式中 x——弯矩计算截面离梁左端的距离。

把式（9-55）对 x 两次求导，可得到由上述 M 引起的等效荷载 w，即：

$$w=\mathrm{d}^2M/\mathrm{d}x^2=-8N_pf/l^2 \tag{9-56}$$

式中负号表示 w 向上作用。

设梁各截面预应力筋的预加力 N_p 相等，并设 e（$=y$）为预应力筋形心至梁截面形心的偏心距，则由式（9-54）和式（9-56）可得：

$$N_p e = w(l-x)x/2 \tag{9-57}$$

式（9-57）说明，如果梁上作用的均布荷载值 q 与 w 相等，则该荷载将全部被预加力所平衡。因此，称为平衡荷载法，是林同炎教授于 1963 年提出的。

由图 9-21（b）知，预加力对梁的作用力有：w 为向上作用的均布荷载；水平分力 $N_p\cos\alpha \approx N_p$；竖向分力 $N_p\sin\alpha \approx N_p\tan\alpha = 4N_p f/l$。

因此，在均布荷载 q 全部被预加力平衡（即 $q=w$）的情况下，梁上承受的竖向荷载为零，此时，梁如同一仅受到水平轴心压力 N_p 的构件（截面上的均布压应力 $\sigma=N_p/A$），没有弯矩，也没有反拱和竖向挠度。

如果 $q>w$，则由荷载差额（$q-w$）引起的截面弯曲应力可直接利用材料力学公式求得。

值得注意的是，为了达到荷载的平衡，简支梁两端的预应力筋中心线必须通过截面的重心，以避免梁端部的集中弯矩干扰梁的荷载平衡。

平衡荷载法用于预应力混凝土简支梁设计，可以帮助设计人员合理选择预应力筋的线形和所要求的预加力大小；该法应用于超静定梁、框架等结构设计，不仅可简化设计，并可便于检验预应力的效果，也便于进行部分预应力混凝土结构的设计。但该设计方法也有一些不足之处，例如在连续梁中，由平衡荷载法得到的预应力筋的线形在中间支座处有尖角，与工程实际不符，如果在支座处使预应力筋呈平滑的曲线，则将不再满足荷载平衡；此外，平衡荷载法不能直接考虑预应力筋锚固端偏心引起的弯矩，并且不考虑沿构件长度摩擦损失的影响，也不能考虑次内力对结构的影响。

9.3.2 受弯构件的应力分析

与预应力轴心受拉构件类似，预应力混凝土受弯构件的受力过程也分为两个阶段：施工阶段和使用阶段。

预应力混凝土受弯构件中，预应力筋 A_p 一般都放置在使用阶段的截面受拉区。但对梁底受拉区需配置较多预应力筋的大型构件，当梁自重在梁顶产生的压应力不足以抵消偏心预压力在梁顶预拉区所产生的预拉应力时，往往在梁顶部也需配置预应力筋 A'_p。对在预压力作用下允许预拉区出现裂缝的中小型构件，可不配置 A'_p，但需控制其裂缝宽度。为了防止在制作、运输和吊装等施工阶段出现裂缝，在梁的受拉区和受压区通常也配置一些普通钢筋 A_s 和 A'_s。

在预应力轴心受拉构件中，预应力筋 A_p 和普通钢筋 A_s 在截面上的布置是对称的，预

应力筋的总拉力 N_p 可认为作用在截面的形心轴上，混凝土受到的预压应力是均匀的，即全截面均匀受压，在受弯构件中，如果截面只配置 A_p，则预应力筋的总拉力 N_p 对截面是偏心的压力，所以混凝土受到的预应力是不均匀的，上边缘的预应力和下边缘的预压应力分别用 σ'_{pc}、σ_{pc}表示，见图 9-22（a）。如果同时配置 A_p 和 A'_p（一般 $A_p > A'_p$），则预应力筋 A_p 和 A'_p 的张拉力的合力 N_p 位于 A_p 和 A'_p 之间，此时混凝土的预应力图形有两种可能：如果 A'_p 少，应力图形为两个三角形，σ'_{pc}为拉应力；如果 A'_p 较多，应力图形为梯形，σ'_{pc}为压应力，其值小于 σ_{pc}，见图 9-22（b）。

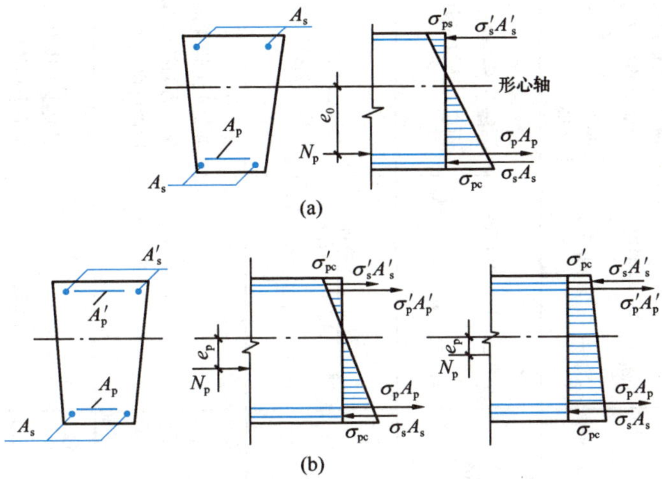

图 9-22　预应力混凝土受弯构件截面混凝土应力

（a）受拉区配置预应力筋的截面应力；（b）受拉区、受压区都配置预应力筋的截面应力

由于对混凝土施加了预应力，使构件在使用阶段截面不产生拉应力或不开裂，因此，不论哪种应力图形，都可把预应力筋的合力视为作用在换算截面上的偏心压力，并把混凝土看作为理想弹性体，按材料力学公式计算混凝土的预应力。

工程实践中预应力混凝土受弯构件主要应用后张法，故下面以介绍后张法计算为主。

表 9-9 给出了仅在截面受拉区配置预应力筋的后张法预应力混凝土受弯构件在各个受力阶段的应力分析。

图 9-23 所示为配有预应力筋 A_p、A'_p 和普通钢筋 A_s、A'_s 的不对称截面后张法受弯构件。对照 9.2 节预应力混凝土轴心受拉构件相应各受力阶段的截面应力分析，同理，可得出预应力混凝土受弯构件截面上混凝土法向预应力 σ_{pc}、预应力筋的有效预应力 σ_{pe}，预应力筋和普通钢筋的合力 N_p 及其偏心距 e_{pn}等的计算公式如下述。

后张法预应力混凝土受弯构件各阶段的应力分析

表 9-9

受力阶段		简图	预应力筋应力 σ_p	混凝土应力 σ_{pc}（截面下边缘）	说明
施工阶段	穿钢筋		0	0	
	张拉钢筋	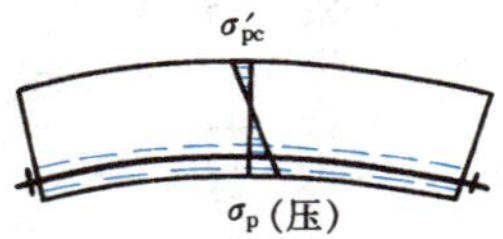	$\sigma_{con}-\sigma_{l2}$	$\sigma_{pc}=\frac{N_p}{A_n}+\frac{N_p e_{pn}}{I_n}y_n$ $N_p=(\sigma_{con}-\sigma_{l2})A_p$	预应力筋被拉长，摩擦损失同时产生； 预应力筋拉应力比控制应力 σ_{con}减小了 σ_{l2}； 混凝土上边缘受拉伸长，下边缘受压缩短，构件产生反拱
	完成第一批损失	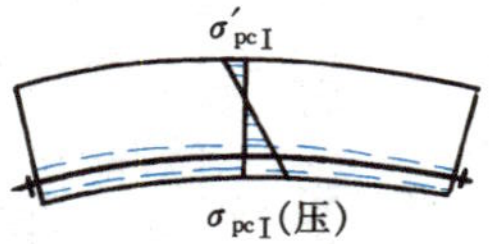	$\sigma_{peⅠ}=\sigma_{con}-\sigma_{lⅠ}$	$\sigma_{pcⅠ}=\frac{N_{pⅠ}}{A_n}+\frac{N_{pⅠ}e_{pnⅠ}}{I_n}y_n$ $N_{pⅠ}=(\sigma_{con}-\sigma_{lⅠ})A_p$	混凝土下边缘压应力减小到 $\sigma_{pcⅠ}$； 预应力筋拉应力减小了 $\sigma_{lⅠ}$
	完成第二批损失	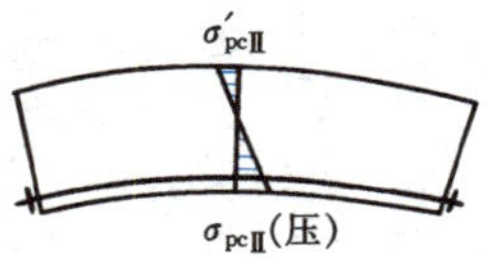	$\sigma_{peⅡ}=\sigma_{con}-\sigma_l$	$\sigma_{pcⅡ}=\frac{N_{pⅡ}}{A_n}+\frac{N_{pⅡ}e_{pnⅡ}}{I_n}y_n$ $N_{pⅡ}=(\sigma_{con}-\sigma_l)A_p$	混凝土下边缘压应力降低到 $\sigma_{pcⅡ}$； 预应力筋拉应力继续减小
使用阶段	加载至 $\sigma_{pc}=0$	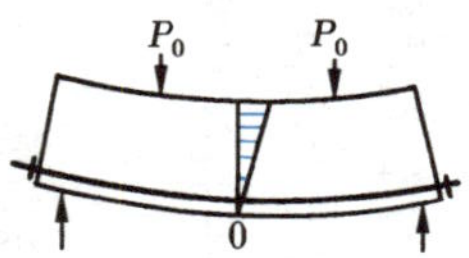	$\sigma_{p0}=(\sigma_{con}-\sigma_l)+\alpha_E\sigma_{pcⅡ}$	0	混凝土上边缘由拉变压，下边缘压应力减小到零； 预应力筋拉应力增加了 $\alpha_E\sigma_{pcⅡ}$； 构件反拱减少，略有挠度
	加载至受拉区裂缝即将出现	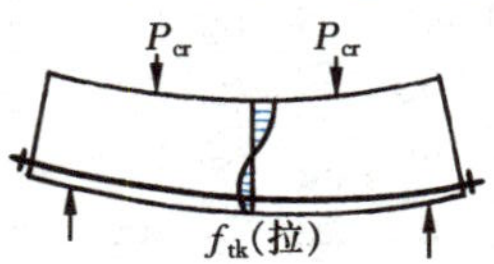	$\sigma_{con}-\sigma_l+\alpha_E\sigma_{pcⅡ}+2\alpha_E f_{tk}$	f_{tk}	混凝土上边缘压应力增加，下边缘拉应力到达 f_{tk}； 预应力筋拉应力增加了 $2\alpha_E f_{tk}$； 构件挠度增加
	加载至破坏	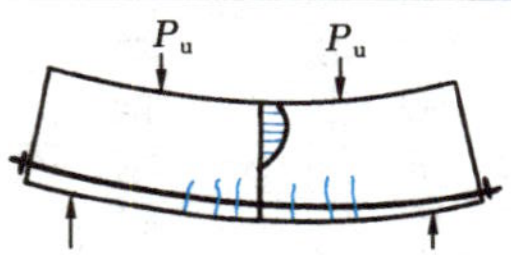	f_{py}	0	截面下边缘裂缝开展，构件挠度剧增； 预应力筋拉应力增加到 f_{py}； 混凝土上边缘压应力增加到 $\alpha_1 f_c$

1. 施工阶段（图 9-23）

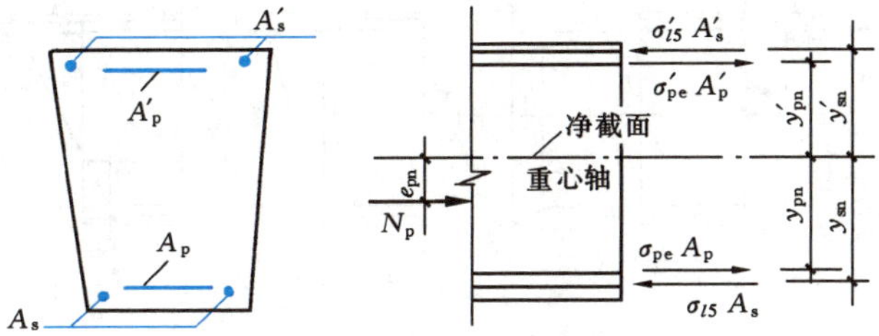

图 9-23 配有预应力筋和普通钢筋的后张法预应力混凝土受弯构件截面

$$\sigma_{pc}=\frac{N_p}{A_n}\pm\frac{N_pe_{pn}}{I_n}y_n \tag{9-58}$$

$$N_p=\sigma_{pe}A_p+\sigma'_{pe}A'_p-\sigma_sA_s-\sigma'_sA'_s \tag{9-59}$$

$$\sigma_{pe}=\sigma_{con}-\sigma_l \qquad \sigma'_{pe}=\sigma'_{con}-\sigma'_l \tag{9-60}$$

$$\sigma_s=\alpha_E\sigma_{pc}+\sigma_{l5} \qquad \sigma'_s=\alpha_E\sigma'_{pc}+\sigma'_{l5} \tag{9-61}$$

$$e_{pn}=\frac{(\sigma_{con}-\sigma_l)A_py_{pn}-(\sigma'_{con}-\sigma'_l)A'_py'_{pn}-\sigma_{l5}A_sy_{sn}+\sigma'_{l5}A'_sy'_{sn}}{(\sigma_{con}-\sigma_l)A_p+(\sigma'_{con}-\sigma'_l)A'_p-\sigma_{l5}A_s-\sigma'_{l5}A'_s} \tag{9-62}$$

按式（9-58）计算所得的 σ_{pc} 值，正号为压应力，负号为拉应力。

式中 A_n——混凝土净截面面积（换算截面面积减去全部纵向预应力筋截面换算成混凝土的截面面积，即 $A_n=A_0-\alpha_EA_p$ 或 $A_n=A_c+\alpha_EA_s$）；

I_n——净截面惯性矩；

y_n——净截面重心至所计算纤维处的距离；

y_{pn}、y'_{pn}——受拉区、受压区预应力筋合力点至净截面重心的距离；

y_{sn}、y'_{sn}——受拉区、受压区普通钢筋重心至净截面重心的距离；

σ_{pe}、σ'_{pe}——受拉区、受压区预应力筋的有效预应力；

σ_s、σ'_s——受拉区、受压区普通钢筋的应力；

其余符号的意义同前。

如构件截面中的 $A'_p=0$，则式（9-58）～式（9-62）中取 $\sigma'_{l5}=0$。

需要说明的是在利用上列公式计算时，均需采用施工阶段的有关数值。

2. 使用阶段

1）加载至受拉边缘混凝土预压应力为零

设在荷载作用下，截面承受弯矩 M_0，见图 9-24（c），则截面下边缘混凝土的法向拉应力：

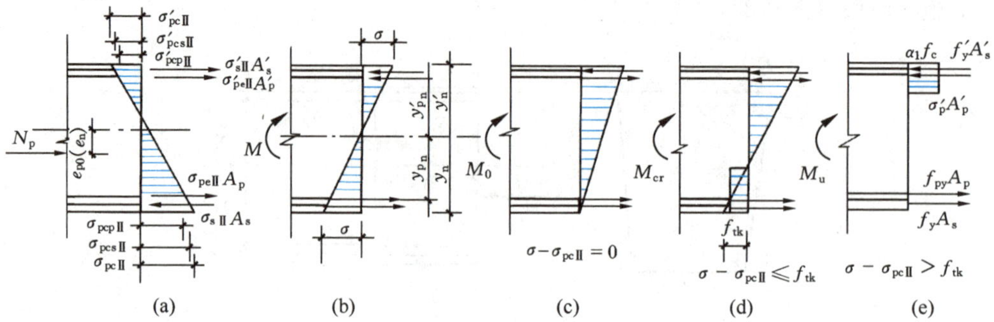

图 9-24　受弯构件截面的应力变化

(a) 预应力作用下；(b) 荷载作用下；(c) 受拉区截面下边缘混凝土应力为零；

(d) 受拉区截面下边缘混凝土即将出现裂缝；(e) 受拉区截面下边缘混凝土开裂

$$\sigma=\frac{M_0}{W_0}$$

欲使这一拉应力抵消混凝土的预压应力 $\sigma_{pc\text{II}}$，即 $\sigma-\sigma_{pc\text{II}}=0$，则有：

$$M_0=\sigma_{pc\text{II}}W_0 \tag{9-63}$$

式中　M_0——由外荷载引起的恰好使截面受拉边缘混凝土预压应力为零时的弯矩；

W_0——换算截面受拉边缘的弹性抵抗矩。

同理，预应力筋合力点处混凝土法向应力等于零时，受拉区及受压区的预应力筋的应力 σ_{p0}、σ'_{p0} 分别为：

$$\sigma_{p0}=\sigma_{con}-\sigma_l+\alpha_E\frac{M_0}{W_0}\approx\sigma_{con}-\sigma_l+\alpha_E\sigma_{pc\text{II}} \tag{9-64}$$

$$\sigma'_{p0}=\sigma'_{con}-\sigma'_l+\alpha_E\sigma_{pc\text{II}} \tag{9-65}$$

在式 (9-64) 及式 (9-65) 中，$\sigma_{pc\text{II}}$ 理应取在 M_0 作用下受拉区预应力筋合力处的混凝土法向应力 $\sigma_{pcp\text{II}}$，为简化计算，可近似取等于混凝土截面下边缘的预压应力 $\sigma_{pc\text{II}}$。

2）加载至受拉区裂缝即将出现

设混凝土受拉区的拉应力达到混凝土抗拉强度标准值 f_{tk} 时，截面上受到的弯矩为 M_{cr}，相当于截面在承受弯矩 $M_0=\sigma_{pc\text{II}}W_0$ 以后，再增加了钢筋混凝土构件的开裂弯矩 $\overline{M}_{cr}$ ($\overline{M}_{cr}=\gamma f_{tk}W_0$)。

因此，预应力混凝土受弯构件的开裂弯矩：

$$M_{cr}=M_0+\overline{M}_{cr}=\sigma_{pc\text{II}}W_0+\gamma f_{tk}W_0=(\sigma_{pc\text{II}}+\gamma f_{tk})W_0$$

即：

$$\sigma=\frac{M_{cr}}{W_0}=\sigma_{pc\text{II}}+\gamma f_{tk} \tag{9-66}$$

式中　γ——混凝土构件的截面抵抗矩塑性影响系数。

3）加载至破坏

当受拉区出现垂直裂缝时，裂缝截面上受拉区混凝土退出工作，拉力全部由受拉筋承受。当截面进入第Ⅲ阶段后，受拉筋屈服直至破坏，正截面上的应力状态与第3章讲述的钢筋混凝土受弯构件正截面承载力相似，计算方法亦基本相同。

9.3.3 预应力混凝土受弯构件的计算

预应力混凝土受弯构件的计算与钢筋混凝土受弯构件相似，应根据《混凝土结构设计标准》的规定，进行承载能力极限状态的计算（正截面承载力、斜截面承载力）和正常使用极限状态的验算（正截面抗裂、斜截面抗裂或裂缝宽度，构件挠度）以及制作、运输、安装等施工阶段的相应验算。

进行构件设计时，一般可按正截面抗裂控制的要求，先估算有效预压力值 $N_{p\mathrm{II}}$，从而估算所需要的总预应力筋截面积并在确定锚具形式及预应力筋布置（线形及其在梁底、顶部的分布）后，逐一进行承载能力和正常使用极限状态的各项计算和验算。

下面主要介绍使用阶段的正截面承载力计算，施工阶段的抗裂度验算及构件的变形验算。

1. 受弯构件使用阶段正截面承载力计算

1）破坏阶段的截面应力状态

试验表明，预应力混凝土受弯构件与钢筋混凝土受弯构件相似，如果$\xi \leqslant \xi_b$，破坏时截面上受拉区的预应力筋先到达屈服强度，而后受压区混凝土被压碎使截面破坏。受压区的预应力筋 A'_p 及普通钢筋 A_s、A'_s 的应力均可按平截面假定确定。

但在计算上，预应力混凝土受弯构件与钢筋混凝土受弯构件比较有以下几点不同：

(1) 界限破坏时截面相对受压区高度 ξ_b 的计算

设受拉区预应力筋合力点处混凝土预压应力为零时，预应力筋中的应力为 σ_{p0}，预拉应变为 $\varepsilon_{p0}=\dfrac{\sigma_{p0}}{E_s}$。界限破坏时，预应力筋应力到达抗拉强度设计值 f_{py}，因而截面上受拉区预应力筋的应力增量为 $f_{py}-\sigma_{p0}$，相应的应变增量为（$f_{py}-\sigma_{p0}$）$/E_s$。根据平截面假定，相对界限受压区高度 ξ_b 可按图9-25所示的几何关系确定：

$$\frac{x_c}{h_0}=\frac{\varepsilon_{cu}}{\varepsilon_{cu}+\dfrac{f_{py}-\sigma_{p0}}{E_s}} \tag{9-67}$$

设界限破坏时，界限受压区高度为 x_b，则有 $x=x_b=\beta_1 x_c$，代入上式得：

$$\frac{x_b}{\beta_1 h_0}=\frac{\varepsilon_{cu}}{\varepsilon_{cu}+\dfrac{f_{py}-\sigma_{p0}}{E_s}} \tag{9-68}$$

即：

$$\xi_b = \frac{x_b}{h_0} = \frac{\beta_1}{1 + \frac{f_{py} - \sigma_{p0}}{E_s \varepsilon_{cu}}} \tag{9-69}$$

对于无屈服点的预应力筋（钢丝、钢绞线等），根据条件屈服点定义，见图 9-26，预应力筋到达条件屈服点的拉应变：

$$\varepsilon_{py} = 0.002 + \frac{f_{py} - \sigma_{p0}}{E_s}$$

改写式（9-69）得：

$$\xi_b = \frac{\beta_1}{1 + \frac{0.002}{\varepsilon_{cu}} + \frac{f_{py} - \sigma_{p0}}{E_s \varepsilon_{cu}}} \tag{9-70}$$

式中　σ_{p0}——受拉区纵向预应力筋合力点处混凝土法向应力等于零时的预应力筋应力。

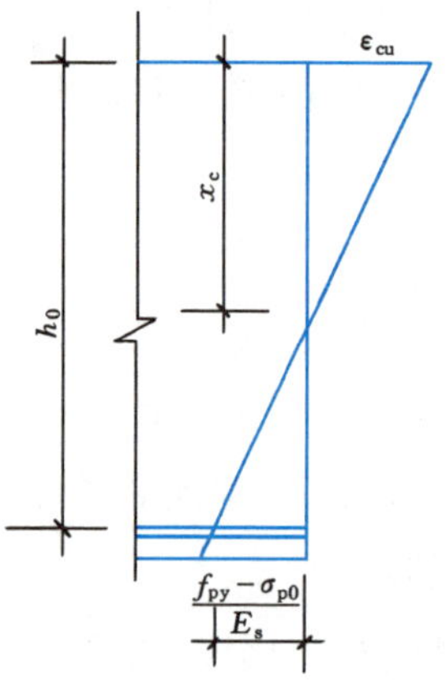

图 9-25　相对受压区高度

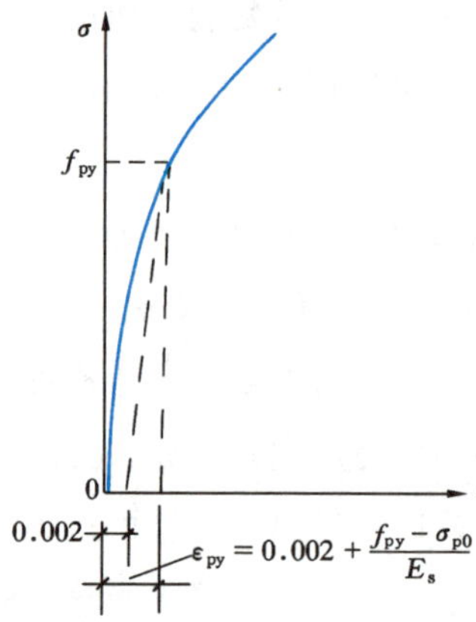

图 9-26　条件屈服钢筋的拉应变

如果在受弯构件的截面受拉区内配置不同种类的预应力筋或预应力值不同，其相对界限受压区高度应分别计算，并取较小值。

(2) 任意位置处预应力筋及普通钢筋应力的计算

设第 i 层预应力筋的预拉应力为 σ_{pi}，它到混凝土受压区边缘的距离为 h_{0i}，根据平截面假定，它的应力由图 9-27 可得：

$$\sigma_{pi} = E_s \varepsilon_{cu}\left(\frac{\beta_1 h_{0i}}{x} - 1\right) + \sigma_{p0i} \tag{9-71}$$

同理，普通钢筋的应力：

$$\sigma_{si} = E_s \varepsilon_{cu}\left(\frac{\beta_1 h_{0i}}{x} - 1\right) \tag{9-72}$$

以上公式也可按下列近似公式计算：

预应力筋的应力：

$$\sigma_{pi}=\frac{f_{py}-\sigma_{p0i}}{\xi_b-\beta_1}\left(\frac{x}{h_{0i}}-\beta_1\right)+\sigma_{p0i} \tag{9-73}$$

普通钢筋的应力：

$$\sigma_{si}=\frac{f_y}{\xi_b-\beta_1}\left(\frac{x}{h_{0i}}-\beta_1\right) \tag{9-74}$$

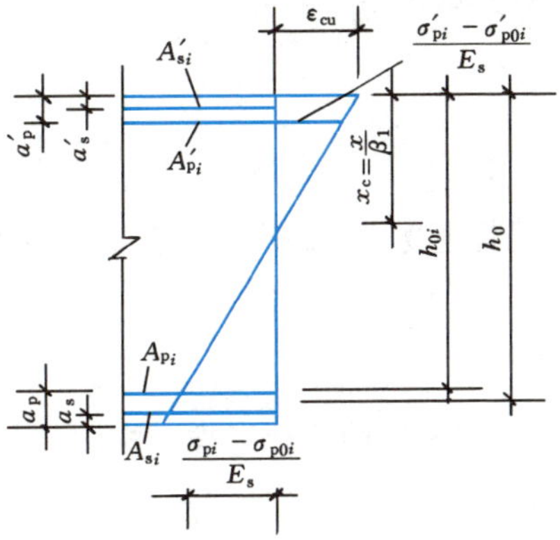

图 9-27　预应力筋应力 σ_{pi} 的计算

式中　σ_{pi}、σ_{si}——第 i 层纵向预应力筋、普通钢筋的应力；正值代表拉应力、负值代表压应力；

h_{0i}——第 i 层纵向钢筋截面重心至截面受压区边缘的距离；

x——等效矩形应力图形的混凝土受压区高度；

σ_{p0i}——第 i 层纵向预应力筋截面重心处混凝土法向应力等于零时预应力筋的应力。

预应力筋的应力 σ_{pi} 应符合下列条件：

$$\sigma_{p0i}-f'_{py}\leqslant\sigma_{pi}\leqslant f_{py} \tag{9-75}$$

普通钢筋应力 σ_{si} 应符合下列条件：

$$-f'_y\leqslant\sigma_{si}\leqslant f_y \tag{9-76}$$

(3) 受压区预应力筋应力（σ'_{pe}）的计算

随着荷载的不断增大，在预应力筋 A'_p 重心处的混凝土压应力和压应变都有所增加，预应力筋 A'_p 的拉应力随之减小，故截面到达破坏时，A'_p 的应力可能仍为拉应力，也可能变为压应力，但其应力值 σ'_{pe} 却达不到抗压强度设计值 f'_{py}，而仅为：

后张法构件：$\sigma'_{pe}=(\sigma'_{con}-\sigma'_l)+\alpha_E\sigma'_{pcp\,II}-f'_{py}=\sigma'_{p0}-f'_{py}$　　(9-77)

2) 正截面受弯承载力计算

预应力混凝土受弯构件正截面受弯破坏时，受拉区预应力筋先达到屈服，然后受压区边缘的压应变达到混凝土的极限压应变值而破坏。如果在截面上还有普通钢筋 A_s、A'_s，破坏时其应力都能达到屈服强度。而受压区预应力筋 A'_p 在截面破坏时的应力应按式（9-77）计算。因此，对于图 9-28 所示的矩形截面或翼缘位于受拉边的 T 形截面预应力混凝土受弯构件，其正截面受弯承

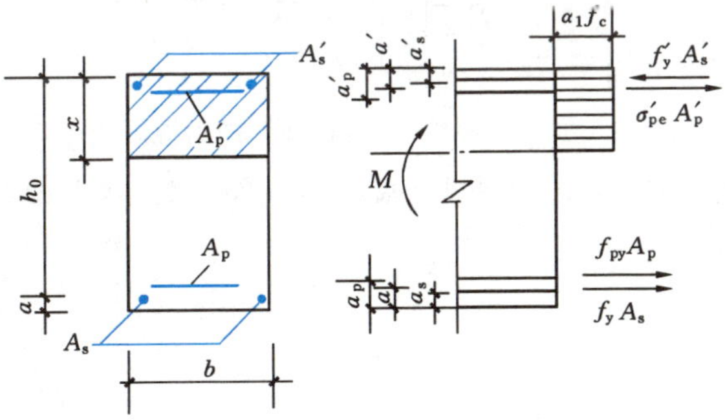

图 9-28　矩形截面受弯构件正截面承载力计算

载力计算的基本公式为：

$$\alpha_1 f_c bx = f_y A_s - f'_y A'_s + f_{py} A_p + (\sigma'_{p0} - f'_{py}) A'_p \tag{9-78}$$

$$M \leqslant M_u = \alpha_1 f_c bx\left(h_0 - \frac{x}{2}\right) + f'_y A'_s (h_0 - a'_s) - (\sigma'_{p0} - f'_{py}) A'_p (h_0 - a'_p) \tag{9-79}$$

混凝土受压区高度应符合下列适用条件：

$$x \leqslant \xi_b h_0 \tag{9-80}$$

$$x \geqslant 2a' \tag{9-81}$$

《混凝土结构设计标准》规定，预应力混凝土受弯构件的正截面受弯承载力设计值应满足：

$$M_u \geqslant M_{cr} \tag{9-82}$$

式中 M——弯矩设计值；

M_u——正截面受弯承载力设计值；

M_{cr}——构件的正截面开裂弯矩值，见公式（9-66）；

A_s、A'_s——受拉区、受压区纵向普通钢筋的截面面积；

A_p、A'_p——受拉区、受压区纵向预应力筋的截面面积；

h_0——截面的有效高度；

b——矩形截面的宽度或倒T形截面的腹板宽度；

α_1——系数；当混凝土强度等级不超过C50时，$\alpha_1=1.0$；当混凝土强度等级为C80时，$\alpha_1=0.94$；其间按线性内插法取用；

a'——受压区全部纵向钢筋合力点至截面受压边缘的距离，当受压区未配置纵向预应力筋或受压区纵向预应力筋应力 $\sigma'_{pe}=\sigma'_{p0}-f'_{py}$ 为拉应力时，则式（9-81）中的 a' 用 a'_s 代替；

a'_s、a'_p——受压区纵向普通钢筋合力点、预应力筋合力点至截面受压区边缘的距离。

当 $x<2a'$ 时，正截面受弯承载力可按下列公式计算。

当 σ'_{pe} 为拉应力时，取 $x=2a'_s$，见图9-29。

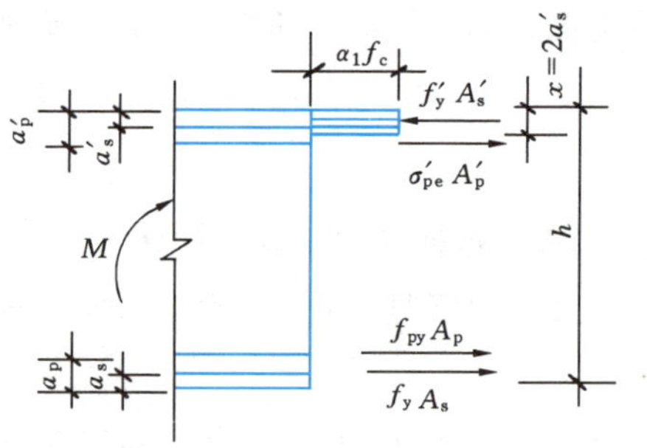

图9-29 矩形截面预应力混凝土受弯构件垂直截面当 $x<2a'$ 时的计算简图

$$\begin{aligned} M \leqslant M_u = {} & f_{py} A_p (h - a_p - a'_s) \\ & + f_y A_s (h - a_s - a'_s) \\ & + (\sigma'_{p0} - f'_{py}) A'_p (a'_p - a'_s) \end{aligned} \tag{9-83}$$

式中 a_s、a_p——受拉区纵向普通钢筋、预应力筋至截面受拉边缘的距离。

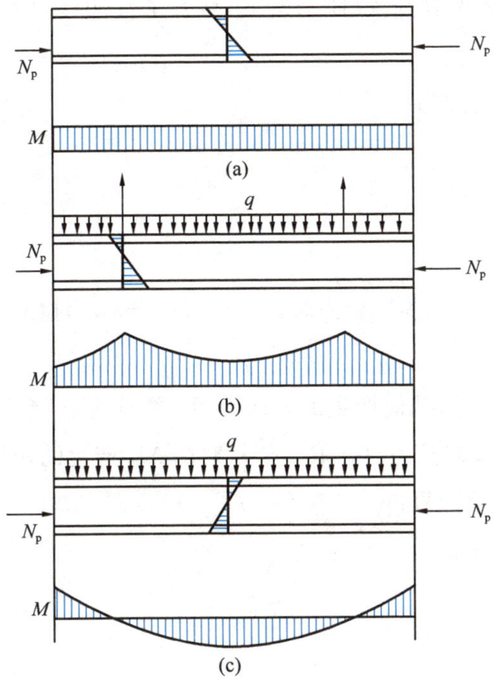

图 9-30　预应力混凝土受弯构件

(a) 制作阶段；(b) 吊装阶段；(c) 使用阶段

2. 受弯构件施工阶段的验算

预应力受弯构件，在制作、运输及安装等施工阶段的受力状态，与使用阶段是不相同的。在制作时，截面上受到了偏心压力，截面下边缘受压，上边缘受拉，见图 9-30（a）。而在运输、安装时，搁置点或吊点通常离梁端有一段距离，两端悬臂部分因自重引起负弯矩，与偏心预压力引起的负弯矩是相叠加的，见图 9-30（b）。在截面上边缘（或称预拉区），如果混凝土的拉应力超过了混凝土的抗拉强度时，预拉区将出现裂缝，并随时间的增长裂缝不断开展。在截面下边缘（预压区），如混凝土的压应力过大，也会产生纵向裂缝。试验表明，预拉区的裂缝虽可在使用荷载下闭合，对构件的影响不大，但会使构件在使用阶段的正截面抗裂度和刚度降低。因此，在制作、运输及安装等施工阶段，除了应进行承载能力极限状态验算外，还必须对构件施工阶段的抗裂度进行验算。《混凝土结构设计标准》是采用限制边缘纤维混凝土应力值的方法，来满足预拉区不允许或允许出现裂缝的要求，同时保证预压区的抗压强度。

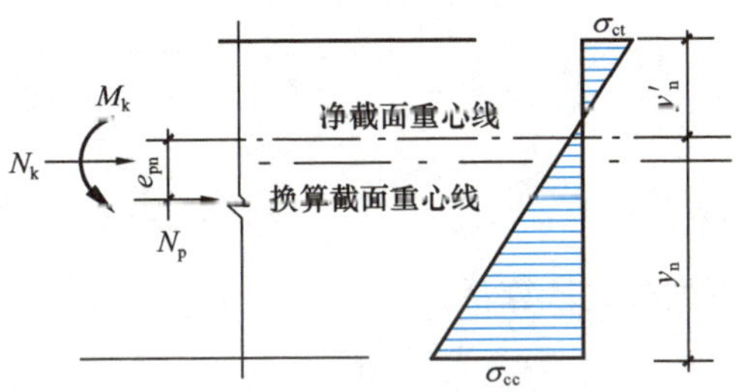

图 9-31　后张法预应力混凝土构件施工阶段验算

对制作、运输及安装等施工阶段预拉区允许出现拉应力的构件，或预压时全截面受压的构件，在预加力、自重及施工荷载作用下（必要时应考虑动力系数）截面边缘的混凝土法向应力宜符合下列规定（图 9-31）：

$$\sigma_{ct} \leqslant f'_{tk} \tag{9-84}$$

$$\sigma_{cc} \leqslant 0.8 f'_{ck} \tag{9-85}$$

式中　σ_{ct}、σ_{cc}——相应施工阶段计算截面边缘纤维的混凝土拉应力（预拉区）和压应力（预压区）；

f'_{tk}、f'_{ck}——与各施工阶段混凝土立方体抗压强度 f'_{cu} 相应的抗拉强度标准值、抗压强度标准值，按附表2-2和附表 2-1 用线性内插法取用。

简支构件端部区段截面预拉区边缘纤维的混凝土拉应力允许大于 f_{tk}；但不应大于 $1.2f'_{tk}$。

截面边缘的混凝土法向应力 σ_{ct}、σ_{cc} 可按下式计算：

$$\left.\begin{matrix}\sigma_{cc}\\ \\ \sigma_{ct}\end{matrix}\right\}=\sigma_{pc}+\frac{N_k}{A_0}\pm\frac{M_k}{W_0} \tag{9-86}$$

式中 σ_{pc}——由预加力产生的混凝土法向应力，当 σ_{pc} 为压应力时，取正值；当 σ_{pc} 为拉应力时，取负值；

N_k、M_k——构件自重及施工荷载的标准组合在计算截面产生的轴向力值、弯矩值；当 N_k 为轴向压力时，取正值；当 N_k 为轴向拉力时，取负值；对由 M_k 产生的边缘纤维应力，压应力取加号，拉应力取减号；

W_0——验算边缘的换算截面弹性抵抗矩；

其余符号都按构件的截面几何特征代入。

3. 受弯构件的变形验算

预应力受弯构件的挠度由两部分叠加而成：一部分是由荷载产生的挠度 f_{1l}，另一部分是预加应力产生的反拱 f_{2l}。

1）荷载作用下构件的挠度 f_{1l}

挠度 f_{1l} 可按一般材料力学的方法计算，即：

$$f_{1l}=S\frac{Ml^2}{B} \tag{9-87}$$

其中截面弯曲刚度 B 应分别按下列情况计算。

（1）按荷载标准组合下的短期刚度，可由下列公式计算：

对于使用阶段要求不出现裂缝的构件

$$B_s=0.85E_cI_0 \tag{9-88}$$

式中 E_c——混凝土的弹性模量；

I_0——换算截面惯性矩；

0.85——刚度折减系数，考虑混凝土受拉区开裂前出现的塑性变形。

对于使用阶段允许出现裂缝的构件：

$$B_s=\frac{0.85E_cI_0}{\kappa_{cr}+(1-\kappa_{cr})\omega} \tag{9-89}$$

$$\kappa_{cr}=\frac{M_{cr}}{M_k} \tag{9-90}$$

$$\omega=\left(1+\frac{0.21}{\alpha_E\rho}\right)(1+0.45\gamma_f)-0.7 \tag{9-91}$$

$$M_{cr}=(\sigma_{pc\text{II}}+\gamma f_{tk})W_0 \tag{9-92}$$

式中　κ_{cr}——预应力混凝土受弯构件正截面的开裂弯矩 M_{cr} 与荷载标准组合弯矩 M_k 的比值，当 $\kappa_{cr}>1.0$ 时，取 $\kappa_{cr}=1.0$；

γ——混凝土构件的截面抵抗矩塑性影响系数，$\gamma=\left(0.7+\frac{120}{h}\right)\gamma_m$，$\gamma_m$ 按附录 4 附表 4-4 取用；对矩形截面 $\gamma_m=1.55$；h 为截面高度，当 $h<400$mm 时，取 $h=400$mm；当 $h>1600$mm 时，取 $h=1600$mm；

$\sigma_{pc\text{II}}$——扣除全部预应力损失后，由预加力在抗裂验算截面边缘产生的混凝土预压应力；

α_E——钢筋弹性模量与混凝土弹性模量的比值，$\alpha_E=\frac{E_s}{E_c}$；

ρ——纵向受拉钢筋配筋率，$\rho=\frac{\alpha_1 A_p+A_s}{bh_0}$；对灌浆的后张预应力筋，取 $\alpha_1=1.0$；

γ_f——受拉翼缘截面面积与腹板有效截面面积的比值；$\gamma_f=\frac{(b_f-b)\ h_f}{bh_0}$，其中 b_f、h_f 为受拉区翼缘的宽度、高度。

对预压时预拉区出现裂缝的构件，B_s 应降低 10%。

(2) 按荷载标准组合并考虑预加力长期作用影响的刚度，可按第 8 章截面刚度 B 公式计算，其中取 $\theta=2.0$，B_s 按式 (9-88) 或式 (9-89) 计算。

2) 预加力产生的反拱 f_{2l}

预应力混凝土构件在偏心距为 e_p 的总预压力 N_p 作用下将产生反拱 f_{2l}，其值可按结构力学公式计算，即按两端有弯矩（等于 N_pe_p）作用的简支梁计算。设梁的跨度为 l，截面弯曲刚度为 B，则：

$$f_{2l}=\frac{N_pe_pl^2}{8B} \tag{9-93}$$

式中的 N_p、e_p 及 B 等按下列不同的情况取用不同的数值，具体规定如下。

(1) 构件施加预应力引起的反拱值

按荷载标准组合，$B=0.85E_cI_0$ 计算，此时的 N_p 及 e_p 均按扣除第一批预应力损失值后的情况计算，后张法构件为 $N_{p\text{I}}$、$e_{pn\text{I}}$。

(2) 使用阶段的预加力反拱值

在使用阶段由于预应力的长期作用，预压区混凝土的徐变变形使梁的反拱值增大，故使用阶段的预加力反拱值可按刚度 $B=E_cI_0$ 计算，并应考虑预压应力长期作用的影响。此时 N_p 及 e_p 应按扣除全部预应力损失后的情况计算，后张法构件为 $N_{p\text{II}}$、$e_{pn\text{II}}$。简化计算时，可将计算的反拱值乘以增大系数 2.0。

3）挠度计算

由荷载标准组合下构件产生的挠度扣除预应力产生的反拱，即为预应力受弯构件的挠度：

$$f = f_{1l} - f_{2l} \leqslant [f] \tag{9-94}$$

式中 $[f]$——挠度限值，见附录 4 附表 4-1。

预应力混凝土受弯构件设计步骤框图如图 9-32 所示。

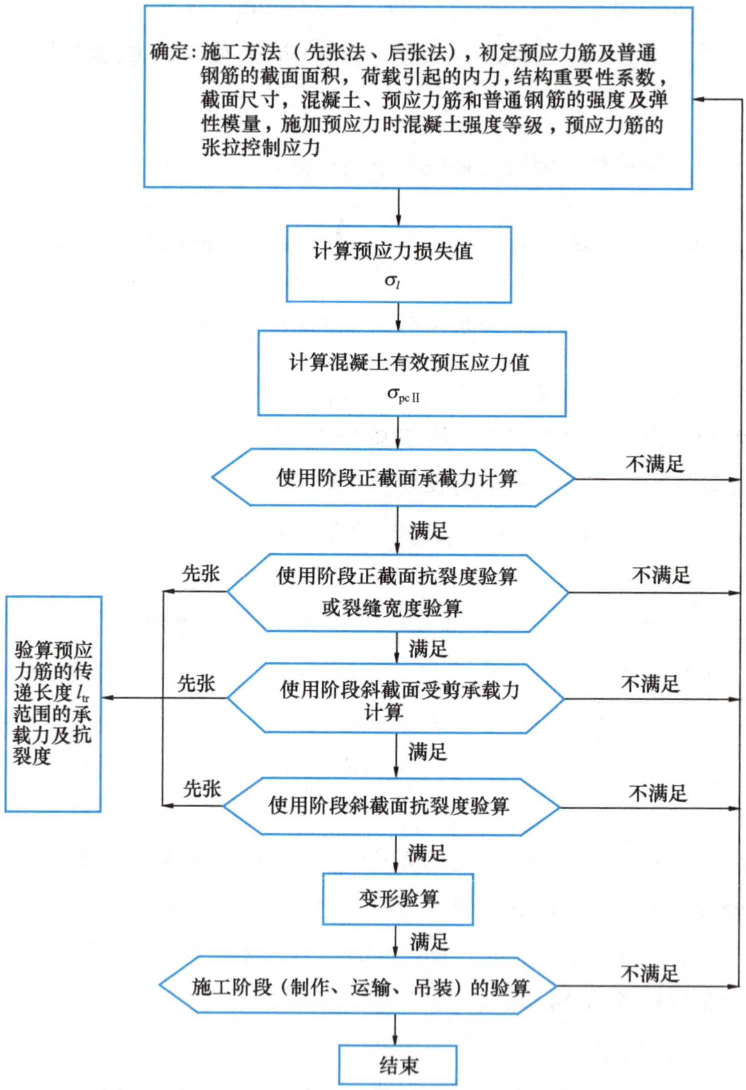

图 9-32　预应力混凝土受弯构件设计步骤框图

9.4　预应力混凝土构件的构造要求

预应力混凝土构件的构造要求，除应满足钢筋混凝土结构的有关规定外，还应根据预应力张拉工艺、锚固措施及预应力筋种类的不同，满足有关的构造要求。

1. 截面形式和尺寸

预应力轴心受拉构件通常采用正方形或矩形截面。预应力受弯构件可采用T形、I形及箱形等截面。

为了便于布置预应力筋以及预压区在施工阶段有足够的抗压能力，可设计成上、下翼缘不对称的I形截面，其下部受拉翼缘的宽度可比上翼缘窄些，但高度比上翼缘大。

截面形式沿构件纵轴也可以变化，如跨中为I形，近支座处为了承受较大的剪力并能有足够位置布置锚具，在两端往往做成矩形。

由于预应力构件的抗裂度和刚度较大，其截面尺寸可比钢筋混凝土构件小些。对预应力混凝土受弯构件，其截面高度 $h=\frac{l}{20}\sim\frac{l}{14}$，最小可为$\frac{l}{35}$（$l$为跨度），可取为钢筋混凝土梁高的70%左右。翼缘宽度一般可取$\frac{h}{3}\sim\frac{h}{2}$，翼缘厚度可取$\frac{h}{10}\sim\frac{h}{6}$，腹板宽度尽可能小些，可取$\frac{h}{15}\sim\frac{h}{8}$。

2. 预应力纵向钢筋及端部附加竖向钢筋的布置

直线布置：当荷载和跨度不大时，直线布置最为简单，见图9-33（a），施工时用先张法或后张法均可。

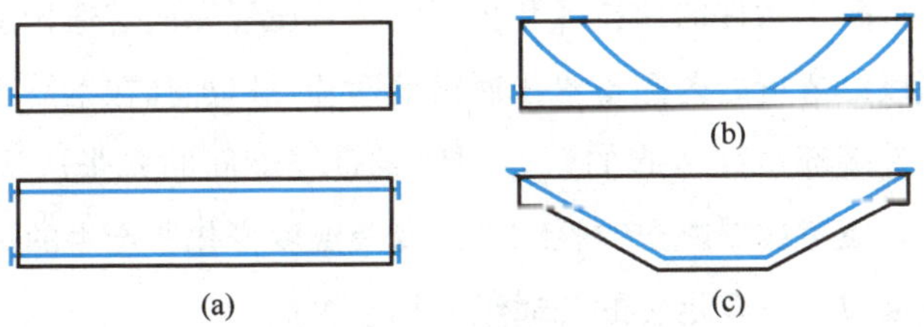

图9-33　预应力钢筋的布置

（a）直线形；（b）曲线形；（c）折线形

曲线布置、折线布置：当荷载和跨度较大时，可布置成曲线形（图9-33b）或折线形（图9-33c），施工时一般用后张法，如预应力混凝土屋面梁、吊车梁等构件。为了承受支座附近区段的主拉应力及防止由于施加预应力而在预拉区产生裂缝和在构件端部产生沿截面中部的纵向水平裂缝，在靠近支座部位，宜将一部分预应力筋弯起，弯起的预应力筋宜沿构件端部均匀布置。

当构件端部的预应力筋需集中布置在截面的下部或集中布置在上部和下部时，应在构件端部 0.2h（h 为构件端部的截面高度）范围内设置防止端面裂缝的附加竖向焊接钢筋网、封闭式箍筋或其他形式的构造钢筋，且宜采用带肋钢筋，其截面面积应符合下列规定：

$$A_{sv} \geqslant \frac{T_s}{f_{yv}} \tag{9-95}$$

$$T_s = \left(0.25 - \frac{e}{h}\right)P \tag{9-96}$$

式中 T_s——锚固端端面拉力；

P——作用在构件端部截面重心线上部或下部预应力筋的合力设计值，对有粘结预应力混凝土可取 1.2 倍张拉控制力；

e——截面重心线上部或下部预应力筋的合力点至截面近边缘的距离；

f_{yv}——附加钢筋的抗拉强度设计值，按附录 2 附表 2-11 采用。

当 $e>0.2h$ 时，可根据实际情况适当配置构造钢筋。

当端部截面上部和下部均有预应力筋时，附加竖向钢筋的总截面面积应按上部和下部的预应力合力分别计算的较大值采用。

在构件端面横向也应按上述方法计算抗端面裂缝钢筋，并与上述竖向钢筋形成网片筋配置。

3. 普通纵向钢筋的布置

预应力构件中，除配置预应力筋外，为了防止施工阶段因混凝土收缩、温差及预加力过程中引起预拉区裂缝以及防止构件在制作、堆放、运输、吊装时出现裂缝或减小裂缝宽度，可在构件截面内（即预拉区）设置足够的普通钢筋。

在后张法预应力混凝土构件的预拉区和预压区，宜设置纵向普通构造钢筋；在预应力筋弯折处，应加密箍筋或沿弯折处内侧布置普通钢筋网片，以加强在钢筋弯折区段的混凝土。

对预应力筋在构件端部全部弯起的受弯构件或直线配筋的先张法构件，当构件端部与下部支承结构焊接时，应考虑混凝土的收缩、徐变及温度变化所产生的不利影响，宜在构件端部可能产生裂缝的部位，设置足够的普通纵向构造钢筋。

4. 钢丝、钢绞线的净间距

先张法预应力筋之间的净间距应根据浇筑混凝土、施加预应力及钢筋锚固要求确定。预应力筋之间的净间距不宜小于其公称直径的 2.5 倍和混凝土粗骨料最大粒径的 1.25 倍，且应符合下列规定：

对预应力钢丝不应小于 15mm；

对三股钢绞线不应小于 20mm；对七股钢绞线不应小于 25mm。

5. 后张预应力筋的预留孔道

1）对预制构件中预留孔道之间的水平净间距不应小于 50mm，且不宜小于粗骨料粒径的 1.25 倍，孔道至构件边缘的净距不应小于 30mm，且不宜小于孔道直径的一半。

2）在现浇混凝土梁中预留孔道在竖直方向的净间距不宜小于孔道外径，水平方向的净间距不宜小于 1.5 倍孔道外径，且不应小于粗骨料粒径的 1.25 倍；从孔道外壁至构件边缘的净间距：梁底不宜小于 50mm，梁侧不宜小于 40mm，裂缝控制等级为三级的梁，梁底、梁侧分别不宜小于 60mm 和 50mm。

3）预留孔道的内径宜比预应力束外径及需穿过孔道的连接器外径大 6～15mm，且孔道的截面积宜为穿入预应力束截面积的 3.0～4.0 倍。

4）在构件两端及跨中应设置灌浆孔或排气孔，其孔距不宜大于 12m。

5）凡制作时需要起拱的构件，预留孔道宜随构件同时起拱。

6. 锚具

后张法预应力筋的锚固应选用可靠的锚具，其制作方法和质量要求应符合国家现行有关标准的规定。

7. 端部混凝土的局部加强

对先张法预应力混凝土构件单根配置的预应力筋，其端部宜设置螺旋筋；分散布置的多根预应力筋，在构件端部 $10d$（d 为预应力筋的公称直径），且不小于 100mm 长度范围内，宜设置 3～5 片与预应力筋垂直的钢筋网片。

后张法构件端部尺寸，应考虑锚具的布置、张拉设备的尺寸和局部受压的要求，必要时应适当加大。

在预应力筋锚具下及张拉设备的支承处，应设置预埋钢垫板及构造横向钢筋网片或螺旋式钢筋等局部加强措施。

对外露金属锚具应采取可靠的防腐及防火措施。

后张法预应力混凝土构件的曲线预应力钢丝束、钢绞线束的曲率半径不宜小于 4m。

对折线配筋的构件，在预应力筋弯折处的曲率半径可适当减小。

在局部受压间接钢筋配置区以外，在构件端部长度 l 不小于 $3e$（e 为截面中心线上部或下部预应力筋的合力点至邻近边缘的距离），但不大于 $1.2h$（h 为构件端部截面高度），高度为 $2e$ 的附加配筋区范围内，应均匀配置附加防劈裂箍筋或网片，见图 9-34，配筋面积可按下式计算：

$$A_{sb} \geqslant 0.18\left(1-\frac{l_l}{l_b}\right)\frac{P}{f_{yv}} \tag{9-97}$$

式中，符号 P 和 f_{yv} 同式（9-95）和式（9-96）；l_l、l_b 分别为沿构件高度方向 A_l、A_b 的边长或直径；A_l、A_b 按本章 9.1.10 确定；其体积配筋率不应小于 0.5%。

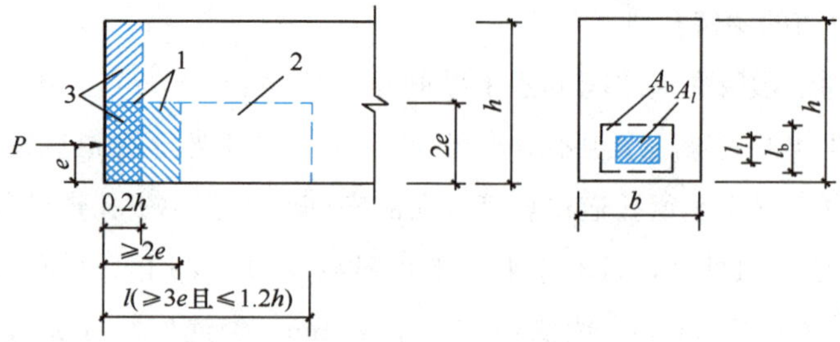

图 9-34 防止端部裂缝的配筋范围

1—局部受压间接钢筋配置区；2—附加防劈裂配筋区；3—附加防端面裂缝配筋区

9.5 部分预应力混凝土与无粘结预应力混凝土

1. 部分预应力混凝土

1）部分预应力混凝土的特点

（1）可合理控制裂缝与变形，节约钢材。因可根据结构构件的不同使用要求、可变荷载的作用情况及环境条件等对裂缝和变形进行合理的控制，降低了预加力值，从而减少了锚具的用量，适量降低了费用。

（2）可控制反拱值不致过大。由于预加力值相对较小，构件的初始反拱值小，徐变变形亦减小。

（3）延性较好。在部分预应力混凝土构件中，通常配置普通钢筋，因而其正截面受弯的延性较好，有利于结构抗震，并可改善裂缝分布，减小裂缝宽度。

（4）与全预应力混凝土相比，可简化张拉、锚固等工艺，获得较好的综合经济效果。

（5）计算较为复杂。部分预应力混凝土构件需按开裂截面分析，计算较繁冗，又如部分预应力混凝土多层框架的内力分析中，除需计算由荷载及预加力作用引起的内力外，还需考虑框架在预加力作用下的轴向压缩变形引起的内力。此外，在超静定结构中还需考虑预应力次弯矩和次剪力的影响，并需计算及配置普通钢筋。

根据上述，对在使用荷载作用下不允许开裂的构件，应设计成全预应力的，对于允许开裂或不变荷载较小、可变荷载较大并且可变荷载的持续作用值较小的构件则宜设计成部分预应力的。在工程实际中，应根据预应力混凝土结构所处的环境类别和使用要求，按受力裂缝控制等级、分别对不同荷载组合进行设计。

2）荷载-挠度曲线

对部分预应力混凝土，较多采用预应力高强度钢材（钢丝、钢绞线）与普通钢筋

（HRB400 级钢筋等）混合配筋的方式。其中，普通钢筋的作用如下：

（1）如果在无粘结预应力混凝土梁中配置了一定数量的普通钢筋，则可有效地提高无粘结预应力混凝土梁正截面受弯的延性。

（2）在受压区边缘配置的普通钢筋可承担由于预加力偏心过大引起的拉应力，并控制裂缝的出现或开展。

（3）可承担构件在运输、存放及吊装过程中可能产生的应力。

（4）可分散梁的裂缝和限制裂缝的宽度，从而改善梁的使用性能并提高梁的正截面受弯承载力。

2. 无粘结预应力混凝土

1）有粘结预应力束和无粘结预应力束

对后张法施工的预应力混凝土构件，通常的做法是，在构件中预留孔道，待混凝土结硬后，穿入预应力束进行张拉至控制应力并锚固，最后用压力灌浆将预留孔道的孔隙填实。这种沿预应力束全长均与混凝土接触表面之间存在粘结作用而不能发生纵向相对滑动的束称为有粘结预应力束。如果沿预应力束全长与混凝土接触表面之间不存在粘结作用、而能发生纵向相对滑动的束则称为无粘结预应力束。

无粘结预应力束的一般做法是，将预应力束的外表面涂以沥青、油脂或其他润滑防锈材料，以减小摩擦力并防止锈蚀，然后用纸带或塑料袋包裹或套以塑料管，以防止在施工过程中碰坏涂料层，并使预应力束与混凝土隔离，将预应力束按设计的部位放入构件模板中浇捣混凝土，待混凝土达到规定强度后即可进行张拉。

上述涂料应具有防腐蚀性能，要求在预期的使用温度范围内不致发脆开裂，也不致液化流淌，并应具有化学稳定性。

无粘结预应力束可在工厂预制，并且不需要在构件中留孔、穿束和灌浆，因而可大为简化现场施工工艺，但无粘结预应力束对锚具的质量和防腐蚀要求较高，锚具区应用混凝土或环氧树脂水泥浆进行封口处理，防止潮气入侵。

2）无粘结预应力混凝土梁的受弯性能

当无粘结预应力混凝土梁的配筋率较低时，在荷载作用下，梁在最大弯矩截面附近只出现一条或少数受弯裂缝，随着荷载增大，裂缝迅速开展，最终发生脆性破坏，类似于带拉杆的拱。

试验结果表明，如果在无粘结预应力混凝土梁中配置了一定数量的普通钢筋，则能显著改善梁的使用性能及改变其破坏形态。

无粘结预应力混凝土结构构件的抗震性能是目前尚在研究的课题，其抗震设计应符合专门规定。

思考题

问　答　题

9-1　什么是预应力混凝土构件？它与钢筋混凝土构件相比，有何优点与缺点？

9-2　为什么钢筋混凝土构件不能有效地利用高强度钢筋和高强度混凝土？预应力混凝土构件对高强度钢筋和高强度混凝土有哪些要求？

9-3　试比较预应力混凝土构件两种主要施工方法的特点及其应用范围。

9-4　哪些构件宜优先采用预应力混凝土？

9-5　预应力混凝土构件中的锚具或夹具起什么作用？锚具或夹具应具备哪些要求？

9-6　什么是预应力混凝土的张拉控制应力？为什么不能定得太高，也不能定得太低？

9-7　在确定张拉控制应力时，一般将先张法预应力混凝土的张拉控制应力取得比后张法略高，为什么？

9-8　预应力损失有哪几项？分别阐述其产生的原因及减少各项预应力损失的措施。

9-9　什么是第一批和第二批预应力损失值？先张法和后张法对各项预应力筋损失值是如何进行组合的？

9-10　分别阐述先张法及后张法预应力轴心受拉构件在施工阶段和使用阶段构件截面上主要应力值的计算公式。

9-11　预应力混凝土构件计算中的换算截面面积 A_0 和净截面面积 A_n 是如何计算的？试分述其在先张法和后张法施工阶段及使用阶段计算过程中的运用。

9-12　如果预应力控制应力 σ_{con} 及预应力损失值 σ_l 等条件均相同，当加载至截面上混凝土预压应力 $\sigma_{pc}=0$，先张法和后张法构件中的预应力筋的应力值 σ_{p0} 是否相同？哪个大？

9-13　试阐述预应力混凝土轴心受拉构件裂缝宽度计算公式中，钢筋应力计算公式 $\sigma_s=\dfrac{N_k-N_{p0}}{A_p+A_s}$ 的物理意义。

9-14　什么是先张法中预应力筋的预应力传递长度 l_{tr}？如何进行计算？

9-15　为什么对预应力混凝土构件的端部锚固区需进行局部受压验算？设计时应满足什么要求？在确定 β_l 时，为何 A_b 和 A_l 不扣除孔道面积？

9-16　预应力混凝土受弯构件正截面的界限相对受压区高度 ξ_b 与钢筋混凝土受弯构件正截面界限相对受压区高度 ξ_b 是否相同？试加以说明。

9-17　预应力混凝土受弯构件在受压区配置预应力筋 A_p' 有什么作用？其对构件的正截面受弯承载力有何影响？

9-18　比较预应力混凝土及钢筋混凝土受弯构件在变形计算中的异同。

9-19　为什么预应力混凝土构件中一般需放置适量的非预应力钢筋？

9-20　为什么预应力混凝土构件可提高构件的抗裂度，但不能提高构件的承载力？

9-21　预应力混凝土构件的主要构造要求有哪些？

选　择　题

9-22　施加预应力的目的是________。

A. 提高构件的承载力　　　　B. 提高构件的抗裂度及刚度

C. 提高构件的承载力和抗裂度　　　　D. 对构件强度进行检验

9-23　受力及截面条件相同的钢筋混凝土轴心受拉构件和预应力混凝土轴心受拉构件相比较________。

A. 后者的抗裂度和刚度大于前者

B. 后者的承载力大于前者

C. 后者的承载力和抗裂度、刚度均大于前者

D. 两者的承载力、抗裂度和刚度相等

9-24　张拉（或放松）预应力筋时，构件的混凝土立方体抗压强度不应低于设计混凝土强度等级值的________。

A. 70%　B. 75%　C. 80%　D. 100%

9-25　先张法和后张法预应力混凝土构件两者相比，下述论点________不正确。

A. 先张法工艺简单，只需临时性锚具

B. 先张法适用工厂预制的中、小型构件，后张法适用施工现场制作的大、中型构件

C. 后张法需有台座或钢模张拉钢筋

D. 先张法一般常采用直线钢筋作为预应力筋

9-26　预应力筋的张拉控制应力 σ_{con}，先张法比后张法取值略高的原因是________。

A. 后张法在张拉钢筋时，混凝土同时产生弹性压缩，张拉设备上所显示的经换算得出的张拉控制应力为已扣除混凝土弹性压缩后的钢筋应力

B. 先张法临时锚具的变形损失大

C. 先张法的混凝土收缩、徐变较后张法大

D. 先张法有温差损失，后张法无此项损失

9-27　为了保证获得必要的预应力效果，避免将张拉控制应力 σ_{con} 定得过小，规范规定，对预应力消除应力钢丝、钢绞线、中强度预应力钢丝的张拉控制应力 σ_{con} 的最低限值不应小于________。

A. $0.3f_{ptk}$　B. $0.4f_{ptk}$　C. $0.5f_{ptk}$　D. $0.6f_{ptk}$

9-28　如采用预应力筋的 f_{ptk} 相同，控制应力 σ_{con} 均取上限值，下列论述________不正确。

A. 消除应力钢丝、钢绞线的 σ_{con} 比中强度预应力钢丝小

B. 消除应力钢丝、钢绞线的 σ_{con} 比中强度预应力钢丝大

C. 消除应力钢丝、钢绞线的 σ_{con} 取值相等

D. 消除应力钢丝、钢绞线、预应力螺纹钢筋的 σ_{con} 均不应小于 $0.4f_{ptk}$

9-29　当截面尺寸、配筋、材料强度等级、σ_{con} 及 σ_l 相同时，先张法、后张法预应力轴心受拉构件，预应力筋中的应力 $\sigma_{Pe\,\mathrm{II}}$ ________。

A. 两者相等　B. 先张法大于后张法

C. 先张法小于后张法　D. 应视具体情况判断

9-30　预应力混凝土锚具变形和钢筋内缩预应力损失值 $\sigma_{l1}=\alpha E_s/L$，其中 α 是指________。

A. 固定端锚具变形和钢筋内缩值

B. 张拉端锚具变形和钢筋内缩值

C. 固定端和张拉端锚具变形和钢筋内缩值之和

D. 固定端和张拉端锚具变形和钢筋内缩值之差

9-31　减少锚具变形和钢筋内缩预应力损失的措施，下列________是不正确的。

A. 选择变形小的锚具　B. 尽量减少垫板和螺母数

C. 选择较长的台座　D. 采用超张拉

9-32　为减少混凝土加热养护时受张拉的预应力筋与承受拉力的设备之间温差引起的预应力损失 σ_{l3} 的措施，下列________是正确的。

A. 增加台座长度和加强锚固

B. 提高混凝土强度等级或采用更高强度的预应力筋

C. 采用二次升温养护或在钢模上张拉预应力筋

D. 采用超张拉

9-33　以下有关预应力筋的应力松弛，________项是不正确的。

A. 张拉控制应力 σ_{con} 值高，应力松弛大

B. 张拉控制应力 σ_{con} 值高，应力松弛小

C. 预应力钢丝的应力松弛损失值与钢丝的初始应力值和极限强度有关

D. 钢筋的应力松弛开始发展快，以后发展缓慢

9-34　钢筋的应力松弛是指钢筋受力后________。

A. 钢筋应力保持不变的条件下，其应变会随时间的增长而逐渐增大的现象

B. 钢筋应力保持不变的条件下，其应变会随时间的增长而逐渐降低的现象

C. 钢筋长度保持不变的条件下，钢筋的应力会随时间的增长而逐渐增大的现象

D. 钢筋长度保持不变的条件下，钢筋的应力会随时间的增长而逐渐降低的现象

9-35 后张法预应力混凝土轴心受拉构件，混凝土在受预压前产生的第一批预应力损失 $\sigma_{l\text{I}}$ 和第二批预应力损失 $\sigma_{l\text{II}}$ 分别为________。

A. $\sigma_{l\text{I}}=\sigma_{l1}+\sigma_{l2}+\sigma_{l3}$； $\sigma_{l\text{II}}=\sigma_{l4}+\sigma_{l5}$

B. $\sigma_{l\text{I}}=\sigma_{l1}+\sigma_{l2}$； $\sigma_{l\text{II}}=\sigma_{l4}+\sigma_{l5}+\sigma_{l6}$

C. $\sigma_{l\text{I}}=\sigma_{l1}+\sigma_{l3}+\sigma_{l4}$； $\sigma_{l\text{II}}=\sigma_{l5}$

D. $\sigma_{l\text{I}}=\sigma_{l1}+\sigma_{l2}+\sigma_{l4}$； $\sigma_{l\text{II}}=\sigma_{l5}+\sigma_{l6}$

9-36 先张法预应力混凝土轴心受拉构件，混凝土在受预压前产生的第一批预应力损失 $\sigma_{l\text{I}}$ 和预压后产生第二批预应力损失 $\sigma_{l\text{II}}$ 分别为________。

A. $\sigma_{l\text{I}}=\sigma_{l1}+\sigma_{l2}+\sigma_{l3}$； $\sigma_{l\text{II}}=\sigma_{l4}+\sigma_{l5}$

B. $\sigma_{l\text{I}}=\sigma_{l1}+\sigma_{l2}$； $\sigma_{l\text{II}}=\sigma_{l3}+\sigma_{l4}+\sigma_{l5}$

C. $\sigma_{l\text{I}}=\sigma_{l1}+\sigma_{l2}+\sigma_{l3}+\sigma_{l4}$； $\sigma_{l\text{II}}=\sigma_{l5}$

D. $\sigma_{l\text{I}}=\sigma_{l1}+\sigma_{l2}+\sigma_{l4}$； $\sigma_{l\text{II}}=\sigma_{l5}+\sigma_{l6}$

9-37 先张法预应力混凝土轴心受拉构件在施工阶段，完成第二批损失后，预应力筋的拉应力 $\sigma_{pe\text{II}}$ 和非预应力钢筋应力 $\sigma_{s\text{II}}$ 的值等于________。

A. $\sigma_{pe\text{II}}=\sigma_{con}-\sigma_l$； $\sigma_{s\text{II}}=\alpha_E\sigma_{pc\text{II}}+\sigma_{l5}$

B. $\sigma_{pe\text{II}}=\sigma_{con}-\sigma_l$； $\sigma_{s\text{II}}=\alpha_E\sigma_{pc\text{II}}-\sigma_{l5}$

C. $\sigma_{pe\text{II}}=\sigma_{con}-\sigma_l+\alpha_E\sigma_{pc\text{II}}$； $\sigma_{s\text{II}}=\alpha_E\sigma_{pc\text{II}}+\sigma_{l5}$

D. $\sigma_{pe\text{II}}=\sigma_{con}-\sigma_l-\alpha_E\sigma_{pc\text{II}}$； $\sigma_{s\text{II}}=\alpha_E\sigma_{pc\text{II}}+\sigma_{l5}$

9-38 先张法预应力混凝土轴心受拉构件在施工阶段，完成第二批损失后，混凝土所获得的有效预压应力值 $\sigma_{pc\text{II}}$ 等于________。

A. $\sigma_{pc\text{II}}=(\sigma_{con}-\sigma_l)A_p/A_0$

B. $\sigma_{pc\text{II}}=[(\sigma_{con}-\sigma_l)A_p-\sigma_{l5}A_s]/A_0$

C. $\sigma_{pc\text{II}}=[(\sigma_{con}-\sigma_l)A_p+\sigma_{l5}A_s]/A_0$

D. $\sigma_{pc\text{II}}=(\sigma_{con}-\sigma_l)A_p/A_n$

9-39 先张法预应力混凝土轴心受拉构件，当截面处于消压状态时，这时预应力筋的拉应力 σ_{p0} 的值为________。

A. $\sigma_{con}-\sigma_l$

B. $\sigma_{con}-\sigma_l+\alpha_E\sigma_{pc\text{II}}$

C. $\sigma_{con}-\sigma_l-\alpha_E\sigma_{pc\text{II}}$

D. 0

9-40 预应力混凝土轴心受拉构件当混凝土法向应力等于零时（截面处于消压状态），全部纵向预应力筋和非预应力钢筋的合力 N_0 等于________。

A. 先张法 $N_0=(\sigma_{con}-\sigma_l)A_p-\sigma_{l5}A_s$，后张法 $N_0=(\sigma_{con}-\sigma_l+\alpha_E\sigma_{pc\text{II}})A_p-\sigma_{l5}A_s$

B. 先张法 $N_0=(\sigma_{con}-\sigma_l+\alpha_E\sigma_{pc\text{II}})A_P-\sigma_{l5}A_s$，后张法 $N_0=(\sigma_{con}-\sigma_l)A_p-\sigma_{l5}A_s$

C. 先张法和后张法均为 $N_0=(\sigma_{con}-\sigma_l)A_p-\sigma_{l5}A_s$

D. 先张法 $N_0=(\sigma_{con}-\sigma_l)A_0$，后张法 $N_0=(\sigma_{con}-\sigma_l)A_n$

9-41 先张法预应力混凝土轴心受拉构件的开裂荷载 N_{cr} 为________。

A. $(\sigma_{pc\text{II}}-f_{tk})A_0$

B. $\sigma_{pc\text{II}}A_0$

C. $f_{tk}A_0$

D. $(\sigma_{pc\text{II}}+f_{tk})A_0$

9-42 后张法预应力混凝土轴心受拉构件在施工阶段，完成第二批损失后，预应力筋的拉应力 $\sigma_{pe\text{II}}$ 及非预应力钢筋的应力 $\sigma_{s\text{II}}$ 的值等于________。

A. $\sigma_{pe\text{II}}=\sigma_{con}-\sigma_l$ $\sigma_{s\text{II}}=\alpha_E\sigma_{pc\text{II}}$

B. $\sigma_{pe\text{II}}=\sigma_{con}-\sigma_l-\alpha_E\sigma_{pc\text{II}}$ $\sigma_{s\text{II}}=\alpha_E\sigma_{pc\text{II}}$

C. $\sigma_{pe\text{II}}=\sigma_{con}-\sigma_l$ $\sigma_{s\text{II}}=\alpha_E\sigma_{pc\text{II}}+\sigma_{l5}$

D. $\sigma_{pe\text{II}}=\sigma_{con}-\sigma_l+\alpha_E\sigma_{pc\text{II}}$ $\sigma_{s\text{II}}=\alpha_E\sigma_{pc\text{II}}-\sigma_{l5}$

9-43 后张法预应力混凝土轴心受拉构件在施工阶段，完成第二批损失后，混凝土所获得的有效预压力 $\sigma_{pc\text{II}}$ 等于________。

A. $\sigma_{pc\text{II}}=(\sigma_{con}-\sigma_l)A_p/A_0$

B. $\sigma_{pc\text{II}}=[(\sigma_{con}-\sigma_l)A_p-\sigma_{l5}A_s]/A_0$

C. $\sigma_{pc\text{II}}=[(\sigma_{con}-\sigma_l)A_p-\sigma_{l5}A_s]/A_n$

D. $\sigma_{pc\text{II}}=[(\sigma_{con}-\sigma_l)A_p+\sigma_{l5}A_s]/A_n$

9-44 后张法预应力混凝土轴心受拉构件，当截面处于消压状态时，这时预应力筋的拉应力 σ_{p0} 的值为________。

A. $\sigma_{con}-\sigma_l$　　B. $\sigma_{con}-\sigma_l+\alpha_E\sigma_{pcII}$

C. $\sigma_{con}-\sigma_l-\alpha_E\sigma_{pcII}$　　D. 0

9-45 截面尺寸、配筋、材料强度等级、σ_{con}、σ_l 等条件相同的先张法及后张法预应力轴心受拉构件的预应力筋的有效预应力 σ_{peII}，下列________是正确的。

A. 先张法的 σ_{peII} 比后张法多 $\alpha_E\sigma_{pcII}$

B. 先张法的 σ_{peII} 比后张法少 $\alpha_E\sigma_{pcII}$

C. 先张法和后张法的 σ_{peII} 相等

D. 先张法的 σ_{peII} 比后张法的少 $\alpha_E\sigma_{pcI}$

9-46 后张法预应力混凝土轴心受拉构件的开裂荷载 N_{cr} 为________。

A. $(\sigma_{pcII}-f_{tk})A_0$　　B. $\sigma_{pcII}A_0$

C. $f_{tk}A_0$　　D. $(\sigma_{pcII}+f_{tk})A_0$

9-47 轴心受拉构件张拉（或放松）预应力筋时，混凝土的预压应力应符合 $\sigma_{cc}\leqslant0.8f'_{ck}$，其中 σ_{cc} 等于________。

A. 先张法 $(\sigma_{con}-\sigma_l)A_p/A_0$，后张法 $(\sigma_{con}-\sigma_l)A_p/A_n$

B. 先张法 $\sigma_{con}A_p/A_0$，后张法 $(\sigma_{con}-\sigma_l)A_p/A_0$

C. 先张法 $(\sigma_{con}-\sigma_{lI})A_p/A_0$，后张法 $\sigma_{con}A_p/A_0$

D. 先张法 $(\sigma_{con}-\sigma_{lI})A_p/A_0$，后张法 $\sigma_{con}A_p/A_n$

9-48 后张法预应力混凝土构件端部锚固区局部承压验算时，局部受压面上作用的局部荷载或局部压力设计值 F_1 的取值为________。

A. $1.2(\sigma_{con}-\sigma_{l2})A_p$　　B. $(\sigma_{con}-\sigma_{l2})A_p$

C. $\sigma_{con}A_p$　　D. $1.2\sigma_{con}A_p$

9-49 对一般要求不出现裂缝的预应力构件在荷载标准组合下，混凝土受拉边缘应力应符合下列________项的规定。

A. $\sigma_{ck}-\sigma_{peII}\leqslant0$

B. $\sigma_{ck}-\sigma_{pcII}\leqslant f_{tk}$

C. $\sigma_{ck}-\sigma_{pcII}\leqslant0$

D. $\sigma_{ck}-\sigma_{pcII}>0$

9-50 使用阶段允许开裂的三级预应力轴心受拉构件其最大裂缝宽度 w_{max} 的计算公式中，纵向受拉钢筋的等效应力 σ_{sk} 的计算公式为________。

A. $(N_k-N_{p0})/A_p+A_s$　　B. $(N_k+N_{p0})/A_p+A_s$

C. $(N_k-N_{p0})/A_0$　　D. N_k/A_0

9-51 在一类环境下的预应力混凝土屋架、托架、双向板体系等，其最大裂缝宽度 w_{max} 的限值为________。

A. 0.4mm　　B. 0.3mm　　C. 0.2mm　　D. 不允许有裂缝

9-52 使用阶段允许开裂的三级预应力轴心受拉构件，其最大裂缝宽度 w_{max} 的计算公式中，裂缝间纵向受拉钢筋应变不均匀系数 ψ 取值的范围为________。

A. 0.1～1.2　　B. 0.3～0.8　　C. 0.2～1.0　　D. 0.4～1.0

9-53 对构件的纵向钢筋施加预拉力后，在下列论述中________是不正确的。

A. 可提高构件斜截面受剪承载力

B. 可提高构件正截面受弯承载力

C. 可提高剪扭构件的受剪承载力和受扭承载力

D. 可提高构件的受冲切承载力

9-54 预应力混凝土构件，当采用中强度预应力钢丝，超张拉，张拉控制应力 $\sigma_{con}=735N/mm^2$，$f_{ptk}=1470N/mm^2$，则预应力筋的应力松弛 σ_{l4} 值为________。

A. $36.75N/mm^2$　　B. 0

C. $22.05N/mm^2$　　D. $58.8N/mm^2$

9-55 后张法预应力混凝土受弯构件在计算混凝土收缩、徐变引起的预应力损失（σ_{l5}、σ'_{l5}）计算公式中，计算 σ_{pc} 及 σ'_{pc} 时，应考虑的预应力损失项为________。

A. σ_{l1}　　B. $\sigma_{l1}+\sigma_{l2}+\sigma_{l4}$

C. $\sigma_{l1}+\sigma_{l2}+\sigma_{l3}+\sigma_{l4}$　　D. $\sigma_{l1}+\sigma_{l2}$

9-56 后张法预应力混凝土受弯构件，当使用荷载的作用大小恰使截面受拉区预应力筋合力点处的混凝土预压应力减少至零时，此时受拉区预应力筋在合力点处的应力计算公式为________。

A. $\sigma_{po}=\sigma_{con}-\sigma_{l\text{II}}+\alpha_E\sigma_{pc\text{II}}$　　B. $\sigma_{po}=\sigma_{con}-\sigma_{lI}+\alpha_E\sigma_{pcI}$

C. $\sigma_{po}=\sigma_{con}-\sigma_{l}+\alpha_E\sigma_{pc\text{II}}$　　D. $\sigma_{po}=\sigma_{con}-\sigma_{l}-\alpha_E\sigma_{pc\text{II}}$

9-57 对施工阶段预拉区允许出现拉应力的后张法预应力混凝土受弯构件，预拉区纵向钢筋的配筋率不应小于________。

A. $0.0015\left(\dfrac{A_s'+A_p'}{A}\right)$

B. $0.0015\left(\dfrac{A_s'}{A}\right)$

C. $0.002\left(\dfrac{A_s'+A_p'}{A}\right)$

D. $0.0015\left(\dfrac{A_s'+A_p'}{A}\right)\sim0.002\left(\dfrac{A_s'+A_p'}{A}\right)$之间

判 断 题

9-58 对截面、钢材和混凝土材性等条件相同的钢筋混凝土轴心受拉构件和预应力混凝土轴心受拉构件，两者的抗裂度是相等的。(　　)

9-59 对构件合理施加预应力，可提高构件的刚度和抗裂度，并能延迟裂缝的出现。(　　)

9-60 采用钢绞线、钢丝、预应力螺纹钢筋作预应力筋的构件，混凝土强度等级不应低于C30。(　　)

9-61 提高混凝土构件的抗裂度，主要取决于钢筋的预拉应力值，而要建立较高的预应力值，就必须采用较高强度等级的钢筋和混凝土。(　　)

9-62 预应力筋中张拉控制应力 σ_{con}越大，钢筋的应力松弛损失值越大。(　　)

9-63 后张法有粘结预应力混凝土构件，是先在构件中预留孔道，待预应力筋张拉完毕锚固后，用压力灌浆将预留孔填实。后张法无粘结预应力混凝土构件的预应力筋需要涂以沥青、油脂或其他润滑防锈材料，不需要在构件中留空、穿束和灌浆。(　　)

9-64 后张法施工的预应力混凝土构件，其预应力是通过钢筋与混凝土之间的粘结力来传递的。(　　)

9-65 对于先张法和后张法的预应力混凝土构件，若张拉控制应力 σ_{con}和预应力损失值 σ_l 相同时，则后张法所建立的钢筋有效预应力比先张法的大。(　　)

9-66 张拉控制应力 σ_{con}的限值，应考虑钢筋种类及预应力筋张拉方法等因素，并按钢筋强度的设计值确定。(　　)

9-67 混凝土的徐变是指混凝土受力后，在应力保持不变的条件下，其应变会随时间的增长而逐渐增大的现象。(　　)

9-68 超张拉是指张拉值超过预应力筋的张拉控制应力值 σ_{con}，而不是指张拉控制应力值 σ_{con}超过预应力筋的强度标准值。(　　)

9-69 如 σ_{pc}和 f_{cu}'的值相等时，由混凝土收缩、徐变引起的预应力损失值 σ_{l5}，后张法的比先张法的大。(　　)

9-70 对预应力筋进行超张拉，则可以减小预应力筋的温差损失。(　　)

9-71 预应力混凝土构件计算中，要求先张法预应力的总损失值不应小于 100N/mm^2。(　　)

9-72 由混凝土收缩和徐变引起的预应力损失值 σ_{l5}计算公式中的 σ_{pc}/f_{cu}'值不得大于0.5，主要是考虑 $\sigma_{pc}/f_{cu}'>0.5$ 时，混凝土会发生非线性徐变致使混凝土徐变引起的预应力损失将大幅度增加。(　　)

9-73 预应力螺纹钢筋的应力松弛比消除应力钢丝、钢绞线的大。(　　)

9-74 对一般要求不出现裂缝的预应力轴心受拉构件，在荷载标准组合下，允许存在拉应力，但要求拉应力的大小不大于 f_{tk}。(　　)

9-75 对严格要求不出现裂缝的预应力混凝土轴心受拉构件，应满足在荷载的准永久组合下，$\sigma_{cq}-\sigma_{pc}\leqslant0$。(　　)

9-76 对环境类别为二a类，使用阶段允许开裂的预应力混凝土轴心受拉构件，其最大裂缝宽度 w_{max}应小于0.2mm。(　　)

9-77　预应力混凝土受弯构件的抗裂弯矩比钢筋混凝土受弯构件的抗裂弯矩大，其增大值为 $\sigma_{pcII} \cdot W_0$。(　　)

9-78　预应力对受弯构件的受剪承载力起到有利作用，因为预压应力能阻滞斜裂缝的出现和开展，增加混凝土剪压区的高度，从而提高混凝土剪压区所承担的剪力。(　　)

9-79　对预应力混凝土连续梁和允许出现裂缝的预应力混凝土简支梁，施加预应力所提高的受剪承载力设计值可统一考虑为 $V_P = 0.05N_{P0}$。(　　)

9-80　在预应力混凝土受弯构件挠度计算中，应考虑预应力长期作用对构件反拱值增大的影响，并在计算中按扣除全部预应力损失后的情况考虑。(　　)

9-81　后张法预应力混凝土现浇梁中，预应力钢丝束、钢绞线束的预留孔道在水平方向的净间距不宜小于 1.5 倍的孔道外径，且不应小于粗骨料粒径的 1.25 倍，在竖直方向的净间距不应小于孔道外径。(　　)

9-82　对后张法预应力混凝土现浇梁，从孔道外壁至构件边缘的净间距，通常在梁底不宜小于 50mm，梁侧不宜小于 40mm。(　　)

习题

9-1　某预应力混凝土轴心受拉构件，长 24m，混凝土截面面积 $A = 40000\text{mm}^2$，选用混凝土强度等级 C60，中强度预应力螺旋肋钢丝 10 Φ^{HM}7，见图 9-35，先张法施工，$\sigma_{con} = 0.7f_{ptk} = 0.7 \times 970 = 679\text{N/mm}^2$，在 100m 台座上张拉，端头采用镦头锚具固定预应力筋，并考虑蒸汽养护时台座与预应力筋之间的温差 $\Delta t = 20℃$，混凝土达到强度设计值的 80% 时放松钢筋。锚具变形和预应力筋内值 $\alpha_1 = 1$，试计算各项预应力损失值。

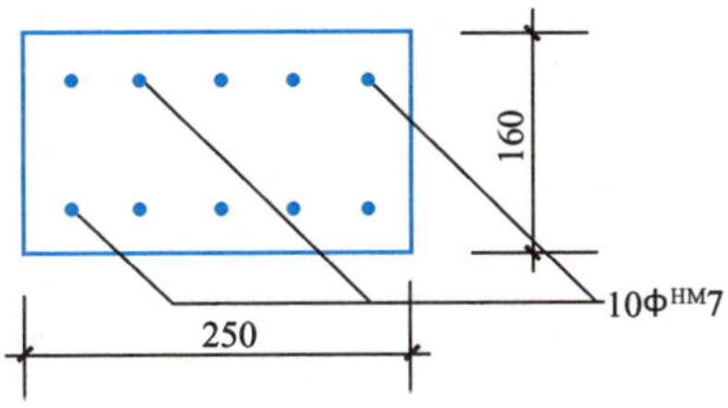

图 9-35　习题 9-1 图

9-2　试对某 18m 预应力混凝土屋架的下弦进行使用阶段的承载力计算和抗裂度验算，以及施工阶段放松预应力钢筋时的承载力验算。设计条件如表 9-10 所示。

习题 9-2 用图　　　　表 9 10

材料	混凝土	预应力筋	普通钢筋
等级	C50	钢绞线	HRB 400
截面	250mm×200mm 孔道 2ϕ50	由承载力计算确定	4 Φ 12
张拉工艺	后张法，一端张拉，采用夹片式锚具（有预压） 孔道为预埋钢管		
张拉控制应力	$\sigma_{con} = 0.7f_{ptk}$		
张拉时混凝土强度（N/mm^2）	$f'_{cu} = 50$		
下弦杆内力	永久荷载标准值产生的轴向拉力 $N_k = 300\text{kN}$ 可变荷载标准值产生的轴向拉力 $N_k = 150\text{kN}$ 可变荷载准永久值系数为 0.5		
结构重要性系数	$\gamma_0 = 1.1$		

9-3 试对图 9-36 所示后张法预应力混凝土屋架下弦杆锚具进行局部受压验算，混凝土强度等级为 C60，预应力筋采用消除应力光面（$f_{tpk}=1570\text{N/mm}^2$）钢丝，7 Φ^P5 二束，张拉控制应力 $\sigma_{con}=0.75f_{ptk}$。用夹片式锚具进行锚固，锚具直径为 100mm，锚具下垫板厚 20mm，端部横向钢筋采用 4 片Φ8 焊接网片，间距为 50mm。

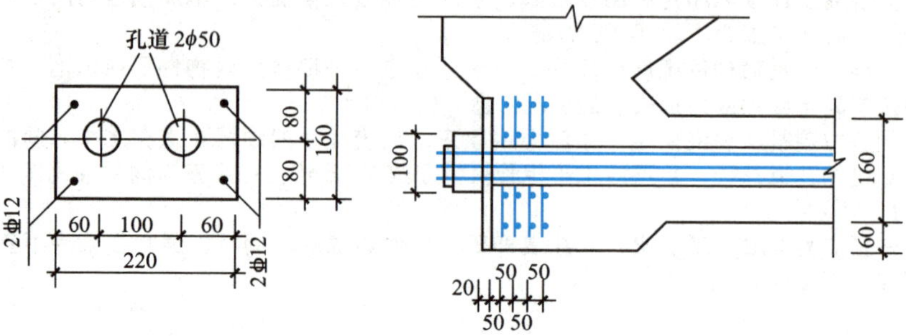

图 9-36 习题 9.3 图

附　　录

附录 1
《混凝土结构设计标准》GB/T 50010—2010 (2024 年版) 的术语和符号

附 1.1 术语

1.1.1 混凝土结构 concrete structure

以混凝土为主制成的结构，包括素混凝土结构、钢筋混凝土结构和预应力混凝土结构等。

1.1.2 素混凝土结构 plain concrete structure

无筋或不配置受力钢筋的混凝土结构。

1.1.3 普通钢筋 steel bar

用于混凝土结构构件中的各种非预应力筋的总称。

1.1.4 预应力筋 prestressing tendon and/or bar

用于混凝土结构构件中施加预应力的钢丝、钢绞线和预应力螺纹钢筋等的总称。

1.1.5 钢筋混凝土结构 reinforced concrete structure

配置受力普通钢筋的混凝土结构。

1.1.6 预应力混凝土结构 prestressed concrete structure

配置受力的预应力筋，通过张拉或其他方法建立预加应力的混凝土结构。

1.1.7 现浇混凝土结构 cast-in-situ concrete structure

在现场原位支模并整体浇筑而成的混凝土结构。

1.1.8 装配式混凝土结构 precast concrete structure

由预制混凝土构件或部件装配、连接而成的混凝土结构。

1.1.9 装配整体式混凝土结构 assembled monolithic concrete structure

由预制混凝土构件或部件通过钢筋、连接件或施加预应力加以连接，并在连接部位浇筑混凝土而形成整体受力的混凝土结构。

1.1.10 叠合构件 composite member

由预制混凝土构件（或既有混凝土结构构件）和后浇混凝土组成，以两阶段成型的整体受力结构构件。

1.1.11 深受弯构件 deep flexural member

跨高比小于 5 的受弯构件。

1.1.12 深梁 deep beam

跨高比小于 2 的简支单跨梁或跨高比小于 2.5 的多跨连续梁。

1.1.13 先张法预应力混凝土结构 pretensioned prestressed concrete structure

在台座上张拉预应力筋后浇筑混凝土，并通过放张预应力筋由粘结传递而建立预应力的混凝土结构。

1.1.14 后张法预应力混凝土结构 post-tensioned prestressed concrete structure

浇筑混凝土并达到规定强度后，通过张拉预应力筋并在结构上锚固而建立预应力的混凝土结构。

1.1.15 无粘结预应力混凝土结构 unbonded prestressed concrete structure

配置与混凝土之间可保持相对滑动的无粘结预应力筋的后张法预应力混凝土结构。

1.1.16 有粘结预应力混凝土结构 bonded prestressed concrete structure

通过灌浆或与混凝土直接接触使预应力筋与混凝土之间相互粘结而建立预应力的混凝土结构。

1.1.17 结构缝 structural joint

根据结构设计需求而采取的分割混凝土结构间隔的总称。

1.1.18 混凝土保护层 concrete cover

结构构件中钢筋外边缘至构件表面范围用于保护钢筋的混凝土，简称保护层。

1.1.19 锚固长度 anchorage length

受力钢筋依靠其表面与混凝土的粘结作用或端部构造的挤压作用而达到设计承受应力所需的长度。

1.1.20 钢筋连接 splice of reinforcement

通过绑扎搭接、机械连接、焊接等方法实现钢筋之间内力传递的构造形式。

1.1.21 配筋率 ratio of reinforcement

混凝土构件中配置的钢筋面积（或体积）与规定的混凝土截面面积（或体积）的比值。

1.1.22 剪跨比 ratio of shear span to effective depth

截面弯矩与剪力和有效高度乘积的比值。

1.1.23 横向钢筋 transverse reinforcement

垂直于纵向受力钢筋的箍筋或间接钢筋。

附1.2 符号

1.2.1 材料性能

E_c——混凝土的弹性模量；

E_s——钢筋的弹性模量；

C30——立方体抗压强度标准值为30N/mm^{2}的混凝土强度等级；

HRB500——强度级别为500MPa的普通热轧带肋钢筋；

HRBF400——强度级别为400MPa的细晶粒热轧带肋钢筋；

RRB400——强度级别为400MPa的余热处理带肋钢筋；

HPB300——强度级别为300MPa的热轧光圆钢筋；

HRB400E——强度级别为400MPa且有较高抗震性能的普通热轧带肋钢筋；

f_{ck}、f_c——混凝土轴心抗压强度标准值、设计值；

f_{tk}、f_t——混凝土轴心抗拉强度标准值、设计值；

f_{yk}、f_{pyk}——普通钢筋、预应力筋屈服强度标准值；

f_{stk}，f_{ptk}——普通钢筋、预应力筋极限强度标准值；

f_y、f'_y——普通钢筋抗拉、抗压强度设计值；

f_{py}、f'_{py}——预应力筋抗拉、抗压强度设计值；

f_{yv}——横向钢筋的抗拉强度设计值；

δ_{gt}——钢筋最大力下的总伸长率，也称均匀伸长率。

1.2.2 作用和作用效应

N——轴向力设计值；

N_k、N_q——按荷载标准组合、准永久组合计算的轴向力值；

N_{u0}——构件的截面轴心受压或轴心受拉承载力设计值；

N_{p0}——预应力构件混凝土法向预应力等于零时的预加力；

M——弯矩设计值；

M_k、M_q——按荷载标准组合、准永久组合计算的弯矩值；

M_u——构件的正截面受弯承载力设计值；

M_{cr}——受弯构件的正截面开裂弯矩值；

T——扭矩设计值；

V——剪力设计值；

F_l——局部荷载设计值或集中反力设计值；

σ_s、σ_p——正截面承载力计算中纵向钢筋、预应力筋的应力；

σ_{pe}——预应力筋的有效预应力；

σ_l、σ_l'——受拉区、受压区预应力筋在相应阶段的预应力损失值；

τ——混凝土的剪应力；

w_{max}——按荷载准永久组合或标准组合，并考虑长期作用影响的计算最大裂缝宽度。

1.2.3 几何参数

b——矩形截面宽度，T形、I形截面的腹板宽度；

c——混凝土保护层厚度；

d——钢筋的公称直径（简称直径）或圆形截面的直径；

h——截面高度；

h_0——截面有效高度；

l_{ab}、l_a——纵向受拉钢筋的基本锚固长度、锚固长度；

l_0——计算跨度或计算长度；

s——沿构件轴线方向上横向钢筋的间距、螺旋筋的间距或箍筋的间距；

x——混凝土受压区高度；

A——构件截面面积；

A_s、A_s'——受拉区、受压区纵向普通钢筋的截面面积；

A_p、A_p'——受拉区、受压区纵向预应力筋的截面面积；

A_l——混凝土局部受压面积；

A_{cor}——箍筋、螺旋筋或钢筋网所围的混凝土核心截面面积；

B——受弯构件的截面刚度；

I——截面惯性矩；

W——截面受拉边缘的弹性抵抗矩；

W_t——截面受扭塑性抵抗矩。

1.2.4 计算系数及其他

α_E——钢筋弹性模量与混凝土弹性模量的比值；

γ——混凝土构件的截面抵抗矩塑性影响系数；

η——偏心受压构件考虑二阶效应影响的轴向力偏心距增大系数；

λ——计算截面的剪跨比，即 $M/(Vh_0)$；

ρ——纵向受力钢筋的配筋率；

ρ_v——间接钢筋或箍筋的体积配筋率；

ϕ——表示钢筋直径的符号，ϕ20 表示直径为 20mm 的钢筋。

附录 2

《混凝土结构设计标准》GB/T 50010—2010 (2024 年版) 规定的材料力学性能指标

混凝土轴心抗压强度标准值（N/mm²） 附表 2-1

强度	混凝土强度等级												
	C20	C25	C30	C35	C40	C45	C50	C55	C60	C65	C70	C75	C80
f_{ck}	13.4	16.7	20.1	23.4	26.8	29.6	32.4	35.5	38.5	41.5	44.5	47.4	50.2

混凝上轴心抗拉强度标准值（N/mm²） 附表 2-2

强度	混凝土强度等级												
	C20	C25	C30	C35	C40	C45	C50	C55	C60	C65	C70	C75	C80
f_{tk}	1.54	1.78	2.01	2.20	2.39	2.51	2.64	2.74	2.85	2.93	2.99	3.05	3.11

混凝土轴心抗压强度设计值（N/mm²） 附表 2-3

强度	混凝土强度等级												
	C20	C25	C30	C35	C40	C45	C50	C55	C60	C65	C70	C75	C80
f_c	9.6	11.9	14.3	16.7	19.1	21.1	23.1	25.3	27.5	29.7	31.8	33.8	35.9

混凝土轴心抗拉强度设计值（N/mm²） 附表 2-4

强度	混凝土强度等级												
	C20	C25	C30	C35	C40	C45	C50	C55	C60	C65	C70	C75	C80
f_t	1.10	1.27	1.43	1.57	1.71	1.80	1.89	1.96	2.04	2.09	2.14	2.18	2.22

混凝土的弹性模量（$\times 10^4 N/mm^2$） 附表 2-5

混凝土强度等级	C20	C25	C30	C35	C40	C45	C50	C55	C60	C65	C70	C75	C80
E_c	2.55	2.80	3.00	3.15	3.25	3.35	3.45	3.55	3.60	3.65	3.70	3.75	3.80

注：1. 当有可靠试验依据时，弹性模量可根据实测数据确定；
2. 当混凝土中掺有大量矿物掺合料时，弹性模量可按规定龄期根据实测数据确定。

混凝土受压疲劳强度修正系数 γ_ρ 附表 2-6

ρ_c^f	$0\leqslant\rho_c^f<0.1$	$0.1\leqslant\rho_c^f<0.2$	$0.2\leqslant\rho_c^f<0.3$	$0.3\leqslant\rho_c^f<0.4$	$0.4\leqslant\rho_c^f<0.5$	$\rho_c^f\geqslant0.5$
γ_ρ	0.68	0.74	0.80	0.86	0.93	1.00

混凝土受拉疲劳强度修正系数 γ_ρ 附表 2-7

ρ_c^f	$0<\rho_c^f<0.1$	$0.1\leqslant\rho_c^f<0.2$	$0.2\leqslant\rho_c^f<0.3$	$0.3\leqslant\rho_c^f<0.4$	$0.4\leqslant\rho_c^f<0.5$
γ_ρ	0.63	0.66	0.69	0.72	0.74
ρ_c^f	$0.5\leqslant\rho_c^f<0.6$	$0.6\leqslant\rho_c^f<0.7$	$0.7\leqslant\rho_c^f<0.8$	$\rho_c^f\geqslant0.8$	—
γ_ρ	0.76	0.80	0.90	1.00	—

注：直接承受疲劳荷载的混凝土构件，当采用蒸汽养护时，养护温度不宜高于60℃。

混凝土的疲劳变形模量（$\times 10^4 N/mm^2$） 附表 2-8

强度等级	C30	C35	C40	C45	C50	C55	C60	C65	C70	C75	C80
E_c^f	1.30	1.40	1.50	1.55	1.60	1.65	1.70	1.75	1.80	1.85	1.90

普通钢筋强度标准值（N/mm^2） 附表 2-9

牌号	符号	公称直径 d（mm）	屈服强度标准值 f_{yk}	极限强度标准值 f_{stk}
HPB300	Φ	6～14	300	420
HRB400 HRBF400 RRB400	⌀ ⌀^{F} ⌀^{R}	6～50	400	540
HRB500 HRBF500	Φ̄ Φ̄^{F}	6～50	500	630

预应力筋强度标准值（N/mm²） **附表 2-10**

种类		符号	公称直径 d（mm）	屈服强度标准值 f_{pyk}	极限强度标准值 f_{ptk}
中强度预应力钢丝	光面	ϕ^{PM}	5、7、9	620	800
				780	970
	螺旋肋	ϕ^{HM}		980	1270
预应力螺纹钢筋	螺纹	ϕ^{T}	18、25、32、40、50	785	980
				930	1080
				1080	1230
消除应力钢丝	光面	ϕ^{P}	5	—	1570
				—	1860
			7	—	1570
	螺旋肋	ϕ^{H}	9	—	1470
				—	1570
钢绞线	1×3（三股）	ϕ^{S}	8.6、10.8、12.9	—	1570
				—	1860
				—	1960
	1×7（七股）		9.5、12.7、15.2、17.8	—	1720
				—	1860
				—	1960
			21.6	—	1860

注：极限强度标准值为 1960N/mm² 的钢绞线作后张预应力配筋时，应有可靠的工程经验。

普通钢筋强度设计值（N/mm²） **附表 2-11**

牌号	抗拉强度设计值 f_y	抗压强度设计值 f'_y
HPB300	270	270
HRB400、HRBF400、RRB400	360	360
HRB500、HRBF500	435	435

预应力筋强度设计值（N/mm²） **附表 2-12**

种类	极限强度标准值 f_{ptk}	抗拉强度设计值 f_{py}	抗压强度设计值 f'_{py}
中强度预应力钢丝	800	510	410
	970	650	
	1270	810	

续表

种类	极限强度标准值 f_{ptk}	抗拉强度设计值 f_{py}	抗压强度设计值 f'_{py}
消除应力钢丝	1470	1040	410
	1570	1110	
	1860	1320	
钢绞线	1570	1110	390
	1720	1220	
	1860	1320	
	1960	1390	
预应力螺纹钢筋	980	650	400
	1080	770	
	1230	900	

注：当预应力筋的强度标准值不符合本表的规定时，其强度设计值应进行相应的比例换算。

普通钢筋及预应力筋的最大力总延伸率限值　　附表 2-13

钢筋品种	普通钢筋				预应力筋	
	HPB300	HRB400、HRBF400、HRB500、HRBF500	HRB400E HRB500E	RRB400	中强度预应力钢丝	消除应力钢丝、钢绞线、预应力螺纹钢筋
δ_{gt}（%）	10.0	7.5	9.0	5.0	4.0	4.5

钢筋的弹性模量（$\times 10^5 N/mm^2$）　　附表 2-14

牌号或种类	弹性模量 E_s
HPB300 钢筋	2.10
HRB400、HRB500 钢筋 HRBF400、HRBF500 钢筋 RRB400 钢筋 预应力螺纹钢筋	2.00
消除应力钢丝、中强度预应力钢丝	2.05
钢绞线	1.95

注：必要时可采用实测的弹性模量。

普通钢筋疲劳应力幅限值（N/mm^2）　　附表 2-15

疲劳应力比值 ρ_s^f	疲劳应力幅限值 f_y^f
	HRB400
0	175
0.1	162
0.2	156

续表

疲劳应力比值 ρ_s^f	疲劳应力幅限值 f_y^f
	HRB400
0.3	149
0.4	137
0.5	123
0.6	106
0.7	85
0.8	60
0.9	31

注：当纵向受拉钢筋采用闪光接触对焊连接时，其接头处的钢筋疲劳应力幅限值应按表中数值乘以 0.8 取用。

预应力筋疲劳应力幅限值（N/mm²） 附表 2-16

疲劳应力比值 ρ_p^f	钢绞线 $f_{ptk}=1570$	消除应力钢丝 $f_{ptk}=1570$
0.7	144	240
0.8	118	168
0.9	70	88

注：1. 当 ρ_p^f 不小于 0.9 时，可不作预应力筋疲劳验算；

2. 当有充分依据时，可对表中规定的疲劳应力幅限值作适当调整。

附录 3

钢筋的公称直径、公称截面面积及理论重量

钢筋的公称直径、公称截面面积及理论重量　　附表 3-1

公称直径(mm)	不同根数钢筋的公称截面面积（mm^2）									单根钢筋理论重量(kg/m)
	1	2	3	4	5	6	7	8	9	
6	28.3	57	85	113	142	170	198	226	255	0.222
8	50.3	101	151	201	252	302	352	402	453	0.395
10	78.5	157	236	314	393	471	550	628	707	0.617
12	113.1	226	339	452	565	678	791	904	1017	0.888
14	153.9	308	461	615	769	923	1077	1231	1385	1.21
16	201.1	402	603	804	1005	1206	1407	1608	1809	1.58
18	254.5	509	763	1017	1272	1527	1781	2036	2290	2.00(2.11)
20	314.2	628	942	1256	1570	1884	2199	2513	2827	2.47
22	380.1	760	1140	1520	1900	2281	2661	3041	3421	2.98
25	490.9	982	1473	1964	2454	2945	3436	3927	4418	3.85(4.10)
28	615.8	1232	1847	2463	3079	3695	4310	4926	5542	4.83
32	804.2	1609	2413	3217	4021	4826	5630	6434	7238	6.31(6.65)
36	1017.9	2036	3054	4072	5089	6107	7125	8143	9161	7.99
40	1256.6	2513	3770	5027	6283	7540	8796	10053	11310	9.87(10.34)
50	1963.5	3928	5892	7856	9820	11784	13748	15712	17676	15.42(16.28)

注：括号内为预应力螺纹钢筋的数值。

钢筋混凝土板每米宽的钢筋面积表（mm^2）　　附表 3-2

钢筋间距(mm)	钢筋直径（mm）											
	3	4	5	6	6/8	8	8/10	10	10/12	12	12/14	14
70	101.0	180.0	280.0	404.0	561.0	719.0	920.0	1121.0	1369.0	1616.0	1907.0	2199.0
75	94.2	168.0	262.0	377.0	524.0	671.0	859.0	1047.0	1277.0	1508.0	1780.0	2052.0
80	88.4	157.0	245.0	354.0	491.0	629.0	805.0	981.0	1198.0	1414.0	1669.0	1924.0
85	83.2	148.0	231.0	333.0	462.0	592.0	758.0	924.0	1127.0	1331.0	1571.0	1811.0
90	78.5	140.0	218.0	314.0	437.0	559.0	716.0	872.0	1064.0	1257.0	1483.0	1710.0
95	74.5	132.0	207.0	298.0	414.0	529.0	678.0	826.0	1008.0	1190.0	1405.0	1620.0
100	70.6	126.0	196.0	283.0	393.0	503.0	644.0	785.0	958.0	1131.0	1335.0	1539.0
110	64.2	114.0	178.0	257.0	357.0	457.0	585.0	714.0	871.0	1028.0	1214.0	1399.0
120	58.9	105.0	163.0	236.0	327.0	419.0	537.0	654.0	798.0	942.0	1113.0	1283.0
125	56.5	101.0	157.0	226.0	314.0	402.0	515.0	628.0	766.0	905.0	1068.0	1231.0
130	54.4	96.6	151.0	218.0	302.0	387.0	495.0	604.0	737.0	870.0	1027.0	1184.0
140	50.5	89.8	140.0	202.0	281.0	359.0	460.0	561.0	684.0	808.0	954.0	1099.0
150	47.1	83.8	131.0	189.0	262.0	335.0	429.0	523.0	639.0	754.0	890.0	1026.0
160	44.1	78.5	123.0	177.0	246.0	314.0	403.0	491.0	599.0	707.0	834.0	962.0
170	41.5	73.9	115.0	166.0	231.0	296.0	379.0	462.0	564.0	665.0	785.0	905.0
180	39.2	69.8	109.0	157.0	218.0	279.0	358.0	436.0	532.0	628.0	742.0	855.0
190	37.2	66.1	103.0	149.0	207.0	265.0	339.0	413.0	504.0	595.0	703.0	810.0
200	35.3	62.8	98.2	141.0	196.0	251.0	322.0	393.0	479.0	505.0	668.0	770.0
220	32.1	57.1	89.2	129.0	179.0	229.0	293.0	357.0	436.0	514.0	607.0	700.0
240	29.4	52.4	81.8	118.0	164.0	210.0	268.0	327.0	399.0	471.0	556.0	641.0
250	28.3	50.3	78.5	113.0	167.0	201.0	258.0	314.0	383.0	452.0	534.0	616.0
260	27.2	48.3	75.5	109.0	151.0	193.0	248.0	302.0	369.0	435.0	513.0	592.0
280	25.2	44.9	70.1	101.0	140.0	180.0	230.0	280.0	342.0	404.0	477.0	550.0
300	23.6	41.9	65.5	94.2	131.0	168.0	215.0	262.0	319.0	377.0	445.0	513.0
320	22.1	39.3	61.4	88.4	123.0	157.0	201.0	245.0	299.0	353.0	417.0	481.0

钢绞线的公称直径、公称截面面积及理论重量　　附表 3-3

种类	公称直径（mm）	公称截面面积（mm^2）	理论重量（kg/m）
1×3	8.6	37.7	0.296
	10.8	58.9	0.462
	12.9	84.8	0.666
1×7 标准型	9.5	54.8	0.430
	12.7	98.7	0.775
	15.2	140	1.101
	17.8	191	1.500
	21.6	285	2.237

钢丝的公称直径、公称截面面积及理论重量　　附表 3-4

公称直径（mm）	公称截面面积（mm²）	理论重量（kg/m）
5.0	19.63	0.154
7.0	38.48	0.302
9.0	63.62	0.499

附录 4

《混凝土结构设计标准》GB/T 50010—2010 (2024 年版) 的有关规定

受弯构件的挠度限值 附表 4-1

构件类型		挠度限值
吊车梁	手动吊车	l_0/500
	电动吊车	l_0/600
屋盖、楼盖及楼梯构件	当 l_0<7m 时	l_0/200(l_0/250)
	当 7m≤l_0≤ 9m 时	l_0/250 (l_0/300)
	当 l_0>9m 时	l_0/300(l_0/400)

注：1. 表中 l_0为构件的计算跨度；计算悬臂构件的挠度限值时，其计算跨度 l_0按实际悬臂长度的 2 倍取用；
2. 表中括号内的数值适用于使用上对挠度有较高要求的构件；
3. 如果构件制作时预先起拱，且使用上也允许，则在验算挠度时，可将计算所得的挠度值减去起拱值；对预应力混凝土构件，尚可减去预加力所产生的反拱值；
4. 构件制作时的起拱值和预加力所产生的反拱值，不宜超过构件在相应荷载组合作用下的计算挠度值。

结构构件的裂缝控制等级及最大裂缝宽度的限值（mm） 附表 4-2

环境类别	钢筋混凝土结构		预应力混凝土结构	
	裂缝控制等级	w_{lim}	裂缝控制等级	w_{lim}
一	三级	0.30 (0.40)	三级	0.20
二 a		0.20		0.10
二 b			二级	—
三 a、三 b			一级	—

注：1. 对处于年平均相对湿度小于 60% 地区一类环境下的受弯构件，其最大裂缝宽度限值可采用括号内的数值；
2. 在一类环境下，对钢筋混凝土屋架、托架及需作疲劳验算的吊车梁，其最大裂缝宽度限值应取为 0.20mm；对钢筋混凝土屋面梁和托梁，其最大裂缝宽度限值应取为 0.30mm；
3. 在一类环境下，对预应力混凝土屋架、托架及双向板体系，应按二级裂缝控制等级进行验算；对一类环境下的预应力混凝土屋面梁、托梁、单向板，应按表中二 a 级环境的要求进行验算；在一类和二 a 类环境下需作疲劳验算的预应力混凝土吊车梁，应按裂缝控制等级不低于二级的构件进行验算；
4. 表中规定的预应力混凝土构件的裂缝控制等级和最大裂缝宽度限值仅适用于正截面的验算；预应力混凝土构件的斜截面裂缝控制验算应符合本规范第 7 章的有关规定；
5. 对于烟囱、筒仓和处于液体压力下的结构，其裂缝控制要求应符合专门标准的有关规定；
6. 对于处于四、五类环境下的结构构件，其裂缝控制要求应符合专门标准的有关规定；
7. 表中的最大裂缝宽度限值为用于验算荷载作用引起的最大裂缝宽度。

混凝土保护层的最小厚度 c（mm） 附表 4-3

环境类别	板、墙、壳	梁、柱、杆
一	15	20
二 a	20	25
二 b	25	35
三 a	30	40
三 b	40	50

注：1. 混凝土强度等级不大于 C25 时，表中保护层厚度数值应增加 5mm；

2. 钢筋混凝土基础宜设置混凝土垫层，基础中钢筋的混凝土保护层厚度应从垫层顶面算起，且不应小于 40mm。

截面抵抗矩塑性影响系数基本值 γ_m 附表 4-4

<table>
<tr><th>项次</th><th>1</th><th>2</th><th colspan="2">3</th><th colspan="2">4</th><th>5</th></tr>
<tr><td rowspan="2">截面形状</td><td rowspan="2">矩形截面</td><td rowspan="2">翼缘位于受压区的 T 形截面</td><td colspan="2">对称 I 形截面或箱形截面</td><td colspan="2">翼缘位于受拉区的倒 T 形截面</td><td rowspan="2">圆形和环形截面</td></tr>
<tr><td>$b_f/b\leqslant 2$、h_f/h 为任意值</td><td>$b_f/b>2$、$h_f/h<0.2$</td><td>$b_f/b\leqslant 2$、h_f/h 为任意值</td><td>$b_f/b>2$、$h_f/h<0.2$</td></tr>
<tr><td>γ_m</td><td>1.55</td><td>1.50</td><td>1.45</td><td>1.35</td><td>1.50</td><td>1.40</td><td>$1.6-0.24r_1/r$</td></tr>
</table>

注：1. 对 $b_f'>b_f$ 的 I 形截面，可按项次 2 与项次 3 之间的数值采用；对 $b_f'<b_f$ 的 I 形截面，可按项次 3 与项次 4 之间的数值采用；

2. 对于箱形截面，b 系指各肋宽度的总和；

3. r_1 为环形截面的内环半径，对圆形截面取 r_1 为零。

纵向受力钢筋的最小配筋百分率 ρ_{min}（%） 附表 4-5

<table>
<tr><th colspan="3">受力类型</th><th>最小配筋百分率</th></tr>
<tr><td rowspan="4">受压构件</td><td rowspan="3">全部纵向钢筋</td><td>强度等级 500MPa</td><td>0.50</td></tr>
<tr><td>强度等级 400MPa</td><td>0.55</td></tr>
<tr><td>强度等级 300MPa</td><td>0.60</td></tr>
<tr><td colspan="2">一侧纵向钢筋</td><td>0.20</td></tr>
<tr><td colspan="3">受弯构件、偏心受拉、轴心受拉构件一侧的受拉钢筋</td><td>0.20 和 $45f_t/f_y$ 中的较大值</td></tr>
</table>

注：1. 受压构件全部纵向钢筋最小配筋百分率，当采用 C60 以上强度等级的混凝土时，应按表中规定增加 0.10；

2. 板类受弯构件（不包括悬臂板和柱支承板）的受拉钢筋，当采用强度等级 500MPa 的钢筋时，其最小配筋百分率应允许采用 0.15 和 $45f_t/f_y$ 中的较大值；

3. 对于卧置于地基上的钢筋混凝土板，板中受拉普通钢筋的最小配筋率不应小于 0.15%；

4. 偏心受拉构件中的受压钢筋，应按受压构件一侧纵向钢筋考虑；

5. 受压构件的全部纵向钢筋和一侧纵向钢筋的配筋率以及轴心受拉构件和小偏心受拉构件一侧受拉钢筋的配筋率均应按构件的全截面面积计算；

6. 受弯构件、大偏心受拉构件一侧受拉钢筋的配筋率应按全截面面积扣除受压翼缘面积 $(b_f'-b)h_f'$ 后的截面面积计算；

7. 当钢筋沿构件截面周边布置时，“一侧纵向钢筋”系指沿受力方向两个对边中一边布置的纵向钢筋。

框架柱轴压比限值 附表 4-6

结构体系	抗震等级			
	一级	二级	三级	四级
框架结构	0.65	0.75	0.85	0.90
框架-剪力墙结构、筒体结构	0.75	0.85	0.90	0.95
部分框支剪力墙结构	0.60	0.70	—	—

注：1. 轴压比指柱地震作用组合的轴向压力设计值与柱的全截面面积和混凝土轴心抗压强度设计值乘积之比值；

2. 当混凝土强度等级为 C65、C70 时，轴压比限值宜按表中数值减小 0.05；混凝土强度等级为 C75、C80 时，轴压比限值宜按表中数值减小 0.10；

3. 表内限值适用于剪跨比大于 2、混凝土强度等级不高于 C60 的柱；剪跨比不大于 2 的柱轴压比限值应降低 0.05；剪跨比小于 1.5 的柱，轴压比限值应专门研究并采取特殊构造措施；

4. 沿柱全高采用井字复合箍，且箍筋间距不大于 100mm、肢距不大于 200mm、直径不小于 12mm，或沿柱全高采用复合螺旋箍，且螺距不大于 100mm、肢距不大于 200mm、直径不小于 12mm，或沿柱全高采用连续复合矩形螺旋箍，且螺旋净距不大于 80mm、肢距不大于 200mm、直径不小于 10mm 时，轴压比限值均可按表中数值增加 0.10；

5. 当柱截面中部设置由附加纵向钢筋形成的芯柱，且附加纵向钢筋的总截面面积不少于柱截面面积的 0.8% 时，轴压比限值可按表中数值增加 0.05；此项措施与注 4 的措施同时采用时，轴压比限值可按表中数值增加 0.15，但箍筋的配箍特征值 λ_v 仍应按轴压比增加 0.10 的要求确定；

6. 调整后的柱轴压比限值不应大于 1.05。

参 考 文 献

[1] 东南大学，天津大学，同济大学. 混凝土结构(上册)——混凝土结构设计原理[M]. 7版. 北京：中国建筑工业出版社，2020.

[2] 中华人民共和国住房和城乡建设部. 建筑结构荷载规范：GB 50009—2012[S]. 北京：中国建筑工业出版社，2012.

[3] 中华人民共和国住房和城乡建设部. 混凝土结构通用规范：GB 55008—2021[S]. 北京：中国建筑工业出版社，2021.

[4] 中华人民共和国住房和城乡建设部. 混凝土结构设计标准(2024年版)：GB/T 50010—2010[S]. 北京：中国建筑工业出版社，2024.

[5] 中华人民共和国住房和城乡建设部. 建筑抗震设计标准(2024年版)：GB/T 50011—2010 [S]. 北京：中国建筑工业出版社，2024.

[6] 中华人民共和国住房和城乡建设部. 建筑结构可靠性设计统一标准：GB 50068—2018[S]. 北京：中国建筑工业出版社，2018.

[7] 东南大学，天津大学，同济大学. 混凝土结构学习指导[M]. 3版. 北京：中国建筑工业出版社，2020.

参 考 答 案

第 1 章 绪论

问答题

1-1 答：(1) 由配置受力的普通钢筋、钢筋网或钢筋骨架的混凝土制成的结构称为钢筋混凝土结构。(2) 在混凝土中配置适量的受力钢筋，混凝土主要承受压力，钢筋主要承受拉力，起到充分利用材料、提高结构承载能力和变形能力的作用。在混凝土中配置受力钢筋构成钢筋混凝土结构，要求受力钢筋与混凝土之间必须可靠地粘结在一起，以保证两者共同变形、共同受力；同时，在钢筋混凝土结构和构件中，受力钢筋的布置和数量都应由计算和构造要求确定，施工也要正确。

1-2 答：(1) 主要优点：取材容易、合理用材、耐久性较好、耐火性好、可模性好、整体性好。(2) 主要缺点：自重大、材料运输量大、施工吊装较困难、结构抗裂性较差、隔热隔声性能也较差。

1-3 答：(1) 安全性、适用性和耐久性。(2) 结构或构件达到最大承载能力或者变形达到不适于继续承载的状态，称为承载能力极限状态。结构或构件达到正常使用某项规定限度的状态，称为正常使用极限状态。结构或结构构件在环境影响下出现的劣化达到耐久性能的某项规定限值或标志的状态，称为耐久性极限状态。

1-4 答：(1) 混凝土结构课程包括“混凝土结构设计原理”和“混凝土结构设计”两部分。(2) 学习本课程时，注意如下问题：加强实验、实践性教学环节并注意扩大知识面；突出重点，注意难点；深刻理解重要的概念，熟练掌握设计计算的基本功，切忌死记硬背。

1-5 答：(1) 素混凝土梁的破坏变形小，没有明显预兆，属于脆性破坏；钢筋混凝土梁的破坏具有较大变形，有明显预兆，属于延性破坏。(2) 钢筋和混凝土之间具有良好的粘结力，变形协调、共同受力；钢筋和混凝土的温度线膨胀系数接近，温度变化时不会产生过大的变形差。

1-6 答：合理的配筋能提高结构和构件的变形能力，主要指以下三个方面：

(1) 可能把脆性破坏类型改变为延性破坏类型，也可能改善破坏时的脆性。前者如采用适筋梁而防止少筋梁和超筋梁；后者如采用斜截面剪压破坏，而防止斜压破坏与斜拉破坏，虽然剪压破坏也属于脆性破坏类型，但与斜压破坏、斜拉破坏相比，它的脆性要小些。

(2) 提高正常使用阶段的刚度，减小变形。例如，由受弯构件的截面弯曲刚度的计算公式知，截面弯曲刚度大致是与纵向受拉钢筋截面面积成正比的。

(3) 提高破坏阶段的变形能力，即提高延性。例如，为了提高框架柱的延性，就要求配置足够数量的箍筋；为了提高框架的延性，要求框架梁符合“强剪弱弯”，框架符合“强柱弱梁更强节点”等原则。

选择题

1-7 B，1-8 A，1-9 A。

填空题

1-10 承载力、变形能力。

1-11 延性破坏、脆性破坏。

第 2 章 混凝土结构材料的物理力学性能

问答题

2-1 答：(1) 以边长 150mm 的立方体为标准试件，在 (20±3)℃ 的温度和相对湿度 90% 以上的潮湿空气中养护 28d，按照标准试验方法测得的具有 95% 保证率的抗压强度即为 $f_{cu,k}$。以 150mm×150mm×300mm 的棱柱体作为混凝土轴心抗压强度试验的标准试件，标准条件养护，按照标准试验方法测得的具有 95% 保证率的抗压强度即为 f_{ck}。以 150mm×150mm×300mm 的棱柱体作为混凝土轴心抗拉强度试验的标准试件，标准条件养护，按照标准轴心受拉试验测得的具有 95% 保证率的抗拉强度即为 f_{tk}。(2) 棱柱体的抗压试验中，由于棱柱体试件的高度越大，试验机压板与试件之间摩擦力对试件高度中部的横向变形的约束影响越小，所以棱柱体试件的抗压强度都比立方体强度值小，并且棱柱体试件高宽比越大，强度越小。(3) $f_{tk}=0.88\times 0.395 f_{cu,k}^{0.55}(1-1.645\delta)^{0.45}\times\alpha_{c2}$。(4) $f_{ck}=0.88\alpha_{c1}\alpha_{c2}f_{cu,k}$

2-2 答：(1) 立方体抗压强度标准值 $f_{cu,k}$。(2) C20、C25、C30、C35、C40、C45、C50、C55、C60、C65、C70、C75、C80，共 13 个等级。(3) C50～C80。

2-3 答：通过沿该短柱全高密排箍筋，然后在外围浇筑混凝土作为保护层。在柱子受轴向力产生侧向膨胀时，通过箍筋的约束作用对柱子侧向产生约束，以改善核心区混凝土的受力性能。

2-4 答：(1) 单向受力的情况下，混凝土的强度与采用的水泥强度等级、水灰比、骨料性质、骨料级配、试件大小、形状、试验方法、加载速率、养护条件及是否涂润滑剂有关。(2) 分为上升段和下降段两个部分属于单峰非对称偏态曲线。(3) 美国Hognestad建议的模型和德国 Rüsch 建议的模型。

2-5 答：连接应力-应变曲线原点至曲线任一点应力处割线的斜率，称为任意点割线模量或称变形模量。从应力-应变曲线原点作一切线，其斜率为混凝土的原点模量，也称为弹性模量。

2-6 答：(1) 混凝土在重复荷载作用下的破坏称为疲劳破坏。(2) 开始混凝土应力-应变曲线凸向应力轴，在重复荷载过程中逐渐变成直线，再经过多次重复加卸载后，其应力-应变曲线逐渐凸向应变轴，加卸载不能形成封闭环。

2-7 答：(1) 结构或材料承受的应力不变，而应变随时间增长的现象称为混凝土的徐变。(2) 徐变会使构件的变形增加，在钢筋混凝土截面中引起应力重分布，在预应力混凝土结构中会造成预应力损失。(3) 影响徐变的因素主要有时间、加载应力、龄期、水泥用量、水灰比、骨料弹性性质、养护条件、使用环境、形状、尺寸以及有无钢筋的存在。(4) 减小水灰比；增加混凝土骨料用量；减少水泥用量；采用较高强度的混凝土；加强养护，尤其是环境湿度宜大；增大构件受荷载前混凝土的龄期；构件截面的初应力宜小。

2-8 答：(1) 混凝土收缩受约束时，可能会使混凝土构件表面出现收缩裂缝。(2) 影响混凝土收缩的因素：水泥的品种；水泥的用量；骨料的性质；养护条件；混凝土制作方法；使用环境；构件的体积与表面积比值。(3) 采用低强度等级的水泥；减少水泥用量，减小水灰比；采用弹性模量大的骨料；提高养护环境温度和湿度；加强振捣使混凝土更密实；保持使用环境温度、湿度较大；提高构件的体积与表面积比值。

2-9 答：(1) 软钢的应力-应变曲线有明显的屈服点和流幅，断裂时有颈缩现象，伸长率较大；硬钢没有明显的屈服点和流幅。(2) 软钢在计算承载力时以下屈服点作为钢筋的屈服强度，硬钢一般取残余应变 0.2% 所对应的应力作为屈服强度。(3) 《混凝土结构设计标准》将热轧钢筋分为 4 个强度等级：300MPa、335MPa、400MPa 和 500MPa。(4) 常见的钢筋应力-应变的数学模型有双直线（完全弹塑性模型）、三折线（完全弹塑性加硬化模型）和双斜线模型（弹塑性模型）。

2-10 答：(1) HPB300、HRB400 和 HRB500。(2) HRB400 钢筋指强度等级为 400MPa 的普通热轧带肋钢筋，抗拉、抗压强度设计值均为 360MPa。

2-11 答：《混凝土结构设计标准》提倡应用高强、高性能钢筋。其中，高性能包括延性好、可焊性好、机械连接性能好、施工适应性强以及混凝土的粘结力强等性能。

2-12 答：(1) 钢筋与混凝土接触面上的胶结力；混凝土收缩握裹钢筋而产生摩阻力；钢筋表面凹凸不平与混凝土之间产生的机械咬合力。(2) 光圆钢筋的粘结力主要来自胶结力和摩擦力；变形钢筋的粘结力主要来自机械咬合作用。(3) 光圆钢筋：光圆钢筋的粘结强度较低，达到峰值粘结应力后，接触面上混凝土的细颗粒已经磨平，摩阻力减小，滑移急剧增大，τ-s 曲线出现下降段。破坏时，钢筋被徐徐拔出，滑移值可达数毫米。变形钢筋：加载初期，τ-s 关系接近直线，之后曲线的斜率变小；加载后期产生较大的滑移，劈裂裂缝形成并沿试件长度扩展时，很快就达到峰值粘结应力，滑移也达到最大值。

2-13 答：(1) 受拉钢筋的基本锚固长度是保证受拉钢筋在达到屈服前不被拔出或者产生过大滑移而埋入混凝土中的长度。(2) $l_{ab}=\alpha\dfrac{f_y}{f_t}d$。(3) $l_a=\zeta_a l_{ab}$。

2-14 答：比例极限：钢筋应力应变曲线中，应力和应变按线性比例关系增长的极限点。

屈服点：钢筋在拉伸过程中，荷载不再增加，而变形继续增加的现象称为“屈服”，发生屈服现象的应力，即开始出现塑性变形时的应力，称为屈服点。

流幅：又称屈服台阶，拉伸钢筋时，当应力达到屈服点，钢筋应力几乎不增加的情况下，其应变不断增加，在应力-应变图上表现为一水平台阶的现象，称为流幅。

强化阶段：钢筋在屈服阶段经历了较大的塑性变形后，钢筋又恢复了抵抗变形的能力，要使钢筋继续变形必须增加拉力。这种现象称为材料的强化，在应力-应变曲线中这一段称为强化阶段。

时效硬化：钢材随着时间的推移，其屈服强度和抗拉强度提高，而塑性、冲击韧性降低的现象，称之为时效硬化。

极限强度：应力-应变曲线强化阶段最高点的应力值称之为极限强度。

残余变形：钢筋在拉伸荷载作用下产生变形，经卸荷后不能恢复的变形称为残余变形。

延伸率：亦称为伸长率，是指拉伸试样断裂后试样标距长度的相对伸长率。

2-15 答：(1) 钢筋的冷加工性能是指钢筋经过冷加工后材料抗拉强度得以提高的性能。(2) 钢筋的冷加工一般包括冷拉和冷拔两种方法。(3) 冷加工后钢筋产生较大的塑性变形，提高了钢筋的屈服点和抗拉强度，但同时降低了钢筋的塑性和韧性。

2-16 答：(1) 混凝土强度、保护层厚度及钢筋净间距、横向配筋及侧向压应力以及浇筑混凝土时钢筋的位置等。(2) 要保证最小搭接长度和锚固长度；满足钢筋最小间距和混凝土保护层最小厚度的要求；在钢筋的搭接接头范围内应加密箍筋；在钢筋端部应设置弯钩；在浇筑大体积混凝土时，对高度较大的混凝土构件应分层浇筑。

选择题

2-17 A，2-18 C，2-19 C，2-20 A，2-21 C，2-22 B，2-23 D，2-24 C，2-25 C，2-26 C，2-27 C，2-28 B，2-29 D，2-30 B，2-31 B，2-32 C，2-33 A，2-34 A，2-35 B，2-36 D，2-37 B，2-38 C，2-39 B，2-40 D，2-41 C，2-42 A，2-43 A，2-44 D，2-45 D，2-46 B，2-47 C，2-48 C，2-49 D，2-50 D，2-51 D，2-52 C，2-53 A，2-54 B。

判断题

2-55 √，2-56 √，2-57 ×，2-58 ×，2-59 ×，2-60 √，2-61 ×，2-62 ×，2-63 √，2-64 √，2-65 √，2-66 ×××√，2-67 ××√√，2-68 ×，2-69 ×，2-70 ×，2-71√，2-72 ××√×，2-73 ×，2-74×，2-75 ×，2-76√，2-77 ×，2-78 ×，2-79 √，2-80 √，2-81 √，2-82 ×，2-83 √，2-84 √，2-85 √，2-86 √，2-87 √，2-88 ×，2-89 √，2-90 √，2-91 ×√××，2-92 ×√√×。

填空题

2-93 立方体抗压强度 $f_{cu,k}$、轴心抗压强度 f_c、轴心抗拉强度 f_t。

2-94 $f_{cu,k}>f_c>f_t$。

2-95　高、差。

2-96　C30。

2-97　降低。

2-98　低于。

2-99　线弹性。

2-100　0.002、0.0033。

2-101　原点。

2-102　弹性模量、割线模量、切线模量。

2-103　相同。

2-104　时间。

2-105　徐变、收缩。

2-106　抗拉极限强度、伸长率、冷弯。

2-107　屈服强度、抗拉极限强度、伸长率、冷弯。

2-108　压、拉。

2-109　屈服强度。

2-110　胶结力、摩擦力、机械咬合力。

2-111　机械咬合力。

第3章　受弯构件正截面受弯承载力

问答题

3-1　答：$\varepsilon_{cu}=0.0033-(f_{cu,k}-50)\times10^{-5}\leqslant0.0033$。

3-2　答：(1) 钢筋应力达到屈服强度的同时混凝土受压区边缘纤维应变也恰好到达极限压应变值时的破坏形态，称为“界限破坏”。

(2) $\varepsilon_s=\varepsilon_y=\dfrac{f_y}{E_s}\qquad\varepsilon_{cu}=0.0033-(f_{cu,k}-50)\times10^{-5}\leqslant0.0033$

3-3　答：(1) 三个阶段：未裂阶段、裂缝阶段和破坏阶段。(2) 未裂阶段：混凝土没有开裂；受压区混凝土的应力图形是直线，受拉区混凝土的应力图形在未裂阶段前期是直线，后期是曲线；弯矩与截面曲率基本上是直线关系。裂缝阶段：在裂缝截面处，受拉区大部分混凝土退出工作，拉力主要由纵向受拉钢筋承担，但钢筋没有屈服；受压区混凝土已有塑性变形，但不充分，压应力图形为只有上升段的曲线；弯矩与截面曲率是曲线关系，截面曲率与挠度的增长加快。破坏阶段：纵向受拉钢筋屈服，拉力保持为常值；裂缝截面处，受拉区大部分混凝土已退出工作，受压区混凝土压应力曲线图形比较丰满，有上升段曲线，也有下降段曲线；由于受压区混凝土合压力作用点外移使内力臂增大，故弯矩还略有增加；受压区边缘混凝土压应变达到其极限压应变实验值 ε_{cu}^0 时，混凝土被压碎，截面破坏；弯矩-曲率关系为接近水平的曲线。(3) 开裂弯矩 M_{cr} 可作为受弯构件抗裂度的计算依据。裂缝阶段可作为正常使用阶段验算变形和裂缝开展宽度的依据。M_u 可作为正截面受弯承载力计算的依据。

3-4　答：(1) 平均应变平截面假定；不考虑混凝土的抗拉强度；混凝土的压应力与压应变之间的关系曲线按规定取用；纵向受拉钢筋的极限拉应变取为 0.01；纵向钢筋的应力取钢筋应变与其弹性模量的乘积。

(2) 计算简图见答案图 3-1。

(3) 取适筋梁正截面受弯Ⅲa 受力阶段受力简图根据基本假定简化后得出，其中受压区应力分布取等效矩形应力图形来代换受压区混凝土的理论应力图形得出，两个图形的等效代换条件为：混凝土压应力的合力

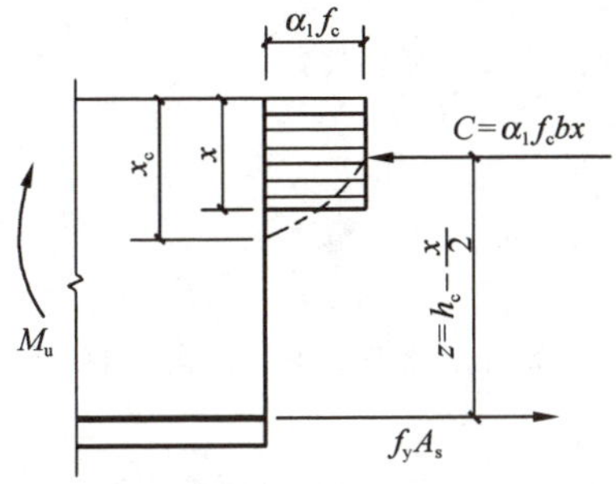

答案图 3-1　计算简图

C 大小相等且合力 C 的作用点位置不变。

3-5　答：(1) 少筋梁是配筋率 $\rho<\rho_{min}\cdot\frac{h}{h_0}$ 的梁，适筋梁是 $\rho_{min}\cdot\frac{h}{h_0}\leqslant\rho\leqslant\rho_b$ 的梁，超筋梁是 $\rho>\rho_b$ 的梁。(2) 少筋梁的特点是受拉区混凝土一裂就坏，没有明显的预兆，属于脆性破坏；超筋梁受压区边缘混凝土被压碎，但受拉钢筋不屈服，也没有明显的预兆，属于脆性破坏，浪费钢筋，经济性差；故工程中不允许采用少筋梁和超筋梁。

3-6　答：(1) 纵向受拉钢筋配筋率定义为纵向受拉钢筋总面积 A_s 与截面有效面积 bh_0 的比值，即 $\rho=\frac{A_s}{bh_0}$。(2) 对于适筋梁，配筋率越高，梁的受弯承载力越大。(3) ξ 称为相对受压区高度，综合反映截面抗弯的纵向受拉钢筋与混凝土用量（面积和强度）的匹配关系。(4) $\xi_b=\frac{\beta_1}{1+\frac{f_y}{\varepsilon_{cu}E_s}}$。

3-7　答：(1) 截面设计与截面复核。(2) 截面设计：确定计算参数取值；验算适用条件；计算钢筋面积 A_s 值并选配钢筋；验算最小配筋率。截面复核：先计算 ξ 并判断适用条件，再计算 M_u；当 $M_u\geqslant M$ 时，截面承载力满足要求，否则为不安全。(3) 截面尺寸、材料强度等。

3-8　答：$x\geqslant 2a'_s$ 时，受压钢筋能屈服，这时受压钢筋的抗压强度设计值取其屈服强度设计值；$x<2a'_s$ 时，表明受压钢筋的位置离中和轴太近，受压钢筋的应变 ε'_s 太小，以致其应力达不到抗压强度设计值 f'_y。

3-9　答：(1) 弯矩很大，同时按单筋矩形截面计算 $\xi>\xi_b$，而梁截面尺寸受到限制，混凝土强度等级又不能提高时；在不同荷载组合情况下，梁截面承受异号弯矩。(2) 保证受压钢筋在构件破坏时达到屈服强度。(3) 当截面中受压钢筋配置较多时，容易出现 $x<2a'_s$ 的情况，此时正截面受弯承载力按 $M_u=f_yA_s(h_0-a'_s)$ 计算。

3-10　答：T形截面梁有两种类型，第一种类型为中和轴在翼缘内，即 $x\leqslant h'_f$，这种类型的T形梁的受弯承载力计算公式与截面尺寸为 $b'_f\times h$ 的单筋矩形梁的受弯承载力计算公式完全相同；第二种类型为中和轴在梁肋内，即 $x>h'_f$，这种类型的T形梁的受弯承载力计算公式与截面尺寸为 $b\times h$，$a'_s=h'_f/2$，$A'_s=A_{s1}$ 的双筋矩形截面梁的受弯承载力计算公式完全相同。

3-11　答：在正截面受弯承载力计算中，对于混凝土强度等级不大于C50的构件，α_1 值取为1.0，β_1 值取为0.8；对于混凝土强度等级不小于C80的构件，α_1 值取为0.94，β_1 值取为0.74；对于混凝土强度等级在C50～C80之间的构件，上述参数按直线内插法取用。

3-12　答：查表得 $c=20$mm，根据弯矩大小估计受拉钢筋需配置双排，故取 $a_s=65$mm，则 $h_0=h-a_s=535$mm，对于单筋截面梁可取其内力臂系数为 $\gamma_s=0.87$，则：

$$A_s=\frac{M}{f_y\gamma_s h_0}=\frac{360\times10^6}{360\times0.87\times535}=2148\text{mm}^2$$

故可估计纵向受拉钢筋截面面积 A_s 为 2148mm^2。

3-13　答：取 $\xi=\xi_b$，求解基本方程得到截面配筋设计公式：

$$A'_s=\frac{M-\alpha_1 f_c bh_0^2\xi_b(1-0.5\xi_b)}{f'_y(h_0-a'_s)},\ A_s=A'_s\frac{f'_y}{f_y}+\xi_b\frac{\alpha_1 f_c bh_0}{f_y}$$

3-14　答：可用基本公式 $\begin{cases}\alpha_1 f_c bx+f'_y A'_s=f_y A_s\\ M\leqslant M_u=\alpha_1 f_c bx\left(h_0-\dfrac{x}{2}\right)+f'_y A'_s(h_0-a'_s)\end{cases}$ 联立解得 x,A_s。

也可利用分解的方法将双筋矩形截面受弯梁受力进行分解，此时，由力学平衡可得 $\begin{cases}\alpha_1 f_c bx=f_y A_{s1}\\ M_1=\alpha_1 f_c bx\left(h_0-\dfrac{x}{2}\right)\end{cases}$（相当于单筋梁），$\begin{cases}f'_y A'_s=f_y A_{s2}\\ M_2=f'_y A'_s(h_0-a'_s)\end{cases}$（仅含钢筋的对称配筋受弯梁），式中，$M=M_u=M_1+M_2$，先解出 A_{s2} 和 M_2，再通过 $M_1=M_u-M_2$ 解得单筋梁所承受弯矩 M_1，此时便可利用单筋梁计算公式解出 A_{s1}，最后可以得到受拉钢筋面积 $A_s=A_{s1}+A_{s2}$。

3-15　答：(1) 双向受弯构件是指沿截面在两个主轴方向都承受弯矩作用的结构构件。(2) 双向受弯构件弯矩作用平面一般是倾斜的，与截面主轴有一定夹角；因而中和轴也是倾斜的，并随截面形式和尺寸、材料强度、钢筋数量和位置、荷载大小和方向而变化，其受压区可能是三角形、梯形或五边形，甚至受压区分为两部分。

3-16　答：(1) 延性是指结构物到达其弹性极限后仍能在更大的变形下保持其承载力的变形能力。(2) 受弯构件的 M-φ（弯矩-曲率）曲线上的曲率 $\varphi_y(\Delta_y)$ 与 $\varphi_u(\Delta_{max})$，将 $\mu_u=\varphi_u/\varphi_y$ 称为截面曲率延性系数，用以评价受弯构件的延性性能。

3-17　答：结构、构件或构件截面具有一定的延性，对于实际工程具有非常重要的作用，延性结构具有以下的优点：(1) 破坏过程缓慢，破坏前有较大的变形预兆来保证生命和财产的安全，同时避免了脆性破坏的发生，因而可采用偏小的可靠度指标；(2) 出现地基不均匀沉陷、温度变化、偶然荷载等非预计荷载作用时，有较强的适应和承受的能力；(3) 有利于超静定结构实现充分的内力重分配，避免各部位配筋差异过大，为施工提供方便，材料分配得当，使设计的结构与实际受力情况接近；(4) 承受地震、爆炸和振动时，有利于结构吸收和耗散地震能量，减小惯性力，减轻破坏程度，满足抗震方面的要求，提高抗震可靠性，有利于修复。

3-18　答：除去在受压区设立架立钢筋满足构造要求外，其他的非架立受压钢筋的作用有：(1) 截面设计弯矩较大，按单筋矩形截面计算 $\xi>\xi_b$，而梁截面尺寸受到限制，混凝土强度等级又不能提高，此时可加入适量的受压钢筋协同抵抗弯矩；(2) 在不同荷载组合情况下，梁截面承受异号弯矩，于是受压钢筋可作为在负弯矩作用下的主受力筋；(3) 受压钢筋可以提高截面的延性（ξ_u 下降，导致 φ_y 减小而 φ_u 增大），特别在抗震结构中由于水平地震作用使结构交替产生正负弯矩，所以此时要求框架梁必须配置一定比例的受压钢筋。

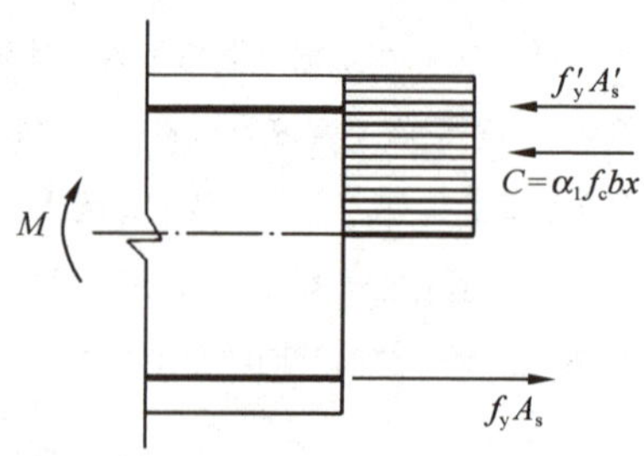

答案图 3-2　计算简图

3-19　答：(1) 计算简图见答案图 3-2。

(2) 基本平衡方程：

$$\begin{cases}\alpha_1 f_c bx+f'_y A'_s=f_y A_s\\ M\leqslant M_u=\alpha_1 f_c bx\left(h_0-\dfrac{x}{2}\right)+f'_y A'_s(h_0-a')\end{cases}$$

(3) 适用条件及意义：$\xi \leqslant \xi_b$ 为防止超筋脆性破坏；$x \geqslant 2a'_s$ 保证受压钢筋达到屈服，使其强度充分利用。

3-20　答：(1) T 形截面梁受力后，翼缘上的纵向压应力是不均匀分布的，离梁肋越远压应力越小。现浇 T 形截面梁，翼缘有时较宽，考虑到在远离梁肋处的压应力很小，故在设计中把翼缘限制在一定范围内，称为翼缘的计算宽度 b'_f，假定在 b'_f 范围内压应力均匀分布。(2) 计算 T 形梁时，按中和轴位置不同，可分为两种类型：第一种类型，中和轴在翼缘内，即 $x \leqslant h'_f$；第二种类型，中和轴在腹板内，即 $x > h'_f$。

选择题

3-21 A，3-22 B，3-23 D，3-24 A，3-25 D，3-26 B，3-27 D，3-28 C，3-29 B，3-30 C。

判断题

3-31 √，3-32 ×，3-33 √，3-34 √，3-35 √，3-36 √，3-37 ×，3-38 ×，3-39 ×，3-40 √，3-41 √，3-42 √，3-43 √。

习题

【习题 3-1】$h_0 = 460\text{mm}$，$A_s = 2013\text{mm}^2$，配置 2⏀24 + 2⏀28，实际 $A_s = 2135\text{mm}^2$。

【习题 3-2】$h_0 = 405\text{mm}$，$A_s = 1147\text{mm}^2$，配置 3⏀24，实际 $A_s = 1356\text{mm}^2$。

【习题 3-3】$h_0 = 70\text{mm}$，$A_s = 1655\text{mm}^2$，受拉钢筋选用⏀14@90 钢筋，实际 $A_s = 1692\text{mm}^2$，$A'_s = 215\text{mm}^2$，受压钢筋选用⏀8@180，实际 $A'_s = 251\text{mm}^2$。

【习题 3-4】$h_0 = 414\text{mm}$，$M_u \approx 105\text{kN} \cdot \text{m} > M = 100\text{kN} \cdot \text{m}$，安全。

【习题 3-5】$h_0 = 435\text{mm}$，应设计成双筋矩形截面，$A'_s = 613\text{mm}^2$，受压钢筋选用3⏀18，实际 $A'_s = 763\text{mm}^2$。$A_s = 2103\text{mm}^2$，受拉钢筋选用 6⏀22 钢筋，实际 $A_s = 2281\text{mm}^2$，分两层配置。

【习题 3-6】(1) 混凝土强度等级为 C40 时：$h_0 = 685\text{mm}$，第一种类型的 T 形梁，$A_s \approx 2152\text{mm}^2$。选用 6⏀22 钢筋，实际 $A_s = 2281\text{mm}^2$。

(2) 混凝土强度等级为 C60 时：$h_0 = 685\text{mm}$，第一种类型的 T 形梁，$A_s \approx 2103\text{mm}^2$。选用 6⏀22 钢筋，实际 $A_s = 2281\text{mm}^2$。

通过采用两种不同混凝土强度等级的计算比较，可以看出，提高混凝土强度等级对构件截面承载力影响不大。

【习题 3-7】$h_0 = 440\text{mm}$，第二种类型的 T 形梁，$A_s = 2396\text{mm}^2$，选用 5⏀25 钢筋，实际 $A_s = 2454\text{mm}^2$。

【习题 3-8】$h_0 = 640\text{mm}$，第一种类型的 T 形梁。$M_u = 1120\text{kN} \cdot \text{m} > M = 600\text{kN} \cdot \text{m}$，安全。

第 4 章　受弯构件的斜截面承载力

问答题

4-1　答：剪跨比 λ 反映了截面上的正应力 σ 和剪应力 τ 的相对比值，在一定程度上也反映了截面上弯矩和剪力的相对比值。它对于无腹筋的斜截面受剪破坏形态有着决定性的影响：当剪跨比 $\lambda < 1$ 时，会发生斜压破坏；当 $\lambda > 3$ 时，常发生斜拉破坏；当 $1 \leqslant \lambda \leqslant 3$ 时，常发生剪压破坏。

4-2、4-3　答：钢筋混凝土梁在剪力和弯矩共同作用的弯剪区段内，将产生斜裂缝。斜裂缝主要有腹剪斜裂缝和弯剪斜裂缝两种：(1) 在梁的中和轴附近，正应力小，剪应力大，主拉方向大致为 45°，当荷载增大时，拉应变达到混凝土的极限拉应变时，混凝土开裂，沿主应力迹线产生腹部的斜裂缝，称为腹剪斜裂缝。这种裂缝中间宽两头细，呈枣核状，常见于混凝土工字型截面的薄腹梁中；(2) 在剪弯区段截面的下边缘，主拉应力还是水平方向，所以在这些区段内，有可能先出现一些较短的竖向裂缝，然后发展成向集中荷载作用点延伸的斜裂缝，这种由竖向裂缝发展而成的斜裂缝，则称弯剪斜裂缝，它下宽上细，最为常见。

4-4　答：梁斜截面受剪破坏的三种形态是斜压破坏、剪压破坏和斜拉破坏。

斜压破坏时，混凝土被腹剪斜裂缝分裂成若干个斜向短柱而破坏，因此受剪承载力取决于混凝土的抗压强度，是斜截面抗剪承载力中最大的。

剪压破坏的特征是，在剪弯曲段的受拉区边缘出现一些竖向裂缝，它们沿竖向延伸一小段长度后，就斜向延伸形成一些弯剪斜裂缝，而后又产生一条贯穿的较宽的主要斜裂缝，称为临界斜裂缝，之后迅速延伸，使斜截面剪压区的高度缩小，最后导致剪压区的混凝土破坏，使斜截面丧失承载力。

斜拉破坏的特点是当竖向裂缝一出现，就迅速向受压区斜向延伸，斜截面承载力随之丧失。破坏荷载与出现斜裂缝的荷载很接近，破坏过程急骤，破坏前梁变形很小，具有很明显的脆性，其斜截面受剪承载力最小。

4-5　答：简支梁斜截面受剪机理的力学模型有：带拉杆的梳形拱模型、拱形桁架模型、桁架模型等。

带拉杆的梳形拱模型适用于无腹筋梁。这种力学模型把梁的下部看成是被斜裂缝和竖向裂缝分割成一个个具有自由端的梳状齿，梁的上部与下面的纵向受拉钢筋则形成带有拉杆的变截面的两铰拱。

拱形桁架模型适用于有腹筋梁。这种力学模型把开裂后的有腹筋梁看作拱形桁架，其中拱体是上弦杆，裂缝间的混凝土块是受压的斜腹杆，箍筋则是受拉腹杆，受拉纵筋是下弦杆。

桁架模型也适用于有腹筋梁。这种力学模型把有斜裂缝的钢筋混凝土梁比拟为一个铰接桁架。压区混凝土为上弦杆，受拉纵筋为下弦杆，腹筋为竖向拉杆，斜裂缝间的混凝土则为斜压杆。

4-6　答：影响斜截面受剪性能的主要因素有：(1) 剪跨比；(2) 混凝土强度；(3) 箍筋的配筋率；(4) 纵筋配筋率；(5) 斜截面上的骨料咬合力；(6) 截面尺寸和形状。

4-7　答：在设计中通常用控制截面的最小尺寸来防止斜压破坏；对于斜拉破坏，则用满足箍筋的最小配筋率条件及构造要求来防止。

4-8　答：矩形、T形、工字形梁截面的受剪承载力计算公式为：

$$V_u = V_{cs} + V_{sb}$$

$$V_{cs} = \begin{cases} \text{均布荷载时：} 0.7 f_t b h_0 + f_{yv} \cdot \dfrac{n \cdot A_{sv1}}{s} \cdot h_0 \\ \text{集中荷载时：} \dfrac{1.75}{1+\lambda} f_t b h_0 + f_{yv} \cdot \dfrac{n \cdot A_{sv1}}{s} \cdot h_0 \end{cases}$$

$$V_{sb} = 0.8 f_y \cdot A_{sb} \cdot \sin\alpha$$

4-9　答：应取：(1) 支座边缘处截面；(2) 受拉区弯起钢筋弯起点处的斜截面；(3) 箍筋截面面积或间距改变处的斜截面；(4) 腹板宽度改变处的斜截面。

4-10　答：梁斜截面的受剪承载力的计算步骤是：先用斜截面的受剪承载力计算公式适用范围的上限值来检验构件的截面尺寸是否符合要求，以避免斜压破坏，如不满足，则应重新调整截面尺寸，然后就可按照公式进行斜截面受剪承载力计算，由计算结果，配置合适的箍筋和弯起钢筋。箍筋的配筋率应满足最小配筋率的要求，以防止斜拉破坏。当满足 $0.7 f_t b h_0 \geqslant V$ 或 $\dfrac{1.75}{1+\lambda} f_t b h_0 \geqslant V$ 时，则可根据构造要求，按照箍筋的最小配筋率来配置箍筋。

4-11　答：为了保证斜截面受弯承载力，规定：

(1) 纵筋的弯起点至少应在其充分利用截面 $0.5h_0$ 处。

(2) 简支梁支座处纵筋的锚固长度可比基本锚固长度略小，当 $V \leqslant 0.7 f_t b h_0$ 时，锚固长度不小于 $5d$；当 $V > 0.7 f_t b h_0$，带肋钢筋锚固长度不小于 $12d$，光圆钢筋不小于 $15d$。

(3) 纵筋的截断点应从不需要该钢筋的截面向外延伸一长度；从该钢筋充分利用截面到截断点的长度，则为伸出长度。对延伸长度和伸出长度的规定有三种情况：

情况 1：$V \leqslant 0.7 f_t b h_0$ 时，延伸长度不小于 $20d$，伸出长度不小于 1.2 倍的受拉钢筋锚固长度 l_a；

情况 2：当 $V > 0.7f_tbh_0$ 时，要求延伸长度不小于 h_0，且不小于 20d，伸出长度不小于 $1.2l_a + h_0$；

情况 3：当 $V > 0.7f_tbh_0$ 且按情况 2 要求截断时，截断点仍位于弯矩受拉区内，这时要求延伸长度不小于 $1.3h_0$ 且不小于 20d，伸出长度不小于 $1.2l_a + 1.7h_0$。

(4) 箍筋的间距除按计算要求确定外，其最大间距还应满足教材表 4-1 的规定。

4-12 答：因为梁的正弯矩图形的范围比较大，受拉区几乎覆盖整个跨度，故梁底纵筋不宜截断只能弯起。在支座的负弯矩区段内，裂缝情况复杂，有垂直裂缝、斜裂缝，还有粘结裂缝等，故必须保证要截断的负钢筋有足够的锚固长度，也就是必须伸出足够的锚固长度才能充分利用它，从该钢筋充分利用截面到截断点的长度，即为伸出长度。部分负钢筋截断后，必须保证剩下的负钢筋在截断点处的斜截面受弯承载力不低于该处正截面的受弯承载力，也就是必须延伸一定的长度，才能使斜截面受弯承载力也不需要它。从不需要该钢筋的截面到截断点的长度即为延伸长度。

4-13 答：发生在构件承受弯矩 M 和剪力 V 共同作用的区段内。

4-14 答：剪跨比 λ 反映了截面上正应力 σ 和剪应力 τ 的相对比值，在一定程度上也反映了截面上弯矩和剪力的相对比值。它对梁的斜截面受剪破坏形态和斜截面受剪承载力都有着极为重要及决定性的影响。

4-15 答：影响梁的斜截面受剪承载力的主要因素有：剪跨比；混凝土强度；箍筋的配筋率；纵筋配筋率及截面尺寸等。

4-16 答：梁斜截面受剪破坏的形态有斜压破坏、剪压破坏和斜拉破坏三种。对于斜压破坏，通常用控制截面的最小尺寸来防止；对于斜拉破坏，则用满足箍筋的最小配筋率条件及构造要求来防止；对于剪压破坏，因其承载力变化幅度较大，必须通过计算，使构件满足一定的斜截面受剪承载力，从而防止发生剪压破坏。

4-17 答：由三部分组成，$V_u = V_c + V_s + V_{sb}$，其中 V_c 一项 $\left(0.7f_tbh_0 \text{ 或 } \dfrac{1.75}{\lambda+1}f_tbh_0\right)$ 是无腹筋梁混凝土剪压区的受剪承载力。当梁内配置箍筋后，箍筋将抑制斜裂缝的开展，从而提高了混凝土剪压区的受剪承载力，这一提高值就反映在 $V_s = f_{yv}A_{sv}/s \cdot h_0$ 公式中，因而 V_c 一项并非是有腹筋梁中混凝土所提供的全部受剪承载力。

4-18 答：计算截面一般选择在：(1) 支座边缘处的截面；(2) 受拉区弯起钢筋弯起点处的斜截面；(3) 箍筋截面面积或间距改变处的斜截面；(4) 腹板宽度改变处的斜截面。

4-19 答：依靠梁内纵向钢筋的弯起、截断、锚固以及箍筋的间距等构造措施来保证。

4-20 答：对梁各个正截面产生的受弯承载力设计值 M_u 所绘制的图形称为正截面受弯承载力图，因 M_u 是由材料提供的，故又称为材料图。为满足 $M_u > M$ 的要求，材料图必须包住 M 图，才能保证梁的各个正截面受弯承载力，所以又叫材料抵抗弯矩图。

绘制材料抵抗弯矩图是因为当梁内钢筋有弯起或截断时，M_u 图将随之改变，此时，需绘制材料抵抗弯矩图来保证 M_u 图仍包住 M 图，以满足梁各个截面的受弯承载力。

绘制材料抵抗弯矩图时有三个要点：①i 号钢筋所提供的正截面受弯承载力可近似地按它的截面面积 A_{si} 与总的钢筋截面面积 A_s 的比值乘以正截面受弯承载力来求得，即 $M_{ui} = M_u \dfrac{A_{si}}{A_s}$；②把 i 号钢筋弯起时，在弯起点处它提供的正截面受弯承载力为 M_{ui}，在与梁中和轴相交处它提供的正截面受弯承载力将为零，两点间用斜直线相连，为方便，中和轴可取在梁的半高处；③把 i 号钢筋截断时，过了不再需要它的理论截断点以后，它就不再提供正截面受弯承载力了。

4-21 答：见本书图 4-6（【例题 4-4】中的图 2），梁中正弯矩钢筋③号，在 E_j 处弯起，其充分利用截面为 C，负弯矩钢筋④号，其不需要截面为 H。

4-22 答：梁内弯起点的位置离开充分利用该钢筋的截面之间距离，不应小于 $0.5h_0$，以保证斜截面的受弯承载力。

4-23 答：建立在保证钢筋和混凝土之间的粘结力上。

4-24 答：如果负弯矩钢筋在不需要处就截断，有可能会使该处的斜截面受弯承载力低于该处的正截面受弯承载力，故应延伸一定长度后再截断，以保证斜截面的受弯承载力。

选择题

4-25 A，4-26 D，4-27 B，4-28 A，4-29 B，4-30 C，4-31 C，4-32 A，4-33 C，4-34 B。

判断题

4-35 ×，4-36 √，4-37 ×，4-38 ×，4-39 ×，4-40 √，4-41 √，4-42 ×，4-43√，4-44 ×，4-45 ×，4-46 √，4-47 √。

习题

【习题 4-1】Φ8@200。

【提示】此题已知剪力设计值，但未标明由何种荷载引起，一般可按均布荷载下梁的斜截面受剪承载力计算公式进行计算。

【习题 4-2】$V=62$kN 时，$V<0.7f_tbh_0$，可按构造配筋，取Φ6@200。$V=280$kN 时，$V>0.7f_tbh_0$，计算配箍，取Φ10@100。

【提示】改变设计剪力值，目的要求掌握辨别公式，以决定构造配箍还是计算配箍。

【习题 4-3】若选用箍筋为 HPB300 钢筋：

$V_A=75.6$kN，计算配箍，选Φ6@200；$V_{B左}=104.4$kN，计算配箍，选Φ6@150；$V_{B右}=72$kN，构造配箍，选Φ6@200。

【提示】此题应先求出梁在支座处的剪力值，然后分别求各截面的受剪箍筋。其中截面 B 右，虽然剪力值较小于 $0.7f_tbh_0$，可构造配箍，但因要满足箍筋最小配筋率的要求，仍选Φ6@200。

【习题 4-4】剪力设计值 $V=144$kN，箍筋选用 HPB300：(1) Φ6@150。(2) 弯起2Φ25，Φ6@150。(3) 不用弯筋。

【提示】此题计算式，需考虑弯筋的计算公式。弯起 2Φ25 后，箍筋只需构造配置，但为了满足最小箍筋配筋率的要求，仍需选Φ6@150。

【习题 4-5】(1) 3Φ20 纵筋。

(2) Φ8@200。

(3) 弯起 1Φ20，只需构造配箍，Φ6@200。

【提示】此梁受集中荷载作用，计算时应考虑剪跨比 λ 的作用，按受集中荷载作用时的受剪计算公式计算。若要求配纵向受拉钢筋，则还应计算正截面受弯。

【习题 4-6】若箍筋采用 HPB300 钢筋，选Φ6@150。

【提示】此题中，梁既受均布荷载又受集中荷载作用，应考虑集中荷载所引起的剪力值在总的剪力值中之比例，以决定计算公式的选用。由于 $V_{集}/V_{总}<75\%$，故 V_c 仍按 $0.7f_tbh_0$ 计算。

【习题 4-7】(1) 该梁为超筋梁，其正截面受弯极限承载力 $F=355.06$kN。

(2) 斜截面受剪的极限承载力 $F=247.16$kN。

(3) 由于斜截面受剪承载力小于正截面受弯承载力，所以，该梁所能承受的最大荷载设计值为 247.16kN，为斜截面破坏。

【习题 4-8】(1) 支座段计算：$F=111.6$kN。

(2) 中间段计算：$F=214.2$kN。

【提示】此题与上题性质相同，但由于有三个集中力，斜截面受剪承载力计算时，应分段考虑。

按照题意，该梁的正截面受弯承载力已足够，故可不必再进行正截面受弯极限承载力计算，但实际上该梁 $M_u=221.28\text{kN}\cdot\text{m}$，则 $F=73.76$kN，远小于受剪破坏时的最大极限承载力 111.6kN，故此梁所能承受的最大集中荷载设计值应为 73.76kN，由受弯控制。

第5章 受压构件的截面承载力

问答题

5-1 答：(1) 轴心受压普通箍筋短柱临近破坏时，短柱四周出现明显的纵向裂缝。箍筋间的纵向钢筋发生压曲外鼓，呈灯笼状，混凝土压碎。长柱破坏时受压侧产生纵向裂缝，箍筋之间纵向钢筋向外凸出，构件高度中部混凝土被压碎。另一侧混凝土则被拉裂，在构件高度中部产生水平裂缝。(2) 稳定系数的表达式为：$\varphi=\frac{N_u^l}{N_u^s}$，$N_u^l$，$N_u^s$ 分别为长柱和短柱的承载力。根据试验结果和数理统计可以得到下列经验公式：当 $l_0/b=8\sim34$ 时，$\varphi=1.177-0.021l_0/b$；当 $l_0/b=35\sim50$ 时，$\varphi=0.87-0.012l_0/b$。

5-2 答：螺旋箍筋柱在计算中要考虑螺旋箍筋对混凝土的约束作用，而普通箍筋轴心受压柱在计算中不考虑箍筋对混凝土的约束作用。混凝土受压面积取值也略有不同，普通箍筋轴心受压柱中的混凝土是全截面受压，而计算螺旋箍筋轴心受压柱中的混凝土面积时，不考虑螺旋箍筋外的混凝土保护层。

5-3 答：纵向钢筋构造如下：直径不宜小于12mm，一般在16～32mm范围内选用。矩形截面受压构件中，纵向受力钢筋根数不得少于4根。轴心受压构件中，纵向钢筋应沿构件截面周边均匀布置，偏心受压构件中的纵向受力钢筋应布置在垂直于弯矩作用方向的两个对边。纵向受力钢筋的配置需满足最小配筋率的要求，全部纵向钢筋的配筋率不宜超过6%，其中的配筋率应按全截面面积计算。

箍筋构造要求如下：周边箍筋应做成封闭式；箍筋间距不应大于400mm及构件截面短边尺寸，且不应大于纵向钢筋的最小直径的1.5倍；箍筋直径不应小于纵向钢筋的最大直径的1/4，且不应小于6mm；当柱中全部纵向受力钢筋配筋率大于3%时，箍筋直径不应小于8mm，间距不应大于纵向钢筋的最小直径的10倍，且不应大于200mm；箍筋末端应做成135°弯钩且弯钩末端平直段长度不应小于箍筋直径的10倍；箍筋也可焊接成封闭环式；当柱截面短边尺寸大于400mm且各边纵向钢筋多于3根时，或当柱截面短边尺寸不大于400mm但各边纵向钢筋多于4根时，应设置复合箍筋。

5-4 答：(1) 在短柱中，由于短柱的纵向弯曲很小，可假定偏心距自始至终是不变的，即 M/N 为常数，所以其变化轨迹是直线，属"材料破坏"。在长柱中，当长细比在一定范围内时，偏心距是随着纵向力的加大而不断非线性增加的，也即 M/N 是变数，所以其变化轨迹呈曲线形状，但也属"材料破坏"。若柱的长细比很大时，则在没有达到 M、N 的材料破坏关系曲线前，由于轴向力的微小增量 ΔN 可引起不收敛的弯矩 M 的增加而破坏，即"失稳破坏"。(2) 轴向压力对偏心受压构件的侧移和挠曲产生的附加弯矩和附加曲率的荷载效应称为偏心受压构件的二阶效应，由侧移产生的二阶效应称为 P-δ 二阶效应。

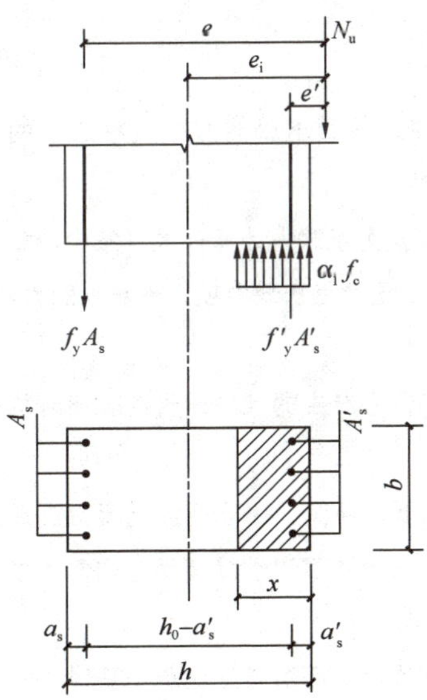

答案图 5-1 计算简图

5-5 答：只要满足下述三个条件中的一个条件时，就要考虑 P-δ 二阶效应：① $M_1/M_2>0.9$；②轴压比 $N/f_cA>0.9$；③ $\frac{l_c}{i}>34-12(M_1/M_2)$。

5-6 答：在受拉钢筋达到受拉屈服强度的同时，受压区边缘混凝土被压碎，称为界限破坏。

5-7 答：计算简图见答案图 5-1。

计算公式：$N_u=\alpha_1 f_c bx+f'_y A'_s-f_y A_s$

$$N_{u}e=\alpha_1 f_c bx\left(h_0-\frac{x}{2}\right)+f'_y A'_s(h_0-a'_s)$$

5-8　答：基本公式 $N_u=\alpha_1 f_c bx+f'_y A'_s-\sigma_s A_s$，

$N_u e'=\alpha_1 f_c bx\left(\frac{x}{2}-a'_s\right)-\sigma_s A_s(h_0-a'_s)$，$\sigma_s=\frac{\xi-\beta_1}{\xi_b-\beta_1}f_y$。

5-9　答：1. 大偏心受压构件

先算出弯矩增大系数 η_{ns}，$M=C_m\eta_{ns}M_2$ 判别大、小偏心，应用计算公式求得 A_s 及 A'_s。在所有情况下，A_s 及 A'_s 要满足最小配筋的规定。同时 $(A_s+A'_s)$ 不宜大于 $0.05bh_0$；最后，要按轴心受压构件验算垂直于弯矩作用平面的受压承载力。

2. 小偏心受压构件

小偏心受压构件截面设计有 x、A_s 和 A'_s 三个未知数，但也只有两个独立方程。因此，同样需要补充 $(A_s+A'_s)$ 最小确定 ξ。对小偏心受压构件要找到与经济配筋相应的 ξ 值需用试算逼近法求得，计算复杂。计算配筋面积后视情况验算反向破坏。最后，要按轴心受压构件验算垂直于弯矩作用平面的受压承载力。

5-10　答：可以直接根据大偏心受压构件承载力基本公式计算 ξ，与界限状态的相对受压区高度 ξ_b 比较判断大小偏心。即：当 $\xi\leqslant\xi_b$ 时，为大偏心受压；当 $\xi>\xi_b$ 时，为小偏心受压。

5-11　答：(1) 大偏心受压构件的计算 $x=\frac{N}{\alpha_1 f_c b}$，代入公式可以求得：

$$A_s=A'_s=\frac{Ne-\alpha_1 f_c bx\left(h_0-\frac{x}{2}\right)}{f'_y(h_0-a'_s)}$$

(2) 小偏心受压构件的计算 $A_s=A'_s$，可直接计算 x 和 $A_s=A'_s$。取 $f_y=f'_y$，并取：

$$x=\xi\cdot h_0,\ \xi=\frac{N-\xi_b\alpha_1 f_c bxh_0}{\frac{Ne-0.43\alpha_1 f_c bh_0^2}{(\beta_1-\xi_b)(h_0-a'_s)}+\alpha_1 f_c bh_0}+\xi_b$$

代入计算公式即可求得钢筋面积：

$$A_s=A'_s=\frac{Ne-\alpha_1 f_c bx(h_0-x/2)}{f'_y(h_0-a'_s)}$$

5-12　答：指对于给定的偏心受压构件正截面，达到偏心受压构件正截面承载能力极限状态下的受压承载力设计值 N_u 与正截面的受弯承载力设计值 M_u 之间的关系曲线。

5-13　答：偏心受压构件斜截面抗剪承载力计算应按受弯构件斜截面抗剪承载力计算公式（集中荷载作用），计入轴压力对偏心受压构件受剪承载力的影响。计算时，承载力除了混凝土承载力项，箍筋承载力项，还包括轴压力的影响，其大小取轴力的 0.07 倍。

5-14　答：提高柱的承载能力，以减小构件的截面尺寸；防止因偶然偏心产生的破坏；改善破坏时构件的延性；减少混凝土的徐变变形。

5-15　答：受压构件中混凝土的主要作用是承受压力，对其变形能力要求不高，因此高强混凝土更易发挥承载能力优势，有利于减小受压构件的截面。而在受弯构件中，提高混凝土强度对于提高受弯构件正截面受弯承载能力的作用并不显著。因此，在受压构件中采用高强混凝土更有效。

5-16　答：长细比超过一定数值时，螺旋箍筋（间接箍筋）不能发挥作用。而当长细比小于 5 时，一般柱承载力没有降低。螺旋箍筋柱长细比一般比较小，其失稳破坏可能性很低，故无需考虑 φ 值。

5-17 答：相同之处：均考虑混凝土受压，忽略混凝土拉应力，应力分布包括混凝土压应力，受压钢筋压力，截面内力均含有弯矩作用；不同之处：截面受力形式不同，偏心受压构件截面内力除了弯矩作用外还包括轴压力的作用。偏心受压构件随偏心距大小不同，远离受压区混凝土的纵向受力钢筋可能受压也可能受拉。

5-18 答：考虑荷载作用位置的不定性、混凝土质量的不均匀性和施工误差等因素的综合影响，很难保证几何中心和物理中心的重合，其取值为偏心方向截面尺寸的 1/30 和 20mm 中的较大者。

5-19 答：轴压力的存在，能推迟垂直裂缝的出现，并使裂缝宽度减小；产生压区高度增大，斜裂缝倾角变小而水平投影长度基本不变，纵筋拉力降低的现象，使得构件斜截面承载力要高一些，但当轴压比 $N/f_c bh=0.3\sim0.5$ 时，再增加轴向压力将转变为带有斜裂缝的小偏心受压的破坏情况，斜截面承载力达到最大值。

5-20 答：试验表明，轴心受压的素混凝土棱柱体达到最大压应力值 f_{0c} 时的压应变值为 1.5‰～2.0‰，配置纵向钢筋后的轴心受压短柱，其压应变值有所提高，达到压应力峰值时的压应变值大致为2.5‰～3.5‰。

计算钢筋混凝土受压构件时，考虑到保证钢筋与混凝土共同变形的粘结的可靠性，以构件的压应变值达到 2‰作为控制条件。认为此时混凝土达到了棱柱体抗压强度，而此时钢筋应力值为 $\sigma'_s = E_s\varepsilon'_s \approx 2\times10^5\times$ 2‰ $=400N/mm^2$。此值对于常用热轧钢筋（HPB300 级、HRB400 级）都已达到屈服强度，而对于屈服强度或条件屈服强度大于 $400N/mm^2$ 的高强度钢筋，在计算时只能取 $400N/mm^2$，没有充分发挥其强度，所以受压构件的纵向钢筋不宜采用强度很高的钢筋。

选择题

5-21 A，5-22 B，5-23 A，5-24 C，5-25 A，5-26 C，5-27 B，5-28 A，5-29 B。

判断题

5-30 ×，5-31 √，5-32 ×，5-33 ×，5-34 ×，5-35 ×，5-36 √，5-37√，5-38 √，5-39 √，5-40 √，5-41 ×，5-42 ×，5-43 √，5-44 √。

习题

【习题 5-1】按构造配筋，4 Φ 16，$A'_s=804mm^2$。

【习题 5-2】柱截面尺寸为 $d=350mm$。$A'_s=4520mm^2$。纵筋选用 4 根直径 38mm 的 HRB400 钢筋，$A'_s=4536mm^2$。

【习题 5-3】经计算，不用考虑二阶弯矩的影响。取 $C_m\eta_{ns}=1.0$，先按大偏心受压计算，$A'_s<0$，取 $A'_s=300mm^2$，$A_s=917mm^2$。受拉钢筋 A_s 选用 3 Φ 20，$A_s=943mm^2$；受压钢筋选用 3 根直径 12mm 的 HRB400 钢筋，$A'_s=339mm^2$。

【习题 5-4】$A'_s=4mm^2$，取 $A'_s=360mm^2$，$A_s=2869mm^2$。受拉钢筋 A_s 选用 2 Φ 34＋2 Φ 26，$A_s=2878mm^2$。受压钢筋选用 3 Φ 14，$A'_s=462mm^2$。

【习题 5-5】A_s 选用 4 Φ 14 钢筋，$A_s=616mm^2$。A'_s 选用 4 Φ 14 钢筋，$A'_s=616mm^2$。

【习题 5-6】A_s 选用 4 Φ 24 钢筋，$A_s=1810mm^2$。A'_s 选用 4 Φ 24 钢筋，$A'_s=1810mm^2$。

【习题 5-7】$M=502.2kN\cdot m>85kN\cdot m$，截面安全。

【习题 5-8】每边选用 3 Φ 16，$A_s=A'_s=603mm^2$。

第 6 章　受拉构件的截面承载力

问答题

6-1　答：受拉钢筋全部面积乘以最低强度钢筋的抗拉强度设计值。

6-2　答：偏心受拉构件正截面的承载力计算，按纵向拉力 N 的位置不同，可分为大偏心受拉和小偏心受拉两种情况：当纵向拉力 N 作用在钢筋 A_s 合力点及 A'_s 合力点范围以外时，属于大偏心受拉的情况；当纵向拉力 N 作用在钢筋 A_s 合力点及 A'_s 合力点范围以内时，属于小偏心受拉的情况。

6-3　答：小偏心受拉构件在截面达到破坏时，裂缝贯通截面，忽略混凝土的抗拉作用，拉力全部由钢筋承担，其应力均达到屈服强度 f_y。小偏心受拉构件的计算公式如下：

$$\begin{cases} Ne = f_y A'_s (h_0 - a'_s) & e = \dfrac{h}{2} - e_0 - a_s \\ Ne' = f_y A_s (h'_0 - a_s) & e' = \dfrac{h}{2} + e_0 - a'_s \end{cases}$$

6-4　答：大偏心受拉构件的正截面破坏特征和受弯构件相同，钢筋先达到屈服强度，然后混凝土受压破坏；又都符合平均应变的平截面假定，所以 x_b 取与受弯构件相同。

6-5　答：偏心受压：$V_u = \dfrac{1.75}{\lambda + 1.0} f_t b h_0 + f_{yv} \dfrac{A_{sv}}{s} h_0 + 0.07N$。

偏心受拉：$V_u = \dfrac{1.75}{\lambda + 1.0} f_t b h_0 + f_{yv} \dfrac{A_{sv}}{s} h_0 - 0.2N$。

(1) 轴压力能推迟斜裂缝的出现，减小其宽度，增大混凝土剪压区高度，有利于提高斜截面承载力，因此，受压构件的斜截面承载力公式是在受弯构件相应公式的基础上加上轴压力所提高的抗剪强度部分，即 $0.07N$。(2) 轴拉力使裂缝贯通全截面，从而不存在剪压区，降低了斜截面承载力。因此，受拉构件的斜截面承载力公式是在受弯构件相应公式的基础上减去轴拉力所降低的抗剪强度部分，即 $0.2N$。

6-6　答：轴心受拉构件破坏时，混凝土不承受拉力，全部拉力由钢筋来承受。故轴心受拉构件正截面受拉承载力的计算公式如下：

$$N \leqslant f_y A_s$$

式中　N——轴向拉力设计值；

f_y——钢筋抗拉强度设计值；

A_s——受拉钢筋全部截面面积。

6-7　答：(1) 大偏心受拉构件的破坏特征是：在荷载作用下，构件受拉侧混凝土产生裂缝，拉力全部由钢筋承担，在截面另一侧形成压区，随着荷载的逐步增大，裂缝扩延，混凝土压区面积减小，首先受拉钢筋达到屈服，最终压区混凝土达到极限压应变，而使构件被压坏进入承载能力极限状态。小偏心受拉构件的破坏特征是：构件在拉力作用下，全截面受拉，当贯通裂缝出现后，拉力全部由钢筋承担，最终钢筋受拉达到屈服构件进入承载能力极限状态。

(2) 大小偏心受拉的区分与轴向力作用位置、截面高度以及钢筋直径和保护层厚度等因素有关。

选择题

6-8 A，6-9 B，6-10 C。

判断题

6-11√，6-12 √，6-13 √，6-14 √，6-15 √，6-16 ×，6-17 √，6-18 ×，6-19 ×，6-20 √。

习题

【习题 6-1】$A'_s = 1248\text{mm}^2$，选用 3⏀25，$A'_s = 1471\text{mm}^2$。$A_s = 5640\text{mm}^2$，选用 7⏀32，$A_s = 5630\text{mm}^2$。

第7章　受扭构件扭曲截面承载力

问答题

7-1　答：(1) 基本思路是，在裂缝充分发展且钢筋应力接近屈服强度时，截面核心混凝土退出工作，实心截面的受扭构件可以用一个空心的箱形截面构件来代替，它由螺旋形裂缝的混凝土外壳、纵筋和箍筋三者共同组成变角度空间桁架以抵抗扭矩。(2) 基本假定有：混凝土只承受压力，具有螺旋形裂缝的混凝土外壳组成桁架的斜压杆，其倾角为 α；纵筋和箍筋只承受拉力，分别为桁架的弦杆和腹杆；忽略核心混凝土的受扭作用及钢筋的销栓作用。(3) 主要计算公式：$T_u=2\sqrt{\zeta}\dfrac{f_{yv}A_{st1}A_{cor}}{s}$，其中 $\zeta=\dfrac{f_y\cdot A_{stl}\cdot s}{f_{yv}\cdot A_{st1}\cdot u_{cor}}$。

7-2　答：(1) 确定计算的参数；(2) 截面、最小配筋率验算；(3) 承载力计算，计算过程中纯扭构件按受扭承载力计算公式直接计算，剪扭构件需分别计算出其受剪承载力和受扭承载力，计算中应考虑剪扭相关对承载力的影响。

7-3　答：(1) 纵向钢筋与箍筋的配筋强度比 ζ，是受扭构件对称布置的纵向钢筋抵抗扭矩的能力与沿截面周边所配箍筋抵抗扭矩能力的比值。(2) 通过限制配筋强度比的范围，可以使受扭构件破坏时其受扭纵筋和箍筋应力均可到达屈服强度。国内试验表明，若 ζ 在 0.5～2.0 范围内变化，构件破坏时，其受扭纵筋和箍筋应力均可到达屈服强度。(3) 为了稳妥，《混凝土结构设计标准》取 ζ 的限制条件为 $0.6\leqslant\zeta\leqslant1.7$，即合理取值范围就是使得构件破坏时，受扭纵筋和箍筋均到达屈服强度的取值范围。

7-4　答：(1) 少筋破坏：纵筋和箍筋配置过少，一旦裂缝出现，构件会立即破坏，属受拉脆性破坏类型，通过规定抗扭纵筋和箍筋的最小配筋率来避免少筋破坏；适筋破坏：正常配筋的钢筋混凝土构件，在扭矩作用下，纵筋和箍筋首先到达屈服强度，然后混凝土压碎而破坏，属延性破坏；超筋破坏：纵筋和箍筋配筋率都过高，致使纵筋和箍筋都没有达到屈服强度，而混凝土先行压坏，属于受压脆性破坏类型，通过限制截面最小尺寸来避免超筋破坏；部分超筋破坏：纵筋和箍筋不匹配，两者配筋率相差较大时，不同时屈服，部分超筋受扭构件破坏时亦具有一定的延性，但比适筋受扭构件的截面延性小。(2) 通过验算满足最小配筋率的构造要求避免少筋破坏，通过验算满足截面限制条件的构造要求避免超筋破坏。

7-5　答：$\dfrac{V}{bh_0}+\dfrac{T}{0.8W_t}\geqslant0.25\beta_c f_c$，说明截面尺寸不满足构造要求，剪扭构件可能发生在钢筋屈服前混凝土先压碎的超筋破坏。$\dfrac{V}{bh_0}+\dfrac{T}{W_t}>0.7f_t$，说明混凝土不足以抵抗扭矩和剪力的作用，需要进行构件受剪扭承载力计算，按计算配筋。

7-6　答：受剪扭构件中受扭纵筋和箍筋的配筋率应不小于其最小配筋率；受扭纵筋的间距不应大于 200mm 和梁的截面宽度；受扭箍筋应配置成封闭式，且应沿截面周边布置；在截面四角必须设置受扭纵筋，并沿截面周边均匀对称布置；受扭箍筋的末端应做成 135°弯钩，弯钩平直段长度不应小于 $10d$，d 为箍筋直径；当支座边作用有较大扭矩时，受扭纵筋应按充分受拉锚固在支座内。

7-7　答：(1) 受扭构件计算公式中的 β_t，是剪扭构件混凝土受扭承载力降低系数。(2) β_t 的表达式表示了剪力对混凝土受扭承载力的影响和扭矩对混凝土受剪承载力的影响，即剪扭相关关系。(3) β_t 主要考虑了剪扭比（V/T）、截面受扭塑性抵抗矩（W_t）、截面尺寸（b、h_0），β_t 取值范围为 0.5～1.0，若小于 0.5，则可不考虑扭矩对混凝土受剪承载力的影响；若大于 1.0，则不考虑剪力对混凝土受扭承载力的影响。

7-8　答：(1) 在实际工程中吊车梁，现浇框架的边梁、雨篷梁、曲梁、槽形墙板等都受到扭矩作用。(2) 在扭矩作用下的钢筋混凝土构件中，荷载对受扭构件产生的扭矩是由构件的静力平衡条件确定并与受扭构件的扭转刚度无关的，称为平衡扭转。(3) 作用在构件上的扭矩除了静力平衡条件以外，还必须由相邻构件的变形协调条件才能确定的，称为协调扭转。

7-9　答：相同点是：都是斜裂缝的形式。不同点是：矩形截面纯扭构件的初始裂缝一般发生在截面长边的中点附近且与构件轴线约呈45°角，此后这条初始裂缝逐渐向两边延伸并相继出现许多新的螺旋形裂缝；剪切裂缝通常首先出现在梁的剪拉区底部，为垂直裂缝，而后在垂直裂缝的顶部沿着与主拉应力垂直的方向向集中荷载作用点发展，当荷载增加到一定程度时，形成一条临界斜裂缝。

7-10　答：(1) 目的在于控制截面尺寸不能太小，避免发生超筋破坏。(2) T形截面纯扭构件可以将其截面划分为几个矩形截面进行配筋计算，矩形截面划分的原则是首先满足腹板截面的完整性。划分的各矩形截面所承担的扭矩值，按各矩形截面的受扭塑性抵抗矩与截面总的受扭塑性抵抗矩的比值进行分配的原则，分别按式矩形截面纯扭构件承载力计算方法计算。

7-11　答：构件同时受剪扭作用，受剪承载力会降低。受剪承载力主要由混凝土项和箍筋项来贡献，构件同时受剪扭作用，截面中混凝土要用于承受扭矩，同时还要承受剪力，会重复计算混凝土的抗力，故受剪承载力要降低。

7-12　答：钢筋混凝土构件是通过混凝土、抗扭纵筋、抗扭箍筋共同作用来抵抗外扭矩。抗扭纵筋的配置有以下要求：

(1) 受剪扭构件中抗扭纵筋的最小配筋率：$\rho_{tl,\min}=\dfrac{A_{stl,\min}}{bh}=0.6\sqrt{\dfrac{T}{Vb}}\cdot\dfrac{f_t}{f_y}$ 其中当 $\dfrac{T}{Vb}>2$ 时，取 $\dfrac{T}{Vb}=2$；

(2) 抗扭纵筋的间距不应大于200mm和梁的截面宽度；

(3) 在截面四角必须设置抗扭纵筋，并沿截面周边均匀对称布置；

(4) 当支座边作用有较大扭矩时，抗扭纵筋应按充分受拉锚固在支座内。

其与抗弯纵筋布置不同之处在于：抗弯纵筋可以只布置在梁的受拉区段而不必配置在受压区段，抗扭纵筋沿梁的截面四周均匀布置。抗弯纵筋没有最大间距要求，并且最小配筋率也与抗扭纵筋不同。

7-13　答：抗扭箍筋的箍筋（一般为四肢）的各肢用于抵抗沿箍筋周长大小相等的环向剪力流，而抗剪箍筋（一般为二肢）用于抵抗斜裂缝处的剪应力。

选择题

7-14 B，7-15 B，7-16 C，7-17 C，7-18 B，7-19 B。

判断题

7-20 √，7-21 √，7-22 ×，7-23 √，7-24 √，7-25 ×，7-26 √，7-27 ×，7-28 ×，7-29 √，7-30 √，7-31 ×，7-32 √，7-33√。

习题

【习题7-1】$T=29.94$kN·m。

【习题7-2】$T=7$kN·m；受弯纵筋 $A_s=211\text{mm}^2$；受剪箍筋根据构造配置，受扭箍筋 $\dfrac{A_{stl}}{s}=0.41\text{mm}^2/\text{mm}$；受扭纵筋：$A_{stl}=268\text{mm}^2$；根据上述计算结果进行配筋并验算最小配筋率。

【习题7-3】受弯纵筋 $A_s=615\text{mm}^2$；受扭箍筋 $\dfrac{A_{stl}}{s}=0.57\text{mm}^2/\text{mm}$；受扭纵筋：$A_{stl}=464\text{mm}^2$。

第8章　钢筋混凝土构件的变形、裂缝及混凝土结构的耐久性

问答题

8-1　答：变形与裂缝宽度验算是为了满足正常使用极限状态的要求。

8-2　答：(1) 受弯的弹性杆件，截面弯曲刚度是 EI，线刚度是 EI/l。(2) 我国规范的定义是：弯矩从零增加到 (0.5～0.7) M_u 的过程中，刚度的总平均值。

8-3 答：(1) 钢筋混凝土是非弹性材料，正截面受弯从开始到破坏的全过程中 M-ϕ 不是直线，而是曲线。曲线上每一点处的切线刚度 $\mathrm{d}M/\mathrm{d}\phi$ 是不断变化的，因而截面弯曲刚度是变数。(2) 根据教材中图 8-1 可知，弯矩值大（即越靠近第Ⅲ阶段），α 小，截面弯曲刚度小。

8-4 答：(1) 混凝土的徐变和收缩。(2) 用荷载效应的准永久组合对挠度增大的影响系数 θ 来考虑荷载效应的准永久组合作用的影响，即荷载长期作用部分的影响。

8-5 答：最小刚度原则就是在简支梁全跨长范围内，可都按弯矩最大处的截面弯曲刚度，亦即按最小的截面弯曲刚度用材料力学中不考虑剪切变形影响的公式来计算挠度。当构件上存在正、负弯矩时，可分别取同号弯矩区段内 $|M_{\max}|$ 处截面的最小刚度计算挠度。

8-6 答：(1) ψ 的物理意义是反映裂缝间受拉混凝土对纵向受拉钢筋应变的影响程度。(2) 因为 ψ 的大小还与以有效受拉混凝土截面面积计算且考虑钢筋粘结性能差异后的有效纵向受拉钢筋配筋率 ρ_{te} 有关。

8-7 答：取钢筋弹性模量为 $2.10\times10^{5}\mathrm{N/mm^2}$，则受拉钢筋的拉应力大致是 $1.5\times10^{4}\times2.10\times10^{5}=31.5\mathrm{N/mm^2}$。

8-8 答：在受弯构件或偏心受力构件的表面上，受拉区所有纵向受拉钢筋重心线水平处的裂缝宽度。

8-9 答：(1) 在裂缝出现瞬间，裂缝处的受拉混凝土退出工作，应力降至零，于是钢筋承担的拉力突然增大。配筋率越低，钢筋应力增量就越大。混凝土一开裂，张紧的混凝土就向裂缝两侧回缩，但这种回缩是不自由的，它受到钢筋的约束，直到被阻止。(2) 在回缩的那一段长度 l 中，混凝土与钢筋之间有相对滑移，产生粘结应力 τ。通过粘结应力的作用，随着离裂缝截面距离的增大，钢筋拉应力逐渐传递给混凝土而减小；混凝土拉应力由裂缝处的零逐渐增大，达到 l 后，粘结应力消失，混凝土和钢筋又具有相同的拉伸应变，各自的应力又趋于均匀分布。(3) 通常把裂缝间距（裂缝条数）的稳定称为裂缝出齐。

8-10 答：(1) 平均裂缝宽度等于构件裂缝区段内钢筋的平均伸长与相应水平处构件侧表面混凝土平均伸长的差值。(2) 最大裂缝宽度由平均裂缝宽度乘以扩大系数得到。对扩大系数，主要考虑两方面影响因素：一是在一定荷载标准组合下裂缝宽度的不均匀性；二是在荷载长期作用的影响下，混凝土进一步收缩以及受拉混凝土的应力松弛和滑移徐变等导致裂缝间受拉混凝土不断退出工作，虽然在此过程中原有裂缝有所变化，但平均裂缝宽度增大较多，又存在一个扩大系数。

8-11 答：(1) 提高受弯构件截面弯曲刚度的有效措施是：①加大截面高度；②提高混凝土强度等级；③施加预应力；④采用钢管混凝土或钢骨混凝土。(2) 减小钢筋直径或适当增加配筋率。

8-12 答：若裂缝宽度不超过规范限值可正常使用；若宽度超过了限值，应采取相应的修补或加固措施。

8-13 答：(1) 钢筋混凝土构件的截面延性是指：截面从开始屈服至达到最大承载力或达到以后而承载力还没有显著下降期间的变形能力。(2) 延性系数根据混凝土极限压应变 $\varepsilon_{\mathrm{cu}}$ 以及受压区高度 kh_0 和 x_{a} 来确定。(3) 研究延性的意义是：①有利于吸收和耗散地震能量，满足抗震方面的要求；②防止发生脆性破坏，确保生命和财产的安全；③在超静定结构中，能更好地适应地基不均匀沉降以及温度变化情况；④使超静定结构能够充分的进行内力重分布，并避免配筋疏密悬殊，便于施工，节约钢材。

8-14 答：(1) 混凝土的耐久性是指在设计工作年限内，在正常维护条件下，结构和结构构件应能保持使用功能，而不需进行大修加固。(2) 碳化是混凝土中性化的常见形式，是指大气中 $\mathrm{CO_2}$ 不断向混凝土内部扩散，并与其中的碱性水化物，主要是 $\mathrm{Ca(OH)_2}$ 发生反应，使 pH 值下降。(3) 混凝土碳化至钢筋表面使氧化膜破坏是钢筋锈蚀的必要条件，如果含氧水分侵入，钢筋就生锈。

8-15 答：结构设计技术措施包括：①未经技术鉴定及设计许可，不能改变结构的使用环境，不得改变结构的用途；②对于结构中使用环境较差的构件，宜设计成可更换或易更换的构件；③宜根据环境类别，规定维护措施及检查年限，对重要的结构，宜在与使用环境类别相同的适当部位设置供耐久性检查的专用构件；④对于暴露在侵蚀性环境中的结构构件，其受力钢筋可采用环氧涂层带肋钢筋，预应力筋应有防护措施。在此情况下宜采用高强混凝土。

8-16 答：按公式计算得到的裂缝最大宽度 $w_{\max}$ 是指构件表面处的，而影响钢筋锈蚀的是钢筋表面处的裂缝宽度 w_{s}。试验表明，$w_{\mathrm{s}}\approx(1/5\sim1/3)w_{\max}$，这个比值是随混凝土保护层厚度 c 的增大而减小的。总的效果是，增大混凝土保护层厚度 c，w_{s} 将减小，从而加大了防止钢筋锈蚀的能力，提高了耐久性。

选择题

8-17 C，8-18 D，8-19 C，8-20 D，8-21 A，8-22 A，8-23 A。

判断题

8-24 √，8-25 √，8-26 √，8-27 √，8-28 ×，8-29 ×，8-30 √，8-31 √，8-32 √，8-33 √，8-34 √，8-35 √。

填空题

8-36　正常使用；标准值。

8-37　增加截面高度。

8-38　增大；小。

8-39　同号；最大弯矩。

8-40　裂缝宽度；变形值。

8-41　不均匀系数；受拉区混凝土。

习题

【习题 8-1】不满足要求。可采取措施：①减小钢筋直径；②适当增加配筋率；③施加预应力。

【提示】本题主要考察裂缝宽度的计算公式 $\omega_{\max}=\alpha_{cr}\psi\frac{\sigma_s}{E_s}\left(1.9c_s+0.08\frac{d_{eq}}{\rho_{te}}\right)$ 的运用，以及当裂缝宽度不满足规范限值时可采取的措施。

【习题 8-2】(1) 受拉钢筋选配 2Φ18（$A_s=509mm^2$）；(2) 挠度 13.4mm，满足要求；(3) 裂缝宽度 0.21mm，满足要求。

【提示】本题中主要有以下两大难点：①不同情况下的荷载组合方式；②两类 T 形截面的判断依据及受压区混凝土高度的计算方法。

【习题 8-3】解答步骤参考习题 8-2。注意倒 T 形截面的混凝土受压区高度的计算方法与正 T 形截面不同。倒 T 形构件计算受压区时方法与矩形构件一致，计算受拉区时方法与 T 形构件一致。

【习题 8-4】最大裂缝宽度符合要求。

【提示】本题主要考察偏心受拉构件的公式选用。偏心受拉构件与轴心拉压构件或纯弯构件在裂缝宽度的计算公式上有所不同，需要学会辨别其中的区别。

第 9 章　预应力混凝土构件

问答题

9-1　答：在构件承受使用荷载之前预先对混凝土截面受拉区施加压应力的构件，称为预应力混凝土构件。优点：预应力混凝土构件可延缓混凝土的开裂，提高构件的抗裂度和刚度，可充分利用高强度钢材和高强度混凝土，取得节约钢材、减轻构件自重的效果；缺点：预应力混凝土构件的施工、构造和设计计算均较钢筋混凝土构件复杂。

9-2　答：钢筋混凝土构件由于混凝土的抗拉强度及极限拉应变很小，如采用高强度钢筋或高强度混凝土，在使用阶段，构件的裂缝宽度和变形很大，无法满足构件在使用上和耐久性的要求，使高强度钢筋和高强度混凝土的强度均得不到充分利用。对钢筋要求：①强度高；②具有一定的塑性；③良好的加工性能；④与混凝土之间有较好地粘结强度。对混凝土要求：①强度高；②收缩、徐变小；③快硬、早强。

9-3　答：预应力混凝土构件施工方法主要有两种——先张法和后张法。在浇灌混凝土之前张拉预应力筋的方法称为先张法；在结硬后的混凝土构件上张拉预应力筋的方法称为后张法。先张法生产工艺比较简单，质量较易保证，不需要永久性的工作锚具，成本较低，台座越长，一次生产构件的数量就越多，适合工厂化成批生产中、小型预应力混凝土构件。后张法后序较复杂，不需要台座，构件可在现场施工，也可在工厂预制，由于需安装永久性的工作锚具，耗钢量大，成本较高，适用于运输不便需现场成型的大型预应力混凝土构件。

9-4 答：(1) 要求裂缝控制等级较高的构件；(2) 大跨度或承受重型荷载的构件；(3) 对构件的刚度和变形要求较高的构件。

9-5 答：锚具或夹具是在制作预应力构件时锚固预应力筋的工具。一般在构件制成后能够取下重复使用的称夹具；存留在构件上不再取下的称锚具。

锚具或夹具应具备：①安全可靠，其本身应具有足够的强度和刚度；②锚具应使预应力筋尽可能不产生滑移以保证预应力的可靠传递；③构造简单，便于机械加工制作；④使用方便、材料省、价格低。

9-6 答：预应力混凝土的张拉控制应力是指预应力筋在进行张拉时所控制达到的最大应力值。其为张拉设备指示的总拉力除以预应力筋截面面积而得的应力值，以符号 σ_{con} 表示。

为了充分发挥预加应力的优点，将张拉控制应力尽可能定得高一些，可使混凝土得到较高的预压应力，但如果张拉控制应力过高，可能引起以下问题：①在施工阶段会引起构件某些部位受到拉力导致开裂，例如对后张法构件的端部混凝土造成局部受压破坏；②构件出现裂缝时的承载力和破坏时的承载力接近，使构件在破坏前无明显预兆，呈脆性破坏；③如果采用超张拉，当钢材的材质不均匀时，有可能在超张拉过程中，使个别钢筋的应力超过其实际屈服强度，使预应力筋产生较大的塑性变形或脆断。张拉控制应力值定得太低，则预应力筋经历各种损失后，对混凝土实际产生的预压应力过小，无法保证获得必要的预应力效果，以致不能有效地提高预应力混凝土构件的抗裂度和刚度。

9-7 答：先张法构件是在混凝土结硬后放松已完成张拉的预应力筋的，由于预应力筋回缩，混凝土随之产生弹性压缩，致使预应力筋中的拉应力降低，由 $(\sigma_{con}-\sigma_{l\mathrm{I}})$ 降低为 $(\sigma_{con}-\sigma_{l\mathrm{I}}-\alpha_E\sigma_{pc\mathrm{I}})$，而后张法预应力筋张拉是在结硬的混凝土构件上进行的，混凝土的弹性压缩是伴随着张拉过程同步完成的，不致进一步对预应力筋中的拉应力产生影响，因此在 σ_{con} 和 $\sigma_{l\mathrm{I}}$ 相同的条件下，先张法预应力筋的应力总比后张法低，为此对先张法的 σ_{con} 值予以适当提高。

9-8 答：预应力损失有：σ_{l1}、σ_{l2}、σ_{l3}、σ_{l4}、σ_{l5}、σ_{l6}。

(1) σ_{l1} 是由张拉端锚具变形和预应力筋内缩引起的预应力筋应力损失，减少此项损失的措施有：①选择锚具变形小或使预应力筋内缩小的锚具、夹具，尽量少用垫板；②增加台座长度。(2) σ_{l2} 是由预应力筋的摩擦（与孔道壁之间的摩擦、张拉端锚口摩擦、在转向装置处摩擦）引起的预应力筋应力损失，减少此项损失的措施有：①两端张拉；②超张拉。(3) σ_{l3} 是由混凝土加热养护时，预应力筋与承受拉力的设备之间的温差引起的预应力筋应力损失，减少此项损失的措施有：①采用两次升温养护；②在钢模上张拉预应力筋。(4) σ_{l4} 是由预应力筋松弛引起的预应力筋应力损失，减少此项损失的措施有：进行超张拉，采用低松弛预应力筋。(5) σ_{l5} 是由混凝土收缩、徐变引起的预应力筋应力损失，减少此项损失的措施有：①采用高强度等级的水泥，减少水泥用量，降低水灰比；②采用弹性模量大及级配较好的骨料，加强振捣，提高混凝土的密实性；③在混凝土结硬过程中加强养护。(6) σ_{l6} 是由混凝土的局部挤压引起的预应力筋应力损失，减少此项损失的措施有：环形构件直径大于3m时，σ_{l6} 可忽略不计。

9-9 答：混凝土在预压前的预应力筋的损失值为第一批预应力损失；混凝土在预压后的预应力筋的损失值为第二批预应力损失。

先张法第一批预应力的损失值为：$\sigma_{l1}+\sigma_{l2}+\sigma_{l3}+\sigma_{l4}$；第二批预应力的损失值为：$\sigma_{l5}$。

后张法第一批预应力的损失值为：$\sigma_{l1}+\sigma_{l2}$；第二批预应力的损失值为：$\sigma_{l4}+\sigma_{l5}+\sigma_{l6}$。

9-10 答：

1. 施工阶段

1) 先张法构件

(1) 完成第一批损失

混凝土应力：$\sigma_{pc\mathrm{I}}=0$；预应力筋应力：$\sigma_{pe\mathrm{I}}=\sigma_{con}-\sigma_{l\mathrm{I}}$。

(2) 完成第二批损失

混凝土应力：$\sigma_{pc\text{II}}=\dfrac{(\sigma_{con}-\sigma_l)A_p-\sigma_{l5}A_s}{A_0}$；预应力筋应力：$\sigma_{pe\text{I}}=\sigma_{con}-\sigma_l-\alpha_E\sigma_{pc\text{II}}$。

2）后张法构件

(1) 完成第一批损失

混凝土应力：$\sigma_{pc\text{I}}=\dfrac{(\sigma_{con}-\sigma_{l\text{I}})A_p}{A_n}$；预应力筋应力：$\sigma_{pe\text{I}}=\sigma_{con}-\sigma_{l\text{I}}$。

(2) 完成第二批损失

混凝土应力：$\sigma_{pc\text{II}}=\dfrac{(\sigma_{con}-\sigma_l)A_p-\sigma_{l5}A_s}{A_n}$；预应力筋应力：$\sigma_{pe\text{I}}=\sigma_{con}-\sigma_l$。

2. 使用阶段

1）先张法构件

(1) 加载至混凝土应力为零

混凝土应力：$\sigma_{pc}=0$；预应力筋应力：$\sigma_{p0}=\sigma_{con}-\sigma_l$。

(2) 加载至裂缝即将出现

混凝土应力：$\sigma_{pc}=f_{tk}$；预应力筋应力：$\sigma_{pcr}=\sigma_{con}-\sigma_l+\alpha_E f_{tk}$。

(3) 加载至破坏

混凝土应力：$\sigma_{pc}=0$；预应力筋应力：$\sigma_p=f_{py}$。

2）后张法构件

(1) 加热至混凝土应力为零

混凝土应力：$\sigma_{pc}=0$；预应力筋应力：$\sigma_{p0}=\sigma_{con}-\sigma_l+\alpha_E\sigma_{pc\text{II}}$。

(2) 加载至裂缝即将出现

混凝土应力：$\sigma_{pc}=f_{tk}$；预应力筋应力：$\sigma_{pcr}=\sigma_{con}-\sigma_l+\alpha_E\sigma_{pc\text{II}}+\alpha_E f_{tk}$。

(3) 加载至破坏

混凝土应力：$\sigma_{pc}=0$；预应力筋应力：$\sigma_p=f_{py}$。

9-11 答：换算截面面积：$A_0=A_c+\alpha_E A_s+\alpha_E A_p$，净截面面积：$A_n=A_0-\alpha_E A_p$。

式中 A_c——扣除预应力筋和普通钢筋截面面积后的混凝土截面面积；

A_0——构件换算截面面积（混凝土截面面积 A_c 以及全部纵向预应力筋和普通钢筋截面面积换算成混凝土的截面面积）；相当于将两种材料（钢筋和混凝土）换算成同一种材料（混凝土）的截面面积；

A_n——构件净截面面积（换算截面面积减去全部纵向预应力筋截面面积换算成混凝土的截面面积）。

施工阶段时：先张法构件在预压前，混凝土与预应力筋已有粘结作用，在预压过程中，预应力筋和混凝土两者产生相同的变形，因而采用换算截面面积 A_0 计算混凝土的预压力；后张法是在混凝土结硬后留有孔道的构件上张拉预应力筋的，构件在预压前，混凝土与预应力筋无粘结作用，在张拉或预压过程中，仅由混凝土和非预应力筋承受预压力，因而采用净截面面积 A_n 计算混凝土的预压力。

使用阶段时：预应力筋和混凝土已粘结，共同承受外荷载，因而不论先张法或后张法，计算混凝土的预压力时均采用 A_0。

9-12 答：先张法：$\sigma_{p0}=\sigma_{con}-\sigma_l$；后张法：$\sigma_{p0}=\sigma_{con}-\sigma_l+\alpha_E\sigma_{pc\text{II}}$。

如果预应力控制应力 σ_{con} 及预应力损失值 σ_l 等条件均相同，由上式可得出：后张法 σ_{p0} 大于先张法 σ_{p0}。

9-13 答：σ_s 的计算公式其中 N_k-N_{p0} 是指预应力筋合力点处混凝土预压应力抵消后预应力筋中力的增量，其中 N_k 是按荷载标准组合计算的轴向力，N_{po} 是计算截面上法向预应力等于零时的预加力，把预应力混凝土轴心受拉构件的 σ_s 可视为等效于钢筋混凝土轴心受拉构件中的应力 σ_s，利用受拉平衡条件进行公式推导。

9-14 答：先张法预应力混凝土构件在放张或切断预应力筋时，需要经过一段必要的长度，才能通过钢筋与混凝土之间的粘结力将预压应力全部传递给混凝土，这段长度称为预应力筋的传递长度 l_{tr}。

用公式 $l_{tr}=\alpha\dfrac{\sigma_{pe}}{f_{tk}}d$ 进行计算。

式中 σ_{pe}——放张时预应力筋的有效预应力值；

d——预应力筋的公称直径；

f'_{tk}——与放张时混凝土立方体抗压强度 f'_{cu} 相应的轴心抗拉强度标准值；

α——预应力筋的外形系数。

9-15 答：后张法构件的预压力是通过锚具，经垫板传递给混凝土的，由于预压力很大，而锚具下垫板与混凝土的接触面积相对较小，在局部压力作用下，当混凝土强度或变形能力不足时，构件端部会产生裂缝，甚至发生局部受压破坏，因此必须对端部锚固区进行局部受压的验算。设计时既要保证在张拉预应力筋时锚具下锚固区的混凝土不开裂及不产生过大的变形，并要求计算配置在锚固区内所需的间接钢筋（方格网片或螺旋式钢筋）以满足局部受压承载力的要求。

局部受压时的强度提高系数 β_l 值与局部受压时的计算底面积 A_b 和局部受压面积 A_l 有关，与孔道的大小无关，所以不必扣除孔道面积。

9-16 答：无屈服点普通钢筋混凝土构件及预应力混凝土构件正截面界限受压区高度 ξ_b 的计算公式分别为：

$$\xi_b = \frac{\beta_1}{1+\dfrac{0.002}{\varepsilon_{cu}}+\dfrac{f_y}{E_s\varepsilon_{cu}}} \quad 及 \quad \xi_b = \frac{\beta_1}{1+\dfrac{0.002}{\varepsilon_{cu}}+\dfrac{f_{py}-\sigma_{p0}}{E_s\varepsilon_{cu}}}$$

预应力混凝土构件 ξ_b 计算公式分母中的 $\dfrac{f_{py}-\sigma_{p0}}{E_s}$ 项，是预应力筋中的应变增量。其中 σ_{p0} 为截面受拉区纵向预应力筋合力点处混凝土预压应力为零时预应力筋中的应力。界限破坏时预应力筋的应力到达其抗拉强度设计值 f_{py}，因此截面上受拉区预应力筋的应力增量为 $f_{py}-\sigma_{p0}$，则相应的应变增量为 $\dfrac{f_{py}-\sigma_{p0}}{E_s}$。

9-17 答：预应力混凝土受弯构件在制作、运输及吊装等施工阶段，截面上的受力状态与使用阶段是不相同的，例如预加力时截面上受到偏心压力，吊装时构件的悬臂部分因自重引起负弯矩，若截面上边缘（预拉区）的拉应变超过混凝土的极限拉应变，会出现裂缝甚至缝宽过大或预压区的压应变超过混凝土的极限压应变混凝土被压碎等，均会影响构件在使用阶段的正常工作。在预应力受弯构件截面的预拉区设置适量的预应力筋 A'_p 有助于控制截面混凝土的拉、压应变，以满足《混凝土结构设计标准》的设计要求，并能提高构件截面的正截面受弯承载力。

9-18 答：钢筋混凝土和预应力混凝土受弯构件的挠度均可按最小刚度原则运用结构力学方法，并采用考虑荷载长期作用影响的刚度 B 进行计算。

考虑荷载长期作用对挠度增大的影响系数 θ，对钢筋混凝土构件为 1.6～2.0；对预应力混凝土构件为 2.0。

对预应力混凝土受弯构件，其短期刚度 B_S 需按裂缝控制等级要求的不同进行计算。

预应力混凝土受弯构件的挠度是由荷载产生的挠度 f_{1l} 及预加力产生的反拱 f_{2l} 两部分组成的，荷载作用下的挠度 f_{1l} 可按钢筋混凝土挠度计算原则计算（B_S 计算及 θ 取值有别）；预加力产生的反拱 f_{2l} 按结构力学公式计算，可按构件两端有弯矩（等于 $N_p e_p$）作用的简支梁计算，设截面的弯曲刚度为 B，则：

$$f_{2l} = \frac{N_p e_p l^2}{8B}$$

式中 N_p——截面上预应力筋和普通钢筋的总拉力；

e_p——N_p 至净截面重心的距离；

l——构件跨度。

使用阶段的预加力反拱值计算中，取刚度 $B=E_c I_0$ 计算，并应考虑预压应力长期作用的影响，在 N_p 及 e_p 的计算中应按扣除全部预应力损失的情况考虑。

预应力受弯构件的挠度即为 $f=f_{1l}-f_{2l}\leqslant[f]$，$[f]$ 为挠度限值。

9-19 答：在后张法构件的预拉区和预压区设置一定数量的纵向普通钢筋主要考虑：①防止构件在制作、堆放、运输及吊装时出现裂缝（或减小裂缝宽度）；②防止施工阶段因混凝土收缩、温差及预加力偏心过大引起的预拉区裂缝；③可有效提高无粘结预应力混凝土梁正截面受弯的延性，分散梁的裂缝及限制裂缝宽度，从而改善梁的使用性能，并提高梁的受弯能力。

9-20　答：预应力混凝土构件在使用荷载作用下的工作特点是：在截面受拉区混凝土产生拉应力前，先可抵消由预加力在截面上所产生的预压应力（对受压区可为预拉应力）至零，之后则同普通钢筋混凝土构件，截面上受拉区的应力由零逐渐增大至受拉、开裂最后破坏。用以抵消由预加应力在截面上所产生预压应力的这部分使用荷载即为预应力构件相对于普通钢筋混凝土构件提高抗裂度的荷载，而破坏时构件的承载力由钢筋（轴拉构件）或由钢筋及其相对应的混凝土（受弯构件）组成的抵抗矩承担，与预加应力无关。

9-21　答：预应力混凝土构件的构造要求应满足《混凝土结构设计标准》的有关规定。

为防止构件在施工阶段出现裂缝或减小裂缝宽度，可在构件截面内设置一定数量的纵向普通钢筋，在预应力筋的弯折处应加密箍筋或设置钢筋网片以加强在弯折区段的混凝土承载力。

为对后张法预应力混凝土构件端部混凝土进行局部加强，应在局部受压间接钢筋配置区、附加防劈裂配筋区及附加防端面裂缝配筋区分别计算配置构造钢筋。

先张法预应力筋之间的净间距不宜小于 $2.5d$（d 为预应力筋的公称直径）和混凝土粗骨料最大粒径的 1.25 倍，并要求：对预应力钢丝不应小于 15mm；对三股及七股钢绞线分别不应小于 20mm 及 25mm。

在后张法现浇预应力混凝土梁中，预留孔道在竖直方向的净间距不应小于孔道外径，水平方向的净间距不宜小于 1.5 倍孔道外径，且不应小于粗骨料最大粒径的 1.25 倍。

从孔道外壁至构件边缘的净间距，通常梁底不宜小于 50mm，梁侧不宜小于 40mm。

选择题

9-22 B，9-23 A，9-24 B，9-25 C，9-26 A，9-27 B，9-28 A，9-29 C，9-30 B，9-31 D，9-32 C，9-33 B，9-34 D，9-35 B，9-36 C，9-37 D，9-38 B，9-39 A，9-40 A，9-41 D，9-42 C，9-43 C，9-44 B，9-45 B，9-46 D，9-47 D，9-48 D，9-49 B，9-50 A，9-51 D，9-52 C，9-53 B，9-54 B，9-55 D，9-56 C，9-57 B。

判断题

9-58×，9-59 √，9-60 ×，9-61 √，9-62 √，9-63 √，9-64 ×，9-65 √，9-66 ×，9-67 √，9-68 √，9-69 ×，9-70 ×，9-71 √，9-72 √，9-73 ×，9-74 √，9-75 ×，9-76 ×，9-77 √，9-78 √，9-79 ×，9-80 √，9-81 √，9-82 √。

习题

【习题 9-1】

1. 第一批预应力损失 $\sigma_{l\mathrm{I}}$

（1）锚具变形和预应力筋内缩的损失 σ_{l1}：$\sigma_{l1}=0.21\mathrm{N/mm^2}$ 台座超过 100m，σ_{l1} 也可忽略不计。

（2）温差损失 σ_{l3}：$\sigma_{l3}=40\mathrm{N/mm^2}$。

（3）预应力筋的应力松弛损失 σ_{l4}：$\sigma_{l4}=54.32\mathrm{N/mm^2}$。

第一批预应力损失：$\sigma_{l\mathrm{I}}=94.53\mathrm{N/mm^2}$。

2. 第二批预应力损失

$$\sigma_{l\mathrm{II}}=\sigma_{l5}=91.75\mathrm{N/mm^2}$$

3. 预应力总损失

$$\sigma_l=186.28\mathrm{N/mm^2}>100\mathrm{N/mm^2}$$

【提示】预应力损失有的只发生在先张法构件中，有的只发生在后张法构件中，有的两种构件均有，因而两者的组合项是不同的。在解题过程中，首先应了解预应力混凝土构件的施工方法，先张法或后张法，根据所选用的具体锚具及材料品种，逐项进行损失值的计算和组合。

混凝土在预压前的预应力筋的损失值为第一批预应力损失 $\sigma_{l\mathrm{I}}$；混凝土在预压后预应力筋的损失值为第二批预应力损失 $\sigma_{l\mathrm{II}}$。

先张法：第一批预应力的损失值 $\sigma_{l\mathrm{I}}=\sigma_{l1}+\sigma_{l2}+\sigma_{l3}+\sigma_{l4}$；第二批预应力的损失值 $\sigma_{l\mathrm{II}}=\sigma_{l5}$；预应力总损失值 $\sigma_l=\sigma_{l\mathrm{I}}+\sigma_{l\mathrm{II}}$。

由于先张法预应力混凝土构件是在混凝土浇灌之前张拉预应力筋的，预应力筋与混凝土之间无任何关联，所以不考虑摩擦损失 σ_{l2}。

当 $\sigma_{con}/f_{ptk} \leqslant 0.5$ 时，预应力筋的应力松弛损失值很小，为简化计算取松弛损失为零。

【习题 9-2】本题未给出预应力筋的数量和规格，及构件所处的环境类别，因而可有多种答案，现根据使用阶段承载力及满足抗裂度的要求，选用 2 束钢绞线。每束钢绞线 $5\Phi^{s}1\times7$ $(d=9.5\text{mm})$，$A_p=2\times5\times54.8=548\text{mm}^2$，$f_{ptk}=1960\text{N/mm}^2$。处于一类环境。

(1) 按使用阶段承载力计算：$A_p=369.63\text{mm}^2<548\text{mm}^2$；

(2) 预应力总损失：$\sigma_l=309.5\text{N/mm}^2>80\text{N/mm}^2$；

(3) 抗裂度验算：$\sigma_{ck}-\sigma_{pc\text{II}}=-2.17\text{N/mm}^2<f_{tk}=2.64\text{N/mm}^2$，满足环境类别为一类的要求；

(4) 施工阶段放松预应力筋时截面上混凝土压应力：$\sigma_{cc}=15.58\text{N/mm}^2<0.8f'_{ck}=25.92\text{N/mm}^2$，满足要求。

【提示】荷载标准组合下的轴向拉力设计值 $N=1.3N_{GK}+1.5N_{QK}$。

(1) 使用阶段承载力计算 A_p 时，应按荷载标准组合进行构件轴向拉力设计值的计算；

(2) 按后张法构件施工方法进行预应力损失值的组合；

(3) 抗裂度验算：在一类环境下，对预应力混凝土屋架，应满足二级裂缝控制等级构件要求，即在荷载标准组合下，受拉边缘的应力 $\sigma_{ck}-\sigma_{pc\text{II}}<f_{tk}$；

(4) 当张拉预应力筋完毕（后张法）时，混凝土将受到最大的预压应力 $\sigma_{cc}=\dfrac{\sigma_{con}A_p}{A_n}$，通常此时混凝土强度仅为设计强度的 75%，混凝土强度是否足够应予验算；《混凝土结构设计标准》要求在施工阶段放松预应力筋时截面上混凝土压应力 $\sigma_{cc}<0.8f'_{ck}$。

【习题 9-3】(1) 混凝土局部受压面积：$A_l=30800\text{mm}^2$；

(2) 锚具下局部受压计算底面积：$A_b=61600\text{mm}^2$；

(3) 局部受压净面积：$A_{ln}=26873\text{mm}^2$；

(4) 方格网式间接钢筋内表面范围内的混凝土核心截面面积：$A_{cor}=47500\text{mm}^2$；

(5) 局部受压面上作用的局部压力设计值 $F_l\approx388\text{kN}$，满足局部受压承载力 1444kN 的要求。

【提示】(1) 混凝土在局部受压时的抗压强度远高于全截面受压时的轴心抗压强度，其提高的程度与构件的截面面积 A_c 和混凝土局部受压面积 A_l 的比值有关，随 A_c/A_l 的增大而加大，这是由于局部受压区的外围混凝土，犹如形成一个“套箍”，起到了约束作用，使局部受压区混凝土处于三向受压状态，从而提高了混凝土的纵向抗压强度。《混凝土结构设计标准》采用混凝土的局部受压强度与轴心抗压强度的比值 β_l 作为考虑局部受压承载力的提高，其值随 $\dfrac{A_b}{A_l}$ 的增大而增大，根据试验结果，采用 $\beta_l=\sqrt{\dfrac{A_b}{A_l}}$ 的计算公式。

(2) 混凝土局部受压强度除与 $\dfrac{A_b}{A_l}$ 有关外，还与局部受压作用在构件中的相对位置有关，当承压区处于截面的中央部位，四周均有“套箍”约束时，混凝土局部受压提高为最大；当承压区处于截面的边角部位，一边或二边为临空时，易发生半个楔形体的剪切破坏，局部受压承载力接近单轴受压承载力，这反应在计算底面积 A_b 的取值上（见教材图 9-15）。

(3) 在局部受压区配置间接钢筋，可以提高局部受压的承载力，间接钢筋配置越多，承载力提高越大，但若间接钢筋配置过多，这将引起垫板下的混凝土压碎，或发生过大的凹陷，因而必须限制间接钢筋配置的数量，亦即局部受压区的截面尺寸不能过小，《混凝土结构设计标准》规定局部受压区的截面尺寸应符合教材公式 (9-18) 要求。

锚具直径为 100mm，锚具下垫板厚 20mm，局部受压面积可按 F_l 从锚具边缘在垫板中按 45°扩散的面积计算，在计算局部受压底面积时，近似用矩形面积替代两个圆面积（参见教材图 9-16 和图 9-20），间接钢筋采用 4 片 HPB300（$f_y=270\text{N/mm}^2$）$\Phi8$ 焊接网片，长度 $l_1=190\text{mm}$，$l_2=250\text{mm}$。

高等学校土木工程专业指导委员会规划推荐教材（经典精品系列教材）

征订号	书　名	定价	作　者	备　注
V40063	土木工程施工（第四版）（赠送课件）	98.00	重庆大学　同济大学　哈尔滨工业大学	教育部普通高等教育精品教材
V36140	岩土工程测试与监测技术（第二版）	48.00	宰金珉　王旭东　徐洪钟	
V40077	建筑结构抗震设计（第五版）（赠送课件）	58.00	李国强　李杰　陈素文　等	
V38988	土木工程制图（第六版）（赠送课件）	68.00	卢传贤	
V38989	土木工程制图习题集（第六版）	28.00	卢传贤	
V41283	岩石力学（第五版）（赠送课件）	48.00	许明	
V32626	钢结构基本原理（第三版）（赠送课件）	49.00	沈祖炎　陈以一　陈扬骥　等	国家教材奖一等奖
V35922	房屋钢结构设计（第二版）（赠送课件）	98.00	沈祖炎　陈以一　童乐为　等	教育部普通高等教育精品教材
V42889	路基工程（第三版）（赠送课件）	66.00	刘建坤　曾巧玲　杨军	
V36809	建筑工程事故分析与处理（第四版）（赠送课件）	75.00	王元清　江见鲸　龚晓南　等	教育部普通高等教育精品教材
V35377	特种基础工程（第二版）（赠送课件）	38.00	谢新宇　俞建霖	
V37947	工程结构荷载与可靠度设计原理（第五版）（赠送课件）	48.00	李国强　黄宏伟　吴迅　等	
V37408	地下建筑结构（第三版）（赠送课件）	68.00	朱合华	教育部普通高等教育精品教材
V43565	房屋建筑学（第六版）（赠送课件）	62.00	同济大学　西安建筑科技大学　东南大学　等	教育部普通高等教育精品教材
V40020	流体力学（第四版）（赠送课件）	59.00	刘京　刘鹤年　陈文礼　等	
V30846	桥梁施工（第二版）（赠送课件）	37.00	卢文良　季文玉　许克宾	
V40955	工程结构抗震设计（第四版）（赠送课件）	48.00	李爱群　丁幼亮　高振世	
V35925	建筑结构试验（第五版）（赠送课件）	49.00	易伟建　张望喜	
V43634	地基处理（第三版）（赠送课件）	48.00	龚晓南　陶燕丽	国家教材二等奖
V29713	轨道工程（第二版）（赠送课件）	53.00	陈秀方　娄平	

续表

征订号	书　名	定价	作　者	备　注
V36796	爆破工程（第二版）（赠送课件）	48.00	东兆星	
V45338	岩土工程勘察（第三版）	58.00	王奎华	
V20764	钢-混凝土组合结构	33.00	聂建国　刘明　叶列平	
V36410	土力学（第五版）（赠送课件）	58.00	东南大学　浙江大学　湖南大学　等	
V33980	基础工程（第四版）（赠送课件）	58.00	华南理工大学　等	
V45415	混凝土结构（上册）——混凝土结构设计原理（第八版）（赠送课件）	68.00	东南大学　天津大学　同济大学	教育部普通高等教育精品教材
V45416	混凝土结构（中册）——混凝土结构与砌体结构设计（第八版）（赠送课件）	78.00	东南大学　同济大学　天津大学	教育部普通高等教育精品教材
V45417	混凝土结构（下册）——混凝土公路桥设计（第八版）（赠送课件）	78.00	东南大学　同济大学　天津大学	教育部普通高等教育精品教材
V25453	混凝土结构（上册）（第二版）（含光盘）	78.00	叶列平	
V23080	混凝土结构（下册）	48.00	叶列平	
V11404	混凝土结构及砌体结构（上）	42.00	滕智明　朱金铨	
V11439	混凝土结构及砌体结构（下）	39.00	罗福午　方鄂华　叶知满	
V41162	钢结构（上册）——钢结构基础（第五版）（赠送课件）	68.00	陈绍蕃　郝际平　顾强	
V32847	钢结构（下册）——房屋建筑钢结构设计（第五版）（赠送课件）	52.00	陈绍蕃　郝际平	
V22020	混凝土结构基本原理（第二版）	48.00	张誉	
V25093	混凝土及砌体结构（上册）（第二版）	45.00	哈尔滨工业大学　大连理工大学　北京建筑大学　等	
V26027	混凝土及砌体结构（下册）（第二版）	29.00	哈尔滨工业大学　大连理工大学　北京建筑大学　等	
V43770	土木工程材料（第三版）（赠送课件）	60.00	湖南大学　天津大学　同济大学　等	
V36126	土木工程概论（第二版）	36.00	沈祖炎	
V19590	土木工程概论（第二版）（赠送课件）	42.00	丁大钧　蒋永生	教育部普通高等教育精品教材

续表

征订号	书　名	定价	作　者	备　　注
V30759	工程地质学（第三版）（赠送课件）	45.00	石振明　黄雨	
V20916	水文学	25.00	雒文生	
V36806	高层建筑结构设计（第三版）（赠送课件）	68.00	钱稼茹　赵作周　纪晓东　等	
V42251	桥梁工程（第四版）（赠送课件）	88.00	房贞政　陈宝春　上官萍　等	
V40268	砌体结构（第五版）（赠送课件）	48.00	东南大学　同济大学　郑州大学	教育部普通高等教育精品教材
V34812	土木工程信息化（赠送课件）	48.00	李晓军	

注：本套教材均被评为《“十二五”普通高等教育本科国家级规划教材》和《住房和城乡建设部“十四五”规划教材》。